2022 개정 교육과정
2025년 고1부터 적용

개념원리 인강

수학의 시작 개념원리

공통수학 1

개념원리

이홍섭 지음

수학 필독서 5,500만 부 돌파!

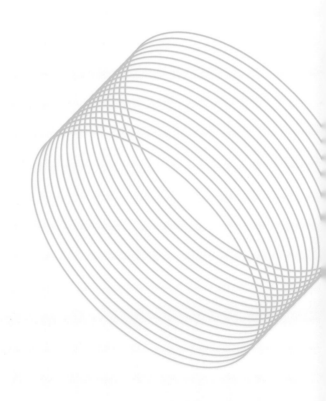

개념원리 수학연구소

첫 단원만 너덜너덜한 문제집은 그만!

내 목표, 내 일정, 내 수준 모두 고려해 주는
무료 APP '에그릿'으로 개념원리/RPM 공부하기

당신만의 완독 메이트   egr!t

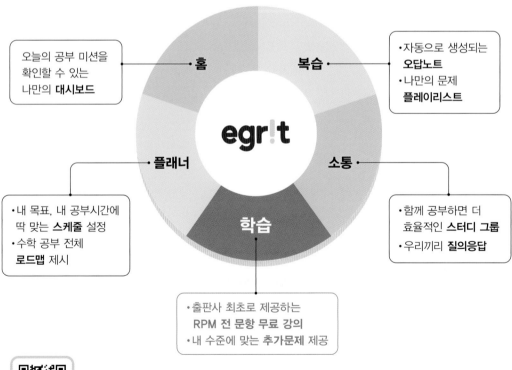

홈
오늘의 공부 미션을
확인할 수 있는
나만의 **대시보드**

복습
• 자동으로 생성되는
  오답노트
• 나만의 문제
  플레이리스트

플래너
• 내 목표, 내 공부시간에
  딱 맞는 **스케줄** 설정
• 수학 공부 전체
  로드맵 제시

소통
• 함께 공부하면 더
  효율적인 **스터디 그룹**
• 우리끼리 **질의응답**

학습
• 출판사 최초로 제공하는
  RPM 전 문항 무료 강의
• 내 수준에 맞는 **추가문제** 제공

QR을 통해 앱을 다운받아 보세요.

긴 수학 공부 여정 에그릿과 함께 해요.

1 개념원리/RPM
교재 구매

2 에그릿 APP
무료 다운

egr!t

3 수학 공부 일정 세우기

내 목표 완독일과
수준에 맞춘 **스케줄링** 제공

6 유형 공부
➕ with RPM

• **문제 해설 영상 제공**
• 질의응답 가능

5 개념 공부
➕ with 개념원리

• 개념 OX 퀴즈
• **개념 강의 제공**
• 질의응답 가능

4 소통

스터디 그룹 만들어
친구와 함께 공부하기

7 문제 플레이리스트

• 틀린 문제 오답노트
• 중간/기말고사 대비를 위한
나만의 문제집 만들기

8 단원 마무리

• 단원 마무리 테스트 제공
• 결과에 따른 분석지 제공
• 분석에 따른 솔루션 제공

9 완독

당신만의 완독 메이트 **egr!t**

개념원리 공통수학 1

발행일	2024년 7월 10일 (1판 3쇄)
기획 및 집필	이홍섭, 개념원리 수학연구소
콘텐츠 개발 총괄	한소영
콘텐츠 개발 책임	이선옥, 모규리, 김현진, 오영석, 오지애, 오서희, 김경숙

사업 책임	정현호
마케팅 책임	권가민, 이미혜, 정성훈
제작/유통 책임	이건호
영업 책임	정현호
디자인	(주)이츠북스

펴낸이	고사무열
펴낸곳	(주)개념원리
등록번호	제 22-2381호
주소	서울시 강남구 테헤란로 8길 37, 7층(한동빌딩) 06239
고객센터	1644-1248

개념원

수학의 시작 개념원리

공통수학 1

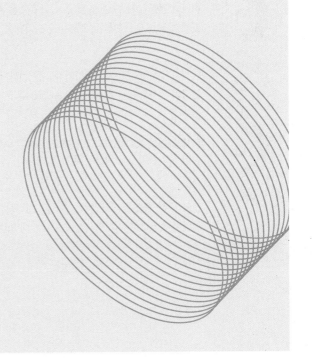

많은 학생들은
왜 개념원리로 공부할까요?

정확한 개념과 원리의 이해, 확실한 개념 학습 노하우가
개념원리에 있기 때문입니다.

개념원리 **수학의 특징**

01 하나를 알면 10개, 20개를 풀 수 있고 어려운 수학에 흥미를
갖게 하여 쉽게 수학을 정복할 수 있습니다.

02 나선식 교육법으로 쉬운 것부터 어려운 것까지 체계적으로 구
성하여 혼자서도 충분히 학습할 수 있습니다.

03 문제 해결의 **KEY** Point 부터 틀리기 쉬운 부분까지 꼼꼼히
짚어 주어 문제 해결력을 키울 수 있습니다.

04 전국 내신 기출 문제와 수능, 평가원, 교육청 기출 문제를 엄선
하여 수록함으로써 어떤 시험도 철저히 대비할 수 있습니다.

"
수학을 어떻게 하면
잘할 수 있을까요?

문제를 많이 풀어 보면 될까요?
개념과 공식을 단순히 암기하면 될까요?
두 방법 모두 수학 성적을 올리는 데 도움이 되겠지만,
근본적인 해결책은 아닙니다.

수학은 개념과 원리를 이해하고, 이를 적용하여 문제를 해결하면서
사고력을 키우는 과목입니다.
어렵고 복잡해 보이는 문제도, 새로운 유형의 문제도
핵심 개념을 파악하고, 하나하나 연결 지어 생각해 보면
결국, 답을 찾을 수 있기 때문입니다.

개념원리 수학은 단순 암기식 풀이가 아니라 학생들의 눈높이에 맞춰 **개념과 원리를**
이해하기 쉽게 설명하고, **개념을 문제에 적용**하면서 **쉬운 문제부터 차근차근 단계별로**
학습해 스스로 사고하는 능력을 기를 수 있도록 구성하였습니다.
이러한 개념원리만의 특별한 학습법으로 문제를 하나하나 풀어나가다 보면, 수학적 사고에
기반한 창의적인 문제 해결력뿐만 아니라 수학에 대한 자신감 또한 키울 수 있습니다.

스스로 생각하는 방법을 알려주는 개념원리 수학으로
개념을 차근차근 다져가면서
제대로 된 수학 개념 학습을 시작하세요!

수학의 시작 **개념원리**

구성과 특징

"

개념원리 수학은 개념원리만의 교수법과 짜임새 있는 구성으로
단순 암기식 문제 풀이가 아닌 사고력, 응용력, 추리력을 기르고,
생각하는 방법까지 깨우칠 수 있습니다.

01 개념원리 이해

각 단원의 주요 개념을 일목요연하게 정리하고, 그 원
리를 이해하기 쉽게 설명하였으므로 충분한 개념 학
습을 할 수 있습니다.

> **보충 학습** 심화 개념, 혼동하기 쉬운 개념, 문제에 자주 활
> 용되는 개념을 학습할 수 있습니다.

개념원리 익히기

개념과 공식을 바로 확인할 수 있는 기본 문제로 구성
하여 개념을 정확히 이해했는지 확인할 수 있습니다.

> **알아둡시다!** 문제에 이용되는 개념, 공식을 다시 한번
> 확인하며 개념을 탄탄히 다질 수 있습니다.

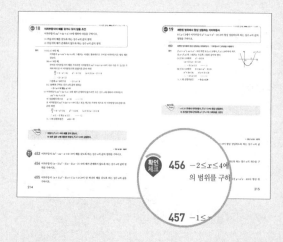

02 필수 / 발전

반드시 알아야 하는 중요 문제는 '필수' 문제로, 그중
어려운 문제는 '발전' 문제로 구성하였습니다.

> **KEY Point** 문제를 해결하기 위한 핵심 개념이나 해결 전
> 략을 확인하고 정리할 수 있습니다.

확인체크

필수, 발전 문제와 유사한 문제를 풀어 봄으로써 해당
문제를 확실하게 이해할 수 있습니다.

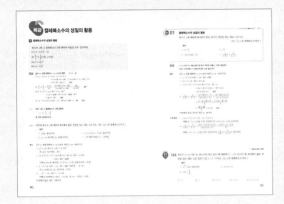

03 특강

내신 심화 개념 또는 교육과정 외의 개념이라도 실전에 도움이 되는 개념을 선별 제시하였습니다.
또 이전에 학습한 개념 중 해당 단원과 연계된 개념을 총정리함으로써 앞으로 학습할 개념에 대한 이해도를 높일 수 있습니다.

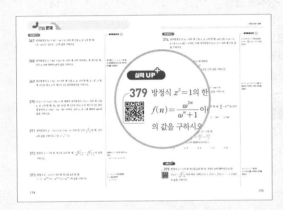

04 연습문제

단원에서 꼭 알아야 하는 중요 문제와 학교 시험에 자주 출제되는 문제를 **STEP 1**, **STEP 2**, **실력 UP⁺** 의 수준별 3단계로 구성하여 단계적으로 실력을 키울 수 있습니다. 또 최신 경향의 **교육청** 기출 모의고사 문제를 엄선, 수록하여 문제 해결력도 기를 수 있습니다.

QR 동영상 ▶ 무료 해설 강의를 이용하면 고난도 문제를 이해하는 데 도움이 됩니다.

05 정답 및 풀이

누구나 이해할 수 있도록 풀이 과정을 쉽게 풀어 설명하였고, 사고력을 기를 수 있도록 다른 풀이를 충분히 제시하였습니다. 또 연습문제의 '전략'을 활용하면 문제 해결의 실마리를 찾을 수 있습니다.

개념 노트 문제 해결의 핵심 개념을 확인하여 문제 속에 내포된 개념을 이해할 수 있습니다.

해설 Focus 실전에 도움이 되는 활용 방법을 구체적으로 설명하였습니다.

빠른 정답 찾기

본책 뒤에 제시된 '빠른 정답 찾기'를 이용하면 정답을 빠르게 확인하고 채점할 수 있습니다.

차례

차례

III 경우의 수

IV 행렬

I

다항식

이 단원에서는

다항식을 한 문자에 대하여 정리하는 방법과 다항식의 사칙연산 및 계산 법칙을 학습합니다. 또 다항식의 곱셈을 공식화한 곱셈 공식과 다항식을 일차식으로 나눌 때 계수만을 이용하는 조립제법을 학습합니다.

개념원리 이해

01 다항식의 덧셈과 뺄셈

1 다항식에서 사용하는 용어

(1) **항**: 수 또는 문자의 곱으로만 이루어진 식

(2) **상수항**: 특정한 문자를 포함하지 않는 항

(3) **계수**: 항에서 문자에 곱해진 수

(4) **다항식**: 한 개 또는 두 개 이상의 항의 합으로 이루어진 식

(5) **단항식**: 한 개의 항으로만 이루어진 식

(6) **차수**

   ① 항의 차수: 항에서 특정 문자가 곱해진 개수

   ② 다항식의 차수: 다항식에서 차수가 가장 높은 항의 차수

(7) **동류항**: 특정한 문자에 대한 차수가 같은 항

▶ 차수가 n인 다항식을 n차식이라 한다.

보기 ▶ (1) $-5,\ 3x,\ x^2+xy,\ a^3-ab^2+2b$와 같은 식은 모두 다항식이고, 이 중에서 $-5,\ 3x$와 같이 하나의 항으로만 이루어진 식은 단항식이다.

    (2) 다항식 $3x^3+x^2y^2-2y^2+5xy+6$은

       ① $5xy$에서 x의 계수는 $5y$이다.

       ② x에 대한 삼차식이고, 상수항은 $-2y^2+6$이다.

       ③ y에 대한 이차식이고, 상수항은 $3x^3+6$이다.

       ④ $x,\ y$에 대한 사차식이고, 상수항은 6이다.   ← x^2y^2은 $x,\ y$에 대한 사차항

    (3) 다항식 $x^3+3x^2y-2xy-x^2y+5xy-x+6$에서

       x에 대한 동류항은 $-2xy,\ 5xy,\ -x$이고, x^2y에 대한 동류항은 $3x^2y,\ -x^2y$이다.

2 다항식의 정리

(1) **내림차순으로 정리**: 다항식을 한 문자에 대하여 차수가 높은 항부터 낮은 항의 순서로 나타내는 것

(2) **오름차순으로 정리**: 다항식을 한 문자에 대하여 차수가 낮은 항부터 높은 항의 순서로 나타내는 것

▶ 특별한 언급이 없으면 다항식을 내림차순으로 정리한다.

보기 ▶ 다항식 $3x^2-xy+y^2+4x-2y+1$을

    (1) x에 대한 내림차순으로 정리하면 $3x^2+(-y+4)x+y^2-2y+1$

       x에 대한 오름차순으로 정리하면 $y^2-2y+1+(-y+4)x+3x^2$

    (2) y에 대한 내림차순으로 정리하면 $y^2-(x+2)y+3x^2+4x+1$

       y에 대한 오름차순으로 정리하면 $3x^2+4x+1-(x+2)y+y^2$

3 다항식의 덧셈과 뺄셈 ✎ 필수 01, 02

다항식의 덧셈과 뺄셈은 다음과 같은 순서로 계산한다.

(ⅰ) 괄호가 있는 경우 괄호를 푼다.
(ⅱ) 동류항끼리 모아서 간단히 정리한다.

설명 세 다항식 A, B, C에 대하여

(1) $A+B$는 A, B의 각 항을 모두 더하여 동류항끼리 모아서 정리한다.
또 $A-B$는 빼는 식 B의 각 항의 부호를 바꾸어서 더한다. 즉 $A-B=A+(-B)$임을 이용한다.

(2) 괄호가 있으면 다음과 같이 괄호를 푼다.
① ( ) 앞의 부호가 $+$이면 ( ) 안의 부호를 그대로 쓴다.
  ⇨ $A+(B-C)=A+B-C$
② ( ) 앞의 부호가 $-$이면 ( ) 안의 부호를 반대로 쓴다.
  ⇨ $A-(B-C)=A-B+C$

예제 ▶ 두 다항식 $A=3x^2+x+2$, $B=x^2-x-3$에 대하여 다음을 계산하시오.

(1) $A+B$　　　　　　(2) $A-B$　　　　　　(3) $A-2B$

풀이　(1) $A+B=(3x^2+x+2)+(x^2-x-3)$
$\qquad\quad=3x^2+x+2+x^2-x-3$
$\qquad\quad=(3+1)x^2+(1-1)x+(2-3)$
$\qquad\quad=4x^2-1$

(2) $A-B=(3x^2+x+2)-(x^2-x-3)$
$\qquad\quad=3x^2+x+2-x^2+x+3$
$\qquad\quad=(3-1)x^2+(1+1)x+(2+3)$
$\qquad\quad=2x^2+2x+5$

(3) $A-2B=(3x^2+x+2)-2(x^2-x-3)$
$\qquad\quad\ =3x^2+x+2-2x^2+2x+6$
$\qquad\quad\ =(3-2)x^2+(1+2)x+(2+6)$
$\qquad\quad\ =x^2+3x+8$

4 다항식의 덧셈에 대한 성질

다항식의 덧셈에 대하여 다음과 같은 성질이 성립한다.

세 다항식 A, B, C에 대하여
(1) **교환법칙**: $A+B=B+A$
(2) **결합법칙**: $(A+B)+C=A+(B+C)$

▶ ① 다항식의 덧셈에 대한 결합법칙이 성립하므로 $(A+B)+C$와 $A+(B+C)$는 $A+B+C$와 같이 괄호를 사용하지 않고 나타낼 수 있다.
② 다항식의 뺄셈에서는 교환법칙, 결합법칙이 성립하지 않는다. 즉
$A-B\neq B-A$, $(A-B)-C\neq A-(B-C)$

개념원리 익히기

1 다항식 $3x^2 - 2xy + 4y^2z + xz^2 - 3x^3$을 다음과 같이 정리하시오.

(1) x에 대한 내림차순

(2) y에 대한 오름차순

2 두 다항식 $A = -x^3 + 2x^2 + 4x - 5$, $B = 2x^3 - 5x^2 + 6x - 1$에 대하여 다음을 계산하시오.

(1) $A + 2B$

(2) $B - 2A$

(3) $3B - (A - B)$

(4) $2(2A - B) - A$

3 다음은 $(2x^3 + 4x^2 + x) + (2x^2 - 1)$을 계산하는 과정이다. ㈎, ㈏, ㈐에 알맞은 연산법칙을 구하시오.

$$(2x^3 + 4x^2 + x) + (2x^2 - 1)$$
$$= 2x^3 + 4x^2 + (x + 2x^2) - 1 \quad \longleftarrow \boxed{㈎}$$
$$= 2x^3 + 4x^2 + (2x^2 + x) - 1 \quad \longleftarrow \boxed{㈏}$$
$$= 2x^3 + (4x^2 + 2x^2) + x - 1 \quad \longleftarrow \boxed{㈐}$$
$$= 2x^3 + 6x^2 + x - 1$$

01 **다항식의 덧셈과 뺄셈 (1)**

세 다항식 $A=x^3-2y^3+x^2y$, $B=2x^3-xy^2-x^2y$, $C=2x^3+y^3$에 대하여 다음을 계산하시오.

(1) $A-(2B-C)$ 　　　　　　　　　　　(2) $-A+B-3(2B-4C)$

풀이　(1) $A-(2B-C)=A-2B+C$
$$=(x^3-2y^3+x^2y)-2(2x^3-xy^2-x^2y)+(2x^3+y^3)$$
$$=x^3-2y^3+x^2y-4x^3+2xy^2+2x^2y+2x^3+y^3$$
$$=\boldsymbol{-x^3+3x^2y+2xy^2-y^3}$$

(2) $-A+B-3(2B-4C)=-A+B-6B+12C=-A-5B+12C$
$$=-(x^3-2y^3+x^2y)-5(2x^3-xy^2-x^2y)+12(2x^3+y^3)$$
$$=-x^3+2y^3-x^2y-10x^3+5xy^2+5x^2y+24x^3+12y^3$$
$$=\boldsymbol{13x^3+4x^2y+5xy^2+14y^3}$$

 02 **다항식의 덧셈과 뺄셈 (2)**

두 다항식 A, B에 대하여 $A+B=5x^2+2xy-3y^2$, $A-B=3x^2+2xy-7y^2$일 때, $A-4B$를 계산하시오.

풀이　$A+B=5x^2+2xy-3y^2$　$\cdots\cdots$ ㉠
$A-B=3x^2+2xy-7y^2$　$\cdots\cdots$ ㉡
㉠+㉡을 하면　$2A=8x^2+4xy-10y^2$　$\therefore A=4x^2+2xy-5y^2$
㉠-㉡을 하면　$2B=2x^2+4y^2$　$\therefore B=x^2+2y^2$
$\therefore A-4B=(4x^2+2xy-5y^2)-4(x^2+2y^2)$
$$=4x^2+2xy-5y^2-4x^2-8y^2=\boldsymbol{2xy-13y^2}$$

KEY Point　• 다항식의 덧셈과 뺄셈 ⇨ 먼저 괄호를 풀고, 동류항끼리 모아서 간단히 정리한다.

• 정답 및 풀이 **2**쪽

 4　세 다항식 $A=-7x^4+3x^2+x+4$, $B=8x^3-6x^2+1$, $C=9x^4-3x^3+4x-1$에 대하여 $7A-3\{B+(2A-C)\}-4C$를 계산하시오.

5　두 다항식 $A=x^2-2xy+3y^2$, $B=2x^2-y^2$에 대하여 $2A-X=3(A-B)$를 만족시키는 다항식 X를 구하시오.

6　두 다항식 A, B에 대하여 $A-B=2x^2+3x-4$, $A+2B=5x^2-6x+2$일 때, $3A-2B$를 계산하시오.

02 다항식의 곱셈

1 지수법칙

일반적으로 단항식과 단항식의 곱셈은 다음 지수법칙을 이용하여 간단히 한다.

m, n이 자연수일 때

(1) $a^m \times a^n = a^{m+n}$

(2) $a^m \div a^n = \dfrac{a^m}{a^n} = \begin{cases} a^{m-n} & (m>n일 때) \\ 1 & (m=n일 때) \\ \dfrac{1}{a^{n-m}} & (m<n일 때) \end{cases}$

(3) $(a^m)^n = a^{mn}$

(4) $(ab)^n = a^n b^n$

(5) $\left(\dfrac{a}{b}\right)^n = \dfrac{a^n}{b^n}$

보기 ▶ $(-xy^2)^3 \times (-3x^2) = (-1)^3 \times x^{1\times3} y^{2\times3} \times (-3x^2) = -x^3 y^6 \times (-3x^2) = 3x^{3+2} y^6 = 3x^5 y^6$

2 다항식의 곱셈 ∞ 필수 03

다항식의 곱셈은 분배법칙과 지수법칙을 이용하여 식을 전개한 다음 동류항끼리 모아서 간단히 정리한다.

$$(x+y)(a+b+c) = ax+bx+cx+ay+by+cy$$

▶ 몇 개의 다항식의 곱을 하나의 다항식으로 나타내는 것을 **전개한다**고 한다.

예제 ▶ 다음 식을 전개하시오.

(1) $(x+1)(x^2+2x+3)$

(2) $(x^2-3xy+y)(2x-3y)$

풀이 (1) $(x+1)(x^2+2x+3) = x^3+2x^2+3x+x^2+2x+3 = x^3+3x^2+5x+3$

(2) $(x^2-3xy+y)(2x-3y) = 2x^3-3x^2y-6x^2y+9xy^2+2xy-3y^2$
$$= 2x^3-9x^2y+9xy^2+2xy-3y^2$$

3 다항식의 곱셈에 대한 성질

다항식의 곱셈에 대하여 다음과 같은 성질이 성립한다.

세 다항식 A, B, C에 대하여
(1) **교환법칙**: $AB=BA$
(2) **결합법칙**: $(AB)C=A(BC)$
(3) **분배법칙**: $A(B+C)=AB+AC$, $(A+B)C=AC+BC$

▶ 다항식의 곱셈에 대한 결합법칙이 성립하므로 $(AB)C$와 $A(BC)$는 ABC와 같이 괄호를 사용하지 않고 나타낼 수 있다.

개념원리 익히기

7 다음 식을 간단히 하시오.

(1) $(2ab^2)^2 \times (-a^2b)$

(2) $(4x^3y^2)^3 \div (2xy^3)^2$

(3) $(a^2b^3c)^3 \times (bc^2)^3 \div (ac)^4$

(4) $\left(\dfrac{2}{3}a^2b\right)^3 \div (a^3b)^2 \times \left(-\dfrac{1}{2}b^2\right)^3$

알아둡시다!

단항식의 곱셈
⇨ 지수법칙을 이용하여 간단
히 한다.

8 다음 식을 전개하시오.

(1) $2xy(x^2 - xy + 3y^2)$

(2) $(x+1)(2x-5)$

(3) $(x-2)(x^2+x+4)$

(4) $(x^2-2xy+3y)(x-2y)$

(5) $(2x^2-x+3)(3x^2-2)$

(6) $(2x-3y+1)(x+y-2)$

다항식의 곱셈
⇨ 분배법칙과 지수법칙을 이
용하여 식을 전개한 다음
동류항끼리 모아서 간단
히 정리한다.

9 다음은 $(x+m)(x+n)$을 전개하는 과정이다. ㄱ~ㄹ 중에서 분배법칙이 사용된 곳을 모두 고르시오.

$$
\begin{aligned}
(x+m)(x+n) &= x(x+n) + m(x+n) \\
&= (x^2+xn) + (mx+mn) \quad \rceil\ \text{ㄱ} \\
&= x^2 + (xn+mx) + mn \quad \rceil\ \text{ㄴ} \\
&= x^2 + (mx+nx) + mn \quad \rceil\ \text{ㄷ} \\
&= x^2 + (m+n)x + mn \quad \rceil\ \text{ㄹ}
\end{aligned}
$$

교환법칙
⇨ $AB = BA$
결합법칙
⇨ $(AB)C = A(BC)$
분배법칙
⇨ $A(B+C) = AB + AC$

03 **다항식의 전개식에서 계수 구하기**

다음 물음에 답하시오.

(1) $(1+3x+2x^2+4x^3)(3+2x+4x^2+5x^3)$의 전개식에서 x^3의 계수를 구하시오.

(2) $(2x^2-x+3)(5x^3-2x^2+x+1)$의 전개식에서 상수항을 포함한 모든 항의 계수들의 총합을 구하시오.

설명 (1) 주어진 다항식을 전개했을 때 삼차항이 나오는 경우는

(상수항)×(삼차항), (일차항)×(이차항), (이차항)×(일차항), (삼차항)×(상수항)

이므로 다항식을 모두 전개하지 말고 삼차항이 나오는 경우만 전개한다.

(2) 전개한 다항식이 $a_0+a_1x+a_2x^2+\cdots+a_nx^n$의 꼴일 때, 상수항을 포함한 모든 항의 계수들의 총합은

$a_0+a_1+a_2+\cdots+a_n$이고 이것은 $x=1$일 때의 식의 값과 같다.

따라서 다항식의 전개식에서 계수들의 총합을 구할 때에는 다항식에 $x=1$을 대입한다.

풀이 (1) 주어진 식에서 x^3항이 나올 수 있는 부분만 전개하면

$$1\times5x^3+3x\times4x^2+2x^2\times2x+4x^3\times3=5x^3+12x^3+4x^3+12x^3$$
$$=33x^3$$

따라서 x^3의 계수는 **33**이다.

(2) $(2x^2-x+3)(5x^3-2x^2+x+1)=a_0+a_1x+a_2x^2+a_3x^3+a_4x^4+a_5x^5$

이라 하면 구하는 값은 $a_0+a_1+a_2+a_3+a_4+a_5$

이것은 $x=1$일 때의 식의 값과 같으므로 위의 등식에 $x=1$을 대입하면

$$a_0+a_1+a_2+a_3+a_4+a_5=4\times5=\textbf{20}$$

 KEY Point

• 다항식의 전개식에서 특정한 항의 계수

⇨ 특정한 항이 나오는 경우만 전개한다.

● 정답 및 풀이 **3**쪽

 10 $(1+x-3x^2+x^3)^2$의 전개식에서 x^4의 계수를 a, x^5의 계수를 b라 할 때, $a-b$의 값을 구하시오.

11 $(x^3+ax^2+b)(2x^2-3bx+4)$의 전개식에서 x^4의 계수와 x^2의 계수가 모두 8일 때, 상수 a, b에 대하여 $a+b$의 값을 구하시오.

12 $(3x-1)(x^2-kx-4k)$의 전개식에서 상수항을 포함한 모든 항의 계수들의 총합이 -18일 때, 상수 k의 값을 구하시오.

개념원리 이해

03 곱셈 공식

1 곱셈 공식 ☞ 필수 04~06

다항식의 곱셈은 분배법칙을 이용하여 전개할 수도 있지만 다음과 같은 곱셈 공식을 이용하면 편리하게 계산할 수 있다.

---

(1) $(a+b)^2=a^2+2ab+b^2$, $(a-b)^2=a^2-2ab+b^2$

(2) $(a+b)(a-b)=a^2-b^2$

(3) $(x+a)(x+b)=x^2+(a+b)x+ab$

(4) $(ax+b)(cx+d)=acx^2+(ad+bc)x+bd$

(5) $(x+a)(x+b)(x+c)=x^3+(a+b+c)x^2+(ab+bc+ca)x+abc$

$(x-a)(x-b)(x-c)=x^3-(a+b+c)x^2+(ab+bc+ca)x-abc$

(6) $(a+b+c)^2=a^2+b^2+c^2+2ab+2bc+2ca$

(7) $(a+b)^3=a^3+3a^2b+3ab^2+b^3$

$(a-b)^3=a^3-3a^2b+3ab^2-b^3$

(8) $(a+b)(a^2-ab+b^2)=a^3+b^3$

$(a-b)(a^2+ab+b^2)=a^3-b^3$

(9) $(a+b+c)(a^2+b^2+c^2-ab-bc-ca)=a^3+b^3+c^3-3abc$

(10) $(a^2+ab+b^2)(a^2-ab+b^2)=a^4+a^2b^2+b^4$

증명 곱셈 공식 (1)~(4)는 중학교에서 이미 학습한 것이므로 (5)~(10)을 유도해 보자.

(5) $(x+a)(x+b)(x+c)=\{(x+a)(x+b)\}(x+c)$

$\qquad =\{x^2+(a+b)x+ab\}(x+c)$ ← 곱셈 공식 (3)

$\qquad =x^3+cx^2+(a+b)x^2+(a+b)cx+abx+abc$

$\qquad =x^3+(a+b+c)x^2+(ab+bc+ca)x+abc$

(6) $(a+b+c)^2=\{(a+b)+c\}^2=(a+b)^2+2(a+b)c+c^2$ ← 곱셈 공식 (1)

$\qquad =a^2+2ab+b^2+2ac+2bc+c^2$

$\qquad =a^2+b^2+c^2+2ab+2bc+2ca$

(7) $(a+b)^3=(a+b)(a+b)^2=(a+b)(a^2+2ab+b^2)$ ← 곱셈 공식 (1)

$\qquad =a^3+2a^2b+ab^2+a^2b+2ab^2+b^3$

$\qquad =a^3+3a^2b+3ab^2+b^3$

위의 곱셈 공식 $(a+b)^3=a^3+3a^2b+3ab^2+b^3$에 b 대신 $-b$를 대입하면

$\qquad (a-b)^3=a^3+3a^2\times(-b)+3a\times(-b)^2+(-b)^3$

$\qquad\qquad =a^3-3a^2b+3ab^2-b^3$

(8) $(a+b)(a^2-ab+b^2)=a^3-a^2b+ab^2+a^2b-ab^2+b^3=a^3+b^3$

$(a-b)(a^2+ab+b^2)=a^3+a^2b+ab^2-a^2b-ab^2-b^3=a^3-b^3$

(9) $(a+b+c)(a^2+b^2+c^2-ab-bc-ca)$

$=a^3+ab^2+ac^2-a^2b-abc-a^2c+a^2b+b^3+bc^2-ab^2-b^2c-abc+a^2c+b^2c+c^3-abc-bc^2-ac^2$

$=a^3+b^3+c^3-3abc$

(10) $(a^2+ab+b^2)(a^2-ab+b^2)=\{(a^2+b^2)+ab\}\{(a^2+b^2)-ab\}$

$\qquad\qquad =(a^2+b^2)^2-(ab)^2$ ← 곱셈 공식 (2)

$\qquad\qquad =a^4+2a^2b^2+b^4-a^2b^2$ ← 곱셈 공식 (1)

$\qquad\qquad =a^4+a^2b^2+b^4$

13 곱셈 공식을 이용하여 다음 식을 전개하시오.

(1) $(x+1)(x+3)(x+5)$

(2) $(x-2)(x-4)(x-3)$

(3) $(x+y+2z)^2$

(4) $(x-3y-z)^2$

(5) $(3x+1)^3$

(6) $(2x+5)^3$

(7) $(3x-2)^3$

(8) $(x-4y)^3$

(9) $(x+1)(x^2-x+1)$

(10) $(2x+3)(4x^2-6x+9)$

(11) $(x-2)(x^2+2x+4)$

(12) $(2a-b)(4a^2+2ab+b^2)$

14 곱셈 공식을 이용하여 다음 식을 전개하시오.

(1) $(a+b-c)(a^2+b^2+c^2-ab+bc+ca)$

(2) $(a-2b+3c)(a^2+4b^2+9c^2+2ab+6bc-3ca)$

(3) $(x^2-x+1)(x^2+x+1)$

(4) $(x^2+4xy+16y^2)(x^2-4xy+16y^2)$

알아둡시다!

① $(x+a)(x+b)(x+c)$
$=x^3+(a+b+c)x^2$
$\quad+(ab+bc+ca)x$
$\quad+abc$

② $(a+b+c)^2$
$=a^2+b^2+c^2$
$\quad+2ab+2bc+2ca$

③ $(a\pm b)^3$
$=a^3\pm3a^2b+3ab^2\pm b^3$
$\qquad$ (복호동순)

④ $(a\pm b)(a^2\mp ab+b^2)$
$=a^3\pm b^3$ (복호동순)

① $(a+b+c)$
$\times(a^2+b^2+c^2-ab-bc$
$\quad-ca)$
$=a^3+b^3+c^3-3abc$

② (a^2+ab+b^2)
$\times(a^2-ab+b^2)$
$=a^4+a^2b^2+b^4$

04 곱셈 공식

다음 식을 전개하시오.

(1) $(2x-4y+3)^2$ (2) $(2x-3)^3$

(3) $(x-3)(x+1)(x+4)$ (4) $(4x^2+6xy+9y^2)(4x^2-6xy+9y^2)$

(5) $(x-y)(x+y)(x^2+y^2)(x^4+y^4)$ (6) $(a+1)(a-1)(a^4+a^2+1)$

설명   항이 많은 다항식을 일일이 전개하다 보면 시간이 오래 걸릴 뿐만 아니라 계산 과정에서 실수할 수가 있다.
따라서 다항식의 곱셈을 계산할 때에는 먼저 곱셈 공식을 이용할 수 있는지 확인하고, 곱셈 공식을 이용하는 것이
쉽지 않을 때에는 분배법칙을 이용한다.

풀이   (1) (주어진 식)
$$= (2x)^2 + (-4y)^2 + 3^2 + 2 \times 2x \times (-4y) + 2 \times (-4y) \times 3 + 2 \times 3 \times 2x \qquad \leftarrow \text{곱셈 공식 (6)}$$
$$= 4x^2 + 16y^2 + 9 - 16xy - 24y + 12x$$

(2) (주어진 식) $= (2x)^3 - 3 \times (2x)^2 \times 3 + 3 \times 2x \times 3^2 - 3^3 \qquad \leftarrow \text{곱셈 공식 (7)}$
$$= 8x^3 - 36x^2 + 54x - 27$$

(3) (주어진 식)
$$= x^3 + (-3+1+4)x^2 + \{-3 \times 1 + 1 \times 4 + 4 \times (-3)\}x + (-3) \times 1 \times 4 \qquad \leftarrow \text{곱셈 공식 (5)}$$
$$= x^3 + 2x^2 - 11x - 12$$

(4) (주어진 식) $= \{(2x)^2 + 2x \times 3y + (3y)^2\}\{(2x)^2 - 2x \times 3y + (3y)^2\}$
$$= (2x)^4 + (2x)^2 \times (3y)^2 + (3y)^4 \qquad \leftarrow \text{곱셈 공식 (10)}$$
$$= 16x^4 + 36x^2y^2 + 81y^4$$

(5) (주어진 식) $= (x^2-y^2)(x^2+y^2)(x^4+y^4) = (x^4-y^4)(x^4+y^4) = x^8 - y^8 \qquad \leftarrow \text{곱셈 공식 (2)}$

(6) (주어진 식) $= (a^2-1)(a^4+a^2+1) \qquad\qquad\qquad\qquad\qquad\quad \leftarrow \text{곱셈 공식 (2)}$
$$= (a^2)^3 - 1^3 = a^6 - 1 \qquad\qquad\qquad\qquad\qquad\qquad \leftarrow \text{곱셈 공식 (8)}$$

KEY Point   • 다항식의 곱셈 ⇨ 곱셈 공식이나 분배법칙을 이용한다.

● 정답 및 풀이 **4**쪽

 15 다음 식을 전개하시오.

(1) $(a^2-5bc)(a^2+5bc)$ (2) $(-x+2y+3z)^2$

(3) $(3x-2y)(9x^2+6xy+4y^2)$ (4) $(x-4)(x+2)(x+5)$

(5) $(9x^2+3xy+y^2)(9x^2-3xy+y^2)$ (6) $(2a+b-c)(4a^2+b^2+c^2-2ab+bc+2ca)$

(7) $(x-y)^3(x+y)^3$ (8) $(a-b)(a+b)(a^2-ab+b^2)(a^2+ab+b^2)$

필수 **05** 공통부분이 있는 다항식의 전개

다음 식을 전개하시오.

(1) $(x^2+x+2)(x^2+x-4)$

(2) $(x-1)(x-2)(x+3)(x+4)$

풀이 (1) 공통부분이 x^2+x이므로 $x^2+x=X$로 놓으면

$$(\underline{x^2+x}+2)(\underline{x^2+x}-4)=(X+2)(X-4)$$
$$=X^2-2X-8$$
$$=(x^2+x)^2-2(x^2+x)-8 \quad \leftarrow X=x^2+x를 \ 대입$$
$$=x^4+2x^3+x^2-2x^2-2x-8$$
$$=\boldsymbol{x^4+2x^3-x^2-2x-8}$$

(2) 상수항의 합이 같도록 두 개씩 짝을 지어 공통부분이 있게 만들면

$$(x-1)(x-2)(x+3)(x+4)$$
$$=\{(x-1)(x+3)\}\{(x-2)(x+4)\} \quad \leftarrow -1+3=-2+4=2$$
$$=(\underline{x^2+2x}-3)(\underline{x^2+2x}-8)$$

공통부분이 x^2+2x이므로 $x^2+2x=X$로 놓으면

$$(주어진 \ 식)=(X-3)(X-8)$$
$$=X^2-11X+24$$
$$=(x^2+2x)^2-11(x^2+2x)+24 \quad \leftarrow X=x^2+2x를 \ 대입$$
$$=x^4+4x^3+4x^2-11x^2-22x+24$$
$$=\boldsymbol{x^4+4x^3-7x^2-22x+24}$$

KEY Point

• 공통부분이 있는 식 ⇨ 공통부분을 한 문자로 놓고 전개

• ( )( )( )( )의 꼴 ⇨ 공통부분이 생기도록 두 개씩 짝을 지어 전개

● 정답 및 풀이 5쪽

16 다음 식을 전개하시오.

(1) $(x^2+5x-2)(x^2+5x-3)$

(2) $(a+b-c)(a-b+c)$

(3) $(x^2-3x+1)(x^2-3x-4)+2$

(4) $(x+2)(x-2)(x+5)(x+9)$

(5) $(x-4)(x-3)(x-2)(x-1)$

06 **곱셈 공식을 이용한 수의 계산**

다음 물음에 답하시오.

(1) $(3+2)(3^2+2^2)(3^4+2^4)(3^8+2^8)$을 간단히 하시오.

(2) $99 \times (10001+100)$의 값을 구하시오.

설명 (1) 주어진 식에 $1=3-2$를 곱하고 $(a+b)(a-b)=a^2-b^2$임을 이용한다.

(2) $99=100-1$, $10001=100^2+1$로 변형하고 $(a-b)(a^2+ab+b^2)=a^3-b^3$임을 이용한다.

풀이 (1) 주어진 식에 $(3-2)$를 곱하면

$$(주어진 \ 식) = \underline{(3-2)}(3+2)(3^2+2^2)(3^4+2^4)(3^8+2^8) \quad \leftarrow 3-2=1$$
$$=(3^2-2^2)(3^2+2^2)(3^4+2^4)(3^8+2^8)$$
$$=(3^4-2^4)(3^4+2^4)(3^8+2^8)$$
$$=(3^8-2^8)(3^8+2^8)$$
$$=\mathbf{3^{16}-2^{16}}$$

(2) $99 \times (10001+100) = (100-1) \times (100^2+100+1)$
$$=100^3-1=\mathbf{999999}$$

• 복잡한 수의 계산
⇨ 곱셈 공식을 이용할 수 있도록 하나의 수를 두 수의 합 또는 차로 나타낸다.

● 정답 및 풀이 **5쪽**

 17 $(5+1)(5^2+1)(5^4+1)(5^8+1)$을 간단히 하시오.

18 $9 \times 11 \times 101 \times 10001$을 간단히 하시오.

19 $a=199$일 때, a^3의 각 자리의 숫자의 합을 구하시오.

04 곱셈 공식의 변형

1 곱셈 공식의 변형   필수 07~09 발전 10

문자의 합 또는 차와 곱이 주어질 때 다음과 같은 곱셈 공식의 변형을 이용하면 여러 가지 식의 값을 편리하게 구할 수 있다.

> (1) $a^2+b^2=(a+b)^2-2ab=(a-b)^2+2ab$
>
> (2) $(a-b)^2=(a+b)^2-4ab$
>
> $(a+b)^2=(a-b)^2+4ab$
>
> (3) $a^3+b^3=(a+b)^3-3ab(a+b)$
>
> $a^3-b^3=(a-b)^3+3ab(a-b)$
>
> (4) $a^2+b^2+c^2=(a+b+c)^2-2(ab+bc+ca)$
>
> (5) $a^2+b^2+c^2-ab-bc-ca=\dfrac{1}{2}\{(a-b)^2+(b-c)^2+(c-a)^2\}$
>
> $a^2+b^2+c^2+ab+bc+ca=\dfrac{1}{2}\{(a+b)^2+(b+c)^2+(c+a)^2\}$
>
> (6) $a^3+b^3+c^3=(a+b+c)(a^2+b^2+c^2-ab-bc-ca)+3abc$

▶ (1), (3)의 식에 a 대신 x, b 대신 $\dfrac{1}{x}$을 대입하면 다음과 같다.

(1) $x^2+\dfrac{1}{x^2}=\left(x+\dfrac{1}{x}\right)^2-2=\left(x-\dfrac{1}{x}\right)^2+2$

(3) $x^3+\dfrac{1}{x^3}=\left(x+\dfrac{1}{x}\right)^3-3\left(x+\dfrac{1}{x}\right)$

    $x^3-\dfrac{1}{x^3}=\left(x-\dfrac{1}{x}\right)^3+3\left(x-\dfrac{1}{x}\right)$

증명   (1) $(a+b)^2=a^2+2ab+b^2$에서 $2ab$를 이항하면
        $a^2+b^2=(a+b)^2-2ab$

(3) $(a+b)^3=a^3+3a^2b+3ab^2+b^3$에서 $3a^2b+3ab^2$을 이항하면
        $a^3+b^3=(a+b)^3-3a^2b-3ab^2=(a+b)^3-3ab(a+b)$

(4) $(a+b+c)^2=a^2+b^2+c^2+2ab+2bc+2ca$에서 $2ab+2bc+2ca$를 이항하면
        $a^2+b^2+c^2=(a+b+c)^2-2ab-2bc-2ca=(a+b+c)^2-2(ab+bc+ca)$

(5) $a^2+b^2+c^2-ab-bc-ca=\dfrac{1}{2}(2a^2+2b^2+2c^2-2ab-2bc-2ca)$

                        $=\dfrac{1}{2}\{(a^2-2ab+b^2)+(b^2-2bc+c^2)+(c^2-2ca+a^2)\}$

                        $=\dfrac{1}{2}\{(a-b)^2+(b-c)^2+(c-a)^2\}$

예제 ▶ $a+b=3$, $ab=1$일 때, 다음 식의 값을 구하시오.

(1) a^2+b^2 (2) a^3+b^3

풀이   (1) $a^2+b^2=(a+b)^2-2ab=3^2-2\times1=7$

     (2) $a^3+b^3=(a+b)^3-3ab(a+b)=3^3-3\times1\times3=18$

✏️ **알아둡시다!**

문자의 합과 곱이 주어지면 곱셈 공식의 변형을 이용한 다.

20 $a+b=-2$, $ab=1$일 때, 다음 식의 값을 구하시오.

(1) a^2+b^2 (2) $(a-b)^2$ (3) a^3+b^3

21 $a-b=4$, $ab=-3$일 때, 다음 식의 값을 구하시오.

(1) a^2+b^2 (2) $(a+b)^2$ (3) a^3-b^3

22 $x+\dfrac{1}{x}=5$일 때, 다음 식의 값을 구하시오.

(1) $x^2+\dfrac{1}{x^2}$ (2) $\left(x-\dfrac{1}{x}\right)^2$ (3) $x^3+\dfrac{1}{x^3}$

23 $x-\dfrac{1}{x}=2$일 때, 다음 식의 값을 구하시오.

(1) $x^2+\dfrac{1}{x^2}$ (2) $\left(x+\dfrac{1}{x}\right)^2$ (3) $x^3-\dfrac{1}{x^3}$

24 $a+b+c=1$, $ab+bc+ca=-2$일 때, $a^2+b^2+c^2$의 값을 구하시오.

● 더 다양한 문제는 **RPM** 공통수학1 12쪽

필수 07 곱셈 공식의 변형 – 문자가 2개

$x+y=2$, $x^3+y^3=14$일 때, x^2+y^2의 값을 구하시오.

풀이

$x^3+y^3=(x+y)^3-3xy(x+y)$에서　$14=2^3-3xy\times2$　$\therefore xy=-1$

$\therefore x^2+y^2=(x+y)^2-2xy=2^2-2\times(-1)=\mathbf{6}$

● 더 다양한 문제는 **RPM** 공통수학1 12쪽

필수 08 곱셈 공식의 변형 – $x\pm\dfrac{1}{x}$

다음을 구하시오.

(1) $x^2+\dfrac{1}{x^2}=3$일 때, $x^3+\dfrac{1}{x^3}$의 값 (단, $x>0$)

(2) $x^2-3x+1=0$일 때, $x^2+\dfrac{1}{x^2}$의 값

풀이

(1) $\left(x+\dfrac{1}{x}\right)^2=x^2+\dfrac{1}{x^2}+2=3+2=5$이므로　$x+\dfrac{1}{x}=\sqrt{5}$ ($\because x>0$)

$\therefore x^3+\dfrac{1}{x^3}=\left(x+\dfrac{1}{x}\right)^3-3\left(x+\dfrac{1}{x}\right)=(\sqrt{5})^3-3\times\sqrt{5}=\mathbf{2\sqrt{5}}$

(2) $x^2-3x+1=0$에서 $x\neq0$이므로 양변을 x로 나누면

$x-3+\dfrac{1}{x}=0$　$\therefore x+\dfrac{1}{x}=3$

$\therefore x^2+\dfrac{1}{x^2}=\left(x+\dfrac{1}{x}\right)^2-2=3^2-2=\mathbf{7}$

KEY Point

- $a^2+b^2=(a+b)^2-2ab=(a-b)^2+2ab$
- $a^3+b^3=(a+b)^3-3ab(a+b)$
- $x^2+\dfrac{1}{x^2}=\left(x+\dfrac{1}{x}\right)^2-2$
- $x^3+\dfrac{1}{x^3}=\left(x+\dfrac{1}{x}\right)^3-3\left(x+\dfrac{1}{x}\right)$
- $x^2-px+1=0$의 꼴 ⇨ 양변을 x로 나누어 $x+\dfrac{1}{x}=p$로 변형

● 정답 및 풀이 6쪽

25 $a+b=6$, $a^2+b^2=32$일 때, $a-b$의 값을 구하시오. (단, $a>b$)

26 $x=\sqrt{2}+1$, $y=\sqrt{2}-1$일 때, x^4y-xy^4의 값을 구하시오.

27 $x-\dfrac{1}{x}=2\sqrt{3}$, $x^2-\dfrac{1}{x^2}=8\sqrt{3}$일 때, $x^3+\dfrac{1}{x^3}$의 값을 구하시오.

28 $x^2-\sqrt{6}x-1=0$일 때, $x^3-\dfrac{1}{x^3}$의 값을 구하시오.

● 더 다양한 문제는 **RPM** 공통수학 1 13쪽

필수 09 곱셈 공식의 변형 − 문자가 3개

$a+b+c=8$, $ab+bc+ca=17$일 때, $(a-b)^2+(b-c)^2+(c-a)^2$의 값을 구하시오.

풀이
$$(a-b)^2+(b-c)^2+(c-a)^2=(a^2-2ab+b^2)+(b^2-2bc+c^2)+(c^2-2ca+a^2)$$
$$=2a^2+2b^2+2c^2-2ab-2bc-2ca$$
$$=2(a^2+b^2+c^2)-2(ab+bc+ca)$$
$$=2\{(a+b+c)^2-2(ab+bc+ca)\}-2(ab+bc+ca)$$
$$=2(a+b+c)^2-6(ab+bc+ca)$$
$$=2\times 8^2-6\times 17=\mathbf{26}$$

● 더 다양한 문제는 **RPM** 공통수학 1 16쪽

발전 10 복잡한 곱셈 공식의 변형

다음을 구하시오.

(1) $a-b=4-\sqrt{2}$, $b-c=4+\sqrt{2}$일 때, $a^2+b^2+c^2-ab-bc-ca$의 값

(2) $a+b+c=2$, $a^2+b^2+c^2=6$, $abc=-2$일 때, $a^3+b^3+c^3$의 값

풀이
(1) $a-b=4-\sqrt{2}$, $b-c=4+\sqrt{2}$를 변끼리 더하면 $a-c=8$ $\therefore c-a=-8$

$\therefore a^2+b^2+c^2-ab-bc-ca=\dfrac{1}{2}\{(a-b)^2+(b-c)^2+(c-a)^2\}$

$=\dfrac{1}{2}\{(4-\sqrt{2})^2+(4+\sqrt{2})^2+(-8)^2\}=\mathbf{50}$

(2) $(a+b+c)^2=a^2+b^2+c^2+2(ab+bc+ca)$에서

$2^2=6+2(ab+bc+ca)$ $\therefore ab+bc+ca=-1$

$\therefore a^3+b^3+c^3=(a+b+c)(a^2+b^2+c^2-ab-bc-ca)+3abc$

$=2\times\{6-(-1)\}+3\times(-2)=\mathbf{8}$

KEY Point

- $a^2+b^2+c^2=(a+b+c)^2-2(ab+bc+ca)$
- $a^2+b^2+c^2-ab-bc-ca=\dfrac{1}{2}\{(a-b)^2+(b-c)^2+(c-a)^2\}$
- $a^3+b^3+c^3=(a+b+c)(a^2+b^2+c^2-ab-bc-ca)+3abc$

● 정답 및 풀이 **7**쪽

확인 체크

29 $a+b+c=2$, $a^2+b^2+c^2=8$, $abc=-2$일 때, $\dfrac{1}{a}+\dfrac{1}{b}+\dfrac{1}{c}$의 값을 구하시오.

30 $x-y=2+\sqrt{3}$, $y-z=2-\sqrt{3}$일 때, $x^2+y^2+z^2-xy-yz-zx$의 값을 구하시오.

31 $a+b+c=4$, $ab+bc+ca=2$, $abc=-3$일 때, $a^3+b^3+c^3$의 값을 구하시오.

● 더 다양한 문제는 **RPM** 공통수학 1 16쪽 ─

필수 11 곱셈 공식의 활용 – 도형

오른쪽 그림과 같은 직육면체 모양의 상자가 있다. 이 상자의 겉넓이가 90이고 모든 모서리의 길이의 합이 48일 때, 이 상자의 대각선의 길이를 구하시오.

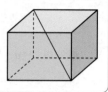

설명 주어진 직육면체에서 세 모서리의 길이를 문자로 놓고 겉넓이, 모서리의 길이의 합, 대각선의 길이를 이 문자로 나타낸 후 곱셈 공식을 이용한다.

풀이 오른쪽 그림과 같이 직육면체 모양의 상자의 세 모서리의 길이를 각각 a, b, c라 하면 이 상자의 대각선의 길이는 $\sqrt{a^2+b^2+c^2}$이다.

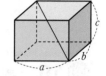

이때 상자의 겉넓이가 90이므로

$$2(ab+bc+ca)=90 \qquad \therefore ab+bc+ca=45$$

상자의 모든 모서리의 길이의 합이 48이므로

$$4(a+b+c)=48 \qquad \therefore a+b+c=12$$
$$\therefore a^2+b^2+c^2=(a+b+c)^2-2(ab+bc+ca)$$
$$=12^2-2\times45=54$$

따라서 상자의 대각선의 길이는 $\sqrt{54}$, 즉 $\mathbf{3\sqrt{6}}$이다.

● 정답 및 풀이 **7**쪽

32 오른쪽 그림과 같이 반지름의 길이가 5인 원에 둘레의 길이가 28인 직사각형이 내접할 때, 이 직사각형의 넓이를 구하시오.

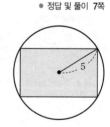

33 오른쪽 그림과 같은 직육면체의 겉넓이가 100이고 삼각형 BGD의 세 변의 길이의 제곱의 합이 138이다. 이 직육면체의 모든 모서리의 길이의 합을 구하시오.

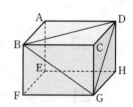

05 다항식의 나눗셈

1 다항식의 나눗셈 ⬚ 필수 12

> **(1) (다항식)÷(단항식)의 계산**
>
> $$(a+b) \div m = (a+b) \times \frac{1}{m} = \frac{a}{m} + \frac{b}{m} \ (\text{단, } m \neq 0)$$
>
> **(2) (다항식)÷(다항식)의 계산**
>
> 각 다항식을 내림차순으로 정리한 다음 **자연수의 나눗셈과 같은 방법**으로 직접 나누어 몫과 나머지를 구한다. 이때 나머지가 상수가 되거나 나머지의 차수가 나누는 식의 차수보다 작을 때까지 나눈다.

설명 (다항식)÷(다항식)의 계산은 각 다항식을 내림차순으로 정리한 다음 차수를 맞춰서 계산한다. 이때 계수가 0인 항은 그 자리를 비워 둔다.

예를 들어 $3x^2+8x+7$을 $x+2$로 나눈 몫과 나머지는 다음과 같다.

계수만 이용

$$
\begin{array}{r}
3x+2 \quad \Leftarrow \text{몫} \\
x+2\,)\overline{3x^2+8x+7} \\
\underline{3x^2+6x} \quad \leftarrow (x+2)\times 3x \\
2x+7 \\
\underline{2x+4} \quad \leftarrow (x+2)\times 2 \\
3 \quad \Leftarrow \text{나머지}
\end{array}
$$

$$
\begin{array}{r}
3\ 2 \quad \Rightarrow \text{몫: } 3x+2 \\
1\ 2\,)\overline{3\ 8\ 7} \\
\underline{3\ 6} \\
2\ 7 \\
\underline{2\ 4} \\
3 \quad \Rightarrow \text{나머지: } 3
\end{array}
$$

2 다항식의 나눗셈에 대한 등식 ⬚ 필수 13

> 다항식 A를 다항식 $B\,(B \neq 0)$로 나누었을 때의 몫을 Q, 나머지를 R라 하면
> $$A = BQ + R \ (\text{단, } R \text{는 상수이거나 } (R \text{의 차수}) < (B \text{의 차수}))$$
> 특히 $R=0$, 즉 $A=BQ$이면 A는 B로 나누어떨어진다고 한다.
>
> $$
> \begin{array}{r}
> Q \\
> B\,)\overline{A} \\
> \underline{BQ} \\
> A-BQ = R
> \end{array}
> $$

▶ ① Q, R는 각각 quotient(몫), remainder(나머지)의 첫 글자를 따온 것이다.
　② $(A \text{의 차수}) = (B \text{의 차수}) + (Q \text{의 차수})$

보기 ▶ 다항식 $f(x)$를 $2x-1$로 나누었을 때의 몫이 x^2+x-3이고 나머지가 5이면
$$f(x) = (2x-1)\underset{\text{몫}}{(x^2+x-3)} + \underset{\text{나머지}}{5} = 2x^3+x^2-7x+8$$

참고 일반적으로 다항식의 나눗셈에서
일차식으로 나누었을 때의 나머지는 　a
이차식으로 나누었을 때의 나머지는 　$ax+b$
삼차식으로 나누었을 때의 나머지는 　ax^2+bx+c
의 꼴로 놓을 수 있다. (단, a, b, c는 상수이다.)

3 **조립제법** 🔖 필수 15

다항식 $f(x)$를 x에 대한 **일차식으로 나눌 때**, 직접 나눗셈을 하지 않고 **계수만을 이용하여 몫과 나머지**를 구하는 방법을 **조립제법**이라 한다.

예를 들어 $3x^3-2x^2+x-6$을 $x-2$로 나누었을 때의 몫과 나머지를 구해 보자.

(i) 다항식의 계수를 첫째 줄에 차례로 적는다. 이때 계수가 0인 항은 그 자리에 0을 적는다.

(ii) (나누는 식)=0이 되는 x의 값, 즉 $x-2=0$인 x의 값 2를 맨 왼쪽에 적는다.

(iii) 다항식의 최고차항의 계수 3을 셋째 줄에 내려 적는다.

(iv) (ii)에서 적은 수 2와 (iii)에서 적은 수 3의 곱 6을 두 번째 항의 계수 -2 아래에 적고, -2와 6의 합 4를 6 아래에 적는다.

(v) (iv)와 같은 과정을 계속 반복할 때, 셋째 줄에 적힌 수 중 맨 오른쪽에 있는 수가 나머지이고 그 수를 제외한 수가 몫의 계수이다.

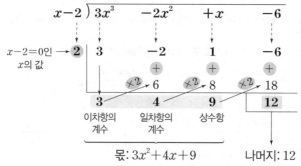

몫: $3x^2+4x+9$ 　 나머지: 12

$$\therefore 3x^3-2x^2+x-6=(x-2)(3x^2+4x+9)+12$$

🔖 필수 14

보충 학습 **다항식 $f(x)$를 $x+\dfrac{b}{a}$와 $ax+b\ (a\neq0)$로 나누었을 때의 몫과 나머지의 관계**

다항식 $f(x)$를 $x+\dfrac{b}{a}$로 나누었을 때의 몫을 $Q(x)$, 나머지를 R라 하면

$$f(x)=\left(x+\frac{b}{a}\right)Q(x)+R=(ax+b)\times\underbrace{\frac{1}{a}Q(x)}_{\text{몫}}+\underbrace{R}_{\text{나머지}}$$

이므로 $f(x)$를 $ax+b$로 나누었을 때의 몫은 $\dfrac{1}{a}Q(x)$, 나머지는 R이다.

➡ $f(x)$를 $ax+b$로 나누었을 때의 몫은 $x+\dfrac{b}{a}$로 나누었을 때의 몫의 $\dfrac{1}{a}$배이고,

　 $f(x)$를 $ax+b$로 나누었을 때의 나머지는 $x+\dfrac{b}{a}$로 나누었을 때의 나머지와 같다.

개념원리 익히기

✎ **알아둡시다!**

$(a+b) \div m = \dfrac{a}{m} + \dfrac{b}{m}$

34 다음을 계산하시오.

(1) $(6a^2b^3c + 9ab^2c^3) \div (-3ab^2c)$

(2) $(4xy^4z^5 - 2x^3y^7z^3) \div 2xy^3z^2$

(3) $(25a^4b^5c^6 - 5a^3b^2c + 10a^6b^7c^9) \div (-5a^2b^5c)$

---

35 다음 나눗셈에서 □ 안에 알맞은 것을 써넣고, 몫과 나머지를 각각 구하시오.

계수가 0인 항의 자리는 비워두고 자연수의 나눗셈과 같은 방법으로 한다.

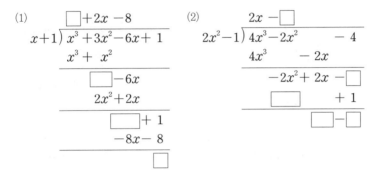

---

36 다음을 만족시키는 다항식 $f(x)$를 구하시오.

(1) $f(x)$를 x^2-1로 나누었을 때의 몫이 $x-2$, 나머지가 4이다.

(2) $f(x)$를 x^2+2x+2로 나누었을 때의 몫이 $x+1$, 나머지가 $-x+3$이다.

다항식 A를 다항식 B로 나누었을 때의 몫이 Q, 나머지가 R이면
$$A = BQ + R$$

---

37 다음은 조립제법을 이용하여 나눗셈의 몫과 나머지를 구하는 과정이다. □ 안에 알맞은 것을 써넣고, 몫과 나머지를 각각 구하시오.

(1) $(x^3 - 5x + 1) \div (x+2)$

(2) $(3x^3 - 4x^2 - 2x + 6) \div (x-1)$

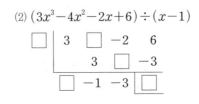

필수 12 다항식의 나눗셈 – 몫과 나머지

다음 나눗셈의 몫과 나머지를 구하시오.

(1) $(4x^2-2x+3) \div (2x+1)$

(2) $(-3x^3+7x^2-6x-5) \div (-x+3)$

(3) $(2x^3-9x^2+17x-3) \div (x^2+2)$

(4) $(x^4+3x^3-2x+6) \div (x^2-x+1)$

풀이

(1)
$$
\begin{array}{r}
2x-2 \\
2x+1{\overline{\smash{\big)}\,4x^2-2x+3}} \\
\underline{4x^2+2x} \\
-4x+3 \\
\underline{-4x-2} \\
5
\end{array}
$$

∴ 몫: $2x-2$, 나머지: 5

(2)
$$
\begin{array}{r}
3x^2+2x+12 \\
-x+3{\overline{\smash{\big)}\,-3x^3+7x^2-6x-5}} \\
\underline{-3x^3+9x^2} \\
-2x^2-6x \\
\underline{-2x^2+6x} \\
-12x-5 \\
\underline{-12x+36} \\
-41
\end{array}
$$

∴ 몫: $3x^2+2x+12$, 나머지: -41

(3)
$$
\begin{array}{r}
2x-9 \\
x^2+2{\overline{\smash{\big)}\,2x^3-9x^2+17x-3}} \\
\underline{2x^3+4x} \\
-9x^2+13x-3 \\
\underline{-9x^2-18} \\
13x+15
\end{array}
$$

∴ 몫: $2x-9$, 나머지: $13x+15$

(4)
$$
\begin{array}{r}
x^2+4x+3 \\
x^2-x+1{\overline{\smash{\big)}\,x^4+3x^3-2x+6}} \\
\underline{x^4-x^3+x^2} \\
4x^3-x^2-2x \\
\underline{4x^3-4x^2+4x} \\
3x^2-6x+6 \\
\underline{3x^2-3x+3} \\
-3x+3
\end{array}
$$

∴ 몫: x^2+4x+3, 나머지: $-3x+3$

KEY Point

• (다항식) ÷ (다항식) ⇨ 각 다항식을 내림차순으로 정리한 후 직접 나눗셈을 한다.

● 정답 및 풀이 **8**쪽

38 다항식 $2x^4+x^3-6x^2+7x-5$를 $2x^2-x+1$로 나누었을 때의 몫이 x^2+ax+b, 나머지가 $cx-2$일 때, 상수 a, b, c에 대하여 $a+b+c$의 값을 구하시오.

39 다항식 x^3-2x+1을 x^2+x+1로 나누었을 때의 몫을 $Q(x)$, 나머지를 $R(x)$라 할 때, $Q(3)+R(-1)$의 값을 구하시오.

필수 13 **다항식의 나눗셈 – $A=BQ+R$**

다항식 x^4-3x^2-x-5를 다항식 A로 나누었을 때의 몫이 x^2+x+3이고 나머지가 $7x+10$일 때, 다항식 A를 구하시오.

풀이 다항식 x^4-3x^2-x-5를 다항식 A로 나누었을 때의 몫이 x^2+x+3, 나머지가 $7x+10$이므로

$$x^4-3x^2-x-5=A(x^2+x+3)+7x+10$$
$$A(x^2+x+3)=x^4-3x^2-x-5-(7x+10)$$
$$=x^4-3x^2-8x-15$$
$$\therefore A=(x^4-3x^2-8x-15)\div(x^2+x+3)$$
$$=x^2-x-5$$

$$
\begin{array}{r}
x^2-x-5 \\
x^2+x+3\,\overline{)\,x^4-3x^2-8x-15} \\
\underline{x^4+x^3+3x^2} \\
-x^3-6x^2-8x \\
\underline{-x^3-x^2-3x} \\
-5x^2-5x-15 \\
\underline{-5x^2-5x-15} \\
0
\end{array}
$$

필수 14 **몫과 나머지의 변형**

다항식 $f(x)$를 $x-\dfrac{2}{3}$로 나누었을 때의 몫을 $Q(x)$, 나머지를 R라 할 때, $f(x)$를 $3x-2$로 나누었을 때의 몫과 나머지를 구하시오.

풀이 다항식 $f(x)$를 $x-\dfrac{2}{3}$로 나누었을 때의 몫이 $Q(x)$, 나머지가 R이므로

$$f(x)=\left(x-\frac{2}{3}\right)Q(x)+R=\frac{1}{3}(3x-2)Q(x)+R=(3x-2)\times\frac{1}{3}Q(x)+R$$

따라서 $f(x)$를 $3x-2$로 나누었을 때의 **몫은 $\dfrac{1}{3}Q(x)$, 나머지는 R**이다.

KEY Point

- 다항식 A를 다항식 B로 나누었을 때의 몫이 Q, 나머지가 R ⇨ $A=BQ+R$

- $ax-b\;(a\ne0)$로 나눈 몫 ⇨ $x-\dfrac{b}{a}$로 나눈 몫의 $\dfrac{1}{a}$배

● 정답 및 풀이 **8쪽**

확인 체크

40 다항식 $6x^4-x^3-16x^2+5x$를 다항식 A로 나누었을 때의 몫이 $3x^2-2x-4$이고 나머지가 $5x-8$일 때, 다항식 A를 구하시오.

41 다항식 $f(x)$를 $2x+4$로 나누었을 때의 몫을 $Q(x)$, 나머지를 R라 할 때, $f(x)$를 $x+2$로 나누었을 때의 몫과 나머지를 구하시오.

15 조립제법

조립제법을 이용하여 다음 나눗셈의 몫과 나머지를 구하시오.

(1) $(3x^3+4x^2-5) \div (x+2)$　　　　(2) $(2x^3-5x^2+5x+3) \div (2x-3)$

 (1) 조립제법을 이용할 때, 계수가 0인 항은 그 자리에 0을 적는다.

(2) 나누는 식의 일차항의 계수가 1이 아니므로 나눗셈에 대한 등식을 세우고 이를 변형하여 몫과 나머지를 구한다.

풀이 (1) $3x^3+4x^2-5$를 $x+2$로 나누었을 때의 몫과 나머지를 오른쪽과 같이 조립제법을 이용하여 구하면

　　몫: $3x^2-2x+4$, 나머지: -13

$$\begin{array}{r|rrrr} -2 & 3 & 4 & 0 & -5 \\ & & -6 & 4 & -8 \\ \hline & 3 & -2 & 4 & \boxed{-13} \end{array}$$

(2) $2x-3=2\left(x-\dfrac{3}{2}\right)$이므로 오른쪽과 같이 조립제법을 이용하면

$2x^3-5x^2+5x+3$을 $x-\dfrac{3}{2}$으로 나누었을 때의 몫은 $2x^2-2x+2$, 나머지는 6이다.

$$\begin{array}{r|rrrr} \frac{3}{2} & 2 & -5 & 5 & 3 \\ & & 3 & -3 & 3 \\ \hline & 2 & -2 & 2 & \boxed{6} \end{array}$$

$$\therefore 2x^3-5x^2+5x+3=\left(x-\dfrac{3}{2}\right)(2x^2-2x+2)+6$$
$$=\left(x-\dfrac{3}{2}\right)\times 2(x^2-x+1)+6$$
$$=(2x-3)(x^2-x+1)+6$$

$\therefore$ 몫: x^2-x+1, 나머지: 6

 KEY Point

• 일차식으로 나눈 몫과 나머지 ⇨ 조립제법을 이용하여 구한다.

● 정답 및 풀이 **9**쪽

 42 오른쪽은 조립제법을 이용하여 다항식 $2x^3-5x^2-4x+6$을 $x-3$으로 나누었을 때의 몫과 나머지를 구하는 과정이다. 이때 $a+b+R$의 값을 구하시오.

$$\begin{array}{r|rrrr} 3 & 2 & -5 & -4 & 6 \\ & & 6 & a & -3 \\ \hline & 2 & b & -1 & \boxed{R} \end{array}$$

43 조립제법을 이용하여 다음 나눗셈의 몫과 나머지를 구하시오.

(1) $(x^5+1) \div (x+1)$

(2) $(3x^3-7x^2+11x+1) \div (3x-1)$

STEP 1

44 두 다항식 $A=3x^2-2xy-y^2$, $B=x^2+3xy-2y^2$에 대하여
$A-3(X-B)=7A$를 만족시키는 다항식 X를 구하시오.

45 $(x+2)^3(3x-2)^2$의 전개식에서 x^2의 계수를 구하시오.

46 다항식 $(x+1)(x-2)(x-5)(x+10)$을 전개한 식이
$x^4+4x^3+px^2+40x+q$일 때, 상수 p, q에 대하여 $-2p-q$의 값을
구하시오.

공통부분이 생기도록 두 개씩
짝을 지어 전개한다.

교육청 기출

47 $x+y=\sqrt{2}$, $xy=-2$일 때, $\dfrac{x^2}{y}+\dfrac{y^2}{x}$의 값은?

① $-5\sqrt{2}$ ② $-4\sqrt{2}$ ③ $-3\sqrt{2}$ ④ $-2\sqrt{2}$ ⑤ $-\sqrt{2}$

주어진 식을 $x+y$, xy에 대
한 식으로 나타낸다.

48 오른쪽은 x에 대한 다항식
ax^3+bx^2+cx+d를 $2x-1$로 나누었을 때
의 몫과 나머지를 구하기 위하여 조립제법을
이용한 것이다. 몫과 나머지를 구하시오.

k	a	b	c	d
		1	0	3
	2	0	6	-2

STEP 2

49 $(1+2x+3x^2+\cdots+100x^{99})^2$의 전개식에서 x^5의 계수를 구하시오.

$(a_0+a_1x+a_2x^2+\cdots)^2$
$=(a_0+a_1x+a_2x^2+\cdots)$
$\quad\times(a_0+a_1x+a_2x^2+\cdots)$

생각해 봅시다!

50 $99^3 - 101 \times (100^2 - 99)$의 값을 구하시오.

곱셈 공식을 이용할 수 있도록 하나의 수를 두 수의 합 또는 차로 나타낸다.

51 $x^2 + 3x + 1 = 0$일 때, $x^3 - 2x^2 - 3x + 5 - \dfrac{3}{x} - \dfrac{2}{x^2} + \dfrac{1}{x^3}$의 값을 구하시오.

52 $x + y + z = 6$, $x^2 + y^2 + z^2 = 18$, $\dfrac{1}{x} + \dfrac{1}{y} + \dfrac{1}{z} = \dfrac{9}{4}$일 때, $x^3 + y^3 + z^3$의 값을 구하시오.

53 다항식 $f(x)$를 $x^2 - 2x + 3$으로 나누었을 때의 몫이 $x - 1$이고 나머지가 $3x - 2$일 때, $f(x)$를 $x^2 - x - 1$로 나누었을 때의 몫과 나머지의 합을 구하시오.

다항식 $f(x)$를 다항식 $g(x)$로 나누었을 때의 몫이 $Q(x)$, 나머지가 $R(x)$이면
$$f(x) = g(x)Q(x) + R(x)$$

교육청 기출

54 다항식 $f(x)$를 $x^2 + 1$로 나눈 나머지가 $x + 1$이다. $\{f(x)\}^2$을 $x^2 + 1$로 나눈 나머지가 $R(x)$일 때, $R(3)$의 값은?

① 6 ② 7 ③ 8 ④ 9 ⑤ 10

55 오른쪽 조립제법은 x에 대한 삼차식 $f(x)$를 $x - 1$로 나누었을 때의 몫 $Q(x)$와 나머지 R를 구하는 과정이다. 이때 $f(-2) + Q(3) + R$의 값을 구하시오.

1	1			
		1	-4	3
				8

실력 UP⁺

56 $a+b=1$, $a^2+b^2=5$일 때, a^7+b^7의 값을 구하시오.

생각해 봅시다! 💡

a^3+b^3, a^4+b^4의 값을 이용한다.

57 $a+b+c=2$, $ab+bc+ca=-1$일 때,
$(a+b+c)^2+(-a+b+c)^2+(a-b+c)^2+(a+b-c)^2$의 값을
구하시오.

$a^2+b^2+c^2$
$=(a+b+c)^2$
$\quad-2(ab+bc+ca)$

58 $a+b+c=3$, $a^2+b^2+c^2=11$, $a^3+b^3+c^3=27$일 때,
$ab(a+b)+bc(b+c)+ca(c+a)$의 값을 구하시오.

교육청 기출

59 그림과 같이 중심이 O, 반지름의 길이가 4
이고 중심각의 크기가 $90°$인 부채꼴 OAB
가 있다. 호 AB 위의 점 P에서 두 선분
OA, OB에 내린 수선의 발을 각각 H, I라
하자. 삼각형 PIH에 내접하는 원의 넓이가
$\dfrac{\pi}{4}$일 때, $\overline{\text{PH}}^3+\overline{\text{PI}}^3$의 값은?

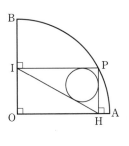

(단, 점 P는 점 A도 아니고 점 B도 아니다.)

① 56 ② $\dfrac{115}{2}$ ③ 59 ④ $\dfrac{121}{2}$ ⑤ 62

60 $x=1+\sqrt{7}$일 때, $2x^4-3x^3+x^2-21x$의 값을 구하시오.

주어진 등식을
(x에 대한 이차식)=0
의 꼴로 변형한다.

'시작'

너무 설레는 말이야.

새로운 기회를 갖는 거잖아.

또 새로운 목표가 생긴 거잖아.

실패? 두려워하지 않아도 돼.

다시 시작하면 되니까!

I

다항식

이 단원에서는

중학교에서 학습한 항등식의 개념을 바탕으로 항등식의 성질을 이해하고, 항등식에서
결정되지 않은 계수를 정하는 미정계수법, 다항식을 일차식으로 나눈 나머지를 구하는
나머지정리와 인수정리를 학습합니다.

01 항등식

1 항등식의 성질

문자를 포함한 등식에서 문자에 어떤 값을 대입하여도 항상 성립하는 등식을 항등식이라 한다.
항등식에서는 다음과 같은 성질이 성립한다.

> (1) ① $ax+by+c=0$이 x, y에 대한 항등식 $\iff a=0, b=0, c=0$
> ② $ax+by+c=a'x+b'y+c'$이 x, y에 대한 항등식 $\iff a=a', b=b', c=c'$
> (2) ① $ax^2+bx+c=0$이 x에 대한 항등식 $\iff a=0, b=0, c=0$
> ② $ax^2+bx+c=a'x^2+b'x+c'$이 x에 대한 항등식 $\iff a=a', b=b', c=c'$

▶ ① 기호 '$\iff$'는 두 문장이나 식이 서로 같은 의미임을 나타낸다.
　② 항등식의 성질은 차수에 관계없이 모든 다항식에 대하여 성립한다.

증명 (2) ① $ax^2+bx+c=0$이 x에 대한 항등식이면 x에 어떤 값을 대입하여도 항상 성립하므로
　　　　$x=0$을 대입하면　　$c=0$　　……… ㉠
　　　　$x=-1$을 대입하면　　$a-b+c=0$　　……… ㉡
　　　　$x=1$을 대입하면　　$a+b+c=0$　　……… ㉢
　　　　㉠, ㉡, ㉢에서　　$a=0, b=0, c=0$
　　　　또 $a=0, b=0, c=0$이면 등식 $ax^2+bx+c=0$은 x에 어떤 값을 대입하여도 항상 성립하므로 x에 대한 항등
　　　　식이다.
　　② $ax^2+bx+c=a'x^2+b'x+c'$에서
　　　　$(a-a')x^2+(b-b')x+(c-c')=0$
　　　　이 식이 x에 대한 항등식이면 ①에 의하여
　　　　$a-a'=0, b-b'=0, c-c'=0$
　　　　$\therefore a=a', b=b', c=c'$
　　　　또 $a=a', b=b', c=c'$이면 등식 $ax^2+bx+c=a'x^2+b'x+c'$은 x에 어떤 값을 대입하여도 항상 성립하므
　　　　로 x에 대한 항등식이다.

참고 다음 표현은 모두 x에 대한 항등식을 나타낸다.
　　① x의 값에 관계없이 항상 성립하는 등식
　　② 모든 x에 대하여 성립하는 등식
　　③ 임의의 x에 대하여 성립하는 등식
　　④ 어떤 x의 값에 대하여도 항상 성립하는 등식

예제 ▶ 다음 등식이 x에 대한 항등식이 되도록 하는 상수 a, b, c의 값을 구하시오.
　　(1) $(a-1)x^2+(b+2)x+3-c=0$
　　(2) $x^2+ax+6=bx^2+c$

풀이 (1) $a-1=0, b+2=0, 3-c=0$　　$\therefore a=1, b=-2, c=3$
　　(2) $a=0, b=1, c=6$

2 미정계수법 ∽ 필수 01, 02

항등식의 뜻과 성질을 이용하여 주어진 등식에서 정해져 있지 않은 계수를 정하는 방법을 **미정계수법**이라 한다.

(1) **계수 비교법**: 항등식의 양변의 동류항의 계수는 서로 같다는 성질을 이용하여 **양변의 동류항의 계수를 비교**하여 미정계수를 정하는 방법

(2) **수치 대입법**: 항등식은 문자에 어떤 값을 대입하여도 항상 성립하므로 문자에 **적당한 수를 대입**하여 미정계수를 정하는 방법

▶ 수치 대입법을 이용할 때에는 미정계수의 개수만큼 서로 다른 값을 문자에 대입한다.

예제 ▶ 등식 $a(x-2)+b(x-3)=x$가 x에 대한 항등식이 되도록 하는 상수 a, b의 값을 구하시오.

풀이   방법1 계수 비교법

주어진 등식의 좌변을 전개하여 정리하면

$$(a+b)x-2a-3b=x$$

양변의 동류항의 계수를 비교하면

$$a+b=1, \ -2a-3b=0$$

$$\therefore a=3, \ b=-2$$

방법2 수치 대입법

$x-2=0$, $x-3=0$을 만족시키는 x의 값, 즉 $x=2$, $x=3$을 대입한다.

양변에 $x=2$를 대입하면 $-b=2$ $\therefore b=-2$

양변에 $x=3$을 대입하면 $a=3$

∽ 필수 03 발전 04

보충학습 **다항식의 나눗셈과 항등식**

x에 대한 다항식 $f(x)$를 다항식 $g(x)(g(x)\neq0)$로 나누었을 때의 몫을 $Q(x)$, 나머지를 $R(x)$라 하면 등식

$$f(x)=g(x)Q(x)+R(x)$$

는 x에 대한 항등식이다.

예를 들어 다항식 x^4+x^2+1을 x^2-x+2로 나누었을 때의 몫은 x^2+x이고 나머지는 $-2x+1$이므로

$$x^4+x^2+1=(x^2-x+2)(x^2+x)-2x+1$$

이고, 이 등식은 x에 대한 항등식이다.

$$
\require{enclose}
\begin{array}{r}
x^2+x \\
x^2-x+2 \enclose{longdiv}{x^4 + x^2 +1} \\
\underline{x^4-x^3+2x^2 } \\
x^3 - x^2 +1 \\
\underline{x^3 - x^2+2x } \\
-2x+1
\end{array}
$$

알아둡시다!

61 x에 대한 항등식인 것만을 보기에서 있는 대로 고르시오.

> **보기**
>
> ㄱ. $x-2=0$
> ㄴ. $x+1=-3(x+1)$
> ㄷ. $(x-1)^2=x^2-2x+1$
> ㄹ. $2x+5=2(x+1)+3$
> ㅁ. $-2x(x-1)-1=-2x^2+1$
> ㅂ. $x(x-3)+2=x^2-3x+2$

항등식
⇨ 문자를 포함한 등식에서 문자에 어떤 값을 대입하여도 항상 성립하는 등식

62 다음 등식이 x에 대한 항등식이 되도록 하는 상수 a, b, c의 값을 구하시오.

(1) $(a-1)x^2+(b+1)x+c=0$

(2) $ax^2+(2b-1)x+c+5=2x^2-4$

(3) $(a+2)x^2+(b-3)x+4c=3x^2-2x+8$

계수 비교법
⇨ 양변의 동류항의 계수를 비교

63 다음 등식이 x에 대한 항등식이 되도록 하는 상수 a, b의 값을 구하시오.

(1) $a(x+1)+b(x-2)=x-8$

(2) $-a(2x+3)+b(-x+1)=3x+7$

수치 대입법
⇨ 문자에 적당한 수를 대입

● 더 다양한 문제는 **RPM** 공통수학 1 22쪽

 01 **미정계수법**

다음 등식이 x에 대한 항등식일 때, 상수 a, b, c의 값을 구하시오.

(1) $(x-1)(x^2+ax-3)=x^3+bx^2-2x+c$

(2) $2x^2-6x-2=a(x+1)(x-2)+bx(x-2)+cx(x+1)$

설명 식이 간단하여 전개하기 쉬운 경우는 계수 비교법을 이용하고, 적당한 수를 대입하면 식이 간단해지거나 식을 전개하기 어려운 경우는 수치 대입법을 이용한다.

풀이 (1) 주어진 등식의 좌변을 전개한 후 x에 대한 내림차순으로 정리하면

$$x^3+(a-1)x^2+(-3-a)x+3=x^3+bx^2-2x+c$$

이 등식이 x에 대한 항등식이므로 양변의 동류항의 계수를 비교하면

$$a-1=b, \quad -3-a=-2, \quad 3=c$$

$$\therefore \boldsymbol{a=-1, \; b=-2, \; c=3}$$

(2) 주어진 등식이 x에 대한 항등식이므로 x에 어떤 수를 대입하여도 등식은 성립한다.

양변에 $x=0$을 대입하면 $\qquad -2=-2a \qquad \therefore \boldsymbol{a=1}$

양변에 $x=-1$을 대입하면 $\qquad 6=3b \qquad \therefore \boldsymbol{b=2}$

양변에 $x=2$를 대입하면 $\qquad -6=6c \qquad \therefore \boldsymbol{c=-1}$

KEY Point

- 계수 비교법 ⇨ 식을 전개하여 정리한 다음 양변의 동류항의 계수를 비교한다.
- 수치 대입법 ⇨ 양변의 문자에 적당한 수를 대입한다.

● 정답 및 풀이 **14**쪽

 64 모든 실수 x에 대하여 등식 $x^3+3x^2-4=(x+2)(ax^2+bx+c)$가 성립할 때, 상수 a, b, c의 값을 구하시오.

65 등식 $x^3=a(x-1)(x-2)(x-3)+b(x-1)(x-2)+c(x-1)+d$가 x에 대한 항등식일 때, 상수 a, b, c, d의 값을 구하시오.

66 다항식 $f(x)$에 대하여 등식 $(x+1)(x^2-2)f(x)=x^4+ax^2-b$가 x에 대한 항등식일 때, 상수 a, b에 대하여 $a+b$의 값을 구하시오.

02 **항등식의 여러 가지 표현**

다음 물음에 답하시오.

(1) 등식 $(2k-1)x+(k+1)y-k-7=0$이 k의 값에 관계없이 항상 성립할 때, 상수 x, y의 값을 구하시오.

(2) 모든 실수 x, y에 대하여 등식 $(x-2y)a+(3y-x)b+2x-3y=0$이 성립할 때, 상수 a, b의 값을 구하시오.

설명 (1) 주어진 등식이 k의 값에 관계없이 항상 성립한다. ⇨ k에 대한 항등식

⇨ ( )$k+$( )$=0$의 꼴로 정리

(2) 주어진 등식이 모든 실수 x, y에 대하여 성립한다. ⇨ x, y에 대한 항등식

⇨ ( )$x+$( )$y=0$의 꼴로 정리

풀이 (1) 주어진 등식의 좌변을 k에 대하여 정리하면

$$(2x+y-1)k+(-x+y-7)=0$$

이 등식이 k에 대한 항등식이므로

$$2x+y-1=0,\ -x+y-7=0$$

$$\therefore x=-2,\ y=5$$

(2) 주어진 등식의 좌변을 x, y에 대하여 정리하면

$$(a-b+2)x+(-2a+3b-3)y=0$$

이 등식이 x, y에 대한 항등식이므로

$$a-b+2=0,\ -2a+3b-3=0$$

$$\therefore a=-3,\ b=-1$$

KEY Point

$\left(\begin{array}{c}k\text{의 값에 관계없이}\\ \text{모든 }k\text{에 대하여}\\ \text{임의의 }k\text{에 대하여}\\ \text{어떤 }k\text{의 값에 대하여도}\end{array}\right)$ ⇨ k에 대한 항등식 ⇨ ( )$k+$( )$=0$의 꼴로 정리

● 정답 및 풀이 **14**쪽

 67 등식 $(k-2)x+(k-1)y=4k+1$이 k의 값에 관계없이 항상 성립할 때, 상수 x, y의 값을 구하시오.

68 임의의 실수 x, y에 대하여 등식 $a(x+y)+b(x-y)+2=3x-5y+c$가 성립할 때, 상수 a, b, c에 대하여 abc의 값을 구하시오.

필수 03 **다항식의 나눗셈과 항등식**

다음 물음에 답하시오.

(1) 다항식 x^3+ax+b를 x^2-3x+2로 나누었을 때의 나머지가 $2x+1$이 되도록 하는 상수 a, b의 값을 구하시오.

(2) 다항식 x^3+ax^2+bx+2가 x^2+x+1로 나누어떨어지도록 하는 상수 a, b의 값을 구하시오.

설명 다항식의 나눗셈에 대한 등식 $A=BQ+R$는 항등식이므로 수치 대입법이나 계수 비교법을 이용하여 미정계수를 구할 수 있다.

풀이 (1) x^3+ax+b를 x^2-3x+2로 나누었을 때의 몫을 $Q(x)$라 하면 나머지가 $2x+1$이므로

$$x^3+ax+b=(x^2-3x+2)Q(x)+2x+1$$
$$=(x-1)(x-2)Q(x)+2x+1$$

이 등식이 x에 대한 항등식이므로

양변에 $x=1$을 대입하면 $1+a+b=3$ $\therefore a+b=2$ …… ㉠

양변에 $x=2$를 대입하면 $8+2a+b=5$ $\therefore 2a+b=-3$ …… ㉡

㉠, ㉡을 연립하여 풀면 $a=-5$, $b=7$

(2) x^3+ax^2+bx+2를 x^2+x+1로 나누었을 때의
몫을 $x+q$ (q는 상수)라 하면 나머지가 0이므로

← 삼차식을 이차식으로 나누면 몫은 일차식이고, x^3의 계수가 1이므로 몫의 최고차항의 계수도 1이다.

$$x^3+ax^2+bx+2=(x^2+x+1)(x+q)$$

우변을 전개하여 정리하면

$$x^3+ax^2+bx+2=x^3+(q+1)x^2+(q+1)x+q$$

이 등식이 x에 대한 항등식이므로 양변의 동류항의 계수를 비교하면

$$a=q+1,\ b=q+1,\ 2=q$$
$$\therefore a=3,\ b=3$$

다른 풀이 (2) 나머지가 0이므로 오른쪽 나눗셈에서

$$(b-a)x+3-a=0$$

이 등식이 x에 대한 항등식이므로

$$b-a=0,\ 3-a=0$$
$$\therefore a=3,\ b=3$$

$$\begin{array}{r}
x+(a-1) \\
x^2+x+1\,\overline{)\,x^3+\ \ \ \ ax^2+\ \ \ \ bx+2} \\
\underline{x^3+\ \ \ \ x^2+\ \ \ \ x\ \ \ \ } \\
(a-1)x^2+(b-1)x+2 \\
\underline{(a-1)x^2+(a-1)x+a-1} \\
(b-a)x+3-a
\end{array}$$

● 정답 및 풀이 **15**쪽

69 다항식 x^3+ax^2+bx-6이 x^2+2x-3으로 나누어떨어지도록 하는 상수 a, b의 값을 구하시오.

70 다항식 x^3+ax^2-2x+1을 x^2+x+2로 나누었을 때의 몫이 $x-1$일 때, 상수 a의 값과 나머지를 구하시오.

발전 04 조립제법과 내림차순 꼴의 항등식

등식 $3x^3-x+2=a(x-1)^3+b(x-1)^2+c(x-1)+d$가 x에 대한 항등식일 때,
상수 $a,\ b,\ c,\ d$의 값을 구하시오.

설명 등식의 우변을 $x-1$에 대한 내림차순이라 하며, $a,\ b,\ c,\ d$의 값은 조립제법을 이용하여 구하는 것이 편리하다.
⇨ $x-1$로 나누는 조립제법을 몫에 대하여 연속으로 이용한다.

풀이 오른쪽 조립제법에 의하여

$$3x^3-x+2=(x-1)(3x^2+3x+2)+4$$
$$=(x-1)\{(x-1)(3x+6)+8\}+4$$
$$=(x-1)^2(3x+6)+8(x-1)+4$$
$$=(x-1)^2\{(x-1)\times3+9\}+8(x-1)+4$$
$$=3(x-1)^3+9(x-1)^2+8(x-1)+4$$
$$\therefore a=3,\ b=9,\ c=8,\ d=4$$

1	3	0	-1	2
		3	3	2
1	3	3	2	**4**
		3	6	
1	3	6	**8**	
		3		
	3	**9**		

다른 풀이 $x-1=y$라 하면 $x=y+1$이므로 주어진 등식에서

$$3(y+1)^3-(y+1)+2=ay^3+by^2+cy+d$$

좌변을 전개하여 정리하면

$$3y^3+9y^2+8y+4=ay^3+by^2+cy+d$$
$$\therefore a=3,\ b=9,\ c=8,\ d=4$$

참고 등식 $3x^3-x+2=a(x-1)^3+b(x-1)^2+c(x-1)+d$가 x에 대한 항등식이므로 우변을 전개
하여 계수 비교법을 이용하거나 x에 적당한 값을 4개 대입하여 수치 대입법으로 미정계수를 구할
수도 있다.

KEY Point

• $x-a$에 대한 내림차순으로 정리된 항등식 ⇨ 조립제법을 몫에 대하여 연속으로 이용

● 정답 및 풀이 **15**쪽

 71 등식 $x^3+2x+4=a(x+1)^3+b(x+1)^2+c(x+1)+d$가 x에 대한 항등식일 때, 상수
$a,\ b,\ c,\ d$의 값을 구하시오.

72 모든 실수 x에 대하여 등식 $x^3-4x^2+3x-5=a(x-2)^3+b(x-2)^2+c(x-2)+d$가
성립할 때, 상수 $a,\ b,\ c,\ d$에 대하여 $abcd$의 값을 구하시오.

STEP 1

생각해 봅시다! 💡

73 등식 $x^2-x-2=a(x-b)^2+c(x-b)$가 x에 대한 항등식일 때, 상수 a, b, c의 값을 구하시오. (단, $b>0$)

교육청 기출

74 다항식 $P(x)$가 모든 실수 x에 대하여 등식
$$x(x+1)(x+2)=(x+1)(x-1)P(x)+ax+b$$
를 만족시킬 때, $P(a-b)$의 값은? (단, a, b는 상수이다.)

① 1   ② 2   ③ 3   ④ 4   ⑤ 5

75 등식 $(k-1)x^2+3x+(k-1)y^2+3y-8k+2=0$이 k의 값에 관계없이 항상 성립할 때, 상수 x, y에 대하여 xy의 값을 구하시오.

k의 값에 관계없이 항상 성립하는 등식
⇨ k에 대한 항등식
⇨ (   )$k+$(   )$=0$의 꼴로 정리

76 $x+y=1$을 만족시키는 모든 실수 x, y에 대하여 등식 $axy+bx+cy+2=0$이 성립할 때, 상수 a, b, c에 대하여 $a-b-c$의 값을 구하시오.

STEP 2

77 자연수 n에 대하여 $P_n(x)=(x-1)(x-2)\times\cdots\times(x-n)$이다. 임의의 실수 x에 대하여 $(2x-3)^3=a+bP_1(x)+cP_2(x)+dP_3(x)$가 성립할 때, $a-b+c-d$의 값을 구하시오.
(단, a, b, c, d는 상수이다.)

교육청 기출

78 x에 대한 이차방정식 $x^2+k(2p-3)x-(p^2-2)k+q+2=0$이 실수 k의 값에 관계없이 항상 1을 근으로 가질 때, 두 상수 p, q에 대하여 $p+q$의 값은?

방정식 $f(x)=0$이 $x=\alpha$를 근으로 가지면
$f(\alpha)=0$

① -5 ② -2 ③ 1   ④ 4   ⑤ 7

연습 문제

79 $\dfrac{4x+ay+b}{x+y-1}$ 가 x, y의 값에 관계없이 항상 일정한 값을 갖도록 하는 상수 a, b의 값을 구하시오. (단, $x+y\neq1$)

80 다항식 x^4+x^3+ax+b가 x^2-x+1로 나누어떨어질 때, 상수 a, b의 값을 구하시오.

81 모든 실수 x에 대하여 등식
$$x^5=a(x-1)^5+b(x-1)^4+c(x-1)^3+d(x-1)^2+e(x-1)+f$$
가 성립할 때, 상수 a, b, c, d, e, f의 값을 구하시오.

실력 UP⁺

82 등식 $(3+2x-4x^2)^3=a_0+a_1x+a_2x^2+\cdots+a_6x^6$이 x의 값에 관계없이 항상 성립할 때, $a_0+a_2+a_4+a_6$의 값을 구하시오.
(단, a_0, a_1, a_2, $\cdots$, a_6은 상수이다.)

83 $x-y-z=1$, $x-2y-3z=0$을 만족시키는 모든 실수 x, y, z에 대하여 등식 $axy+byz+czx=12$가 성립할 때, 상수 a, b, c에 대하여 $a+b+c$의 값을 구하시오.

84 다항식 $x^n(x^2+ax+b)$를 $(x-3)^2$으로 나누었을 때의 나머지가 $3^n(x-3)$이 되도록 하는 상수 a, b에 대하여 ab의 값을 구하시오.
(단, n은 자연수이다.)

생각해 봅시다!

x, y의 값에 관계없이 항상 성립하는 등식
⇨ x, y에 대한 항등식
⇨ $(\ )x+(\ )y+(\ )=0$
의 꼴로 정리

주어진 등식의 양변에 적당한 수를 대입하여 계수에 대한 식으로 나타낸다.

개념원리 이해

02 나머지정리와 인수정리

1 나머지정리 🔗 필수 05, 06, 08, 09 발전 07

다항식을 일차식으로 나누었을 때의 나머지를 구할 때, 직접 나눗셈을 하지 않고 항등식의 성질을 이용하여 다음과 같이 구하는 방법을 **나머지정리**라 한다.

> (1) 다항식 $f(x)$를 일차식 $\boldsymbol{x-a}$로 나누었을 때의 나머지를 R라 하면
> $$\boldsymbol{R=f(a)} \quad \leftarrow x-a=0을\ 만족시키는\ x의\ 값을\ 대입$$
> (2) 다항식 $f(x)$를 일차식 $\boldsymbol{ax+b}$로 나누었을 때의 나머지를 R라 하면
> $$\boldsymbol{R=f\left(-\frac{b}{a}\right)} \quad \leftarrow ax+b=0을\ 만족시키는\ x의\ 값을\ 대입$$

> ① 다항식을 일차식으로 나누었을 때의 나머지는 상수이므로 R로 놓을 수 있다.
> ② 다항식을 일차식으로 나누었을 때의 몫과 나머지를 구할 때에는 조립제법을, 나머지만 구할 때에는 나머지정리를 이용하면 편리하다.

증명 (1) 다항식 $f(x)$를 $x-a$로 나누었을 때의 몫을 $Q(x)$, 나머지를 R라 하면
$$f(x)=(x-a)Q(x)+R$$
이 등식은 x에 대한 항등식이므로 양변에 $x=a$를 대입하면
$$f(a)=(a-a)Q(a)+R \quad \therefore R=f(a)$$
따라서 $f(x)$를 $x-a$로 나누었을 때의 나머지는 $f(a)$이다.

(2) 다항식 $f(x)$를 $ax+b$로 나누었을 때의 몫을 $Q(x)$, 나머지를 R라 하면
$$f(x)=(ax+b)Q(x)+R$$
이 등식은 x에 대한 항등식이므로 양변에 $x=-\dfrac{b}{a}$를 대입하면
$$f\left(-\frac{b}{a}\right)=\left\{a\times\left(-\frac{b}{a}\right)+b\right\}Q\left(-\frac{b}{a}\right)+R$$
$$\therefore R=f\left(-\frac{b}{a}\right)$$
따라서 $f(x)$를 $ax+b$로 나누었을 때의 나머지는 $f\left(-\dfrac{b}{a}\right)$이다.

예제 ▶ 다항식 $6x^3+2x-1$을 다음 일차식으로 나누었을 때의 나머지를 구하시오.

(1) $x-2$ (2) $2x-1$ (3) $3x+2$

풀이 $f(x)=6x^3+2x-1$이라 하면 나머지정리에 의하여 구하는 나머지는

(1) $f(2)=6\times2^3+2\times2-1=51$

(2) $f\left(\dfrac{1}{2}\right)=6\times\left(\dfrac{1}{2}\right)^3+2\times\dfrac{1}{2}-1=\dfrac{3}{4}$

(3) $f\left(-\dfrac{2}{3}\right)=6\times\left(-\dfrac{2}{3}\right)^3+2\times\left(-\dfrac{2}{3}\right)-1=-\dfrac{37}{9}$

2 인수정리   ⟨ଊ⟩ 필수 10, 11

나머지정리에 의하여 다음과 같은 **인수정리**가 성립한다.

> 다항식 $f(x)$에 대하여
>
> (1) $f(a)=0$이면 $f(x)$는 일차식 $x-a$로 나누어떨어진다.
>
> (2) $f(x)$가 일차식 $x-a$로 나누어떨어지면 $\boldsymbol{f(a)=0}$이다.

▷ 하나의 다항식을 두 개 이상의 다항식의 곱으로 나타낼 때, 각각의 식을 처음 다항식의 인수라 한다.
즉 $A=BC$ (A, B, C는 다항식)이면 B, C는 A의 인수이다.

설명   나머지정리에 의하여 다항식 $f(x)$를 일차식 $x-a$로 나누었을 때의 나머지는 $f(a)$이다.
이때 $f(a)=0$이면 $f(x)$는 $x-a$로 나누어떨어지고, 거꾸로 $f(x)$가 $x-a$로 나누어떨어지면 나머지가 0이므로
$f(a)=0$이다.
따라서 위와 같은 인수정리를 얻을 수 있다.
예를 들어 다항식 $f(x)=x^3-4x^2+x+6$을 $x-2$로 나누었을 때의 나머지를 나머지정리를 이용하여 구하면
$$f(2)=2^3-4\times2^2+2+6=0$$
이므로 인수정리에 의하여 $f(x)$는 $x-2$로 나누어떨어진다. 즉 $f(x)$는 $x-2$를 인수로 갖는다.
이처럼 인수정리를 이용하면 다항식의 나눗셈을 직접 계산하지 않아도 다항식이 어떤 일차식으로 나누어떨어지는지 쉽
게 알 수 있다.

참고   다항식 $f(x)$에 대하여 다음은 모두 $f(a)=0$임을 나타낸다.
① 다항식 $f(x)$를 $x-a$로 나누었을 때의 나머지가 0이다.
② $f(x)$가 $x-a$로 나누어떨어진다.
③ $f(x)$가 $x-a$를 인수로 갖는다.
④ $f(x)=(x-a)Q(x)$

예제 ▷ 다항식 $f(x)=x^3-ax+2$가 다음 일차식으로 나누어떨어지도록 하는 상수 a의 값을 구하시오.

(1) $x+2$ (2) $3x-1$

풀이   (1) 인수정리에 의하여 $f(-2)=0$이므로
$$(-2)^3-a\times(-2)+2=0, \qquad 2a=6$$
$$\therefore a=3$$

(2) 인수정리에 의하여 $f\left(\dfrac{1}{3}\right)=0$이므로
$$\left(\dfrac{1}{3}\right)^3-a\times\dfrac{1}{3}+2=0, \qquad \dfrac{a}{3}=\dfrac{55}{27}$$
$$\therefore a=\dfrac{55}{9}$$

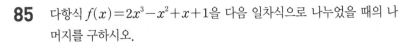

개념원리 익히기

85 다항식 $f(x)=2x^3-x^2+x+1$을 다음 일차식으로 나누었을 때의 나머지를 구하시오.

(1) $x-1$

(2) $x+2$

(3) $x-3$

(4) $x+3$

 알아둡시다!

다항식 $f(x)$를 일차식 $x-\alpha$로 나누었을 때의 나머지
$\Rightarrow f(\alpha)$

86 다항식 $f(x)=3x^2-8x+1$을 다음 일차식으로 나누었을 때의 나머지를 구하시오.

(1) $2x-1$

(2) $3x+2$

(3) $2x+3$

(4) $3x-4$

다항식 $f(x)$를 일차식 $ax+b$로 나누었을 때의 나머지
$\Rightarrow f\left(-\dfrac{b}{a}\right)$

87 다항식 $f(x)=2x^3-3x^2+kx-4$가 다음 일차식으로 나누어떨어지도록 하는 상수 k의 값을 구하시오.

(1) $x+1$

(2) $x-2$

(3) $2x+1$

다항식 $f(x)$가 일차식 $x-\alpha$로 나누어떨어진다.
$\Rightarrow f(\alpha)=0$

필수 05 **나머지정리 − 일차식으로 나누는 경우**

다음 물음에 답하시오.

(1) 다항식 $f(x)=3x^3-x^2+ax+5$를 $x-1$로 나누었을 때의 나머지가 4일 때, $f(x)$를 $3x-1$로 나누었을 때의 나머지를 구하시오. (단, a는 상수이다.)

(2) 다항식 x^3+ax^2+bx-4를 $x-2$로 나누었을 때의 나머지가 12이고, $x+1$로 나누었을 때의 나머지가 6일 때, 상수 a, b의 값을 구하시오.

풀이

(1) 나머지정리에 의하여 $f(1)=4$이므로

$$3-1+a+5=4 \quad \therefore a=-3$$

따라서 $f(x)=3x^3-x^2-3x+5$를 $3x-1$로 나누었을 때의 나머지는

$$f\left(\frac{1}{3}\right)=\frac{1}{9}-\frac{1}{9}-1+5=\textbf{4}$$

(2) $f(x)=x^3+ax^2+bx-4$라 하면 나머지정리에 의하여

$$f(2)=12, f(-1)=6$$

$f(2)=12$에서 $\quad 8+4a+2b-4=12 \quad \therefore 2a+b=4 \quad \cdots\cdots \bigcirc$

$f(-1)=6$에서 $\quad -1+a-b-4=6 \quad \therefore a-b=11 \quad \cdots\cdots \bigcirc$

$\bigcirc$, $\bigcirc$을 연립하여 풀면

$$a=5, b=-6$$

 KEY Point

- 다항식 $f(x)$를 일차식 $x-a$로 나누었을 때의 나머지 $\Rightarrow f(a)$
- 다항식 $f(x)$를 일차식 $ax+b$로 나누었을 때의 나머지 $\Rightarrow f\left(-\dfrac{b}{a}\right)$

● 정답 및 풀이 **19쪽**

 88 다항식 $f(x)=x^4+2x^3+ax^2-x+6$을 $x+3$으로 나누었을 때의 나머지와 $x-1$로 나누었을 때의 나머지가 같을 때, 상수 a의 값을 구하시오.

89 다항식 $3x^3+ax^2+bx-1$을 $3x-2$로 나누었을 때의 나머지가 1이고, $x+1$로 나누었을 때의 나머지가 -19이다. 이 다항식을 $x-2$로 나누었을 때의 나머지를 구하시오. (단, a, b는 상수이다.)

90 두 다항식 $f(x)$, $g(x)$를 $x+1$로 나누었을 때의 나머지가 각각 2, -1이다. 이때 다항식 $2f(x)-3g(x)$를 $x+1$로 나누었을 때의 나머지를 구하시오.

필수 06 나머지정리 – 이차식으로 나누는 경우

다음 물음에 답하시오.

(1) 다항식 $f(x)$를 $x+4$로 나누었을 때의 나머지가 11이고, $x-3$으로 나누었을 때의 나머지가 -3이다. $f(x)$를 $(x+4)(x-3)$으로 나누었을 때의 나머지를 구하시오.

(2) 다항식 $f(x)$를 $x-2$로 나누었을 때의 나머지가 3이고, $x+2$로 나누었을 때의 나머지가 -1이다. 다항식 $(x^2-x+1)f(x)$를 x^2-4로 나누었을 때의 나머지를 구하시오.

설명 나누는 식이 이차식이면 나머지는 상수이거나 일차식이므로 나머지를 $ax+b$ $(a, b$는 상수)로 놓는다.

풀이 (1) $f(x)$를 $x+4$, $x-3$으로 나누었을 때의 나머지가 각각 11, -3이므로 나머지정리에 의하여
$$f(-4)=11, \ f(3)=-3$$
다항식 $f(x)$를 $(x+4)(x-3)$으로 나누었을 때의 몫을 $Q(x)$, 나머지를 $ax+b$ $(a, b$는 상수$)$라 하면
$$f(x)=(x+4)(x-3)Q(x)+ax+b \qquad \cdots\cdots ㉠$$
㉠의 양변에 $x=-4$를 대입하면 $f(-4)=-4a+b$ ∴ $-4a+b=11$ $\cdots\cdots$ ㉡
㉠의 양변에 $x=3$을 대입하면 $f(3)=3a+b$ ∴ $3a+b=-3$ $\cdots\cdots$ ㉢
㉡, ㉢을 연립하여 풀면 $a=-2, \ b=3$
따라서 구하는 나머지는 $-2x+3$이다.

(2) $f(x)$를 $x-2$, $x+2$로 나누었을 때의 나머지가 각각 3, -1이므로 나머지정리에 의하여
$$f(2)=3, \ f(-2)=-1$$
다항식 $(x^2-x+1)f(x)$를 x^2-4로 나누었을 때의 몫을 $Q(x)$, 나머지를 $ax+b$ $(a, b$는 상수$)$라 하면
$$(x^2-x+1)f(x)=(x^2-4)Q(x)+ax+b$$
$$=(x+2)(x-2)Q(x)+ax+b \qquad \cdots\cdots ㉠$$
㉠의 양변에 $x=2$를 대입하면 $3f(2)=2a+b$ ∴ $2a+b=9$ $\cdots\cdots$ ㉡
㉠의 양변에 $x=-2$를 대입하면 $7f(-2)=-2a+b$ ∴ $-2a+b=-7$ $\cdots\cdots$ ㉢
㉡, ㉢을 연립하여 풀면 $a=4, \ b=1$
따라서 구하는 나머지는 $4x+1$이다.

● 정답 및 풀이 **20**쪽

91 다항식 $f(x)$를 $x+2$, $x-6$으로 나누었을 때의 나머지가 각각 6, -10이다. $f(x)$를 $x^2-4x-12$로 나누었을 때의 나머지를 구하시오.

92 다항식 $f(x)$를 $x-1$로 나누었을 때의 나머지가 9, $x+3$으로 나누었을 때의 나머지가 5이고, x^2+2x-3으로 나누었을 때의 몫은 x^2+2라 한다. 이때 $f(x)$를 $x+1$로 나누었을 때의 나머지를 구하시오.

발전 07 나머지정리 – 삼차식으로 나누는 경우

다항식 $f(x)$를 $(x-1)^2$으로 나누었을 때의 나머지가 $3x+2$이고, $x+1$로 나누었을 때의 나머지가 3이다. $f(x)$를 $(x-1)^2(x+1)$로 나누었을 때의 나머지를 구하시오.

설명 나누는 식이 삼차식이면 나머지는 이차 이하의 다항식이므로 나머지를 ax^2+bx+c (a, b, c는 상수)로 놓는다.

풀이 $f(x)$를 $(x-1)^2(x+1)$로 나누었을 때의 몫을 $Q(x)$, 나머지를 ax^2+bx+c (a, b, c는 상수)라 하면
$$f(x)=(x-1)^2(x+1)Q(x)+ax^2+bx+c$$
이때 $(x-1)^2(x+1)Q(x)$는 $(x-1)^2$으로 나누어떨어지므로 $f(x)$를 $(x-1)^2$으로 나누었을 때의 나머지는 ax^2+bx+c를 $(x-1)^2$으로 나누었을 때의 나머지와 같다.
즉 ax^2+bx+c를 $(x-1)^2$으로 나누었을 때의 나머지가 $3x+2$이므로
$$ax^2+bx+c=a(x-1)^2+3x+2 \quad\cdots\cdots\ \bigcirc$$
$$\therefore f(x)=(x-1)^2(x+1)Q(x)+a(x-1)^2+3x+2$$

← ax^2+bx+c를 $(x-1)^2$으로 나누면 몫은 a이다.

한편 $f(x)$를 $x+1$로 나누었을 때의 나머지가 3이므로
$$f(-1)=4a-3+2=3$$
$$\therefore a=1$$
따라서 $\bigcirc$에서 구하는 나머지는
$$(x-1)^2+3x+2=x^2+x+3$$

 KEY Point

· $A(x)=B(x)C(x)+D(x)$이면
 ($A(x)$를 $B(x)$로 나누었을 때의 나머지)=($D(x)$를 $B(x)$로 나누었을 때의 나머지)

● 정답 및 풀이 **20쪽**

 93 다항식 $f(x)$를 $(x+1)^2$으로 나누었을 때의 나머지가 2이고, $x-3$으로 나누었을 때의 나머지가 -14이다. $f(x)$를 $(x+1)^2(x-3)$으로 나누었을 때의 나머지를 구하시오.

94 다항식 $f(x)$를 x^2+1로 나누었을 때의 나머지가 $x+1$이고, $x-1$로 나누었을 때의 나머지가 4이다. $f(x)$를 $(x^2+1)(x-1)$로 나누었을 때의 나머지를 $R(x)$라 할 때, $R(-2)$의 값을 구하시오.

필수 08 $f(ax+b)$를 $x-a$로 나누는 경우

다항식 $f(x)$를 x^2+x-2로 나누었을 때의 나머지가 $3x-2$일 때, 다항식 $f(2x-3)$을 $x-2$로 나누었을 때의 나머지를 구하시오.

설명 $f(ax+b)$를 $x-a$로 나누었을 때의 나머지 ⇨ $f(aa+b)$

풀이 $f(x)$를 x^2+x-2로 나누었을 때의 몫을 $Q(x)$라 하면 나머지가 $3x-2$이므로

$$f(x)=(x^2+x-2)Q(x)+3x-2$$
$$=(x+2)(x-1)Q(x)+3x-2 \quad \cdots\cdots \ \text{㉠}$$

$f(2x-3)$을 $x-2$로 나누었을 때의 나머지는 $f(2\times2-3)=f(1)$이므로 ㉠의 양변에 $x=1$을 대입하면

$$f(1)=3\times1-2=\mathbf{1}$$

다른 풀이 ㉠의 양변에 x 대신 $2x-3$을 대입하면

$$f(2x-3)=\{(2x-3)+2\}\{(2x-3)-1\}Q(2x-3)+3(2x-3)-2$$
$$=2(2x-1)(x-2)Q(2x-3)+6(x-2)+1$$
$$=(x-2)\{2(2x-1)Q(2x-3)+6\}+1$$

따라서 $f(2x-3)$을 $x-2$로 나누었을 때의 나머지는 1이다.

필수 09 몫을 $x-a$로 나누는 경우

다항식 $f(x)$를 $x-2$로 나누었을 때의 몫이 $Q(x)$, 나머지가 5이고, $Q(x)$를 $x+3$으로 나누었을 때의 나머지가 3일 때, $f(x)$를 $x+3$으로 나누었을 때의 나머지를 구하시오.

풀이 $f(x)$를 $x-2$로 나누었을 때의 몫이 $Q(x)$, 나머지가 5이므로

$$f(x)=(x-2)Q(x)+5 \quad \cdots\cdots \ \text{㉠}$$

$Q(x)$를 $x+3$으로 나누었을 때의 나머지가 3이므로

$$Q(-3)=3$$

$f(x)$를 $x+3$으로 나누었을 때의 나머지는 $f(-3)$이므로 ㉠의 양변에 $x=-3$을 대입하면

$$f(-3)=-5Q(-3)+5=-5\times3+5=\mathbf{-10}$$

● 정답 및 풀이 **21**쪽

95 다항식 $f(x)$를 $x-2$로 나누었을 때의 나머지가 4일 때, 다항식 $xf(x-3)$을 $x-5$로 나누었을 때의 나머지를 구하시오.

96 다항식 $f(x)$를 $2x^2-5x-3$으로 나누었을 때의 나머지가 $4x-1$일 때, 다항식 $f(3x)$를 $x-1$로 나누었을 때의 나머지를 구하시오.

97 다항식 $f(x)$를 $x-3$으로 나누었을 때의 몫이 $Q(x)$, 나머지가 4이고, $Q(x)$를 $x+1$로 나누었을 때의 나머지가 2일 때, $xf(x)$를 $x+1$로 나누었을 때의 나머지를 구하시오.

필수 10 인수정리 – 일차식으로 나누는 경우

다항식 $3x^3+ax^2+bx+12$가 $x-2$, $x-3$을 인수로 가질 때, 상수 a, b의 값을 구하시오.

풀이 $f(x)=3x^3+ax^2+bx+12$라 하면 $f(x)$는 $x-2$, $x-3$을 인수로 가지므로 인수정리에 의하여

$\quad f(2)=0$, $f(3)=0$

$f(2)=0$에서 $24+4a+2b+12=0$ ∴ $2a+b=-18$ …… ㉠

$f(3)=0$에서 $81+9a+3b+12=0$ ∴ $3a+b=-31$ …… ㉡

㉠, ㉡을 연립하여 풀면 **$a=-13$, $b=8$**

필수 11 인수정리 – 이차식으로 나누는 경우

다항식 x^3-ax^2+bx-2가 $(x-1)(x+2)$로 나누어떨어질 때, 상수 a, b에 대하여 ab의 값을 구하시오.

풀이 $f(x)=x^3-ax^2+bx-2$라 하면 $f(x)$가 $(x-1)(x+2)$로 나누어떨어지므로 $f(x)$는 $x-1$, $x+2$로 각각 나누어떨어진다.

따라서 인수정리에 의하여 $f(1)=0$, $f(-2)=0$

$f(1)=0$에서 $1-a+b-2=0$ ∴ $a-b=-1$ …… ㉠

$f(-2)=0$에서 $-8-4a-2b-2=0$ ∴ $2a+b=-5$ …… ㉡

㉠, ㉡을 연립하여 풀면 $a=-2$, $b=-1$

$\quad∴ ab=2$

다른 풀이 x^3-ax^2+bx-2가 $x-1$, $x+2$로 각각 나누어떨어지므로 오른쪽 조립제법에 의하여

$-a+b-1=0$, $a+b+3=0$

$∴ a=-2$, $b=-1$

$∴ ab=2$

	1	$-a$	b	-2
		1	$-a+1$	$-a+b+1$
-2	1	$-a+1$	$-a+b+1$	$-a+b-1$
			-2	$2a+2$
	1	$-a-1$	$a+b+3$	

(좌측 상단 1)

KEY Point

• 다항식 $f(x)$가 일차식 $x-\alpha$로 나누어떨어진다. ⇨ $f(\alpha)=0$

• 다항식 $f(x)$가 이차식 $(x-\alpha)(x-\beta)$로 나누어떨어진다. ⇨ $f(\alpha)=0$, $f(\beta)=0$

● 정답 및 풀이 **21쪽**

98 다항식 $2x^3-5x^2+ax+b$가 $2x+1$, $x-1$로 각각 나누어떨어질 때, 상수 a, b에 대하여 $a-b$의 값을 구하시오.

99 다항식 $-x^4+ax^2-2x+b$가 x^2-x-2로 나누어떨어질 때, 이 다항식을 $x+3$으로 나누었을 때의 나머지를 구하시오. (단, a, b는 상수이다.)

 연습 문제

STEP 1

100 다항식 $f(x)$를 $(kx-2)(x+5)$로 나누었을 때의 몫은 $x-1$이고 나머지는 3이다. 다항식 $f(x)$를 $x+1$로 나누었을 때의 나머지가 -5일 때, 상수 k의 값을 구하시오.

101 다항식 $f(x)$를 x^2-1로 나누었을 때의 나머지가 2이고, 다항식 $g(x)$를 x^2-3x+2로 나누었을 때의 나머지가 $2x+1$이다. 다항식 $f(x)+g(x)$를 $x-1$로 나누었을 때의 나머지를 구하시오.

102 다항식 $f(x)$에 대하여 $(x+2)f(x)$를 $x-1$로 나누었을 때의 나머지가 9이고, $(2x+1)f(x)$를 $x+1$로 나누었을 때의 나머지가 5이다. $f(x)$를 x^2-1로 나누었을 때의 나머지를 $R(x)$라 할 때, $R(-2)$의 값을 구하시오.

103 다항식 $f(x)$를 x^2+3x-4로 나누었을 때의 나머지가 $-2x+3$일 때, 다항식 $f(4x)$를 $x+1$로 나누었을 때의 나머지를 구하시오.

104 다항식 $x^{60}-x^{31}+ax^3+1$을 $x-1$로 나누었을 때의 몫이 $Q(x)$, 나머지가 4일 때, $Q(x)$를 $x+1$로 나누었을 때의 나머지를 구하시오. (단, a는 상수이다.)

105 다항식 x^3+ax^2-7x+b가 $x-1$, $x+2$, $x-c$를 인수로 가질 때, 상수 a, b, c에 대하여 $a+b+c$의 값을 구하시오. (단, $c\neq1$, $c\neq-2$)

생각해 봅시다!

다항식 $f(x)$를 $x-a$로 나누었을 때의 나머지
$\Rightarrow f(a)$

다항식을 이차식으로 나누었을 때의 나머지는
$ax+b$ (a, b는 상수)
로 놓는다.

다항식 $f(x)$가 $x-a$를 인수로 갖는다.
$\Rightarrow f(a)=0$

Ⅰ-2

함수식과 나머지정리

STEP 2

106 두 다항식 $f(x)$, $g(x)$에 대하여 $f(x)+g(x)$를 $x-2$로 나누었을 때의 나머지가 10이고, $\{f(x)\}^2+\{g(x)\}^2$을 $x-2$로 나누었을 때의 나머지가 58일 때, 다항식 $f(x)g(x)$를 $x-2$로 나누었을 때의 나머지를 구하시오.

107 다항식 $x^{10}-x^7+2x^4-6$을 x^3-x로 나누었을 때의 나머지를 $R(x)$라 하자. $R(x)$를 $x+2$로 나누었을 때의 나머지를 구하시오.

다항식을 삼차식으로 나누었을 때의 나머지 $R(x)$는 이차 이하의 다항식이다.

108 다항식 $f(x)$를 $(x-1)^2$으로 나누었을 때의 나머지가 $x+1$이고, $x-2$로 나누었을 때의 나머지가 5이다. $f(x)$를 $(x-1)^2(x-2)$로 나누었을 때의 나머지를 구하시오.

109 다항식 $f(x)$를 $(x-1)(x-2)(x-3)$으로 나누었을 때의 나머지가 x^2+x+1이다. 다항식 $f(6x)$를 $6x^2-5x+1$로 나누었을 때의 나머지를 $R(x)$라 할 때, $R(1)$의 값을 구하시오.

110 다항식 $f(x)$를 $x-1$로 나누었을 때의 몫은 $Q(x)$, 나머지는 6이고, $Q(x)$를 $x+2$로 나누었을 때의 나머지는 9이다. $f(x)$를 $(x-1)(x+2)$로 나누었을 때의 나머지를 $ax+b$라 할 때, 상수 a, b에 대하여 ab의 값을 구하시오.

교육청 기출

111 이차항의 계수가 1인 이차다항식 $f(x)$에 대하여 $f(x)+2$는 $x+2$로 나누어떨어지고, $f(x)-2$는 $x-2$로 나누어떨어질 때, $f(10)$의 값을 구하시오.

$f(x)+k$가 $x-a$로 나누어 떨어진다.
$\Rightarrow f(a)+k=0$

생각해 봅시다! 💡

다항식 $f(x)$에 대하여
$f(a)=b$, 즉 $f(a)-b=0$
이다.
⇨ $f(x)-b$는 $x-a$를 인수
로 갖는다.

112 최고차항의 계수가 1인 삼차식 $f(x)$에 대하여
$f(1)=f(2)=f(3)=5$일 때, $f(x)$를 $x-4$로 나누었을 때의 나머지
를 구하시오.

교육청 기출

113 두 다항식 $f(x)$, $g(x)$가 모든 실수 x에 대하여 다음 조건을 만족시킬
때, $g(x)$를 $x-4$로 나눈 나머지는?

> (가) $g(x)=x^2 f(x)$
> (나) $g(x)+(3x^2+4x)f(x)=x^3+ax^2+2x+b$
> (단, a, b는 상수이다.)

① 16 　　② 18 　　③ 20 　　④ 22 　　⑤ 24

114 다항식 $f(x)$를 x^2+1로 나누었을 때의 몫이 $Q(x)$, 나머지가 $-2x$
이고 x^2-1로 나누었을 때의 나머지는 6이다. 이때 $Q(x)$를 x^2-1로
나누었을 때의 나머지를 구하시오.

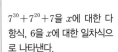

115 $7^{30}+7^{20}+7$을 6으로 나누었을 때의 나머지를 구하시오.

$7^{30}+7^{20}+7$을 x에 대한 다
항식, 6을 x에 대한 일차식으
로 나타낸다.

교육청 기출

116 최고차항의 계수가 1인 사차다항식 $f(x)$가 다음 조건을 만족시킬 때,
$f(4)$의 값은?

> (가) $f(x)$를 $x+1$로 나눈 나머지와 $f(x)$를 x^2-3으로 나눈 나머지는
> 서로 같다.
> (나) $f(x+1)-5$는 x^2+x로 나누어떨어진다.

① -9 　　② -8 　　③ -7 　　④ -6 　　⑤ -5

꿈을 날짜와 함께 적으면
목표가 되고,

목표를 잘게 나누면
계획이 되고,

계획을 실행에 옮기면
현실이 된다.

I 다항식

이 단원에서는

중학교에서 학습한 인수분해 개념을 바탕으로 인수분해 공식을 이해하고, 식의 변형, 치환, 인수정리 등을 이용하여 여러 가지 다항식을 인수분해하는 방법을 학습합니다.

01 인수분해

1 인수분해

하나의 다항식을 두 개 이상의 다항식의 곱으로 나타내는 것을 **인수분해**라 한다.

이때 곱을 이루는 각각의 다항식을 처음 다항식의 **인수**라 한다.

$$\underbrace{x^2+5x+6}_{\text{합의 꼴}} \underset{\xrightarrow{\text{전개}}}{\overset{\text{인수분해}}{\longleftarrow}} \underbrace{(x+2)(x+3)}_{\text{곱의 꼴}}$$

이처럼 인수분해는 다항식의 전개 과정을 거꾸로 생각하면 된다.

▶ ① $x+2$, $x+3$은 x^2+5x+6의 인수이다.
② $x^2+5x+6=x(x+5)+6$과 같이 나타내는 것은 인수분해가 아니다.

2 인수분해 공식 ∽ 필수 01, 02

인수분해는 다항식의 전개 과정을 거꾸로 생각하면 되므로 곱셈 공식의 좌변과 우변을 바꾸면 다음과 같은 인수분해 공식을 얻을 수 있다.

(1) $ma+mb=m(a+b)$

(2) $a^2+2ab+b^2=(a+b)^2$, $a^2-2ab+b^2=(a-b)^2$ ← 완전제곱식

(3) $a^2-b^2=(a+b)(a-b)$ ← 합·차 공식

(4) $x^2+(a+b)x+ab=(x+a)(x+b)$

(5) $acx^2+(ad+bc)x+bd=(ax+b)(cx+d)$

(6) $a^2+b^2+c^2+2ab+2bc+2ca=(a+b+c)^2$

(7) $a^3+3a^2b+3ab^2+b^3=(a+b)^3$
$a^3-3a^2b+3ab^2-b^3=(a-b)^3$

(8) $a^3+b^3=(a+b)(a^2-ab+b^2)$ ← 세제곱의 합
$a^3-b^3=(a-b)(a^2+ab+b^2)$ ← 세제곱의 차

(9) $a^3+b^3+c^3-3abc=(a+b+c)(a^2+b^2+c^2-ab-bc-ca)$

(10) $a^4+a^2b^2+b^4=(a^2+ab+b^2)(a^2-ab+b^2)$

▶ 인수분해는 특별한 조건이 없으면 인수분해된 식의 계수를 유리수 범위로 한정하여 생각하고, 더 이상 인수분해할 수 없을 때까지 인수분해한다.
예를 들어 $(x-1)(x^2-9)$는 $(x-1)(x+3)(x-3)$으로 인수분해하고,
$(x-1)(x^2-3)$은 더 이상 인수분해하지 않는다.

증명 (10) $a^4+a^2b^2+b^4=(a^2)^2+2a^2b^2+(b^2)^2-a^2b^2=(a^2+b^2)^2-(ab)^2$
$=(a^2+ab+b^2)(a^2-ab+b^2)$

참고   (9) $a^3+b^3+c^3-3abc=(a+b+c)(a^2+b^2+c^2-ab-bc-ca)$에서

$$a^2+b^2+c^2-ab-bc-ca=\frac{1}{2}(2a^2+2b^2+2c^2-2ab-2bc-2ca)$$

$$=\frac{1}{2}\{(a^2-2ab+b^2)+(b^2-2bc+c^2)+(c^2-2ca+a^2)\}$$

$$=\frac{1}{2}\{(a-b)^2+(b-c)^2+(c-a)^2\}$$

$$\therefore\ a^3+b^3+c^3-3abc=\frac{1}{2}(a+b+c)\{(a-b)^2+(b-c)^2+(c-a)^2\}$$

3 인수분해 공식의 적용 방법

인수분해 공식을 적용할 때에는 식의 모양을 파악하여 가장 적합한 인수분해 공식을 찾는다.

(1) 공통인수가 있을 때

공통인수로 묶어 낸다. $\Rightarrow ma+mb=m(a+b)$

보기 ▶ $a(x-y)+b(x-y)=(a+b)(x-y)$

(2) 항이 두 개일 때

① 제곱 형태인 경우 $\Rightarrow a^2-b^2=(a+b)(a-b)$
② 세제곱 형태인 경우 $\Rightarrow a^3+b^3=(a+b)(a^2-ab+b^2),\ a^3-b^3=(a-b)(a^2+ab+b^2)$

보기 ▶ ① $25x^2-9y^2=(5x)^2-(3y)^2=(5x+3y)(5x-3y)$
      ② $x^3-27=x^3-3^3=(x-3)(x^2+3x+9)$

(3) 항이 세 개일 때

① $a^2+2ab+b^2=(a+b)^2,\ a^2-2ab+b^2=(a-b)^2$
② $x^2+(a+b)x+ab=(x+a)(x+b)$
③ $acx^2+(ad+bc)x+bd=(ax+b)(cx+d)$

보기 ▶ ① $x^2+6x+9=(x+3)^2$
      ② $x^2-4x-5=(x+1)(x-5)$
      ③ $4a^2+4a-3=(2a+3)(2a-1)$

(4) 항이 네 개일 때

① 두 항씩 짝을 지어 공통인수를 찾아 인수분해한다.
② 완전제곱식을 찾아서 A^2-B^2의 꼴로 변형한 후 인수분해한다.

보기 ▶ ① $ab+a-b-1=a(b+1)-(b+1)=(a-1)(b+1)$
      ② $a^2+2ab+b^2-c^2=(a+b)^2-c^2=(a+b+c)(a+b-c)$

● 정답 및 풀이 26쪽

🖊 알아둡시다!

식의 모양을 파악하여 가장 적합한 인수분해 공식을 찾는 다.

117 다음 식을 인수분해하시오.

(1) $4x^2y + 8xy$

(2) $(2a+b)^2 + 6a + 3b$

(3) $4x^2 + 12xy + 9y^2$

(4) $9x^2 - 30xy + 25y^2$

(5) $16a^2 - 81b^2$

(6) $x^2 + 4x + 3$

(7) $3a^2 - 5ab - 2b^2$

118 다음 식을 인수분해하시오.

(1) $x^2 + y^2 + 4z^2 + 2xy + 4yz + 4zx$

(2) $a^2 + 4b^2 + 9c^2 - 4ab - 12bc + 6ca$

(3) $x^3 + 6x^2 + 12x + 8$

(4) $8x^3 - 12x^2y + 6xy^2 - y^3$

(5) $a^3 + 27b^3$

(6) $8x^3 - y^3$

(7) $x^3 + y^3 + 1 - 3xy$

(8) $8a^3 + b^3 - c^3 + 6abc$

(9) $a^4 + a^2 + 1$

(10) $x^4 + 4x^2y^2 + 16y^4$

● 더 다양한 문제는 **RPM** 공통수학 1 34쪽

I -3

인수분해

필수 01 인수분해 ─ 항이 두 개 또는 세 개일 때

다음 식을 인수분해하시오.

(1) $(2a-3b)^2-4b^2$

(2) $(3x-2)^2-(x+1)^2$

(3) $2ax^3+16ay^3$

(4) $(x+2)^3-1$

(5) a^6-b^6

(6) $x^2-(2a+3)x+(a+1)(a+2)$

풀이 (1) (주어진 식)$=(2a-3b)^2-(2b)^2=\{(2a-3b)+2b\}\{(2a-3b)-2b\}$
$$=(2a-b)(2a-5b)$$

(2) (주어진 식)$=\{(3x-2)+(x+1)\}\{(3x-2)-(x+1)\}$
$$=(4x-1)(2x-3)$$

(3) (주어진 식)$=2a(x^3+8y^3)=2a\{x^3+(2y)^3\}=2a(x+2y)\{x^2-x\times2y+(2y)^2\}$
$$=2a(x+2y)(x^2-2xy+4y^2)$$

(4) (주어진 식)$=(x+2)^3-1^3=(x+2-1)\{(x+2)^2+(x+2)\times1+1^2\}$
$$=(x+1)(x^2+5x+7)$$

(5) (주어진 식)$=(a^3)^2-(b^3)^2=(a^3+b^3)(a^3-b^3)$
$$=(a+b)(a-b)(a^2-ab+b^2)(a^2+ab+b^2)$$

(6) (주어진 식)$=\{x-(a+1)\}\{x-(a+2)\}$
$$=(x-a-1)(x-a-2)$$

$$\begin{array}{ccc} 1 & \diagdown & -(a+1) \to & -a-1 \\ 1 & \diagup & -(a+2) \to & \underline{-a-2} \\ & & & -2a-3 \end{array}$$

다른 풀이 (5) (주어진 식)$=(a^2)^3-(b^2)^3=(a^2-b^2)\{(a^2)^2+a^2\times b^2+(b^2)^2\}$
$$=(a^2-b^2)(a^4+a^2b^2+b^4)$$
$$=(a+b)(a-b)(a^2+ab+b^2)(a^2-ab+b^2)$$

KEY Point

• 항이 두 개일 때
① $a^2-b^2=(a+b)(a-b)$
② $a^3+b^3=(a+b)(a^2-ab+b^2)$, $a^3-b^3=(a-b)(a^2+ab+b^2)$

• 항이 세 개일 때
① $a^2+2ab+b^2=(a+b)^2$, $a^2-2ab+b^2=(a-b)^2$
② $x^2+(a+b)x+ab=(x+a)(x+b)$
③ $acx^2+(ad+bc)x+bd=(ax+b)(cx+d)$

● 정답 및 풀이 **27**쪽

119 다음 식을 인수분해하시오.

(1) x^4-y^4

(2) $9(a+b)^2-c^2$

(3) x^4+x

(4) $(a+b)^3-(a-b)^3$

(5) $a^3b-2a^2b^2+ab^3$

(6) $x^2+8x-(a-3)(a+5)$

02 인수분해 — 항이 네 개일 때

다음 식을 인수분해하시오.

(1) $x^4 + x^2 z^2 - y^2 z^2 - y^4$

(2) $a^2 + 4b^2 - c^2 - 4ab$

(3) $2xy + z^2 - x^2 - y^2$

 인수분해 공식을 바로 이용할 수 없을 때에는 공식을 이용할 수 있도록 식을 변형한다.

(1) 먼저 두 항씩 짝을 지어 각각 인수분해한 후 공통인수를 찾는다.

(2), (3) 완전제곱식을 찾아서 $A^2 - B^2$의 꼴로 변형한다.

풀이

(1) (주어진 식) $= (x^4 - y^4) + (x^2 z^2 - y^2 z^2)$

$\qquad = (x^2 + y^2)(x^2 - y^2) + z^2(x^2 - y^2)$

$\qquad = (x^2 - y^2)(x^2 + y^2 + z^2)$

$\qquad = \boldsymbol{(x+y)(x-y)(x^2+y^2+z^2)}$

(2) (주어진 식) $= (a^2 - 4ab + 4b^2) - c^2$

$\qquad = (a - 2b)^2 - c^2$

$\qquad = \boldsymbol{(a-2b+c)(a-2b-c)}$

(3) (주어진 식) $= z^2 - (x^2 - 2xy + y^2)$

$\qquad = z^2 - (x-y)^2$

$\qquad = \{z + (x-y)\}\{z - (x-y)\}$

$\qquad = \boldsymbol{(x-y+z)(-x+y+z)}$

 KEY Point

• 항이 네 개일 때

① 두 항씩 짝을 지어 공통인수를 찾아 인수분해한다.

② 완전제곱식을 찾아서 $A^2 - B^2$의 꼴로 변형한 후 인수분해한다.

● 정답 및 풀이 **27**쪽

 120 다음 식을 인수분해하시오.

(1) $a^3 - ab^2 - b^2 c + a^2 c$

(2) $x^3 - 2ax^2 + 2x - 4a$

(3) $4x^2 + 4x + 1 - y^2$

(4) $6ab + 1 - 9a^2 - b^2$

121 다항식 $4a^2 b^2 - (a^2 + b^2 - c^2)^2$을 인수분해하시오.

개념원리 이해

02 복잡한 식의 인수분해

1 공통부분이 있는 식의 인수분해 ⊙ 필수 03

공통부분이 있는 식은 다음과 같은 순서로 인수분해한다.

> (i) 공통부분을 X로 치환하여 주어진 다항식을 X에 대한 식으로 나타낸다.
> (ii) (i)의 식을 인수분해한다.
> (iii) X에 원래의 식을 대입한 후 다시 인수분해한다.

❯ 공통부분을 한 문자로 바꾸는 것을 **치환**이라 한다.

보기 ▶ $(x+1)^2+2(x+1)+1$에서 $x+1=X$로 놓으면

$$(x+1)^2+2(x+1)+1=X^2+2X+1=(X+1)^2$$
$$=\{(x+1)+1\}^2=(x+2)^2$$

2 x^4+ax^2+b의 꼴의 식의 인수분해 ⊙ 필수 04

x^4+ax^2+b (a, b는 상수)의 꼴의 식은 $x^2=X$로 치환하였을 때, X^2+aX+b가 인수분해되는지에 따라 다음과 같은 방법으로 인수분해한다.

> (1) X^2+aX+b가 인수분해되는 경우
> ⇨ X^2+aX+b를 인수분해한 후 X에 x^2을 대입한다.
> (2) X^2+aX+b가 인수분해되지 않는 경우
> ⇨ x^4+ax^2+b의 이차항 ax^2을 분리하여 A^2-B^2의 꼴로 변형한 후 인수분해한다.

❯ x^4+ax^2+b와 같이 차수가 짝수인 항과 상수항만으로 이루어진 다항식을 **복이차식**이라 한다.

예제 ▶ 다음 식을 인수분해하시오.

(1) x^4-3x^2+2 (2) x^4+3x^2+4

풀이   (1) x^4-3x^2+2에서 $x^2=X$로 놓으면

$$x^4-3x^2+2=X^2-3X+2=(X-1)(X-2)$$
$$=(x^2-1)(x^2-2)$$
$$=(x+1)(x-1)(x^2-2)$$

(2) $x^4+3x^2+4=(x^4+4x^2+4)-x^2=(x^2+2)^2-x^2$
$$=(x^2+x+2)(x^2-x+2)$$

3 여러 개의 문자를 포함한 식의 인수분해　∞ 필수 05

여러 개의 문자를 포함한 복잡한 식은 다음과 같은 순서로 인수분해한다.

> (ⅰ) **차수가 가장 낮은 한 문자에 대하여 내림차순으로 정리**한다. 이때 문자의 차수가 모두 같은 경우에는
> 　어느 한 문자에 대하여 내림차순으로 정리한다.
> (ⅱ) 공통인수로 묶어 내거나 인수분해 공식을 이용한다.

보기 ▶　$x^2+xy+2x+y+1$에서 차수가 가장 낮은 문자인 y에 대하여 내림차순으로 정리하면

$$x^2+xy+2x+y+1=(x+1)y+x^2+2x+1$$
$$=(x+1)y+(x+1)^2$$
$$=(x+1)(x+y+1)$$

4 인수정리를 이용한 인수분해　∞ 필수 06

삼차 이상의 다항식 $f(x)$는 **인수정리와 조립제법을 이용**하여 다음과 같은 순서로 인수분해한다.

> (ⅰ) 다항식 $f(x)$에서 $f(a)=0$을 만족시키는 상수 a의 값을 구한다.
> (ⅱ) 조립제법을 이용하여 $f(x)$를 $x-a$로 나누었을 때의 몫 $Q(x)$를 구하여
> 　　$f(x)=(x-a)Q(x)$
> 　로 나타낸다.
> (ⅲ) $Q(x)$가 더 이상 인수분해되지 않을 때까지 인수분해한다.

❯ 다항식 $f(x)$의 계수가 모두 정수일 때, $f(a)=0$을 만족시키는 a의 값은

$$\pm\frac{(\,f(x)\text{의 상수항의 약수})}{(\,f(x)\text{의 최고차항의 계수의 약수})}$$

중에서 찾는다.

예제 ▶　다항식 $6x^3+5x^2-2x-1$을 인수분해하시오.

풀이　$f(x)=6x^3+5x^2-2x-1$이라 하면 $f(a)=0$을 만족시키는 a의 값은

$$\pm\frac{(\text{상수항의 약수})}{(x^3\text{의 계수의 약수})},\ \ \text{즉}\ \pm1,\ \pm\frac{1}{2},\ \pm\frac{1}{3},\ \pm\frac{1}{6}$$

중에서 찾을 수 있다.

이때 $f(-1)=-6+5+2-1=0$이므로 인수정리에 의하여 $x+1$은 $f(x)$의 인수이다.

따라서 오른쪽과 같이 조립제법을 이용하여 $f(x)$를 $x+1$로 나누었을 때
의 몫을 구하면 $6x^2-x-1$이므로 다음과 같이 인수분해할 수 있다.

$$6x^3+5x^2-2x-1=(x+1)\underline{(6x^2-x-1)}\quad \text{← 몫을 인수분해한다.}$$
$$=(x+1)(2x-1)(3x+1)$$

-1	6	5	-2	-1
		-6	1	1
	6	-1	-1	0

● 더 다양한 문제는 **RPM** 공통수학 1 35쪽

필수 03 **공통부분이 있는 식의 인수분해**

다음 식을 인수분해하시오.

(1) $(a^2+3a-2)(a^2+3a+4)-27$

(2) $(x^2-3x)^2-2x^2+6x-8$

(3) $(x-1)(x-3)(x+2)(x+4)+24$

설명 (1), (2) 공통부분을 치환한다.

(3) 공통부분이 생기도록 두 개씩 짝을 지어 전개한 후 공통부분을 치환한다.

풀이 (1) $a^2+3a=X$로 놓으면

$$\begin{aligned}(주어진\ 식)&=(X-2)(X+4)-27\\&=X^2+2X-35=(X+7)(X-5)\\&=(a^2+3a+7)(a^2+3a-5)\end{aligned}$$ ← $X=a^2+3a$를 대입

(2) $(x^2-3x)^2-2x^2+6x-8=(x^2-3x)^2-2(x^2-3x)-8$

$x^2-3x=X$로 놓으면

$$\begin{aligned}(주어진\ 식)&=X^2-2X-8\\&=(X-4)(X+2)\\&=(x^2-3x-4)(x^2-3x+2)\\&=(x+1)(x-4)(x-1)(x-2)\end{aligned}$$ ← $X=x^2-3x$를 대입

(3) $(x-1)(x-3)(x+2)(x+4)+24$

$=\{(x-1)(x+2)\}\{(x-3)(x+4)\}+24$ ← 상수항의 합이 같은 두 식끼리 묶는다.

$=(x^2+x-2)(x^2+x-12)+24$

$x^2+x=X$로 놓으면

$$\begin{aligned}(주어진\ 식)&=(X-2)(X-12)+24\\&=X^2-14X+48=(X-6)(X-8)\\&=(x^2+x-6)(x^2+x-8)\\&=(x+3)(x-2)(x^2+x-8)\end{aligned}$$ ← $X=x^2+x$를 대입

KEY Point

• 공통부분이 있는 식 ⇨ 공통부분을 치환한 후 인수분해한다.

• ( )( )( )( )+k의 꼴의 식

⇨ 공통부분이 생기도록 두 개씩 짝을 지어 전개한 후 공통부분을 치환한다.

● 정답 및 풀이 **28**쪽

122 다음 식을 인수분해하시오.

(1) $(x^2+x)^2-13(x^2+x)+36$

(2) $(1-2x-x^2)(1-2x+3x^2)+4x^4$

(3) $x(x+1)(x+2)(x+3)-15$

(4) $(x^2+4x+3)(x^2+12x+35)+15$

04 x^4+ax^2+b의 꼴의 식의 인수분해

다음 식을 인수분해하시오.

(1) x^4-7x^2+12 (2) $3x^4-x^2-2$

(3) x^4-8x^2+4 (4) x^4-14x^2+1

설명   (1), (2) $x^2=X$로 치환하여 인수분해한 후 X에 x^2을 대입하여 정리한다.

(3), (4) 이차항을 분리하여 A^2-B^2의 꼴로 변형한 후 인수분해한다.

풀이   (1) $x^2=X$로 놓으면

$$\begin{aligned} x^4-7x^2+12 &= X^2-7X+12 \\ &= (X-3)(X-4) \\ &= (x^2-3)(x^2-4) \\ &= \boldsymbol{(x^2-3)(x+2)(x-2)} \end{aligned}$$

(2) $x^2=X$로 놓으면

$$\begin{aligned} 3x^4-x^2-2 &= 3X^2-X-2 \\ &= (3X+2)(X-1) \\ &= (3x^2+2)(x^2-1) \\ &= \boldsymbol{(3x^2+2)(x+1)(x-1)} \end{aligned}$$

(3) $\begin{aligned}[t] x^4-8x^2+4 &= (x^4-4x^2+4)-4x^2 = (x^2-2)^2-(2x)^2 \\ &= \boldsymbol{(x^2+2x-2)(x^2-2x-2)} \end{aligned}$

(4) $\begin{aligned}[t] x^4-14x^2+1 &= (x^4+2x^2+1)-16x^2 = (x^2+1)^2-(4x)^2 \\ &= \boldsymbol{(x^2+4x+1)(x^2-4x+1)} \end{aligned}$

KEY Point

• x^4+ax^2+b의 꼴의 식

① $x^2=X$로 치환하여 인수분해한다.

② 이차항 ax^2을 분리하여 A^2-B^2의 꼴로 변형한 후 인수분해한다.

● 정답 및 풀이 **28**쪽

 123 다음 식을 인수분해하시오.

(1) x^4+x^2-6 (2) x^4-10x^2+9

(3) x^4+4 (4) x^4+5x^2+9

(5) $x^4+y^4-6x^2y^2$

필수 05 **여러 개의 문자를 포함한 식의 인수분해**

다음 식을 인수분해하시오.

(1) $x^3+x^2z+xz^2-y^3-y^2z-yz^2$

(2) $ab(a-b)+bc(b-c)+ca(c-a)$

(3) $2x^2+xy-y^2+10x+4y+12$

설명 여러 개의 문자를 포함한 식을 인수분해할 때에는 차수가 가장 낮은 문자에 대하여 내림차순으로 정리한다.

(1) 사용된 문자는 x, y, z이고 차수가 가장 낮은 문자는 z이므로 z에 대하여 내림차순으로 정리한다.

(2), (3) 사용된 문자의 차수가 모두 같으므로 어느 한 문자에 대하여 내림차순으로 정리한다.

풀이 (1) (주어진 식)$=(x-y)z^2+(x^2-y^2)z+x^3-y^3$　　　　← z에 대하여 내림차순으로 정리

$\qquad\qquad\quad =(x-y)z^2+(x+y)(x-y)z+(x-y)(x^2+xy+y^2)$

$\qquad\qquad\quad =(x-y)\{z^2+(x+y)z+x^2+xy+y^2\}$

$\qquad\qquad\quad =\boldsymbol{(x-y)(x^2+y^2+z^2+xy+yz+zx)}$

$\quad$ (2) (주어진 식)$=a^2b-ab^2+b^2c-bc^2+c^2a-ca^2$　　　　← 전개

$\qquad\qquad\quad =(b-c)a^2-(b^2-c^2)a+b^2c-bc^2$　　　　← a에 대하여 내림차순으로 정리

$\qquad\qquad\quad =(b-c)a^2-(b+c)(b-c)a+bc(b-c)$

$\qquad\qquad\quad =(b-c)\{a^2-(b+c)a+bc\}$

$\qquad\qquad\quad =\boldsymbol{(a-b)(a-c)(b-c)}$

$\quad$ (3) (주어진 식)$=2x^2+(y+10)x-(y^2-4y-12)$　　　　← x에 대하여 내림차순으로 정리

$\qquad\qquad\quad =2x^2+(y+10)x-(y+2)(y-6)$

$\qquad\qquad\quad =\{x+(y+2)\}\{2x-(y-6)\}$

$\qquad\qquad\quad =\boldsymbol{(x+y+2)(2x-y+6)}$

$$\begin{array}{c}1 \searrow \quad y+2 \;\rightarrow\; 2y+4 \\ 2 \nearrow \;-(y-6)\; \rightarrow\; -y+6 \\ \hline y+10\end{array}$$

• 여러 개의 문자를 포함한 식

⇨ 차수가 가장 낮은 한 문자에 대하여 내림차순으로 정리한 후 인수분해한다.

● 정답 및 풀이 **28**쪽

124 다음 식을 인수분해하시오.

(1) $ab(a+b)+bc(b+c)+ca(c+a)+2abc$

(2) $x^2+xy-6y^2+x+13y-6$

(3) $3x^2+4xy+y^2-10x-4y+3$

(4) $x^2-y^2+2yz+2xz+4x+2y+2z+3$

06 인수정리를 이용한 인수분해

다음 식을 인수분해하시오.

(1) $x^3 - 4x^2 + x + 6$　　　　　　(2) $3x^3 - 5x^2 - 34x + 24$

설명　(1) 최고차항의 계수가 1이므로 ±(상수항 6의 약수) 중에서 주어진 식의 값이 0이 되도록 하는 x의 값을 찾는다.

　(2) $\pm \dfrac{(\text{상수항 24의 약수})}{(\text{최고차항의 계수 3의 약수})}$ 중에서 주어진 식의 값이 0이 되도록 하는 x의 값을 찾는다.

풀이　(1) $f(x) = x^3 - 4x^2 + x + 6$이라 하면

$$f(-1) = -1 - 4 - 1 + 6 = 0$$

이므로 $f(x)$는 $x+1$을 인수로 갖는다.

따라서 조립제법을 이용하여 $f(x)$를 인수분해하면

$$x^3 - 4x^2 + x + 6 = (x+1)(x^2 - 5x + 6)$$
$$= (x+1)(x-2)(x-3)$$

-1	1	-4	1	6
		-1	5	-6
	1	-5	6	0

(2) $f(x) = 3x^3 - 5x^2 - 34x + 24$라 하면

$$f(-3) = -81 - 45 + 102 + 24 = 0$$

이므로 $f(x)$는 $x+3$을 인수로 갖는다.

따라서 조립제법을 이용하여 $f(x)$를 인수분해하면

$$3x^3 - 5x^2 - 34x + 24 = (x+3)(3x^2 - 14x + 8)$$
$$= (x+3)(3x-2)(x-4)$$

-3	3	-5	-34	24
		-9	42	-24
	3	-14	8	0

KEY Point

• 인수정리를 이용한 다항식 $f(x)$의 인수분해

(i) $f(a) = 0$을 만족시키는 a의 값을 구한다.

(ii) 조립제법을 이용하여 $f(x) = (x-a)Q(x)$의 꼴로 나타낸다.

(iii) $Q(x)$가 더 이상 인수분해되지 않을 때까지 인수분해한다.

● 정답 및 풀이 **29**쪽

 125 다음 식을 인수분해하시오.

(1) $3x^3 + 7x^2 - 4$　　　　　　(2) $x^3 + 5x^2 - 2x - 24$

(3) $x^4 - 3x^3 + 3x - 1$　　　　　　(4) $x^4 + 2x^3 - 7x^2 - 8x + 12$

126 다항식 $x^3 - 6x^2 - ax - 6$이 $x-2$를 인수로 가질 때, 이 다항식을 인수분해하시오.

(단, a는 상수이다.)

필수 07 **인수분해의 활용 – 수의 계산**

다음 식의 값을 구하시오.

(1) $\dfrac{2026^3+1}{2025\times2026+1}$

(2) $\sqrt{50\times52\times54\times56+16}$

설명 (1) 2026을 x로 놓으면 2025는 $x-1$로 나타낼 수 있다.

(2) 50을 x로 놓으면 52, 54, 56은 각각 $x+2$, $x+4$, $x+6$으로 나타낼 수 있다.

풀이 (1) $x=2026$으로 놓으면

$$(\text{주어진 식})=\dfrac{x^3+1}{(x-1)x+1}=\dfrac{(x+1)(x^2-x+1)}{x^2-x+1}$$
$$=x+1=2026+1=\mathbf{2027}$$

(2) $x=50$으로 놓으면

$$(\text{주어진 식})=\sqrt{x(x+2)(x+4)(x+6)+16}$$
$$=\sqrt{\{x(x+6)\}\{(x+2)(x+4)\}+16}$$
$$=\sqrt{(x^2+6x)(x^2+6x+8)+16} \quad\cdots\cdots\;\ominus$$

$x^2+6x=X$로 놓으면

$$(x^2+6x)(x^2+6x+8)+16=X(X+8)+16=X^2+8X+16$$
$$=(X+4)^2=(x^2+6x+4)^2$$
$$=(50^2+6\times50+4)^2=2804^2$$

따라서 ㉠에서 구하는 식의 값은 $\sqrt{2804^2}=\mathbf{2804}$

필수 08 **인수분해의 활용 – 식의 값**

$a-b=5$, $b-c=-2$일 때, $ab^2-a^2b+bc^2-b^2c+ca^2-c^2a$의 값을 구하시오.

풀이 $ab^2-a^2b+bc^2-b^2c+ca^2-c^2a=-(b-c)a^2+(b^2-c^2)a+bc^2-b^2c$
$$=-(b-c)a^2+(b+c)(b-c)a-bc(b-c)$$
$$=-(b-c)\{a^2-(b+c)a+bc\}$$
$$=-(b-c)(a-b)(a-c) \quad\cdots\cdots\;\ominus$$

$a-b=5$, $b-c=-2$를 변끼리 더하면 $a-c=3$

따라서 ㉠에서 구하는 식의 값은 $-(-2)\times5\times3=\mathbf{30}$

● 정답 및 풀이 **30쪽**

127 다음 식의 값을 구하시오.

(1) $98^3+6\times98^2+12\times98+8$

(2) $\dfrac{3002^3-2003^3}{3002^2+5005\times2003}$

(3) $10^2-12^2+14^2-16^2+18^2-20^2$

128 $x=1+\sqrt{3}$, $y=1-\sqrt{3}$일 때, $x^3+y^3-x^2y-xy^2$의 값을 구하시오.

09 인수분해의 활용 – 삼각형의 모양 판단

삼각형의 세 변의 길이 a, b, c에 대하여
$$a^3-b^3-ab^2-c^2a+a^2b-bc^2=0$$
이 성립할 때, 이 삼각형은 어떤 삼각형인지 말하시오.

설명 주어진 식을 인수분해하여 삼각형의 세 변의 길이 a, b, c 사이의 관계를 찾아본다.

풀이 $a^3-b^3-ab^2-c^2a+a^2b-bc^2=0$의 좌변을 c에 대하여 내림차순으로 정리하면
$$-(a+b)c^2+a^3+a^2b-ab^2-b^3=0$$
$$-(a+b)c^2+a^2(a+b)-b^2(a+b)=0$$
$$(a+b)(-c^2+a^2-b^2)=0$$
$$\therefore a+b=0 \ \text{또는} \ a^2-b^2-c^2=0$$
이때 a, b는 삼각형의 변의 길이이므로　$a+b>0$
$$\therefore a^2-b^2-c^2=0, \ \text{즉} \ a^2=b^2+c^2$$
따라서 주어진 삼각형은 **빗변의 길이가 a인 직각삼각형**이다.

KEY Point

• 삼각형의 세 변의 길이가 a, b, c일 때
　① $a=b$ 또는 $b=c$ 또는 $c=a$ ⇨ 이등변삼각형
　② $a=b=c$ ⇨ 정삼각형
　③ $a^2=b^2+c^2$ ⇨ 빗변의 길이가 a인 직각삼각형

● 정답 및 풀이 **30**쪽

 129 삼각형의 세 변의 길이 a, b, c에 대하여
$$a^2+ac-b^2-bc=0$$
이 성립할 때, 이 삼각형은 어떤 삼각형인가?

① $a=b$인 이등변삼각형　　　　　② $a=c$인 이등변삼각형
③ $b=c$인 이등변삼각형　　　　　④ 빗변의 길이가 a인 직각삼각형
⑤ 빗변의 길이가 b인 직각삼각형

130 둘레의 길이가 18인 삼각형의 세 변의 길이 a, b, c에 대하여
$$a^3+b^3+c^3-3abc=0$$
이 성립할 때, 이 삼각형의 넓이를 구하시오.

STEP 1

131 다음 중 옳은 것은?

① $8x^3 + 27y^3 = (2x - 3y)(4x^2 + 6xy + 9y^2)$

② $9x^2 - (y - z)^2 = (3x + y - z)(3x - y - z)$

③ $3(4x - 1)^2 - 12 = 3(4x + 3)(4x - 1)$

④ $x^4 - 8x = x(x - 2)(x^2 + 2x + 4)$

⑤ $x^3 - 9x^2y + 27xy^2 - 27y^3 = (x - 9y)^3$

> 인수분해 공식을 이용하여 좌변을 인수분해한다.

132 다음 중 $(x^2 - 3x)(x^2 - 3x - 1) - 6$의 인수가 <u>아닌</u> 것은?

① $x - 2$ ② $x - 1$ ③ $x + 1$

④ $x^2 - 3x - 3$ ⑤ $x^2 - 3x + 2$

133 다항식 $x^4 - 13x^2 + 4$가 $(x^2 + ax - b)(x^2 - ax - b)$로 인수분해될 때, 양수 a, b에 대하여 $a + b$의 값을 구하시오.

134 다항식 $2x^2 - xy - y^2 - 4x + y + 2$가 $(ax + by - 1)(cx + dy - 2)$로 인수분해될 때, $a + b - c - d$의 값을 구하시오.

(단, a, b, c, d는 정수이다.)

135 다음 중 다항식 $a^2b - ac + ab^2 - bc - c + ab$의 인수인 것은?

① ab ② $ab + c$ ③ $ab - c$

④ $a + b + c$ ⑤ $a + b - c$

136 다항식 $f(x)=2x^4+5x^3+x^2+ax+b$가 $(x+1)^2$을 인수로 가질 때, 상수 a, b의 값을 구하고 $f(x)$를 인수분해하시오.

조립제법을 이용하여 $f(x)=(x+1)^2Q(x)$의 꼴로 나타낸다.

STEP 2

137 다항식 $(x-1)(x-3)(x-5)(x-7)+k$가 x에 대한 이차식의 완전제곱식으로 인수분해될 때, 상수 k의 값을 구하시오.

교육청 기출

138 x, y에 대한 이차식 $x^2+kxy-3y^2+x+11y-6$이 x, y에 대한 두 일차식의 곱으로 인수분해 되도록 하는 자연수 k의 값을 구하시오.

139 서로 다른 세 실수 a, b, c에 대하여
$$\dfrac{(b-a)c^2+(c-b)a^2+(a-c)b^2}{(a-b)(b-c)(c-a)}$$의 값을 구하시오.

분자의 식을 전개한 후 인수분해한다.

140 세 양수 a, b, c가 $a^3+b^3+c^3=3abc$를 만족시킬 때,
$a+b+c-\dfrac{ab}{c}-\dfrac{bc}{a}-\dfrac{ca}{b}$의 값을 구하시오.

141 $f(x)=x^3+4x^2-28x+32$일 때, $f(82)$의 값의 각 자리의 숫자의 합을 구하시오.

$f(x)$를 인수분해하고 $x=82$를 대입한다.

142 $a-b=3$, $b-c=2$이고 $(a-b+c)(ab+bc-ca)-abc=42$일 때, $a+c$의 값을 구하시오.

교육청 기출

143 그림과 같이 세 모서리의 길이가 각각 x, x, $x+3$인 직육면체 모양에 한 모서리의 길이가 1인 정육면체 모양의 구멍이 두 개 있는 나무 블록이 있다. 세 정수 a, b, c에 대하여 이 나무 블록의 부피를 $(x+a)(x^2+bx+c)$로 나타낼 때, $a \times b \times c$의 값은? (단, $x>1$)

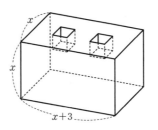

(직육면체의 부피)
= (가로의 길이)
  × (세로의 길이)
  × (높이)

① -5 ② -4 ③ -3 ④ -2 ⑤ -1

실력 UP⁺

144 최고차항의 계수가 양수인 두 이차다항식 $P(x)$, $Q(x)$가 모든 실수 x에 대하여 다음 조건을 만족시킬 때, $P(-1)-Q(2)$의 값을 구하시오.

주어진 조건에서 곱셈 공식의 변형을 이용하여 $P(x)Q(x)$를 구한다.

(가) $P(x)-Q(x)=6$
(나) $\{P(x)\}^2+\{Q(x)\}^2=2x^4+8x^3+8x^2+18$

교육청 기출

145 2 이상의 네 자연수 a, b, c, d에 대하여
$(14^2+2\times14)^2-18\times(14^2+2\times14)+45=a\times b\times c\times d$일 때, $a+b+c+d$의 값은?

반복되는 수를 문자로 놓고 공통부분을 치환하여 인수분해한다.

① 56 ② 58 ③ 60 ④ 62 ⑤ 64

146 다항식 $x^3-(a+b)x^2-(a^2+b^2)x+a^3+b^3+ab(a+b)$가 $x-c$로 나누어떨어질 때, 세 변의 길이가 a, b, c인 삼각형은 어떤 삼각형인지 말하시오.

어떤 돌을 옮기려고 할 때
도저히 손을 쓸 수 없다면,
주변의 돌부터 움직여라.

– 비트겐슈타인 –

II

방정식과 부등식

이 단원에서는

제곱하여 −1이 되는 새로운 수를 정의하고 이를 이용하여 수의 범위를 복소수로 확장합니다. 또 복소수의 뜻과 성질, 켤레복소수를 이해하고, 복소수의 사칙연산 방법과 음수의 제곱근을 구하는 과정을 학습합니다.

01 복소수

1 허수단위 i

> 제곱하여 -1이 되는 새로운 수를 i로 나타내기로 하고, i를 **허수단위**라 한다. 즉
>
> $$i^2 = -1$$
>
> 이고, 제곱하여 -1이 된다는 뜻에서 $i = \sqrt{-1}$로 나타내기로 한다.

▶ 허수단위 i는 imaginary unit의 첫 글자이다.

설명 임의의 실수를 제곱하면 항상 0 또는 양수가 되므로 실수의 범위에서는 이차방정식 $x^2 = -1$의 해가 존재하지 않는다.
따라서 이 방정식이 해를 갖도록 수의 범위를 확장하기 위해 제곱하여 -1이 되는 새로운 수를 생각하여 이 수를 i로
나타내기로 한다.
즉 $i^2 = -1$이고, 이 수 i를 허수단위라 한다.
이때 방정식 $x^2 = -1$의 근은 $x = \sqrt{-1} = i$ 또는 $x = -\sqrt{-1} = -i$이다.

2 복소수 ∽ 필수 01, 02

> (1) 실수 a, b에 대하여 $a+bi$의 꼴로 나타내어지는 수를 **복소수**라 하고,
> a를 **실수부분**, b를 **허수부분**이라 한다.
> (2) 실수가 아닌 복소수 $a+bi$ $(b \neq 0)$를 **허수**라 하고, 실수부분이 0인 허
> 수 bi $(b \neq 0)$를 **순허수**라 한다.
> (3) **복소수의 분류**
> 실수 a, b에 대하여 복소수 $a+bi$를 분류하면 다음과 같다.
>
> $\begin{array}{l} \text{복소수} \\ a+bi \end{array} \begin{cases} \text{실수} \quad a & \leftarrow b=0 \\ \text{허수} \begin{cases} \text{순허수} \quad bi & \leftarrow a=0,\ b \neq 0 \\ \text{순허수가 아닌 허수} \quad a+bi & \leftarrow a \neq 0,\ b \neq 0 \end{cases} \end{cases}$

$\underset{\text{실수부분}}{a} + \underset{\text{허수부분}}{b\,i}$

▶ ① 복소수 $a+bi$ (a, b는 실수)에서 $0 \times i = 0$으로 정하면 실수 a는 $a+0 \times i$로 나타낼 수 있으므로 실수도 복소수이다.
② 복소수 $a+bi$에서 허수부분은 bi가 아니라 b임에 유의한다.
③ $(\text{실수})^2 \geq 0$, $(\text{순허수})^2 < 0$

보기 ▶ (1) 복소수 $1+2i$의 실수부분은 1, 허수부분은 2이다.
(2) 실수 3은 $3+0 \times i$로 나타낼 수 있으므로 실수부분은 3, 허수부분은 0이다.
(3) 순허수 $-5i$는 $0-5i$로 나타낼 수 있으므로 실수부분은 0, 허수부분은 -5이다.

❸ 복소수가 서로 같을 조건

두 복소수에서 실수부분은 실수부분끼리, 허수부분은 허수부분끼리 서로 같을 때, 두 복소수는 **서로 같다**고 한다.

a, b, c, d가 실수일 때

(1) $a+bi=c+di$이면　　$a=c$, $b=d$

(2) $a+bi=0$이면　　$a=0$, $b=0$

```
┌─같다.─┐
a+bi=c+di
└──같다.──┘
```

보기 ▶ a, b가 실수일 때

(1) $2+4i=a+bi$이면　　$a=2$, $b=4$

(2) $(a-4)+(2b+6)i=0$이면　　$a-4=0$, $2b+6=0$　　$\therefore a=4$, $b=-3$

❹ 켤레복소수

복소수 $a+bi$ (a, b는 실수)에 대하여 **허수부분의 부호를 바꾼 복소수** $a-bi$를 $a+bi$의 **켤레복소수**라 하고, 이것을 기호로 $\overline{a+bi}$와 같이 나타낸다.

$$\overline{a+bi}=a-bi$$

▷ ① 복소수 z의 켤레복소수를 $\bar{z}$로 나타내고 'z bar(바)'라 읽는다.
　② 복소수 z가 실수이면 $z=\bar{z}$이고, z가 순허수이면 $z=-\bar{z}$이다.

설명 　복소수 $3+2i$에서 허수부분의 부호를 바꾸면 $3-2i$이므로 $3+2i$의 켤레복소수는 $3-2i$이다.
　즉 $\overline{3+2i}=3-2i$이다. 마찬가지로 $3-2i$의 켤레복소수는 $3+2i$이므로 $\overline{3-2i}=3+2i$이다.
　따라서 두 복소수 $3+2i$, $3-2i$는 서로 켤레복소수이다.
　이와 같이 실수부분은 서로 같고 허수부분의 부호만 다른 두 복소수는 서로 켤레복소수이다.

보기 ▶ $5+i$의 켤레복소수는 $5-i$, 5의 켤레복소수는 5, $-2i$의 켤레복소수는 $2i$이다.

보충 학습 **허수의 대소를 비교할 수 없는 이유**

실수는 대소를 비교할 수 있으므로 수직선 위에 나타낼 수 있지만 허수는 대소를 비교할 수 없으므로 수직선 위에 나타낼 수 없다.

만약 실수와 허수, 허수와 허수 사이에 대소를 비교할 수 있다고 하면 허수단위 i에 대하여

$i>0$, $i=0$, $i<0$ 중 어느 하나가 성립해야 한다.

(ⅰ) $i>0$이면　　$i \times i>i \times 0$　　$\therefore -1>0$ ➡ 성립하지 않는다.

(ⅱ) $i=0$이면　　$i \times i=i \times 0$　　$\therefore -1=0$ ➡ 성립하지 않는다.

(ⅲ) $i<0$이면　　$i \times i>i \times 0$　　$\therefore -1>0$ ➡ 성립하지 않는다.

이상에서 i는 양수도 아니고, 음수도 아니고, 0도 아니므로 실수와 허수, 허수와 허수 사이에는 대소를 비교할 수 없다.

알아둡시다!

$a+bi$ (a, b는 실수)
⇨ 실수부분: a
　　허수부분: b

147 다음 복소수의 실수부분과 허수부분을 구하시오.

(1) $2-3i$

(2) $5i$

(3) $\sqrt{3}-1$

(4) $i+4$

(5) $\dfrac{1+i}{3}$

148 다음 등식을 만족시키는 실수 x, y의 값을 구하시오.

(1) $x+2yi=2-4i$

(2) $2x+(y+3)i=5i$

(3) $(x-1)+(2y-1)i=3-i$

(4) $(2x+1)+(y-3)i=9$

(5) $(x+y)+(2x-3y)i=-1+8i$

a, b, c, d가 실수일 때
$a+bi=c+di$이면
　$a=c$, $b=d$

149 다음 복소수의 켤레복소수를 구하시오.

(1) $3-4i$

(2) $-5i$

(3) $-3+\sqrt{2}i$

(4) $1+\sqrt{5}$

(5) $\dfrac{2}{3}i+\dfrac{1}{2}$

실수 a, b에 대하여
$\overline{a+bi}=a-bi$

● 더 다양한 문제는 **RPM** 공통수학 1 **46**쪽

필수 01 복소수의 뜻

다음 중 옳은 것은?

① $-5i < 0$ ② $\sqrt{9}$는 복소수이다. ③ $6i > 3i$
④ $x^2 = -1$이면 $x = i$이다. ⑤ $3-i$의 실수부분은 3, 허수부분은 1이다.

풀이 ①, ③ 실수와 허수, 허수와 허수는 대소를 비교할 수 없다.
② $\sqrt{9} = 3$ (실수)은 복소수이다.
④ $(-i)^2 = i^2 = -1$이므로 $x^2 = -1$을 만족시키는 x는 $\pm i$이다.
⑤ $3-i = 3 + (-1) \times i$이므로 실수부분은 3, 허수부분은 -1이다.
따라서 옳은 것은 ②이다.

● 더 다양한 문제는 **RPM** 공통수학 1 **46**쪽

필수 02 복소수의 분류

다음 중 순허수가 아닌 허수는?

① -3 ② 0 ③ $-5i$ ④ $1-i$ ⑤ $\sqrt{3}i$

설명 (허수부분)$=0$이면 실수이고, (실수부분)$=0$, (허수부분)$\neq 0$이면 순허수이다.
또 (실수부분)$\neq 0$, (허수부분)$\neq 0$이면 순허수가 아닌 허수이다.

풀이 ①, ② 실수 ③, ⑤ 순허수
따라서 순허수가 아닌 허수는 ④이다.

KEY Point

• $i^2 = -1$, $i = \sqrt{-1}$
• 실수 a, b에 대하여 $a+bi$의 꼴로 나타내어지는 수를 복소수라 하고, a를 실수부분, b를 허수부분 이라 한다.

● 정답 및 풀이 **35**쪽

확인 체크

150 다음 중 옳지 <u>않은</u> 것은?

① $i^2 < 0$ ② 7의 허수부분은 0이다.
③ $-4i$는 순허수이다. ④ $1+i$는 순허수가 아닌 허수이다.
⑤ $a + (b-3)i$는 $b=3$일 때 실수이다.

151 다음 복소수 중 순허수를 모두 고르시오.

$$-9i, \quad 2-i, \quad i^2, \quad \sqrt{2}i, \quad \pi$$

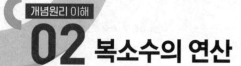
02 복소수의 연산

1 복소수의 사칙연산   📎 필수 03

복소수의 덧셈, 뺄셈은 허수단위 i를 문자처럼 생각하여 **실수부분은 실수부분끼리, 허수부분은 허수부분끼리** 계산한다.

복소수의 곱셈은 분배법칙을 이용하여 전개한 다음 $i^2 = -1$임을 이용하여 계산하고, 복소수의 나눗셈은 **분모의 켤레복소수를 분모, 분자에 각각 곱하여** 계산한다.

---

a, b, c, d가 실수일 때

(1) **덧셈**: $(a+bi)+(c+di)=(a+c)+(b+d)i$

(2) **뺄셈**: $(a+bi)-(c+di)=(a-c)+(b-d)i$

(3) **곱셈**: $(a+bi)(c+di)=(ac-bd)+(ad+bc)i$

(4) **나눗셈**: $\dfrac{a+bi}{c+di}=\dfrac{(a+bi)(c-di)}{(c+di)(c-di)}=\dfrac{ac+bd}{c^2+d^2}+\dfrac{bc-ad}{c^2+d^2}i$ (단, $c+di \neq 0$)

▶ 분모가 허수이면 분모의 켤레복소수를 분모, 분자에 각각 곱하여 분모를 실수화한다. 이때 $(a+b)(a-b)=a^2-b^2$을 이용한다.

보기 ▶ (1) $(4-7i)+(3+2i)=(4+3)+(-7+2)i=7-5i$

(2) $(6+3i)-(7-5i)=(6-7)+(3+5)i=-1+8i$

(3) $(2-3i)(3+4i)=6+8i-9i-12i^2$ ← $(a+b)(c+d)=ac+ad+bc+bd$
$$=6+8i-9i+12=18-i$$

(4) $\dfrac{1-2i}{2+3i}=\dfrac{(1-2i)(2-3i)}{(2+3i)(2-3i)}=\dfrac{2-3i-4i+6i^2}{2^2-(3i)^2}$ ← $(a+b)(a-b)=a^2-b^2$
$$=\dfrac{2-3i-4i-6}{4+9}=\dfrac{-4-7i}{13}=-\dfrac{4}{13}-\dfrac{7}{13}i$$

2 복소수의 사칙연산에 대한 성질

실수의 사칙연산의 결과가 모두 실수인 것처럼 복소수의 사칙연산의 결과는 모두 복소수이다. 즉 0으로 나누는 것을 제외하면 복소수 전체는 사칙연산이 가능하다.

또한 실수에서와 마찬가지로 복소수에서도 덧셈, 곱셈에 대하여 다음 성질이 성립한다.

세 복소수 z_1, z_2, z_3에 대하여

(1) **교환법칙**: $z_1+z_2=z_2+z_1$, $z_1 z_2 = z_2 z_1$

(2) **결합법칙**: $(z_1+z_2)+z_3=z_1+(z_2+z_3)$, $(z_1 z_2)z_3=z_1(z_2 z_3)$

(3) **분배법칙**: $z_1(z_2+z_3)=z_1 z_2+z_1 z_3$, $(z_1+z_2)z_3=z_1 z_3+z_2 z_3$

보기 ▶ (1) $z_1=2+3i$, $z_2=1-2i$일 때,

$$z_1z_2=(2+3i)(1-2i)=2-4i+3i-6i^2=8-i$$
$$z_2z_1=(1-2i)(2+3i)=2+3i-4i-6i^2=8-i$$
$$\therefore z_1z_2=z_2z_1$$

(2) $z_1=3-i$, $z_2=1+2i$, $z_3=-1+i$일 때,

$$(z_1+z_2)+z_3=\{(3-i)+(1+2i)\}+(-1+i)$$
$$=4+i-1+i=3+2i$$
$$z_1+(z_2+z_3)=(3-i)+\{(1+2i)+(-1+i)\}$$
$$=3-i+3i=3+2i$$
$$\therefore (z_1+z_2)+z_3=z_1+(z_2+z_3)$$

(3) $z_1=1+i$, $z_2=2-i$, $z_3=-2+2i$일 때,

$$z_1(z_2+z_3)=(1+i)\{(2-i)+(-2+2i)\}=(1+i)\times i=-1+i$$
$$z_1z_2+z_1z_3=(1+i)(2-i)+(1+i)(-2+2i)$$
$$=2-i+2i-i^2-2+2i-2i+2i^2=-1+i$$
$$\therefore z_1(z_2+z_3)=z_1z_2+z_1z_3$$

3 켤레복소수의 성질 ∽ 필수 07

두 복소수 z_1, z_2와 각각의 켤레복소수 $\overline{z_1}$, $\overline{z_2}$에 대하여

(1) $\overline{(\overline{z_1})}=z_1$

(2) $z_1+\overline{z_1}$, $z_1\overline{z_1}$는 실수이다.

(3) $\overline{z_1}=z_1 \Longleftrightarrow z_1$은 실수이다.

(4) $\overline{z_1}=-z_1 \Longleftrightarrow z_1$은 순허수 또는 0이다.

(5) $\overline{z_1+z_2}=\overline{z_1}+\overline{z_2}$, $\overline{z_1-z_2}=\overline{z_1}-\overline{z_2}$

(6) $\overline{z_1z_2}=\overline{z_1}\times\overline{z_2}$, $\overline{\left(\dfrac{z_1}{z_2}\right)}=\dfrac{\overline{z_1}}{\overline{z_2}}$ (단, $z_2\neq0$)

증명 $z_1=a+bi$, $z_2=c+di$ (a, b, c, d는 실수)라 하면

(1) $\overline{(\overline{z_1})}=\overline{(\overline{a+bi})}=\overline{a-bi}=a+bi=z_1$

(2) $z_1+\overline{z_1}=(a+bi)+(a-bi)=2a$ ⇨ 실수
$z_1\overline{z_1}=(a+bi)(a-bi)=a^2+b^2$ ⇨ 실수

(3) $\overline{z_1}=z_1$이면 $a-bi=a+bi$이므로 $b=0$
즉 $z_1=a$이므로 z_1은 실수이다.
거꾸로 z_1이 실수이면 $b=0$이므로 $z_1=a$ $\therefore \overline{z_1}=a=z_1$

(4) $\overline{z_1}=-z_1$이면 $a-bi=-(a+bi)$이므로 $a=0$
즉 $z_1=bi$이므로 z_1은 순허수 또는 0이다.
거꾸로 z_1이 순허수 또는 0이면 $a=0$이므로 $z_1=bi$ $\therefore \overline{z_1}=-bi=-z_1$

(5) $\overline{z_1+z_2}=\overline{(a+bi)+(c+di)}=\overline{(a+c)+(b+d)i}=(a+c)-(b+d)i$
$\overline{z_1}+\overline{z_2}=\overline{a+bi}+\overline{c+di}=(a-bi)+(c-di)=(a+c)-(b+d)i$
$\therefore \overline{z_1+z_2}=\overline{z_1}+\overline{z_2}$
마찬가지 방법으로 $\overline{z_1-z_2}=\overline{z_1}-\overline{z_2}$도 증명할 수 있다.

(6) $\overline{z_1z_2}=\overline{(a+bi)(c+di)}=\overline{(ac-bd)+(ad+bc)i}=(ac-bd)-(ad+bc)i$
$\overline{z_1}\times\overline{z_2}=\overline{a+bi}\times\overline{c+di}=(a-bi)(c-di)=(ac-bd)-(ad+bc)i$
$\therefore \overline{z_1z_2}=\overline{z_1}\times\overline{z_2}$
마찬가지 방법으로 $\overline{\left(\dfrac{z_1}{z_2}\right)}=\dfrac{\overline{z_1}}{\overline{z_2}}$도 증명할 수 있다.

 알아둡시다!

복소수의 덧셈과 뺄셈
⇨ 허수단위 i를 문자처럼 생각하여 실수부분은 실수부분끼리, 허수부분은 허수부분끼리 계산한다.

152 다음을 계산하시오.

(1) $3i+(1-4i)$

(2) $(5-3i)+(2-7i)$

(3) $(4+3i)-(2-5i)$

(4) $(-9-3i)-(5-2i)$

복소수의 곱셈
⇨ 분배법칙을 이용하여 전개한 다음 $i^2=-1$임을 이용하여 계산한다.

153 다음을 계산하시오.

(1) $(1-i)(2+3i)$

(2) $(-2+3i)(5-6i)$

(3) $(\sqrt{3}+2i)(\sqrt{3}-2i)$

(4) $(1+2i)^2$

복소수의 나눗셈
⇨ 분모의 켤레복소수를 분모, 분자에 각각 곱한다.

154 다음을 $a+bi$의 꼴로 나타내시오. (단, a, b는 실수이다.)

(1) $\dfrac{1}{2+3i}$

(2) $\dfrac{1}{4-5i}$

(3) $\dfrac{1+i}{2-i}$

(4) $\dfrac{8i}{1+4i}$

03 복소수의 사칙연산

다음을 계산하시오.

(1) $2(3-4i)-\overline{3+2i}$　　　　　(2) $(1+i)^2+(1-i)^2$

(3) $\dfrac{1}{1+i}+\dfrac{1+i}{2+i}$　　　　　(4) $(5-2i)(2-6i)-\dfrac{2-4i}{1+3i}$

풀이　(1) $2(3-4i)-\overline{3+2i}=6-8i-(3-2i)=6-8i-3+2i=\mathbf{3-6i}$

(2) $(1+i)^2+(1-i)^2=(1+2i+i^2)+(1-2i+i^2)$
$$=1+2i-1+1-2i-1=\mathbf{0}$$

(3) $\dfrac{1}{1+i}+\dfrac{1+i}{2+i}=\dfrac{1-i}{(1+i)(1-i)}+\dfrac{(1+i)(2-i)}{(2+i)(2-i)}$
$$=\dfrac{1-i}{1-i^2}+\dfrac{2-i+2i-i^2}{4-i^2}$$
$$=\dfrac{1-i}{2}+\dfrac{3+i}{5}=\dfrac{5-5i}{10}+\dfrac{6+2i}{10}$$
$$=\dfrac{11-3i}{10}=\mathbf{\dfrac{11}{10}-\dfrac{3}{10}i}$$

(4) $(5-2i)(2-6i)-\dfrac{2-4i}{1+3i}=(10-30i-4i+12i^2)-\dfrac{(2-4i)(1-3i)}{(1+3i)(1-3i)}$
$$=-2-34i-\dfrac{2-6i-4i+12i^2}{1-9i^2}$$
$$=-2-34i-\dfrac{-10-10i}{10}$$
$$=-2-34i+1+i=\mathbf{-1-33i}$$

 KEY Point
• 복소수의 사칙연산은 i를 문자처럼 생각하여 계산하고 $i^2=-1$임을 이용한다.
• 분모에 i가 있으면 분모의 켤레복소수를 분모, 분자에 각각 곱하여 분모를 실수화한다.

● 정답 및 풀이 **35**쪽

 155 다음을 계산하시오.

(1) $(7+5i)+\overline{6-2i}$　　　　　(2) $(2-i)^2-i(2+i)$

(3) $\dfrac{3}{1-i}-\dfrac{(1-i)^2}{1+i}$　　　　　(4) $\dfrac{1-3i}{2-i}+(1+3i)^2$

04 복소수가 실수 또는 순허수가 되는 조건

다음 물음에 답하시오.

(1) 복소수 $(1+i)x^2-2x-3-i$가 실수일 때, 실수 x의 값을 모두 구하시오.
(2) 복소수 $(1+i)x^2+(i-5)x+6-6i$가 순허수일 때, 실수 x의 값을 구하시오.

설명 주어진 복소수를 (실수부분)+(허수부분)i의 꼴로 정리한 후 주어진 복소수가 실수이면 (허수부분)=0이고, 순허수이면 (실수부분)=0, (허수부분)≠0임을 이용하여 x의 값을 구한다.

풀이 (1) $(1+i)x^2-2x-3-i=(x^2-2x-3)+(x^2-1)i$
  이 복소수가 실수이려면 (허수부분)=0이어야 하므로
  $$x^2-1=0, \quad (x+1)(x-1)=0 \quad \therefore x=-1 \text{ 또는 } x=1$$

(2) $(1+i)x^2+(i-5)x+6-6i=(x^2-5x+6)+(x^2+x-6)i$
  이 복소수가 순허수이려면 (실수부분)=0, (허수부분)≠0이어야 하므로
  $$x^2-5x+6=0, \ x^2+x-6\neq0$$
  (ⅰ) $x^2-5x+6=0$에서 $(x-2)(x-3)=0$ $\therefore x=2 \text{ 또는 } x=3$
  (ⅱ) $x^2+x-6\neq0$에서 $(x+3)(x-2)\neq0$ $\therefore x\neq-3, \ x\neq2$
  (ⅰ), (ⅱ)에서 $x=\mathbf{3}$

KEY Point

● 복소수 $z=a+bi$ (a, b는 실수)에 대하여
① z가 실수가 되기 위한 조건 ⇨ $b=0$
② z가 순허수가 되기 위한 조건 ⇨ $a=0, b\neq0$

● 정답 및 풀이 **36**쪽

 156 복소수 $(1+i)x^2+3xi-4+2i$가 실수가 되도록 하는 모든 실수 x의 값의 합을 구하시오.

157 실수 k에 대하여 복소수 $z=2(k+1)-k(1-i)^2$이 순허수일 때, z를 구하시오.

158 복소수 $z=(1+i)a^2-(1+3i)a+2(i-1)$에 대하여 z^2이 음의 실수가 되도록 하는 실수 a의 값을 구하시오.

● 더 다양한 문제는 **RPM** 공통수학 1 48쪽

05 복소수가 서로 같을 조건

다음 등식을 만족시키는 실수 x, y의 값을 구하시오.

(1) $(1+i)x+(1-i)y-2-4i=0$

(2) $\dfrac{x}{1+i}+\dfrac{y}{1-i}=1-3i$

설명 주어진 등식의 좌변을 (실수부분)+(허수부분)i의 꼴로 정리한 후 복소수가 서로 같을 조건을 이용한다.

풀이 (1) 주어진 등식의 좌변을 전개하여 실수부분과 허수부분으로 나누면
$$(x+y-2)+(x-y-4)i=0$$
이때 $x+y-2$, $x-y-4$는 실수이므로 복소수가 서로 같을 조건에 의하여
$$x+y-2=0,\ x-y-4=0$$
두 식을 연립하여 풀면 $\quad x=3,\ y=-1$

(2) $\dfrac{x}{1+i}+\dfrac{y}{1-i}=1-3i$에서
$$\dfrac{x(1-i)+y(1+i)}{(1+i)(1-i)}=1-3i$$
$$\dfrac{(x+y)+(-x+y)i}{2}=1-3i$$
$$\therefore\ (x+y)+(-x+y)i=2-6i$$
복소수가 서로 같을 조건에 의하여
$$x+y=2,\ -x+y=-6$$
두 식을 연립하여 풀면 $\quad x=4,\ y=-2$

KEY Point

• a, b, c, d가 실수일 때
① $a+bi=c+di$이면 $\quad a=c,\ b=d$
② $a+bi=0$이면 $\quad a=0,\ b=0$

● 정답 및 풀이 **36**쪽

159 다음 등식을 만족시키는 실수 x, y의 값을 구하시오.

(1) $(3+xi)(2-i)=13+yi$

(2) $\dfrac{x}{1+3i}+\dfrac{y}{1-3i}=\dfrac{9}{2+i}$

(3) $\overline{(4+i)x+(2-3i)y}=2-3i$

필수 06 **복소수가 주어질 때의 식의 값**

다음 물음에 답하시오.

(1) $z=\dfrac{1+3i}{1-i}$일 때, z^3+2z^2+6z+1의 값을 구하시오.

(2) $x=1+3i$, $y=1-3i$일 때, $x^3-x^2y-xy^2+y^3$의 값을 구하시오.

설명 복소수를 주어진 식에 직접 대입하면 계산이 복잡하므로 다음의 방법으로 식을 변형하여 대입한다.

(1) 분모가 허수인 경우에는 분모의 켤레복소수를 분모, 분자에 각각 곱하여 분모를 실수화한 후
$$z=a+bi\,(a,\,b는\,실수)\ \Rightarrow\ z-a=bi\ \Rightarrow\ (z-a)^2=-b^2$$
으로 변형하여 주어진 식의 값을 구한다.

(2) x와 y가 서로 켤레복소수인 경우에는 $x+y$, xy의 값이 실수이므로 주어진 식을 $x+y$, xy를 포함한 식으로 변형하여 식의 값을 구한다.

풀이

(1) $z=\dfrac{1+3i}{1-i}=\dfrac{(1+3i)(1+i)}{(1-i)(1+i)}=\dfrac{-2+4i}{2}=-1+2i$

이때 $z=-1+2i$에서 $z+1=2i$

양변을 제곱하면 $z^2+2z+1=-4$ $\therefore z^2+2z+5=0$

$\therefore z^3+2z^2+6z+1=z(z^2+2z+5)+z+1$
$$=z\times0+z+1=z+1$$
$$=-1+2i+1=\boldsymbol{2i}$$

(2) $x^3-x^2y-xy^2+y^3=x^2(x-y)-y^2(x-y)$
$$=(x^2-y^2)(x-y)$$
$$=(x+y)(x-y)^2\quad\cdots\cdots\ \bigcirc$$

이때 $x+y=(1+3i)+(1-3i)=2$, $x-y=(1+3i)-(1-3i)=6i$이므로 ㉠에서

$x^3-x^2y-xy^2+y^3=2\times(6i)^2=2\times(-36)=\boldsymbol{-72}$

KEY Point

• $z=a+bi\,(a,\,b는\,실수)$가 주어진 경우
  $\Rightarrow z-a=bi$로 변형한 후 양변을 제곱하여 식의 값이 **0**인 이차식을 만든다.

• 두 복소수 x, y가 서로 켤레복소수인 경우
  $\Rightarrow$ 주어진 식을 $x+y$, xy를 포함한 식으로 변형한다.

● 정답 및 풀이 **36쪽**

160 $z=\dfrac{3+\sqrt{7}i}{2}$일 때, z^3-2z^2+z-2의 값을 구하시오.

161 $z=1-i$일 때, $z^4-2z^3+3z^2-2z+1$의 값을 구하시오.

162 $x=\dfrac{1+\sqrt{3}i}{2}$, $y=\dfrac{1-\sqrt{3}i}{2}$일 때, $\dfrac{y}{x}+\dfrac{x}{y}$의 값을 구하시오.

● 더 다양한 문제는 **RPM** 공통수학 1 52쪽

필수 07 **켤레복소수를 포함한 식의 값**

두 복소수 $\alpha=-3+i$, $\beta=1-3i$에 대하여 $\overline{\alpha}\alpha+\overline{\alpha}\beta+\alpha\overline{\beta}+\beta\overline{\beta}$의 값을 구하시오.

(단, $\overline{\alpha}$, $\overline{\beta}$는 각각 α, β의 켤레복소수이다.)

풀이 $\overline{\alpha}\alpha+\overline{\alpha}\beta+\alpha\overline{\beta}+\beta\overline{\beta}=\overline{\alpha}(\alpha+\beta)+\overline{\beta}(\alpha+\beta)=(\alpha+\beta)(\overline{\alpha}+\overline{\beta})=(\alpha+\beta)(\overline{\alpha+\beta})$

이때 $\alpha=-3+i$, $\beta=1-3i$이므로

$\alpha+\beta=(-3+i)+(1-3i)=-2-2i$, $\overline{\alpha+\beta}=\overline{-2-2i}=-2+2i$

∴ (주어진 식)$=(-2-2i)(-2+2i)=4+4=\mathbf{8}$

● 더 다양한 문제는 **RPM** 공통수학 1 49쪽

필수 08 **등식을 만족시키는 복소수 구하기**

복소수 z와 그 켤레복소수 $\overline{z}$에 대하여 등식 $(1+2i)\overline{z}+3iz=-2+6i$가 성립할 때, 복소수 z를 구하시오.

풀이 $z=a+bi$ (a, b는 실수)라 하면 $\overline{z}=a-bi$이므로 주어진 식에서

$(1+2i)(a-bi)+3i(a+bi)=-2+6i$

$a-bi+2ai+2b+3ai-3b=-2+6i$

∴ $(a-b)+(5a-b)i=-2+6i$

이때 $a-b$, $5a-b$는 실수이므로 복소수가 서로 같을 조건에 의하여

$a-b=-2$, $5a-b=6$

두 식을 연립하여 풀면 $a=2$, $b=4$

∴ $z=\mathbf{2+4i}$

KEY Point

• 두 복소수 z_1, z_2에 대하여 $\overline{z_1\pm z_2}=\overline{z_1}\pm\overline{z_2}$ (복호동순)

• 등식을 만족시키는 복소수 ⇨ $z=a+bi$ (a, b는 실수)로 놓고 주어진 식에 대입한다.

● 정답 및 풀이 **37**쪽

 163 두 복소수 α, β에 대하여 $\alpha-\beta=4+\sqrt{5}i$일 때, $\alpha\overline{\alpha}-\alpha\overline{\beta}-\overline{\alpha}\beta+\beta\overline{\beta}$의 값을 구하시오.

(단, $\overline{\alpha}$, $\overline{\beta}$는 각각 α, β의 켤레복소수이다.)

164 $z+\overline{z}=6$, $z\overline{z}=25$를 만족시키는 복소수 z를 모두 구하시오. (단, $\overline{z}$는 z의 켤레복소수이다.)

165 복소수 z와 그 켤레복소수 $\overline{z}$에 대하여 등식 $iz+(1-i)\overline{z}=2i$가 성립할 때, $z+\overline{z}$의 값을 구하시오.

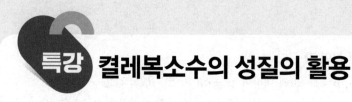

특강 켤레복소수의 성질의 활용

1 켤레복소수의 성질의 활용

복소수 z와 그 켤레복소수 $\bar{z}$에 대하여 다음은 모두 실수이다.

(1) $(z-1)(\bar{z}-1)$

(2) $\dfrac{1}{z}+\dfrac{1}{\bar{z}}$ (단, $z\neq0$)

(3) $z^2+(\bar{z})^2$

(4) $(z-\bar{z})i$

증명 실수 a, b에 대하여 $z=a+bi$라 하면 $\bar{z}=a-bi$

(1) $(z-1)(\bar{z}-1)=z\bar{z}-(z+\bar{z})+1$
$\qquad\qquad\qquad=(a+bi)(a-bi)-\{(a+bi)+(a-bi)\}+1$
$\qquad\qquad\qquad=a^2+b^2-2a+1 \quad\Rightarrow$ 실수

(2) $\dfrac{1}{z}+\dfrac{1}{\bar{z}}=\dfrac{z+\bar{z}}{z\bar{z}}=\dfrac{(a+bi)+(a-bi)}{(a+bi)(a-bi)}=\dfrac{2a}{a^2+b^2} \quad\Rightarrow$ 실수

(3) $z^2+(\bar{z})^2=(a+bi)^2+(a-bi)^2$
$\qquad\qquad\quad=(a^2+2abi-b^2)+(a^2-2abi-b^2)$
$\qquad\qquad\quad=2(a^2-b^2) \quad\Rightarrow$ 실수

(4) $(z-\bar{z})i=\{(a+bi)-(a-bi)\}i=2bi^2=-2b \quad\Rightarrow$ 실수

참고 허수 z와 그 켤레복소수 $\bar{z}$에 대하여

$$z-\bar{z}, \quad \dfrac{1}{z}-\dfrac{1}{\bar{z}}$$

은 모두 순허수이다.

예제 ▶ 임의의 복소수 z에 대하여 보기에서 옳은 것만을 있는 대로 고르시오. (단, $\bar{z}$는 z의 켤레복소수이다.)

> **보기**
>
> ㄱ. $z\bar{z}$는 실수이다.
> ㄴ. $(z+\bar{z})(z-\bar{z})$는 실수이다.
> ㄷ. $z-\bar{z}=0$이면 z는 순허수이다.
> ㄹ. z가 허수이면 $z=-\bar{z}$이다.

풀이 실수 a, b에 대하여 $z=a+bi$라 하면 $\bar{z}=a-bi$이므로

ㄱ. $z\bar{z}=(a+bi)(a-bi)=a^2+b^2$
  즉 $z\bar{z}$는 실수이다. (참)

ㄴ. $(z+\bar{z})(z-\bar{z})=(a+bi+a-bi)(a+bi-a+bi)$
  $\qquad\qquad\qquad\qquad=2a\times2bi=4abi$
  이때 $a\neq0$, $b\neq0$이면 $(z+\bar{z})(z-\bar{z})$는 순허수이다. (거짓)

ㄷ. $z-\bar{z}=(a+bi)-(a-bi)=2bi=0$이면 $b=0$
  즉 $z=a$이므로 z는 실수이다. (거짓)

ㄹ. $-\bar{z}=-(a-bi)=-a+bi$
  이때 $a\neq0$이면 $a+bi\neq-a+bi$, 즉 $z\neq-\bar{z}$이다. (거짓)
  이상에서 옳은 것은 ㄱ뿐이다.

특강 01 켤레복소수의 성질의 활용

복소수 z에 대하여 보기에서 항상 실수인 것만을 있는 대로 고르시오.

(단, $\overline{z}$는 z의 켤레복소수이다.)

<pre>
보기
ㄱ. $z-\overline{z}$ ㄴ. $i\overline{z}$
ㄷ. $(z+i)(\overline{z}-i)$ ㄹ. $\dfrac{z}{1+i}+\dfrac{\overline{z}}{1-i}$
</pre>

설명 $z=a+bi$ (a, b는 실수)로 놓고 주어진 식을 a, b로 나타낸다.

이때 (허수부분)$=0$이면 주어진 식은 실수이다.

풀이 실수 a, b에 대하여 $z=a+bi$라 하면 $\overline{z}=a-bi$이므로

ㄱ. $z-\overline{z}=(a+bi)-(a-bi)=2bi$

ㄴ. $i\overline{z}=i\times(a-bi)=b+ai$

ㄷ. $(z+i)(\overline{z}-i)=(a+bi+i)(a-bi-i)$
$$=\{a+(b+1)i\}\{a-(b+1)i\}$$
$$=a^2+(b+1)^2 \quad \Rightarrow \text{실수}$$

ㄹ. $\dfrac{z}{1+i}+\dfrac{\overline{z}}{1-i}=\dfrac{(a+bi)(1-i)}{(1+i)(1-i)}+\dfrac{(a-bi)(1+i)}{(1-i)(1+i)}$
$$=\dfrac{a-ai+bi+b}{2}+\dfrac{a+ai-bi+b}{2}$$
$$=\dfrac{2a+2b}{2}=a+b \quad \Rightarrow \text{실수}$$

이상에서 항상 실수인 것은 ㄷ, ㄹ이다.

다른 풀이 ㄷ. $(z+i)(\overline{z}-i)=z\overline{z}-(z-\overline{z})i+1$

이때 $z\overline{z}$, $(z-\overline{z})i$는 모두 실수이므로 $(z+i)(\overline{z}-i)$는 실수이다.

ㄹ. $\dfrac{z}{1+i}+\dfrac{\overline{z}}{1-i}=\dfrac{z(1-i)+\overline{z}(1+i)}{(1+i)(1-i)}=\dfrac{z+\overline{z}-(z-\overline{z})i}{2}$

이때 $z+\overline{z}$, $(z-\overline{z})i$는 모두 실수이므로 $\dfrac{z}{1+i}+\dfrac{\overline{z}}{1-i}$는 실수이다.

● 정답 및 풀이 **37**쪽

166 복소수 $z=a+bi$ (a, b는 0이 아닌 실수)에 대하여 z^2-z가 실수일 때, 보기에서 옳은 것만을 있는 대로 고른 것은? (단, $i=\sqrt{-1}$이고, $\overline{z}$는 z의 켤레복소수이다.)

<pre>
보기
ㄱ. $\overline{z^2-z}$는 실수이다.   ㄴ. $z+\overline{z}=1$
ㄷ. $z\overline{z}>\dfrac{1}{4}$
</pre>

① ㄱ   ② ㄴ   ③ ㄱ, ㄴ   ④ ㄱ, ㄷ   ⑤ ㄱ, ㄴ, ㄷ

교육청기출

167 복소수 $\dfrac{a+3i}{2-i}$의 실수부분과 허수부분의 합이 3일 때, 실수 a의 값은?

① 1   ② 2   ③ 3   ④ 4   ⑤ 5

> **생각해 봅시다!** 💡
>
> 복소수 $x+yi$ (x, y는 실수)에서 x를 실수부분, y를 허수부분이라 한다.

168 복소수 $z=i(x-2i)^2$이 실수가 되도록 하는 양수 x의 값을 a, 그때의 z의 값을 b라 할 때, $b-a$의 값을 구하시오.

> 복소수 $a+bi$ (a, b는 실수)가 실수가 되기 위한 조건
> $\Rightarrow b=0$

169 등식 $(2+i)\overline{(x-yi)}=5(1-i)$를 만족시키는 실수 x, y에 대하여 $x+y$의 값은?

① -2 ② -3 ③ -4 ④ -5 ⑤ -6

170 $x=\dfrac{7}{2-\sqrt{3}i}$, $y=\dfrac{7}{2+\sqrt{3}i}$일 때, $\dfrac{x^2}{y}+\dfrac{y^2}{x}$의 값을 구하시오.

> $\dfrac{x^2}{y}+\dfrac{y^2}{x}$을 $x+y$, xy를 포함한 식으로 변형한다.

171 두 복소수 α, β에 대하여 $\alpha+\beta=2-i$일 때, $\alpha\overline{\alpha}+\overline{\alpha}\beta+\alpha\overline{\beta}+\beta\overline{\beta}$의 값을 구하시오. (단, $\overline{\alpha}$, $\overline{\beta}$는 각각 α, β의 켤레복소수이다.)

172 복소수 z와 그 켤레복소수 $\overline{z}$에 대하여 $z-\overline{z}=2i$, $z\overline{z}=17$일 때, 복소수 z를 모두 구하시오.

STEP **2**

생각해 봅시다! 💡

173 복소수 z에 대하여 복소수 $z-3i$의 켤레복소수가 $5+i$일 때, $z\overline{z}$의 값을 구하시오. (단, $\overline{z}$는 z의 켤레복소수이다.)

> $\overline{z}=a+bi$ (a, b는 실수)이면
> $z=a-bi$

174 등식 $\dfrac{1+i}{1-i}+\dfrac{2-i}{x+yi}=1-i$를 만족시키는 실수 x, y에 대하여 $x-y$의 값을 구하시오.

175 $x=\dfrac{-1+\sqrt{3}i}{2}$일 때, x^4+7x^3-x-3의 값을 구하시오.

> $x-a=bi$의 꼴로 변형하여 양변을 제곱한다.

176 두 복소수 z, w에 대하여 $z+w=3+6i$, $\overline{z}-\overline{w}=1-4i$이다. 두 실수 p, q에 대하여 $z\overline{w}=p+qi$일 때, $p+q$의 값을 구하시오.
(단, $\overline{z}$, $\overline{w}$는 각각 z, w의 켤레복소수이다.)

177 복소수 $z=(1+i)x+(1-i)y-3+5i$와 그 켤레복소수 $\overline{z}$에 대하여 $z\overline{z}=0$일 때, 실수 x, y에 대하여 x^2+y^2의 값을 구하시오.

> a, b가 실수일 때 $a^2+b^2=0$이면 $a=0$, $b=0$

교육청 기출
178 실수 a에 대하여 복소수 $z=a+2i$가 $\overline{z}=\dfrac{z^2}{4i}$을 만족시킬 때, a^2의 값을 구하시오. (단, $\overline{z}$는 z의 켤레복소수이다.)

생각해 봅시다!

(실수)^2 ⇨ 0 또는 양의 실수
(순허수)^2 ⇨ 음의 실수

179 복소수 $z=a(2+i)-1+2i$에 대하여 z^2이 실수가 되도록 하는 모든 실수 a의 값의 곱을 구하시오.

180 복소수 $z=a(3-i)-b(1+i)$에 대하여 $z^2=-16$이 성립할 때, a^2+b^2의 값을 구하시오. (단, a, b는 실수이다.)

181 $x^2=-3+2i$일 때, $x^4+x^3+8x^2+6x+\dfrac{13}{x}$의 값을 구하시오.

182 두 복소수 α, β에 대하여 $\alpha\overline{\alpha}=\beta\overline{\beta}=2$, $\alpha+\beta=2i$일 때, $\alpha\beta$의 값을 구하시오. (단, $\overline{\alpha}$, $\overline{\beta}$는 각각 α, β의 켤레복소수이다.)

$\overline{\alpha+\beta}=\overline{\alpha}+\overline{\beta}$
$\quad=\overline{2i}=-2i$

183 복소수 z와 그 켤레복소수 $\overline{z}$에 대하여 $\dfrac{z+2\overline{z}}{z\overline{z}}=3+2i$가 성립할 때, 복소수 z를 구하시오.

교육청 기출

184 두 복소수 $z_1=a+bi$, $z_2=c+di$에 대하여 a, b, c, d는 자연수이고 $z_1\overline{z_1}=10$일 때, 보기에서 옳은 것만을 있는 대로 고른 것은?

(단, $\overline{z}$는 복소수 z의 켤레복소수이다.)

보기
ㄱ. $a^2+b^2=10$
ㄴ. $z_1+\overline{z_2}=3$이면 $c+d=5$이다.
ㄷ. $(z_1+z_2)(\overline{z_1+z_2})=41$이면 $z_2\overline{z_2}$의 최댓값은 17이다.

① ㄱ   ② ㄱ, ㄴ   ③ ㄱ, ㄷ   ④ ㄴ, ㄷ   ⑤ ㄱ, ㄴ, ㄷ

개념원리 이해

03 i의 거듭제곱, 음수의 제곱근

1 i의 거듭제곱 ☞ 필수 09, 10

$i^2=-1$임을 이용하여 i, i^2, i^3, i^4, $\cdots$의 값을 차례로 구하면

i, -1, $-i$, 1이 반복되어 나타난다.

따라서 i의 거듭제곱은 다음과 같은 규칙을 갖는다.

$$i^{4n+1}=i, \ i^{4n+2}=-1, \ i^{4n+3}=-i, \ i^{4n+4}=1$$

(단, n은 음이 아닌 정수이다.)

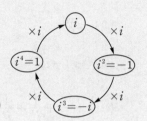

▶ i^n (n은 자연수)의 값은 n을 4로 나누었을 때의 나머지에 따라 정해진다.

보기 ▶ $i^{98}=(i^4)^{24}\times i^2=i^2=-1$, $i^{73}=(i^4)^{18}\times i=i$, $i^{803}=(i^4)^{200}\times i^3=i^3=-i$

참고 $(-i)^{4n+1}=-i$, $(-i)^{4n+2}=-1$, $(-i)^{4n+3}=i$, $(-i)^{4n+4}=1$

2 음수의 제곱근 ☞ 필수 11, 12

(1) 음수의 제곱근

$a>0$일 때

① $\sqrt{-a}=\sqrt{a}\,i$

② $-a$의 제곱근은 $\sqrt{a}\,i$와 $-\sqrt{a}\,i$이다.

(2) 음수의 제곱근의 성질

① $a<0$, $b<0$이면 $\quad \sqrt{a}\sqrt{b}=-\sqrt{ab}$

② $a>0$, $b<0$이면 $\quad \dfrac{\sqrt{a}}{\sqrt{b}}=-\sqrt{\dfrac{a}{b}}$

그 외에는 $\quad \sqrt{a}\sqrt{b}=\sqrt{ab}$, $\dfrac{\sqrt{a}}{\sqrt{b}}=\sqrt{\dfrac{a}{b}}$ (단, $b\neq0$)

설명 ① $a<0$, $b<0$이면 $-a>0$, $-b>0$이므로 $\quad \sqrt{a}\sqrt{b}=\sqrt{-a}\,i\times\sqrt{-b}\,i=\sqrt{(-a)\times(-b)}\,i^2=-\sqrt{ab}$

② $a>0$, $b<0$이면 $a>0$, $-b>0$이므로 $\quad \dfrac{\sqrt{a}}{\sqrt{b}}=\dfrac{\sqrt{a}}{\sqrt{-b}\,i}=\dfrac{\sqrt{a}\,i}{\sqrt{-b}\,i^2}=-\sqrt{\dfrac{a}{-b}}\,i=-\sqrt{\dfrac{a}{b}}$

보기 ▶ (1) $\sqrt{-3}\sqrt{-2}=\sqrt{3}\,i\times\sqrt{2}\,i=\sqrt{6}\,i^2=-\sqrt{6}$

(2) $\dfrac{\sqrt{2}}{\sqrt{-5}}=\dfrac{\sqrt{2}}{\sqrt{5}\,i}=\dfrac{\sqrt{2}\,i}{\sqrt{5}\,i^2}=-\sqrt{\dfrac{2}{5}}\,i=-\sqrt{-\dfrac{2}{5}}$

참고 0이 아닌 두 실수 a, b에 대하여

① $\sqrt{a}\sqrt{b}=-\sqrt{ab}$이면 $\quad a<0$, $b<0$

② $\dfrac{\sqrt{a}}{\sqrt{b}}=-\sqrt{\dfrac{a}{b}}$이면 $\quad a>0$, $b<0$

185 다음을 계산하시오.

(1) i^6

(2) $(-i)^{11}$

(3) $i^{100}+(-i)^{200}$

(4) $\dfrac{1}{i}+\dfrac{1}{i^2}+\dfrac{1}{i^3}+\dfrac{1}{i^4}$

(5) $(1-i)^4$

(6) $\left(\dfrac{1+i}{\sqrt{2}}\right)^6$

186 다음 수의 제곱근을 구하시오.

(1) -5

(2) -10

(3) -20

(4) $-\dfrac{1}{36}$

187 다음을 계산하시오.

(1) $\sqrt{-5}\sqrt{-9}$

(2) $\sqrt{3}\sqrt{-6}$

(3) $\dfrac{\sqrt{12}}{\sqrt{-4}}$

(4) $\dfrac{\sqrt{-4}}{\sqrt{-2}}$

● 더 다양한 문제는 **RPM** 공통수학 1 50쪽

필수 09 i**의 거듭제곱**

다음을 계산하시오.

(1) $i+i^2+i^3+i^4+\cdots+i^{201}$ (2) $1+\dfrac{1}{i}+\dfrac{1}{i^2}+\dfrac{1}{i^3}+\cdots+\dfrac{1}{i^{50}}$

설명 $i^2=-1$, $i^3=-i$, $i^4=1$이므로 $i+i^2+i^3+i^4=0$임을 이용한다.

풀이   (1) $i+i^2+i^3+i^4=i-1-i+1=0$이므로

(주어진 식)$=(i+i^2+i^3+i^4)+i^4(i+i^2+i^3+i^4)+\cdots+i^{196}(i+i^2+i^3+i^4)+i^{201}$

$=i^{201}=(i^4)^{50}\times i=\boldsymbol{i}$

(2) $\dfrac{1}{i}+\dfrac{1}{i^2}+\dfrac{1}{i^3}+\dfrac{1}{i^4}=\dfrac{1}{i}-1-\dfrac{1}{i}+1=0$이므로

(주어진 식)$=1+\left(\dfrac{1}{i}+\dfrac{1}{i^2}+\dfrac{1}{i^3}+\dfrac{1}{i^4}\right)+\dfrac{1}{i^4}\left(\dfrac{1}{i}+\dfrac{1}{i^2}+\dfrac{1}{i^3}+\dfrac{1}{i^4}\right)+\cdots$

$+\dfrac{1}{i^{44}}\left(\dfrac{1}{i}+\dfrac{1}{i^2}+\dfrac{1}{i^3}+\dfrac{1}{i^4}\right)+\dfrac{1}{i^{48}}\left(\dfrac{1}{i}+\dfrac{1}{i^2}\right)$

$=1+\dfrac{1}{i}+\dfrac{1}{i^2}=1-i-1=\boldsymbol{-i}$

KEY Point

• i의 거듭제곱

$\Rightarrow i^{4n+1}=i$, $i^{4n+2}=-1$, $i^{4n+3}=-i$, $i^{4n+4}=1$ (단, n은 음이 아닌 정수이다.)

● 정답 및 풀이 **43**쪽

188 다음을 계산하시오.

(1) $1+i+i^2+i^3+\cdots+i^{144}$

(2) $\dfrac{1}{i}+\dfrac{1}{i^2}+\dfrac{1}{i^3}+\dfrac{1}{i^4}+\cdots+\dfrac{1}{i^{2023}}$

189 $i+2i^2+3i^3+4i^4+\cdots+10i^{10}$을 계산하시오.

190 $\dfrac{1}{i}+\dfrac{2}{i^2}+\dfrac{3}{i^3}+\dfrac{4}{i^4}+\cdots+\dfrac{50}{i^{50}}=a+bi$일 때, $b-a$의 값을 구하시오.

(단, a, b는 실수이다.)

● 더 다양한 문제는 **RPM** 공통수학 1 50쪽

 10 **복소수의 거듭제곱**

다음을 계산하시오.

(1) $(1+i)^{10}$ (2) $\left(\dfrac{1-i}{\sqrt{2}}\right)^{50}$ (3) $\left(\dfrac{1+i}{1-i}\right)^{502}+\left(\dfrac{1-i}{1+i}\right)^{502}$

풀이

(1) $(1+i)^2=2i$이므로
$$(1+i)^{10}=\{(1+i)^2\}^5=(2i)^5=2^5\times i^5=\mathbf{32}\boldsymbol{i}$$

(2) $\left(\dfrac{1-i}{\sqrt{2}}\right)^2=\dfrac{-2i}{2}=-i$이므로
$$\left(\dfrac{1-i}{\sqrt{2}}\right)^{50}=\left\{\left(\dfrac{1-i}{\sqrt{2}}\right)^2\right\}^{25}=(-i)^{25}=-i^{25}=-(i^4)^6\times i=\boldsymbol{-i}$$

(3) $\dfrac{1+i}{1-i}=\dfrac{(1+i)^2}{(1-i)(1+i)}=\dfrac{2i}{2}=i$, $\dfrac{1-i}{1+i}=\dfrac{(1-i)^2}{(1+i)(1-i)}=\dfrac{-2i}{2}=-i$이므로
$$\left(\dfrac{1+i}{1-i}\right)^{502}+\left(\dfrac{1-i}{1+i}\right)^{502}=i^{502}+(-i)^{502}=i^{502}+i^{502}$$
$$=(i^4)^{125}\times i^2+(i^4)^{125}\times i^2$$
$$=-1+(-1)=\mathbf{-2}$$

 KEY Point

- 복소수의 거듭제곱 z^n (n은 자연수)의 값을 구할 때에는 우선 z를 간단히 한 후 i의 거듭제곱을 이용한다.
  ⇨ z^2 또는 z^3을 구하거나 분모를 실수화한다.

● 정답 및 풀이 **43**쪽

 191 다음을 계산하시오.

(1) $(1-i)^{56}$ (2) $\left(\dfrac{1-i}{1+i}\right)^{2026}$ (3) $\left(\dfrac{1+i}{\sqrt{2}i}\right)^{100}+\left(\dfrac{1-i}{\sqrt{2}i}\right)^{100}$

192 $z=\dfrac{\sqrt{2}}{1+i}$일 때, $z^2+z^4+z^6+z^8+z^{10}$의 값을 구하시오.

193 $\left(\dfrac{i+1}{i-1}\right)^n=i$를 만족시키는 자연수 n의 최솟값을 구하시오.

11 음수의 제곱근

$$\sqrt{-3}\sqrt{12}+\sqrt{-3}\sqrt{-12}+\frac{\sqrt{12}}{\sqrt{-3}}+\frac{\sqrt{-12}}{\sqrt{-3}}$$ 를 계산하시오.

풀이   (주어진 식)$=\sqrt{-36}-\sqrt{36}-\sqrt{\dfrac{12}{-3}}+\sqrt{\dfrac{-12}{-3}}=\sqrt{36}\,i-6-\sqrt{-4}+\sqrt{4}$

$\qquad\qquad\qquad = 6i-6-2i+2 = \boldsymbol{-4+4i}$

◦ 더 다양한 문제는 **RPM** 공통수학 1 51쪽

 12 음수의 제곱근의 성질

0이 아닌 두 실수 a, b에 대하여 $\sqrt{a}\sqrt{b}=-\sqrt{ab}$일 때, $\sqrt{(a+b)^2}+|b|+\sqrt{(-a)^2}$을 간단히 하시오.

풀이 $\sqrt{a}\sqrt{b}=-\sqrt{ab}$이므로 $a<0,\ b<0$ $\therefore a+b<0$

따라서 $\sqrt{(a+b)^2}=|a+b|=-(a+b),\ |b|=-b,\ \sqrt{(-a)^2}=|-a|=-a$이므로

$\qquad \sqrt{(a+b)^2}+|b|+\sqrt{(-a)^2}=-(a+b)-b-a=\boldsymbol{-2a-2b}$

KEY Point

- $a>0$일 때, $\sqrt{-a}=\sqrt{a}\,i$
- 0이 아닌 두 실수 a, b에 대하여

  ① $\sqrt{a}\sqrt{b}=-\sqrt{ab}$이면 $a<0,\ b<0$

  ② $\dfrac{\sqrt{a}}{\sqrt{b}}=-\sqrt{\dfrac{a}{b}}$이면 $a>0,\ b<0$

◦ 정답 및 풀이 **44**쪽

 194 다음을 계산하시오.

(1) $\sqrt{-4}\sqrt{-8}+\sqrt{3}\sqrt{-3}+\dfrac{\sqrt{8}}{\sqrt{-2}}$

(2) $\dfrac{\sqrt{-20}}{\sqrt{-5}}+\sqrt{-9}\sqrt{-4}+\dfrac{\sqrt{81}}{\sqrt{-9}}$

195 0이 아닌 두 실수 a, b에 대하여 $\dfrac{\sqrt{a}}{\sqrt{b}}=-\sqrt{\dfrac{a}{b}}$일 때, $|a|+\sqrt{(a-b)^2}-\sqrt{b^2}$을 간단히 하시오.

196 실수 a에 대하여 $\sqrt{a-4}\sqrt{1-a}=-\sqrt{(a-4)(1-a)}$일 때, $\sqrt{(a-4)^2}+|a-1|$을 간단히 하시오. (단, $a\neq1,\ a\neq4$)

STEP 1

생각해 봅시다! 💡

197 $i-2i^2+3i^3-4i^4+\cdots-30i^{30}=p+qi$일 때, 실수 p, q에 대하여 $p-q$의 값을 구하시오.

198 자연수 n이 짝수일 때, $\left(\dfrac{1+i}{\sqrt{2}}\right)^{4n}+\left(\dfrac{1-i}{\sqrt{2}}\right)^{4n+2}$의 값을 구하시오.

199 $x=\dfrac{1-i}{1+i}$ 일 때, $1+x+x^2+x^3+\cdots+x^{2000}$의 값을 구하시오.

자연수 n에 대하여 $(-i)^n$의 값은 $-i$, -1, i, 1이 순서대로 반복된다.

200 다음 보기 중 옳은 것의 개수를 구하시오.

> **보기**
>
> ㄱ. $\dfrac{\sqrt{-5}}{\sqrt{-2}}=\sqrt{\dfrac{-5}{-2}}$ ㄴ. $\dfrac{\sqrt{-5}}{\sqrt{2}}=\sqrt{\dfrac{-5}{2}}$
>
> ㄷ. $\dfrac{\sqrt{5}}{\sqrt{-2}}=\sqrt{\dfrac{5}{-2}}$ ㄹ. $\sqrt{-2}\sqrt{5}=\sqrt{(-2)\times5}$
>
> ㅁ. $\sqrt{-2}\sqrt{-5}=\sqrt{(-2)\times(-5)}$

201 실수 a, b에 대하여
$$(\sqrt{-5})^2-\sqrt{-9}\sqrt{-12}+\sqrt{3}\sqrt{-3}+\dfrac{\sqrt{-75}}{\sqrt{-3}}-\dfrac{\sqrt{36}}{\sqrt{-4}}=a+bi$$
일 때, $\dfrac{a}{b}$의 값을 구하시오.

① $a<0$, $b<0$이면
　$\sqrt{a}\sqrt{b}=-\sqrt{ab}$
② $a>0$, $b<0$이면
　$\dfrac{\sqrt{a}}{\sqrt{b}}=-\sqrt{\dfrac{a}{b}}$

202 0이 아닌 세 실수 a, b, c에 대하여 $\sqrt{a}\sqrt{b}=-\sqrt{ab}$, $\dfrac{\sqrt{c}}{\sqrt{b}}=-\sqrt{\dfrac{c}{b}}$일 때, $\sqrt{(a+b)^2}+|c-a|-\sqrt{b^2}+\sqrt{c^2}$을 간단히 하시오.

STEP 2

203 임의의 자연수 n에 대하여 $f(n)=\dfrac{i^n}{2-i^n}$일 때, $f(7)+f(77)$의 값을 구하시오.

$f(n)$에 $n=7$, 77을 대입하여 $f(7)$, $f(77)$의 값을 구한다.

204 $z=\dfrac{1+i+i^2+i^3+\cdots+i^{101}}{1-i}$일 때, z^3+z+7의 값은?

① -7　　② -3　　③ 0　　④ 3　　⑤ 7

$1+i+i^2+i^3=0$임을 이용하여 z를 구한다.

205 복소수 $z=\dfrac{1+i}{i}$에 대하여 z^n이 양의 정수가 되도록 하는 자연수 n의 최솟값을 구하시오.

206 0이 아닌 두 실수 x, y에 대하여 $\sqrt{x}\sqrt{y}=-\sqrt{xy}$가 성립한다. 복소수 $z=x^2+3x-yi-18+i$에 대하여 $z^2=-16$일 때, xy의 값을 구하시오.

207 100 이하의 자연수 n에 대하여
$$(1-i)^{2n}=2^n i$$
를 만족시키는 모든 n의 개수를 구하시오.

208 $-1<x<1$일 때, $\sqrt{x+1}\sqrt{x-1}\sqrt{1-x}\sqrt{-1-x}$를 간단히 하시오.

$x+1$, $x-1$, $1-x$, $-1-x$의 부호를 생각해 본다.

공감
한 스푼

나의 경쟁 상대

지금까지 나의 경쟁 상대는 친구였어요.
그런데 이 점은 나를 매우 힘들게 했어요.

이제는 경쟁 상대를 바꾸려 합니다.
그 상대는 바로 '어제의 나'

남과 비교하며 힘들어하기보다
매일매일 '어제의 나'보다
조금씩 나아가다 보면
나는 최종 목표에 닿을 만큼
성장할 테니까요.

II

방정식과 부등식

이 단원에서는

허수단위 i를 이용하여 허근을 정의합니다. 또 이차방정식의 근을 직접 구하지 않더라도 판별식을 이용하여 근을 판별하는 방법, 근과 계수의 관계를 이용하여 두 근의 합과 곱을 구하고 임의의 이차식을 인수분해하는 방법을 학습합니다.

특강 일차방정식

1 방정식 $ax=b$의 풀이

x에 대한 방정식 $ax=b$에서

(1) $a\neq0$일 때 $\Rightarrow x=\dfrac{b}{a}$ (오직 하나의 해)

(2) $a=0$이고 $\begin{cases} b\neq0\text{일 때 } \Rightarrow \text{ 해가 없다.} \\ \quad\quad \hookrightarrow 0\times x=b\text{의 꼴: } x\text{가 어떤 값이라도 성립하지 않는다.} \\ b=0\text{일 때 } \Rightarrow \text{ 해가 무수히 많다.} \\ \quad\quad \hookrightarrow 0\times x=0\text{의 꼴: } x\text{가 어떤 값이라도 항상 성립한다.} \end{cases}$

예제 ▶ x에 대한 방정식 $(a-1)(a-2)x=a-2$를 푸시오.

풀이 (ⅰ) $a\neq1$, $a\neq2$일 때, $\quad x=\dfrac{a-2}{(a-1)(a-2)}=\dfrac{1}{a-1}$

(ⅱ) $a=1$일 때, $0\times x=-1$이 되어 x에 어떤 수를 대입해도 등식이 성립하지 않으므로 해가 없다.

(ⅲ) $a=2$일 때, $0\times x=0$이 되어 x에 어떤 수를 대입해도 항상 등식이 성립하므로 해가 무수히 많다.

2 절댓값 기호를 포함한 방정식

절댓값 기호를 포함한 방정식은

$$|A|=\begin{cases} A\ (A\geq0) \\ -A\ (A<0) \end{cases}$$

임을 이용하여 다음과 같은 순서로 푼다.

(ⅰ) 절댓값 기호 안의 식의 값이 0이 되는 x의 값을 기준으로 x의 값의 범위를 나눈다.

(ⅱ) 각 범위에서 절댓값 기호를 없앤 후 식을 정리하여 x의 값을 구한다.

(ⅲ) (ⅱ)에서 구한 x의 값 중 해당 범위에 속하는 것만 주어진 방정식의 해이다.

주의 각 범위에서 구한 해가 해당 범위에 적합한지 반드시 확인해야 한다.

예제 ▶ 방정식 $|x-1|=2x+7$을 푸시오.

풀이 절댓값 기호 안의 식의 값이 0이 되는 x의 값은 $x-1=0$에서 $\quad x=1$

이 값을 기준으로 x의 값의 범위를 나누어 해를 구하면

(ⅰ) $x<1$일 때, $x-1<0$이므로

$\quad\quad -(x-1)=2x+7, \quad -3x=6 \quad \therefore x=-2$

(ⅱ) $x\geq1$일 때, $x-1\geq0$이므로

$\quad\quad x-1=2x+7 \quad \therefore x=-8$

그런데 $x\geq1$이므로 $x=-8$은 해가 아니다.

(ⅰ), (ⅱ)에서 $\quad x=-2$

01 이차방정식

1 이차방정식

$ax^2+bx+c=0\,(a\neq0,\ a,\ b,\ c는\ 상수)$의 꼴로 변형할 수 있는 방정식을 x에 대한 **이차방정식**이라 한다.

▶ ① '이차방정식 $ax^2+bx+c=0$' ⇨ $a\neq0$이라는 뜻을 포함한다.
　② '방정식 $ax^2+bx+c=0$' ⇨ $a\neq0$인 경우와 $a=0$인 경우로 나누어 생각한다.

2 이차방정식의 실근과 허근

지금까지는 이차방정식의 근을 실수의 범위에서 구하였으나 이제부터는 복소수의 범위까지 확장하여 구한다. 이때 실수인 근을 **실근**이라 하고, 허수인 근을 **허근**이라 한다.

▶ 계수가 실수인 이차방정식은 복소수의 범위에서 항상 두 개의 근을 갖는다. 특히 두 개의 실근이 같을 때, 이 근을 **중근**이라 한다.

보기 ▶ $x^2=9$의 근은 $x=\pm3$이므로 실근이고, $x^2=-9$의 근은 $x=\pm3i$이므로 허근이다.

3 이차방정식의 풀이　　ⓢ 필수 01~04

(1) **인수분해를 이용한 풀이**
　　x에 대한 이차방정식이 $(ax-b)(cx-d)=0$의 꼴로 변형되면
$$ax-b=0\ 또는\ cx-d=0\qquad \therefore x=\frac{b}{a}\ 또는\ x=\frac{d}{c}$$

(2) **근의 공식을 이용한 풀이**
　　계수가 실수인 이차방정식 $ax^2+bx+c=0$의 근은　　$x=\dfrac{-b\pm\sqrt{b^2-4ac}}{2a}$

　　특히 $ax^2+2b'x+c=0$의 근은　　$x=\dfrac{-b'\pm\sqrt{b'^2-ac}}{a}$　← 일차항의 계수가 짝수일 때

증명 ▶ 이차방정식 $ax^2+bx+c=0$에서 $a\neq0$이므로

$$x^2+\frac{b}{a}x=-\frac{c}{a}$$　　　　← 양변을 a로 나눈 후 상수항을 이항한다.

$$x^2+\frac{b}{a}x+\left(\frac{b}{2a}\right)^2=-\frac{c}{a}+\left(\frac{b}{2a}\right)^2$$　　← 좌변을 완전제곱식으로 만들기 위해
　　　　　　　　　　　　　　　　　　　　　양변에 $\left(\dfrac{x의\ 계수}{2}\right)^2$을 더한다.

$$\left(x+\frac{b}{2a}\right)^2=\frac{b^2-4ac}{4a^2}$$

$$x+\frac{b}{2a}=\pm\frac{\sqrt{b^2-4ac}}{2a}$$　　　　← $x^2=k$이면 $x=\pm\sqrt{k}$임을 이용한다.

$$\therefore x=\frac{-b\pm\sqrt{b^2-4ac}}{2a}$$

특히 x의 계수 b가 짝수일 때, 즉 $b=2b'$이면　　$b^2-4ac=(2b')^2-4ac=4(b'^2-ac)$

$$\therefore x=\frac{-b\pm\sqrt{b^2-4ac}}{2a}=\frac{-2b'\pm2\sqrt{b'^2-ac}}{2a}=\frac{-b'\pm\sqrt{b'^2-ac}}{a}$$

알아둡시다!

209 인수분해를 이용하여 다음 이차방정식을 푸시오.

(1) $x^2 - 3x = 0$

(2) $x^2 - 5x + 6 = 0$

(3) $2x^2 - x - 3 = 0$

(4) $3x^2 + 5x - 2 = 0$

(5) $4x^2 - 4x + 1 = 0$

(6) $\dfrac{1}{2}x^2 - \dfrac{3}{2}x + 1 = 0$

x에 대한 이차방정식이
$$(ax - b)(cx - d) = 0$$
의 꼴로 변형되면
$$x = \frac{b}{a} \ \text{또는} \ x = \frac{d}{c}$$

210 근의 공식을 이용하여 다음 이차방정식을 풀고, 실근인지 허근인지 구분하시오.

(1) $2x^2 - 7x + 4 = 0$

(2) $x^2 - 3x + 4 = 0$

(3) $2x^2 + x + 1 = 0$

(4) $3x^2 + 4x - 2 = 0$

(5) $3x^2 - 2x + 1 = 0$

(6) $4x^2 - 2\sqrt{3}x - 1 = 0$

계수가 실수인 x에 대한
이차방정식 $ax^2 + bx + c = 0$
의 해는
$$x = \frac{-b \pm \sqrt{b^2 - 4ac}}{2a}$$

● 더 다양한 문제는 **RPM** 공통수학 1 58쪽

필수 01 이차방정식의 풀이

다음 이차방정식을 푸시오.

(1) $(x-2)(2x+1)=(x+3)^2-1$ (2) $\dfrac{x^2+1}{2}=\dfrac{x^2-2x}{3}-1$

풀이 (1) $(x-2)(2x+1)=(x+3)^2-1$에서

$$2x^2-3x-2=x^2+6x+8$$
$$x^2-9x-10=0, \quad (x+1)(x-10)=0$$
$$\therefore \boldsymbol{x=-1 \text{ 또는 } x=10}$$

(2) 주어진 방정식의 양변에 분모의 최소공배수인 6을 곱하면

$$3(x^2+1)=2(x^2-2x)-6$$
$$3x^2+3=2x^2-4x-6, \quad x^2+4x+9=0$$
$$\therefore \boldsymbol{x=-2\pm\sqrt{2^2-1\times9}=-2\pm\sqrt{5}i}$$

● 더 다양한 문제는 **RPM** 공통수학 1 58쪽

필수 02 이차항의 계수가 무리수인 이차방정식의 풀이

이차방정식 $(\sqrt{2}-1)x^2-(\sqrt{2}+1)x+2=0$을 푸시오.

설명 x^2의 계수가 무리수이면 양변에 적당한 무리수를 곱하여 x^2의 계수를 유리화한 후 방정식을 푼다.

풀이 주어진 방정식의 양변에 $\sqrt{2}+1$을 곱하면

$$(\sqrt{2}+1)(\sqrt{2}-1)x^2-(\sqrt{2}+1)^2x+2(\sqrt{2}+1)=0$$
$$x^2-(2\sqrt{2}+3)x+2\sqrt{2}+2=0$$
$$(x-1)\{x-(2\sqrt{2}+2)\}=0$$
$$\therefore \boldsymbol{x=1 \text{ 또는 } x=2\sqrt{2}+2}$$

KEY Point

- 이차방정식은 (이차식)$=0$의 꼴로 정리한 후 인수분해 또는 근의 공식을 이용하여 복소수의 범위에서 해를 구한다.
- 이차항의 계수가 무리수인 이차방정식은 $(a+\sqrt{b})(a-\sqrt{b})=a^2-b$임을 이용하여 이차항의 계수를 유리화한 후 해를 구한다.

● 정답 및 풀이 **47**쪽

 211 다음 이차방정식을 푸시오.

(1) $3(x+1)^2=x(x+2)$ (2) $\dfrac{3x^2+2}{5}-x=\dfrac{x^2-x}{2}$

212 이차방정식 $(2+\sqrt{3})x^2-(3+\sqrt{3})x+1=0$을 푸시오.

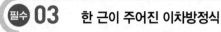 **03** 한 근이 주어진 이차방정식

x에 대한 이차방정식 $(a-1)x^2-(a^2-1)x+2(a-1)=0$의 한 근이 1일 때, x에 대한 이차방정식 $x^2-2x+a^2=0$의 해를 구하시오. (단, a는 상수이다.)

설명 이차방정식 $ax^2+bx+c=0$의 한 근이 α이다.
➡ $x=\alpha$를 $ax^2+bx+c=0$에 대입하면 등식이 성립한다.

풀이 $(a-1)x^2-(a^2-1)x+2(a-1)=0$은 x에 대한 이차방정식이므로
$$a-1\neq0 \qquad \therefore a\neq1$$
이 이차방정식의 한 근이 1이므로 $x=1$을 대입하면
$$a-1-(a^2-1)+2(a-1)=0$$
$$a^2-3a+2=0, \qquad (a-1)(a-2)=0$$
$$\therefore a=1 \text{ 또는 } a=2$$
그런데 $a\neq1$이므로 $\qquad a=2$
$x^2-2x+a^2=0$에 $a=2$를 대입하면
$$x^2-2x+4=0$$
$$\therefore \boldsymbol{x=-(-1)\pm\sqrt{(-1)^2-1\times4}=1\pm\sqrt{3}i}$$

- 한 근이 주어진 이차방정식
➡ 주어진 근을 이차방정식에 대입한다.

● 정답 및 풀이 **48**쪽

 213 이차방정식 $x^2-(a+2)x+2a=0$의 한 근이 3일 때, x에 대한 이차방정식
$x^2+ax+a^2=0$의 해를 구하시오. (단, a는 상수이다.)

214 x에 대한 이차방정식 $3ax^2+(a^2+3a)x+2a(a-1)=0$의 두 근이 -1, b일 때, a, b의 값을 구하시오. (단, a는 상수이다.)

필수 04 **절댓값 기호를 포함한 방정식**

다음 방정식을 푸시오.

(1) $x^2+2|x|-5=0$ (2) $x^2-3x=|x-1|-2$

설명 $|A|=\begin{cases} A\,(A\geq 0) \\ -A\,(A<0) \end{cases}$ 임을 이용하여 절댓값 기호를 없앤 다음 푼다.

풀이 (1) (i) $x<0$일 때, $|x|=-x$이므로

$$x^2-2x-5=0 \qquad \therefore x=1\pm\sqrt{6}$$

그런데 $x<0$이므로 $x=1-\sqrt{6}$

(ii) $x\geq 0$일 때, $|x|=x$이므로

$$x^2+2x-5=0 \qquad \therefore x=-1\pm\sqrt{6}$$

그런데 $x\geq 0$이므로 $x=-1+\sqrt{6}$

(i), (ii)에서 $x=1-\sqrt{6}$ 또는 $x=-1+\sqrt{6}$

(2) (i) $x<1$일 때, $|x-1|=-(x-1)$이므로

$$x^2-3x=-(x-1)-2, \qquad x^2-2x+1=0$$
$$(x-1)^2=0 \qquad \therefore x=1\,(중근)$$

그런데 $x<1$이므로 $x=1$은 해가 아니다.

(ii) $x\geq 1$일 때, $|x-1|=x-1$이므로

$$x^2-3x=x-1-2, \qquad x^2-4x+3=0$$
$$(x-1)(x-3)=0 \qquad \therefore x=1 \text{ 또는 } x=3$$

(i), (ii)에서 $x=1$ 또는 $x=3$

다른 풀이 (1) $x^2=|x|^2$이므로 $x^2+2|x|-5=0$에서

$$|x|^2+2|x|-5=0 \qquad \therefore |x|=-1\pm\sqrt{6}$$

그런데 $|x|\geq 0$이므로 $|x|=-1+\sqrt{6}$

따라서 $x=\pm(-1+\sqrt{6})$이므로

$$x=1-\sqrt{6} \text{ 또는 } x=-1+\sqrt{6}$$

● 정답 및 풀이 **48**쪽

215 다음 방정식을 푸시오.

(1) $x^2-2|x|-8=0$

(2) $x^2+|2x-1|=3$

(3) $x^2-3x-1=|x-2|$

216 방정식 $|x-2|+1=x^2-\sqrt{x^2}$ 을 푸시오.

05 이차방정식의 활용

오른쪽 그림과 같이 한 변의 길이가 12 m인 정사각형 모양의
꽃밭에 폭이 일정한 └┐ 모양의 길을 만들었더니 남은 꽃밭의
넓이가 100 m²가 되었다. 이때 길의 폭은 몇 m인지 구하시오.

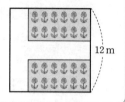

설명 이차방정식의 활용 문제를 풀 때에는 구하는 값을 미지수 x로 놓고 주어진 조건을 이용하여 x에 대한 이차방정식
을 세운다. 이때 방정식을 풀어 구한 x의 값 중에서 문제의 조건을 만족시키는 것만을 택한다.

풀이 길의 폭을 x m라 하면 남은 꽃밭의 넓이는 오른쪽 그림에서 색칠
한 부분의 넓이와 같다.
남은 꽃밭의 넓이가 100 m²이므로

$$(12-x)^2=100$$
$$x^2-24x+44=0, \qquad (x-2)(x-22)=0$$
$$\therefore x=2 \ (\because 0<x<12)$$

따라서 길의 폭은 **2 m**이다.

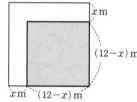

KEY Point

• 이차방정식의 활용 문제 풀이 순서
 (ⅰ) 구하는 값을 미지수 x로 놓는다.
 (ⅱ) 주어진 조건을 이용하여 x에 대한 방정식을 세운다.
 (ⅲ) 방정식을 풀어 x의 값을 구한다.
 (ⅳ) 구한 x의 값이 문제의 조건을 만족시키는지 확인한다.

● 정답 및 풀이 **49쪽**

217 오른쪽 그림과 같이 가로의 길이가 20 m, 세로의 길이가
10 m인 직사각형 모양의 잔디밭에 폭이 일정한 십자 모양의
길을 만들려고 한다. 길을 제외한 잔디밭의 넓이가 144 m²
일 때, 길의 폭은 몇 m인지 구하시오.

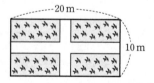

218 오른쪽 그림과 같이 가로의 길이가 24, 세로의 길이가 18인 직사
각형 ABCD가 있다. 이 직사각형의 가로의 길이는 매초 1씩 줄
어들고, 세로의 길이는 매초 2씩 늘어날 때, 처음 직사각형의 넓
이와 같아지는 것은 몇 초 후인지 구하시오.
  (단, 가로, 세로의 길이는 동시에 변하기 시작한다.)

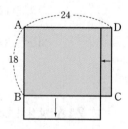

특강 가우스 기호를 포함한 방정식 _ 교육과정 外

이차방정식

1 가우스 기호를 포함한 방정식의 풀이

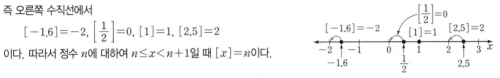

일반적으로 실수 x에 대하여 x보다 크지 않은 최대의 정수를 $[x]$로 나타내는데, 이때 기호 $[\ \ ]$를 **가우스 기호**라 한다. 즉 정수 n에 대하여

$$n \le x < n+1 \Longleftrightarrow [x] = n$$

> $[x]$는 '가우스 x'라 읽는다.

설명 예를 들어 $[2.5]$에서 2.5보다 크지 않은 정수는 2, 1, 0, -1, -2, …이고 이 중에서 가장 큰 수는 2이므로 $[2.5]=2$이다.

이때 x가 정수이면 $[x]$는 자기 자신이고, x가 정수가 아니면 $[x]$는 수직선에서 x에 대응하는 점을 기준으로 왼쪽으로 첫 번째에 있는 정수이다.

즉 오른쪽 수직선에서

$$[-1.6]=-2,\ \left[\frac{1}{2}\right]=0,\ [1]=1,\ [2.5]=2$$

이다. 따라서 정수 n에 대하여 $n \le x < n+1$일 때 $[x]=n$이다.

예제 ▶ $0 < x < 2$일 때, 방정식 $3x^2 - 2x = [x]$를 푸시오. (단, $[x]$는 x보다 크지 않은 최대의 정수이다.)

풀이 $x=1$을 기준으로 $[x]$의 값이 변한다.

(i) $0 < x < 1$일 때, $[x]=0$이므로 주어진 방정식은

$$3x^2 - 2x = 0, \qquad x(3x-2)=0$$

$$\therefore x=0 \ \text{또는} \ x=\frac{2}{3}$$

그런데 $0 < x < 1$이므로 $x=\frac{2}{3}$

(ii) $1 \le x < 2$일 때, $[x]=1$이므로 주어진 방정식은

$$3x^2 - 2x = 1, \qquad 3x^2 - 2x - 1 = 0$$

$$(3x+1)(x-1)=0 \qquad \therefore x=-\frac{1}{3} \ \text{또는} \ x=1$$

그런데 $1 \le x < 2$이므로 $x=1$

(i), (ii)에서 $x=\frac{2}{3}$ 또는 $x=1$

● 정답 및 풀이 **49쪽**

 219 다음 방정식을 푸시오. (단, $[x]$는 x보다 크지 않은 최대의 정수이다.)

(1) $[x]^2 - 12[x] + 32 = 0$

(2) $x^2 - [x] - 3 = 0$ (단, $1 < x < 3$)

02 이차방정식의 판별식

1 판별식

계수가 실수인 이차방정식 $ax^2+bx+c=0$의 근은 $x=\dfrac{-b\pm\sqrt{b^2-4ac}}{2a}$이므로 근호 안의 식 b^2-4ac의 값의 부호에 따라 실근인지 허근인지를 판별할 수 있다.

이때 b^2-4ac를 이차방정식의 **판별식**이라 하고, 기호 D로 나타낸다.

$\Rightarrow D=b^2-4ac$

> D는 판별식을 뜻하는 영어 Discriminant의 첫 글자이다.

2 이차방정식의 근의 판별 ∽ 필수 06, 07

계수가 실수인 이차방정식 $ax^2+bx+c=0$의 판별식을 $D=b^2-4ac$라 하면

(1) $D>0 \iff$ 서로 다른 두 실근을 갖는다.
(2) $D=0 \iff$ 중근(서로 같은 두 실근)을 갖는다. $\Big\}$ $D\geq0 \iff$ 실근을 갖는다.
(3) $D<0 \iff$ 서로 다른 두 허근을 갖는다.

> ① 이차방정식에서 중근이란 서로 같은 두 실근을 말하므로 '서로 다르다.'는 조건이 없는 한 '두 실근'은 중근과 서로 다른 두 실근을 통틀어서 의미한다.
> 따라서 서로 다른 두 실근을 가질 조건은 $D>0$이고 두 실근을 가질 조건은 $D\geq0$이다.
>
> ② 일차항의 계수가 짝수인 이차방정식 $ax^2+2b'x+c=0$의 근은 $x=\dfrac{-b'\pm\sqrt{b'^2-ac}}{a}$이므로 근호 안의 식 b'^2-ac의 값의 부호로도 근을 판별할 수 있다. 이때 이 식을 $\dfrac{D}{4}$로 나타낸다. 즉 $\dfrac{D}{4}=b'^2-ac$이다.
> 따라서 $\dfrac{D}{4}>0$이면 서로 다른 두 실근, $\dfrac{D}{4}=0$이면 중근, $\dfrac{D}{4}<0$이면 서로 다른 두 허근을 갖는다.

설명 판별식의 부호에 따라 이차방정식의 근이 실근인지 허근인지 결정되는 이유를 살펴보자.

a, b, c가 실수인 이차방정식 $ax^2+bx+c=0$의 근을

$$\alpha=\frac{-b+\sqrt{b^2-4ac}}{2a},\ \beta=\frac{-b-\sqrt{b^2-4ac}}{2a}$$

라 하면 $2a$, $-b$는 실수이므로 $\sqrt{b^2-4ac}$에 의하여 근이 실근인지 허근인지 결정된다.

즉 $D=b^2-4ac$라 할 때

(1) $D>0$이면 $\sqrt{b^2-4ac}$는 0이 아닌 실수이므로 α, β는 서로 다른 두 실근이다.

(2) $D=0$이면 $\sqrt{b^2-4ac}=0$이므로 α, β는 서로 같은 두 실근이다. (중근)

(3) $D<0$이면 $\sqrt{b^2-4ac}$는 허수이므로 α, β는 서로 다른 두 허근이다.

따라서 $D=b^2-4ac$의 부호에 따라 이차방정식의 근을 판별할 수 있다.

보기 ▶ (1) 이차방정식 $2x^2-6x-5=0$의 판별식을 D라 하면

$$\frac{D}{4}=(-3)^2-2\times(-5)=19>0$$

이므로 이 이차방정식은 서로 다른 두 실근을 갖는다.

(2) 이차방정식 $x^2+16x+64=0$의 판별식을 D라 하면

$$\frac{D}{4}=8^2-1\times64=0$$

이므로 이 이차방정식은 중근을 갖는다.

(3) 이차방정식 $x^2-x+2=0$의 판별식을 D라 하면

$$D=(-1)^2-4\times1\times2=-7<0$$

이므로 이 이차방정식은 서로 다른 두 허근을 갖는다.

3 이차식이 완전제곱식이 되도록 하는 조건 ∽ 필수 08

이차식 ax^2+bx+c가 **완전제곱식**이다.
$\Longleftrightarrow$ 이차방정식 $ax^2+bx+c=0$의 판별식을 D라 할 때, $D=b^2-4ac=0$이다.

▶ 이차식 $f(x)$가 완전제곱식이면 $f(x)=a(x-\alpha)^2$의 꼴로 나타내어지므로 이차방정식 $f(x)=0$은 중근을 갖는다.

설명 $ax^2+bx+c=a\left(x+\dfrac{b}{2a}\right)^2-\dfrac{b^2-4ac}{4a}$에서

이차식 ax^2+bx+c가 완전제곱식이 되려면 $-\dfrac{b^2-4ac}{4a}=0$이어야 하므로 $b^2-4ac=0$이다.

거꾸로 이차식 ax^2+bx+c에서 $b^2-4ac=0$이면

$$ax^2+bx+c=a\left(x+\frac{b}{2a}\right)^2-\frac{b^2-4ac}{4a}=a\left(x+\frac{b}{2a}\right)^2$$

이므로 이차식 ax^2+bx+c는 완전제곱식이다.

예제 ▶ 이차식 $x^2-(k+2)x+(k+5)$가 완전제곱식이 되도록 하는 실수 k의 값을 구하시오.

풀이 주어진 이차식이 완전제곱식이 되려면 이차방정식 $x^2-(k+2)x+(k+5)=0$이 중근을 가져야 하므로 판별식을 D라 할 때,

$$D=\{-(k+2)\}^2-4\times1\times(k+5)=0$$
$$k^2-16=0, \qquad (k+4)(k-4)=0$$
$$\therefore k=-4 \text{ 또는 } k=4$$

KEY Point

• 판별식 $D=0$임을 이용하는 경우
① 이차방정식이 중근을 가질 때
② 이차식이 완전제곱식이 될 때

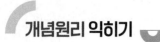

 알아둡시다!

계수가 실수인 이차방정식
$ax^2+bx+c=0$의 판별식을
D라 하면
① $D>0$
　　$\iff$ 서로 다른 두 실근
② $D=0 \iff$ 중근
③ $D<0$
　　$\iff$ 서로 다른 두 허근

220 다음 이차방정식의 근을 판별하시오.

(1) $x^2+3x-2=0$

(2) $x^2-4x+7=0$

(3) $4x^2+12x+9=0$

(4) $x^2-2\sqrt{3}\,x+3=0$

(5) $0.3x^2-0.4x-0.2=0$

(6) $2(x+1)^2=x-3$

221 다음 조건을 만족시키는 이차방정식인 것만을 보기에서 있는 대로 고르시오.

이차방정식이 실근을 가질
조건 ➾ $D\geq0$

┌ 보기 ┐
ㄱ. $x^2-2x+4=0$　　　ㄴ. $x^2-4x-5=0$
ㄷ. $2x^2+3x+4=0$　　　ㄹ. $9x^2+6x+1=0$
ㅁ. $\dfrac{1}{4}x^2-x+1=0$　　　ㅂ. $\dfrac{2}{3}x^2-x+\dfrac{1}{3}=0$
└──────────────────┘

(1) 실근을 갖는다.

(2) 허근을 갖는다.

222 이차방정식 $x^2+4x+a-3=0$이 다음과 같은 근을 갖도록 하는 실수 a의 값 또는 값의 범위를 구하시오.

(1) 서로 다른 두 실근

(2) 중근

(3) 서로 다른 두 허근

Ⅱ-2

이차방정식

필수 06 **이차방정식의 근의 판별**

x에 대한 이차방정식 $x^2-2(m+3)x+m^2=0$이 다음과 같은 근을 갖도록 하는 실수 m의 값 또는 값의 범위를 구하시오.

(1) 서로 다른 두 실근　　　　(2) 중근　　　　　　　　　(3) 서로 다른 두 허근

풀이 이차방정식 $x^2-2(m+3)x+m^2=0$의 판별식을 D라 하면

$$\frac{D}{4}=\{-(m+3)\}^2-1\times m^2=6m+9$$

(1) 서로 다른 두 실근을 가지려면 $D>0$이어야 하므로

$$\frac{D}{4}=6m+9>0 \qquad \therefore m>-\frac{3}{2}$$

(2) 중근을 가지려면 $D=0$이어야 하므로

$$\frac{D}{4}=6m+9=0 \qquad \therefore m=-\frac{3}{2}$$

(3) 서로 다른 두 허근을 가지려면 $D<0$이어야 하므로

$$\frac{D}{4}=6m+9<0 \qquad \therefore m<-\frac{3}{2}$$

KEY Point

• 계수가 실수인 이차방정식 $ax^2+bx+c=0$의 판별식을 $D=b^2-4ac$라 하면

① 서로 다른 두 실근을 갖는다. ⇨ $D>0$ ⎫ 실근을 갖는다. ⇨ $D\geq0$
② 중근을 갖는다. 　　　　　 ⇨ $D=0$ ⎬
③ 두 허근을 갖는다. 　　　　 ⇨ $D<0$ ⎭

● 정답 및 풀이 **50쪽**

223 x에 대한 이차방정식 $x^2+(2k-1)x+k^2-3=0$이 다음과 같은 근을 갖도록 하는 실수 k의 값 또는 값의 범위를 구하시오.

(1) 서로 다른 두 실근　　　　(2) 중근　　　　　　　　　(3) 서로 다른 두 허근

224 x에 대한 이차방정식 $x^2-2(k-1)x+k^2-5k+4=0$이 실근을 갖도록 하는 실수 k의 값의 범위를 구하시오.

225 이차방정식 $(k-1)x^2+2kx+k-1=0$이 서로 다른 두 실근을 갖도록 하는 실수 k의 값의 범위를 구하시오.

● 더 다양한 문제는 **RPM** 공통수학 1 60쪽

 07 ~의 값에 관계없이 중근을 갖는 경우

x에 대한 이차방정식 $x^2-2(k-a)x+k^2+a^2-b+1=0$이 실수 k의 값에 관계없이 항상 중근을 가질 때, 실수 a, b의 값을 구하시오.

설명 'k의 값에 관계없이' ⇨ k에 대한 항등식

풀이 주어진 이차방정식이 중근을 가지므로 판별식을 D라 하면

$$\frac{D}{4}=\{-(k-a)\}^2-1\times(k^2+a^2-b+1)=0$$

$$\therefore -2ak+b-1=0$$

이 등식이 k의 값에 관계없이 항상 성립하므로

$$-2a=0,\ b-1=0 \quad \therefore \boldsymbol{a=0},\ \boldsymbol{b=1}$$

● 더 다양한 문제는 **RPM** 공통수학 1 61쪽

 08 이차식이 완전제곱식이 되는 조건

x에 대한 이차식 $x^2+(2k+1)x+k^2-k+2$가 완전제곱식이 될 때, 실수 k의 값을 구하시오.

설명 이차식이 완전제곱식이 된다는 것은 (일차식)^{2}의 꼴로 나타내어진다는 말이다. 즉 (이차식)$=0$이 중근을 갖는다는 뜻이므로 판별식 D가 $D=0$임을 이용한다.

풀이 주어진 이차식이 완전제곱식이 되려면 이차방정식 $x^2+(2k+1)x+k^2-k+2=0$이 중근을 가져야 하므로 판별식을 D라 할 때,

$$D=(2k+1)^2-4\times1\times(k^2-k+2)=0$$

$$8k-7=0 \quad \therefore k=\frac{7}{8}$$

KEY Point

- k의 값에 관계없이 항상 중근을 갖는다.
  ⇨ 중근을 가질 조건을 먼저 이용하고, k에 대한 항등식의 성질을 이용한다.
- 이차식 ax^2+bx+c가 완전제곱식이면 이차방정식 $ax^2+bx+c=0$이 중근을 갖는다.
  ⇨ $b^2-4ac=0$

● 정답 및 풀이 50쪽

 226 x에 대한 이차방정식 $x^2+2(k+a)x+k^2+6k+b=0$이 실수 k의 값에 관계없이 항상 중근을 가질 때, 실수 a, b에 대하여 $a+b$의 값을 구하시오.

227 이차식 $(k-2)x^2+4(k-2)x+3k-2$가 완전제곱식이 될 때, 실수 k의 값을 구하시오.

STEP 1

228 이차방정식 $x^2-ax+7=0$의 해가 $x=\dfrac{5\pm\sqrt{b}\,i}{2}$일 때, 유리수 a, b에 대하여 $a+b$의 값을 구하시오.

교육청 기출

229 이차방정식 $2x^2-2x+1=0$의 한 근을 α라 할 때, $\alpha^4-\alpha^2+\alpha$의 값은?

① $\dfrac{1}{4}$ ② $\dfrac{5}{16}$ ③ $\dfrac{3}{8}$ ④ $\dfrac{7}{16}$ ⑤ $\dfrac{1}{2}$

> **생각해 봅시다!** 💡
>
> $x=\alpha$가 $ax^2+bx+c=0$의 근이면
> $a\alpha^2+b\alpha+c=0$

230 x에 대한 이차방정식 $(a+1)x^2+x+a^2-2=0$의 한 근이 1일 때, 다른 한 근은? (단, a는 상수이다.)

① -4 ② -3 ③ -2 ④ 0 ⑤ 2

> 이차방정식이므로
> $a+1\neq0$

231 두 이차방정식 $x^2-|x-2|-4=0$, $x^2+ax+b=0$의 근이 서로 같을 때, 실수 a, b에 대하여 $a-b$의 값을 구하시오.

> 절댓값 기호 안의 식의 값이 0이 되는 x의 값을 기준으로 x의 값의 범위를 나누어 푼다.

232 두 실수 a, b에 대하여 $a*b=2ab-a-b+1$이라 할 때, $x*x=|1*x|+1$을 만족시키는 실수 x의 값을 모두 구하시오.

233 x에 대한 이차방정식 $x^2-2(k+2)x+k^2+24=0$이 서로 다른 두 허근을 가질 때, 자연수 k의 개수를 구하시오.

> 서로 다른 두 허근을 가지려면 판별식 D가 $D<0$이어야 한다.

연습 문제

STEP 2

234 이차방정식 $2x^2+a(k+1)x+b(k-3)=0$이 실수 k의 값에 관계없이 항상 $x=2$를 근으로 가질 때, 실수 a, b에 대하여 $a+b$의 값을 구하시오.

> k의 값에 관계없이
> ⇨ k에 대한 항등식

235 이차방정식 $x^2+ax+b=0$이 서로 다른 두 실근을 가질 때, 이차방정식 $x^2+(a-2c)x+b-ac=0$의 근을 판별하시오.
(단, a, b, c는 실수이다.)

236 x에 대한 이차방정식 $2x^2-3y^2-4x+ay-xy+1=0$이 중근을 갖도록 하는 실수 y의 값의 개수가 1일 때, 양수 a의 값을 구하시오.

237 x에 대한 이차식 $a(1+x^2)+2bx+c(1-x^2)$이 완전제곱식일 때, 실수 a, b, c를 세 변의 길이로 하는 삼각형은 어떤 삼각형인지 말하시오.

> 이차식이 완전제곱식이다.
> ⇨ (이차식)$=0$의 판별식
> $D=0$이다.

실력 UP⁺

교육청 기출

238 그림과 같이 $\overline{AB}=2$, $\overline{BC}=4$인 직사각형 ABCD가 있다. 대각선 BD 위에 한 점 O를 잡고, 점 O에서 네 변 AB, BC, CD, DA에 내린 수선의 발을 각각 P, Q, R, S라 하자. 사각형 APOS와 사각형 OQCR의 넓이의 합이 3이고 $\overline{AP}<\overline{PB}$일 때, 선분 AP의 길이는?

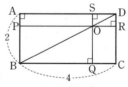

① $\dfrac{3}{8}$ ② $\dfrac{7}{16}$ ③ $\dfrac{1}{2}$ ④ $\dfrac{9}{16}$ ⑤ $\dfrac{5}{8}$

239 이차식 $2x^2+xy-y^2-x+2y+k$가 x, y에 대한 두 일차식의 곱으로 인수분해될 때, 실수 k의 값을 구하시오.

> 이차식이 두 일차식의 곱으로 인수분해된다.
> ⇨ (이차식)$=0$의 판별식 D가 완전제곱식이다.
> ⇨ 이차방정식 $D=0$의 판별식 $D'=0$이다.

03 이차방정식의 근과 계수의 관계

1 이차방정식의 근과 계수의 관계 ∞ 필수 09~11

이차방정식의 두 근을 직접 구하지 않고도 이차방정식의 계수로부터 두 근의 합, 곱, 차를 구할 수 있다.
이를 이차방정식의 **근과 계수의 관계**라 한다.

> 이차방정식 $ax^2+bx+c=0$의 두 근을 α, β라 하면
>
> (1) **두 근의 합:** $\alpha+\beta=-\dfrac{b}{a}$
>
> (2) **두 근의 곱:** $\alpha\beta=\dfrac{c}{a}$
>
> (3) **두 근의 차:** $|\alpha-\beta|=\dfrac{\sqrt{b^2-4ac}}{|a|}$ (단, a, α, β는 실수이다.)

➤ 이차방정식의 근과 계수의 관계에서 (1)과 (2)는 두 근이 실근인지 허근인지에 관계없이 성립하고, (3)은 두 근이 실근일 때에
만 성립한다.

증명 이차방정식 $ax^2+bx+c=0$의 두 근을 $\alpha=\dfrac{-b+\sqrt{b^2-4ac}}{2a}$, $\beta=\dfrac{-b-\sqrt{b^2-4ac}}{2a}$라 하면

(1) $\alpha+\beta=\dfrac{-b+\sqrt{b^2-4ac}}{2a}+\dfrac{-b-\sqrt{b^2-4ac}}{2a}=\dfrac{-2b}{2a}=-\dfrac{b}{a}$

(2) $\alpha\beta=\dfrac{-b+\sqrt{b^2-4ac}}{2a}\times\dfrac{-b-\sqrt{b^2-4ac}}{2a}=\dfrac{4ac}{4a^2}=\dfrac{c}{a}$

(3) $|\alpha-\beta|=\left|\dfrac{-b+\sqrt{b^2-4ac}}{2a}-\dfrac{-b-\sqrt{b^2-4ac}}{2a}\right|=\left|\dfrac{2\sqrt{b^2-4ac}}{2a}\right|=\dfrac{\sqrt{b^2-4ac}}{|a|}$ (단, a, α, β는 실수이다.)

예제 ▶ 이차방정식 $2x^2+3x-5=0$의 두 근을 α, β라 할 때, 다음 식의 값을 구하시오.

(1) $\alpha+\beta$　　　　　　(2) $\alpha\beta$　　　　　　(3) $|\alpha-\beta|$

풀이 (1) $\alpha+\beta=-\dfrac{3}{2}$　　　　(2) $\alpha\beta=\dfrac{-5}{2}=-\dfrac{5}{2}$

(3) $|\alpha-\beta|=\dfrac{\sqrt{3^2-4\times2\times(-5)}}{|2|}=\dfrac{\sqrt{49}}{2}=\dfrac{7}{2}$

2 두 수를 근으로 하는 이차방정식 ∞ 필수 12

> 두 수 α, β를 근으로 하고 x^2의 계수가 1인 이차방정식은
>
> $(x-\alpha)(x-\beta)=0 \Rightarrow x^2-(\alpha+\beta)x+\alpha\beta=0$
>
> 　　　　　　　　　　　두 근의 합　　두 근의 곱

보기 ▶ 두 수 $2+\sqrt{5}$, $2-\sqrt{5}$를 근으로 하고 x^2의 계수가 1인 이차방정식은

(두 근의 합)$=(2+\sqrt{5})+(2-\sqrt{5})=4$,

(두 근의 곱)$=(2+\sqrt{5})(2-\sqrt{5})=-1$

이므로 $x^2-4x-1=0$이다.

3 **이차식의 인수분해** 🔗 필수 13

x에 대한 이차식 $f(x)$가 쉽게 인수분해되지 않을 때에는 이차방정식 $f(x)=0$의 근을 구하여 $f(x)$를 다음과 같이 인수분해할 수 있다.

> 이차방정식 $ax^2+bx+c=0$의 두 근을 α, β라 하면
> $$ax^2+bx+c=a(x-\alpha)(x-\beta)$$

▷ 이차방정식의 근을 이용하면 계수가 실수인 이차식은 복소수의 범위에서 항상 두 일차식의 곱으로 인수분해할 수 있다.

설명 이차방정식 $ax^2+bx+c=0$의 두 근을 α, β라 하면 근과 계수의 관계에 의하여
$$\alpha+\beta=-\frac{b}{a}, \ \alpha\beta=\frac{c}{a}$$
이므로 이를 이용하면 이차식 ax^2+bx+c를 다음과 같이 인수분해할 수 있다.
$$ax^2+bx+c=a\left(x^2+\frac{b}{a}x+\frac{c}{a}\right)=a\{x^2-(\alpha+\beta)x+\alpha\beta\}=a(x-\alpha)(x-\beta)$$

예제 ▷ 이차식 x^2+2x-4를 복소수의 범위에서 인수분해하시오.

풀이 이차방정식 $x^2+2x-4=0$의 근을 구하면 $x=-1\pm\sqrt{5}$
$$\therefore \ x^2+2x-4=\{x-(-1+\sqrt{5})\}\{x-(-1-\sqrt{5})\}$$
$$=(x+1-\sqrt{5})(x+1+\sqrt{5})$$

4 **이차방정식의 켤레근** 🔗 필수 15

> 이차방정식 $ax^2+bx+c=0$에서
> (1) a, b, c가 **유리수**일 때, 한 근이 $p+q\sqrt{m}$이면 다른 한 근은 $p-q\sqrt{m}$이다.
> $\qquad\qquad\qquad\qquad$ (단, p, q는 유리수, $q\neq0$, $\sqrt{m}$은 무리수이다.)
> (2) a, b, c가 **실수**일 때, 한 근이 $p+qi$이면 다른 한 근은 $p-qi$이다.
> $\qquad\qquad\qquad\qquad$ (단, p, q는 실수, $q\neq0$, $i=\sqrt{-1}$이다.)

▷ $q\neq0$일 때 $p+q\sqrt{m}$과 $p-q\sqrt{m}$, $p+qi$와 $p-qi$를 각각 **켤레근**이라 한다.

설명 이차방정식 $ax^2+bx+c=0$의 판별식을 D라 하고 두 근 α, β를 $\alpha=-\frac{b}{2a}+\frac{\sqrt{D}}{2a}$, $\beta=-\frac{b}{2a}-\frac{\sqrt{D}}{2a}$라 하자.
$\quad$ (1) a, b, c가 유리수이고, $\sqrt{D}$가 무리수
$\qquad \Rightarrow \alpha=p+q\sqrt{m}$, $\beta=p-q\sqrt{m}$의 꼴이다. (단, p, q는 유리수, $q\neq0$, $\sqrt{m}$은 무리수이다.)
$\quad$ (2) a, b, c가 실수이고, $\sqrt{D}$가 허수
$\qquad \Rightarrow \alpha=p+qi$, $\beta=p-qi$의 꼴이다. (단, p, q는 실수, $q\neq0$, $i=\sqrt{-1}$이다.)

보기 ▷ (1) a, b, c가 유리수일 때, 이차방정식 $ax^2+bx+c=0$의 한 근이 $1+\sqrt{3}$이면 다른 한 근은 $1-\sqrt{3}$이다.
$\quad$ (2) a, b, c가 실수일 때, 이차방정식 $ax^2+bx+c=0$의 한 근이 $2-i$이면 다른 한 근은 $2+i$이다.

개념원리 익히기

240 이차방정식 $x^2+3x-2=0$의 두 근을 α, β라 할 때, 다음 식의 값을 구하시오.

(1) $\alpha+\beta$

(2) $\alpha\beta$

(3) $\dfrac{1}{\alpha}+\dfrac{1}{\beta}$

(4) $\alpha^2+\beta^2$

알아둡시다!

이차방정식
$ax^2+bx+c=0$의 두 근을
α, β라 하면
① $\alpha+\beta=-\dfrac{b}{a}$
② $\alpha\beta=\dfrac{c}{a}$

241 이차방정식 $3x^2-6x+2=0$의 두 근을 α, β라 할 때, 다음 식의 값을 구하시오.

(1) $\alpha+\beta$

(2) $\alpha\beta$

(3) $\alpha^2-\alpha\beta+\beta^2$

(4) $\dfrac{\beta}{\alpha}+\dfrac{\alpha}{\beta}$

242 다음 두 수를 근으로 하고 x^2의 계수가 1인 이차방정식을 구하시오.

(1) 4, 6

(2) 5, -2

(3) $1-\sqrt{5}$, $1+\sqrt{5}$

(4) $3+i$, $3-i$ (단, $i=\sqrt{-1}$)

두 수 α, β를 근으로 하고
x^2의 계수가 1인 이차방정식
$\Rightarrow x^2-(\alpha+\beta)x+\alpha\beta=0$

243 다음 이차식을 복소수의 범위에서 인수분해하시오.

(1) x^2-x-3

(2) x^2+9

이차방정식
$ax^2+bx+c=0$의 두 근을
α, β라 하면
ax^2+bx+c
$=a(x-\alpha)(x-\beta)$

09 근과 계수의 관계를 이용하여 식의 값 구하기

이차방정식 $2x^2-4x-1=0$의 두 근을 α, β라 할 때, 다음 식의 값을 구하시오.

(1) $(\alpha-\beta)^2$

(2) $\alpha^3+\beta^3$

(3) $(\alpha-1)(\beta-1)$

(4) $\dfrac{\alpha}{\alpha+1}+\dfrac{\beta}{\beta+1}$

풀이 이차방정식 $2x^2-4x-1=0$의 두 근이 α, β이므로 근과 계수의 관계에 의하여

$$\alpha+\beta=-\frac{-4}{2}=2,\ \alpha\beta=-\frac{1}{2}$$

(1) $(\alpha-\beta)^2=(\alpha+\beta)^2-4\alpha\beta=2^2-4\times\left(-\frac{1}{2}\right)=\mathbf{6}$

(2) $\alpha^3+\beta^3=(\alpha+\beta)^3-3\alpha\beta(\alpha+\beta)=2^3-3\times\left(-\frac{1}{2}\right)\times2=\mathbf{11}$

(3) $(\alpha-1)(\beta-1)=\alpha\beta-(\alpha+\beta)+1=-\frac{1}{2}-2+1=-\dfrac{\mathbf{3}}{\mathbf{2}}$

(4) $\dfrac{\alpha}{\alpha+1}+\dfrac{\beta}{\beta+1}=\dfrac{\alpha(\beta+1)+\beta(\alpha+1)}{(\alpha+1)(\beta+1)}=\dfrac{2\alpha\beta+(\alpha+\beta)}{\alpha\beta+(\alpha+\beta)+1}$

$$=\dfrac{2\times\left(-\frac{1}{2}\right)+2}{-\frac{1}{2}+2+1}=\dfrac{1}{\frac{5}{2}}=\dfrac{\mathbf{2}}{\mathbf{5}}$$

 KEY Point

• 이차방정식 $ax^2+bx+c=0$의 두 근을 α, β라 하면

$$\alpha+\beta=-\frac{b}{a},\ \alpha\beta=\frac{c}{a}$$

 ● 정답 및 풀이 **54**쪽

 244 이차방정식 $x^2-3x+4=0$의 두 근을 α, β라 할 때, 다음 식의 값을 구하시오.

(1) $\alpha^2\beta+\alpha\beta^2$

(2) $\alpha^2+\alpha\beta+\beta^2$

(3) $(2\alpha-1)(2\beta-1)$

(4) $\dfrac{\beta}{\alpha-1}+\dfrac{\alpha}{\beta-1}$

(5) $\dfrac{\beta}{\alpha^2}+\dfrac{\alpha}{\beta^2}$

245 이차방정식 $x^2-2x+4=0$의 두 근을 α, β라 할 때, $\dfrac{\beta}{\alpha^2-\alpha+4}+\dfrac{\alpha}{\beta^2-\beta+4}$의 값을 구하시오.

II -2

이차방정식

필수 10 근과 계수의 관계를 이용하여 미정계수 구하기

다음 물음에 답하시오.

(1) 이차방정식 $x^2+ax+b=0$의 두 근이 -4, 2일 때, 이차방정식
$ax^2+(a+b)x+b=0$의 두 근의 합을 구하시오. (단, a, b는 상수이다.)

(2) 이차방정식 $x^2-ax+b=0$의 두 근이 α, β이고, 이차방정식 $x^2-(a+1)x+2=0$
의 두 근이 $\alpha+\beta$, $\alpha\beta$일 때, 상수 a, b의 값을 구하시오.

풀이

(1) 이차방정식 $x^2+ax+b=0$의 두 근이 -4, 2이므로 근과 계수의 관계에 의하여

$$-4+2=-a, \; -4\times2=b$$
$$\therefore a=2, \; b=-8$$

따라서 이차방정식 $ax^2+(a+b)x+b=0$의 두 근의 합은

$$-\frac{a+b}{a}=-\frac{2+(-8)}{2}=3$$

(2) 이차방정식 $x^2-ax+b=0$의 두 근이 α, β이므로 근과 계수의 관계에 의하여

$$\alpha+\beta=a, \; \alpha\beta=b \qquad \cdots\cdots \text{㉠}$$

또 이차방정식 $x^2-(a+1)x+2=0$의 두 근이 $\alpha+\beta$, $\alpha\beta$이므로 근과 계수의 관계에 의하여

$$(\alpha+\beta)+\alpha\beta=a+1, \; (\alpha+\beta)\alpha\beta=2 \qquad \cdots\cdots \text{㉡}$$

㉡에 ㉠을 대입하면

$$a+b=a+1, \; ab=2$$
$$\therefore a=2, \; b=1$$

KEY Point

• 두 이차방정식이 주어진 경우에는 각각의 이차방정식에서 근과 계수의 관계를 이용하여 얻은 식을
연립하여 미정계수를 구한다.

● 정답 및 풀이 **54**쪽

 246 이차방정식 $ax^2+2x+b=0$의 두 근이 -1, $\dfrac{1}{3}$일 때, 이차방정식 $bx^2+ax+a-b=0$의
두 근의 곱을 구하시오. (단, a, b는 상수이다.)

247 이차방정식 $x^2+ax+b=0$의 두 근이 α, β이고, 이차방정식 $x^2-ax-b=0$의 두 근이
$\alpha-1$, $\beta-1$일 때, 상수 a, b의 값을 구하시오.

11 **두 근 사이의 관계가 주어진 이차방정식**

다음 물음에 답하시오.

(1) 이차방정식 $x^2-(k-1)x+k=0$의 두 근의 비가 2 : 3일 때, 실수 k의 값을 모두 구하시오.

(2) 이차방정식 $9x^2-2kx+k-5=0$의 두 근의 차가 2일 때, 실수 k의 값을 모두 구하시오.

풀이 (1) 두 근의 비가 2 : 3이므로 두 근을 $2a$, $3a\,(a\neq0)$라 하면 근과 계수의 관계에 의하여

$$2a+3a=k-1 \ \cdots\cdots\ \bigcirc, \qquad 2a\times3a=k \ \cdots\cdots\ \bigcirc$$

$\bigcirc$에서 $a=\dfrac{k-1}{5}$이므로 $\bigcirc$에 이것을 대입하면

$$\frac{2(k-1)}{5}\times\frac{3(k-1)}{5}=k, \qquad 6(k^2-2k+1)=25k$$

$$6k^2-37k+6=0, \qquad (6k-1)(k-6)=0$$

$$\therefore k=\frac{1}{6} \ \text{또는} \ k=6$$

(2) 두 근의 차가 2이므로 두 근을 a, $a+2$라 하면 근과 계수의 관계에 의하여

$$a+(a+2)=\frac{2k}{9} \ \cdots\cdots\ \bigcirc, \qquad a(a+2)=\frac{k-5}{9} \ \cdots\cdots\ \bigcirc$$

$\bigcirc$에서 $a=\dfrac{k}{9}-1$이므로 $\bigcirc$에 이것을 대입하면

$$\left(\frac{k}{9}-1\right)\left(\frac{k}{9}+1\right)=\frac{k-5}{9}, \qquad (k-9)(k+9)=9(k-5)$$

$$k^2-9k-36=0, \qquad (k+3)(k-12)=0$$

$$\therefore k=-3 \ \text{또는} \ k=12$$

- 두 근의 차가 k이다. ⇨ 두 근을 a, $a+k$로 놓는다.
- 두 근의 비가 m : n이다. ⇨ 두 근을 ma, $na\,(a\neq0)$로 놓는다. ⎫ ⇨ 근과 계수의 관계 이용
- 한 근이 다른 근의 k배이다. ⇨ 두 근을 a, $ka\,(a\neq0)$로 놓는다. ⎭

● 정답 및 풀이 **55**쪽

 248 이차방정식 $x^2-(k-2)x+k+2=0$의 두 근의 차가 4일 때, 모든 실수 k의 값의 합을 구하시오.

249 이차방정식 $x^2-(a+1)x+a=0$의 한 근이 다른 근의 3배일 때, 실수 a의 값을 모두 구하시오.

250 이차방정식 $x^2-7x+k=0$의 두 근의 비가 2 : 5일 때, 이차방정식 $x^2+kx-2k+3=0$의 두 근의 곱을 구하시오. (단, k는 실수이다.)

● 더 다양한 문제는 **RPM** 공통수학 1 64쪽

필수 12 두 수를 근으로 하는 이차방정식

이차방정식 $x^2+x+2=0$의 두 근을 α, β라 할 때, 다음을 구하시오.

(1) $\dfrac{1}{\alpha}$, $\dfrac{1}{\beta}$을 두 근으로 하고 x^2의 계수가 2인 이차방정식

(2) α^2-1, β^2-1을 두 근으로 하고 x^2의 계수가 1인 이차방정식

풀이 이차방정식 $x^2+x+2=0$의 두 근이 α, β이므로 근과 계수의 관계에 의하여

$$\alpha+\beta=-1,\ \alpha\beta=2$$

(1) 두 근 $\dfrac{1}{\alpha}$, $\dfrac{1}{\beta}$의 합과 곱을 구하면

$$\frac{1}{\alpha}+\frac{1}{\beta}=\frac{\alpha+\beta}{\alpha\beta}=\frac{-1}{2}=-\frac{1}{2}$$

$$\frac{1}{\alpha}\times\frac{1}{\beta}=\frac{1}{\alpha\beta}=\frac{1}{2}$$

따라서 $\dfrac{1}{\alpha}$, $\dfrac{1}{\beta}$을 두 근으로 하고 x^2의 계수가 2인 이차방정식은

$$2\left(x^2+\frac{1}{2}x+\frac{1}{2}\right)=0 \qquad \therefore\ \boldsymbol{2x^2+x+1=0}$$

(2) 두 근 α^2-1, β^2-1의 합과 곱을 구하면

$$(\alpha^2-1)+(\beta^2-1)=\alpha^2+\beta^2-2=(\alpha+\beta)^2-2\alpha\beta-2$$
$$=(-1)^2-2\times2-2=-5$$

$$(\alpha^2-1)(\beta^2-1)=\alpha^2\beta^2-\alpha^2-\beta^2+1=(\alpha\beta)^2-\{(\alpha+\beta)^2-2\alpha\beta\}+1$$
$$=2^2-\{(-1)^2-2\times2\}+1=8$$

따라서 α^2-1, β^2-1을 두 근으로 하고 x^2의 계수가 1인 이차방정식은

$$\boldsymbol{x^2+5x+8=0}$$

KEY Point

- α, β를 두 근으로 하고 x^2의 계수가 1인 이차방정식
  $\Rightarrow x^2-(\alpha+\beta)x+\alpha\beta=0$, 즉 $x^2-($두 근의 합$)x+($두 근의 곱$)=0$
- α, β를 두 근으로 하고 x^2의 계수가 a인 이차방정식
  $\Rightarrow a\{x^2-(\alpha+\beta)x+\alpha\beta\}=0$

● 정답 및 풀이 **55**쪽

251 이차방정식 $2x^2-5x+4=0$의 두 근을 α, β라 할 때, $\alpha+1$, $\beta+1$을 두 근으로 하고 x^2의 계수가 2인 이차방정식을 구하시오.

252 이차방정식 $x^2+3x-2=0$의 두 근을 α, β라 할 때, α^3, β^3을 두 근으로 하고 x^2의 계수가 1인 이차방정식을 구하시오.

● 더 다양한 문제는 **RPM** 공통수학 1 57쪽

 13 **이차방정식의 근을 이용한 이차식의 인수분해**

다음 이차식을 복소수의 범위에서 인수분해하시오.

(1) x^2-2x+6 (2) $2x^2+4x-5$

설명 (이차식)$=0$의 두 근 α, β를 구한 다음 $a(x-\alpha)(x-\beta)$로 인수분해한다.

풀이 (1) 이차방정식 $x^2-2x+6=0$의 근은 $x=1\pm\sqrt{5}i$

$$\therefore x^2-2x+6=\{x-(1+\sqrt{5}i)\}\{x-(1-\sqrt{5}i)\}=(x-1-\sqrt{5}i)(x-1+\sqrt{5}i)$$

(2) 이차방정식 $2x^2+4x-5=0$의 근은 $x=\dfrac{-2\pm\sqrt{14}}{2}$

$$\therefore 2x^2+4x-5=2\left(x+\dfrac{2-\sqrt{14}}{2}\right)\left(x+\dfrac{2+\sqrt{14}}{2}\right)$$

● 더 다양한 문제는 **RPM** 공통수학 1 65쪽

발전 14 **이차방정식 $f(x)=0$과 $f(ax+b)=0$의 관계**

이차방정식 $f(x)=0$의 두 근의 합이 6일 때, 이차방정식 $f(5x-7)=0$의 두 근의 합을 구하시오.

설명 $f(x)=0$의 두 근이 α, β이면 $f(ax+b)=0$의 두 근은 $ax+b=\alpha$, $ax+b=\beta$를 만족시키는 x의 값이다.

풀이 이차방정식 $f(x)=0$의 두 근을 α, β라 하면 $\alpha+\beta=6$

$f(\alpha)=0$, $f(\beta)=0$이므로 $f(5x-7)=0$이려면

$5x-7=\alpha$ 또는 $5x-7=\beta$

$$\therefore x=\dfrac{\alpha+7}{5} \text{ 또는 } x=\dfrac{\beta+7}{5}$$

따라서 이차방정식 $f(5x-7)=0$의 두 근의 합은

$$\dfrac{\alpha+7}{5}+\dfrac{\beta+7}{5}=\dfrac{\alpha+\beta+14}{5}=\dfrac{6+14}{5}=4$$

● 정답 및 풀이 56쪽

 253 다음 이차식을 복소수의 범위에서 인수분해하시오.

(1) x^2+6x+4 (2) $3x^2-2x+2$

254 이차방정식 $f(x)=0$의 두 근 α, β에 대하여 $\alpha+\beta=3$, $\alpha\beta=4$일 때, 이차방정식 $f(2x-1)=0$의 두 근의 곱을 구하시오.

15 이차방정식의 켤레근의 성질

다음 물음에 답하시오.

(1) 이차방정식 $x^2+ax+b=0$의 한 근이 $3-\sqrt{2}$일 때, 유리수 a, b에 대하여 $a+b$의 값을 구하시오.

(2) 이차방정식 $x^2+ax+b=0$의 한 근이 $1+2i$일 때, 실수 a, b에 대하여 $a-b$의 값을 구하시오. (단, $i=\sqrt{-1}$)

풀이 (1) 이차방정식 $x^2+ax+b=0$에서 a, b가 유리수이고 한 근이 $3-\sqrt{2}$이므로 다른 한 근은 $3+\sqrt{2}$이다.

따라서 근과 계수의 관계에 의하여

(두 근의 합)$=(3-\sqrt{2})+(3+\sqrt{2})=-a$이므로 $a=-6$

(두 근의 곱)$=(3-\sqrt{2})(3+\sqrt{2})=b$이므로 $b=7$

$\therefore a+b=\mathbf{1}$

(2) 이차방정식 $x^2+ax+b=0$에서 a, b가 실수이고 한 근이 $1+2i$이므로 다른 한 근은 $1-2i$이다.

따라서 근과 계수의 관계에 의하여

(두 근의 합)$=(1+2i)+(1-2i)=-a$이므로 $a=-2$

(두 근의 곱)$=(1+2i)(1-2i)=b$이므로 $b=5$

$\therefore a-b=\mathbf{-7}$

KEY Point

• 계수가 유리수인 이차방정식의 한 근이 $p+q\sqrt{m}$이면 다른 한 근은 $p-q\sqrt{m}$이다.

(단, p, q는 유리수, $q\neq0$, $\sqrt{m}$은 무리수이다.)

• 계수가 실수인 이차방정식의 한 근이 $p+qi$이면 다른 한 근은 $p-qi$이다.

(단, p, q는 실수, $q\neq0$, $i=\sqrt{-1}$이다.)

● 정답 및 풀이 **56쪽**

 255 이차방정식 $x^2+ax-b=0$의 한 근이 $\sqrt{2}+1$일 때, 유리수 a, b에 대하여 ab의 값을 구하시오.

256 이차방정식 $x^2+6x+a=0$의 한 근이 $b+\sqrt{3}i$일 때, 실수 a, b에 대하여 $a+b$의 값을 구하시오. (단, $i=\sqrt{-1}$)

257 이차방정식 $5x^2+ax+b=0$의 한 근이 $\dfrac{1}{1+2i}$일 때, 이차방정식 $ax^2-5x-b=0$의 해를 구하시오. (단, $i=\sqrt{-1}$이고, a, b는 실수이다.)

258 이차방정식 $x^2-2x+3=0$의 두 근을 α, β라 할 때, 다음 중 옳지 <u>않</u>은 것은?

① $\alpha+\beta=2$ 　　　　　② $(\alpha+1)(\beta+1)=6$

③ $(\alpha-\beta)^2=-3$ 　　　④ $\alpha^3+\beta^3=-10$

⑤ $\dfrac{\beta}{\alpha}+\dfrac{\alpha}{\beta}=-\dfrac{2}{3}$

> 생각해 봅시다! 💡
>
> ③ $(\alpha-\beta)^2$
> 　$=(\alpha+\beta)^2-4\alpha\beta$
> ④ $\alpha^3+\beta^3$
> 　$=(\alpha+\beta)^3$
> 　　$-3\alpha\beta(\alpha+\beta)$

교육청 기출

259 이차방정식 $x^2+2x+k=0$의 서로 다른 두 근을 α, β라 할 때, $\alpha^2+\beta^2=8$이다. 상수 k의 값은?

① -5 　　② -4 　　③ -3 　　④ -2 　　⑤ -1

260 이차방정식 $x^2+ax+b=0$의 두 근을 α, β라 할 때, 이차방정식 $x^2-bx+a=0$의 두 근은 $\alpha+1$, $\beta+1$이다. 이때 $\alpha^4+\beta^4$의 값은? (단, a, b는 실수이다.)

① -2 　　② -1 　　③ 0 　　④ 1 　　⑤ 2

261 이차방정식 $x^2+(k+2)x+9-k=0$의 두 근이 연속하는 정수일 때, 모든 실수 k의 값의 합을 구하시오.

> 연속하는 두 정수는 α, $\alpha+1$로 놓을 수 있다.

262 이차방정식 $x^2-3x+1=0$의 두 근을 α, β라 할 때, $\alpha^2+\dfrac{1}{\beta}$, $\beta^2+\dfrac{1}{\alpha}$을 두 근으로 하고 x^2의 계수가 1인 이차방정식이 $x^2+ax+b=0$이다. 상수 a, b에 대하여 $a+b$의 값을 구하시오.

263 유리수 a, b에 대하여 이차방정식 $x^2+ax+b=0$의 한 근이 $2-\sqrt{3}$이다. 이차방정식 $x^2+bx+a=0$의 두 근을 α, β라 할 때, $\alpha^2-\beta^2$의 값을 구하시오. (단, $\alpha>\beta$)

> 계수가 유리수인 이차방정식의 한 근이 $p+q\sqrt{m}$이면 다른 한 근은 $p-q\sqrt{m}$이다. (단, p, q는 유리수, $q\neq0$, $\sqrt{m}$은 무리수이다.)

STEP 2

264 방정식 $|x^2-2x-a+3|=1$의 모든 실근의 곱이 8일 때, 실수 a의 값을 구하시오. (단, $a>3$)

생각해 봅시다! 💡

$|A|=B$이면
  $A=\pm B$ (단, $B>0$)

II-2

이차방정식

265 이차방정식 $x^2+x-1=0$의 서로 다른 두 근을 α, β라 하자. 다항식 $P(x)=2x^2-3x$에 대하여 $\beta P(\alpha)+\alpha P(\beta)$의 값은?

① 5   ② 6   ③ 7   ④ 8   ⑤ 9

266 이차방정식 $x^2-4x+2=0$의 두 근을 α, β라 할 때,
$$\sqrt{2\alpha^3-7\alpha^2+4\alpha}+\sqrt{2\beta^3-7\beta^2+4\beta}$$
의 값을 구하시오.

이차방정식
$ax^2+bx+c=0$의 두 근이
α, β이면
  $a\alpha^2+b\alpha+c=0$,
  $a\beta^2+b\beta+c=0$

267 이차방정식 $x^2-(4k+1)x+2k+1=0$의 두 근을 α, β라 할 때, $\alpha^2\beta+\alpha\beta^2-\alpha-\beta=6$을 만족시키는 정수 k의 값을 구하시오.

268 이차방정식 $ax^2+bx+c=0$에서 일차항의 계수를 잘못 보고 풀었더니 두 근이 $\dfrac{2}{3}$와 $\dfrac{7}{2}$이 되었고, 상수항을 잘못 보고 풀었더니 두 근이 $\dfrac{5}{3}$와 1이 되었다. 처음 이차방정식의 근을 구하시오.

일차항의 계수를 잘못 본 것은 a, c를 바르게 본 것이고, 상수항을 잘못 본 것은 a, b를 바르게 본 것이다.

269 이차방정식 $x^2+(m-5)x-18=0$의 두 근의 절댓값의 비가 2 : 1이 되도록 하는 실수 m의 값을 모두 구하시오.

두 근의 곱을 이용하여 두 근의 부호를 조사한다.

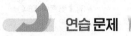 연습 문제

생각해 봅시다! 💡

270 이차방정식 $x^2+x-4=0$의 두 근을 α, β라 할 때, $f(\alpha)=f(\beta)=1$을 만족시키는 이차식 $f(x)$를 구하시오.

(단, $f(x)$의 이차항의 계수는 1이다.)

271 실수 m, n에 대하여 이차방정식 $x^2+mx+n=0$의 한 근이 $-1+2i$이다. $\dfrac{1}{m}$, $\dfrac{1}{n}$을 두 근으로 하는 이차방정식이 $x^2+ax+b=0$일 때, 상수 a, b에 대하여 $a+b$의 값을 구하시오. (단, $i=\sqrt{-1}$)

α, β를 두 근으로 하고 x^2의 계수가 1인 이차방정식은
$$x^2-(\alpha+\beta)x+\alpha\beta=0$$

실력 UP⁺

272 이차방정식 $x^2-4x+k=0$의 두 실근 α, β에 대하여 $|\alpha|+|\beta|=6$일 때, 실수 k의 값을 구하시오.

$(|\alpha|+|\beta|)^2$
$=|\alpha|^2+2|\alpha||\beta|+|\beta|^2$
$=\alpha^2+2|\alpha\beta|+\beta^2$

273 이차방정식 $x^2-5x+2=0$의 두 근을 α, β라 할 때, 이차식 $P(x)$에 대하여 $P(x)+x-3=0$의 두 근이 $\alpha+1$, $\beta+1$이다. $P(-1)=0$일 때, $P(2)$의 값을 구하시오.

교육청 기출

274 이차방정식 $x^2-4x+2=0$의 두 실근을 α, β($\alpha<\beta$)라 하자. 그림과 같이 $\overline{AB}=\alpha$, $\overline{BC}=\beta$인 직각삼각형 ABC에 내접하는 정사각형의 넓이와 둘레의 길이를 두 근으로 하는 x에 대한 이차방정식이 $4x^2+mx+n=0$일 때, 두 상수 m, n에 대하여 $m+n$의 값은?

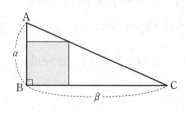

(단, 정사각형의 두 변은 선분 AB와 선분 BC 위에 있다.)

① -11 ② -10 ③ -9 ④ -8 ⑤ -7

Ⅱ

방정식과 부등식

이 단원에서는

이차방정식과 이차함수의 관계, 이차함수의 그래프와 직선의 위치 관계를 이해합니다.
또 제한된 범위에서의 이차함수의 최대, 최소를 이해하고 이를 활용한 도형, 실생활 문제를 해결하는 방법을 학습합니다.

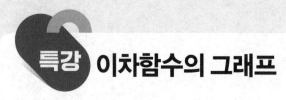

특강 이차함수의 그래프

1 이차함수 $y=ax^2(a\neq0)$의 그래프

(1) 꼭짓점의 좌표: $(0, 0)$

(2) 축의 방정식: $x=0$ (y축)

(3) $a>0$이면 아래로 볼록 ($\lor$의 꼴)하고,
$a<0$이면 위로 볼록 ($\land$의 꼴)하다.

(4) $|a|$의 값이 클수록 y축에 가까워진다. (폭이 좁아진다.)

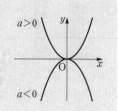

▸ $y=ax^2$의 그래프는 $y=-ax^2$의 그래프와 x축에 대하여 대칭이다.

2 이차함수 $y=a(x-p)^2+q(a\neq0)$의 그래프 ← 표준형

이차함수 $y=ax^2$의 그래프를 x축의 방향으로 p만큼,
y축의 방향으로 q만큼 평행이동한 그래프

(1) 꼭짓점의 좌표: (p, q)

(2) 축의 방정식: $x=p$

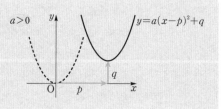

3 이차함수 $y=ax^2+bx+c(a\neq0)$의 그래프 ← 일반형

$y=ax^2+bx+c=a\left(x+\dfrac{b}{2a}\right)^2-\dfrac{b^2-4ac}{4a}$이므로

이차함수 $y=ax^2$의 그래프를 x축의 방향으로 $-\dfrac{b}{2a}$만큼,

y축의 방향으로 $-\dfrac{b^2-4ac}{4a}$만큼 평행이동한 그래프

(1) 꼭짓점의 좌표: $\left(-\dfrac{b}{2a},\ -\dfrac{b^2-4ac}{4a}\right)$

(2) 축의 방정식: $x=-\dfrac{b}{2a}$

(3) y축과의 교점의 좌표: $(0, c)$

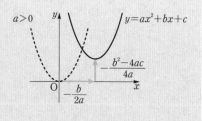

보기 ▸ $y=2x^2+4x-4=2(x^2+2x)-4=2(x+1)^2-6$
꼭짓점의 좌표: $(-1, -6)$
축의 방정식: $x=-1$
y축과의 교점의 좌표: $(0, -4)$

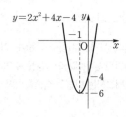

4 **이차함수의 식 구하기**

이차함수의 식을 구할 때에는 주어진 조건에 따라 함수식을 다음과 같이 놓을 수 있다.

> (1) 꼭짓점의 좌표 (p, q)가 주어지는 경우 $\Rightarrow y=a(x-p)^2+q$
>
> (2) 축의 방정식 $x=p$가 주어지는 경우 $\Rightarrow y=a(x-p)^2+q$
>
> (3) x축과의 두 교점의 좌표 $(\alpha, 0)$, $(\beta, 0)$이 주어지는 경우 $\Rightarrow y=a(x-\alpha)(x-\beta)$
>
> (4) 그래프 위의 세 점의 좌표가 주어지는 경우 $\Rightarrow y=ax^2+bx+c$

II-3

이차방정식과 이차함수

5 **이차함수의 그래프와 계수의 부호**

이차함수 $y=ax^2+bx+c$의 그래프가 주어졌을 때, 계수 a, b, c의 부호는 다음과 같이 결정된다.

> (1) a의 부호: 그래프의 모양에 따라 결정
>
>   ① 그래프가 **아래로 볼록**하면 $a>0$
>
>   ② 그래프가 **위로 볼록**하면 $a<0$
>
> (2) b의 부호: 축$\left(직선\ x=-\dfrac{b}{2a}\right)$의 위치에 따라 결정
>
>   ① 축이 y축의 **왼쪽**에 있으면 a, b는 **서로 같은** 부호
>
>   ② 축이 y축의 **오른쪽**에 있으면 a, b는 **서로 다른** 부호
>
> (3) c의 부호: y축과의 교점의 위치에 따라 결정
>
>   ① y축과의 교점이 x축의 **위쪽**에 있으면 $c>0$
>
>   ② y축과의 교점이 x축의 **아래쪽**에 있으면 $c<0$

▶ 이차함수 $y=ax^2+bx+c$의 그래프에서 축이 y축과 일치하면 $b=0$이고, y축과의 교점이 원점과 일치하면 $c=0$이다.

설명 (1)

아래로 볼록 $\Rightarrow a>0$

위로 볼록 $\Rightarrow a<0$

(2)

축이 y축의 왼쪽 $\Rightarrow -\dfrac{b}{2a}<0$

축이 y축의 오른쪽 $\Rightarrow -\dfrac{b}{2a}>0$

(3)

y축과의 교점이 x축의 위쪽 $\Rightarrow c>0$

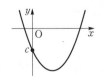

y축과의 교점이 x축의 아래쪽 $\Rightarrow c<0$

133

특강 01 **이차함수의 그래프의 꼭짓점**

이차함수 $y=-2x^2+4ax-3a^2-b^2-6b$의 그래프의 꼭짓점의 좌표가 $(4, -7)$일 때, 상수 a, b에 대하여 ab의 값을 구하시오.

풀이

$y=-2x^2+4ax-3a^2-b^2-6b$
$\quad=-2(x-a)^2-a^2-b^2-6b$

이므로 이 함수의 그래프의 꼭짓점의 좌표는

$\quad (a, -a^2-b^2-6b)$

이 점이 점 $(4, -7)$과 일치하므로

$\quad a=4, \ -a^2-b^2-6b=-7$

$-a^2-b^2-6b=-7$에 $a=4$를 대입하면 $\quad -16-b^2-6b=-7$

$\quad b^2+6b+9=0, \quad (b+3)^2=0 \quad \therefore b=-3 \ (중근)$

$\quad \therefore ab=4\times(-3)=\boldsymbol{-12}$

특강 02 **이차함수의 식 구하기**

축의 방정식이 $x=1$이고 두 점 $(-1, 0)$, $(4, -5)$를 지나는 이차함수의 그래프가 y축과 만나는 점의 좌표를 구하시오.

풀이

이차함수의 식을 $y=a(x-1)^2+q \ (a, q$는 상수$)$라 하면 이 함수의 그래프가 두 점 $(-1, 0)$, $(4, -5)$를 지나므로

$\quad 0=4a+q, \ -5=9a+q$

두 식을 연립하여 풀면 $\quad a=-1, \ q=4$

$\quad \therefore y=-(x-1)^2+4=-x^2+2x+3$

따라서 이 이차함수의 그래프가 y축과 만나는 점의 좌표는 $\boldsymbol{(0, 3)}$이다.

 KEY Point

- 이차함수 $y=ax^2+bx+c$의 그래프의 꼭짓점의 좌표
  $\Rightarrow y=a(x-p)^2+q$의 꼴로 변형하여 구한다.
- 이차함수의 그래프의 축의 방정식이 $x=p$이다.
  $\Rightarrow$ 이차함수의 식을 $y=a(x-p)^2+q$로 놓는다.

● 정답 및 풀이 **61**쪽

 확인 체크

275 이차함수 $y=-3x^2+6kx-k^2-k-5$의 그래프의 꼭짓점이 직선 $y=x-1$ 위에 있을 때, 양수 k의 값을 구하시오.

276 x축과 두 점 $(-3, 0)$, $(1, 0)$에서 만나고, y축과 점 $(0, 3)$에서 만나는 이차함수의 그래프가 점 $(2, k)$를 지날 때, k의 값을 구하시오.

03 **이차함수의 그래프와 계수의 부호**

이차함수 $y=ax^2+bx+c$의 그래프가 오른쪽 그림과 같을 때,
다음 중 옳지 <u>않은</u> 것은? (단, a, b, c는 상수이다.)

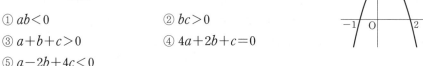

① $ab<0$ ② $bc>0$

③ $a+b+c>0$ ④ $4a+2b+c=0$

⑤ $a-2b+4c<0$

설명 a, b, c의 부호는 이차함수의 그래프를 보고 알 수 있고,
$a+b+c$, $4a+2b+c$, $a-2b+4c$의 부호는 함숫값으로 알 수 있다.

풀이   이차함수 $y=ax^2+bx+c$의 그래프에서

그래프가 위로 볼록하므로 $a<0$

축이 y축의 오른쪽에 있으므로 $-\dfrac{b}{2a}>0$ $\therefore b>0$

y축과의 교점이 x축의 위쪽에 있으므로 $c>0$

① $a<0$, $b>0$이므로 $ab<0$

② $b>0$, $c>0$이므로 $bc>0$

③ $x=1$일 때 $y>0$이므로 $a+b+c>0$

④ $x=2$일 때 $y=0$이므로 $4a+2b+c=0$

⑤ $x=-\dfrac{1}{2}$일 때 $y>0$이므로 $\dfrac{1}{4}a-\dfrac{1}{2}b+c>0$ $\therefore a-2b+4c>0$

따라서 옳지 않은 것은 ⑤이다.

 KEY Point

• 이차함수 $y=ax^2+bx+c$에서

① a의 부호 ⇨ 그래프의 모양에 따라 결정

② b의 부호 ⇨ 축의 위치에 따라 결정

③ c의 부호 ⇨ y축과의 교점의 위치에 따라 결정

● 정답 및 풀이 **61**쪽

 277 이차함수 $y=ax^2+bx+c$의 그래프가 오른쪽 그림과 같을 때, 보기에
서 옳은 것만을 있는 대로 고르시오. (단, a, b, c는 상수이다.)

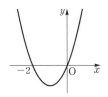

보기

ㄱ. $ab>0$ ㄴ. $a-b>0$

ㄷ. $4a-2b+c=0$ ㄹ. $a+3b+9c>0$

개념원리 이해

01 이차방정식과 이차함수의 관계

1 이차함수의 그래프와 이차방정식의 해 👓 필수 01, 02

이차함수 $y=ax^2+bx+c$의 그래프와 x축의 교점의 x좌표는 이차방정식
$ax^2+bx+c=0$의 실근과 같다.

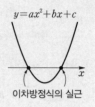

▶ 이차방정식 $ax^2+bx+c=0$의 실근은 이차함수 $y=ax^2+bx+c$에서 $y=0$이 되는 x의 값과 같다.

보기 ▶ 이차함수 $y=x^2-6x+8$의 그래프와 x축의 교점의 x좌표는
$y=0$일 때의 x의 값이므로 $x^2-6x+8=0$에서
$$(x-2)(x-4)=0 \quad \therefore x=2 \text{ 또는 } x=4$$
이 값은 이차방정식 $x^2-6x+8=0$의 실근과 같다.

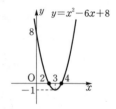

2 이차함수의 그래프와 x축의 위치 관계 👓 필수 03

이차함수 $y=ax^2+bx+c$의 그래프와 x축의 교점의 개수는 이차방정식 $ax^2+bx+c=0$의 서로
다른 실근의 개수와 같다. 이때 이차방정식 $ax^2+bx+c=0$의 판별식을 D라 하면 D의 부호에 따
라 이차함수 $y=ax^2+bx+c$의 그래프와 x축의 위치 관계는 다음과 같다.

$y=ax^2+bx+c$의 그래프와 x축의 위치 관계		$D>0$	$D=0$	$D<0$
		서로 다른 두 점에서 만난다.	한 점에서 만난다. (접한다.)	만나지 않는다.
$y=ax^2+bx+c$의 그래프	$a>0$			
	$a<0$			
교점의 개수		2	1	0

▶ 이차함수 $y=ax^2+bx+c$의 그래프가 x축과 만나면 이차방정식 $ax^2+bx+c=0$의 판별식을 D라 할 때 $D \geq 0$이다.

예제 ▶ 이차함수 $y=x^2-4x+5$의 그래프와 x축의 위치 관계를 말하시오.

풀이 이차방정식 $x^2-4x+5=0$의 판별식을 D라 하면
$$\frac{D}{4}=(-2)^2-1\times5=-1<0$$
이므로 주어진 이차함수의 그래프와 x축은 만나지 않는다.

3 이차함수의 그래프와 직선의 교점 ⌘ 필수 **04, 05**

이차함수 $y=ax^2+bx+c$의 그래프와 직선 $y=mx+n$의 교점의 x좌표는 이차방정식 $ax^2+bx+c=mx+n$의 실근과 같다.

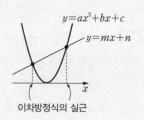

보기 ▶ 이차함수 $y=x^2-2x+3$의 그래프와 직선 $y=x+1$의 교점의 x좌표는
이차방정식 $x^2-2x+3=x+1$, 즉 $x^2-3x+2=0$의 실근과 같다.
이때 $x^2-3x+2=0$에서
$$(x-1)(x-2)=0 \qquad \therefore x=1 \text{ 또는 } x=2$$

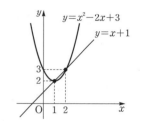

4 이차함수의 그래프와 직선의 위치 관계 ⌘ 필수 **06**

이차함수 $y=ax^2+bx+c$의 그래프와 직선 $y=mx+n$의 교점의 개수는 이차방정식
$$ax^2+bx+c=mx+n, \text{ 즉 } ax^2+(b-m)x+c-n=0 \quad \cdots\cdots \text{㉠}$$
의 서로 다른 실근의 개수와 같다.
이때 이차방정식 ㉠의 판별식을 D라 하면 D의 부호에 따라 이차함수 $y=ax^2+bx+c$의 그래프와 직선 $y=mx+n$의 위치 관계는 다음과 같다.

	$D>0$	$D=0$	$D<0$
$y=ax^2+bx+c\,(a>0)$의 그래프와 직선 $y=mx+n\,(m>0)$의 위치 관계	서로 다른 두 점에서 만난다.	한 점에서 만난다. (접한다.)	만나지 않는다.
교점의 개수	2	1	0

▶ 이차방정식 ㉠의 실근은 이차함수 $y=ax^2+bx+c$의 그래프와 직선 $y=mx+n$의 교점의 x좌표와 같고,
이차방정식 ㉠의 서로 다른 실근의 개수는 이차함수 $y=ax^2+bx+c$의 그래프와 직선 $y=mx+n$의 교점의 개수와 같다.

예제 ▶ 이차함수 $y=x^2+3x-1$의 그래프와 직선 $y=-2x+1$의 위치 관계를 말하시오.

풀이 $x^2+3x-1=-2x+1$에서 $x^2+5x-2=0$
이 이차방정식의 판별식을 D라 하면
$$D=5^2-4\times1\times(-2)=33>0$$
이므로 주어진 이차함수의 그래프와 직선은 서로 다른 두 점에서 만난다.

● 정답 및 풀이 **61**쪽

알아둡시다!

278 다음 이차함수의 그래프와 x축의 교점의 x좌표를 구하시오.

(1) $y=3x^2+6x$

(2) $y=-x^2-2x+8$

(3) $y=-x^2+8x-16$

이차함수 $y=ax^2+bx+c$의 그래프와 x축의 교점의 x좌표
$\Rightarrow ax^2+bx+c=0$의 실근

279 다음 이차함수의 그래프와 x축의 교점의 개수를 구하시오.

(1) $y=x^2+2x-4$

(2) $y=2x^2-3x+3$

(3) $y=-x^2+4x-4$

(4) $y=3x^2-4x-2$

이차함수의 그래프와 x축의 위치 관계
$\Rightarrow$ 이차방정식의 판별식 이용

280 다음 이차함수의 그래프와 직선의 교점의 x좌표를 구하시오.

(1) $y=2x^2+x-2,\ y=10x-6$

(2) $y=-x^2+3x+1,\ y=-x-6$

(3) $y=x^2-3x+7,\ y=3x-2$

이차함수 $y=ax^2+bx+c$의 그래프와 직선 $y=mx+n$의 교점의 x좌표
$\Rightarrow ax^2+bx+c=mx+n$의 실근

281 다음 이차함수의 그래프와 직선의 위치 관계를 말하시오.

(1) $y=x^2-3x+3,\ y=x-2$

(2) $y=4x^2+5x+2,\ y=x+1$

(3) $y=2x^2+3x,\ y=2x-1$

(4) $y=-2x^2+8x+2,\ y=2x+5$

이차함수의 그래프와 직선의 위치 관계
$\Rightarrow$ 이차방정식의 판별식 이용

● 더 다양한 문제는 **RPM** 공통수학 1 72쪽

필수 01 **이차함수의 그래프와 x축의 교점 (1)**

이차함수 $y=2x^2+ax+b$의 그래프가 오른쪽 그림과 같을 때, 상수 a, b의 값을 구하시오.

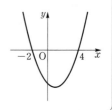

풀이 이차함수 $y=2x^2+ax+b$의 그래프와 x축의 교점의 x좌표가 -2, 4이므로 이차방정식 $2x^2+ax+b=0$의 두 근이 -2, 4이다.
따라서 이차방정식의 근과 계수의 관계에 의하여

$$-2+4=-\frac{a}{2},\ -2\times4=\frac{b}{2}\quad\therefore a=-4,\ b=-16$$

다른 풀이 이차방정식 $2x^2+ax+b=0$의 두 근이 -2, 4이므로 $x=-2$, $x=4$를 각각 대입하면

$$8-2a+b=0,\ 32+4a+b=0\quad\therefore a=-4,\ b=-16$$

● 더 다양한 문제는 **RPM** 공통수학 1 72쪽

필수 02 **이차함수의 그래프와 x축의 교점 (2)**

이차함수 $y=x^2-6x+k-3$의 그래프가 x축과 만나는 두 점을 각각 A, B라 하자. $\overline{AB}=2\sqrt{2}$일 때, 상수 k의 값을 구하시오.

풀이 이차함수 $y=x^2-6x+k-3$의 그래프가 x축과 만나는 두 점 A, B의 x좌표를 각각 α, β라 하면 α, β는 이차방정식 $x^2-6x+k-3=0$의 두 근이므로 근과 계수의 관계에 의하여

$$\alpha+\beta=6,\ \alpha\beta=k-3 \qquad\qquad\cdots\cdots\ \bigcirc$$

이때 $\overline{AB}=|\alpha-\beta|=2\sqrt{2}$이므로 $\quad(\alpha-\beta)^2=8\quad\therefore(\alpha+\beta)^2-4\alpha\beta=8\quad\cdots\cdots\ \bigcirc$

$\bigcirc$에 $\bigcirc$을 대입하면 $\quad6^2-4(k-3)=8\quad\therefore k=10$

• 이차함수 $y=ax^2+bx+c$의 그래프와 x축의 교점의 x좌표
⇨ 이차방정식 $ax^2+bx+c=0$의 실근

● 정답 및 풀이 **62**쪽

 282 이차함수 $y=x^2+ax-4$의 그래프가 x축과 두 점 $(-1, 0)$, $(b, 0)$에서 만날 때, ab의 값을 구하시오. (단, a는 상수이다.)

283 이차함수 $y=x^2+2x+k$의 그래프가 x축과 만나는 두 점 사이의 거리가 4일 때, 상수 k의 값을 구하시오.

II-3

이차방정식과 이차함수

● 더 다양한 문제는 **RPM** 공통수학 1 73쪽

 03 **이차함수의 그래프와 x축의 위치 관계**

이차함수 $y=x^2-2x+k$의 그래프와 x축의 위치 관계가 다음과 같을 때, 실수 k의 값 또는 값의 범위를 구하시오.

(1) 서로 다른 두 점에서 만난다.
(2) 한 점에서 만난다.
(3) 만나지 않는다.

풀이 이차방정식 $x^2-2x+k=0$의 판별식을 D라 하면

$$\frac{D}{4}=(-1)^2-1\times k=1-k$$

(1) 서로 다른 두 점에서 만나려면 $D>0$이어야 하므로
$$1-k>0 \qquad \therefore \boldsymbol{k<1}$$
(2) 한 점에서 만나려면 $D=0$이어야 하므로
$$1-k=0 \qquad \therefore \boldsymbol{k=1}$$
(3) 만나지 않으려면 $D<0$이어야 하므로
$$1-k<0 \qquad \therefore \boldsymbol{k>1}$$

KEY Point

• 이차함수 $y=ax^2+bx+c$의 그래프와 x축의 위치 관계
  ⇨ 이차방정식 $ax^2+bx+c=0$의 판별식을 D라 할 때
  ① x축과 서로 다른 두 점에서 만난다. ⇨ $D>0$
  ② x축과 한 점에서 만난다. (접한다.) ⇨ $D=0$
  ③ x축과 만나지 않는다. ⇨ $D<0$

● 정답 및 풀이 **63**쪽

 284 이차함수 $y=x^2-2kx+k^2+k+3$의 그래프와 x축의 위치 관계가 다음과 같을 때, 실수 k의 값 또는 값의 범위를 구하시오.

(1) 서로 다른 두 점에서 만난다.

(2) 접한다.

(3) 만나지 않는다.

285 이차함수 $y=ax^2-8x+a+6$의 그래프가 x축과 접하도록 하는 실수 a의 값을 α, β라 할 때, $\alpha^2+\beta^2$의 값을 구하시오.

04 **이차함수의 그래프와 직선의 교점 (1)**

이차함수 $y=x^2+2x+3$의 그래프와 직선 $y=x+k$가 두 점 A, B에서 만난다. 점 A의 x좌표가 -2일 때, 점 B의 좌표를 구하시오. (단, k는 상수이다.)

풀이 이차함수 $y=x^2+2x+3$의 그래프와 직선 $y=x+k$의 교점의 x좌표는
$$x^2+2x+3=x+k, \text{ 즉 } x^2+x+3-k=0 \quad\cdots\cdots \text{㉠}$$
의 실근과 같으므로 이차방정식 ㉠의 한 근이 -2이다.
㉠에 $x=-2$를 대입하면 $4-2+3-k=0$ ∴ $k=5$
㉠에 $k=5$를 대입하면 $x^2+x-2=0$
$(x+2)(x-1)=0$ ∴ $x=-2$ 또는 $x=1$
따라서 점 B의 x좌표는 1이므로 $y=x+5$에 $x=1$을 대입하면 $y=6$
즉 점 B의 좌표는 $(1, 6)$이다.

 05 **이차함수의 그래프와 직선의 교점 (2)**

이차함수 $y=x^2+ax+b$의 그래프와 직선 $y=3x-1$은 서로 다른 두 점에서 만난다. 이 중 한 교점의 x좌표가 $1-\sqrt{2}$일 때, 유리수 a, b의 값을 구하시오.

풀이 이차함수 $y=x^2+ax+b$의 그래프와 직선 $y=3x-1$의 교점의 x좌표는 이차방정식
$$x^2+ax+b=3x-1, \text{ 즉 } x^2+(a-3)x+b+1=0 \quad\cdots\cdots \text{㉠}$$
의 실근과 같다.
이때 a, b가 유리수이고 이차방정식 ㉠의 한 근이 $1-\sqrt{2}$이므로 다른 한 근은 $1+\sqrt{2}$이다.
따라서 이차방정식의 근과 계수의 관계에 의하여
$$(1-\sqrt{2})+(1+\sqrt{2})=-(a-3), (1-\sqrt{2})(1+\sqrt{2})=b+1$$
$$∴ a=1, b=-2$$

KEY Point
• 이차함수 $y=f(x)$의 그래프와 직선 $y=g(x)$의 교점의 x좌표
⇨ 이차방정식 $f(x)=g(x)$의 실근

● 정답 및 풀이 **63**쪽

 286 이차함수 $y=2x^2-3x+1$의 그래프와 직선 $y=ax+b$의 두 교점의 x좌표가 -2, 5일 때, 상수 a, b에 대하여 $a+b$의 값을 구하시오.

287 이차함수 $y=2x^2+5x-3$의 그래프와 직선 $y=-x+k$가 두 점 A, B에서 만난다. 점 A의 x좌표가 -3일 때, 점 B의 좌표를 구하시오. (단, k는 상수이다.)

288 이차함수 $y=x^2-ax+b$의 그래프와 직선 $y=2x-1$은 서로 다른 두 점에서 만난다. 이 중 한 교점의 x좌표가 $2-\sqrt{3}$일 때, 유리수 a, b에 대하여 $a+b$의 값을 구하시오.

필수 06 **이차함수의 그래프와 직선의 위치 관계**

이차함수 $y=2x^2-3x+1$의 그래프와 직선 $y=x+k$의 위치 관계가 다음과 같을 때, 실수 k의 값 또는 값의 범위를 구하시오.

(1) 서로 다른 두 점에서 만난다.

(2) 한 점에서 만난다.

(3) 만나지 않는다.

설명 이차함수 $y=ax^2+bx+c$의 그래프와 직선 $y=mx+n$의 위치 관계
  ⇨ 이차방정식 $ax^2+bx+c=mx+n$의 판별식을 이용한다.

풀이 이차방정식 $2x^2-3x+1=x+k$, 즉 $2x^2-4x+1-k=0$의 판별식을 D라 하면

$$\frac{D}{4}=(-2)^2-2(1-k)=2k+2$$

(1) 서로 다른 두 점에서 만나려면 $D>0$이어야 하므로

$$2k+2>0 \qquad \therefore \boldsymbol{k>-1}$$

(2) 한 점에서 만나려면 $D=0$이어야 하므로

$$2k+2=0 \qquad \therefore \boldsymbol{k=-1}$$

(3) 만나지 않으려면 $D<0$이어야 하므로

$$2k+2<0 \qquad \therefore \boldsymbol{k<-1}$$

● 정답 및 풀이 **63**쪽

289 이차함수 $y=x^2-5x-3$의 그래프와 직선 $y=-x+k$의 위치 관계가 다음과 같을 때, 실수 k의 값 또는 값의 범위를 구하시오.

(1) 서로 다른 두 점에서 만난다.

(2) 접한다.

(3) 만나지 않는다.

290 이차함수 $y=x^2-2mx+1+m^2$의 그래프와 직선 $y=2x-1$이 만나도록 하는 실수 m의 값의 범위를 구하시오.

291 이차함수 $y=x^2+x+4$의 그래프에 접하고 직선 $y=-2x+3$과 평행한 직선의 방정식은 $y=ax+b$이다. 이때 실수 a, b의 값을 구하시오.

STEP 1

생각해 봅시다!

292 이차함수 $y=x^2-(a+2)x+b^2-b$의 그래프와 x축의 두 교점의 x
좌표가 1, 6일 때, 상수 a, b에 대하여 $a+b$의 값을 구하시오.
(단, $b>0$)

이차함수 $y=f(x)$의 그래프
와 x축의 교점의 x좌표
⇨ 이차방정식 $f(x)=0$의
실근

293 이차함수 $y=x^2+ax+b$의 그래프가 점 $(-1, 4)$를 지나고 x축에 접
할 때, 실수 a, b에 대하여 ab의 값을 구하시오. (단, $a>0$)

이차함수 $y=f(x)$의 그래프
가 x축에 접한다.
⇨ 이차방정식 $f(x)=0$의
판별식 $D=0$이다.

294 이차함수 $y=x^2+2kx+k$의 그래프는 x축과 한 점에서 만나고, 이차
함수 $y=2x^2-x+k$의 그래프는 x축과 만나지 않을 때, 실수 k의 값
을 구하시오.

295 이차함수 $y=x^2-x+3$의 그래프가 직선 $y=ax+2$와 두 점
(x_1, y_1), (x_2, y_2)에서 만난다. $x_1+x_2=4$일 때, y_1+y_2의 값을 구하
시오. (단, a는 상수이다.)

296 이차함수 $y=-x^2+4x-1$의 그래프와 직선
$y=ax+b$가 오른쪽 그림과 같을 때, 유리수
a, b에 대하여 ab의 값을 구하시오.

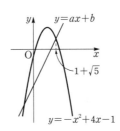

297 이차함수 $y=ax^2+1$의 그래프에 접하고 직선 $y=4x-5$와 평행한 직
선의 방정식은 $y=mx+3$이다. 이때 실수 a, m에 대하여 a^2+m^2의
값은?

① 10   ② 13   ③ 17   ④ 20   ⑤ 25

평행한 두 직선은 기울기가
같다.

연습 문제

298 이차함수 $y=x^2+ax+3a-1$의 그래프가 두 직선 $y=-x+4$와 $y=5x+7$에 동시에 접할 때, 실수 a의 값을 구하시오.

STEP 2

교육청 기출

299 그림과 같이 최고차항의 계수의 절댓값이 같은 세 이차함수 $y=f(x)$, $y=g(x)$, $y=h(x)$의 그래프가 있다. 방정식 $f(x)+g(x)+h(x)=0$의 모든 근의 합은?

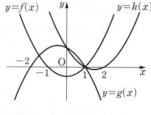

① 1 　　② 2 　　③ 3 　　④ 4 　　⑤ 5

300 이차함수 $y=3x^2+kx-1$의 그래프가 x축과 만나는 두 점을 P, Q, 꼭짓점을 R라 하자. $\overline{PQ}=\dfrac{4}{3}$일 때, 삼각형 PQR의 넓이를 구하시오.
(단, k는 상수이다.)

301 이차함수 $y=x^2-2(a+k)x+k^2-2k+b$의 그래프가 실수 k의 값에 관계없이 항상 x축에 접할 때, 실수 a, b에 대하여 ab의 값을 구하시오.

302 이차함수 $y=\dfrac{1}{4}x^2+kx+14$의 그래프가 직선 $y=-2x-k^2-6$보다 항상 위쪽에 있도록 하는 자연수 k의 개수를 구하시오.

실력 UP⁺

303 오른쪽 그림과 같이 이차함수 $y=f(x)$의 그래프가 x축과 서로 다른 두 점 $(\alpha, 0)$, $(\beta, 0)$에서 만나고 $\alpha+\beta=6$, $\alpha\beta=4$일 때, 이차함수 $y=f(2x-1)$의 그래프와 x축의 두 교점 사이의 거리를 구하시오.

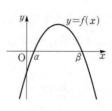
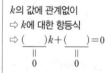

02 이차함수의 최대·최소

1 이차함수의 최대·최소

이차함수 $y=ax^2+bx+c$의 최대·최소는 이차함수의 식을 $y=a(x-p)^2+q$의 꼴로 변형한 후 다음과 같이 구한다.

> 이차함수 $y=a(x-p)^2+q$에서
> (1) $a>0$인 경우 $\Rightarrow$ $x=p$일 때 **최솟값** q를 갖고, 최댓값은 없다.
> (2) $a<0$인 경우 $\Rightarrow$ $x=p$일 때 **최댓값** q를 갖고, 최솟값은 없다.

예제▶ 다음 이차함수의 최댓값과 최솟값을 구하시오.

(1) $y=2x^2-4x-6$　　　　　　　　(2) $y=-x^2+6x+4$

풀이 (1) $y=2x^2-4x-6$
　　　　$=2(x-1)^2-8$
　　　$\Rightarrow$ $x=1$일 때 최솟값 -8을 갖고,
　　　　　최댓값은 없다.

(2) $y=-x^2+6x+4$
　　$=-(x-3)^2+13$
　$\Rightarrow$ $x=3$일 때 최댓값 13을 갖고,
　　　최솟값은 없다.

2 제한된 범위에서의 이차함수의 최대·최소　⌒ 필수 07, 08

$\alpha\leq x\leq\beta$에서 이차함수 $f(x)=a(x-p)^2+q$의 최대·최소는 다음과 같다.

> (1) **꼭짓점의 x좌표가 제한된 범위에 포함될 때 ($\alpha\leq p\leq\beta$일 때)**
> 　$f(\alpha)$, $f(p)$, $f(\beta)$ 중에서 가장 큰 값이 최댓값이고 가장 작은 값이 최솟값이다.
> (2) **꼭짓점의 x좌표가 제한된 범위에 포함되지 않을 때 ($p<\alpha$ 또는 $p>\beta$일 때)**
> 　$f(\alpha)$, $f(\beta)$ 중에서 큰 값이 최댓값이고 작은 값이 최솟값이다.

설명 (1) 꼭짓점의 x좌표가 제한된 범위에 포함될 때

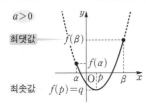
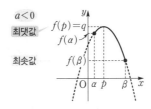

(2) 꼭짓점의 x좌표가 제한된 범위에 포함되지 않을 때

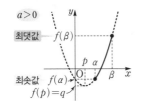
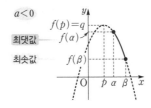

145

예제 ▶ 다음 x의 값의 범위에서 이차함수 $y=-x^2-2x+5$의 최댓값과 최솟값을 구하시오.

(1) $-4 \le x \le 0$ (2) $1 \le x \le 2$

풀이 $f(x)=-x^2-2x+5$라 하면 $f(x)=-(x+1)^2+6$

(1) 꼭짓점의 x좌표 -1이 $-4 \le x \le 0$에 포함
된다.

    $\Rightarrow f(-4)=-3,\ f(-1)=6,\ f(0)=5$

      $x=-1$일 때 최댓값 6을 갖고,

      $x=-4$일 때 최솟값 -3을 갖는다.

(2) 꼭짓점의 x좌표 -1이 $1 \le x \le 2$에 포함되지
않는다.

    $\Rightarrow f(1)=2,\ f(2)=-3$

      $x=1$일 때 최댓값 2를 갖고,

      $x=2$일 때 최솟값 -3을 갖는다.

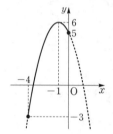 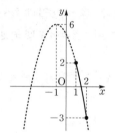

3 공통부분이 있는 함수의 최대·최소   ∽ 필수 09

공통부분이 있으면 **공통부분을 t로 치환**하여 t에 대한 함수의 최댓값과 최솟값을 구한다.
이때 **t의 값의 범위**에 주의한다.

예제 ▶ $-2 \le x \le 1$일 때, 함수 $y=(x^2+2x)^2+2(x^2+2x)-3$의 최댓값과 최솟값을 구하시오.

풀이 $x^2+2x=t$로 놓으면

      $t=x^2+2x=(x+1)^2-1$

   $-2 \le x \le 1$이므로 [그림 1]에서

      $-1 \le t \le 3$

   이때 주어진 함수는

      $y=t^2+2t-3=(t+1)^2-4 \ (-1 \le t \le 3)$

   이므로 [그림 2]에서

      $t=3$일 때 최댓값 12,

      $t=-1$일 때 최솟값 -4

   를 갖는다.

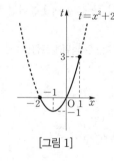

[그림 1]

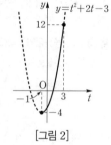

[그림 2]

● 정답 및 풀이 **67**쪽

304 이차함수 $y=3x^2-6x+2$에 대하여 다음 물음에 답하시오.

(1) $y=a(x-p)^2+q$의 꼴로 변형하시오.

(2) 최댓값과 최솟값을 구하시오.

305 다음 이차함수의 최댓값과 최솟값을 구하시오.

(1) $y=2x^2+6x+3$

(2) $y=-3x^2+12x-15$

(3) $y=3x^2-18x+25$

(4) $y=-\dfrac{1}{2}x^2-2x+5$

306 다음은 $1\leq x\leq 4$에서 이차함수 $y=2x^2-8x+5$의 최댓값과 최솟값을 구하는 과정이다. □ 안에 알맞은 것을 써넣으시오.

> $y=2x^2-8x+5=2(x-\square)^2-\square$이므로 이차함수의 그래프의 꼭짓점의 x좌표 $\square$는 주어진 범위에 포함된다.
> $x=1$일 때 $y=-1$, $x=\square$일 때 $y=\square$, $x=4$일 때 $y=\square$ 이므로 구하는 최댓값은 $\square$, 최솟값은 $\square$이다.

307 주어진 x의 값의 범위에서 다음 이차함수의 최댓값과 최솟값을 구하시오.

(1) $y=(x+1)^2+3 \ (0\leq x\leq 1)$

(2) $y=-2(x-1)^2-2 \ (2\leq x\leq 3)$

(3) $y=3x^2-6x+6 \ (-1\leq x\leq 2)$

(4) $y=-4x^2+4x+3 \ (-1\leq x\leq 3)$

— 더 다양한 문제는 **RPM** 공통수학 1 74쪽

필수 07 제한된 범위에서의 이차함수의 최대·최소

다음 x의 값의 범위에서 이차함수 $y=x^2-4x+6$의 최댓값과 최솟값을 구하시오.

(1) $0 \leq x \leq 5$ (2) $-1 \leq x \leq 1$

풀이 $y=x^2-4x+6=(x-2)^2+2$이므로 이차함수의 그래프의 꼭짓점의 x좌표는 2이다.

(1) 꼭짓점의 x좌표 2가 $0 \leq x \leq 5$에 포함된다.

     $0 \leq x \leq 5$에서

         $x=0$일 때 $y=6$

         $x=2$일 때 $y=2$

         $x=5$일 때 $y=11$

     따라서 **최댓값**은 **11**, **최솟값**은 **2**이다.

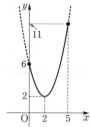

(2) 꼭짓점의 x좌표 2가 $-1 \leq x \leq 1$에 포함되지 않는다.

     $-1 \leq x \leq 1$에서

         $x=-1$일 때 $y=11$

         $x=1$일 때 $y=3$

     따라서 **최댓값**은 **11**, **최솟값**은 **3**이다.

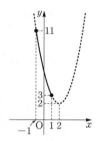

— 더 다양한 문제는 **RPM** 공통수학 1 75쪽

필수 08 제한된 범위에서 최댓값 또는 최솟값이 주어질 때 미정계수 구하기

$1 \leq x \leq 3$에서 이차함수 $y=-2x^2+4x+k$의 최댓값이 4일 때, 이 함수의 최솟값을 구하시오. (단, k는 상수이다.)

풀이 $y=-2x^2+4x+k=-2(x-1)^2+2+k$

이 이차함수의 그래프의 꼭짓점의 x좌표 1이 $1 \leq x \leq 3$에 포함되므로

$x=1$일 때 최댓값 $2+k$를 갖는다.

즉 $2+k=4$이므로 $k=2$

따라서 $y=-2(x-1)^2+4$이므로

     $x=3$일 때 $y=-4$

즉 주어진 이차함수의 최솟값은 **-4**이다.

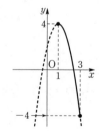

● 정답 및 풀이 67쪽

 308 $0 \leq x \leq 1$에서 이차함수 $y=-3x^2+2x+1$의 최댓값을 M, 최솟값을 m이라 할 때, $M+m$의 값을 구하시오.

309 $-3 \leq x \leq 4$에서 이차함수 $y=\dfrac{1}{3}x^2-2x+k$의 최솟값이 -1일 때, 이 함수의 최댓값을 구하시오. (단, k는 상수이다.)

필수 09 **공통부분이 있는 함수의 최대·최소**

다음 물음에 답하시오.

(1) 함수 $y=(x^2-2x)^2-2(x^2-2x)-5$의 최솟값을 구하시오.

(2) $0\le x\le 3$일 때, 함수 $y=(x^2-2x+3)^2-4(x^2-2x+3)+4$의 최댓값과 최솟값을 구하시오.

풀이 (1) $x^2-2x=t$로 놓으면

$$t=x^2-2x=(x-1)^2-1$$

$$\therefore t\ge -1$$

이때 주어진 함수는

$$y=t^2-2t-5$$

$$=(t-1)^2-6 \ (t\ge -1)$$

이므로 $t=1$일 때 최솟값 **−6**을 갖는다.

(2) $x^2-2x+3=t$로 놓으면

$$t=x^2-2x+3$$

$$=(x-1)^2+2$$

$0\le x\le 3$이므로 [그림 1]에서

$$2\le t\le 6 \quad \leftarrow x=1\text{에서 최솟값 2, } x=3\text{에서 최댓값 6}$$

이때 주어진 함수는

$$y=t^2-4t+4$$

$$=(t-2)^2 \ (2\le t\le 6)$$

이므로 [그림 2]에서

$$t=6\text{일 때 최댓값 16,}$$

$$t=2\text{일 때 최솟값 0}$$

을 갖는다.

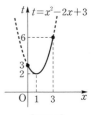

[그림 1]

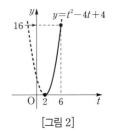

[그림 2]

• **공통부분이 있는 함수의 최대·최소**

⇨ 공통부분을 t로 치환한다. 이때 t의 값의 범위에 주의한다.

● 정답 및 풀이 **68**쪽

310 함수 $y=-(x^2+4x)^2-10(x^2+4x)+15$의 최댓값을 구하시오.

311 $-3\le x\le 0$일 때, 함수 $y=(x^2+2x+2)^2-4(x^2+2x+2)-1$의 최댓값과 최솟값의 합을 구하시오.

필수 **10** 이차함수의 최대·최소의 활용

오른쪽 그림의 직사각형 ABCD에서 두 점 B, C는 x축 위에 있고, 두 점 A, D는 이차함수 $y=-x^2+10x$의 그래프 위에 있다. 이때 직사각형 ABCD의 둘레의 길이의 최댓값을 구하시오.

(단, 점 A는 제1사분면 위에 있다.)

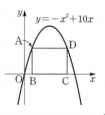

풀이 점 B의 좌표를 $(a, 0)\,(0<a<5)$이라 하면 $\mathrm{A}(a, -a^2+10a)$, $\mathrm{C}(10-a, 0)$에서

$$\overline{\mathrm{AB}}=-a^2+10a,$$
$$\overline{\mathrm{BC}}=(10-a)-a=10-2a$$

이므로 직사각형 ABCD의 둘레의 길이는

$$2(\overline{\mathrm{AB}}+\overline{\mathrm{BC}})=2\{(-a^2+10a)+(10-2a)\}$$
$$=-2a^2+16a+20$$
$$=-2(a-4)^2+52$$

이때 $0<a<5$이므로 $a=4$일 때 최댓값 52를 갖는다.

따라서 직사각형 ABCD의 둘레의 길이의 최댓값은 **52**이다.

KEY Point

● 이차함수의 최대·최소의 활용
(ⅰ) 주어진 문제에서 변수를 정하고, 함수의 식을 세운다.
(ⅱ) 제한된 범위에서의 이차함수의 최댓값 또는 최솟값을 구한다.

● 정답 및 풀이 **68**쪽

312 어떤 물체를 지면에서 초속 30 m로 똑바로 위로 던졌을 때 t초 후 지면으로부터의 이 물체의 높이 y m는 $y=-5t^2+30t\,(0\leq t\leq6)$로 나타낼 수 있다. 이 물체가 가장 높이 올라갔을 때의 지면으로부터의 높이를 구하시오. (단, 물체의 크기는 생각하지 않는다.)

313 오른쪽 그림과 같이 밑변의 길이가 40 m, 높이가 20 m인 직각삼각형 모양의 땅에 상가 건물을 지으려고 한다. 상가 건물의 바닥면의 넓이의 최댓값을 구하시오.

(단, 상가 건물의 바닥면의 모양은 직사각형이다.)

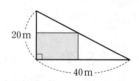

특강 이차식의 최대·최소

1 완전제곱식을 이용한 이차식의 최대·최소

x, y가 실수일 때, 이차식 $ax^2+by^2+cx+dy+e$의 최댓값 또는 최솟값은 주어진 식을
$$a(x-m)^2+b(y-n)^2+k \ (a, b, m, n, k는 \ 실수)$$
의 꼴로 변형한 후 $(x-m)^2 \geq 0$, $(y-n)^2 \geq 0$임을 이용하여 구한다.

예제 ▶ x, y가 실수일 때, $x^2-4x+2y^2-12y+16$의 최솟값을 구하시오.

풀이 $x^2-4x+2y^2-12y+16=(x-2)^2+2(y-3)^2-6$
이때 x, y가 실수이므로
$$(x-2)^2 \geq 0, \ (y-3)^2 \geq 0$$
따라서 주어진 식은 $x=2$, $y=3$일 때 최솟값 -6을 갖는다.

2 조건식이 주어진 이차식의 최대·최소

주어진 등식을 만족시키는 x, y에 대한 이차식의 최댓값 또는 최솟값은 다음과 같은 순서로 구한다.
(ⅰ) 주어진 등식을 한 문자에 대하여 정리한 후 이차식에 대입한다.
(ⅱ) 이차식을 완전제곱식의 꼴로 변형하여 최댓값 또는 최솟값을 구한다.

예제 ▶ $x-y=3$을 만족시키는 실수 x, y에 대하여 x^2+2y의 최솟값을 구하시오.

풀이 $x-y=3$에서 $y=x-3$
$$\therefore x^2+2y=x^2+2(x-3)$$
$$=x^2+2x-6$$
$$=(x+1)^2-7$$
따라서 주어진 이차식은 $x=-1$, $y=-4$일 때 최솟값 -7을 갖는다.

● 정답 및 풀이 **68**쪽

314 x, y가 실수일 때, $4x^2+y^2-16x+2y+1$의 최솟값을 구하시오.

315 $y=2x-1$을 만족시키는 실수 x, y에 대하여 $2x^2-y^2$의 최댓값을 구하시오.

316 $1 \leq x \leq 3$에서 이차함수 $y = -ax^2 + 8ax - 14a - b$의 최댓값이 -2, 최솟값이 -10일 때, 양수 a, b에 대하여 $a+b$의 값을 구하시오.

317 이차함수 $f(x) = x^2 + ax + b$에 대하여 $f(-5) = f(3)$이고 $f(x)$의 최솟값이 1일 때, $-2 \leq x \leq 2$에서 함수 $f(x)$의 최댓값을 구하시오.
(단, a, b는 상수이다.)

318 $-1 \leq x \leq 2$에서 함수 $y = (x^2 - 2x - 1)^2 - 2(x^2 - 2x) + 1$의 최댓값을 M, 최솟값을 m이라 할 때, $M+m$의 값은?

① 3   ② 5   ③ 7   ④ 9   ⑤ 11

319 어떤 음악회의 수익 y만 원은 입장권 한 장의 가격 x만 원의 함수
$$y = -200x^2 + 1600x - 1700$$
으로 정해진다고 한다. 수익이 최대가 되도록 하는 입장권 한 장의 가격을 정하고, 그때의 수익을 구하시오.

320 $-3 \leq x \leq 3$에서 $y = x^2 - 4|x| + 5$의 최댓값과 최솟값의 차를 구하시오.

321 이차함수 $y = -x^2 - 2ax + 4a - 1$의 최댓값을 $f(a)$라 하자. $-5 \leq a \leq 0$일 때, $f(a)$의 최댓값과 최솟값의 합은?
(단, a는 실수이다.)

① -7 ② -5 ③ -1 ④ 3   ⑤ 4

322 $a \leq x \leq 0$에서 함수 $y = -x^2 - 2x + 1$의 함숫값의 범위가 $-2 \leq y \leq b$일 때, 실수 a, b에 대하여 $a+b$의 값을 구하시오. (단, $a < 0$)

생각해 봅시다!

$a > 0$일 때의 주어진 이차함수의 그래프의 모양을 생각한다.

공통부분이 있는 함수의 최대·최소
⇨ 공통부분을 치환한다.
이때 치환한 문자의 값의 범위에 주의한다.

Ⅱ-3

이차방정식과 이차함수

323 두 양수 p, q에 대하여 이차함수 $f(x)=-x^2+px-q$가 다음 조건을 만족시킬 때, p^2+q^2의 값을 구하시오.

> ㈎ $y=f(x)$의 그래프는 x축에 접한다.
> ㈏ $-p \leq x \leq p$에서 $f(x)$의 최솟값은 -54이다.

324 함수 $y=-2(x^2+2x-1)^2+12(x^2+2x-1)-k$의 최댓값이 15일 때, 실수 k의 값을 구하시오.

325 오른쪽 그림과 같이 이차함수 $y=(x+1)^2$의 그래프 위의 한 점 P에서 x축에 평행한 직선을 그어 직선 $y=x-3$과 만나는 점을 Q라 할 때, $\overline{PQ}$의 길이의 최솟값을 구하시오.

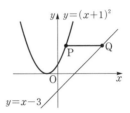

326 실수 x, y에 대하여 $-1 \leq y \leq 3$이고 $y=x+1$일 때, x^2+y^2+2의 최댓값을 M, 최솟값을 m이라 하자. 이때 $M-4m$의 값을 구하시오.

일차식의 조건식을 이차식에 대입하여 한 문자로 나타낸다.

327 $x \geq 3$에서 이차함수 $y=2x^2-8kx$의 최솟값이 16일 때, 실수 k의 값을 구하시오.

주어진 범위에 그래프의 꼭짓점의 x좌표가 포함될 때와 포함되지 않을 때로 나누어 푼다.

328 그림과 같이 한 변의 길이가 2인 정삼각형 ABC에 대하여 변 BC의 중점을 P라 하고, 선분 AP 위의 점 Q에 대하여 선분 PQ의 길이를 x라 하자. $\overline{AQ}^2+\overline{BQ}^2+\overline{CQ}^2$은 $x=a$에서 최솟값 m을 가진다. $\dfrac{m}{a}$의 값은?

(단, $0<x<\sqrt{3}$이고, a는 실수이다.)

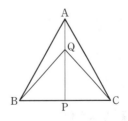

① $3\sqrt{3}$ ② $\dfrac{7}{2}\sqrt{3}$ ③ $4\sqrt{3}$ ④ $\dfrac{9}{2}\sqrt{3}$ ⑤ $5\sqrt{3}$

"디로딩"
저기, 잠깐만
우리 조금만
쉬면 안될까
나는 지금
충전이 필요해

II

방정식과 부등식

이 단원에서는

인수정리, 조립제법을 이용하여 삼차방정식과 사차방정식의 근을 구하고, 삼차방정식의 근과 계수의 관계를 학습합니다. 또 미지수가 2개인 연립이차방정식의 풀이 방법을 학습합니다.

개념원리 이해

01 삼차방정식과 사차방정식

1 삼차방정식과 사차방정식

(1) 다항식 $f(x)$가 x에 대한 삼차식, 사차식일 때, 방정식 $f(x)=0$을 각각 x에 대한 **삼차방정식, 사차방정식**이라 한다.

(2) **삼·사차방정식의 풀이**

　방정식 $f(x)=0$은 $f(x)$를 인수분해한 후 다음 성질을 이용하여 근을 구한다.

　① $ABC=0$이면 　　$A=0$ 또는 $B=0$ 또는 $C=0$

　② $ABCD=0$이면 　　$A=0$ 또는 $B=0$ 또는 $C=0$ 또는 $D=0$

▶ ① 삼차 이상의 방정식을 **고차방정식**이라 한다.

　② 특별한 조건이 없으면 고차방정식의 해는 복소수의 범위에서 구한다. 이때 계수가 실수인 삼차방정식과 사차방정식은 복소수의 범위에서 각각 3개, 4개의 근을 갖는다. 특히 3개의 근이 같을 때, 이 근을 **삼중근**이라 한다.

2 인수정리를 이용한 삼·사차방정식의 풀이 　 ☞ 필수 01

　방정식 $f(x)=0$에서 다항식 $f(x)$에 대하여 $f(\alpha)=0$이면

　　$f(x)=(x-\alpha)g(x)$

　임을 이용한다. 이때 $g(x)$는 조립제법을 이용하여 구할 수 있다.

▶ 다항식 $f(x)$의 계수가 모두 정수일 때, $f(\alpha)=0$을 만족시키는 α의 값은

　　$\pm\dfrac{(f(x)\text{의 상수항의 약수})}{(f(x)\text{의 최고차항의 계수의 약수})}$

중에서 찾는다.

3 여러 가지 사차방정식의 풀이

(1) **공통부분이 있는 사차방정식** 　 ☞ 필수 02

　방정식에 공통부분이 있으면 공통부분을 한 문자로 치환한 후 인수분해하여 푼다.

(2) $x^4+ax^2+b=0$**의 꼴** 　 ☞ 필수 03

　① $x^2=X$로 치환한 후 인수분해하여 푼다.

　② 이차항 ax^2을 분리하여 $A^2-B^2=0$의 꼴로 변형한 후 인수분해하여 푼다.

보기 ▶ ① $x^4-2x^2-3=0 \xrightarrow{\ x^2=X\text{로 치환}\ } X^2-2X-3=0$

　② $x^4+5x^2+9=0$에서 $(x^4+6x^2+9)-x^2=0$이므로

　　$(x^2+3)^2-x^2=0$ 　∴ $(x^2+x+3)(x^2-x+3)=0$

개념원리 익히기

알아둡시다!

공통인수로 묶거나 인수분해 공식을 이용하여 좌변을 인수분해한 후 방정식의 해를 구한다.

Ⅱ-4

여러 가지 방정식

329 다음 삼차방정식을 푸시오.

(1) $(x-2)(2x-5)(x-3)=0$

(2) $(x+2)(x^2-3x+4)=0$

(3) $x^3+4x=0$

(4) $x^3+3x^2+2x=0$

(5) $2x^3-x^2+2x-1=0$

(6) $x^3+8=0$

(7) $x^3-27=0$

(8) $x^3+6x^2+12x+8=0$

330 다음 사차방정식을 푸시오.

(1) $(x+3)(x+2)(x-1)(x-4)=0$

(2) $(x^2-3x+2)(x^2-3x-2)=0$

(3) $x^4-2x^2=0$

(4) $x^4-1=0$

(5) $x^4-3x^3-4x^2+12x=0$

(6) $x^4-2x^3+x-2=0$

01 인수정리를 이용한 삼·사차방정식의 풀이

다음 방정식을 푸시오.

(1) $3x^3-7x^2+4=0$ (2) $x^4-x^3-x^2-5x+6=0$

설명 (1) $\pm\dfrac{(상수항\ 4의\ 약수)}{(x^3의\ 계수\ 3의\ 약수)}$, 즉 ±1, ±2, ±4, $\pm\dfrac{1}{3}$, $\pm\dfrac{2}{3}$, $\pm\dfrac{4}{3}$ 중에서 (좌변)$=0$을 만족시키는

x의 값을 찾는다.

(2) x^4의 계수가 1이므로 $\pm$(상수항 6의 약수), 즉 ±1, ±2, ±3, ±6 중에서 (좌변)$=0$을 만족시키는 x의 값

을 찾는다.

풀이 (1) $f(x)=3x^3-7x^2+4$라 하면

$$f(1)=3-7+4=0$$

이므로 조립제법을 이용하여 $f(x)$를 인수분해하면

$$f(x)=(x-1)(3x^2-4x-4)$$
$$=(x-1)(3x+2)(x-2)$$

따라서 주어진 방정식은

$$(3x+2)(x-1)(x-2)=0$$

$$\therefore x=-\frac{2}{3} \text{ 또는 } x=1 \text{ 또는 } x=2$$

$$
\begin{array}{r|rrrr}
1 & 3 & -7 & 0 & 4 \\
  &   & 3 & -4 & -4 \\
\hline
  & 3 & -4 & -4 & \boxed{0}
\end{array}
$$

(2) $f(x)=x^4-x^3-x^2-5x+6$이라 하면

$$f(1)=1-1-1-5+6=0,$$
$$f(2)=16-8-4-10+6=0$$

이므로 조립제법을 이용하여 $f(x)$를 인수분해하면

$$f(x)=(x-1)(x-2)(x^2+2x+3)$$

따라서 주어진 방정식은

$$(x-1)(x-2)(x^2+2x+3)=0$$

$$\therefore x=1 \text{ 또는 } x=2 \text{ 또는 } x=-1\pm\sqrt{2}i$$

$$
\begin{array}{r|rrrrr}
1 & 1 & -1 & -1 & -5 & 6 \\
  &   & 1 & 0 & -1 & -6 \\
\hline
2 & 1 & 0 & -1 & -6 & \boxed{0} \\
  &   & 2 & 4 & 6 & \\
\hline
  & 1 & 2 & 3 & \boxed{0} &
\end{array}
$$

• 인수정리를 이용한 방정식 $f(x)=0$의 풀이

⇨ $f(a)=0$을 만족시키는 a의 값을 찾아 조립제법을 이용하여 $f(x)=(x-a)g(x)$의 꼴로 인

수분해한다.

● 정답 및 풀이 **72**쪽

 331 다음 방정식을 푸시오.

(1) $x^3-4x^2+8=0$ (2) $3x^3-14x^2+20x-9=0$

(3) $x^4+4x^3-x^2-16x-12=0$ (4) $x^4-6x^2-3x+2=0$

필수 02 공통부분이 있는 사차방정식의 풀이

다음 방정식을 푸시오.

(1) $(x^2+4x+5)^2-12(x^2+4x)=40$　　(2) $(x+1)(x+2)(x+3)(x+4)=120$

설명　(1) $x^2+4x=X$로 놓고 X에 대한 이차방정식으로 변형한다.

(2) 공통부분이 생기도록 두 개씩 짝을 지어 전개한 후 공통부분을 치환한다.

풀이　(1) $x^2+4x=X$로 놓으면 주어진 방정식은

$$(X+5)^2-12X=40,\qquad X^2-2X-15=0$$
$$(X+3)(X-5)=0\qquad \therefore X=-3 \text{ 또는 } X=5$$

(ⅰ) $X=-3$일 때,

$$x^2+4x+3=0,\qquad (x+3)(x+1)=0\qquad \therefore x=-3 \text{ 또는 } x=-1$$

(ⅱ) $X=5$일 때,

$$x^2+4x-5=0,\qquad (x+5)(x-1)=0\qquad \therefore x=-5 \text{ 또는 } x=1$$

(ⅰ), (ⅱ)에서　**$x=-5$ 또는 $x=-3$ 또는 $x=-1$ 또는 $x=1$**

(2) $(x+1)(x+2)(x+3)(x+4)=120$에서

$$\{(x+1)(x+4)\}\{(x+2)(x+3)\}=120\qquad \leftarrow \text{상수항의 합이 같은 두 식끼리 묶는다.}$$
$$(x^2+5x+4)(x^2+5x+6)=120$$

$x^2+5x=X$로 놓으면

$$(X+4)(X+6)=120,\qquad X^2+10X-96=0$$
$$(X+16)(X-6)=0\qquad \therefore X=-16 \text{ 또는 } X=6$$

(ⅰ) $X=-16$일 때,　$x^2+5x+16=0\qquad \therefore x=\dfrac{-5\pm\sqrt{39}\,i}{2}$

(ⅱ) $X=6$일 때,　$x^2+5x-6=0,\qquad (x+6)(x-1)=0\qquad \therefore x=-6 \text{ 또는 } x=1$

(ⅰ), (ⅱ)에서　**$x=-6$ 또는 $x=1$ 또는 $x=\dfrac{-5\pm\sqrt{39}\,i}{2}$**

KEY Point

- 공통부분이 있는 방정식은 공통부분을 한 문자로 치환하여 그 문자에 대한 방정식으로 변형한다.
- $(\quad)(\quad)(\quad)(\quad)=k$ (k는 상수)의 꼴의 방정식
  ⇨ 공통부분이 생기도록 두 개씩 짝을 지어 전개한 후 공통부분을 치환한다.

● 정답 및 풀이 **73**쪽

332 다음 방정식을 푸시오.

(1) $(x^2+3x-3)(x^2+3x+4)=8$

(2) $(x^2+2x)^2=2x^2+4x+3$

(3) $(x+1)(x+3)(x+5)(x+7)+15=0$

03 $x^4+ax^2+b=0$의 꼴의 방정식의 풀이

다음 방정식을 푸시오.

(1) $x^4-3x^2-4=0$　　　　　　(2) $x^4+x^2+1=0$

설명　(1) $x^2=X$로 치환하여 좌변을 인수분해한다.

(2) 이차항을 분리하여 $A^2-B^2=0$의 꼴로 변형한 후 좌변을 인수분해한다.

풀이　(1) $x^2=X$로 놓으면 주어진 방정식은

$$X^2-3X-4=0, \quad (X+1)(X-4)=0$$
$$\therefore X=-1 \text{ 또는 } X=4$$

따라서 $x^2=-1$ 또는 $x^2=4$이므로

$$x=\pm i \text{ 또는 } x=\pm 2$$

(2) $x^4+x^2+1=0$에서　　　　← $x^2=X$로 놓으면 $X^2+X+1=0$의 좌변이 인수분해되지 않으므로
$$(x^4+2x^2+1)-x^2=0$$　　　　　$A^2-B^2=0$의 꼴로 변형한다.
$$(x^2+1)^2-x^2=0$$
$$(x^2+x+1)(x^2-x+1)=0$$
$$\therefore x^2+x+1=0 \text{ 또는 } x^2-x+1=0$$

(ⅰ) $x^2+x+1=0$에서　　$x=\dfrac{-1\pm\sqrt{3}i}{2}$

(ⅱ) $x^2-x+1=0$에서　　$x=\dfrac{1\pm\sqrt{3}i}{2}$

(ⅰ), (ⅱ)에서　　$x=\dfrac{-1\pm\sqrt{3}i}{2}$ 또는 $x=\dfrac{1\pm\sqrt{3}i}{2}$

 KEY Point

● $x^4+ax^2+b=0$의 꼴의 방정식

① $x^2=X$로 치환한 후 좌변을 인수분해하여 푼다.

② 이차항 ax^2을 분리하여 $A^2-B^2=0$의 꼴로 변형한 후 좌변을 인수분해하여 푼다.

● 정답 및 풀이 **74**쪽

 333 다음 방정식을 푸시오.

(1) $x^4-x^2-72=0$　　　　　　(2) $2x^4-x^2-1=0$

(3) $x^4-6x^2+1=0$　　　　　　(4) $x^4+16=0$

160

필수 04 근이 주어진 삼·사차방정식의 미정계수 구하기

다음 물음에 답하시오.

(1) 삼차방정식 $x^3-ax^2+(a+1)x+3a=0$의 한 근이 -1일 때, 나머지 두 근의 곱을 구하시오. (단, a는 상수이다.)

(2) 사차방정식 $x^4-2x^3+x^2+ax+b=0$의 두 근이 1, -1일 때, 나머지 두 근의 합을 구하시오. (단, a, b는 상수이다.)

풀이

(1) $x^3-ax^2+(a+1)x+3a=0$의 한 근이 -1이므로 $x=-1$을 대입하면

$$-1-a-(a+1)+3a=0 \quad \therefore a=2$$

따라서 주어진 방정식은 $x^3-2x^2+3x+6=0$

이 방정식의 한 근이 -1이므로 조립제법을 이용하여 좌변을 인수분해하면

$$(x+1)(x^2-3x+6)=0$$

$$
\begin{array}{r|rrrr}
-1 & 1 & -2 & 3 & 6 \\
   &   & -1 & 3 & -6 \\
\hline
   & 1 & -3 & 6 & 0
\end{array}
$$

이때 나머지 두 근은 이차방정식 $x^2-3x+6=0$의 두 근이므로

근과 계수의 관계에 의하여 구하는 두 근의 곱은 **6**이다.

(2) $x^4-2x^3+x^2+ax+b=0$의 두 근이 1, -1이므로 $x=1$, $x=-1$을 각각 대입하면

$1-2+1+a+b=0$에서 $a+b=0$ ····· ㉠

$1+2+1-a+b=0$에서 $a-b=4$ ····· ㉡

㉠, ㉡을 연립하여 풀면 $a=2$, $b=-2$

따라서 주어진 방정식은 $x^4-2x^3+x^2+2x-2=0$

이 방정식의 두 근이 1, -1이므로 조립제법을 이용하여 좌변을 인수분해하면

$$(x-1)(x+1)(x^2-2x+2)=0$$

$$
\begin{array}{r|rrrrr}
1 & 1 & -2 & 1 & 2 & -2 \\
  &   & 1 & -1 & 0 & 2 \\
\hline
-1 & 1 & -1 & 0 & 2 & 0 \\
  &   & -1 & 2 & -2 & \\
\hline
  & 1 & -2 & 2 & 0 &
\end{array}
$$

이때 나머지 두 근은 이차방정식 $x^2-2x+2=0$의 두 근이므로 근과 계수의 관계에 의하여 구하는 두 근의 합은 **2**이다.

 KEY Point

• 방정식 $f(x)=0$의 한 근이 α이다. ⇨ $f(\alpha)=0$

● 정답 및 풀이 **74**쪽

 334 삼차방정식 $x^3-px+6=0$의 한 근이 -3이다. 나머지 두 근을 α, β라 할 때, $p+\alpha+\beta$의 값을 구하시오. (단, p는 상수이다.)

335 사차방정식 $x^4+ax^3+3x^2+x+b=0$의 두 근이 -1, 2일 때, 나머지 두 근의 곱을 구하시오. (단, a, b는 상수이다.)

● 더 다양한 문제는 **RPM** 공통수학1 88쪽

 삼차방정식의 근의 조건

삼차방정식 $x^3+(2p-1)x+2p=0$이 중근을 갖도록 하는 모든 실수 p의 값의 합을 구하시오.

설명 삼차방정식 $(x-\alpha)(ax^2+bx+c)=0$이 중근을 갖는 경우는 다음 두 가지이다.

(i) $ax^2+bx+c=0$이 $x=\alpha$를 근으로 갖는 경우

(ii) $ax^2+bx+c=0$이 $x\ne\alpha$인 중근을 갖는 경우

풀이 $f(x)=x^3+(2p-1)x+2p$라 하면

$f(-1)=-1-(2p-1)+2p=0$

이므로 조립제법을 이용하여 $f(x)$를 인수분해하면

$f(x)=(x+1)(x^2-x+2p)$

이때 방정식 $f(x)=0$이 중근을 가지려면

$$\begin{array}{r|rrrr}-1 & 1 & 0 & 2p-1 & 2p \\ & & -1 & 1 & -2p \\ \hline & 1 & -1 & 2p & 0\end{array}$$

(i) 이차방정식 $x^2-x+2p=0$이 $x=-1$을 근으로 갖는 경우

$1+1+2p=0$ $\therefore p=-1$

(ii) 이차방정식 $x^2-x+2p=0$이 중근을 갖는 경우

이 이차방정식의 판별식을 D라 하면

$D=1-8p=0$ $\therefore p=\dfrac{1}{8}$

(i), (ii)에서 구하는 모든 실수 p의 값의 합은

$-1+\dfrac{1}{8}=-\dfrac{7}{8}$

 KEY Point

• 삼차방정식의 근의 조건이 주어진 경우
⇨ $(x-\alpha)(ax^2+bx+c)=0$의 꼴로 인수분해한 후 근의 조건을 만족시키는 경우를 찾는다.

● 정답 및 풀이 **75**쪽

 336 삼차방정식 $x^3+x^2+kx-k-2=0$이 중근을 갖도록 하는 모든 실수 k의 값의 합을 구하시오.

337 삼차방정식 $x^3+3x^2+(k+2)x+k=0$이 허근을 가질 때, 실수 k의 값의 범위를 구하시오.

338 삼차방정식 $x^3-3x^2+(a+2)x-2a=0$의 세 근이 모두 실수가 되도록 하는 실수 a의 값의 범위를 구하시오.

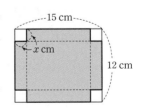

필수 06 삼차방정식의 활용

어떤 정육면체의 가로와 세로의 길이를 각각 4 cm씩 늘이고, 높이를 2 cm 줄였더니 부피가 128 cm³인 직육면체가 되었다. 이때 처음 정육면체의 한 모서리의 길이를 구하시오.

풀이 처음 정육면체의 한 모서리의 길이를 x cm라 하면 새로 만든 직육면체의 가로, 세로의 길이는 각각 $(x+4)$ cm, 높이는 $(x-2)$ cm이므로

$$(x+4)(x+4)(x-2)=128$$
$$\therefore x^3+6x^2-160=0 \quad \cdots\cdots \,\bigcirc$$

$f(x)=x^3+6x^2-160$이라 하면

$$f(4)=64+96-160=0$$

이므로 조립제법을 이용하여 $f(x)$를 인수분해하면

$$f(x)=(x-4)(x^2+10x+40)$$

$$
\begin{array}{r|rrrr}
4 & 1 & 6 & 0 & -160 \\
  &   & 4 & 40 & 160 \\
\hline
  & 1 & 10 & 40 & 0
\end{array}
$$

즉 $\bigcirc$에서 $(x-4)(x^2+10x+40)=0$

$$\therefore x=4 \text{ 또는 } x=-5\pm\sqrt{15}i$$

이때 $x>2$이므로 $x=4$

따라서 처음 정육면체의 한 모서리의 길이는 **4 cm**이다.

KEY Point

- **방정식의 활용 문제**
  ⇨ 주어진 조건을 이용하여 방정식을 세우고 해를 구한다. 이때 구한 해가 문제의 조건에 적합한지 확인한다.

● 정답 및 풀이 **75쪽**

확인체크 339 어떤 정육면체의 가로의 길이를 1 cm 줄이고 세로의 길이와 높이를 각각 2 cm, 3 cm씩 늘여서 직육면체를 만들었더니 부피가 처음 정육면체의 부피의 $\dfrac{5}{2}$배가 되었다. 이때 처음 정육면체의 한 모서리의 길이를 구하시오.

(단, 처음 정육면체의 한 모서리의 길이는 자연수이다.)

340 가로의 길이가 15 cm, 세로의 길이가 12 cm인 직사각형 모양의 종이가 있다. 오른쪽 그림과 같이 종이의 네 귀퉁이에서 한 변의 길이가 x cm인 정사각형을 잘라 내고 점선을 따라 접어서 부피가 176 cm³인 뚜껑이 없는 직육면체 모양의 상자를 만들었을 때, 자연수 x의 값을 구하시오. (단, 종이의 두께는 무시한다.)

1 $ax^4+bx^3+cx^2+bx+a=0$의 꼴의 방정식의 풀이

$ax^4+bx^3+cx^2+bx+a=0$과 같이 가운데 항 cx^2을 중심으로 각 항의 계수가 좌우 대칭인 방정식을 **상반방정식**이라 한다.

사차 상반방정식 $ax^4+bx^3+cx^2+bx+a=0$은 다음과 같은 순서로 푼다.

(ⅰ) 양변을 x^2으로 나눈다. $\to ax^2+bx+c+\dfrac{b}{x}+\dfrac{a}{x^2}=0$

(ⅱ) $x^2+\dfrac{1}{x^2}=\left(x+\dfrac{1}{x}\right)^2-2$임을 이용하여 좌변을 정리한 후 $\to a\left(x+\dfrac{1}{x}\right)^2+b\left(x+\dfrac{1}{x}\right)+c-2a=0$이므로

$x+\dfrac{1}{x}=X$로 치환한다. $aX^2+bX+c-2a=0$

(ⅲ) X에 대한 이차방정식의 해를 구한다.

(ⅳ) (ⅲ)에서 구한 해를 $x+\dfrac{1}{x}=X$에 대입하여 x의 값을 구한다.

보기 ▶ 사차방정식 $6x^4+5x^3-38x^2+5x+6=0$에서

$x\neq0$이므로 양변을 x^2으로 나누면

$$6x^2+5x-38+\frac{5}{x}+\frac{6}{x^2}=0 \qquad\qquad \to \text{(ⅰ)}$$

$$6\left(x^2+\frac{1}{x^2}\right)+5\left(x+\frac{1}{x}\right)-38=0$$

$$6\left(x+\frac{1}{x}\right)^2+5\left(x+\frac{1}{x}\right)-50=0$$

$x+\dfrac{1}{x}=X$로 놓으면

$$6X^2+5X-50=0 \qquad\qquad \to \text{(ⅱ)}$$

$$(3X+10)(2X-5)=0$$

$$\therefore X=-\frac{10}{3} \ \text{또는} \ X=\frac{5}{2} \qquad\qquad \to \text{(ⅲ)}$$

$x+\dfrac{1}{x}=-\dfrac{10}{3}$에서

$$3x^2+10x+3=0, \qquad (x+3)(3x+1)=0$$

$$\therefore x=-3 \ \text{또는} \ x=-\frac{1}{3} \quad \cdots\cdots \ \text{㉠}$$

$x+\dfrac{1}{x}=\dfrac{5}{2}$에서

$$2x^2-5x+2=0, \qquad (2x-1)(x-2)=0$$

$$\therefore x=\frac{1}{2} \ \text{또는} \ x=2 \quad \cdots\cdots \ \text{㉡}$$

㉠, ㉡에서

$$x=-3 \ \text{또는} \ x=-\frac{1}{3} \ \text{또는} \ x=\frac{1}{2} \ \text{또는} \ x=2 \quad \to \text{(ⅳ)}$$

● 정답 및 풀이 **76쪽**

STEP 1

생각해 봅시다! 💡

인수정리와 조립제법을 이용하여 좌변을 인수분해한다.

341 삼차방정식 $x^3-9x^2+13x+23=0$의 세 실근을 α, β, γ라 할 때, $|\alpha|+|\beta|+|\gamma|$의 값을 구하시오.

342 사차방정식 $x^4-2x^3+x^2-4=0$의 한 허근을 α라 할 때, $\alpha+\dfrac{2}{\alpha}$의 값을 구하시오.

343 방정식 $x(x-1)(x-2)(x-3)=24$의 두 실근을 α, β, 두 허근을 γ, δ라 할 때, $\alpha\beta-\gamma\delta$의 값을 구하시오.

344 사차방정식 $x^4-15x^2+25=0$의 네 근을 α, β, γ, δ라 할 때, $\dfrac{1}{\alpha}+\dfrac{1}{\beta}+\dfrac{1}{\gamma}+\dfrac{1}{\delta}$의 값을 구하시오.

345 삼차방정식 $x^3-x^2+ax-1=0$의 세 근이 -1, α, β일 때, $a^2+\alpha^2+\beta^2$의 값을 구하시오. (단, a는 상수이다.)

$f(x)=0$의 한 근이 α이다.
$\Rightarrow f(\alpha)=0$

346 사차방정식 $x^4+ax^3+ax^2+11x+b=0$의 두 근이 3, -2일 때, 나머지 근을 구하시오. (단, a, b는 상수이다.)

347 삼차방정식 $x^3-(2k+1)x-2k=0$의 근이 모두 실수가 되도록 하는 실수 k의 값의 범위를 구하시오.

$(x-\alpha)(ax^2+bx+c)=0$의 꼴로 인수분해한 후 판별식을 이용한다.

연습 문제

생각해 봅시다!

348 사차방정식 $x^4-4x^3+7x^2-8x+4=0$의 두 허근을 α, β라 할 때, $\alpha^3+\beta^3$의 값을 구하시오.

교육청 기출

349 삼차방정식 $x^3-x^2-kx+k=0$의 세 근을 α, β, γ라 하자. α, β 중 실수는 하나뿐이고 $\alpha^2=-2\beta$일 때, $\beta^2+\gamma^2$의 값은?
(단, k는 0이 아닌 실수이다.)

① -5 ② -4 ③ -3 ④ -2 ⑤ -1

350 x에 대한 방정식 $x^3+(4-a)x^2-5ax+a^2=0$이 서로 다른 세 실근을 갖도록 하는 음의 정수 a의 개수를 구하시오.

351 삼차방정식 $2x^3-6x^2-2(k-2)x+2k=0$의 서로 다른 실근이 1개일 때, 실수 k의 값의 범위를 구하시오.

실근 1개와 허근 2개를 갖거나 삼중근을 가져야 함을 이용한다.

실력 UP⁺

교육청 기출

352 x에 대한 사차방정식 $x^4+(2a+1)x^3+(3a+2)x^2+(a+2)x=0$의 서로 다른 실근의 개수가 3이 되도록 하는 모든 실수 a의 곱을 구하시오.

사차방정식이 서로 다른 세 실근을 가지려면 해가
$x=\alpha$ 또는 $x=\beta$
또는 $x=\gamma$ (중근)
의 꼴이어야 한다.
(단, α, β, γ는 실수이다.)

353 오른쪽 그림과 같은 전개도의 점선을 따라 접어서 만든 오각기둥의 부피가 216일 때, x의 값을 구하시오.

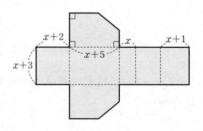

02 삼차방정식의 근과 계수의 관계

1 **삼차방정식의 근과 계수의 관계** ⊙ 필수 07

삼차방정식 $ax^3+bx^2+cx+d=0$의 세 근을 α, β, γ라 하면

$$\alpha+\beta+\gamma=-\frac{b}{a},\ \alpha\beta+\beta\gamma+\gamma\alpha=\frac{c}{a},\ \alpha\beta\gamma=-\frac{d}{a}$$

설명 삼차방정식 $ax^3+bx^2+cx+d=0$의 세 근을 α, β, γ라 하면
삼차식 ax^3+bx^2+cx+d는 $x-\alpha$, $x-\beta$, $x-\gamma$를 인수로 가지므로
$$ax^3+bx^2+cx+d=a(x-\alpha)(x-\beta)(x-\gamma)$$
$$=a\{x^3-(\alpha+\beta+\gamma)x^2+(\alpha\beta+\beta\gamma+\gamma\alpha)x-\alpha\beta\gamma\}$$
$a\neq0$이므로 양변을 a로 나누면
$$x^3+\frac{b}{a}x^2+\frac{c}{a}x+\frac{d}{a}=x^3-(\alpha+\beta+\gamma)x^2+(\alpha\beta+\beta\gamma+\gamma\alpha)x-\alpha\beta\gamma$$
이 등식은 x에 대한 항등식이므로 양변의 동류항의 계수를 비교하면
$$\alpha+\beta+\gamma=-\frac{b}{a},\ \alpha\beta+\beta\gamma+\gamma\alpha=\frac{c}{a},\ \alpha\beta\gamma=-\frac{d}{a}$$

예제 ▶ 삼차방정식 $x^3-5x^2+2x+8=0$의 세 근을 α, β, γ라 할 때, 다음 식의 값을 구하시오.

(1) $\alpha+\beta+\gamma$ (2) $\alpha\beta+\beta\gamma+\gamma\alpha$ (3) $\alpha\beta\gamma$

풀이   (1) $\alpha+\beta+\gamma=-\dfrac{-5}{1}=5$

      (2) $\alpha\beta+\beta\gamma+\gamma\alpha=\dfrac{2}{1}=2$

      (3) $\alpha\beta\gamma=-\dfrac{8}{1}=-8$

2 **세 수를 근으로 하는 삼차방정식** ⊙ 필수 08

세 수 α, β, γ를 근으로 하고 x^3의 계수가 1인 삼차방정식은
$$(x-\alpha)(x-\beta)(x-\gamma)=0$$
$$\Rightarrow x^3-\underbrace{(\alpha+\beta+\gamma)}_{\text{세 근의 합}}x^2+\underbrace{(\alpha\beta+\beta\gamma+\gamma\alpha)}_{\text{두 근끼리의 곱의 합}}x-\underbrace{\alpha\beta\gamma}_{\text{세 근의 곱}}=0$$

설명 세 수 α, β, γ를 근으로 하고 x^3의 계수가 1인 삼차방정식은
$$(x-\alpha)(x-\beta)(x-\gamma)=0$$
따라서 좌변을 전개하여 정리하면
$$x^3-(\alpha+\beta+\gamma)x^2+(\alpha\beta+\beta\gamma+\gamma\alpha)x-\alpha\beta\gamma=0$$

예제 ▶ 세 수 -3, -1, 2를 근으로 하고 x^3의 계수가 1인 삼차방정식을 구하시오.

풀이   세 근이 -3, -1, 2이므로

      (세 근의 합)$=-3+(-1)+2=-2$

      (두 근끼리의 곱의 합)$=-3\times(-1)+(-1)\times2+2\times(-3)=-5$

      (세 근의 곱)$=-3\times(-1)\times2=6$

    따라서 구하는 삼차방정식은

      $x^3+2x^2-5x-6=0$

3 삼차방정식의 켤레근의 성질   ∽ 필수 09

삼차방정식 $ax^3+bx^2+cx+d=0$에서

(1) a, b, c, d가 유리수일 때, 한 근이 $p+q\sqrt{m}$이면 $p-q\sqrt{m}$도 근이다.

      (단, p, q는 유리수, $q\neq0$, $\sqrt{m}$은 무리수이다.)

(2) a, b, c, d가 실수일 때, 한 근이 $p+qi$이면 $p-qi$도 근이다.

      (단, p, q는 실수, $q\neq0$, $i=\sqrt{-1}$이다.)

▶ ① 계수가 유리수인 삼차방정식에서 세 근 중 두 근이 $p+q\sqrt{m}$, $p-q\sqrt{m}$이면 나머지 한 근은 유리수이다.

  ② 계수가 실수인 삼차방정식에서 세 근 중 두 근이 $p+qi$, $p-qi$이면 나머지 한 근은 실수이다.

설명   삼차방정식 $a(x+b)(x^2+cx+d)=0$에서 이차방정식 $x^2+cx+d=0$이 켤레근을 가지면 이차방정식

    $x^2+cx+d=0$의 두 근은 삼차방정식 $a(x+b)(x^2+cx+d)=0$의 세 근에 포함되므로 주어진 삼차방정식도 켤레

    근을 갖게 된다.

    따라서 삼차방정식도 계수가 유리수 또는 실수일 때, 이차방정식의 켤레근의 성질이 똑같이 성립한다.

예제 ▶ 삼차방정식 $x^3-3x^2+ax+b=0$의 한 근이 $1+i$일 때, 실수 a, b의 값을 구하시오. (단, $i=\sqrt{-1}$)

풀이   주어진 삼차방정식의 계수가 실수이고 $1+i$가 근이므로 $1-i$도 근이다.

    나머지 한 근을 a라 하면 삼차방정식의 근과 계수의 관계에 의하여

      $(1+i)+(1-i)+a=3$ ∴ $a=1$

    즉 세 근이 $1+i$, $1-i$, 1이므로

      $(1+i)(1-i)+(1-i)\times1+1\times(1+i)=a$, $(1+i)(1-i)\times1=-b$

      ∴ $a=4$, $b=-2$

다른 $x^3-3x^2+ax+b=0$에 $x=1+i$를 대입하면

풀이 $(1+i)^3-3(1+i)^2+a(1+i)+b=0$

      ∴ $(a+b-2)+(a-4)i=0$

    이때 a, b가 실수이므로 $a+b-2=0$, $a-4=0$

      ∴ $a=4$, $b=-2$

알아둡시다!

354 삼차방정식 $2x^3-x^2+4x+5=0$의 세 근을 α, β, γ라 할 때, 다음 식의 값을 구하시오.

(1) $\alpha+\beta+\gamma$

(2) $\alpha\beta+\beta\gamma+\gamma\alpha$

(3) $\alpha\beta\gamma$

(4) $\dfrac{1}{\alpha\beta}+\dfrac{1}{\beta\gamma}+\dfrac{1}{\gamma\alpha}$

(5) $(1+\alpha)(1+\beta)(1+\gamma)$

삼차방정식
$ax^3+bx^2+cx+d=0$의
세 근을 α, β, γ라 하면
① $\alpha+\beta+\gamma=-\dfrac{b}{a}$
② $\alpha\beta+\beta\gamma+\gamma\alpha=\dfrac{c}{a}$
③ $\alpha\beta\gamma=-\dfrac{d}{a}$

355 다음 세 수를 근으로 하고 x^3의 계수가 1인 삼차방정식을 구하시오.

(1) 2, -3, -4

(2) $1+\sqrt{3}$, $1-\sqrt{3}$, -2

(3) -1, $3+i$, $3-i$ (단, $i=\sqrt{-1}$)

세 수 α, β, γ를 근으로 하고
x^3의 계수가 1인 삼차방정식은
$x^3-(\alpha+\beta+\gamma)x^2$
$+(\alpha\beta+\beta\gamma+\gamma\alpha)x-\alpha\beta\gamma$
$=0$

356 삼차방정식 $x^3-ax^2-9x+b=0$의 두 근이 -2, $2+\sqrt{5}$일 때, 유리수 a, b의 값을 구하시오.

삼차방정식의 계수가 유리수
일 때, 한 근이 $p+q\sqrt{m}$이
면 $p-q\sqrt{m}$도 근이다.

357 삼차방정식 $x^3+ax^2+bx-10=0$의 두 근이 1, $1-3i$일 때, 실수 a, b의 값을 구하시오. (단, $i=\sqrt{-1}$)

삼차방정식의 계수가 실수일
때, 한 근이 $p+qi$이면
$p-qi$도 근이다.

07 삼차방정식의 근과 계수의 관계

삼차방정식 $x^3-3x^2+5=0$의 세 근을 α, β, γ라 할 때, 다음 식의 값을 구하시오.

(1) $\alpha^2+\beta^2+\gamma^2$

(2) $\alpha^3+\beta^3+\gamma^3$

(3) $(\alpha+\beta)(\beta+\gamma)(\gamma+\alpha)$

풀이 삼차방정식의 근과 계수의 관계에 의하여

$$\alpha+\beta+\gamma=3,\ \alpha\beta+\beta\gamma+\gamma\alpha=0,\ \alpha\beta\gamma=-5$$

(1) $\alpha^2+\beta^2+\gamma^2=(\alpha+\beta+\gamma)^2-2(\alpha\beta+\beta\gamma+\gamma\alpha)$
$$=3^2-2\times0=\mathbf{9}$$

(2) $\alpha^3+\beta^3+\gamma^3=(\alpha+\beta+\gamma)(\alpha^2+\beta^2+\gamma^2-\alpha\beta-\beta\gamma-\gamma\alpha)+3\alpha\beta\gamma$
$$=3\times(9-0)+3\times(-5)=\mathbf{12}$$

(3) $\alpha+\beta+\gamma=3$에서
$$\alpha+\beta=3-\gamma,\ \beta+\gamma=3-\alpha,\ \alpha+\gamma=3-\beta$$
$$\therefore\ (\alpha+\beta)(\beta+\gamma)(\gamma+\alpha)=(3-\gamma)(3-\alpha)(3-\beta)$$
$$=27-9(\alpha+\beta+\gamma)+3(\alpha\beta+\beta\gamma+\gamma\alpha)-\alpha\beta\gamma$$
$$=27-9\times3+3\times0-(-5)=\mathbf{5}$$

KEY Point

• $ax^3+bx^2+cx+d=0\ (a\neq0)$의 세 근을 α, β, γ라 하면

$$\alpha+\beta+\gamma=-\frac{b}{a},\ \alpha\beta+\beta\gamma+\gamma\alpha=\frac{c}{a},\ \alpha\beta\gamma=-\frac{d}{a}$$

● 정답 및 풀이 **81**쪽

 358 삼차방정식 $x^3+2x^2+3x+4=0$의 세 근을 α, β, γ라 할 때, 다음 식의 값을 구하시오.

(1) $\dfrac{1}{\alpha}+\dfrac{1}{\beta}+\dfrac{1}{\gamma}$

(2) $(\alpha+\beta)(\beta+\gamma)(\gamma+\alpha)$

(3) $\dfrac{\gamma}{\alpha\beta}+\dfrac{\alpha}{\beta\gamma}+\dfrac{\beta}{\gamma\alpha}$

359 삼차방정식 $x^3-x^2+3x-3=0$의 세 근을 α, β, γ라 할 때, $\dfrac{\beta+\gamma}{\alpha}+\dfrac{\gamma+\alpha}{\beta}+\dfrac{\alpha+\beta}{\gamma}$의 값을 구하시오.

360 삼차방정식 $x^3-12x^2+ax+b=0$의 세 근의 비가 $1:2:3$일 때, 실수 a, b의 값을 구하시오.

필수 **08** 세 수를 근으로 하는 삼차방정식

삼차방정식 $x^3-3x^2-2x-1=0$의 세 근을 α, β, γ라 할 때, $\alpha+1$, $\beta+1$, $\gamma+1$을 세 근으로 하고 x^3의 계수가 1인 삼차방정식을 구하시오.

설명 α, β, γ를 세 근으로 하고 x^3의 계수가 1인 삼차방정식 ⇨ $x^3-(\alpha+\beta+\gamma)x^2+(\alpha\beta+\beta\gamma+\gamma\alpha)x-\alpha\beta\gamma=0$

풀이 $x^3-3x^2-2x-1=0$의 세 근이 α, β, γ이므로 삼차방정식의 근과 계수의 관계에 의하여

$\alpha+\beta+\gamma=3$, $\alpha\beta+\beta\gamma+\gamma\alpha=-2$, $\alpha\beta\gamma=1$

구하는 삼차방정식의 세 근이 $\alpha+1$, $\beta+1$, $\gamma+1$이므로

(세 근의 합)$=(\alpha+1)+(\beta+1)+(\gamma+1)=(\alpha+\beta+\gamma)+3=3+3=6$

(두 근끼리의 곱의 합)$=(\alpha+1)(\beta+1)+(\beta+1)(\gamma+1)+(\gamma+1)(\alpha+1)$
$\qquad\qquad=\alpha\beta+\beta\gamma+\gamma\alpha+2(\alpha+\beta+\gamma)+3=-2+2\times3+3=7$

(세 근의 곱)$=(\alpha+1)(\beta+1)(\gamma+1)$
$\qquad\qquad=\alpha\beta\gamma+(\alpha\beta+\beta\gamma+\gamma\alpha)+\alpha+\beta+\gamma+1=1+(-2)+3+1=3$

따라서 구하는 삼차방정식은 $\quad x^3-6x^2+7x-3=0$

Ⅱ-4

요러 가지 방정식

필수 **09** 삼차방정식의 켤레근의 성질

삼차방정식 $x^3+ax^2-4x+b=0$의 한 근이 $1+i$일 때, 실수 a, b에 대하여 $a+b$의 값을 구하시오. (단, $i=\sqrt{-1}$)

풀이 주어진 삼차방정식의 계수가 실수이고 $1+i$가 근이므로 $1-i$도 근이다.
나머지 한 근을 α라 하면 삼차방정식의 근과 계수의 관계에 의하여

$\alpha(1+i)+(1+i)(1-i)+\alpha(1-i)=-4$, $\quad 2+2\alpha=-4$ $\quad\therefore \alpha=-3$

따라서 주어진 방정식의 세 근이 -3, $1+i$, $1-i$이므로

$-3+(1+i)+(1-i)=-a$, $-3(1+i)(1-i)=-b$

$\therefore a=1$, $b=6$ $\quad\therefore a+b=7$

다른 풀이 주어진 방정식에 $x=1+i$를 대입하고 복소수가 서로 같을 조건을 이용하여 구할 수도 있다.

● 정답 및 풀이 **81**쪽

361 삼차방정식 $x^3-3x^2-x+1=0$의 세 근을 α, β, γ라 할 때, $\dfrac{1}{\alpha}$, $\dfrac{1}{\beta}$, $\dfrac{1}{\gamma}$을 세 근으로 하고 x^3의 계수가 1인 삼차방정식을 구하시오.

362 삼차방정식 $x^3+ax^2+bx+6=0$의 한 근이 $1+\sqrt{2}$일 때, 나머지 두 근의 합을 구하시오. (단, a, b는 유리수이다.)

363 삼차방정식 $x^3+ax^2+bx-5=0$의 두 근이 $2-i$, c일 때, 실수 a, b, c에 대하여 $a+b+c$의 값을 구하시오. (단, $i=\sqrt{-1}$)

03 방정식 $x^3 = 1$의 허근

1 방정식 $x^3 = 1$의 허근 ω의 성질   ✑ 필수 10

> (1) 방정식 $x^3 = 1$의 한 허근을 ω라 하면 다음 성질이 성립한다. (단, $\overline{\omega}$는 ω의 켤레복소수이다.)
>   ① $\omega^3 = 1$, $\omega^2 + \omega + 1 = 0$
>   ② $\omega + \overline{\omega} = -1$, $\omega\overline{\omega} = 1$
>   ③ $\omega^2 = \overline{\omega} = \dfrac{1}{\omega}$
>
> (2) 방정식 $x^3 = -1$의 한 허근을 ω라 하면 다음 성질이 성립한다. (단, $\overline{\omega}$는 ω의 켤레복소수이다.)
>   ① $\omega^3 = -1$, $\omega^2 - \omega + 1 = 0$
>   ② $\omega + \overline{\omega} = 1$, $\omega\overline{\omega} = 1$
>   ③ $\omega^2 = -\overline{\omega} = -\dfrac{1}{\omega}$

❯ ω는 그리스 문자로 '오메가(omega)'라 읽는다.

설명   (1) 방정식 $x^3 = 1$의 한 허근이 ω이므로 $\omega^3 = 1$
     $x^3 = 1$에서 $x^3 - 1 = 0$ $\therefore (x-1)(x^2+x+1) = 0$
     이때 ω는 허근이므로 이차방정식 $x^2 + x + 1 = 0$의 근이다.
       $\therefore \omega^2 + \omega + 1 = 0$ …… ㉠
     한편 켤레근의 성질에 의하여 이차방정식 $x^2 + x + 1 = 0$의 한 허근이 ω이면 다른 한 근은 $\overline{\omega}$이므로 이차방정식의
     근과 계수의 관계에 의하여
       $\omega + \overline{\omega} = -1$, $\omega\overline{\omega} = 1$ …… ㉡
     ㉠에서 $\omega^2 = -\omega - 1$이고 ㉡에서 $\overline{\omega} = -\omega - 1$, $\overline{\omega} = \dfrac{1}{\omega}$이므로
       $\omega^2 = \overline{\omega} = \dfrac{1}{\omega}$

예제 ❯ 방정식 $x^3 = 1$의 한 허근을 ω라 할 때, 다음 식의 값을 구하시오. (단, $\overline{\omega}$는 ω의 켤레복소수이다.)

     (1) $\omega + \overline{\omega} + \omega\overline{\omega}$ (2) $\omega + \dfrac{1}{\omega}$ (3) $\omega^{14} + \omega^{10} + 1$

풀이 $\omega^3 = 1$, $\omega^2 + \omega + 1 = 0$이므로 $\omega + \overline{\omega} = -1$, $\omega\overline{\omega} = 1$
     (1) $\omega + \overline{\omega} + \omega\overline{\omega} = -1 + 1 = 0$
     (2) $\omega + \dfrac{1}{\omega} = \dfrac{\omega^2 + 1}{\omega} = \dfrac{-\omega}{\omega} = -1$
     (3) $\omega^{14} + \omega^{10} + 1 = (\omega^3)^4 \times \omega^2 + (\omega^3)^3 \times \omega + 1 = \omega^2 + \omega + 1 = 0$

예제 ❯ 방정식 $x^3 = -1$의 한 허근을 ω라 할 때, 다음 식의 값을 구하시오. (단, $\overline{\omega}$는 ω의 켤레복소수이다.)

     (1) $\omega + \overline{\omega} + \omega\overline{\omega}$ (2) $\omega + \dfrac{1}{\omega}$ (3) $\omega^{14} + \omega^{10} + 1$

풀이 $\omega^3 = -1$, $\omega^2 - \omega + 1 = 0$이므로 $\omega + \overline{\omega} = 1$, $\omega\overline{\omega} = 1$
     (1) $\omega + \overline{\omega} + \omega\overline{\omega} = 1 + 1 = 2$
     (2) $\omega + \dfrac{1}{\omega} = \dfrac{\omega^2 + 1}{\omega} = \dfrac{\omega}{\omega} = 1$
     (3) $\omega^{14} + \omega^{10} + 1 = (\omega^3)^4 \times \omega^2 + (\omega^3)^3 \times \omega + 1 = \omega^2 - \omega + 1 = 0$

10 **방정식 $x^3=1$의 허근의 성질**

방정식 $x^3=1$의 한 허근을 ω라 할 때, 다음 식의 값을 구하시오.

(단, $\overline{\omega}$는 ω의 켤레복소수이다.)

(1) $\omega^{40}+\omega^{20}+1$

(2) $1+\omega+\omega^3+\omega^5+\omega^7+\omega^9+\omega^{11}$

(3) $\dfrac{3\omega^2+2\overline{\omega}}{\omega^{10}+1}$

풀이 $x^3=1$에서 $x^3-1=0$ ∴ $(x-1)(x^2+x+1)=0$

ω는 $x^3=1$과 $x^2+x+1=0$의 한 허근이므로 $\omega^3=1,\ \omega^2+\omega+1=0$

(1) $\omega^{40}+\omega^{20}+1=(\omega^3)^{13}\times\omega+(\omega^3)^6\times\omega^2+1$

$\qquad\qquad\qquad\quad =\omega^2+\omega+1=\mathbf{0}$

(2) $1+\omega+\omega^3+\omega^5+\omega^7+\omega^9+\omega^{11}=1+\omega+1+\omega^3\times\omega^2+(\omega^3)^2\times\omega+(\omega^3)^3+(\omega^3)^3\times\omega^2$

$\qquad\qquad\qquad\qquad\qquad\qquad\qquad =1+(\omega+1+\omega^2)+(\omega+1+\omega^2)$

$\qquad\qquad\qquad\qquad\qquad\qquad\qquad =1+0+0=\mathbf{1}$

(3) 방정식 $x^2+x+1=0$의 계수가 실수이고 한 허근이 ω이므로 다른 한 근은 $\overline{\omega}$이다.

따라서 근과 계수의 관계에 의하여

$\omega+\overline{\omega}=-1$, 즉 $\overline{\omega}=-\omega-1$

$\therefore \dfrac{3\omega^2+2\overline{\omega}}{\omega^{10}+1}=\dfrac{3(-\omega-1)+2(-\omega-1)}{(\omega^3)^3\times\omega+1}$ ← $\omega^2+\omega+1=0$에서 $\omega^2=-\omega-1$

$\qquad\qquad\qquad =\dfrac{-5(\omega+1)}{\omega+1}=\mathbf{-5}$

KEY Point

• 방정식 $x^3=1$의 한 허근이 ω이면 다른 한 근은 $\overline{\omega}$이다.

① $\omega^3=1,\ \omega^2+\omega+1=0$ ② $\omega+\overline{\omega}=-1,\ \omega\overline{\omega}=1$

정답 및 풀이 82쪽 ● 정답 및 풀이 **82쪽**

 364 방정식 $x^3=-1$의 한 허근을 ω라 할 때, 다음 식의 값을 구하시오.

(1) $\dfrac{\omega^{100}+\omega^{102}}{\omega^{101}}$

(2) $\omega(2\omega-1)(2+\omega^2)$

(3) $\omega^5-\omega^4+\omega^3-\omega^2+\omega$

365 방정식 $x^3-1=0$의 한 허근을 ω라 할 때, $\dfrac{1}{\omega-1}+\dfrac{1}{\overline{\omega}-1}$의 값을 구하시오.

(단, $\overline{\omega}$는 ω의 켤레복소수이다.)

366 방정식 $x^3+1=0$의 한 허근을 ω라 할 때, $\dfrac{(2\omega+1)\overline{(2\omega+1)}}{(\omega-1)\overline{(\omega-1)}}$의 값을 구하시오.

(단, $\overline{\omega}$는 ω의 켤레복소수이다.)

STEP 1

367 삼차방정식 $2x^3+3x^2-4x+4=0$의 세 근을 α, β, γ라 할 때, $(2-\alpha)(2-\beta)(2-\gamma)$의 값을 구하시오.

368 삼차방정식 $x^3+6x^2+ax+b=0$의 세 근이 연속하는 세 정수일 때, 실수 a, b에 대하여 ab의 값을 구하시오.

세 근을 $\alpha-1$, α, $\alpha+1$로 놓고 삼차방정식의 근과 계수의 관계를 이용한다.

369 삼차방정식 $x^3+3x-2=0$의 세 근을 α, β, γ라 할 때, α^2, β^2, γ^2을 세 근으로 하고 x^3의 계수가 1인 삼차방정식을 구하시오.

370 $f(x)=x^3+ax^2+bx+c$에 대하여 삼차방정식 $f(x)=0$의 세 근을 α, β, γ라 할 때, 2α, 2β, 2γ를 세 근으로 하고 x^3의 계수가 1인 삼차 방정식이 $x^3+6x^2-4x-16=0$이다. 실수 a, b, c에 대하여 abc의 값을 구하시오.

371 삼차방정식 $x^3-(a+1)x^2+4x-a=0$의 한 근이 $\dfrac{2}{1-i}$일 때, 실수 a의 값을 구하시오. (단, $i=\sqrt{-1}$)

372 방정식 $x^3=1$의 한 허근을 ω라 할 때, $\dfrac{\omega^{125}}{\omega^{124}+1}+\dfrac{\omega^{124}}{\omega^{125}+1}$의 값을 구하시오.

방정식 $x^3=1$의 한 허근이 ω 이다.
$\Rightarrow \omega^3=1$, $\omega^2+\omega+1=0$

373 방정식 $x^2-x+1=0$의 한 허근을 ω라 할 때, $(-1-\omega^{1000})(1-\omega^{1001})(1+\omega^{1002})$의 값을 구하시오.

$x^2-x+1=0$의 양변에 $x+1$을 곱하면
$x^3+1=0$

STEP 2

374 삼차방정식 $f(x)=0$의 세 근을 α, β, γ라 할 때, $\alpha\beta+\beta\gamma+\gamma\alpha=3$, $\alpha+\beta+\gamma+\alpha\beta\gamma=1$이다. 이때 삼차방정식 $f(x+1)=0$의 세 근의 곱을 구하시오.

$x=k$가 $f(x)=0$의 근이면 $x=k-1$은 $f(x+1)=0$의 근이다.

375 x^3의 계수가 1인 삼차식 $f(x)$에 대하여
$$f(1)=f(3)=f(5)=-2$$
가 성립할 때, 방정식 $f(x)=0$의 모든 근의 곱을 구하시오.

376 방정식 $x^3=1$의 한 허근을 ω라 할 때,
$$1+2\omega+3\omega^2+4\omega^3+5\omega^4+6\omega^5+7\omega^6=a\omega+b$$
를 만족시키는 실수 a, b에 대하여 $a+b$의 값을 구하시오.

$\omega^3=1$, $\omega^2+\omega+1=0$을 이용하여 주어진 식의 차수를 낮춘다.

377 방정식 $x^3+x^2-x+2=0$의 한 허근을 ω라 할 때, $\dfrac{\overline{\omega}}{\omega}-\omega^{1001}$을 간단히 하면? (단, $\overline{\omega}$는 ω의 켤레복소수이다.)

① -2 ② -1 ③ 0 ④ $-2\omega^2$ ⑤ $2\omega^2$

교육청 기출
378 복소수 z에 대하여 $z+\overline{z}=-1$, $z\overline{z}=1$일 때,
$$\frac{\overline{z}}{z^5}+\frac{(\overline{z})^2}{z^4}+\frac{(\overline{z})^3}{z^3}+\frac{(\overline{z})^4}{z^2}+\frac{(\overline{z})^5}{z}$$
의 값은? (단, $\overline{z}$는 z의 켤레복소수이다.)

① 2 ② 3 ③ 4 ④ 5 ⑤ 6

실력 UP⁺

379 방정식 $x^3=1$의 한 허근을 ω라 할 때, 자연수 n에 대하여 $f(n)$을
$$f(n)=\frac{\omega^{2n}}{\omega^n+1}$$
이라 하자. 이때 $f(1)+f(2)+f(3)+\cdots+f(20)$의 값을 구하시오.

$n=1, 2, 3, \cdots$일 때, $f(n)$의 값을 구하여 규칙을 찾는다.

04 미지수가 2개인 연립이차방정식

1 미지수가 2개인 연립이차방정식

$\begin{cases} x-y=-1 \\ x^2-2y^2+2=0 \end{cases}$, $\begin{cases} x^2+2xy-3y^2=0 \\ 2x^2+xy+y^2=4 \end{cases}$ 와 같이 미지수가 2개인 연립방정식에서 차수가 가장 높은

방정식이 이차방정식일 때, 이 연립방정식을 **미지수가 2개인 연립이차방정식**이라 한다.

▶ 미지수가 2개인 연립이차방정식은 $\begin{cases} (일차식)=0 \\ (이차식)=0 \end{cases}$, $\begin{cases} (이차식)=0 \\ (이차식)=0 \end{cases}$ 중 하나의 꼴이다.

2 일차방정식과 이차방정식으로 이루어진 연립이차방정식의 풀이 ◎ 필수 11

(ⅰ) 일차방정식을 한 문자에 대하여 정리한다.
(ⅱ) (ⅰ)에서 얻은 식을 이차방정식에 대입하여 푼다.

예제 ▶ 연립방정식 $\begin{cases} y-x=1 & \cdots\cdots ㉠ \\ x^2+y^2=25 & \cdots\cdots ㉡ \end{cases}$ 를 푸시오.

풀이 ㉠에서 $y=x+1$ $\cdots\cdots ㉢$
㉡에 ㉢을 대입하면 $x^2+(x+1)^2=25$
  $x^2+x-12=0$, $(x+4)(x-3)=0$ ∴ $x=-4$ 또는 $x=3$
(ⅰ) ㉢에 $x=-4$를 대입하면 $y=-3$
(ⅱ) ㉢에 $x=3$을 대입하면 $y=4$
(ⅰ), (ⅱ)에서 연립방정식의 해는 $\begin{cases} x=-4 \\ y=-3 \end{cases}$ 또는 $\begin{cases} x=3 \\ y=4 \end{cases}$

3 두 이차방정식으로 이루어진 연립이차방정식의 풀이 ◎ 필수 12

(ⅰ) 두 이차방정식 중 인수분해가 가능한 식을 인수분해하여 일차방정식을 얻는다.
(ⅱ) (ⅰ)에서 얻은 일차방정식을 다른 이차방정식에 각각 대입하여 푼다.

예제 ▶ 연립방정식 $\begin{cases} 2x^2-3xy+y^2=0 & \cdots\cdots ㉠ \\ 2x^2+xy+y^2=8 & \cdots\cdots ㉡ \end{cases}$ 을 푸시오.

풀이 ㉠의 좌변을 인수분해하면 $(x-y)(2x-y)=0$ ∴ $y=x$ 또는 $y=2x$
(ⅰ) ㉡에 $y=x$를 대입하여 정리하면 $4x^2=8$ ∴ $x=\pm\sqrt{2}$
  $y=x$이므로 $x=\pm\sqrt{2}$, $y=\pm\sqrt{2}$ (복호동순)
(ⅱ) ㉡에 $y=2x$를 대입하여 정리하면 $8x^2=8$ ∴ $x=\pm1$
  $y=2x$이므로 $x=\pm1$, $y=\pm2$ (복호동순)
(ⅰ), (ⅱ)에서 연립방정식의 해는 $\begin{cases} x=\sqrt{2} \\ y=\sqrt{2} \end{cases}$ 또는 $\begin{cases} x=-\sqrt{2} \\ y=-\sqrt{2} \end{cases}$ 또는 $\begin{cases} x=1 \\ y=2 \end{cases}$ 또는 $\begin{cases} x=-1 \\ y=-2 \end{cases}$

4 대칭식인 연립이차방정식의 풀이 　🔗 필수 13

$x+y$, x^2-xy+y^2에서 x와 y를 서로 바꾸면 $y+x$, y^2-yx+x^2이 되어 원래의 식과 같아진다. 이와 같이 2개의 문자를 서로 바꾸어도 원래의 식과 같아지는 식을 **대칭식**이라 한다.

두 방정식이 모두 x, y에 대한 대칭식인 연립방정식은 다음과 같은 순서로 푼다.

> (ⅰ) $\boldsymbol{x+y=a}$, $\boldsymbol{xy=b}$로 놓고 주어진 방정식을 a, b에 대한 연립방정식으로 변형한다.
> (ⅱ) (ⅰ)의 연립방정식을 풀어 a, b의 값을 구한다.
> (ⅲ) x, y는 t에 대한 이차방정식 $\boldsymbol{t^2-at+b=0}$의 두 근임을 이용하여 x, y의 값을 구한다.

Ⅱ-4

여러 가지 방정식

예제 ▶ 연립방정식 $\begin{cases} x+y-2xy=-5 \\ 2x+2y+5xy=44 \end{cases}$ 를 푸시오.

풀이　$x+y=a$, $xy=b$로 놓으면

$$\begin{cases} a-2b=-5 & \cdots\cdots\ \text{㉠} \\ 2a+5b=44 & \cdots\cdots\ \text{㉡} \end{cases}$$

㉠$\times 2-$㉡을 하면 　$-9b=-54$ 　∴ $b=6$

㉠에 $b=6$을 대입하면 　$a-12=-5$ 　∴ $a=7$

즉 $x+y=7$, $xy=6$이므로 x, y는 t에 대한 이차방정식 $t^2-7t+6=0$의 두 근이다.

$(t-1)(t-6)=0$에서 　$t=1$ 또는 $t=6$

따라서 연립방정식의 해는 　$\begin{cases} x=1 \\ y=6 \end{cases}$ 또는 $\begin{cases} x=6 \\ y=1 \end{cases}$

🔗 필수 16

보충학습　**공통인 근을 갖는 방정식**

(1) 이차항의 계수가 같은 두 이차방정식 $ax^2+bx+c=0$, $ax^2+b'x+c'=0$이 공통인 근 $x=\alpha$를 갖는다.

➡ $\begin{cases} a\alpha^2+b\alpha+c=0 \\ a\alpha^2+b'\alpha+c'=0 \end{cases}$ 에서 두 식을 변끼리 빼면

　$(b-b')\alpha+(c-c')=0$

　∴ $\alpha=-\dfrac{c-c'}{b-b'}$ (단, $b\neq b'$)

(2) 상수항이 같은 두 이차방정식 $ax^2+bx+c=0$, $a'x^2+b'x+c=0$이 공통인 근 $x=\alpha$를 갖는다.

➡ $\begin{cases} a\alpha^2+b\alpha+c=0 \\ a'\alpha^2+b'\alpha+c=0 \end{cases}$ 에서 두 식을 변끼리 빼면

　$(a-a')\alpha^2+(b-b')\alpha=0$, 　$\alpha\{(a-a')\alpha+(b-b')\}=0$

　∴ $\alpha=0$ 또는 $\alpha=-\dfrac{b-b'}{a-a'}$ (단, $a\neq a'$)

11 일차방정식과 이차방정식으로 이루어진 연립이차방정식

다음 연립방정식을 푸시오.

(1) $\begin{cases} 3x - y = 2 & \cdots\cdots \ \text{㉠} \\ 2x^2 - 3xy + y^2 = 0 & \cdots\cdots \ \text{㉡} \end{cases}$ (2) $\begin{cases} x - y = 4 & \cdots\cdots \ \text{㉠} \\ x^2 + 2xy + y^2 = 4 & \cdots\cdots \ \text{㉡} \end{cases}$

설명 일차방정식과 이차방정식을 연립하는 경우
⇨ 일차방정식을 한 문자에 대하여 정리한 후 이차방정식에 대입한다.

풀이 (1) ㉠에서 $y = 3x - 2$ $\cdots\cdots$ ㉢

㉡에 ㉢을 대입하면 $2x^2 - 3x(3x - 2) + (3x - 2)^2 = 0$

$\qquad x^2 - 3x + 2 = 0, \qquad (x - 1)(x - 2) = 0$

$\qquad \therefore x = 1 \ \text{또는} \ x = 2$

(i) ㉢에 $x = 1$을 대입하면 $y = 1$

(ii) ㉢에 $x = 2$를 대입하면 $y = 4$

(i), (ii)에서 연립방정식의 해는

$$\begin{cases} x = 1 \\ y = 1 \end{cases} \ \text{또는} \ \begin{cases} x = 2 \\ y = 4 \end{cases}$$

(2) ㉠에서 $x = y + 4$ $\cdots\cdots$ ㉢

㉡에 ㉢을 대입하면 $(y + 4)^2 + 2(y + 4)y + y^2 = 4$

$\qquad y^2 + 4y + 3 = 0, \qquad (y + 3)(y + 1) = 0$

$\qquad \therefore y = -3 \ \text{또는} \ y = -1$

(i) ㉢에 $y = -3$을 대입하면 $x = 1$

(ii) ㉢에 $y = -1$을 대입하면 $x = 3$

(i), (ii)에서 연립방정식의 해는

$$\begin{cases} x = 1 \\ y = -3 \end{cases} \ \text{또는} \ \begin{cases} x = 3 \\ y = -1 \end{cases}$$

$\bullet \begin{cases} (\text{일차식}) = 0 \\ (\text{이차식}) = 0 \end{cases}$ ⇨ 일차방정식을 한 문자에 대하여 정리한 후 이차방정식에 대입하여 푼다.

● 정답 및 풀이 **86**쪽

 380 다음 연립방정식을 푸시오.

(1) $\begin{cases} x + 2y = 5 \\ 2x^2 + y^2 = 19 \end{cases}$ (2) $\begin{cases} x^2 + xy = -4 \\ 2x + y = 3 \end{cases}$

12 두 이차방정식으로 이루어진 연립이차방정식

다음 연립방정식을 푸시오.

(1) $\begin{cases} x^2-y^2=0 & \cdots\cdots \ \bigcirc \\ 4x^2+xy-2y^2=9 & \cdots\cdots \ \bigcirc \end{cases}$
(2) $\begin{cases} x^2-xy-2y^2=0 & \cdots\cdots \ \bigcirc \\ x^2+2y^2=6 & \cdots\cdots \ \bigcirc \end{cases}$

설명 두 이차방정식을 연립하는 경우

⇨ 어느 한쪽이 인수분해되면 인수분해하여 얻은 일차방정식을 다른 이차방정식에 각각 대입한다.

풀이 (1) ㉠의 좌변을 인수분해하면 $(x+y)(x-y)=0$

$\therefore x=-y$ 또는 $x=y$

(i) ㉡에 $x=-y$를 대입하면

$4\times(-y)^2+(-y)\times y-2y^2=9, \qquad y^2=9 \qquad \therefore y=\pm3$

$x=-y$이므로 $\qquad x=\mp3, y=\pm3$ (복호동순)

(ii) ㉡에 $x=y$를 대입하면

$4y^2+y^2-2y^2=9, \qquad y^2=3 \qquad \therefore y=\pm\sqrt{3}$

$x=y$이므로 $\qquad x=\pm\sqrt{3}, y=\pm\sqrt{3}$ (복호동순)

(i), (ii)에서 연립방정식의 해는

$$\begin{cases} x=-3 \\ y=3 \end{cases} 또는 \begin{cases} x=3 \\ y=-3 \end{cases} 또는 \begin{cases} x=\sqrt{3} \\ y=\sqrt{3} \end{cases} 또는 \begin{cases} x=-\sqrt{3} \\ y=-\sqrt{3} \end{cases}$$

(2) ㉠의 좌변을 인수분해하면 $(x-2y)(x+y)=0$

$\therefore x=2y$ 또는 $x=-y$

(i) ㉡에 $x=2y$를 대입하면

$(2y)^2+2y^2=6, \qquad y^2=1 \qquad \therefore y=\pm1$

$x=2y$이므로 $\qquad x=\pm2, y=\pm1$ (복호동순)

(ii) ㉡에 $x=-y$를 대입하면

$(-y)^2+2y^2=6, \qquad y^2=2 \qquad \therefore y=\pm\sqrt{2}$

$x=-y$이므로 $\qquad x=\mp\sqrt{2}, y=\pm\sqrt{2}$ (복호동순)

(i), (ii)에서 연립방정식의 해는

$$\begin{cases} x=2 \\ y=1 \end{cases} 또는 \begin{cases} x=-2 \\ y=-1 \end{cases} 또는 \begin{cases} x=-\sqrt{2} \\ y=\sqrt{2} \end{cases} 또는 \begin{cases} x=\sqrt{2} \\ y=-\sqrt{2} \end{cases}$$

KEY Point
• $\begin{cases} (이차식)=0 \\ (이차식)=0 \end{cases}$ ⇨ 인수분해되는 이차식을 인수분해한 후 다른 이차방정식에 대입하여 푼다.

● 정답 및 풀이 **86**쪽

 381 다음 연립방정식을 푸시오.

(1) $\begin{cases} 2x^2-3xy+y^2=0 \\ x^2+y^2=20 \end{cases}$
(2) $\begin{cases} 2x^2-5xy+2y^2=0 \\ x^2+3xy+2y^2=9 \end{cases}$

13 **대칭식인 연립이차방정식**

연립방정식 $\begin{cases} x^2+y^2=34 \\ xy=15 \end{cases}$ 를 푸시오.

풀이 주어진 연립방정식에서 $\begin{cases} (x+y)^2-2xy=34 \\ xy=15 \end{cases}$

$x+y=a$, $xy=b$로 놓으면 $\begin{cases} a^2-2b=34 & \cdots\cdots \ \text{㉠} \\ b=15 & \cdots\cdots \ \text{㉡} \end{cases}$

㉠에 ㉡을 대입하면 $a^2-30=34$, $a^2=64$ $\therefore a=\pm 8$

(i) $a=8$, $b=15$, 즉 $x+y=8$, $xy=15$일 때,

x, y는 이차방정식 $t^2-8t+15=0$의 두 근이다.

$(t-3)(t-5)=0$에서 $t=3$ 또는 $t=5$

$\therefore x=3$, $y=5$ 또는 $x=5$, $y=3$

(ii) $a=-8$, $b=15$, 즉 $x+y=-8$, $xy=15$일 때,

x, y는 이차방정식 $t^2+8t+15=0$의 두 근이다.

$(t+5)(t+3)=0$에서 $t=-5$ 또는 $t=-3$

$\therefore x=-5$, $y=-3$ 또는 $x=-3$, $y=-5$

(i), (ii)에서 연립방정식의 해는 $\begin{cases} x=3 \\ y=5 \end{cases}$ 또는 $\begin{cases} x=5 \\ y=3 \end{cases}$ 또는 $\begin{cases} x=-5 \\ y=-3 \end{cases}$ 또는 $\begin{cases} x=-3 \\ y=-5 \end{cases}$

다른 풀이 $xy=15$에서 $y=\dfrac{15}{x}$

$y=\dfrac{15}{x}$를 $x^2+y^2=34$에 대입하면 $x^2+\dfrac{225}{x^2}=34$

$x^4-34x^2+225=0$, $(x^2-9)(x^2-25)=0$

$\therefore x=\pm 3$ 또는 $x=\pm 5$

$x=\pm 3$일 때, $y=\pm 5$ (복호동순)

$x=\pm 5$일 때, $y=\pm 3$ (복호동순)

• **대칭식인 연립방정식의 풀이 순서**

(i) $x+y=a$, $xy=b$로 놓고 a, b에 대한 연립방정식으로 변형하여 a, b의 값을 구한다.

(ii) x, y는 이차방정식 $t^2-at+b=0$의 두 근임을 이용하여 x, y의 값을 구한다.

• 정답 및 풀이 **87**쪽

 382 다음 연립방정식을 푸시오.

(1) $\begin{cases} x+y=2 \\ x^2-xy+y^2=49 \end{cases}$

(2) $\begin{cases} x^2+y^2+x+y=2 \\ x^2+xy+y^2=1 \end{cases}$

● 더 다양한 문제는 **RPM** 공통수학 1 92쪽

필수 14 **연립이차방정식의 해의 조건**

연립방정식 $\begin{cases} x+y=k & \cdots\cdots \text{㉠} \\ -y^2+2xy=3 & \cdots\cdots \text{㉡} \end{cases}$ 이 오직 한 쌍의 해를 가질 때, 실수 k의 값을 모두 구하시오.

풀이 ㉠에서 $x=k-y$이므로 ㉡에 이것을 대입하면 $-y^2+2(k-y)y=3$

$\therefore 3y^2-2ky+3=0 \quad \cdots\cdots \text{㉢}$

주어진 연립방정식이 오직 한 쌍의 해를 가지려면 이차방정식 ㉢이 중근을 가져야 한다.

㉢의 판별식을 D라 하면

$$\frac{D}{4}=k^2-9=0 \quad \therefore k=\pm 3$$

● 더 다양한 문제는 **RPM** 공통수학 1 93쪽

필수 15 **연립이차방정식의 활용**

지름의 길이가 13 cm인 원에 내접하는 직사각형의 둘레의 길이가 34 cm이다. 이 직사각형의 가로, 세로의 길이를 구하시오. (단, 직사각형의 가로가 세로보다 길다.)

풀이 직사각형의 가로의 길이를 x cm, 세로의 길이를 y cm라 하면

$\begin{cases} 2(x+y)=34 \\ x^2+y^2=13^2 \end{cases}$, 즉 $\begin{cases} x+y=17 & \cdots\cdots \text{㉠} \\ x^2+y^2=169 & \cdots\cdots \text{㉡} \end{cases}$

㉠에서 $y=17-x \quad \cdots\cdots \text{㉢}$

㉡에 ㉢을 대입하면 $x^2+(17-x)^2=169$

$x^2-17x+60=0, \quad (x-5)(x-12)=0 \quad \therefore x=5$ 또는 $x=12$

㉢에 $x=5$를 대입하면 $y=12$

㉢에 $x=12$를 대입하면 $y=5$

이때 직사각형의 가로가 세로보다 길어야 하므로

가로의 길이: 12 cm, 세로의 길이: 5 cm

● 정답 및 풀이 **88쪽**

383 연립방정식 $\begin{cases} x+y=2a+1 \\ xy=a^2+3 \end{cases}$ 이 실근을 가질 때, 정수 a의 최솟값을 구하시오.

384 50 이상인 두 자리 자연수에서 각 자리의 숫자의 제곱의 합은 73이고, 일의 자리의 숫자와 십의 자리의 숫자를 바꾼 수와 처음 수의 합은 121일 때, 처음 수를 구하시오.

385 한 변의 길이가 10인 마름모의 두 대각선의 길이의 차가 $4\sqrt{5}$일 때, 이 마름모의 두 대각선의 길이의 합을 구하시오.

16 **공통인 근을 갖는 방정식**

두 이차방정식 $x^2+kx-2=0$, $x^2+2x-k=0$이 한 개의 공통인 근을 가질 때, 실수 k의 값을 구하시오.

풀이 두 이차방정식의 공통인 근을 α라 하면

$$\begin{cases} \alpha^2+k\alpha-2=0 & \cdots\cdots \text{㉠} \\ \alpha^2+2\alpha-k=0 & \cdots\cdots \text{㉡} \end{cases}$$

㉠$-$㉡을 하면 $(k-2)\alpha+k-2=0$ → 이차항 소거

$(k-2)(\alpha+1)=0$

$\therefore k=2$ 또는 $\alpha=-1$

(ⅰ) $k=2$일 때,

두 이차방정식이 모두 $x^2+2x-2=0$으로 일치하므로 공통인 근은 2개이다.

따라서 주어진 조건을 만족시키지 않는다.

(ⅱ) $\alpha=-1$일 때,

㉠에 $\alpha=-1$을 대입하면

$1-k-2=0$ $\therefore k=-1$

(ⅰ), (ⅱ)에서 $k=-1$

KEY Point

• 두 방정식 $f(x)=0$, $g(x)=0$이 공통인 근을 갖는다.

⇨ 공통인 근을 α라 하고 연립방정식 $\begin{cases} f(\alpha)=0 \\ g(\alpha)=0 \end{cases}$ 을 푼다.

● 정답 및 풀이 **88**쪽

 386 두 이차방정식 $x^2-(k+4)x+5k=0$, $x^2+(k-2)x-5k=0$이 공통인 근을 갖도록 하는 실수 k의 값을 구하시오. (단, $k\neq0$)

387 두 이차방정식 $x^2+4mx-2m+1=0$, $x^2+mx+m+1=0$이 오직 하나의 공통인 근을 갖도록 하는 실수 m의 값과 그때의 공통인 근을 구하시오.

특강 부정방정식

1 부정방정식

일반적으로 방정식의 개수와 미지수의 개수는 같다. 그런데 방정식의 개수가 미지수의 개수보다 적을 때는 근이 무수히 많아서 그 근을 정할 수 없게 되는데, 이러한 방정식을 **부정방정식**이라 한다.
이와 같은 부정방정식에 근에 대한 **정수 조건** 또는 **실수 조건**이 주어지면 그 근이 몇 개로 정해질 수 있다.

2 정수 조건의 부정방정식의 풀이

근에 대한 정수 조건이 있는 부정방정식은
　　(일차식) × (일차식) ＝ (정수)
의 꼴로 변형한 후 약수와 배수의 성질을 이용한다.

● 더 다양한 문제는 RPM 공통수학 1 95쪽

특강 01 　 정수 조건의 부정방정식

방정식 $xy-y-3-x^2=0$을 만족시키는 양의 정수 x, y의 값을 모두 구하시오.

풀이　$xy-y-3-x^2=0$에서　　$(x-1)y-(x^2-1)-4=0$
　　　　$(x-1)y-(x-1)(x+1)=4$　　$\therefore\ (x-1)(y-x-1)=4$

x, y가 양의 정수이므로 $x-1$, $y-x-1$은 정수이고 $x-1 \geq 0$이다.
따라서 $x-1$, $y-x-1$의 값은 다음 표와 같다.

$x-1$	1	2	4
$y-x-1$	4	2	1

(ⅰ) $x-1=1$, $y-x-1=4$일 때,　　$x=2$, $y=7$
(ⅱ) $x-1=2$, $y-x-1=2$일 때,　　$x=3$, $y=6$
(ⅲ) $x-1=4$, $y-x-1=1$일 때,　　$x=5$, $y=7$
이상에서 구하는 x, y의 값은　$\begin{cases} x=2 \\ y=7 \end{cases}$ 또는 $\begin{cases} x=3 \\ y=6 \end{cases}$ 또는 $\begin{cases} x=5 \\ y=7 \end{cases}$

● 정답 및 풀이 89쪽

388 방정식 $xy-x-y-1=0$을 만족시키는 정수 x, y의 값을 구하시오.

389 방정식 $xy+y-2x=7$을 만족시키는 정수 x, y에 대하여 $x+y$의 최댓값을 구하시오.

3 실수 조건의 부정방정식의 풀이

> **방법1** $A^2+B^2=0$의 꼴로 변형한 후 실수 A, B에 대하여 $A=0$, $B=0$임을 이용한다.
>
> **방법2** 한 문자에 대하여 내림차순으로 정리한 후 판별식 D가 $D \geq 0$임을 이용한다.

● 더 다양한 문제는 **RPM** 공통수학 1 95쪽

특강 02 실수 조건의 부정방정식

방정식 $2x^2+2xy+y^2+2x+1=0$을 만족시키는 실수 x, y의 값을 구하시오.

풀이 $2x^2+2xy+y^2+2x+1=0$에서

$$(x^2+2xy+y^2)+(x^2+2x+1)=0$$
$$\therefore (x+y)^2+(x+1)^2=0$$

이때 x, y가 실수이므로 $x+y$, $x+1$도 실수이다.

따라서 $x+y=0$, $x+1=0$이므로

$$x=-1, \; y=1$$

다른 풀이 주어진 방정식의 좌변을 x에 대하여 내림차순으로 정리하면

$$2x^2+2(y+1)x+y^2+1=0 \quad \cdots\cdots \; \text{㉠}$$

x가 실수이므로 이차방정식 ㉠이 실근을 가져야 한다.

㉠의 판별식을 D라 하면

$$\frac{D}{4}=(y+1)^2-2(y^2+1) \geq 0$$

$$y^2-2y+1 \leq 0 \quad \therefore (y-1)^2 \leq 0 \quad \leftarrow (\text{실수})^2 \geq 0$$

이때 y도 실수이므로 $y-1=0$ $\therefore y=1$

㉠에 $y=1$을 대입하면

$$2x^2+4x+2=0, \quad (x+1)^2=0 \quad \therefore x=-1 \; (\text{중근})$$

● 정답 및 풀이 **89**쪽

390 방정식 $x^2+y^2-4x-2y+5=0$을 만족시키는 실수 x, y에 대하여 xy의 값을 구하시오.

생각해 봅시다! 💡

STEP 1
교육청 기출

391 연립방정식 $\begin{cases} x^2-3xy+2y^2=0 \\ x^2-y^2=9 \end{cases}$ 의 해를 $\begin{cases} x=\alpha_1 \\ y=\beta_1 \end{cases}$ 또는 $\begin{cases} x=\alpha_2 \\ y=\beta_2 \end{cases}$ 라 하자. $\alpha_1<\alpha_2$일 때, $\beta_1-\beta_2$의 값은?

① $-2\sqrt{3}$　② $-2\sqrt{2}$　③ $2\sqrt{2}$　④ $2\sqrt{3}$　⑤ 4

392 연립방정식 $\begin{cases} xy+x+y=9 \\ x^2y+xy^2=20 \end{cases}$ 을 만족시키는 자연수 x, y에 대하여 x^2+y^2의 값을 구하시오.

대칭식인 연립방정식
⇨ $x+y=a$, $xy=b$로 놓고 a, b에 대한 연립방정식으로 변형한다.

393 연립방정식 $\begin{cases} x^2+2x-2y=0 \\ x+y=a \end{cases}$ 의 실근이 존재하지 않도록 하는 정수 a의 최댓값을 구하시오.

394 두 이차방정식 $px^2+x+1=0$, $x^2+px+1=0$이 공통인 실근을 가질 때, 실수 p의 값을 구하시오.

395 방정식 $x^2-2xy+2y^2-4x+2y+5=0$을 만족시키는 실수 x, y에 대하여 xy의 값을 구하시오.

STEP 2

396 두 연립방정식 $\begin{cases} a^2x^2-y^2=-1 \\ 2x+y=3 \end{cases}$, $\begin{cases} x+y=b^2 \\ x^2-y^2=-45 \end{cases}$ 가 공통인 해를 가질 때, 실수 a, b에 대하여 a^2+b^2의 값을 구하시오.

먼저 $2x+y=3$과 $x^2-y^2=-45$를 연립하여 푼다.

생각해 봅시다!

397 연립방정식 $\begin{cases} x+y=2a-1 \\ x^2+xy+y^2=3a^2-4a+2 \end{cases}$ 가 실근을 가질 때, 정수 a의 최댓값을 구하시오.

이차방정식이 실근을 갖는다.
⇨ 판별식 $D \geq 0$

교육청 기출

398 한 변의 길이가 a인 정사각형 ABCD와 한 변의 길이가 b인 정사각형 EFGH가 있다. 그림과 같이 네 점 A, E, B, F가 한 직선 위에 있고 $\overline{EB}=1$, $\overline{AF}=5$가 되도록 두 정사각형을 겹치게 놓았을 때, 선분 CD와 선분 HE의 교점을 I라 하자. 직사각형 EBCI의 넓이가 정사각형 EFGH의 넓이의 $\frac{1}{4}$일 때, b의 값은? (단, $1<a<b<5$)

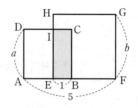

① $-2+\sqrt{26}$ ② $-2+3\sqrt{3}$ ③ $-2+2\sqrt{7}$
④ $-2+\sqrt{29}$ ⑤ $-2+\sqrt{30}$

399 x에 대한 이차방정식 $x^2-2ax+a^2-ab-2a-4b-1=0$이 중근을 갖도록 하는 정수 a, b에 대하여 ab의 최솟값을 구하시오.

400 실수 x, y에 대하여 $x \odot y=\begin{cases} -x \ (x \geq y) \\ 2y \ (x<y) \end{cases}$ 라 하자. 연립방정식 $\begin{cases} 3x-y^2=x \odot y \\ 2x+y-1=x \odot y \end{cases}$ 의 해를 $x=p$, $y=q$라 할 때, $p-q$의 값을 구하시오.

401 계수가 실수인 삼차방정식 $x^3+ax^2+bx+c=0$의 한 근이 $1+\sqrt{3}i$이다. 이 삼차방정식과 이차방정식 $x^2+ax+2=0$이 오직 한 개의 공통인 근을 가질 때, $a-b+c$의 값을 구하시오. (단, $i=\sqrt{-1}$)

삼차방정식의 한 실근을 α라 하면 이차방정식과의 공통인 근은 α이다.

Ⅱ 방정식과 부등식

이 단원에서는

중학교에서 학습한 부등식의 성질을 이용하여 연립일차부등식, 절댓값 기호를 포함한 부등식의 풀이 방법을 학습합니다. 또 이차부등식을 이해하고, 이차부등식과 연립이차 부등식의 풀이 방법을 학습합니다.

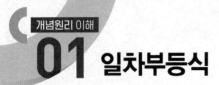
01 일차부등식

1 부등식의 기본 성질 ∽ 필수 01

실수 a, b, c에 대하여

① $a>b$, $b>c$이면 $a>c$

② $a>b$이면 $a+c>b+c$, $a-c>b-c$

③ $a>b$, $c>0$이면 $ac>bc$, $\dfrac{a}{c}>\dfrac{b}{c}$

④ $a>b$, $c<0$이면 $ac<bc$, $\dfrac{a}{c}<\dfrac{b}{c}$ ← 부등식의 양변에 음수를 곱하거나 양변을 음수로 나누면 부등호의 방향이 바뀐다.

▶ 허수는 대소 관계를 생각할 수 없으므로 부등식에 포함된 모든 문자는 실수로 생각한다.

2 일차부등식 ∽ 필수 02

(1) 부등식의 모든 항을 좌변으로 이항하여 정리하였을 때,

$$ax+b>0,\ ax+b<0,\ ax+b\geq0,\ ax+b\leq0\ (a\neq0,\ a,\ b\text{는 상수})$$

과 같이 좌변이 x에 대한 일차식이 되는 부등식을 x에 대한 **일차부등식**이라 한다.

(2) **부등식 $ax>b$의 풀이**

x에 대한 부등식 $ax>b$의 해는 다음과 같다.

① $a>0$일 때, $x>\dfrac{b}{a}$ ← 부등호 방향 그대로

② $a<0$일 때, $x<\dfrac{b}{a}$ ← 부등호 방향 반대로

③ $a=0$일 때, $\begin{cases} b\geq0\text{이면 해는 없다.} & ←\ 0\times x>(0\ \text{또는 양수}) \\ b<0\text{이면 해는 모든 실수이다.} & ←\ 0\times x>(\text{음수}) \end{cases}$

▶ x의 계수가 미정인 $ax>b$의 꼴의 부등식은 a의 부호에 따라 $a>0$, $a<0$, $a=0$인 경우로 나누어 푼다.

예제 ▶ x에 대한 부등식 $ax-1<x-a$를 푸시오.

풀이 $ax-1<x-a$에서 $(a-1)x<-(a-1)$

    (i) $a-1>0$, 즉 $a>1$일 때, $x<-1$

    (ii) $a-1<0$, 즉 $a<1$일 때, $x>-1$

    (iii) $a-1=0$, 즉 $a=1$일 때, $0\times x<0$이므로 해는 없다.

이상에서 주어진 부등식의 해는 $\begin{cases} a>1\text{일 때,} & x<-1 \\ a<1\text{일 때,} & x>-1 \\ a=1\text{일 때, 해는 없다.} \end{cases}$

필수 01 　**부등식의 기본 성질**

a, b, c가 실수일 때, 보기에서 옳은 것만을 있는 대로 고르시오.

> **보기**
>
> ㄱ. $0<a<b$이면 $\dfrac{1}{a}>\dfrac{1}{b}$이다. 　　　　ㄴ. $a>b$이면 $c-2a<c-2b$이다.
>
> ㄷ. $ac>bc$이면 $\dfrac{a}{c}<\dfrac{b}{c}$이다.

풀이 　ㄱ. $0<a<b$에서 $ab>0$이므로 $a<b$의 양변을 ab로 나누면

$$\dfrac{a}{ab}<\dfrac{b}{ab} \qquad \therefore \dfrac{1}{a}>\dfrac{1}{b}$$

ㄴ. $a>b$의 양변에 -2를 곱하면 　　$-2a<-2b$

양변에 c를 더하면 　　$c-2a<c-2b$

ㄷ. $ac>bc$에서 $c\neq0$이므로 　　$c^2>0$

$ac>bc$의 양변을 c^2으로 나누면 　　$\dfrac{ac}{c^2}>\dfrac{bc}{c^2}$ 　　$\therefore \dfrac{a}{c}>\dfrac{b}{c}$

따라서 옳은 것은 ㄱ, ㄴ이다.

필수 02 　**일차부등식**

x에 대한 부등식 $4x+a\geq a^2x+2$의 해가 $x\leq-1$일 때, 상수 a의 값을 구하시오.

풀이 　$4x+a\geq a^2x+2$에서 　　$(a^2-4)x\leq a-2$

$(a+2)(a-2)x\leq a-2$ 　　…… ㉠

이 부등식의 해가 $x\leq-1$이므로 　　$(a+2)(a-2)>0$

㉠의 양변을 $(a+2)(a-2)$로 나누면 　　$x\leq\dfrac{1}{a+2}$

따라서 $\dfrac{1}{a+2}=-1$이므로

$a+2=-1$

$\therefore a=-3$

● 정답 및 풀이 **93**쪽

402 다음 ☐ 안에 알맞은 부등호를 써넣으시오.

(1) $0<a<b$, $0<c<d$이면 　　$ac \,\boxed{\phantom{<}}\, bd$

(2) $a<b<0$이면 　　$a^2 \,\boxed{\phantom{<}}\, b^2$

403 x에 대한 부등식 $ax-10\geq2x-5a$를 푸시오.

404 x에 대한 부등식 $(a+b)x-2b\leq0$의 해가 $x\geq-2$일 때, $bx-4a\geq0$의 해를 구하시오.

02 연립일차부등식

① 연립부등식

(1) 두 개 이상의 부등식을 한 쌍으로 묶어서 나타낸 것을 **연립부등식**이라 하고, 각각의 부등식이 모두 일차부등식인 연립부등식을 **연립일차부등식**이라 한다.

(2) 연립부등식에서 각 부등식의 **공통인 해**를 그 **연립부등식의 해**라 하고, 연립부등식의 해를 구하는 것을 **연립부등식을 푼다**고 한다.

▶ 두 개 이상의 방정식을 한 쌍으로 묶어서 나타낸 것을 연립방정식이라 하는 것과 같이 두 개 이상의 부등식을 한 쌍으로 묶어서 나타낸 것을 연립부등식이라 한다.

② 연립일차부등식의 풀이 ☞ 필수 03

연립일차부등식은 다음과 같은 순서로 푼다.

(i) 각각의 일차부등식을 푼다.

(ii) 각 부등식의 해를 하나의 수직선 위에 나타낸다.

(iii) 공통부분을 찾아 주어진 연립부등식의 해를 구한다.

▶ 수직선 위에 나타낼 때 부등식에 등호가 포함된 경우는 ●를, 등호가 포함되지 않는 경우는 ○를 이용하여 나타낸다.

참고 $a < b$일 때

① $\begin{cases} x \geq a \\ x < b \end{cases} \Rightarrow a \leq x < b$
② $\begin{cases} x \geq a \\ x > b \end{cases} \Rightarrow x > b$
③ $\begin{cases} x \leq a \\ x < b \end{cases} \Rightarrow x \leq a$

예제 ▶ 연립부등식 $\begin{cases} 4x > 3x - 3 \\ x - 2 \leq -3 \end{cases}$ 을 푸시오.

풀이 $4x > 3x - 3$에서 $x > -3$ ······ ㉠

$x - 2 \leq -3$에서 $x \leq -1$ ······ ㉡

㉠, ㉡을 수직선 위에 나타내면 오른쪽 그림과 같으므로 주어진 연립부등식의 해는

$$-3 < x \leq -1$$

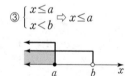

3 $A < B < C$의 꼴의 부등식 ⑤ 필수 04

$A < B < C$의 꼴의 부등식은 두 부등식 $A < B$와 $B < C$를 하나로 나타낸 것이므로

$$\begin{cases} A < B \\ B < C \end{cases}$$

의 꼴로 고쳐서 푼다.

주의 $\begin{cases} A < B \\ A < C \end{cases}$ 또는 $\begin{cases} A < C \\ B < C \end{cases}$의 꼴로 고쳐서 풀지 않도록 주의한다.

보기 ▶ 부등식 $x < 2x + 3 \le 5x - 3$은

$$\begin{cases} x < 2x + 3 \\ 2x + 3 \le 5x - 3 \end{cases}$$

의 꼴로 고쳐서 푼다.

⑤ 필수 05

보충 학습   **해가 특수한 연립부등식**

연립부등식을 풀기 위하여 각 부등식의 해를 수직선 위에 나타내었을 때, 해가 하나뿐이거나 해가 없는 경우도 있다.

(1) 연립부등식의 해가 하나뿐인 경우

각 부등식의 해가 다음과 같을 때, 해의 공통부분이 $x = a$뿐이므로 연립부등식의 **해가 하나뿐**이다.

$$\begin{cases} x \le a \\ x \ge a \end{cases} \implies \qquad \implies x = a$$

공통부분이 $x = a$뿐이다.

(2) 연립부등식의 해가 없는 경우

각 부등식의 해가 다음과 같을 때, 해의 공통부분이 없으므로 연립부등식의 **해가 없다.**

① $\begin{cases} x \le a \\ x \ge b \end{cases}$ (단, $a < b$) ② $\begin{cases} x < a \\ x > a \end{cases}$ ③ $\begin{cases} x < a \\ x \ge a \end{cases}$

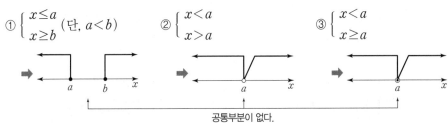

공통부분이 없다.

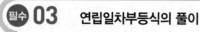 **03** 연립일차부등식의 풀이

다음 연립부등식을 푸시오.

(1) $\begin{cases} 4x-(3x-3)<2x \\ 5x-11\leq 2(x+1) \end{cases}$
(2) $\begin{cases} 0.2x+0.9\leq 0.3(x+4) \\ \dfrac{x-7}{3}-\dfrac{2x-5}{4}<-1 \end{cases}$

풀이 (1) $4x-(3x-3)<2x$에서 $4x-3x+3<2x$ $\therefore x>3$ ……㉠

$5x-11\leq 2(x+1)$에서 $5x-11\leq 2x+2$, $3x\leq 13$ $\therefore x\leq \dfrac{13}{3}$ ……㉡

㉠, ㉡을 수직선 위에 나타내면 오른쪽 그림과 같으므로 주어진 연립부등식의 해는

$$3<x\leq \dfrac{13}{3}$$

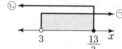

(2) $0.2x+0.9\leq 0.3(x+4)$의 양변에 10을 곱하면 $2x+9\leq 3(x+4)$

$2x+9\leq 3x+12$ $\therefore x\geq -3$ ……㉠

$\dfrac{x-7}{3}-\dfrac{2x-5}{4}<-1$의 양변에 12를 곱하면 $4(x-7)-3(2x-5)<-12$

$4x-28-6x+15<-12$, $-2x<1$ $\therefore x>-\dfrac{1}{2}$ ……㉡

㉠, ㉡을 수직선 위에 나타내면 오른쪽 그림과 같으므로 주어진 연립부등식의 해는

$$x>-\dfrac{1}{2}$$

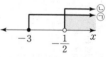

- 연립부등식의 해 ⇨ 각 부등식의 해의 공통부분
- 계수가 분수나 소수이면 양변에 적당한 수를 곱하여 계수를 정수로 고쳐서 부등식의 해를 구한다.
  $\begin{cases} \text{계수가 분수 ⇨ 양변에 분모의 최소공배수를 곱한다.} \\ \text{계수가 소수 ⇨ 양변에 10, 100, ⋯을 곱한다.} \end{cases}$

● 정답 및 풀이 **93**쪽

 405 다음 연립부등식을 푸시오.

(1) $\begin{cases} 2x-5>3 \\ -x+6\leq 2x+3 \end{cases}$
(2) $\begin{cases} 3x+2<2(x-1) \\ -x-1\leq -3(x-3) \end{cases}$

(3) $\begin{cases} x-4\leq 3x+5 \\ \dfrac{3}{4}x<3-\dfrac{4-x}{3} \end{cases}$
(4) $\begin{cases} 0.4x+0.2\leq 0.1x-0.7 \\ \dfrac{9x-1}{6}\leq \dfrac{5x+4}{3} \end{cases}$

406 연립부등식 $\begin{cases} 0.3(2x-1)\geq 1.2x+1 \\ \dfrac{x-1}{3}-\dfrac{x+1}{4}\leq \dfrac{1}{6} \end{cases}$ 을 만족시키는 x의 값 중 가장 큰 정수를 구하시오.

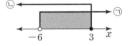

필수 04 $A < B < C$의 꼴의 부등식

다음 부등식을 푸시오.

(1) $3x - 10 < 5x + 2 \leq 8 + 3x$　　　　　(2) $-x < 5x - 2(1+x) < x + 2$

풀이　(1) 주어진 부등식은

$$\begin{cases} 3x - 10 < 5x + 2 & \cdots\cdots \ \unicode{x1D4F} \\ 5x + 2 \leq 8 + 3x & \cdots\cdots \ \unicode{x1D4E} \end{cases}$$

㉠을 풀면　$-2x < 12$　$\therefore x > -6$

㉡을 풀면　$2x \leq 6$　$\therefore x \leq 3$

㉠, ㉡의 해를 수직선 위에 나타내면 오른쪽 그림과 같으므로 주어
진 부등식의 해는

$$-6 < x \leq 3$$

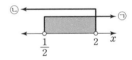

(2) 주어진 부등식은

$$\begin{cases} -x < 5x - 2(1+x) & \cdots\cdots \ \unicode{x1D4F} \\ 5x - 2(1+x) < x + 2 & \cdots\cdots \ \unicode{x1D4E} \end{cases}$$

㉠을 풀면　$-x < 5x - 2 - 2x,$　　$-4x < -2$　　$\therefore x > \dfrac{1}{2}$

㉡을 풀면　$5x - 2 - 2x < x + 2,$　　$2x < 4$　　$\therefore x < 2$

㉠, ㉡의 해를 수직선 위에 나타내면 오른쪽 그림과 같으므로 주어
진 부등식의 해는

$$\frac{1}{2} < x < 2$$

　• $A < B < C$의 꼴의 부등식 $\Rightarrow$ $\begin{cases} A < B \\ B < C \end{cases}$의 꼴로 고쳐서 푼다.

● 정답 및 풀이 **94**쪽

407 다음 부등식을 푸시오.

(1) $x + 7 \leq 5x + 3 < 6x - 2$

(2) $\dfrac{x-3}{2} \leq 2 - 3x < -\dfrac{3}{4}(2x - 1)$

408 부등식 $5 - 4(x+5) \leq 5(3 - 2x) \leq 8x - 3$을 만족시키는 정수 x의 개수를 구하시오.

필수 05 특수한 해를 갖는 연립부등식

다음 연립부등식을 푸시오.

(1) $\begin{cases} 2x-4 \le x \\ 3x-2 \ge 2x+2 \end{cases}$
(2) $\begin{cases} 3-2(x-1) > x-13 \\ 2x+5 \le 4x-11 \end{cases}$

설명 (1) $\begin{cases} x \le a \\ x \ge a \end{cases}$ 인 경우 ⇨ 해는 $x=a$ 이다.

(2) $\begin{cases} x \le a \\ x \ge b \end{cases}$ $(a<b)$ 또는 $\begin{cases} x < a \\ x \ge a \end{cases}$ 또는 $\begin{cases} x < a \\ x > a \end{cases}$ 인 경우 ⇨ 해가 없다.

풀이 (1) $2x-4 \le x$에서 $x \le 4$ ...... ㉠

$3x-2 \ge 2x+2$에서 $x \ge 4$ ...... ㉡

㉠, ㉡을 수직선 위에 나타내면 오른쪽 그림과 같으므로 주어진 연립부등식의 해는

$$x=4$$

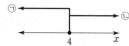

(2) $3-2(x-1) > x-13$에서 $3-2x+2 > x-13$

$-3x > -18$ ∴ $x < 6$ ...... ㉠

$2x+5 \le 4x-11$에서

$-2x \le -16$ ∴ $x \ge 8$ ...... ㉡

㉠, ㉡을 수직선 위에 나타내면 오른쪽 그림과 같으므로 주어진 연립부등식의 **해는 없다.**

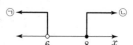

KEY Point

• 연립부등식에서 각 부등식의 해를 수직선 위에 나타내었을 때

공통부분이 한 점인 경우 ⇨ 해가 한 개이다.

공통부분이 없는 경우 ⇨ 해가 없다.

● 정답 및 풀이 **95쪽**

409 다음 부등식을 푸시오.

(1) $\begin{cases} x+8 \le -x+4 \\ 5x+3 \ge x-5 \end{cases}$
(2) $\begin{cases} 5x < 3(2x-1) \\ 2(x-3) \ge 4x-2 \end{cases}$

(3) $\begin{cases} 0.3x-0.1 \ge 0.2x+0.4 \\ \dfrac{2}{3}x+5 \le -\dfrac{1}{2}x-2 \end{cases}$
(4) $2-3x < x-6 \le -\dfrac{1}{2}(x+6)$

● 더 다양한 문제는 **RPM** 공통수학 1 **103쪽**

 06 **해가 주어진 연립일차부등식**

연립부등식 $\begin{cases} 2x+5 \leq 3x+2 \\ x-a < 18-3(x+2) \end{cases}$ 의 해가 $b \leq x < \dfrac{15}{4}$ 일 때, 상수 a, b에 대하여

$a+b$의 값을 구하시오.

설명 (ⅰ) 각각의 일차부등식을 푼다.

(ⅱ) (ⅰ)에서 구한 해의 공통부분이 주어진 해와 같도록 a, b의 값을 정한다.

풀이 $2x+5 \leq 3x+2$에서 $-x \leq -3$

$\quad \therefore x \geq 3$

$x-a < 18-3(x+2)$에서 $x-a < 18-3x-6$, $4x < a+12$

$\quad \therefore x < \dfrac{a+12}{4}$

주어진 연립부등식의 해가 $b \leq x < \dfrac{15}{4}$이므로

$\qquad b=3, \ \dfrac{a+12}{4} = \dfrac{15}{4}$

따라서 $a=3$, $b=3$이므로

$\qquad a+b = \mathbf{6}$

KEY Point

• 해가 주어진 연립일차부등식

⇨ 각각의 일차부등식의 해의 공통부분과 주어진 해를 비교한다.

● 정답 및 풀이 **95쪽**

 410 연립부등식 $\begin{cases} 2x-1 \leq 4x+5 \\ \dfrac{x+a}{2} \leq \dfrac{2x-1}{5}+2 \end{cases}$ 의 해가 $b \leq x \leq -2$일 때, 상수 a, b에 대하여 $a-b$의

값을 구하시오.

411 부등식 $2x+a < 3x+4 \leq -4x+b$의 해가 $-3 < x \leq 4$일 때, $a+b$의 값을 구하시오.

(단, a, b는 상수이다.)

필수 07 **해의 조건이 주어진 연립일차부등식 (1)**

연립부등식 $\begin{cases} -3x+1 \le -x-3 \\ x-2a < -4 \end{cases}$ 가 해를 갖지 않도록 하는 실수 a의 값의 범위를 구하시오.

풀이 $-3x+1 \le -x-3$에서 $-2x \le -4$ ∴ $x \ge 2$ ······ ㉠
$x-2a < -4$에서 $x < 2a-4$ ······ ㉡
주어진 연립부등식이 해를 갖지 않도록 ㉠, ㉡을 수직선 위에 나타내면
오른쪽 그림과 같으므로
$2a-4 \le 2$, $2a \le 6$ ∴ $a \le 3$

참고 주어진 연립부등식이 해를 가지려면 $2a-4 > 2$이어야 하므로
$2a > 6$ ∴ $a > 3$

주의 $2a-4=2$, 즉 $a=3$일 때도 공통부분은 없다. $x < 2a-4$에 등호가 포함되지 않기 때문이다.

필수 08 **해의 조건이 주어진 연립일차부등식 (2)**

연립부등식 $\begin{cases} 4-x < 2(x-1) \\ 3x-a \le 2x \end{cases}$ 를 만족시키는 정수인 해가 1개일 때, 실수 a의 값의 범위를 구하시오.

풀이 $4-x < 2(x-1)$에서 $4-x < 2x-2$, $-3x < -6$ ∴ $x > 2$ ······ ㉠
$3x-a \le 2x$에서 $x \le a$ ······ ㉡
주어진 연립부등식의 정수인 해가 1개가 되도록 ㉠, ㉡을 수직
선 위에 나타내면 오른쪽 그림과 같으므로
$3 \le a < 4$

KEY Point

• 해의 조건이 주어진 연립일차부등식은 각 일차부등식을 풀어 조건에 맞게 해를 수직선 위에 나타내고 미지수의 값의 범위를 구한다. 이때 등호의 포함 여부에 주의한다.

● 정답 및 풀이 **96쪽**

412 연립부등식 $\begin{cases} \dfrac{x-2}{6} < \dfrac{x}{3} \\ 2(x+1) > 3x-a \end{cases}$ 가 해를 갖도록 하는 실수 a의 값의 범위를 구하시오.

413 연립부등식 $\begin{cases} 5(x+1) > 7x-3 \\ 6x+2 > 5x+k \end{cases}$ 를 만족시키는 정수인 해가 2개일 때, 실수 k의 값의 범위를 구하시오.

필수 09 **연립일차부등식의 활용**

8 %의 소금물 300 g에 14 %의 소금물을 넣어서 9 % 이상 11 % 이하의 소금물을 만들려고 한다. 이때 넣어야 하는 14 %의 소금물의 양의 범위를 구하시오.

설명 (소금의 양) = $\dfrac{(소금물의 농도)}{100}$ × (소금물의 양)

풀이 14 %의 소금물의 양을 x g이라 하면 8 %의 소금물에 14 %의 소금물을 넣은 후의 소금물의 양은 $(300+x)$ g이고 농도는 9 % 이상 11 % 이하이므로

$$\underbrace{\frac{9}{100} \times (300+x)}_{9\,\%의\ 소금물의\ 소금의\ 양} \leq \frac{8}{100} \times 300 + \frac{14}{100} \times x$$

$$\leq \underbrace{\frac{11}{100} \times (300+x)}_{11\,\%의\ 소금물의\ 소금의\ 양}$$

$$\therefore\ 2700+9x \leq 2400+14x \leq 3300+11x$$

$2700+9x \leq 2400+14x$에서

$$-5x \leq -300 \qquad \therefore\ x \geq 60 \quad \cdots\cdots\ ㉠$$

$2400+14x \leq 3300+11x$에서

$$3x \leq 900 \qquad \therefore\ x \leq 300 \quad \cdots\cdots\ ㉡$$

㉠, ㉡의 공통부분은 $60 \leq x \leq 300$

따라서 14 %의 소금물을 **60 g 이상 300 g 이하**로 넣어야 한다.

KEY Point

• 연립부등식의 활용 문제 ▷ 구하는 것을 x로 놓고 문제의 조건에 맞는 연립부등식을 세운다.

● 정답 및 풀이 **96**쪽

414 어떤 정수 x를 2로 나누어 7을 빼면 0보다 크지 않고, x에서 3을 빼서 2배를 하면 10보다 크다. 이를 만족시키는 x의 개수를 구하시오.

415 학생들에게 초콜릿을 나누어 주는데 한 학생에게 4개씩 나누어 주면 10개가 남고, 6개씩 나누어 주면 2개 이상 4개 미만의 초콜릿이 남는다고 한다. 이때 초콜릿의 개수를 구하시오.

416 오른쪽 표는 두 식품 A, B에 대하여 각각 100 g을 섭취하여 얻을 수 있는 열량과 단백질의 양을 나타낸 것이다. 두 식품 A, B를 합하여 200 g을 섭취하고 열량은 300 kcal 이상, 단백질은 30 g 이상 얻으려고 할 때, 섭취해야 하는 식품 A의 양의 범위를 구하시오.

식품	열량(kcal)	단백질(g)
A	120	20
B	320	10

STEP 1

417 연립부등식 $\begin{cases} 10-4x < -9x+30 \\ -9x \leq 12-2(x-1) \end{cases}$ 의 해가 $a \leq x < b$일 때, 상수 a, b에 대하여 $b-a$의 값을 구하시오.

418 부등식 $1-\dfrac{2(1-x)}{3} < \dfrac{3x+5}{4} < \dfrac{x-1}{2}+1$을 만족시키는 x의 값 중에서 가장 큰 정수를 구하시오.

$A < B < C$의 꼴의 부등식
$\Rightarrow \begin{cases} A<B \\ B<C \end{cases}$의 꼴로 고쳐서 푼다.

419 연립부등식 $\begin{cases} \dfrac{3x+a}{2} \leq \dfrac{x}{3}+1 \\ \dfrac{x}{3}-\dfrac{2x+1}{6} \geq \dfrac{x-1}{2} \end{cases}$ 의 해를 수

직선 위에 나타내면 오른쪽 그림과 같을 때, 상수 a의 값을 구하시오.

420 연립부등식 $\begin{cases} 4x-3(1+x) \geq a \\ 3(x-1)+b \leq 2(x+5) \end{cases}$ 의 해가 $x=8$일 때, 상수 a, b에 대하여 $a+b$의 값을 구하시오.

$\begin{cases} x \geq p \\ x \leq p \end{cases} \Rightarrow x=p$

421 연립부등식 $\begin{cases} 8-3x \geq 5x \\ \dfrac{3x+1}{4} > \dfrac{1}{3}a \end{cases}$ 의 해가 없을 때, 다음 중 상수 a의 값이

될 수 있는 것은?

① -1　　② 0　　③ 1　　④ 2　　⑤ 3

연립부등식의 해가 없으려면 수직선에서 공통부분이 없어야 한다.

교육청 기출
422 x에 대한 연립부등식 $\begin{cases} x+2 > 3 \\ 3x < a+1 \end{cases}$ 을 만족시키는 모든 정수 x의 값의

합이 9가 되도록 하는 자연수 a의 최댓값은?

① 10　　② 11　　③ 12　　④ 13　　⑤ 14

STEP 2

423 부등식 $5x-4a<3x+2a\leq6x+b$를 연립부등식
$$\begin{cases}5x-4a<3x+2a\\5x-4a\leq6x+b\end{cases}$$
로 잘못 나타내어 풀었더니 해가 $-3\leq x<6$이었다. 주어진 부등식의 해를 구하시오. (단, a, b는 상수이다.)

424 방정식 $2x+3y-1=10x+y-3$의 해 중에서 부등식 $3x+2<2y<2x+5$를 만족시키는 자연수 x, y의 값을 구하시오.

주어진 방정식을 한 문자에 대하여 정리한 후 부등식에 대입한다.

425 부등식 $\dfrac{-x+a}{3}<1-\dfrac{x}{2}<\dfrac{-x+1}{4}$ 을 만족시키는 정수 x가 없을 때, 실수 a의 값의 범위를 구하시오.

426 연립부등식 $\begin{cases}\dfrac{x}{4}-\dfrac{a}{2}\leq\dfrac{x}{2}-\dfrac{1}{8}\\4x+1\geq6x-5\end{cases}$ 를 만족시키는 음의 정수 x가 1개뿐일 때, 실수 a의 값의 범위를 구하시오.

교육청 기출
427 직선 $y=x+k$가 이차함수 $y=x^2-2x+4$의 그래프와 만나고, 이차함수 $y=x^2-5x+15$의 그래프와 만나지 않도록 하는 모든 정수 k의 개수는?

① 3 ② 4 ③ 5 ④ 6 ⑤ 7

직선의 방정식과 이차함수 식을 연립한 이차방정식의 판별식을 이용하여 부등식을 세운다.

실력 UP⁺

428 어느 학교 학생들이 강당의 긴 의자에 앉는데 한 의자에 5명씩 앉으면 학생이 8명 남고, 6명씩 앉으면 의자가 4개 남는다. 다음 중 의자의 개수가 될 수 없는 것은?

① 34 ② 35 ③ 36 ④ 37 ⑤ 38

의자의 개수를 x로 놓고 부등식을 세운다.

03 절댓값 기호를 포함한 일차부등식

1 절댓값 기호를 포함한 일차부등식

절댓값 기호를 포함한 일차부등식은 절댓값의 성질을 이용하거나 구간을 나누어 풀 수 있다.

> **(1) 절댓값의 성질을 이용하여 풀기**  필수 10
>
> $a>0$일 때,
>
> ① $|x|<a \Rightarrow -a<x<a$
>
> ② $|x|>a \Rightarrow x<-a$ 또는 $x>a$
>
> ③ $a<|x|<b \Rightarrow -b<x<-a$ 또는 $a<x<b$ (단, $a<b$)
>
> **(2) 구간을 나누어 풀기** 필수 11
>
> $|x|=\begin{cases} x & (x \geq 0) \\ -x & (x<0) \end{cases}$, $|x-a|=\begin{cases} x-a & (x \geq a) \\ -(x-a) & (x<a) \end{cases}$ 를 이용하여 다음과 같은 순서로 푼다.
>
> (ⅰ) 절댓값 기호 안의 식의 값이 0이 되는 x의 값을 기준으로 범위를 나눈다.
>
> (ⅱ) 각 범위에서 절댓값 기호를 없앤 후 식을 정리하여 해를 구한다.
>
> (ⅲ) (ⅱ)에서 구한 해를 합친 x의 값의 범위를 구한다.

> ① 구간을 나누어 각 부등식의 해를 구할 때, 해당 범위에 속하는 것만을 택해야 한다.
> ② 절댓값 기호가 2개 있는 부등식 $|x-a|+|x-b|<c$ $(a<b, c>0)$의 꼴은 $x=a$, $x=b$를 기준으로 하여 다음과 같이 x의 값의 범위를 나누어 푼다.
> (ⅰ) $x<a$ (ⅱ) $a \leq x<b$ (ⅲ) $x \geq b$

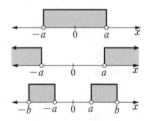

설명 (1) ① $|x|<a$ $(a>0)$는 원점으로부터의 거리가 a보다 작은 x의 값의 범위이므로 오른쪽 수직선에서 $-a<x<a$

② $|x|>a$ $(a>0)$는 원점으로부터의 거리가 a보다 큰 x의 값의 범위이므로 오른쪽 수직선에서 $x<-a$ 또는 $x>a$

③ $a<|x|<b$ $(0<a<b)$는 원점으로부터의 거리가 a보다 크고 b보다 작은 x의 값의 범위이므로 오른쪽 수직선에서
$-b<x<-a$ 또는 $a<x<b$

예제 ▶ 부등식 $|x-1|<2$를 푸시오.

풀이 **방법 1** 절댓값의 성질을 이용하여 풀기

$|x-1|<2$에서 $-2<x-1<2$ $\therefore -1<x<3$

방법 2 구간을 나누어 풀기

(ⅰ) $x-1<0$, 즉 $x<1$일 때,
$-x+1<2$ $\therefore x>-1$
그런데 $x<1$이므로 $-1<x<1$

(ⅱ) $x-1 \geq 0$, 즉 $x \geq 1$일 때,
$x-1<2$ $\therefore x<3$
그런데 $x \geq 1$이므로 $1 \leq x<3$

(ⅰ), (ⅱ)에서 $-1<x<3$

필수 10 절댓값 기호를 포함한 일차부등식 — 절댓값의 성질을 이용하여 풀기

다음 부등식을 푸시오.

(1) $|2x-1|<3$ ㅤㅤㅤㅤㅤㅤㅤㅤ (2) $3<|x-1|<5$

설명
(1) $|x|<a \Rightarrow -a<x<a$ (단, $a>0$)
(2) $a<|x|<b \Rightarrow -b<x<-a$ 또는 $a<x<b$ (단, $0<a<b$)

풀이
(1) $|2x-1|<3$에서
$$-3<2x-1<3, \qquad -2<2x<4$$
$$\therefore \ -1<x<2$$
(2) $3<|x-1|<5$에서
$$-5<x-1<-3 \text{ 또는 } 3<x-1<5$$
(ⅰ) $-5<x-1<-3$에서 ㅤ $-4<x<-2$
(ⅱ) $3<x-1<5$에서 ㅤ $4<x<6$
(ⅰ), (ⅱ)에서 주어진 부등식의 해는
$$-4<x<-2 \text{ 또는 } 4<x<6$$

KEY Point

• $0<a<b$인 a, b에 대하여
① $|x|<a \Rightarrow -a<x<a$
② $|x|>a \Rightarrow x<-a$ 또는 $x>a$
③ $a<|x|<b \Rightarrow -b<x<-a$ 또는 $a<x<b$

● 정답 및 풀이 **100쪽**

429 다음 부등식을 푸시오.

(1) $|2x-1|>4$ ㅤㅤㅤㅤㅤㅤㅤㅤ (2) $1<\left|5-\dfrac{4}{3}x\right|<2$

430 부등식 $|3x-a|<b$의 해가 $-2<x<4$일 때, 실수 a, b에 대하여 ab의 값을 구하시오.

(단, $b>0$)

● 더 다양한 문제는 **RPM** 공통수학 1 105, 106쪽

필수 11 절댓값 기호를 포함한 일차부등식 – 구간을 나누어 풀기

다음 부등식을 푸시오.

(1) $|x+2| > 3x+7$ (2) $|x+1|+|3-x| > 6$

풀이

(1) (i) $x < -2$일 때, $x+2 < 0$이므로

$$-(x+2) > 3x+7, \quad -4x > 9 \quad \therefore x < -\frac{9}{4}$$

그런데 $x < -2$이므로 $\quad x < -\frac{9}{4}$

(ii) $x \geq -2$일 때, $x+2 \geq 0$이므로

$$x+2 > 3x+7, \quad -2x > 5 \quad \therefore x < -\frac{5}{2}$$

그런데 $x \geq -2$이므로 해는 없다.

(i), (ii)에서 주어진 부등식의 해는

$$x < -\frac{9}{4}$$

(2) (i) $x < -1$일 때,

$x+1 < 0$, $3-x > 0$이므로 $\quad -(x+1)+(3-x) > 6$

$-2x > 4 \quad \therefore x < -2$

그런데 $x < -1$이므로 $\quad x < -2$

(ii) $-1 \leq x < 3$일 때,

$x+1 \geq 0$, $3-x > 0$이므로 $\quad x+1+(3-x) > 6$

즉 $0 \times x > 2$이므로 해는 없다.

(iii) $x \geq 3$일 때,

$x+1 > 0$, $3-x \leq 0$이므로 $\quad x+1-(3-x) > 6$

$2x > 8 \quad \therefore x > 4$

그런데 $x \geq 3$이므로 $\quad x > 4$

이상에서 주어진 부등식의 해는

$$x < -2 \text{ 또는 } x > 4$$

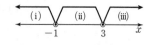

● 정답 및 풀이 **100**쪽

431 다음 부등식을 푸시오.

(1) $2|x-2| < -x+5$ (2) $|x+1|-|2-x| < -x+1$

432 부등식 $2|x-1|+|x+3| \leq 5$를 만족시키는 실수 x의 최댓값을 M, 최솟값을 m이라 할 때, $M-m$의 값을 구하시오.

 **연습 문제**

● 정답 및 풀이 101쪽

STEP 1

교육청 기출

433 x에 대한 부등식 $|x-7| \leq a+1$을 만족시키는 모든 정수 x의 개수가 9가 되도록 하는 자연수 a의 값은?

① 1   ② 2   ③ 3   ④ 4   ⑤ 5

434 연립부등식 $\begin{cases} 3x-2 \leq 10-x \\ |2x-3| > 7 \end{cases}$ 을 만족시키는 정수 x의 최댓값을 구하시오.

435 부등식 $|x-2| \leq \dfrac{2}{3}k-4$의 해가 존재하지 않도록 하는 자연수 k의 개수를 구하시오.

436 부등식 $|3-x| \geq -2(x+5)$의 해가 $x \geq a$일 때, 상수 a의 값을 구하시오.

STEP 2

437 부등식 $||x+1|-5| < 2$를 만족시키는 정수 x의 개수를 구하시오.

438 부등식 $2\sqrt{(1-x)^2}+3|x+1| < 9$의 해와 부등식 $5x+a < 6x+4 < x+b$의 해가 같을 때, 상수 a, b에 대하여 $a+b$의 값을 구하시오.

실력 UP⁺

439 x에 대한 부등식 $2|x+1|+|x-1| \leq k$가 해를 갖도록 하는 실수 k의 값의 범위를 구하시오.

생각해 봅시다!

정수 a, b에 대하여 $a \leq x \leq b$를 만족시키는 정수 x의 개수 ⇨ $b-a+1$

$|ax+b| \leq c$의 해가 존재하지 않으려면 $c < 0$

$\sqrt{A^2} = |A|$

$2|x+1|+|x-1|$의 값의 범위를 구한다.

04 이차부등식

1 이차부등식

부등식의 모든 항을 좌변으로 이항하여 정리하였을 때,

$$ax^2+bx+c>0,\ ax^2+bx+c<0,\ ax^2+bx+c\geq0,\ ax^2+bx+c\leq0\ (a\neq0,\ a,\ b,\ c\text{는 상수})$$

과 같이 좌변이 x에 대한 이차식이 되는 부등식을 x에 대한 **이차부등식**이라 한다.

2 이차부등식과 이차함수의 관계 〰 필수 12

(1) **이차부등식 $ax^2+bx+c>0$의 해**

이차함수 $y=ax^2+bx+c$에서 $y>0$인 x의 값의 범위, 즉

$y=ax^2+bx+c$의 그래프가 x**축보다 위쪽**에 있는 부분의 x의 값의 범위

(2) **이차부등식 $ax^2+bx+c<0$의 해**

이차함수 $y=ax^2+bx+c$에서 $y<0$인 x의 값의 범위, 즉

$y=ax^2+bx+c$의 그래프가 x**축보다 아래쪽**에 있는 부분의 x의 값의 범위

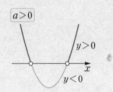

> ① 이차함수 $y=ax^2+bx+c$의 그래프와 x축의 교점의 x좌표는 이차방정식 $ax^2+bx+c=0$의 실근과 같다.
> ② 이차부등식 $ax^2+bx+c\geq0,\ ax^2+bx+c\leq0$의 해는 이차함수 $y=ax^2+bx+c$의 그래프가 x축과 만나는 점의 x좌표를 포함한다.
> ③ 부등식 $f(x)>g(x)$의 해 ⇨ $y=f(x)$의 그래프가 $y=g(x)$의 그래프보다 위쪽에 있는 부분의 x의 값의 범위
>   부등식 $f(x)<g(x)$의 해 ⇨ $y=f(x)$의 그래프가 $y=g(x)$의 그래프보다 아래쪽에 있는 부분의 x의 값의 범위

예제 ▶ 이차함수 $y=f(x)$의 그래프가 오른쪽 그림과 같을 때, 다음 이차부등식의 해를 구하시오.

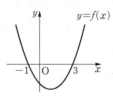

(1) $f(x)\geq0$

(2) $f(x)<0$

풀이　(1) 부등식 $f(x)\geq0$의 해는 $y=f(x)$의 그래프가 x축보다 위쪽에 있거나 x축과 만나는 부분의 x의 값의 범위이므로

$$x\leq-1 \text{ 또는 } x\geq3$$

(2) 부등식 $f(x)<0$의 해는 $y=f(x)$의 그래프가 x축보다 아래쪽에 있는 부분의 x의 값의 범위이므로

$$-1<x<3$$

3 판별식 $D>0$인 경우의 이차부등식의 해 🔗 필수 13

이차방정식 $ax^2+bx+c=0 \ (a>0)$의 판별식 D가 $D>0$이면 이 이차방정식은 서로 다른 두 실근을 갖는다. 이때의 서로 다른 두 실근을 α, $\beta \ (\alpha<\beta)$라 하면 $ax^2+bx+c=a(x-\alpha)(x-\beta)$와 같이 인수분해되므로 이차부등식의 해는 다음과 같다.

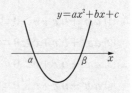

> (1) $ax^2+bx+c>0 \Rightarrow a(x-\alpha)(x-\beta)>0 \Rightarrow x<\alpha \ \text{또는} \ x>\beta$
> (2) $ax^2+bx+c\geq0 \Rightarrow a(x-\alpha)(x-\beta)\geq0 \Rightarrow x\leq\alpha \ \text{또는} \ x\geq\beta$
> (3) $ax^2+bx+c<0 \Rightarrow a(x-\alpha)(x-\beta)<0 \Rightarrow \alpha<x<\beta$
> (4) $ax^2+bx+c\leq0 \Rightarrow a(x-\alpha)(x-\beta)\leq0 \Rightarrow \alpha\leq x\leq\beta$

▶ ① 이차방정식의 두 근은 인수분해 또는 근의 공식을 이용하여 구한다.
　② $a<0$일 때에는 이차부등식의 양변에 -1을 곱하여 이차항의 계수가 양수가 되도록 한다. 이때 부등호의 방향이 바뀌는 것에 주의한다.

보기 ▶　$x^2+5x-6=0$에서　$(x+6)(x-1)=0$　$\therefore x=-6 \ \text{또는} \ x=1$

따라서 이차함수 $y=x^2+5x-6$의 그래프는 x축과 두 점 $(-6, 0)$, $(1, 0)$에서 만나므로 오른쪽 그림과 같다.
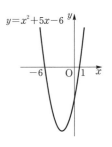
　(1) $x^2+5x-6>0$의 해는　$x<-6 \ \text{또는} \ x>1$
　(2) $x^2+5x-6\geq0$의 해는　$x\leq-6 \ \text{또는} \ x\geq1$
　(3) $x^2+5x-6<0$의 해는　$-6<x<1$
　(4) $x^2+5x-6\leq0$의 해는　$-6\leq x\leq1$

4 판별식 $D=0$인 경우의 이차부등식의 해 🔗 필수 13

이차방정식 $ax^2+bx+c=0 \ (a>0)$의 판별식 D가 $D=0$이면 이 이차방정식은 중근을 갖는다. 이때의 중근을 α라 하면 $ax^2+bx+c=a(x-\alpha)^2$과 같이 인수분해되고 모든 실수 x에 대하여 $a(x-\alpha)^2\geq0$이므로 이차부등식의 해는 다음과 같다.

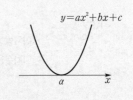

> (1) $ax^2+bx+c>0 \Rightarrow a(x-\alpha)^2>0 \Rightarrow$ 해는 $x\neq\alpha$인 모든 실수
> (2) $ax^2+bx+c\geq0 \Rightarrow a(x-\alpha)^2\geq0 \Rightarrow$ 해는 모든 실수
> (3) $ax^2+bx+c<0 \Rightarrow a(x-\alpha)^2<0 \Rightarrow$ 해는 없다.
> (4) $ax^2+bx+c\leq0 \Rightarrow a(x-\alpha)^2\leq0 \Rightarrow x=\alpha$

▶ $x\neq\alpha$이면 $(x-\alpha)^2>0$, $x=\alpha$이면 $(x-\alpha)^2=0$이므로 모든 실수 x에 대하여 $a(x-\alpha)^2\geq0$이다.

보기 ▶　$x^2-10x+25=0$에서　$(x-5)^2=0$　$\therefore x=5 \ (중근)$

따라서 이차함수 $y=x^2-10x+25$의 그래프는 x축과 한 점 $(5, 0)$에서 만나므로 오른쪽 그림과 같다.
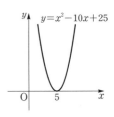
　(1) $x^2-10x+25>0$의 해는 $x\neq5$인 모든 실수이다.
　(2) $x^2-10x+25\geq0$의 해는 모든 실수이다.
　(3) $x^2-10x+25<0$의 해는 없다.
　(4) $x^2-10x+25\leq0$의 해는　$x=5$

Ⅱ-5
여러 가지 부등식

5 판별식 $D<0$인 경우의 이차부등식의 해 　필수 13

이차방정식 $ax^2+bx+c=0\ (a>0)$의 판별식 D가 $D<0$이면 이 이차방정식은 허근을 갖는다.

이때 $ax^2+bx+c=a(x-p)^2+q\ (q>0)$의 꼴로 변형되므로 이차부등식의 해는 다음과 같다.

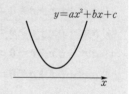

(1) $ax^2+bx+c>0 \Rightarrow a(x-p)^2+q>0 \Rightarrow$ 해는 모든 실수

(2) $ax^2+bx+c\geq0 \Rightarrow a(x-p)^2+q\geq0 \Rightarrow$ 해는 모든 실수

(3) $ax^2+bx+c<0 \Rightarrow a(x-p)^2+q<0 \Rightarrow$ 해는 없다.

(4) $ax^2+bx+c\leq0 \Rightarrow a(x-p)^2+q\leq0 \Rightarrow$ 해는 없다.

보기 ▶ $2x^2-2x+1=0$에서 판별식을 D라 하면

$$\frac{D}{4}=(-1)^2-2\times1=-1<0$$

따라서 이차함수 $y=2x^2-2x+1=2\left(x-\frac{1}{2}\right)^2+\frac{1}{2}$의 그래프는 x축과 만나지

않으므로 오른쪽 그림과 같다.

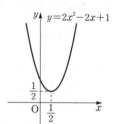

(1) $2x^2-2x+1>0$의 해는 모든 실수이다.

(2) $2x^2-2x+1\geq0$의 해는 모든 실수이다.

(3) $2x^2-2x+1<0$의 해는 없다.

(4) $2x^2-2x+1\leq0$의 해는 없다.

KEY Point

• 이차방정식 $ax^2+bx+c=0\ (a>0)$의 판별식을 $D=b^2-4ac$라 할 때, 이차함수의 그래프와 이차부등식의 해는 다음과 같다.

	$D>0$	$D=0$	$D<0$
$y=ax^2+bx+c$의 그래프			
$ax^2+bx+c>0$의 해	$x<\alpha$ 또는 $x>\beta$	$x\neq\alpha$인 모든 실수	모든 실수
$ax^2+bx+c\geq0$의 해	$x\leq\alpha$ 또는 $x\geq\beta$	모든 실수	모든 실수
$ax^2+bx+c<0$의 해	$\alpha<x<\beta$	없다.	없다.
$ax^2+bx+c\leq0$의 해	$\alpha\leq x\leq\beta$	$x=\alpha$	없다.

● 더 다양한 문제는 **RPM** 공통수학 1 114쪽

필수 12 **그래프를 이용한 부등식의 풀이**

두 이차함수 $y=f(x)$, $y=g(x)$의 그래프가 오른쪽 그림과 같을 때, 다음 부등식의 해를 구하시오.

(1) $f(x)<g(x)$

(2) $f(x)g(x)>0$

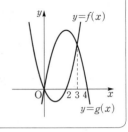

설명 (1) 부등식 $f(x)<g(x)$의 해는 $y=f(x)$의 그래프가 $y=g(x)$의 그래프보다 아래쪽에 있는 부분의 x의 값의 범위이다.

(2) 부등식 $f(x)g(x)>0$의 해는 $f(x)>0$, $g(x)>0$ 또는 $f(x)<0$, $g(x)<0$을 만족시키는 x의 값의 범위이다.

풀이 (1) 부등식 $f(x)<g(x)$의 해는 $y=f(x)$의 그래프가 $y=g(x)$의 그래프보다 아래쪽에 있는 부분의 x의 값의 범위이므로

$$0<x<3$$

(2) (ⅰ) $f(x)>0$, $g(x)>0$일 때,

$f(x)>0$을 만족시키는 x의 값의 범위는　　$x<0$ 또는 $x>2$　　…… ㉠

$g(x)>0$을 만족시키는 x의 값의 범위는　　$0<x<4$　　…… ㉡

㉠, ㉡의 공통부분은　　$2<x<4$

(ⅱ) $f(x)<0$, $g(x)<0$일 때,

$f(x)<0$을 만족시키는 x의 값의 범위는　　$0<x<2$　　…… ㉢

$g(x)<0$을 만족시키는 x의 값의 범위는　　$x<0$ 또는 $x>4$　　…… ㉣

㉢, ㉣의 공통부분은 없다.

(ⅰ), (ⅱ)에서 구하는 부등식의 해는

$$2<x<4$$

● 정답 및 풀이 **103**쪽

확인체크 **440** 두 이차함수 $y=f(x)$, $y=g(x)$의 그래프가 오른쪽 그림과 같을 때, 다음 부등식의 해를 구하시오.

(1) $f(x)\geq g(x)$

(2) $f(x)g(x)<0$

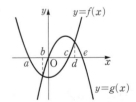

441 이차함수 $y=ax^2+bx+c$의 그래프와 직선 $y=mx+n$이 오른쪽 그림과 같을 때, 이차부등식 $ax^2+(b-m)x+c-n\leq0$의 해를 구하시오. (단, a, b, c, m, n은 상수이다.)

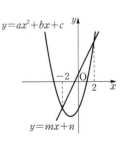

13 이차부등식의 풀이

다음 이차부등식을 푸시오.

(1) $2x^2-x-1 \geq x^2+5$　　(2) $-x^2+16x-64 < 0$　　(3) $5x \geq x^2+9$

설명　주어진 부등식의 모든 항을 좌변으로 이항하여 정리한 후 좌변의 이차식을 인수분해하여 해를 구한다.
　　　　인수분해가 되지 않을 때에는 $a(x-p)^2+q$의 꼴로 변형한 다음 부호를 따져서 해를 구한다.

풀이　(1) $2x^2-x-1 \geq x^2+5$에서　　$x^2-x-6 \geq 0$
　　　　　　$(x+2)(x-3) \geq 0$
　　　　　　$\therefore$ $x \leq -2$ 또는 $x \geq 3$

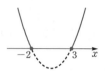

　　　　(2) $-x^2+16x-64 < 0$에서　　$x^2-16x+64 > 0$
　　　　　　$\therefore$ $(x-8)^2 > 0$
　　　　　이때 모든 실수 x에 대하여　　$(x-8)^2 \geq 0$
　　　　　따라서 주어진 부등식의 해는 **$x \neq 8$인 모든 실수**이다.

　　　　(3) $5x \geq x^2+9$에서　　$x^2-5x+9 \leq 0$
　　　　　　$\therefore$ $\left(x-\dfrac{5}{2}\right)^2+\dfrac{11}{4} \leq 0$
　　　　　이때 모든 실수 x에 대하여　　$\left(x-\dfrac{5}{2}\right)^2+\dfrac{11}{4} > 0$
　　　　　따라서 주어진 부등식의 **해는 없다.**

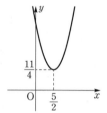

KEY Point

• 이차방정식 $ax^2+bx+c=0$ $(a>0)$이 서로 다른 두 실근 α, β $(\alpha<\beta)$를 가질 때
① $ax^2+bx+c>0$, 즉 $a(x-\alpha)(x-\beta)>0$의 해
　$\Rightarrow$ $x<\alpha$ 또는 $x>\beta$　← 작은 것보다 작거나 큰 것보다 크다.
② $ax^2+bx+c<0$, 즉 $a(x-\alpha)(x-\beta)<0$의 해
　$\Rightarrow$ $\alpha<x<\beta$　← 작은 것보다 크고 큰 것보다 작다. (두 근 사이)

● 정답 및 풀이 **103**쪽

 442 다음 이차부등식을 푸시오.

(1) $2(x^2-2x)+1 > -x+3$　　　　(2) $-x^2+3 \geq -6x$

(3) $x^2+9 > 6x$　　　　　　　　　(4) $5x^2-10x+7 \leq x^2+2x-2$

(5) $-2x^2-2x < 3$　　　　　　　　(6) $2x^2 \leq 4(2x-5)+11$

443 부등식 $ax^2+2ax-3a > 0$을 푸시오. (단, a는 상수이다.)

208

• 더 다양한 문제는 **RPM** 공통수학 1 115쪽

 14 절댓값 기호를 포함한 이차부등식의 풀이

다음 이차부등식을 푸시오.

(1) $x^2-4|x|+3<0$　　　　(2) $x^2+|x|-2\geq0$　　　　(3) $x^2-2x-3<3|x-1|$

Ⅱ-5

요러 가지 부등식

풀이　　(1)(i) $x<0$일 때,　　$x^2+4x+3<0$

$\qquad(x+3)(x+1)<0$　　$\therefore -3<x<-1$

그런데 $x<0$이므로　　$-3<x<-1$

(ii) $x\geq0$일 때,　　$x^2-4x+3<0$

$\qquad(x-1)(x-3)<0$　　$\therefore 1<x<3$

그런데 $x\geq0$이므로　　$1<x<3$

(i), (ii)에서 주어진 부등식의 해는　　$\boldsymbol{-3<x<-1}$ **또는** $\boldsymbol{1<x<3}$

(2)(i) $x<0$일 때,　　$x^2-x-2\geq0$

$\qquad(x+1)(x-2)\geq0$　　$\therefore x\leq-1$ 또는 $x\geq2$

그런데 $x<0$이므로　　$x\leq-1$

(ii) $x\geq0$일 때,　　$x^2+x-2\geq0$

$\qquad(x+2)(x-1)\geq0$　　$\therefore x\leq-2$ 또는 $x\geq1$

그런데 $x\geq0$이므로　　$x\geq1$

(i), (ii)에서 주어진 부등식의 해는　　$\boldsymbol{x\leq-1}$ **또는** $\boldsymbol{x\geq1}$

(3)(i) $x<1$일 때,　　$x^2-2x-3<-3(x-1)$

$\qquad x^2+x-6<0$,　　$(x+3)(x-2)<0$　　$\therefore -3<x<2$

그런데 $x<1$이므로　　$-3<x<1$

(ii) $x\geq1$일 때,　　$x^2-2x-3<3(x-1)$

$\qquad x^2-5x<0$,　　$x(x-5)<0$　　$\therefore 0<x<5$

그런데 $x\geq1$이므로　　$1\leq x<5$

(i), (ii)에서 주어진 부등식의 해는　　$\boldsymbol{-3<x<5}$

다른 풀이　(1) $x^2-4|x|+3<0$에서　　$|x|^2-4|x|+3<0$　　← $x^2=|x|^2$

$\qquad(|x|-1)(|x|-3)<0$　　$\therefore 1<|x|<3$

$\qquad\therefore -3<x<-1$ 또는 $1<x<3$

KEY Point ● 절댓값 기호를 포함한 이차부등식의 풀이

⇨ 절댓값 기호 안의 식의 값이 0이 되는 x의 값을 기준으로 범위를 나누어 해를 구한다.

● 정답 및 풀이 **104**쪽

 444 다음 이차부등식을 푸시오.

(1) $x^2-2|x|-3<0$　　　　　　　　　　(2) $x^2-2x\geq2|x-1|+2$

15 이차부등식의 활용

오른쪽 그림과 같이 가로의 길이가 30 m, 세로의 길이가
20 m인 직사각형 모양의 정원에 폭이 일정한 길을 만들었다.
길을 제외하고 남은 정원의 넓이가 200 m² 이상이 되도록 할
때, 길의 최대 폭을 구하시오.

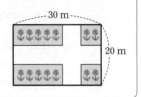

설명　길의 폭을 x m로 놓고 문제의 조건에 따라 식을 세운다.

풀이　길의 폭을 x m라 하면 길을 제외하고 남은 정원의 넓이는
　　　가로의 길이가 $(30-x)$ m, 세로의 길이가 $(20-x)$ m인 직사각형의 넓이와 같다.
　　　이 넓이가 200 m² 이상이 되어야 하므로

$$(30-x)(20-x) \geq 200, \qquad x^2-50x+600 \geq 200$$
$$x^2-50x+400 \geq 0, \qquad (x-10)(x-40) \geq 0$$
$$\therefore x \leq 10 \ \text{또는} \ x \geq 40$$

　　　그런데 $0 < x < 20$이므로

$$0 < x \leq 10$$

　　　따라서 조건을 만족시키는 길의 최대 폭은 **10 m**이다.

● 이차부등식의 활용 문제
⇨ 구하는 것을 x로 놓고 문제의 조건에 맞는 이차부등식을 세운다.

● 정답 및 풀이 **105쪽**

 445 어느 상점에서 게임기 A를 한 대에 20만 원씩 판매하면 매월 90대가 팔리고, 한 대의 가격
을 만 원 인상할 때마다 월 판매량이 3대씩 줄어든다고 한다. 한 달 동안의 총판매액이
1872만 원 이상이 되도록 할 때, 게임기 A의 한 대의 가격은 최고 얼마로 정할 수 있는가?

① 24만 원　　　　　　　② 25만 원　　　　　　　③ 26만 원
④ 27만 원　　　　　　　⑤ 28만 원

446 이차방정식 $3x^2+(a+2)x+a=0$이 허근을 갖도록 하는 정수 a의 개수를 구하시오.

개념원리 이해

05 이차부등식의 해의 조건

1 이차부등식의 작성 ⊙ 필수 16

이차부등식의 해가 주어졌을 때, 다음과 같이 이차부등식을 구할 수 있다.

> (1) **해가 $\alpha < x < \beta$이고 x^2의 계수가 1인 이차부등식은**
> $$(x-\alpha)(x-\beta) < 0, \ \ 즉 \ \ x^2 - (\alpha+\beta)x + \alpha\beta < 0$$
> (2) **해가 $x < \alpha$ 또는 $x > \beta$ ($\alpha < \beta$)이고 x^2의 계수가 1인 이차부등식은**
> $$(x-\alpha)(x-\beta) > 0, \ \ 즉 \ \ x^2 - (\alpha+\beta)x + \alpha\beta > 0$$

보기 ▶ (1) 해가 $-1 < x < 5$이고 x^2의 계수가 1인 이차부등식은
$$(x+1)(x-5) < 0 \qquad \therefore x^2 - 4x - 5 < 0$$
(2) 해가 $x < -2$ 또는 $x > 3$이고 x^2의 계수가 1인 이차부등식은
$$(x+2)(x-3) > 0 \qquad \therefore x^2 - x - 6 > 0$$

2 이차부등식이 항상 성립할 조건 ⊙ 필수 17, 18

> 이차방정식 $ax^2+bx+c=0$의 판별식을 D라 할 때, 모든 실수 x에 대하여
> (1) $ax^2+bx+c > 0$이 성립 $\Rightarrow a > 0,\ D < 0$
> (2) $ax^2+bx+c \geq 0$이 성립 $\Rightarrow a > 0,\ D \leq 0$
> (3) $ax^2+bx+c < 0$이 성립 $\Rightarrow a < 0,\ D < 0$
> (4) $ax^2+bx+c \leq 0$이 성립 $\Rightarrow a < 0,\ D \leq 0$

설명 모든 실수 x에 대하여 이차부등식 $ax^2+bx+c > 0$이 성립하려면 $y=ax^2+bx+c$의 그래프가 x축보다 항상 위쪽에 있어야 한다. 즉 $y=ax^2+bx+c$의 그래프가 아래로 볼록하고 x축과 만나지 않아야 하므로 $a > 0,\ D < 0$이다.
마찬가지로 모든 실수 x에 대하여 이차부등식 $ax^2+bx+c < 0$이 성립하려면 $y=ax^2+bx+c$의 그래프가 x축보다 항상 아래쪽에 있어야 한다. 즉 $y=ax^2+bx+c$의 그래프가 위로 볼록하고 x축과 만나지 않아야 하므로 $a < 0,\ D < 0$이다.
따라서 다음이 성립한다.

(1) $ax^2+bx+c > 0$	(2) $ax^2+bx+c \geq 0$	(3) $ax^2+bx+c < 0$	(4) $ax^2+bx+c \leq 0$
$\Rightarrow a>0,\ D<0$	$\Rightarrow a>0,\ D\leq0$	$\Rightarrow a<0,\ D<0$	$\Rightarrow a<0,\ D\leq0$

참고 이차부등식의 해가 없을 조건은 이차부등식이 항상 성립할 조건으로 바꾸어 생각한다.
(1) $ax^2+bx+c > 0$의 해가 없다. $\Rightarrow ax^2+bx+c \leq 0$이 항상 성립한다.
(2) $ax^2+bx+c \geq 0$의 해가 없다. $\Rightarrow ax^2+bx+c < 0$이 항상 성립한다.

16 해가 주어진 이차부등식

이차부등식 $ax^2+bx+c>0$의 해가 $-3<x<4$일 때, 이차부등식 $ax^2-bx+c>0$의 해를 구하시오. (단, a, b, c는 상수이다.)

풀이   해가 $-3<x<4$이고 x^2의 계수가 1인 이차부등식은
$$(x+3)(x-4)<0 \quad \therefore x^2-x-12<0 \quad \cdots\cdots ㉠$$
㉠과 주어진 이차부등식 $ax^2+bx+c>0$의 부등호의 방향이 다르므로
$$a<0$$
㉠의 양변에 a를 곱하면 $ax^2-ax-12a>0$
이 부등식이 $ax^2+bx+c>0$과 일치하므로
$$b=-a, \ c=-12a \quad \cdots\cdots ㉡$$
$ax^2-bx+c>0$에 ㉡을 대입하면
$$ax^2+ax-12a>0$$
양변을 a로 나누면 $x^2+x-12<0 \ (\because a<0)$
$$(x+4)(x-3)<0$$
$$\therefore -4<x<3$$

다른 풀이   이차방정식 $ax^2+bx+c=0$의 두 근이 -3, 4이므로 근과 계수의 관계에 의하여
$$-\frac{b}{a}=-3+4, \ \frac{c}{a}=-3\times4$$
$$\therefore b=-a, \ c=-12a$$

• 해가 $\alpha<x<\beta$이고 x^2의 계수가 1인 이차부등식 $\Rightarrow (x-\alpha)(x-\beta)<0$
• 해가 $x<\alpha$ 또는 $x>\beta$이고 x^2의 계수가 1인 이차부등식 $\Rightarrow (x-\alpha)(x-\beta)>0$ (단, $\alpha<\beta$)

• 정답 및 풀이 **105**쪽

 447   이차부등식 $ax^2+bx+1>0$의 해가 $-\dfrac{1}{2}<x<\dfrac{1}{3}$일 때, 상수 a, b에 대하여 $a+b$의 값을 구하시오.

448   이차부등식 $ax^2+bx+c<0$의 해가 $x<-3$ 또는 $x>5$일 때, 이차부등식 $cx^2+bx+a<0$의 해를 구하시오. (단, a, b, c는 상수이다.)

449   이차부등식 $f(x)<0$의 해가 $x<-2$ 또는 $x>1$일 때, 부등식 $f(3x-1)\geq0$의 해를 구하시오.

필수 17 **이차부등식이 항상 성립할 조건**

모든 실수 x에 대하여 부등식 $(a+2)x^2-2(a+2)x+4>0$이 성립할 때, 실수 a의 값의 범위를 구하시오.

설명 이차부등식이라는 조건이 없으면 최고차항의 계수가 **0**일 때와 **0**이 아닐 때로 나누어 푼다.

풀이 (i) $a+2=0$, 즉 $a=-2$일 때,

$0 \times x^2 - 0 \times x + 4 > 0$에서 $4>0$이므로 주어진 부등식은 모든 실수 x에 대하여 성립한다.

(ii) $a+2 \neq 0$, 즉 $a \neq -2$일 때,

주어진 부등식이 모든 실수 x에 대하여 성립하려면

$a+2>0$　　$\therefore a>-2$　　……㉠

또 이차방정식 $(a+2)x^2-2(a+2)x+4=0$의 판별식을 D라 하면

$$\frac{D}{4}=(a+2)^2-4(a+2)<0$$

$(a+2)(a-2)<0$　　$\therefore -2<a<2$　　……㉡

㉠, ㉡의 공통부분은　　$-2<a<2$

(i), (ii)에서 구하는 실수 a의 값의 범위는　　**$-2 \leq a < 2$**

 KEY Point

• 이차부등식이 항상 성립할 조건

① $ax^2+bx+c>0 \Rightarrow a>0, D<0$　　② $ax^2+bx+c<0 \Rightarrow a<0, D<0$

③ $ax^2+bx+c \geq 0 \Rightarrow a>0, D \leq 0$　　④ $ax^2+bx+c \leq 0 \Rightarrow a<0, D \leq 0$

● 정답 및 풀이 **106**쪽

 확인 체크

450 모든 실수 x에 대하여 이차부등식 $ax^2+6x+(2a+3) \leq 0$이 성립할 때, 실수 a의 값의 범위를 구하시오.

451 모든 실수 x에 대하여 부등식 $(a-1)x^2-2(a-1)x+1>0$이 성립할 때, 실수 a의 값의 범위를 구하시오.

452 이차함수 $y=x^2-4kx+1$의 그래프가 직선 $y=2x-k^2$보다 항상 위쪽에 있도록 하는 실수 k의 값의 범위를 구하시오.

18 이차부등식이 해를 갖거나 갖지 않을 조건

이차부등식 $ax^2+4x+a>0$에 대하여 다음을 구하시오.

(1) 부등식이 해를 갖도록 하는 실수 a의 값의 범위

(2) 부등식의 해가 존재하지 않도록 하는 실수 a의 값의 범위

풀이

(1) (i) $a>0$일 때,

이차함수 $y=ax^2+4x+a$의 그래프는 아래로 볼록하므로 주어진 이차부등식은 항상 해를 갖는다.

(ii) $a<0$일 때,

주어진 이차부등식이 해를 가지려면 이차방정식 $ax^2+4x+a=0$이 서로 다른 두 실근을 가져야 하므로 이 이차방정식의 판별식을 D라 하면

$$\frac{D}{4}=4-a^2>0, \quad a^2-4<0, \quad (a+2)(a-2)<0$$

$$\therefore -2<a<2$$

그런데 $a<0$이므로 $-2<a<0$

(i), (ii)에서 구하는 실수 a의 값의 범위는

   $-2<a<0$ 또는 $a>0$

(2) 이차부등식 $ax^2+4x+a>0$의 해가 존재하지 않으려면 모든 실수 x에 대하여 이차부등식

$$ax^2+4x+a\leq0$$

이 성립해야 하므로 $a<0$ ······ ㉠

또 이차방정식 $ax^2+4x+a=0$이 중근 또는 허근을 가져야 하므로 이 이차방정식의 판별식을 D라 하면

$$\frac{D}{4}=4-a^2\leq0, \quad a^2-4\geq0, \quad (a+2)(a-2)\geq0$$

$$\therefore a\leq-2 \text{ 또는 } a\geq2 \quad ······ ㉡$$

㉠, ㉡의 공통부분은 $a\leq-2$

 KEY Point

• 부등식 $f(x)>0$이 해를 갖지 않는다.

⇨ 모든 실수 x에 대하여 부등식 $f(x)\leq0$이 성립한다.

● 정답 및 풀이 **106**쪽

 453 이차부등식 $2x^2-ax-a+6<0$이 해를 갖도록 하는 실수 a의 값의 범위를 구하시오.

454 이차부등식 $(a-3)x^2-2(a-3)x-2>0$의 해가 존재하지 않도록 하는 실수 a의 값의 범위를 구하시오.

455 이차부등식 $(a+1)x^2-2(a+1)x+4\leq0$이 단 하나의 해를 갖도록 하는 실수 a의 값을 구하시오.

● 더 다양한 문제는 **RPM** 공통수학 1 118쪽

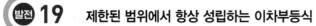

발전 19   제한된 범위에서 항상 성립하는 이차부등식

$0 \le x \le 3$에서 이차부등식 $x^2 + ax + a^2 - 9 \le 0$이 항상 성립하도록 하는 실수 a의 값의 범위를 구하시오.

설명   제한된 범위에서 항상 성립하는 이차부등식 ➡ 이차함수의 그래프를 이용한다.

풀이 $f(x) = x^2 + ax + a^2 - 9$라 하면 $0 \le x \le 3$에서 $f(x) \le 0$이어야 하므로 $y = f(x)$의 그래프는 오른쪽 그림과 같아야 한다.

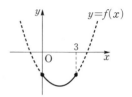

(i) $f(0) \le 0$에서 $a^2 - 9 \le 0$

$\qquad (a+3)(a-3) \le 0$

$\qquad \therefore -3 \le a \le 3 \quad \cdots\cdots \ \ominus$

(ii) $f(3) \le 0$에서 $9 + 3a + a^2 - 9 \le 0$

$\qquad a^2 + 3a \le 0, \qquad a(a+3) \le 0$

$\qquad \therefore -3 \le a \le 0 \quad \cdots\cdots \ \mathbb{L}$

$\ominus$, $\mathbb{L}$의 공통부분은 $\boldsymbol{-3 \le a \le 0}$

KEY Point

• $a \le x \le b$에서 이차부등식 $f(x) \le 0$이 항상 성립한다.
➡ 조건을 만족시키도록 $y = f(x)$의 그래프를 그린다.

● 정답 및 풀이 **107**쪽

456 $-2 \le x \le 4$에서 이차부등식 $x^2 - 2ax + a^2 - 16 < 0$이 항상 성립하도록 하는 실수 a의 값의 범위를 구하시오.

457 $-1 \le x \le 2$에서 이차부등식 $x^2 - 4x > a^2 - 8$이 항상 성립하도록 하는 정수 a의 개수를 구하시오.

458 $-2 < x < 1$에서 이차함수 $y = -2x^2 + 3ax + 8$의 그래프가 직선 $y = a^2x - 4$보다 항상 위쪽에 있도록 하는 실수 a의 값의 범위를 구하시오.

459 두 이차함수 $y=f(x)$, $y=g(x)$의 그래프가 오른쪽 그림과 같을 때, 부등식 $0<f(x)<g(x)$의 해는 $\alpha<x<\beta$이다. 이때 상수 α, β에 대하여 $\alpha+\beta$의 값을 구하시오.

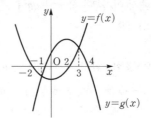

생각해 봅시다! 💡

$0<f(x)<g(x)$
$\Rightarrow \begin{cases} f(x)>0 \\ f(x)<g(x) \end{cases}$

460 보기에서 해가 모든 실수인 부등식만을 있는 대로 고르시오.

> **보기**
>
> ㄱ. $(x+1)^2 \geq 0$　　　　ㄴ. $x^2-x-1>0$
>
> ㄷ. $x^2+6x+9>0$　　　ㄹ. $x^2-4x+6>0$

461 이차방정식 $x^2+6x+6-a=0$이 중근을 가질 때, 이차부등식 $ax^2+4x+15>0$을 만족시키는 정수 x의 개수를 구하시오.
(단, a는 상수이다.)

462 부등식 $x^2-x \leq 2|x-1|$의 해가 $\alpha \leq x \leq \beta$일 때, 상수 α, β에 대하여 $\beta-\alpha$의 값을 구하시오.

463 지면에서 초속 50 m로 똑바로 위로 쏘아 올린 공의 t초 후의 지면으로부터의 공의 높이를 h m라 할 때, $h=50t-5t^2$의 관계가 성립한다고 한다. 이 공의 높이가 80 m 이상인 시간은 몇 초 동안인지 구하시오.

464 이차함수 $y=ax^2-3$의 그래프가 직선 $y=-4x-a$보다 항상 아래쪽에 있도록 하는 실수 a의 값의 범위를 구하시오.

$y=f(x)$의 그래프가
$y=g(x)$의 그래프보다 항상
아래쪽에 있다.
$\Rightarrow$ 모든 실수 x에 대하여
$f(x)<g(x)$

교육청 기출

465 x에 대한 이차부등식 $x^2-(n+5)x+5n\le0$을 만족시키는 정수 x의 개수가 3이 되도록 하는 모든 자연수 n의 값의 합은?

① 8   ② 9   ③ 10   ④ 11   ⑤ 12

466 다음 중 부등식 $|x|+|x-2|<3$과 해가 같은 부등식은?

① $4x^2-12x+5<0$ ② $4x^2-8x-5>0$ ③ $4x^2-8x-5<0$
④ $4x^2+8x-5>0$ ⑤ $4x^2+8x-5<0$

해가 $\alpha<x<\beta$이고 x^2의 계수가 1인 이차부등식
⇨ $(x-\alpha)(x-\beta)<0$

II-5

여러 가지 부등식

467 이차부등식 $ax^2+bx+c>0$의 해가 $\dfrac{1}{14}<x<\dfrac{1}{10}$일 때, 이차부등식 $4cx^2-2bx+a>0$의 해를 구하시오. (단, a, b, c는 상수이다.)

교육청 기출

468 이차다항식 $P(x)$가 다음 조건을 만족시킬 때, $P(-1)$의 값은?

> (개) 부등식 $P(x)\ge-2x-3$의 해는 $0\le x\le1$이다.
> (내) 방정식 $P(x)=-3x-2$는 중근을 가진다.

① -3 ② -4 ③ -5 ④ -6 ⑤ -7

469 이차부등식 $f(x)>0$의 해가 $1<x<5$일 때, 부등식 $f(3-2x)>f(0)$을 만족시키는 정수 x의 개수를 구하시오.

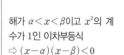

470 이차부등식 $-x^2+2(k+3)x+4(k+3)>0$의 해가 존재하지 않도록 하는 정수 k의 최솟값을 구하시오.

$f(x)>0$의 해가 존재하지 않는다.
⇨ 모든 실수 x에 대하여
    $f(x)\le0$

연습 문제

471 다음 중 $1 \leq x \leq 4$에서 이차부등식 $-x^2+4x+a^2-4 \geq 0$이 항상 성립하도록 하는 실수 a의 값이 <u>아닌</u> 것은?

① -4　　② -3　　③ -2　　④ 1　　⑤ 2

실력 UP⁺

472 부등식 $3[x]^2-[x]-10<0$의 해가 $a \leq x < b$일 때, 상수 a, b에 대하여 $a+b$의 값을 구하시오.

(단, $[x]$는 x보다 크지 않은 최대의 정수이다.)

$[x]$를 한 문자로 보고 이차부등식을 푼다.

473 이차부등식 $ax^2+bx+c \geq 0$의 해가 $x=2$일 때, 보기에서 옳은 것만을 있는 대로 고르시오.

> **보기**
> ㄱ. $ax^2+bx+c \leq 0$의 해는 모든 실수이다.
> ㄴ. $-ax^2+bx-c \leq 0$의 해는 $x=2$이다.
> ㄷ. $cx^2+bx+a \geq 0$의 해는 모든 실수이다.

$ax^2+bx+c \geq 0$의 해가 $x=2$이려면
① $a<0$
② $ax^2+bx+c=0$이 $x=2$를 중근으로 갖는다.

474 모든 실수 x에 대하여 $\sqrt{(a-1)x^2-8(a-1)x+4}$가 실수가 되도록 하는 실수 a의 값의 범위를 구하시오.

$\sqrt{A}$가 실수이다.
$\Rightarrow A \geq 0$

475 이차부등식 $3x^2+2(a+b+c)x+ab+bc+ca \leq 0$의 해가 단 한 개 존재할 때, $\dfrac{3b}{a}+\dfrac{3c}{b}+\dfrac{3a}{c}$의 값을 구하시오.

(단, a, b, c는 실수이고, $abc \neq 0$이다.)

06 연립이차부등식

1 연립이차부등식

연립부등식에서 차수가 가장 높은 부등식이 이차부등식일 때, 이 연립부등식을 **연립이차부등식**이라 한다.
연립이차부등식을 풀 때에는 연립일차부등식을 풀 때와 마찬가지로 각 부등식을 풀어서 그 **해의 공통부분**을 구한다.

▶ 연립이차부등식은 $\begin{cases} 일차부등식 \\ 이차부등식 \end{cases}$, $\begin{cases} 이차부등식 \\ 이차부등식 \end{cases}$ 중 하나의 꼴이다.

보기 ▶ 연립부등식 $\begin{cases} 2x-3 \leq 7 \\ x^2-10x+21 \leq 0 \end{cases}$ 은 차수가 가장 높은 부등식이 이차부등식이므로 연립이차부등식이다.

2 연립이차부등식의 풀이 ⌒필수 20

연립이차부등식은 다음과 같은 순서로 푼다.

(i) 각각의 부등식을 푼다.
(ii) 각 부등식의 해를 하나의 수직선 위에 나타낸다.
(iii) 공통부분을 찾아 주어진 연립부등식의 해를 구한다.

▶ ① $A < B < C$의 꼴의 부등식은 $\begin{cases} A < B \\ B < C \end{cases}$의 꼴로 고쳐서 푼다. 이때 $\begin{cases} A < B \\ A < C \end{cases}$ 또는 $\begin{cases} A < C \\ B < C \end{cases}$의 꼴로 고쳐서 풀지 않도록 주의한다.
② 연립부등식을 이루는 각 부등식의 해의 공통부분이 없으면 연립부등식의 해는 없다.

예제 ▶ 연립부등식 $\begin{cases} x+2 < x^2 \\ x^2-5x+4 \leq 0 \end{cases}$ 을 푸시오.

풀이 $x+2 < x^2$에서 $x^2-x-2 > 0$, $(x+1)(x-2) > 0$
    $\therefore x < -1$ 또는 $x > 2$ ······ ㉠
$x^2-5x+4 \leq 0$에서 $(x-1)(x-4) \leq 0$
    $\therefore 1 \leq x \leq 4$ ······ ㉡
㉠, ㉡을 수직선 위에 나타내면 오른쪽 그림과 같으므로 주어진 연립부등식의 해는
    $2 < x \leq 4$

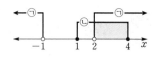

필수 20 연립이차부등식의 풀이

다음 부등식을 푸시오.

(1) $\begin{cases} x^2+2x-35>0 \\ 6x^2-7x-5>0 \end{cases}$

(2) $\begin{cases} 4x^2-x-3\leq 0 \\ 3x^2-5x-2>0 \end{cases}$

(3) $2x+5<x^2<7x+8$

(4) $\begin{cases} |x-1|<3 \\ x^2-\dfrac{1}{2}x\geq\dfrac{3}{2} \end{cases}$

풀이   (1) $x^2+2x-35>0$에서 $(x+7)(x-5)>0$

    $\therefore x<-7$ 또는 $x>5$ ……㉠

$6x^2-7x-5>0$에서 $(2x+1)(3x-5)>0$

    $\therefore x<-\dfrac{1}{2}$ 또는 $x>\dfrac{5}{3}$ ……㉡

㉠, ㉡의 공통부분은   **$x<-7$ 또는 $x>5$**

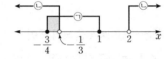

(2) $4x^2-x-3\leq 0$에서 $(4x+3)(x-1)\leq 0$

    $\therefore -\dfrac{3}{4}\leq x\leq 1$ ……㉠

$3x^2-5x-2>0$에서 $(3x+1)(x-2)>0$

    $\therefore x<-\dfrac{1}{3}$ 또는 $x>2$ ……㉡

㉠, ㉡의 공통부분은   **$-\dfrac{3}{4}\leq x<-\dfrac{1}{3}$**

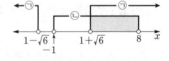

(3) $2x+5<x^2$에서 $x^2-2x-5>0$

이차방정식 $x^2-2x-5=0$의 근은 $x=1\pm\sqrt{6}$이므로

    $x<1-\sqrt{6}$ 또는 $x>1+\sqrt{6}$ ……㉠

$x^2<7x+8$에서

    $x^2-7x-8<0$, $(x+1)(x-8)<0$

    $\therefore -1<x<8$ ……㉡

㉠, ㉡의 공통부분은   **$1+\sqrt{6}<x<8$**

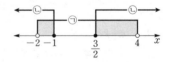

(4) $|x-1|<3$에서

    $-3<x-1<3$ $\therefore -2<x<4$ ……㉠

$x^2-\dfrac{1}{2}x\geq\dfrac{3}{2}$에서

    $2x^2-x-3\geq 0$, $(x+1)(2x-3)\geq 0$

    $\therefore x\leq -1$ 또는 $x\geq\dfrac{3}{2}$ ……㉡

㉠, ㉡의 공통부분은   **$-2<x\leq -1$ 또는 $\dfrac{3}{2}\leq x<4$**

● 정답 및 풀이 **112**쪽

476 다음 부등식을 푸시오.

(1) $\begin{cases} 2x^2-5x+2\geq 0 \\ 2x^2-3x-5\leq 0 \end{cases}$

(2) $\begin{cases} |x-2|<4 \\ -x^2+x+12<0 \end{cases}$

(3) $-2x-7<x^2-15\leq -2x$

(4) $|x^2-4x-6|\leq 6$

필수 21 해가 주어진 연립이차부등식

연립부등식 $\begin{cases} x^2-2x-3<0 \\ x^2-(a+2)x+2a\leq 0 \end{cases}$ 의 해가 $-1<x\leq 2$가 되도록 하는 실수 a의 값의 범위를 구하시오.

설명 연립부등식의 해는 각 부등식의 해의 공통부분이므로 각 부등식의 해를 구한 다음 공통부분과 주어진 해가 일치하도록 해를 수직선 위에 나타낸다. 이때 계수가 문자인 경우에는 문자의 값의 범위를 나누어 해를 구한다.

풀이 $x^2-2x-3<0$에서 $(x+1)(x-3)<0$ ∴ $-1<x<3$ ······ ㉠

$x^2-(a+2)x+2a\leq 0$에서 $(x-a)(x-2)\leq 0$ ······ ㉡

(ⅰ) $a>2$일 때, ㉡의 해는 $2\leq x\leq a$

(ⅱ) $a=2$일 때, ㉡에서 $(x-2)^2\leq 0$ ∴ $x=2$

(ⅲ) $a<2$일 때, ㉡의 해는 $a\leq x\leq 2$

이상에서 ㉠, ㉡의 공통부분이 $-1<x\leq 2$가 되도록 수직선 위에 나타내면 오른쪽 그림과 같으므로

$a\leq -1$

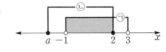

참고 경계가 되는 값이 포함되는지의 여부는 경계가 되는 값을 부등식에 대입하여 주어진 조건을 만족시키는지 확인하여 판단한다.

$a=-1$이면 ㉡의 해가 $-1\leq x\leq 2$이므로 ㉠, ㉡의 공통부분이 $-1<x\leq 2$가 되어 주어진 조건을 만족시킨다.

● 정답 및 풀이 112쪽

477 연립부등식 $\begin{cases} x^2-6x+8>0 \\ x^2-(6-a)x-6a\leq 0 \end{cases}$ 의 해가 $4<x\leq 6$이 되도록 하는 실수 a의 값의 범위를 구하시오.

478 연립부등식 $\begin{cases} x^2-x-6>0 \\ 2x^2-(2a+3)x+3a<0 \end{cases}$ 을 만족시키는 정수 x가 4뿐일 때, 실수 a의 값의 범위를 구하시오.

479 연립부등식 $\begin{cases} x^2+2x-3>0 \\ x^2+(a-1)x-a<0 \end{cases}$ 이 해를 갖도록 하는 실수 a의 값의 범위를 구하시오.

● 더 다양한 문제는 **RPM** 공통수학 1 122쪽

필수 22 이차방정식의 근의 판별과 이차부등식

이차방정식 $3x^2+4kx+3=0$은 허근을 갖고, 이차방정식 $x^2-kx+k=0$은 실근을 갖도록 하는 실수 k의 값의 범위를 구하시오.

설명 이차방정식 $ax^2+bx+c=0$의 판별식을 $D=b^2-4ac$라 하면

허근: $D<0$, 실근: $D\geq0$

풀이 이차방정식 $3x^2+4kx+3=0$의 판별식을 D_1이라 하면 이 방정식이 허근을 가지므로

$$\frac{D_1}{4}=4k^2-9<0, \quad (2k+3)(2k-3)<0 \quad \therefore -\frac{3}{2}<k<\frac{3}{2} \quad \cdots\cdots ㉠$$

이차방정식 $x^2-kx+k=0$의 판별식을 D_2라 하면 이 방정식이 실근을 가지므로

$$D_2=k^2-4k\geq0, \quad k(k-4)\geq0 \quad \therefore k\leq0 \text{ 또는 } k\geq4 \quad \cdots\cdots ㉡$$

구하는 실수 k의 값의 범위는 ㉠, ㉡의 공통부분이므로

$$-\frac{3}{2}<k\leq0$$

● 더 다양한 문제는 **RPM** 공통수학 1 121쪽

필수 23 연립이차부등식의 활용

세 수 $x-1$, x, $x+1$이 둔각삼각형의 세 변의 길이가 되도록 하는 실수 x의 값의 범위를 구하시오.

설명 삼각형의 세 변의 길이가 a, b, c이고 c가 가장 긴 변의 길이일 때, 이 삼각형이 둔각삼각형이 될 조건

$$\Rightarrow c^2>a^2+b^2$$

풀이 세 변의 길이는 모두 양수이므로

$$x-1>0, \ x>0, \ x+1>0 \quad \therefore x>1 \quad \cdots\cdots ㉠$$

삼각형의 가장 긴 변의 길이는 나머지 두 변의 길이의 합보다 작으므로

$$x+1<(x-1)+x \quad \therefore x>2 \quad \cdots\cdots ㉡$$

둔각삼각형이 되려면 $(x+1)^2>(x-1)^2+x^2$

$$x^2-4x<0, \quad x(x-4)<0 \quad \therefore 0<x<4 \quad \cdots\cdots ㉢$$

구하는 실수 x의 값의 범위는 ㉠, ㉡, ㉢의 공통부분이므로

$$2<x<4$$

● 정답 및 풀이 113쪽

480 이차방정식 $x^2+ax+a^2-3=0$은 서로 다른 두 실근을 갖고, 이차방정식 $x^2+ax+a=0$은 허근을 갖도록 하는 실수 a의 값의 범위를 구하시오.

481 세로의 길이가 가로의 길이보다 긴 직사각형 모양의 꽃밭의 둘레의 길이가 30 m이다. 이 꽃밭의 넓이가 36 m² 이상 50 m² 이하가 되도록 할 때, 꽃밭의 가로의 길이의 범위를 구하시오.

연습 문제

● 정답 및 풀이 **114**쪽

STEP 1

생각해 봅시다!

482 연립부등식 $\begin{cases} x^2 \le x+6 \\ x^2+4x \ge 5 \end{cases}$ 의 해가 이차부등식 $ax^2+bx-1 \ge 0$의 해와

같을 때, 상수 a, b에 대하여 $a+b$의 값을 구하시오.

483 연립부등식 $\begin{cases} x^2-3x-10 \le 0 \\ (x-2)(x-a) > 0 \end{cases}$ 의 해가 $2 < x \le 5$일 때, 실수 a의 최

댓값을 구하시오.

해가 주어진 연립이차부등식
⇨ 수직선을 이용한다.

484 빗변이 아닌 두 변의 길이가 각각 $x-4$, $x-10$인 직각삼각형의 넓이

가 36 이하이고 빗변의 길이가 $2\sqrt{17}$ 이상일 때, 정수 x의 개수를 구

하시오.

삼각형의 변의 길이, 넓이,
빗변의 길이를 이용하여 부등
식을 세운다.

STEP 2

교육청 기출
485 x에 대한 연립부등식 $\begin{cases} x^2-(a^2-3)x-3a^2 < 0 \\ x^2+(a-9)x-9a > 0 \end{cases}$ 을 만족시키는 정수

x가 존재하지 않기 위한 실수 a의 최댓값을 M이라 하자. M^2의 값을

구하시오. (단, $a > 2$)

486 x에 대한 두 이차방정식 $x^2+2ax+a+2=0$, $x^2+(a-1)x+a^2=0$

중 적어도 하나가 실근을 가질 때, 실수 a의 값의 범위를 구하시오.

실력 UP+

487 연립부등식 $\begin{cases} x^2-5x-6 \ge 0 \\ x^2-(1-a)x-a < 0 \end{cases}$ 을 만족시키는 정수 x의 개수가 3

이 되도록 하는 실수 a의 값의 범위를 구하시오.

II-5

요러 가지 부등식

07 이차방정식의 실근의 조건

1 이차방정식의 실근의 부호 🔗 필수 24

이차방정식이 실근을 가질 때, 판별식과 근과 계수의 관계를 이용하면 두 근을 직접 구하지 않고도 두 실근의 부호를 쉽게 알 수 있다.

> 이차방정식 $ax^2+bx+c=0$ (a, b, c는 실수)의 두 실근을 α, β, 판별식을 D라 하면
>
> (1) **두 근이 모두 양수일 조건**
>
> $\Rightarrow D\geq0$, $\alpha+\beta>0$, $\alpha\beta>0$ → $b^2-4ac\geq0$, $-\dfrac{b}{a}>0$, $\dfrac{c}{a}>0$
>
> (2) **두 근이 모두 음수일 조건**
>
> $\Rightarrow D\geq0$, $\alpha+\beta<0$, $\alpha\beta>0$ → $b^2-4ac\geq0$, $-\dfrac{b}{a}<0$, $\dfrac{c}{a}>0$
>
> (3) **두 근이 서로 다른 부호일 조건**
>
> $\Rightarrow \alpha\beta<0$ → $\dfrac{c}{a}<0$

➤ 이차방정식의 두 실근 α, β는 서로 같을 수도 있고 다를 수도 있다. 따라서 두 실근에 대하여 '서로 다른'이라는 조건이 없으면 $D\geq0$이다.

설명 양수 또는 음수라는 말은 실수에서만 사용되고 허수에서는 양, 음을 따질 수 없다. 따라서 이차방정식의 근의 부호를 따질 때에는 그 근이 실근이라는 조건이 필요하다.

즉 (1)에서 $\alpha+\beta>0$, $\alpha\beta>0$인 조건만으로는 반드시 $\alpha>0$, $\beta>0$인 것은 아니며 $D\geq0$인 조건이 필요하다는 것이다.

예를 들어 $\alpha=2+i$, $\beta=2-i$일 때 $\alpha+\beta=4>0$, $\alpha\beta=5>0$이지만 $\alpha>0$, $\beta>0$인 것은 아니다.

마찬가지로 (2)에서 $\alpha+\beta<0$, $\alpha\beta>0$인 조건만으로는 반드시 $\alpha<0$, $\beta<0$인 것은 아니며 $D\geq0$인 조건이 필요하다.

이처럼 α, β의 부호를 조사하고자 할 때에는 α, β가 실근이라는 조건이 필요하므로 판별식 D에 대하여 $D\geq0$인 조건을 함께 생각해야 한다.

그러나 (3)에서와 같이 두 근이 서로 다른 부호이면 두 근의 곱의 부호만 조사하면 된다.

$\alpha\beta<0$에서 $\dfrac{c}{a}<0$이므로 $ac<0$이다. 따라서 $D=b^2-4ac$에서 $b^2\geq0$, $-4ac>0$이므로 $D>0$이다.

이처럼 $\alpha\beta<0$이면 항상 $D>0$이므로 D의 부호를 조사할 필요가 없다.

즉 $\alpha\beta<0$은 두 근이 서로 다른 부호일 조건이다.

참고 **부호가 서로 다른 두 실근의 절댓값에 대한 조건이 주어진 경우**

이차방정식 $ax^2+bx+c=0$ (a, b, c는 실수)의 두 실근 α, β의 부호가 서로 다를 때

(1) 두 근의 절댓값이 같다. $\Rightarrow \alpha+\beta=0$, $\alpha\beta<0$

(2) 음수인 근의 절댓값이 양수인 근의 절댓값보다 크다. $\Rightarrow \alpha+\beta<0$, $\alpha\beta<0$

(3) 양수인 근의 절댓값이 음수인 근의 절댓값보다 크다. $\Rightarrow \alpha+\beta>0$, $\alpha\beta<0$

2 이차방정식의 실근의 위치   🔗 필수 25, 26

실수 a, b, c에 대하여 이차방정식 $ax^2+bx+c=0$ $(a>0)$의 두 실근은 이차함수 $y=ax^2+bx+c$의 그래프와 x축의 교점의 x좌표이므로 이차함수의 그래프를 이용하여 이차방정식의 실근의 위치를 파악할 수 있다.

이때 이차방정식 $ax^2+bx+c=0$의 두 실근의 위치를 판별하기 위해서는 이차함수 $f(x)=ax^2+bx+c$의 그래프에서 다음 세 가지 조건을 확인해야 한다.

　(i) **판별식 D의 부호**　　(ii) **경계에서의 함숫값의 부호**　　(iii) **축의 위치**

따라서 이차방정식 $ax^2+bx+c=0$ $(a>0)$의 두 실근 α, β $(\alpha \le \beta)$와 상수 p, q $(p<q)$ 사이의 대소 관계의 조건을 이차함수의 그래프를 이용하여 알아보면 다음과 같다.

두 근이 모두 p보다 크다.	두 근이 모두 p보다 작다.	두 근 사이에 p가 있다.	두 근이 모두 p, q 사이에 있다.
(i) $D \ge 0$ (ii) $f(p)>0$ (iii) $-\dfrac{b}{2a}>p$	(i) $D \ge 0$ (ii) $f(p)>0$ (iii) $-\dfrac{b}{2a}<p$	$f(p)<0$	(i) $D \ge 0$ (ii) $f(p)>0$, $f(q)>0$ (iii) $p<-\dfrac{b}{2a}<q$

▶ 방정식의 실근의 위치를 판별하기 위하여 방정식의 실근과 어떤 실수와의 대소 관계의 조건을 따지는 것을 **근의 분리**라 한다.

설명 $f(x)=ax^2+bx+c$ $(a>0)$라 할 때, 이차방정식 $ax^2+bx+c=0$의 두 실근이 모두 p보다 큰 경우의 $y=f(x)$의 그래프는 오른쪽 그림과 같다.

(i) 판별식 D의 부호

　$f(x)=0$이 두 실근 α, β를 가져야 하므로 $y=f(x)$의 그래프가 x축과 만나야 한다.

　즉 $f(x)=0$의 판별식 D가 $D \ge 0$이다.

(ii) 경계에서의 함숫값의 부호

　$f(x)=0$의 두 근 α, β가 모두 p보다 크기 위해서는 $f(p)>0$이어야 한다.

(iii) 축의 위치

　위의 (i), (ii)를 모두 만족시키더라도 $y=f(x)$의 그래프가 오른쪽 그림과 같이 $x<p$인 부분에서 x축과 만날 수 있다.

　따라서 $y=f(x)$의 그래프의 축 $x=-\dfrac{b}{2a}$가 직선 $x=p$의 오른쪽에 있을 조건이 필요하

　므로 $-\dfrac{b}{2a}>p$이어야 한다.

한편 $f(x)=0$의 두 근 사이에 p가 있을 때는 $x=p$에서의 함숫값의 부호만 조사하면 된다.

$y=f(x)$의 그래프의 축을 기준으로 p의 위치가 왼쪽이든 오른쪽이든 상관이 없고, 이차함수 $y=f(x)$의 그래프는 아래로 볼록하므로 $f(p)<0$을 만족시키면 p의 값의 좌우에서 그래프가 x축과 만나게 된다.

따라서 두 근 사이에 p가 있으려면 $f(p)<0$만 만족시키면 된다.

필수 24 이차방정식의 실근의 부호

이차방정식 $x^2-2(k+1)x+k+3=0$이 다음 조건을 만족시킬 때, 실수 k의 값의 범위를 구하시오.

(1) 두 근이 모두 양수　　　　(2) 두 근이 모두 음수　　　　(3) 두 근이 서로 다른 부호

풀이　이차방정식 $x^2-2(k+1)x+k+3=0$의 두 근을 α, β, 판별식을 D라 하면

$$\frac{D}{4}=(k+1)^2-(k+3)=k^2+k-2=(k+2)(k-1)$$

또 근과 계수의 관계에 의하여

$$\alpha+\beta=2(k+1),\ \alpha\beta=k+3$$

(1) 두 근이 모두 양수일 조건은 $D\geq0$, $\alpha+\beta>0$, $\alpha\beta>0$이므로

(ⅰ) $D\geq0$에서　$(k+2)(k-1)\geq0$　∴ $k\leq-2$ 또는 $k\geq1$

(ⅱ) $\alpha+\beta>0$에서　$2(k+1)>0$　∴ $k>-1$

(ⅲ) $\alpha\beta>0$에서　$k+3>0$　∴ $k>-3$

이상에서 구하는 k의 값의 범위는

$$k\geq1$$

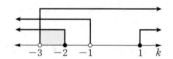

(2) 두 근이 모두 음수일 조건은 $D\geq0$, $\alpha+\beta<0$, $\alpha\beta>0$이므로

(ⅰ) $D\geq0$에서　$(k+2)(k-1)\geq0$　∴ $k\leq-2$ 또는 $k\geq1$

(ⅱ) $\alpha+\beta<0$에서　$2(k+1)<0$　∴ $k<-1$

(ⅲ) $\alpha\beta>0$에서　$k+3>0$　∴ $k>-3$

이상에서 구하는 k의 값의 범위는

$$-3<k\leq-2$$

(3) 두 근이 서로 다른 부호일 조건은 $\alpha\beta<0$이므로

$$k+3<0\quad∴\ k<-3$$

KEY Point

- 두 근이 모두 양수일 조건 $\Rightarrow D\geq0$, $\alpha+\beta>0$, $\alpha\beta>0$
- 두 근이 모두 음수일 조건 $\Rightarrow D\geq0$, $\alpha+\beta<0$, $\alpha\beta>0$
- 두 근이 서로 다른 부호일 조건 $\Rightarrow \alpha\beta<0$

● 정답 및 풀이 **116**쪽

488 x에 대한 이차방정식 $(m^2+1)x^2-2(m-2)x+4=0$의 서로 다른 두 근이 모두 음수일 때, 실수 m의 값의 범위를 구하시오.

489 x에 대한 이차방정식 $x^2-5x+a^2-4a+3=0$이 한 개의 양수인 근과 한 개의 음수인 근을 가질 때, 정수 a의 값을 구하시오.

490 x에 대한 이차방정식 $x^2+(a^2-a-12)x+a^2-6a+5=0$의 두 근의 부호가 서로 다르고 두 근의 절댓값이 같을 때, 실수 a의 값을 구하시오.

● 더 다양한 문제는 **RPM** 공통수학 1 **123쪽**

 25 **이차방정식의 실근의 위치 (1)**

이차방정식 $x^2-2ax+4a-3=0$의 두 근이 모두 1보다 클 때, 실수 a의 값의 범위를 구하시오.

설명 주어진 조건을 만족시키도록 $y=x^2-2ax+4a-3$의 그래프를 그린 다음 판별식, 함숫값, 축의 방정식을 이용하여 부등식을 세운다.

풀이 $f(x)=x^2-2ax+4a-3$이라 하면 이차방정식 $f(x)=0$의 두 근이 모두 1보다 크므로 $y=f(x)$의 그래프는 오른쪽 그림과 같아야 한다.

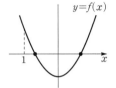

(i) 이차방정식 $f(x)=0$의 판별식을 D라 하면

$$\frac{D}{4}=a^2-(4a-3)\geq 0$$

$$a^2-4a+3\geq 0, \qquad (a-1)(a-3)\geq 0$$

$$\therefore a\leq 1 \text{ 또는 } a\geq 3$$

(ii) $f(1)=1-2a+4a-3>0$에서 $\qquad 2a>2$

$$\therefore a>1$$

(iii) $y=f(x)$의 그래프의 축의 방정식이 $x=a$이므로

$$a>1$$

이상에서 구하는 a의 값의 범위는 $\qquad a\geq 3$

KEY Point

- 이차방정식 $ax^2+bx+c=0\ (a>0)$의 판별식을 D라 하고, $f(x)=ax^2+bx+c$라 하면

① 두 근이 모두 p보다 클 조건 $\Rightarrow D\geq 0, f(p)>0, -\dfrac{b}{2a}>p$

② 두 근이 모두 p보다 작을 조건 $\Rightarrow D\geq 0, f(p)>0, -\dfrac{b}{2a}<p$

● 정답 및 풀이 **116쪽**

 491 이차방정식 $x^2-kx+k+3=0$의 두 근이 모두 -3보다 클 때, 실수 k의 값의 범위를 구하시오.

492 이차방정식 $2x^2+3mx+5m-2=0$의 두 근이 모두 1보다 작을 때, 실수 m의 값의 범위를 구하시오.

493 이차방정식 $x^2+2ax+3a=0$의 두 근이 모두 -2보다 작을 때, 실수 a의 최솟값을 구하시오.

필수 26 이차방정식의 실근의 위치 (2)

이차방정식 $x^2-(m+2)x-(m-1)=0$에 대하여 다음을 구하시오.

(1) 두 근 사이에 -2가 있을 때, 실수 m의 값의 범위

(2) 두 근이 모두 0과 2 사이에 있을 때, 실수 m의 값의 범위

풀이 $f(x)=x^2-(m+2)x-(m-1)$이라 하자.

(1) 이차방정식 $f(x)=0$의 두 근 사이에 -2가 있으려면 $y=f(x)$의 그 래프는 오른쪽 그림과 같아야 한다.

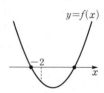

따라서 $f(-2)<0$이어야 하므로
$$4+2(m+2)-(m-1)<0$$
$$\therefore \boldsymbol{m<-9}$$

(2) 이차방정식 $f(x)=0$의 두 근이 모두 0과 2 사이에 있으려면 $y=f(x)$의 그래프는 오른쪽 그림과 같아야 한다.

(ⅰ) 이차방정식 $f(x)=0$의 판별식을 D라 하면
$$D=(m+2)^2+4(m-1)\geq0$$
$$m^2+8m\geq0, \qquad m(m+8)\geq0$$
$$\therefore m\leq-8 \ \text{또는} \ m\geq0 \qquad\qquad \cdots\cdots ㉠$$

(ⅱ) $f(0)=-(m-1)>0$에서 $\qquad m<1 \qquad\qquad \cdots\cdots ㉡$
$f(2)=4-2(m+2)-(m-1)>0$에서
$$-3m>-1 \qquad \therefore m<\frac{1}{3} \qquad\qquad \cdots\cdots ㉢$$

(ⅲ) $y=f(x)$의 그래프의 축의 방정식이 $x=\dfrac{m+2}{2}$이므로
$$0<\frac{m+2}{2}<2, \qquad 0<m+2<4 \qquad \therefore -2<m<2 \qquad\qquad \cdots\cdots ㉣$$

이상에서 구하는 m의 값의 범위는 ㉠~㉣의 공통부분이므로
$$0\leq m<\frac{1}{3}$$

KEY Point

• 이차방정식 $ax^2+bx+c=0$ $(a>0)$의 판별식을 D라 하고, $f(x)=ax^2+bx+c$라 하면

① 두 근 사이에 p가 있을 조건 ⇨ $f(p)<0$

② 두 근이 모두 p와 q 사이에 있을 조건 ⇨ $D\geq0$, $f(p)>0$, $f(q)>0$, $p<-\dfrac{b}{2a}<q$

(단, $p<q$)

● 정답 및 풀이 **117쪽**

 494 x에 대한 이차방정식 $x^2-(m-4)^2x+2m=0$의 두 근 사이에 2가 있을 때, 실수 m의 값 의 범위를 구하시오.

495 이차방정식 $x^2-4x+k-1=0$의 두 근이 모두 0과 3 사이에 있을 때, 실수 k의 값의 범위 를 구하시오.

STEP 1

496 x에 대한 이차방정식 $x^2-4(k-2)x+k^2+11=0$의 두 근이 모두 음수일 때, 실수 k의 값의 범위를 구하시오.

497 이차방정식 $x^2-2(a+1)x+3=0$의 두 근이 모두 1보다 클 때, 실수 a의 값의 범위를 구하시오.

498 x에 대한 이차방정식 $x^2+2ax+a^2-9=0$의 두 근 사이에 1이 있을 때, 정수 a의 개수를 구하시오.

STEP 2

499 x에 대한 이차방정식 $x^2+4kx+2k^2+k-1=0$의 두 근의 부호가 서로 다르고 음수인 근의 절댓값이 양수인 근의 절댓값보다 클 때, 실수 k의 값의 범위를 구하시오.

500 x에 대한 이차방정식 $x^2-4kx+3k^2-k+2=0$의 두 근을 α, β, 일차방정식 $2(x-1)+3=7-x$의 근을 γ라 할 때, $\alpha \le \beta < \gamma$이다. 이때 실수 k의 최댓값을 구하시오.

501 이차방정식 $2x^2-ax+2a-1=0$의 두 근 α, β에 대하여 $-1<\alpha<0<\beta<1$을 만족시키는 실수 a의 값의 범위를 구하시오.

실력 UP⁺

502 이차방정식 $x^2-2kx+k+2=0$의 근 중 적어도 한 개가 이차방정식 $x^2-4x+3=0$의 두 근 사이에 있을 때, 실수 k의 값의 범위를 구하시오.

생각해 봅시다!

이차방정식의 실근의 위치를 판별하려면
(ⅰ) 판별식의 부호
(ⅱ) 경계에서의 함숫값의 부호
(ⅲ) 축의 위치
를 살펴본다.

주어진 조건을 만족시키도록 $y=2x^2-ax+2a-1$의 그래프를 그려 본다.

Ⅱ-5

여러 가지 부등식

공감
한 스푼

마음으로 보아야만
분명하게 볼 수 있다.
정말 중요한 것은
눈에 보이지 않는 법이다.

– 생텍쥐페리 –

Ⅲ

경우의 수

이 단원에서는

다양한 실생활 상황에서 합의 법칙, 곱의 법칙을 이용하여 경우의 수를 구하는 방법을
학습합니다. 또 순열의 뜻과 순열의 수를 이해하고, 이를 이용하여 여러 가지 경우의 수
를 구하는 방법을 학습합니다.

01 경우의 수

1 사건과 경우의 수

> (1) **사건**: 어떤 실험이나 관찰에 의하여 일어나는 결과
> (2) **경우의 수**: 사건이 일어날 수 있는 모든 경우의 가짓수

❯ 경우의 수를 구할 때에는 모든 경우를 빠짐없이, 중복되지 않게 구해야 한다.

보기 ▶ 주사위 한 개를 던졌을 때, <u>홀수의 눈이 나오는 경우</u>는 <u>1, 3, 5의 3가지</u>이다.
　　　　　　　　　　　　　　　　　　사건　　　　　　　　　　경우의 수

참고　① 수형도: 사건이 일어나는 모든 경우를 나뭇가지 모양의 그림으로 나타낸 것
　　　　　⇨ 세 문자 a, b, c를 일렬로 나열하는 경우를 수형도로 나타내면

$$a\begin{cases} b-c \\ c-b \end{cases} \quad b\begin{cases} a-c \\ c-a \end{cases} \quad c\begin{cases} a-b \\ b-a \end{cases}$$

　　　　② 순서쌍: 사건이 일어나는 경우를 순서대로 짝 지어 만든 쌍
　　　　　⇨ 세 문자 a, b, c를 일렬로 나열하는 경우를 순서쌍으로 나타내면
　　　　　　(a, b, c), (a, c, b), (b, a, c), (b, c, a), (c, a, b), (c, b, a)

2 합의 법칙　⤷ 필수 01, 02

> 두 사건 A, B가 **동시에 일어나지 않을 때**, 사건 A, B가 일어나는 경우의 수가 각각 m, n이면
> **사건 A 또는 사건 B가 일어나는** 경우의 수는 $m+n$이다.
> 이것을 **합의 법칙**이라 한다.

❯ ① '또는', '~이거나' 등의 표현이 있으면 합의 법칙을 이용한다.
　② 합의 법칙은 어느 두 사건도 동시에 일어나지 않는 셋 이상의 사건에 대해서도 성립한다.

참고　사건 A가 일어나는 경우의 수가 m, 사건 B가 일어나는 경우의 수가 n, 두 사건 A, B가 동시에 일어나는 경우의 수
　　　가 l일 때, 사건 A 또는 사건 B가 일어나는 경우의 수는
　　　　$m+n-l$

예제 ▶　1부터 20까지의 자연수가 각각 하나씩 적힌 20개의 공이 들어 있는 주머니에서 한 개의 공을 꺼낼 때,
　　　　다음을 구하시오.
　　　　(1) 4의 배수 또는 7의 배수가 적힌 공이 나오는 경우의 수
　　　　(2) 소수 또는 짝수가 적힌 공이 나오는 경우의 수

풀이 (1) 4의 배수가 나오는 사건을 A, 7의 배수가 나오는 사건을 B라 하면

사건 A가 일어나는 경우는   4, 8, 12, 16, 20의 5가지

사건 B가 일어나는 경우는   7, 14의 2가지

이때 두 사건 A, B는 동시에 일어날 수 없으므로 합의 법칙에 의하여 구하는 경우의 수는

$5+2=7$

(2) 소수가 나오는 사건을 A, 짝수가 나오는 사건을 B라 하면

사건 A가 일어나는 경우는   2, 3, 5, 7, 11, 13, 17, 19의 8가지

사건 B가 일어나는 경우는   2, 4, 6, 8, $\cdots$, 20의 10가지

두 사건 A, B가 동시에 일어나는 경우는   2의 1가지

따라서 구하는 경우의 수는

$8+10-1=17$

3 곱의 법칙   📖 필수 03, 04

> 두 사건 A, B에 대하여 사건 A가 일어나는 경우의 수가 m이고, 그 각각에 대하여 사건 B가 일어나는 경우의 수가 n일 때, **두 사건 A, B가 동시에 일어나는** 경우의 수는 $m \times n$이다.
> 이것을 **곱의 법칙**이라 한다.

▶ ① '~이고', '동시에', '연이어(잇달아)' 등의 표현이 있으면 곱의 법칙을 이용한다.
　② 곱의 법칙은 동시에 일어나는 셋 이상의 사건에 대해서도 성립한다.

예제 ▶ 한 개의 주사위를 두 번 던질 때, 첫 번째에는 짝수의 눈이 나오고 두 번째에는 6의 약수의 눈이 나오는 경우의 수를 구하시오.

풀이 첫 번째에는 짝수의 눈이 나오는 경우의 수는

2, 4, 6의 3가지

두 번째에는 6의 약수의 눈이 나오는 경우의 수는

1, 2, 3, 6의 4가지

따라서 곱의 법칙에 의하여 구하는 경우의 수는

$3 \times 4 = 12$

다른 풀이 주사위에서 나오는 눈의 수를 차례대로 a, b라 할 때, 조건을 만족시키는 a, b의 순서쌍 (a, b)는

$(2, 1)$, $(2, 2)$, $(2, 3)$, $(2, 6)$,

$(4, 1)$, $(4, 2)$, $(4, 3)$, $(4, 6)$,

$(6, 1)$, $(6, 2)$, $(6, 3)$, $(6, 6)$

따라서 구하는 경우의 수는 12이다.

알아둡시다!

사건 A 또는 사건 B가 일어나는 경우의 수
⇨ 합의 법칙을 이용한다.

503 분식집에서 김밥 4종류, 라면 3종류, 볶음밥 3종류를 판매하고 있다. 이 중에서 한 가지 음식을 택하는 경우의 수를 구하시오.

504 서로 다른 두 개의 주사위를 동시에 던질 때, 다음을 구하시오.

(1) 나오는 두 눈의 수의 합이 11 이상이 되는 경우의 수

(2) 나오는 두 눈의 수의 차가 1 이하가 되는 경우의 수

두 사건 A, B가 동시에 일어나는 경우의 수
⇨ 곱의 법칙을 이용한다.

505 현진이는 모자 4종류, 티셔츠 3종류, 바지 5종류를 가지고 있다. 모자, 티셔츠, 바지를 각각 하나씩 고르는 방법의 수를 구하시오.

506 다음 그림과 같이 집, 도서관, 학교를 연결하는 길이 있다. 집에서 도서관을 거쳐 학교까지 가는 방법의 수를 구하시오.

집   도서관   학교

01 합의 법칙

1부터 100까지의 자연수가 각각 하나씩 적힌 100장의 카드에서 1장을 뽑을 때, 다음을 구하시오.

(1) 12의 배수 또는 13의 배수가 적힌 카드가 나오는 경우의 수

(2) 2의 배수 또는 5의 배수가 적힌 카드가 나오는 경우의 수

(3) 100과 서로소인 수가 적힌 카드가 나오는 경우의 수

풀이 (1) 12의 배수가 적힌 카드가 나오는 경우는 12, 24, 36, ···, 96의 8가지

13의 배수가 적힌 카드가 나오는 경우는 13, 26, 39, ···, 91의 7가지

12의 배수이면서 13의 배수인 수가 적힌 카드가 나오는 경우는 없으므로 합의 법칙에 의하여 구하는 경우의 수는

$$8+7=\textbf{15}$$

(2) 2의 배수가 적힌 카드가 나오는 경우는 2, 4, 6, ···, 100의 50가지

5의 배수가 적힌 카드가 나오는 경우는 5, 10, 15, ···, 100의 20가지

2의 배수이면서 5의 배수, 즉 10의 배수가 적힌 카드가 나오는 경우는

10, 20, 30, ···, 100의 10가지

따라서 구하는 경우의 수는

$$50+20-10=\textbf{60}$$

(3) $100=2^2\times5^2$이므로 100과 서로소인 수는 2의 배수도 아니고 5의 배수도 아닌 자연수이다.

2의 배수 또는 5의 배수가 적힌 카드가 나오는 경우의 수가 60이므로 구하는 경우의 수는

$$100-60=\textbf{40}$$

KEY Point

• 두 사건 A, B가 동시에 일어나지 않을 때, 사건 A와 사건 B가 일어나는 경우의 수가 각각 m, n 이면 사건 A 또는 사건 B가 일어나는 경우의 수는

$$m+n$$

● 정답 및 풀이 **120**쪽

 507 서로 다른 두 개의 주사위를 동시에 던질 때, 나오는 두 눈의 수의 합이 3의 배수 또는 5의 배수가 되는 경우의 수를 구하시오.

508 서로 다른 두 개의 상자에 1부터 5까지의 자연수가 각각 하나씩 적힌 5개의 공이 각각 들어 있다. 각 상자에서 공을 한 개씩 꺼낼 때, 꺼낸 공에 적힌 수의 차가 2 이하인 경우의 수를 구하시오.

509 1부터 100까지의 자연수 중에서 5 또는 7로 나누어떨어지는 수의 개수를 구하시오.

필수 02 방정식과 부등식을 만족시키는 순서쌍의 개수

방정식 $x+2y+3z=11$을 만족시키는 자연수 x, y, z의 순서쌍 (x, y, z)의 개수를 구하시오.

설명 $ax+by+cz=d$의 꼴의 방정식에서 자연수인 해의 개수는 x, y, z 중 계수가 가장 큰 항을 기준으로 나누어 생각한다.

풀이 x, y, z가 자연수이므로　　$x\geq1$, $y\geq1$, $z\geq1$

$x+2y+3z=11$에서 $3z<11$, 즉 $z<\dfrac{11}{3}$이므로

　　　$z=1$ 또는 $z=2$ 또는 $z=3$

(ⅰ) $z=1$일 때,

　　$x+2y=8$이므로 순서쌍 (x, y)는

　　　$(2, 3)$, $(4, 2)$, $(6, 1)$의 3개

(ⅱ) $z=2$일 때,

　　$x+2y=5$이므로 순서쌍 (x, y)는

　　　$(1, 2)$, $(3, 1)$의 2개

(ⅲ) $z=3$일 때,

　　$x+2y=2$이므로 순서쌍 (x, y)는 없다.

이상에서 구하는 순서쌍의 개수는

　　$3+2=5$

KEY Point

• 방정식과 부등식을 만족시키는 자연수 또는 정수의 순서쌍의 개수
⇨ 방정식이나 부등식에서 계수가 가장 큰 항을 기준으로 수를 대입하여 생각한다.

● 정답 및 풀이 **121**쪽

510 방정식 $2x+y+z=5$를 만족시키는 음이 아닌 정수 x, y, z의 순서쌍 (x, y, z)의 개수를 구하시오.

511 부등식 $3x+y\leq10$을 만족시키는 자연수 x, y의 순서쌍 (x, y)의 개수를 구하시오.

512 500원, 1000원, 2000원짜리 3종류의 우표를 합하여 10000원어치 사는 방법의 수를 구하시오. (단, 3종류의 우표가 적어도 한 장씩은 포함되어야 한다.)

03 곱의 법칙

십의 자리의 숫자는 홀수이고, 일의 자리의 숫자는 소수인 두 자리 자연수의 개수를 구하시오.

풀이   십의 자리의 숫자는 홀수이므로 십의 자리의 숫자가 될 수 있는 것은

     1, 3, 5, 7, 9의 5개

일의 자리의 숫자는 소수이므로 일의 자리의 숫자가 될 수 있는 것은

     2, 3, 5, 7의 4개

따라서 곱의 법칙에 의하여 구하는 자연수의 개수는

     $5 \times 4 = 20$

KEY Point

• 두 사건 A, B에 대하여 사건 A가 일어나는 경우의 수가 m이고, 그 각각에 대하여 사건 B가 일어나는 경우의 수가 n일 때, 두 사건 A, B가 동시에 일어나는 경우의 수는

     $m \times n$

● 정답 및 풀이 **121**쪽

 513 백의 자리의 숫자는 6의 약수이고, 십의 자리의 숫자는 4의 양의 배수인 세 자리 자연수 중에서 짝수의 개수를 구하시오.

514 다음 다항식의 전개식에서 항의 개수를 구하시오.

⑴ $(a+b+c)(x+y+z)$

⑵ $(a+b)(c+d)-(x+y+z)(p-q)$

515 서로 다른 주사위 3개를 동시에 던졌을 때, 나오는 세 눈의 수의 곱이 홀수인 경우의 수를 구하시오.

필수 **04** 약수의 개수

다음을 구하시오.

(1) 360의 양의 약수의 개수

(2) 360과 540의 양의 공약수의 개수

설명 서로 다른 소수 p, q와 자연수 a, b에 대하여 $p^a \times q^b$의 약수는 p^a의 약수와 q^b의 약수의 곱이다.

또 두 수의 공약수는 최대공약수의 약수이다.

풀이 (1) 360을 소인수분해하면 $360 = 2^3 \times 3^2 \times 5$

이때 360의 양의 약수는 2^3의 양의 약수, 3^2의 양의 약수, 5의 양의 약수에서 각각 하나씩 택하여 곱한 것이다.

2^3의 양의 약수는 1, 2, 2^2, 2^3의 4개, 3^2의 양의 약수는 1, 3, 3^2의 3개, 5의 양의 약수는 1, 5의 2개이므로 곱의 법칙에 의하여 360의 양의 약수의 개수는

     $4 \times 3 \times 2 = \mathbf{24}$

(2) 360과 540의 양의 공약수의 개수는 360과 540의 최대공약수의 양의 약수의 개수와 같다.

360과 540의 최대공약수는 180이고 180을 소인수분해하면

     $180 = 2^2 \times 3^2 \times 5$

2^2의 양의 약수는 1, 2, 2^2의 3개, 3^2의 양의 약수는 1, 3, 3^2의 3개, 5의 양의 약수는 1, 5의 2개이므로 곱의 법칙에 의하여 구하는 양의 공약수의 개수는

     $3 \times 3 \times 2 = \mathbf{18}$

다른 풀이 (1) 공식을 직접 이용하면 $360 = 2^3 \times 3^2 \times 5$의 양의 약수의 개수는

     $(3+1) \times (2+1) \times (1+1) = 24$

- 자연수 N이 $N = p^a q^b r^c$ (p, q, r는 서로 다른 소수, a, b, c는 자연수)의 꼴로 소인수분해될 때, N의 양의 약수의 개수

  $\Rightarrow$ (p^a의 양의 약수의 개수) $\times$ (q^b의 양의 약수의 개수) $\times$ (r^c의 양의 약수의 개수)

● 정답 및 풀이 **122쪽**

516 다음을 구하시오.

     (1) 144의 양의 약수의 개수   (2) 144와 504의 양의 공약수의 개수

517 270의 양의 약수 중 홀수의 개수를 구하시오.

518 600의 양의 약수 중 2의 배수의 개수를 p, 3의 배수의 개수를 q라 할 때, $p+q$의 값을 구하시오.

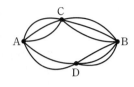

 05 **도로망에서의 경우의 수**

오른쪽 그림과 같이 네 도시 A, B, C, D를 연결하는 도로가
있다. 다음 물음에 답하시오.

(1) A 도시에서 출발하여 B 도시로 가는 경우의 수를 구하시
오. (단, 한 번 지나간 도시는 다시 지나지 않는다.)

(2) 동건이와 수진이가 A 도시에서 출발하여 B 도시로 가는 경우의 수를 구하시오.
(단, 한 사람이 지나간 중간 도시는 다른 사람이 지나갈 수 없다.)

풀이 (1) A 도시에서 출발하여 B 도시로 가는 경우는 A → C → B, A → D → B의 2가지이다.

(i) A → C → B로 가는 경우의 수는 곱의 법칙에 의하여 $3 \times 3 = 9$

(ii) A → D → B로 가는 경우의 수는 곱의 법칙에 의하여 $2 \times 3 = 6$

(i), (ii)는 동시에 일어날 수 없으므로 합의 법칙에 의하여 구하는 경우의 수는
$9 + 6 = \mathbf{15}$

(2) (i) 동건이가 A → C → B로 가는 경우의 수는 9이고, 수진이가 A → D → B로 가는 경우의
수는 6이므로 곱의 법칙에 의하여 $9 \times 6 = 54$

(ii) 동건이가 A → D → B로 가는 경우의 수는 6이고, 수진이가 A → C → B로 가는 경우의
수는 9이므로 곱의 법칙에 의하여 $6 \times 9 = 54$

(i), (ii)는 동시에 일어날 수 없으므로 합의 법칙에 의하여 구하는 경우의 수는
$54 + 54 = \mathbf{108}$

● 도로망에서 $\begin{cases} 동시에 \ 갈 \ 수 \ 없는 \ 길 \Rightarrow 합의 \ 법칙을 \ 이용 \\ 연이어 \ 갈 \ 수 \ 있는 \ 길 \Rightarrow 곱의 \ 법칙을 \ 이용 \end{cases}$

● 정답 및 풀이 **123**쪽

 519 오른쪽 그림과 같이 네 도시 A, B, C, D를 연결하는 도로가
있다. 같은 도시를 두 번 이상 지나지 않고 A 도시에서 출발하
여 D 도시로 가는 경우의 수를 구하시오.

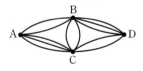

520 오른쪽 그림과 같이 세 지점 A, B, C를 연결하는 도로가 있다. 같은 도
로를 두 번 이상 지나지 않으면서 A 지점에서 출발하여 C 지점으로 이
동한 후 다시 A 지점으로 돌아오는 경우의 수를 구하시오.
(단, C 지점은 한 번만 지나고, 이동 중에는 A 지점은 지나지 않는다.)

필수 06 색칠하는 방법의 수

오른쪽 그림의 A, B, C, D, E 5개의 영역을 서로 다른 5가지 색으로 칠하려고 한다. 같은 색을 중복하여 사용해도 좋으나 인접한 영역은 서로 다른 색으로 칠할 때, 칠하는 방법의 수를 구하시오.

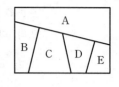

설명 가장 많은 영역과 인접하고 있는 영역에 색칠하는 방법의 수를 먼저 구한 후 각 영역에 칠할 수 있는 색의 개수를 차례대로 구하여 곱한다.

풀이 가장 많은 영역과 인접하고 있는 영역 A부터 시작하여 A → B → C → D → E의 순서로 칠할 때,
A에 칠할 수 있는 색은 5가지
B에 칠할 수 있는 색은 A에 칠한 색을 제외한 4가지
C에 칠할 수 있는 색은 A와 B에 칠한 색을 제외한 3가지
D에 칠할 수 있는 색은 A와 C에 칠한 색을 제외한 3가지
E에 칠할 수 있는 색은 A와 D에 칠한 색을 제외한 3가지
따라서 곱의 법칙에 의하여 구하는 방법의 수는
$$5 \times 4 \times 3 \times 3 \times 3 = \mathbf{540}$$

KEY Point

• 색칠하는 방법의 수 ⇨ 곱의 법칙을 이용

● 정답 및 풀이 **123**쪽

521 오른쪽 그림의 A, B, C, D 4개의 영역을 서로 다른 4가지 색으로 칠하려고 한다. 같은 색을 중복하여 사용해도 좋으나 인접한 영역은 서로 다른 색으로 칠할 때, 칠하는 방법의 수를 구하시오.

522 오른쪽 그림의 A, B, C, D, E 5개의 영역을 서로 다른 4가지 색으로 칠하려고 한다. 같은 색을 중복하여 사용해도 좋으나 인접한 영역은 서로 다른 색으로 칠할 때, 칠하는 방법의 수를 구하시오.

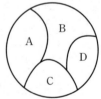

523 오른쪽 그림과 같이 어느 도시를 4개의 영역 A, B, C, D로 나누어 서로 다른 5가지 색으로 칠하려고 한다. 같은 색을 중복하여 사용해도 좋으나 인접한 영역은 서로 다른 색으로 칠할 때, 칠하는 방법의 수를 구하시오.
(단, 한 점만 공유하는 두 영역은 인접하지 않는 것으로 본다.)

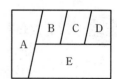
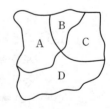

발전 07 지불 방법의 수와 지불 금액의 수

100원짜리 동전 1개, 50원짜리 동전 2개, 10원짜리 동전 3개의 일부 또는 전부를 사용
하여 지불할 때, 다음을 구하시오. (단, 0원을 지불하는 것은 제외한다.)

(1) 지불하는 방법의 수 　　　　　　　　　　(2) 지불할 수 있는 금액의 수

설명 (1) 단위가 다른 화폐의 개수가 각각 l, m, n일 때, 지불하는 방법의 수

　　$\Rightarrow (l+1)(m+1)(n+1)-1$ ◀── 모두 0개씩 지불하는 경우를 제외한다.

(2) 만들 수 있는 금액이 중복되는 경우에는 큰 단위의 화폐를 작은 단위의 화폐로 바꾸어 지불할 수 있는 금액을
계산한다.

풀이 (1) 100원짜리 동전을 지불하는 방법은　　　0개, 1개의 2가지

　　50원짜리 동전을 지불하는 방법은　　　0개, 1개, 2개의 3가지

　　10원짜리 동전을 지불하는 방법은　　　0개, 1개, 2개, 3개의 4가지

　　이때 0원을 지불하는 것은 제외해야 하므로 지불하는 방법의 수는

　　　　$2 \times 3 \times 4 - 1 = \mathbf{23}$

(2) 100원짜리 동전으로 지불할 수 있는 금액은　　　0원, <u>100원</u>의 2가지　　　…… ㉠

　　50원짜리 동전으로 지불할 수 있는 금액은　　　0원, 50원, <u>100원</u>의 3가지　　　…… ㉡

　　10원짜리 동전으로 지불할 수 있는 금액은　　　0원, 10원, 20원, 30원의 4가지

　　그런데 ㉠, ㉡에서 100원을 만들 수 있는 경우가 중복되므로 100원짜리 동전 1개를 50원짜리
동전 2개로 바꾸어 생각하면 지불할 수 있는 금액의 수는 50원짜리 동전 4개, 10원짜리 동전 3
개로 지불할 수 있는 금액의 수와 같다.

　　50원짜리 동전으로 지불할 수 있는 금액은　　　0원, 50원, 100원, 150원, 200원의 5가지

　　10원짜리 동전으로 지불할 수 있는 금액은　　　0원, 10원, 20원, 30원의 4가지

　　이때 0원을 지불하는 것은 제외해야 하므로 지불할 수 있는 금액의 수는

　　　　$5 \times 4 - 1 = \mathbf{19}$

● 정답 및 풀이 **124**쪽

524 100원짜리 동전 2개, 50원짜리 동전 4개, 10원짜리 동전 3개의 일부 또는 전부를 사용하여
지불할 때, 다음을 구하시오. (단, 0원을 지불하는 것은 제외한다.)

(1) 지불하는 방법의 수 　　　　　　　　　　(2) 지불할 수 있는 금액의 수

525 500원짜리 동전 1개, 100원짜리 동전 7개, 10원짜리 동전 4개의 일부 또는 전부를 사용하
여 지불하는 방법의 수를 a, 지불할 수 있는 금액의 수를 b라 할 때, $a+b$의 값을 구하시오.

(단, 0원을 지불하는 것은 제외한다.)

STEP 1

526 부등식 $2x+3y \leq 9$를 만족시키는 음이 아닌 정수 x, y의 순서쌍 (x, y)의 개수를 구하시오.

527 다항식 $(a+b+c)^2(x+y)$를 전개하였을 때, 항의 개수를 구하시오.

528 54^n의 양의 약수의 개수가 40일 때, 자연수 n의 값을 구하시오.

529 오른쪽 그림과 같은 도로망이 있다. 강남에서 청량리로 가는 경우의 수를 구하시오. (단, 같은 지점은 한 번만 지난다.)

530 10000원짜리 지폐 2장, 5000원짜리 지폐 3장, 1000원짜리 지폐 4장의 일부 또는 전부를 사용하여 지불하는 방법의 수를 a, 지불할 수 있는 금액의 수를 b라 할 때, $a-b$의 값을 구하시오.
(단, 0원을 지불하는 경우는 제외한다.)

지불할 수 있는 금액의 수를 구할 때에는 큰 단위의 화폐를 작은 단위의 화폐로 바꾸어 계산한다.

STEP 2

531 1부터 100까지의 자연수 중에서 3과 5로 모두 나누어떨어지지 않는 자연수의 개수를 구하시오.

532 서로 다른 두 개의 주사위를 동시에 던져서 나오는 눈의 수를 각각 a, b라 할 때, x에 대한 이차방정식 $x^2+2ax+b=0$이 실근을 갖도록 하는 a, b의 순서쌍 (a, b)의 개수를 구하시오.

이차방정식이 실근을 가질 조건 ⇨ (판별식) ≥ 0

533 오른쪽 그림과 같은 도로망에서 A 지점과 C 지점을 연결하는 도로를 추가하여 A 지점에서 출발하여 D 지점으로 가는 경우의 수가 53이 되도록 하려고 한다. 이때 추가해야 하는 도로의 개수를 구하시오. (단, 한 번 지나간 지점은 다시 지나지 않고, 도로끼리는 서로 만나지 않는다.)

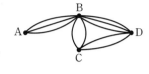

교육청 기출

534 그림과 같이 크기가 같은 6개의 정사각형에 1부터 6까지의 자연수가 하나씩 적혀 있다. 서로 다른 4가지 색의 일부 또는 전부를 사용하여 다음 조건을 만족시키도록 6개의 정사각형에 색을 칠하는 경우의 수는? (단, 한 정사각형에 한 가지 색만을 칠한다.)

1	2	3
4	5	6

(가) 1이 적힌 정사각형과 6이 적힌 정사각형에는 같은 색을 칠한다.
(나) 변을 공유하는 두 정사각형에는 서로 다른 색을 칠한다.

① 72　　② 84　　③ 96　　④ 108　　⑤ 120

535 오른쪽 그림의 A, B, C, D 4개의 영역을 서로 다른 4가지 색으로 칠하려고 한다. 같은 색을 중복하여 사용해도 좋으나 인접한 영역은 서로 다른 색으로 칠할 때, 칠하는 방법의 수를 구하시오.

(단, 한 점만을 공유하는 두 영역은 인접하지 않는 것으로 본다.)

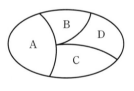

인접하지 않는 영역에는 같은 색을 칠할 수도 있고, 다른 색을 칠할 수도 있다.

실력 UP⁺

536 오른쪽 그림과 같은 정육면체의 꼭짓점 A에서 출발하여 모서리를 따라 움직여 꼭짓점 G에 도착하는 경우의 수를 구하시오.

(단, 한 번 지나간 꼭짓점은 다시 지나지 않는다.)

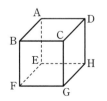

수형도를 이용한다.

개념원리 이해

02 순열

1 순열 ∞ 필수 09

(1) **순열**

서로 다른 n개에서 $r\,(0<r\leq n)$개를 택하여 일렬로 나열하는 것을 n개에서 r개를 택하는 **순열**이라 하고, 이 순열의 수를 기호로 $_n\mathrm{P}_r$와 같이 나타낸다.

(2) **순열의 수**

서로 다른 n개에서 r개를 택하는 순열의 수는

$$_n\mathrm{P}_r=\overbrace{n(n-1)(n-2)\times\cdots\times(n-r+1)}^{r개}\ (단,\ 0<r\leq n)$$

← n부터 시작하여 1씩 작아지는 자연수 r개의 곱

▶ ① $_n\mathrm{P}_r$에서 P는 순열을 뜻하는 Permutation의 첫 글자이다.
   ② $_n\mathrm{P}_r$는 'n, p, r'로 읽는다.

설명 A, B, C의 3개의 문자에서 2개를 택하여 일렬로 나열한다고 하자.
   첫 번째에 올 수 있는 문자는 A, B, C의 3가지,
   두 번째에 올 수 있는 문자는 첫 번째에 놓인 문자를 제외한 2가지
이므로 나열하는 방법의 수는 곱의 법칙에 의하여 $3\times 2=6$
이와 같이 A, B, C의 3개에서 2개를 택하여 일렬로 나열하는 것을 서로 다른 3개에서 2개를 택하는 순열이라 하고, 이 순열의 수를 기호로 $_3\mathrm{P}_2$와 같이 나타낸다.

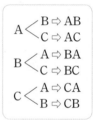

   $_3\mathrm{P}_2=3\times 2$ ← 3부터 시작하여 1씩 작아지는 자연수 2개의 곱
일반적으로 서로 다른 n개에서 $r\,(0<r\leq n)$개를 택하여 일렬로 나열할 때,
   첫 번째 자리에 올 수 있는 것은 n가지
   두 번째 자리에 올 수 있는 것은 첫 번째 자리에 놓인 것을 제외한 $(n-1)$가지
   세 번째 자리에 올 수 있는 것은 앞의 두 자리에 놓인 것을 제외한 $(n-2)$가지
   ⋮
   r 번째 자리에 올 수 있는 것은 앞의 $(r-1)$자리에 놓인 것을 제외한 $n-(r-1)$, 즉 $(n-r+1)$가지

첫 번째	두 번째	세 번째	⋯	r 번째
⇑	⇑	⇑		⇑
n가지	$(n-1)$가지	$(n-2)$가지	⋯	$(n-r+1)$가지

따라서 곱의 법칙에 의하여 서로 다른 n개에서 r개를 택하는 순열의 수 $_n\mathrm{P}_r$는
   $$_n\mathrm{P}_r=\underbrace{n(n-1)(n-2)\times\cdots\times(n-r+1)}_{r개}\ (단,\ 0<r\leq n)$$

보기 ▶ 서로 다른 6개에서 3개를 택하는 순열의 수는
   $$_6\mathrm{P}_3=6\times 5\times 4=120$$

❷ $_n\mathrm{P}_r$의 계산　🔗 필수 08

(1) **n의 계승**: 1부터 n까지의 자연수를 차례대로 곱한 것을 n의 **계승**이라 하며, 이것을 기호로 $n!$과 같이 나타낸다.

$\Rightarrow n! = n(n-1)(n-2) \times \cdots \times 3 \times 2 \times 1$

(2) **$n!$을 이용한 순열의 수**

① $_n\mathrm{P}_n = n!$, $_n\mathrm{P}_0 = 1$, $0! = 1$ 　　　　② $_n\mathrm{P}_r = \dfrac{n!}{(n-r)!}$ (단, $0 \le r \le n$)

▶ $n!$은 'n 팩토리얼(factorial)' 또는 'n의 계승'이라 읽는다.

【설명】 $r = n$일 때의 순열의 수 $_n\mathrm{P}_n$은 서로 다른 n개에서 n개를 모두 택하는 것이므로

$_n\mathrm{P}_n = n(n-1)(n-2) \times \cdots \times 3 \times 2 \times 1 = n!$

또한 $0 < r < n$일 때 순열의 수 $_n\mathrm{P}_r$를 계승을 이용하여 나타내면 다음과 같다.

$_n\mathrm{P}_r = n(n-1)(n-2) \times \cdots \times (n-r+1)$

$= \dfrac{n(n-1)(n-2) \times \cdots \times (n-r+1)(n-r)(n-r-1) \times \cdots \times 3 \times 2 \times 1}{(n-r)(n-r-1) \times \cdots \times 3 \times 2 \times 1}$

위의 식의 우변의 분자는 1부터 n까지의 자연수를 차례대로 곱한 것이므로 $n!$이고, 분모는 1부터 $(n-r)$까지의 자연수를 차례대로 곱한 것이므로 $(n-r)!$이다.

$\therefore \; _n\mathrm{P}_r = \dfrac{n!}{(n-r)!}$ 　　…… ㉠

이때 $_n\mathrm{P}_0 = 1$로 정하면 $_n\mathrm{P}_0 = \dfrac{n!}{n!} = 1$이므로 ㉠은 $r = 0$일 때도 성립한다.

또 $0! = 1$로 정하면 $_n\mathrm{P}_n = \dfrac{n!}{0!} = n!$이므로 ㉠은 $r = n$일 때도 성립한다.

【보기】▶ (1) $_5\mathrm{P}_5 = 5! = 5 \times 4 \times 3 \times 2 \times 1 = 120$

(2) $_7\mathrm{P}_0 = 1$

(3) $_5\mathrm{P}_3 = \dfrac{5!}{(5-3)!} = \dfrac{5!}{2!} = 5 \times 4 \times 3 = 60$

🔗 필수 10, 11

보충학습　**특정한 조건을 만족시키는 순열**

(1) 이웃하게 나열하는 순열의 수

　(ⅰ) 이웃하는 것을 하나로 묶어서 일렬로 나열한다.

　(ⅱ) (ⅰ)의 결과와 한 묶음 안에서 자리를 바꾸는 방법의 수를 곱한다.

(2) 이웃하지 않게 나열하는 순열의 수

　(ⅰ) 이웃해도 되는 것을 먼저 일렬로 나열한다.

　(ⅱ) (ⅰ)에서 나열한 것의 사이사이와 양 끝에 이웃하지 않아야 할 것을 나열한다.

(3) '적어도 ~'의 조건이 있는 순열의 수

　(적어도 ~인 경우의 수) = (전체 경우의 수) − (모두 ~가 아닌 경우의 수)

(4) 교대로 나열하는 순열의 수

　(ⅰ) 두 개의 집단 중 한 집단을 일렬로 나열한다.

　(ⅱ) (ⅰ)에서 나열한 것의 사이사이와 양 끝(또는 한쪽 끝)에 나머지 집단을 나열한다.

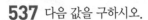**개념원리 익히기**

 알아둡시다!

$_n\mathrm{P}_r$
$=n(n-1)(n-2)$
$\quad \times \cdots \times (n-r+1)$
$\qquad$ (단, $0 < r \le n$)

537 다음 값을 구하시오.

(1) $_5\mathrm{P}_2$ (2) $_4\mathrm{P}_0$

(3) $4!$ (4) $_6\mathrm{P}_2 \times 3!$

$_n\mathrm{P}_r = \dfrac{n!}{(n-r)!}$
$\qquad$ (단, $0 \le r \le n$)

538 다음 등식을 만족시키는 n 또는 r의 값을 구하시오.

(1) $_n\mathrm{P}_3 = 24$ (2) $_n\mathrm{P}_n = 720$

(3) $_8\mathrm{P}_r = 56$ (4) $_{10}\mathrm{P}_r = 1$

(5) $_6\mathrm{P}_3 = \dfrac{6!}{n!}$ (6) $_9\mathrm{P}_r = \dfrac{9!}{4!}$

서로 다른 n개에서 r개를 택하는 순열의 수는
$\quad _n\mathrm{P}_r$

539 다음을 구하시오.

(1) 7명의 학생을 일렬로 세우는 방법의 수

(2) 1, 2, 3, 4, 5의 숫자가 각각 하나씩 적힌 5장의 카드 중에서 3장을 뽑아 만들 수 있는 세 자리 자연수의 개수

540 다음은 $1 \le r < n$일 때, 등식 $_n\mathrm{P}_r = _{n-1}\mathrm{P}_r + r \times _{n-1}\mathrm{P}_{r-1}$이 성립함을 증명하는 과정이다. ㈎, ㈏에 알맞은 것을 구하시오.

증명

$_{n-1}\mathrm{P}_r + r \times _{n-1}\mathrm{P}_{r-1}$

$= \dfrac{(n-1)!}{\{(n-1)-r\}!} + r \times \dfrac{(n-1)!}{\{(n-1)-(r-1)\}!}$

$= \dfrac{(n-r) \times (n-1)! + r \times (n-1)!}{(n-r)!}$

$= \dfrac{\boxed{\text{㈎}} \times (n-1)!}{(n-r)!}$

$= \dfrac{\boxed{\text{㈏}}}{(n-r)!} = _n\mathrm{P}_r$

$\therefore _n\mathrm{P}_r = _{n-1}\mathrm{P}_r + r \times _{n-1}\mathrm{P}_{r-1}$

필수 08 $_n\mathrm{P}_r$의 계산

다음 등식을 만족시키는 n 또는 r의 값을 구하시오.

(1) $_n\mathrm{P}_2=5n$

(2) $_5\mathrm{P}_r\times 6!=43200$

(3) $_n\mathrm{P}_5=30\,_n\mathrm{P}_3$

설명 $_n\mathrm{P}_r=n(n-1)(n-2)\times\cdots\times(n-r+1)$임을 이용하여 n 또는 r에 대한 방정식을 세운다.

풀이 (1) $_n\mathrm{P}_2=n(n-1)$이므로 $_n\mathrm{P}_2=5n$에서 $n(n-1)=5n$

$n\geq 2$이므로 양변을 n으로 나누면

$n-1=5$ $\therefore n=\boldsymbol{6}$

(2) $_5\mathrm{P}_r\times 6!=43200$에서 $_5\mathrm{P}_r\times 720=43200$

$\therefore {}_5\mathrm{P}_r=60$

$60=5\times 4\times 3$이므로 $r=\boldsymbol{3}$

(3) $_n\mathrm{P}_5=30\,_n\mathrm{P}_3$에서

$n(n-1)(n-2)(n-3)(n-4)=30n(n-1)(n-2)$

$n\geq 5$이므로

$(n-3)(n-4)=30,\qquad n^2-7n-18=0$

$(n+2)(n-9)=0$

$\therefore n=\boldsymbol{9}$

다른 풀이 (1) $_n\mathrm{P}_2=n(n-1)$이므로 $_n\mathrm{P}_2=5n$에서

$n(n-1)=5n$

$n^2-6n=0,\qquad n(n-6)=0$

$\therefore n=6\ (\because n\geq 2)$

KEY Point

• $_n\mathrm{P}_r=n(n-1)(n-2)\times\cdots\times(n-r+1)=\dfrac{n!}{(n-r)!}$ (단, $0<r\leq n$)

• $n!=n(n-1)(n-2)\times\cdots\times 3\times 2\times 1$

● 정답 및 풀이 **128**쪽

541 다음 등식을 만족시키는 n의 값을 구하시오.

(1) $_{n+2}\mathrm{P}_3=10\,_n\mathrm{P}_2$

(2) $4\,_n\mathrm{P}_3=5\,_{n-1}\mathrm{P}_3$

(3) $_n\mathrm{P}_3+3\,_n\mathrm{P}_2=5\,_{n+1}\mathrm{P}_2$

(4) $_n\mathrm{P}_3 : {}_{n+2}\mathrm{P}_3=5 : 12$

필수 09 **순열의 수**

다음을 구하시오.

(1) 5명의 학생을 일렬로 세우는 방법의 수
(2) 5명의 학생 중 3명을 뽑아 일렬로 세우는 방법의 수
(3) 5명의 학생 중 대표 1명, 부대표 1명을 뽑는 방법의 수

설명 n명의 학생 중 r명을 뽑아 일렬로 세우는 방법의 수는 서로 다른 n개에서 r개를 택하는 순열의 수와 같다.
⇨ $_n\mathrm{P}_r$

풀이 (1) 서로 다른 5개에서 5를 택하는 순열의 수와 같으므로
$$_5\mathrm{P}_5 = 5! = \mathbf{120}$$
(2) 서로 다른 5개에서 3를 택하는 순열의 수와 같으므로
$$_5\mathrm{P}_3 = 5 \times 4 \times 3 = \mathbf{60}$$
(3) 서로 다른 5개에서 2개를 택하는 순열의 수와 같으므로
$$_5\mathrm{P}_2 = 5 \times 4 = \mathbf{20}$$

KEY Point
- 서로 다른 n개에서 r개를 택하는 순열의 수
  ⇨ $_n\mathrm{P}_r$ (단, $0 \le r \le n$)

● 정답 및 풀이 **128**쪽

542 서로 다른 7가지 색을 사용하여 지도 위의 세 나라 A, B, C를 모두 다른 색으로 칠하는 방법의 수를 구하시오.

543 서로 다른 6개의 좌석에 3명을 앉히는 방법의 수를 구하시오.

544 학생 9명 중 n명을 뽑아 일렬로 세우는 방법의 수가 504일 때, n의 값을 구하시오.

248

필수 10 **이웃하거나 이웃하지 않는 순열의 수**

남자 4명과 여자 3명을 일렬로 세울 때, 다음을 구하시오.

(1) 여자 3명이 서로 이웃하도록 세우는 방법의 수

(2) 여자끼리 이웃하지 않도록 세우는 방법의 수

(3) 남자와 여자가 교대로 서는 방법의 수

설명

(1) 이웃하는 경우 ⇨ 이웃하는 것을 하나로 묶어서 생각한다.

(2) 이웃하지 않는 경우 ⇨ 이웃해도 되는 것을 먼저 나열한다.

(3) 교대로 나열하는 경우 ⇨ 한 집단을 먼저 일렬로 나열하고 그 사이사이와 양 끝에 나머지 집단을 나열한다.

풀이

(1) 여자 3명을 한 사람으로 생각하여 5명을 일렬로 세우는 방법의 수는

$$5! = 120$$

그 각각에 대하여 여자 3명이 자리를 바꾸는 방법의 수는 $3! = 6$

따라서 구하는 방법의 수는

$$120 \times 6 = \textbf{720}$$

(2) 남자 4명을 일렬로 세우는 방법의 수는 $4! = 24$

남자 사이사이와 양 끝의 5개의 자리 중 3개의 자리에 여자 3명을 세우는 방법의 수는 $_5P_3 = 60$

따라서 구하는 방법의 수는

$$24 \times 60 = \textbf{1440}$$

(3) 여자 3명을 일렬로 세우는 방법의 수는 $3! = 6$

여자 3명의 사이사이와 양 끝의 4개의 자리에 남자 4명을 세우는 방법의 수는 $4! = 24$

따라서 구하는 방법의 수는

$$6 \times 24 = \textbf{144}$$

● 정답 및 풀이 **129**쪽

545 6개의 문자 a, b, c, d, e, f를 일렬로 나열할 때, 다음을 구하시오.

(1) a와 b가 이웃하도록 나열하는 방법의 수

(2) a와 b가 이웃하지 않도록 나열하는 방법의 수

546 남학생 5명과 여학생 4명이 한 줄로 서서 등산을 할 때, 남녀 학생이 교대로 서는 방법의 수를 구하시오.

547 남학생 3명과 여학생 n명을 일렬로 세울 때, 남학생끼리 이웃하도록 세우는 방법의 수는 36이다. 이때 n의 값을 구하시오.

11 **조건을 만족시키는 순열의 수**

triangle의 8개의 문자를 일렬로 나열할 때, 다음을 구하시오.

(1) t가 맨 처음에, l이 맨 마지막에 오는 경우의 수
(2) t와 a 사이에 2개의 문자를 나열하는 경우의 수
(3) 적어도 한쪽 끝에 자음이 오는 경우의 수

설명 (3) (적어도 한쪽 끝에 자음이 오는 경우의 수)=(전체 경우의 수)−(양 끝에 모음이 오는 경우의 수)

풀이 (1) t를 맨 처음에, l을 맨 마지막에 고정시키고, 나머지 r, i, a, n, g, e의 6개의 문자를 일렬로 나열하면 되므로 구하는 경우의 수는

$$6! = \mathbf{720}$$

(2) t와 a 사이에 나머지 6개의 문자 중 2개를 택하여 나열하는 경우의 수는 $_6P_2 = 30$
t○○a를 한 묶음으로 생각하여 5개의 문자를 일렬로 나열하는 경우의 수는 $5! = 120$
t와 a가 자리를 바꾸는 경우의 수는 $2! = 2$
따라서 구하는 경우의 수는

$$30 \times 120 \times 2 = \mathbf{7200}$$

(3) 8개의 문자를 일렬로 나열하는 경우의 수는 $8! = 40320$
이때 양 끝에 모음인 i, a, e의 3개의 문자 중 2개를 택하여 나열하는 경우의 수는 $_3P_2 = 6$, 가운데에 나머지 6개의 문자를 일렬로 나열하는 경우의 수는 $6! = 720$이므로 양 끝에 모음이 오는 경우의 수는 $6 \times 720 = 4320$
따라서 구하는 경우의 수는

$$40320 - 4320 = \mathbf{36000}$$

KEY Point
• 위치가 고정되어 있는 경우 ⇨ 고정시켜야 하는 것을 먼저 나열한 후 나머지를 나열한다.
• (적어도 ~인 경우의 수)=(전체 경우의 수)−(모두 ~가 아닌 경우의 수)

● 정답 및 풀이 **129**쪽

 548 6개의 문자 a, b, c, d, e, f를 일렬로 나열할 때, 다음을 구하시오.

(1) a가 맨 처음에, b가 맨 마지막에 오는 경우의 수
(2) a와 b 사이에 3개의 문자를 나열하는 경우의 수

549 남학생 5명, 여학생 4명을 일렬로 세울 때, 남학생을 양 끝에 세우는 방법의 수를 구하시오.

550 promise의 7개의 문자를 일렬로 나열할 때, 적어도 2개의 모음이 이웃하도록 나열하는 경우의 수를 구하시오.

더 다양한 문제는 **RPM** 공통수학 1 138쪽

필수 12 **자연수의 개수**

6개의 숫자 0, 1, 2, 3, 4, 5에서 서로 다른 4개의 숫자를 택하여 네 자리 자연수를 만들 때, 다음을 구하시오.

(1) 네 자리 자연수의 개수 (2) 짝수의 개수   (3) 4의 배수의 개수

풀이 (1) 천의 자리에는 0이 올 수 없으므로 천의 자리에 올 수 있는 숫자는

1, 2, 3, 4, 5의 5가지

이 각각에 대하여 백의 자리, 십의 자리, 일의 자리에는 천의 자리에 온 숫자를 제외한 5개의 숫자 중 3개를 택하여 나열하면 되므로

$_5P_3 = 60$

따라서 구하는 네 자리 자연수의 개수는 $5 \times 60 = \textbf{300}$

(2) 짝수는 일의 자리의 숫자가 0 또는 짝수이어야 하므로 ☐☐☐0, ☐☐☐2, ☐☐☐4의 꼴이다.

(ⅰ) ☐☐☐0의 꼴

천의 자리, 백의 자리, 십의 자리에는 1, 2, 3, 4, 5의 5개의 숫자 중 3개를 택하여 나열하면 되므로 $_5P_3 = 60$

(ⅱ) ☐☐☐2, ☐☐☐4의 꼴

천의 자리에 올 수 있는 숫자는 0과 일의 자리에 온 숫자를 제외한 4가지이고, 백의 자리, 십의 자리에는 천의 자리와 일의 자리에 온 숫자를 제외한 4개의 숫자 중 2개를 택하여 나열하면 되므로

$2 \times (4 \times {}_4P_2) = 96$

(ⅰ), (ⅱ)에서 구하는 짝수의 개수는 $60 + 96 = \textbf{156}$

(3) 4의 배수는 끝의 두 자리의 수가 4의 배수이어야 하므로

☐☐04, ☐☐12, ☐☐20, ☐☐24, ☐☐32, ☐☐40, ☐☐52

의 꼴이다.

(ⅰ) ☐☐04, ☐☐20, ☐☐40의 꼴

천의 자리와 백의 자리에는 끝의 두 자리에 온 숫자를 제외한 4개의 숫자 중 2개를 택하여 나열하면 되므로 $3 \times {}_4P_2 = 36$

(ⅱ) ☐☐12, ☐☐24, ☐☐32, ☐☐52의 꼴

천의 자리에 올 수 있는 숫자는 0과 끝의 두 자리에 온 숫자를 제외한 3가지이고, 백의 자리에는 천의 자리와 끝의 두 자리에 온 숫자를 제외한 3가지가 올 수 있으므로

$4 \times (3 \times 3) = 36$

(ⅰ), (ⅱ)에서 구하는 4의 배수의 개수는 $36 + 36 = \textbf{72}$

KEY Point • 자연수를 만드는 문제에서 맨 앞자리에는 0이 올 수 없음에 주의한다.

● 정답 및 풀이 **130**쪽

551 5개의 숫자 0, 1, 2, 3, 4에서 서로 다른 3개의 숫자를 택하여 세 자리 자연수를 만들 때, 다음을 구하시오.

(1) 세 자리 자연수의 개수   (2) 홀수의 개수   (3) 3의 배수의 개수

13 **사전식 배열에 의한 경우의 수**

5개의 문자 a, b, c, d, e를 한 번씩만 사용하여 사전식으로 배열할 때, 다음 물음에 답하시오.

(1) $cebda$는 몇 번째에 오는지 구하시오.
(2) 100번째에 오는 문자열을 구하시오.

설명 사전식 배열이란 가나다순 또는 알파벳순으로 정렬하는 방법이다.
예를 들어 a, b, c로 만들 수 있는 모든 문자열을 사전식으로 배열하면
　abc, acb, bac, bca, cab, cba
가 된다.

풀이 (1) $a\square\square\square\square$의 꼴의 문자열의 개수는 　　$4!=24$
　　　$b\square\square\square\square$의 꼴의 문자열의 개수는 　　$4!=24$
　　　$ca\square\square\square$의 꼴의 문자열의 개수는 　　$3!=6$
　　　$cb\square\square\square$의 꼴의 문자열의 개수는 　　$3!=6$
　　　$cd\square\square\square$의 꼴의 문자열의 개수는 　　$3!=6$
　　　$cea\square\square$의 꼴의 문자열의 개수는 　　$2!=2$
　　　이때 $cebda$는 $ceb\square\square$의 꼴에서 두 번째에 오는 문자열이므로
　　　　　$24+24+6+6+6+2+2=\mathbf{70}$(번째)
(2) $a\square\square\square\square$, $b\square\square\square\square$, $c\square\square\square\square$, $d\square\square\square\square$의 꼴의 문자열의 개수는
　　　$4\times4!=96$
　　　$eab\square\square$의 꼴의 문자열의 개수는 　　$2!=2$
　　　$eac\square\square$의 꼴의 문자열의 개수는 　　$2!=2$
　　　이때 $96+2+2=100$이므로 100번째에 오는 문자열은 $eac\square\square$의 꼴의 마지막 문자열인 $\mathbf{eacdb}$이다.

$$eac \begin{array}{l} b \text{——} d \\ d \text{——} b \end{array}$$

KEY Point
• 수를 크기순으로 나열하거나 문자를 사전식으로 나열하는 경우
⇨ 순열을 이용한다.

● 정답 및 풀이 **130**쪽

 552 5개의 숫자 0, 1, 2, 3, 4를 한 번씩만 사용하여 만든 다섯 자리 자연수를 크기가 작은 수부터 차례대로 나열할 때, 50번째에 오는 수를 구하시오.

553 5개의 숫자 1, 2, 3, 4, 5를 한 번씩만 사용하여 다섯 자리 자연수를 만들 때, 34000보다 큰 자연수의 개수를 구하시오.

554 FRIEND의 6개의 문자를 한 번씩만 사용하여 사전식으로 배열할 때, FDIENR는 몇 번째에 오는지 구하시오.

555 부등식 $_{16}P_{2r+1} \leq 4\,_{16}P_{2r}$를 만족시키는 모든 자연수 r의 값의 합을 구하시오.

556 A, B, C, D, E, F의 6명을 일렬로 세울 때, A를 맨 앞에 세우고 B는 A와 이웃하지 않게 세우는 방법의 수를 구하시오.

557 남학생 3명, 여학생 5명, 선생님 2명을 일렬로 세울 때, 남학생은 남학생끼리, 여학생은 여학생끼리 이웃하게 세우는 방법의 수를 구하시오.

이웃하는 것을 하나로 묶어서 생각한다.

교육청 기출
558 숫자 1, 2, 3, 4, 5가 하나씩 적혀 있는 5장의 카드가 있다. 이 5장의 카드를 모두 일렬로 나열할 때, 짝수가 적혀 있는 카드끼리 서로 이웃하지 않도록 나열하는 경우의 수는?

① 24   ② 36   ③ 48   ④ 60   ⑤ 72

559 6개의 문자 a, b, c, d, e, f를 일렬로 나열할 때, b와 e 사이에 적어도 1개의 문자가 들어가는 경우의 수를 구하시오.

(적어도 ~인 경우의 수)
=(전체 경우의 수)
 −(모두 ~가 아닌
   경우의 수)

560 7개의 숫자 1, 2, 3, 4, 5, 6, 7에서 서로 다른 4개의 숫자를 택하여 네 자리 자연수를 만들 때, 천의 자리의 숫자와 일의 자리의 숫자가 모두 홀수인 자연수의 개수를 구하시오.

561 5개의 문자 A, B, C, D, E를 한 번씩만 사용하여 사전식으로 배열할 때, 86번째에 오는 문자열의 마지막 문자를 구하시오.

A□□□□의 꼴부터 문자열의 개수를 세어 본다.

STEP 2

교육청 기출

562 어느 관광지에서 7명의 관광객 A, B, C, D, E, F, G가 마차를 타려고 한다. 그림과 같이 이 마차에는 4개의 2인용 의자가 있고, 마부는 가장 앞에 있는 2인용 의자의 오른쪽 좌석에 앉는다. 7명의 관광객이 다음 조건을 만족시키도록 비어 있는 7개의 좌석에 앉는 경우의 수를 구하시오.

	마부

(개) A와 B는 같은 2인용 의자에 이웃하여 앉는다.
(내) C와 D는 같은 2인용 의자에 이웃하여 앉지 않는다.

563 서로 다른 한 자리 자연수 6개를 일렬로 나열할 때, 적어도 한쪽 끝에 홀수가 오는 경우의 수는 432이다. 이때 홀수의 개수를 구하시오.

생각해 봅시다!
짝수의 개수를 n으로 놓는다.

564 7개의 숫자 1, 2, 3, 4, 5, 6, 7에서 서로 다른 5개의 숫자를 택하여 다섯 자리 자연수를 만들 때, 각 자리의 숫자를 짝수와 홀수를 교대로 사용하여 만드는 방법의 수를 구하시오.

565 5개의 숫자 2, 3, 4, 5, 6을 한 번씩만 사용하여 다섯 자리 자연수를 만들 때, 54000보다 작은 짝수의 개수를 구하시오.

566 GERMANY의 7개의 문자를 한 번씩만 사용하여 사전식으로 배열할 때, GYRNMEA와 NGEAMRY 사이에 있는 문자열의 개수를 구하시오.

GYRNMEA는 G로 시작하는 문자열 중 마지막 문자열이고, NGEAMRY는 NGE로 시작하는 첫 번째 문자열이다.

실력 UP⁺

567 장미 3송이, 튤립 2송이, 해바라기 1송이를 3명의 학생에게 나누어 주려고 한다. 학생들이 각자 한 송이의 꽃만 받도록 나누어 주는 경우의 수는? (단, 같은 종류의 꽃은 구분하지 않는다.)

① 16　　　② 17　　　③ 18　　　④ 19　　　⑤ 20

생각해 봅시다! 💡

568 오른쪽 그림과 같이 8칸으로 나누어진 직사각형의 각 칸에 8개의 자연수 1, 3, 5, 7, 8, 10, 12, 14를 한 개씩 써넣을 때, 각 세로줄에 있는 네 수의 합이 서로 같은 경우의 수를 구하시오.

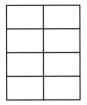

8개의 자연수의 합이 60이므로 각 세로줄에 있는 네 수의 합은 30이다.

569 ㄱ, ㄴ, ㄷ, ㄹ, ㅁ의 5개의 자음을 일렬로 나열할 때, ㄴ과 ㄹ 또는 ㄹ과 ㅁ이 서로 이웃하는 경우의 수를 구하시오.

ㄴ과 ㄹ, ㄹ과 ㅁ이 동시에 이웃하려면
　ㄴㄹㅁ 또는 ㅁㄹㄴ
순으로 나열해야 한다.

570 8개의 자연수 2, 3, 4, 5, 6, 7, 8, 9 중에서 어느 두 수의 합도 11이 되지 않는 서로 다른 4개의 수를 뽑아 네 자리 자연수를 만들려고 한다. 이때 만들 수 있는 네 자리 자연수의 개수를 구하시오.

571 1, 2, 2, 3, 3, 3, 4, 5가 각각 하나씩 적힌 8개의 카드 중에서 4장을 뽑아 나열하여 네 자리 자연수를 만들 때, 같은 숫자끼리는 이웃하지 않는 자연수의 개수를 구하시오.

같은 숫자가 없는 경우, 한 쌍 있는 경우, 두 쌍 있는 경우로 나누어 생각한다.

나는
한다면하는
사람이다
언제나
생각하는
모든것에
진심으로
최선을 다하는
사람이다 ♡

Ⅲ

경우의 수

이 단원에서는

조합의 뜻과 조합의 수를 이해하고, 이를 이용하여 여러 가지 경우의 수를 구하는 방법
을 학습합니다. 또 조합을 이용하여 전체를 몇 개로 묶는 분할과 이를 분배하는 경우의
수를 학습합니다.

01 조합

1 조합 🔗 필수 02

(1) 조합

서로 다른 n개에서 **순서를 생각하지 않고** $r\,(0<r\leq n)$개를 택하는
것을 n개에서 r개를 택하는 **조합**이라 하고, 이 조합의 수를 기호로
$_n\mathrm{C}_r$와 같이 나타낸다.

$$_n\mathrm{C}_r$$
서로 다른 ┘   └ 택하는
것의 개수   것의 개수

(2) 조합의 수

서로 다른 n개에서 r개를 택하는 조합의 수는

$$_n\mathrm{C}_r=\frac{_n\mathrm{P}_r}{r!}=\frac{n!}{r!(n-r)!}\ (\text{단, } 0\leq r\leq n)$$

▶ ① $_n\mathrm{C}_r$에서 C는 조합을 뜻하는 Combination의 첫 글자이고, $_n\mathrm{C}_r$는 'n, c, r'로 읽는다.
② $_n\mathrm{P}_r=_n\mathrm{C}_r\times r!$ ⇨ (순열의 수)=(조합의 수)×(일렬로 나열하는 방법의 수)

설명   3개의 문자 a, b, c에서 순서를 생각하지 않고 2개를 택하는 경우는

a와 b, b와 c, a와 c

의 3가지이며 조합의 수는 $_3\mathrm{C}_2$이고, 그 각각에 대하여 다음과 같이 2!가지의 순열을 만들 수 있다.

조합		순열
a와 b	일렬로 나열 →	ab, ba
b와 c	일렬로 나열 →	bc, cb
a와 c	일렬로 나열 →	ac, ca

이때 서로 다른 3개에서 2개를 택하는 순열의 수는 $_3\mathrm{P}_2$이므로

$$_3\mathrm{C}_2\times 2!=_3\mathrm{P}_2$$

따라서 조합의 수 $_3\mathrm{C}_2$는 다음과 같이 구할 수 있다.

$$_3\mathrm{C}_2=\frac{_3\mathrm{P}_2}{2!}=\frac{3\times 2}{2\times 1}=3$$

일반적으로 서로 다른 n개에서 $r\,(0<r\leq n)$개를 택하는 조합의 수는 $_n\mathrm{C}_r$이고, 그 각각에 대하여 r개를 일렬로 나열
하는 경우의 수는 $r!$이다.

그런데 서로 다른 n개에서 r개를 택하는 순열의 수는 $_n\mathrm{P}_r$이므로

$$_n\mathrm{C}_r\times r!=_n\mathrm{P}_r$$

따라서 다음 등식이 성립함을 알 수 있다.

$$_n\mathrm{C}_r=\frac{_n\mathrm{P}_r}{r!}=\frac{n!}{r!(n-r)!}\quad \cdots\cdots \text{㉠}$$

이때 $_n\mathrm{P}_0=1$, $0!=1$이므로 $_n\mathrm{C}_0=1$로 정하면 $r=0$일 때도 ㉠이 성립한다.

보기 ▶   서로 다른 6개에서 3개를 택하는 조합의 수는

$$_6\mathrm{C}_3=\frac{_6\mathrm{P}_3}{3!}=\frac{6\times 5\times 4}{3\times 2\times 1}=20$$

참고   순열은 순서를 생각하여 택하는 것이고, 조합은 순서를 생각하지 않고 택하는 것이다.
예를 들어 어떤 모임의 회장과 부회장을 각각 1명씩 뽑는 방법은 순열이고, 대표 2명을 뽑는 방법은 조합이다.

2 조합의 수의 성질 ∽ 필수 01

> (1) $_n\mathrm{C}_r = {}_n\mathrm{C}_{n-r}$ (단, $0 \le r \le n$)
>
> (2) $_n\mathrm{C}_r = {}_{n-1}\mathrm{C}_r + {}_{n-1}\mathrm{C}_{r-1}$ (단, $1 \le r < n$)

설명 (1) 서로 다른 n개에서 r개를 택하는 조합의 수는 택하지 않을 $(n-r)$개를 정하는 조합의 수와 같으므로

r개를 택한다. $(n-r)$개를 택한다.

$$_n\mathrm{C}_r = {}_n\mathrm{C}_{n-r}$$

이다.

따라서 $r > n-r$인 경우 $_n\mathrm{C}_r = {}_n\mathrm{C}_{n-r}$를 이용하면 $_n\mathrm{C}_r$의 값을 간단히 구할 수 있다.

(2) 서로 다른 n개에서 r개를 택하는 것은 특정한 대상 A를 포함하지 않는 경우와 포함하는 경우로 나눌 수 있다. 즉 A를 제외한 $(n-1)$개에서 r개를 택하는 경우와 A를 우선 택한 후 A를 제외한 $(n-1)$개에서 $(r-1)$개를 택하는 경우로 나눌 수 있으므로

$$_n\mathrm{C}_r = {}_{n-1}\mathrm{C}_r + {}_{n-1}\mathrm{C}_{r-1}$$

이다.

증명 (1) $_n\mathrm{C}_r = \dfrac{n!}{r!(n-r)!}$이므로

$$_n\mathrm{C}_{n-r} = \frac{n!}{(n-r)!\{n-(n-r)\}!} = \frac{n!}{(n-r)!\,r!} = {}_n\mathrm{C}_r$$

$$\therefore\ _n\mathrm{C}_r = {}_n\mathrm{C}_{n-r}$$

(2) $_{n-1}\mathrm{C}_r + {}_{n-1}\mathrm{C}_{r-1} = \dfrac{(n-1)!}{r!\{(n-1)-r\}!} + \dfrac{(n-1)!}{(r-1)!\{(n-1)-(r-1)\}!}$

$$= \frac{(n-1)!}{r!(n-r-1)!} + \frac{(n-1)!}{(r-1)!(n-r)!}$$

$$= \frac{(n-1)! \times (n-r)}{r!(n-r)!} + \frac{(n-1)! \times r}{r!(n-r)!}$$

$$= \frac{(n-1)! \times n}{r!(n-r)!}$$

$$= \frac{n!}{r!(n-r)!} = {}_n\mathrm{C}_r$$

$$\therefore\ _n\mathrm{C}_r = {}_{n-1}\mathrm{C}_r + {}_{n-1}\mathrm{C}_{r-1}$$

보기 ▶ (1) $_7\mathrm{C}_5 = {}_7\mathrm{C}_{7-5} = {}_7\mathrm{C}_2 = \dfrac{7 \times 6}{2 \times 1} = 21$

(2) $_6\mathrm{C}_3 + {}_6\mathrm{C}_2 = {}_7\mathrm{C}_3 = \dfrac{7 \times 6 \times 5}{3 \times 2 \times 1} = 35$

∽ 필수 03

보충 학습 **특정한 조건을 만족시키는 조합**

(1) 특정한 것을 반드시 포함하는 조합의 수

　서로 다른 n개에서 특정한 k개를 포함하여 r개를 뽑는 방법의 수

　➡ $(n-k)$개에서 $(r-k)$개를 뽑는 방법의 수 ➡ $_{n-k}\mathrm{C}_{r-k}$

(2) 특정한 것을 제외하는 조합의 수

　서로 다른 n개에서 특정한 k개를 제외하고 r개를 뽑는 방법의 수

　➡ $(n-k)$개에서 r개를 뽑는 방법의 수 ➡ $_{n-k}\mathrm{C}_r$

(3) '적어도 ~'의 조건이 있는 조합의 수

　(적어도 ~인 경우의 수) = (전체 경우의 수) − (모두 ~가 아닌 경우의 수)

개념원리 익히기

알아둡시다!

$_nC_r = \dfrac{_nP_r}{r!}$ (단, $0 \leq r \leq n$)

572 다음 값을 구하시오.

(1) $_4C_2$ (2) $_5C_0$

(3) $_8C_8$ (4) $_{15}C_{13}$

573 다음 등식을 만족시키는 n 또는 r의 값을 구하시오.

(1) $_nC_3 = 35$

(2) $_6C_r = 20$

(3) $_{2n}C_2 = 45$

574 다음을 구하시오.

(1) 서로 다른 10개의 모자 중에서 7개의 모자를 고르는 방법의 수

(2) 9개의 축구팀이 다른 팀과 모두 한 번씩 경기를 할 때, 전체 경기 수

서로 다른 n개에서 r개를 택하는 조합의 수

   $_nC_r$

575 다음은 $1 \leq r \leq n$일 때, 등식 $r \times {_nC_r} = n \times {_{n-1}C_{r-1}}$이 성립함을 증명하는 과정이다. (개), (내), (대)에 알맞은 것을 구하시오.

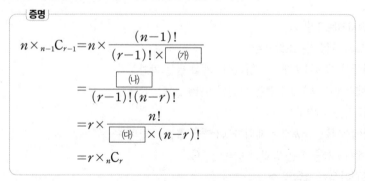

증명

$$n \times {_{n-1}C_{r-1}} = n \times \dfrac{(n-1)!}{(r-1)! \times \boxed{\text{(개)}}}$$

$$= \dfrac{\boxed{\text{(내)}}}{(r-1)!(n-r)!}$$

$$= r \times \dfrac{n!}{\boxed{\text{(대)}} \times (n-r)!}$$

$$= r \times {_nC_r}$$

필수 01 $_nC_r$의 계산

다음 등식을 만족시키는 n 또는 r의 값을 구하시오.

(1) $_nC_3 = {_nC_5}$

(2) $_8C_r = {_8C_{r-4}}$

(3) $_{13}C_{11} + {_{13}C_1} = {_{14}C_r}$

(4) $_{n-1}C_2 + {_nC_2} = {_{n+2}C_2}$

풀이

(1) $_nC_3 = {_nC_{n-3}}$이므로 $_nC_{n-3} = {_nC_5}$에서
$$n-3=5 \quad \therefore n=8$$

(2) $r \neq r-4$이고 $_8C_r = {_8C_{r-4}}$이므로
$$_8C_{8-r} = {_8C_{r-4}}$$
즉 $8-r=r-4$이므로 $\quad 2r=12 \quad \therefore r=6$

(3) $_{13}C_{11} + {_{13}C_1} = {_{13}C_2} + {_{13}C_1} = {_{14}C_2}$이고 $_{14}C_2 = {_{14}C_{12}}$이므로
$$r=2 \text{ 또는 } r=12$$

(4) $_{n-1}C_2 + {_nC_2} = {_{n+2}C_2}$에서
$$\frac{(n-1)(n-2)}{2 \times 1} + \frac{n(n-1)}{2 \times 1} = \frac{(n+2)(n+1)}{2 \times 1}$$
$$(n-1)(n-2) + n(n-1) = (n+2)(n+1)$$
$$n^2 - 7n = 0, \quad n(n-7) = 0$$
$$\therefore n=7 \;(\because n \geq 3) \quad \longleftarrow n-1 \geq 2,\, n \geq 2,\, n+2 \geq 2\text{에서} \quad n \geq 3$$

KEY Point

- $_nC_r = \dfrac{_nP_r}{r!}$ (단, $0 \leq r \leq n$)

- $_nC_0 = 1,\ _nC_1 = n,\ _nC_n = 1$

- $_nC_r = {_nC_{n-r}}$ (단, $0 \leq r \leq n$)

- $_nC_r = {_{n-1}C_r} + {_{n-1}C_{r-1}}$ (단, $1 \leq r < n$)

● 정답 및 풀이 **135**쪽

 576 다음 등식을 만족시키는 n 또는 r의 값을 구하시오.

(1) $_nC_5 = {_nC_4}$

(2) $_{10}C_r = {_{10}C_{2r+1}}$

(3) $_{10}C_2 + {_{10}C_7} = {_{11}C_r}$

(4) $_{n+2}C_3 = 2{_nC_2} + {_{n+1}C_{n-1}}$

577 등식 $_nP_2 + 4{_nC_2} = 9{_{n-1}C_3}$을 만족시키는 자연수 n의 값을 구하시오.

02 조합의 수

1학년 학생 7명과 2학년 학생 5명 중에서 4명을 뽑을 때, 다음을 구하시오.

(1) 4명의 학생을 뽑는 방법의 수
(2) 1학년 학생 2명과 2학년 학생 2명을 뽑는 방법의 수
(3) 4명의 학생을 모두 같은 학년에서 뽑는 방법의 수

설명 (2) 1학년 학생을 뽑고 <u>그리고</u> 2학년 학생을 뽑는 방법의 수 ⇨ **곱의 법칙**을 이용

(3) 모두 1학년에서 뽑거나 <u>또는</u> 모두 2학년에서 뽑는 방법의 수 ⇨ **합의 법칙**을 이용

풀이 (1) 12명의 학생 중에서 4명을 뽑는 방법의 수는

$$_{12}C_4 = \frac{12 \times 11 \times 10 \times 9}{4 \times 3 \times 2 \times 1} = \textbf{495}$$

(2) 1학년 학생 7명 중에서 2명을 뽑는 방법의 수는 $\quad _7C_2 = \frac{7 \times 6}{2 \times 1} = 21$

2학년 학생 5명 중에서 2명을 뽑는 방법의 수는 $\quad _5C_2 = \frac{5 \times 4}{2 \times 1} = 10$

따라서 구하는 방법의 수는

$$21 \times 10 = \textbf{210}$$

(3) 1학년 학생 7명 중에서 4명을 뽑는 방법의 수는 $\quad _7C_4 = {_7}C_3 = \frac{7 \times 6 \times 5}{3 \times 2 \times 1} = 35$

2학년 학생 5명 중에서 4명을 뽑는 방법의 수는 $\quad _5C_4 = {_5}C_1 = 5$

따라서 구하는 방법의 수는

$$35 + 5 = \textbf{40}$$

KEY Point

• 서로 다른 n개에서 r개를 택하는 조합의 수
⇨ $_nC_r$ (단, $0 \leq r \leq n$)

● 정답 및 풀이 **136**쪽

 578 서로 다른 수학책 5권, 서로 다른 영어책 5권, 서로 다른 국어책 4권 중에서 3권의 책을 택할 때, 모두 같은 과목의 책을 택하는 방법의 수를 구하시오.

579 남학생 5명과 여학생 n명으로 이루어진 농구 동아리에서 남학생 2명, 여학생 3명을 대표로 뽑는 방법의 수가 560일 때, n의 값을 구하시오.

580 어떤 동아리에서 각 회원이 나머지 회원들과 모두 한 번씩 악수를 하였더니 회원들끼리 전부 105회의 악수가 이루어졌다. 참석한 회원의 수를 구하시오.

● 더 다양한 문제는 **RPM** 공통수학1 145, 146쪽 →

 03 조건을 만족시키는 조합의 수

경찰관 5명과 소방관 6명 중에서 4명을 뽑을 때, 다음을 구하시오.

(1) 경찰관 중 특정한 2명을 포함하여 뽑는 방법의 수

(2) 경찰관과 소방관을 각각 적어도 1명씩 포함하여 뽑는 방법의 수

설명 (1) 특정한 것이 반드시 포함되는 경우 ⇨ 특정한 것은 이미 뽑았다고 생각하고 나머지에서 필요한 것을 뽑는다.

(2) '적어도 ~'라는 조건이 있는 경우 ⇨ 전체 경우에서 '~가 아닌' 경우를 제외한다.

풀이 (1) 경찰관 중 특정한 2명을 이미 뽑았다고 생각하고 나머지 9명 중에서 2명을 뽑으면 되므로 구하는 방법의 수는

$$_9C_2 = \mathbf{36}$$

(2) 구하는 방법의 수는 11명 중 4명을 뽑는 모든 방법의 수에서 경찰관만 4명을 뽑는 방법의 수와 소방관만 4명을 뽑는 방법의 수를 뺀 것과 같다.

전체 11명 중에서 4명을 뽑는 방법의 수는　$_{11}C_4 = 330$

경찰관만 4명을 뽑는 방법의 수는　$_5C_4 = {_5}C_1 = 5$

소방관만 4명을 뽑는 방법의 수는　$_6C_4 = {_6}C_2 = 15$

따라서 구하는 방법의 수는

$$330 - (5+15) = \mathbf{310}$$

KEY Point

• 서로 다른 n개에서 r개를 뽑을 때

① 특정한 k개를 포함하여 뽑는 방법의 수 ⇨ $_{n-k}C_{r-k}$ ◀── $(n-k)$개에서 $(r-k)$개를 뽑는 방법의 수

② 특정한 k개를 제외하고 뽑는 방법의 수 ⇨ $_{n-k}C_r$ ◀── $(n-k)$개에서 r개를 뽑는 방법의 수

• (적어도 ~인 경우의 수) = (전체 경우의 수) - (모두 ~가 아닌 경우의 수)

● 정답 및 풀이 **136**쪽

 581 A, B, C를 포함한 12명의 학생 중에서 5명의 핸드볼 선수를 선발할 때, 다음을 구하시오.

(1) A, B, C가 모두 선발되는 경우의 수

(2) A, B는 선발되고 C는 선발되지 않는 경우의 수

(3) A, B, C 중 적어도 1명이 선발되는 경우의 수

582 1부터 10까지의 자연수가 각각 하나씩 적힌 10장의 카드 중에서 동시에 두 장의 카드를 뽑을 때, 카드에 적힌 두 수의 곱이 짝수인 경우의 수를 구하시오.

04 뽑아서 나열하는 방법의 수

남자 8명과 여자 5명이 있을 때, 다음을 구하시오.

(1) 남자 3명과 여자 2명을 뽑아 일렬로 세우는 방법의 수
(2) 남자 2명과 여자 2명을 뽑아 여자 2명이 서로 이웃하도록 일렬로 세우는 방법의 수

설명 '뽑을 때'는 조합을, '일렬로 세울 때'는 순열을 이용한다.

풀이 (1) 남자 8명 중에서 3명, 여자 5명 중에서 2명을 뽑는 방법의 수는
$$_8C_3 \times _5C_2 = 56 \times 10 = 560$$
뽑은 5명을 일렬로 세우는 방법의 수는 $5! = 120$
따라서 구하는 방법의 수는
$$560 \times 120 = \mathbf{67200}$$

(2) 남자 8명 중에서 2명, 여자 5명 중에서 2명을 뽑는 방법의 수는
$$_8C_2 \times _5C_2 = 28 \times 10 = 280$$
여자 2명을 한 사람으로 생각하여 3명을 일렬로 세우는 방법의 수는 $3! = 6$
그 각각에 대하여 여자 2명이 자리를 바꾸는 방법의 수는 $2! = 2$
따라서 구하는 방법의 수는
$$280 \times 6 \times 2 = \mathbf{3360}$$

KEY Point ● (뽑아서 나열하는 방법의 수) = (뽑는 방법의 수) × (나열하는 방법의 수)

● 정답 및 풀이 **136**쪽

 583 1부터 9까지의 자연수 중에서 서로 다른 홀수 2개, 서로 다른 짝수 2개를 택하여 만들 수 있는 네 자리 자연수의 개수를 구하시오.

584 수연이와 재헌이를 포함한 7명 중에서 4명을 뽑아 일렬로 세우려고 한다. 수연이는 포함되고 재헌이는 포함되지 않도록 뽑아 일렬로 세우는 방법의 수를 구하시오.

585 A, B를 포함한 8명 중에서 A, B를 포함하여 4명을 뽑아 일렬로 세울 때, A, B가 서로 이웃하도록 세우는 방법의 수를 구하시오.

● 더 다양한 문제는 **RPM** 공통수학 1 147, 148쪽

필수 05 **직선의 개수**

다음을 구하시오.

(1) 한 평면 위에 있는 서로 다른 7개의 점 중에서 어느 세 점도 한 직선 위에 있지 않을 때, 주어진 점을 이어서 만들 수 있는 서로 다른 직선의 개수
(2) 육각형의 대각선의 개수

 두 개의 점을 택하면 하나의 직선을 만들 수 있으므로 직선의 개수는 서로 다른 두 개의 점을 택하는 방법의 수와 같다.

풀이 (1) 만들 수 있는 서로 다른 직선의 개수는 7개의 점 중에서 2개를 택하는 방법의 수와 같으므로

$$_7C_2 = \mathbf{21}$$

(2) 육각형의 대각선의 개수는 6개의 꼭짓점 중에서 2개를 택하는 방법의 수에서 변의 개수인 6을 뺀 것과 같으므로

$$_6C_2 - 6 = 15 - 6 = \mathbf{9}$$

참고 n각형의 대각선의 개수는

$$_nC_2 - n = \frac{n(n-1)}{2} - n = \frac{n^2 - 3n}{2} = \frac{n(n-3)}{2}$$

KEY Point

- 어느 세 점도 한 직선 위에 있지 않은 n개의 점으로 만들 수 있는 직선의 개수 ⇨ $_nC_2$
- n각형의 대각선의 개수 ⇨ $_nC_2 - n$

● 정답 및 풀이 **137**쪽

 586 오른쪽 그림과 같이 평행한 두 직선 위에 9개의 점이 있다. 이들 점을 이어서 만들 수 있는 서로 다른 직선의 개수를 구하시오.

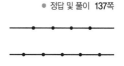

587 오른쪽 그림과 같이 삼각형 위에 10개의 점이 있을 때, 두 점을 이어서 만들 수 있는 서로 다른 직선의 개수를 구하시오.

588 대각선의 개수가 65인 다각형의 꼭짓점의 개수를 구하시오.

● 더 다양한 문제는 **RPM** 공통수학 1 148쪽

필수 06 삼각형의 개수

오른쪽 그림과 같이 반원 위에 7개의 점이 있을 때, 세 점을 꼭 짓점으로 하는 삼각형의 개수를 구하시오.

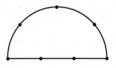

(설명) 만들 수 있는 삼각형의 개수는 한 직선 위에 있지 않은 세 점을 택하는 방법의 수와 같다.

(풀이) 7개의 점 중에서 3개를 택하는 방법의 수는　$_7C_3=35$
일직선 위에 있는 4개의 점 중에서 3개를 택하는 방법의 수는　$_4C_3=_4C_1=4$
이때 일직선 위에 있는 3개의 점으로는 삼각형을 만들 수 없으므로 구하는 삼각형의 개수는
　　$35-4=\mathbf{31}$

● 더 다양한 문제는 **RPM** 공통수학 1 149쪽

필수 07 사각형의 개수

오른쪽 그림과 같이 5개의 평행선과 4개의 평행선이 서로 만날 때, 이 평행선으로 만들 수 있는 평행사변형의 개수를 구하시오.

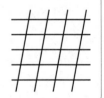

(설명) **m개의 평행선과 이와 평행하지 않은 n개의 평행선이 만날 때 생기는 평행사변형의 개수 ⇨ $_mC_2\times_nC_2$**

(풀이) 가로 방향의 평행선 2개와 세로 방향의 평행선 2개를 택하면 한 개의 평행사변형이 만들어진다.
가로 방향의 5개의 평행선 중에서 2개를 택하는 방법의 수는　$_5C_2=10$
세로 방향의 4개의 평행선 중에서 2개를 택하는 방법의 수는　$_4C_2=6$
따라서 구하는 평행사변형의 개수는
　　$10\times6=\mathbf{60}$

● 정답 및 풀이 **137쪽**

589 오른쪽 그림과 같이 정삼각형 위에 9개의 점이 있다. 이 중 세 점을 꼭짓점으로 하는 삼각형의 개수를 구하시오.

590 오른쪽 그림은 정사각형의 각 변을 4등분하여 얻은 도형이다. 이 도형의 선을 변으로 하는 사각형 중에서 다음을 구하시오.

(1) 정사각형의 개수
(2) 정사각형이 아닌 직사각형의 개수

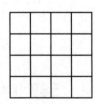

특강 분할과 분배

1 분할과 분배

(1) 분할의 수

서로 다른 n개의 물건을 p개, q개, r개 $(p+q+r=n)$의 세 묶음으로 나누는 방법의 수는

① p, q, r가 모두 다른 수이면 $\quad {}_n\mathrm{C}_p \times {}_{n-p}\mathrm{C}_q \times {}_r\mathrm{C}_r$

② p, q, r 중 어느 두 수가 같으면 $\quad {}_n\mathrm{C}_p \times {}_{n-p}\mathrm{C}_q \times {}_r\mathrm{C}_r \times \dfrac{1}{2!}$

③ p, q, r의 세 수가 모두 같으면 $\quad {}_n\mathrm{C}_p \times {}_{n-p}\mathrm{C}_q \times {}_r\mathrm{C}_r \times \dfrac{1}{3!}$

(2) 분배의 수

n묶음으로 나누어 n명에게 나누어 주는 방법의 수는

$(n$묶음으로 나누는 방법의 수$) \times n!$

설명 네 개의 물건 A, B, C, D를 1개, 3개의 두 묶음으로 나누어 2명에게 나누어 주는 방법의 수와 2개, 2개의 두 묶음으로 나누어 2명에게 나누어 주는 방법의 수를 각각 구해 보자.

	1개, 3개로 나누는 경우	2개, 2개로 나누는 경우
묶음으로 나누기	A B C D | | | | BCD ACD ABD ABC	AB AC AD BC BD CD | | | | | | CD BD BC AD AC AB
방법의 수	A, B, C, D 4개 중에서 1개를 뽑고, 나머지 3개 중에서 3개를 뽑는 방법의 수는 $\quad {}_4\mathrm{C}_1 \times {}_3\mathrm{C}_3 = 4$ 이 두 묶음을 2명에게 나누어 주는 방법의 수는 $\quad 2! = 2$ 따라서 구하는 방법의 수는 $\quad 4 \times 2 = 8$	A, B, C, D 4개 중에서 2개를 뽑고, 나머지 2개 중에서 2개를 뽑는 경우의 수는 $\quad {}_4\mathrm{C}_2 \times {}_2\mathrm{C}_2$ 이때 같은 것이 2!가지씩 있으므로 $\quad {}_4\mathrm{C}_2 \times {}_2\mathrm{C}_2 \times \dfrac{1}{2!} = 3$ 이 두 묶음을 2명에게 나누어 주는 방법의 수는 $\quad 2! = 2$ 따라서 구하는 방법의 수는 $\quad 3 \times 2 = 6$

예제 서로 다른 7개의 사탕이 있을 때, 다음을 구하시오.

(1) 1개, 2개, 4개씩 세 묶음으로 나누는 방법의 수

(2) 2개, 2개, 3개씩 세 묶음으로 나누어 세 명에게 나누어 주는 방법의 수

풀이 (1) 7개를 1개, 2개, 4개로 나누는 방법의 수는

$\qquad {}_7\mathrm{C}_1 \times {}_6\mathrm{C}_2 \times {}_4\mathrm{C}_4 = 7 \times 15 \times 1 = 105$

(2) 7개를 2개, 2개, 3개로 나누는 방법의 수는

$\qquad {}_7\mathrm{C}_2 \times {}_5\mathrm{C}_2 \times {}_3\mathrm{C}_3 \times \dfrac{1}{2!} = 21 \times 10 \times 1 \times \dfrac{1}{2} = 105$

세 묶음을 3명에게 나누어 주는 방법의 수는 $\quad 3! = 6$

따라서 구하는 방법의 수는 $\quad 105 \times 6 = 630$

── ● 더 다양한 문제는 **RPM** 공통수학1 149, 150쪽 ──

특강 01   분할과 분배

서로 다른 종류의 꽃 9송이가 있을 때, 다음을 구하시오.

(1) 2송이, 2송이, 5송이씩 세 묶음으로 나누는 방법의 수

(2) 3송이, 3송이, 3송이씩 세 묶음으로 나누어 3명에게 나누어 주는 방법의 수

풀이   (1) 서로 다른 종류의 꽃 9송이를 2송이, 2송이, 5송이씩 세 묶음으로 나누는 방법의 수는

$$_9C_2 \times _7C_2 \times _5C_5 \times \frac{1}{2!} = 36 \times 21 \times 1 \times \frac{1}{2} = \mathbf{378}$$

(2) 서로 다른 종류의 꽃 9송이를 3송이, 3송이, 3송이씩 세 묶음으로 나누는 방법의 수는

$$_9C_3 \times _6C_3 \times _3C_3 \times \frac{1}{3!} = 84 \times 20 \times 1 \times \frac{1}{6} = 280$$

세 묶음을 3명에게 나누어 주는 방법의 수는 $3! = 6$

따라서 구하는 방법의 수는

$$280 \times 6 = \mathbf{1680}$$

- 서로 다른 여러 개의 물건을 몇 개의 묶음으로 나누는 것 ⇨ 분할
- 분할된 묶음을 나누어 주는 것 ⇨ 분배

● 정답 및 풀이 **138**쪽

 591 서로 다른 소설책 7권과 서로 다른 수필집 3권을 5권씩 두 묶음으로 나누려고 한다. 이때 각 묶음에 적어도 한 권의 수필집이 포함되도록 나누는 방법의 수를 구하시오.

592 6명의 학생이 2명씩 짝을 이루어 서로 다른 세 곳으로 봉사 활동을 가는 방법의 수를 구하시오.

593 8개의 학급이 참가한 축구 대회의 대진표가 오른쪽 그림과 같을 때, 대진표를 작성하는 방법의 수를 구하시오.

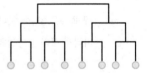

STEP 1

594 등식 $_nC_3 + _nP_2 = 5_{n-1}C_2$를 만족시키는 모든 자연수 n의 값의 합을 구하시오.

595 1부터 15까지의 자연수 중에서 서로 다른 세 수를 택할 때, 택한 세 수의 합이 홀수가 되는 경우의 수를 구하시오.

홀수의 개수에 따라 경우를 나누어 생각한다.

596 남자 6명과 여자 4명 중에서 4명의 대표를 뽑으려고 할 때, 남녀 대표를 적어도 한 명씩 뽑는 방법의 수를 구하시오.

(적어도 ~인 경우의 수)
＝(전체 경우의 수)
－(모두 ~가 아닌
경우의 수)

597 1부터 8까지의 자연수 중에서 서로 다른 3개를 택하여 세 자리 자연수를 만들 때, 5를 포함하는 자연수의 개수를 구하시오.

598 오른쪽 그림과 같이 원 위에 6개의 점이 같은 간격으로 놓여 있다. 이 중에서 3개의 점을 이어서 만들 수 있는 직각삼각형의 개수를 a, 정삼각형의 개수를 b라 할 때, $a-b$의 값을 구하시오.

원의 지름에 대한 원주각의 크기는 $90°$이다.

STEP 2

599 x에 대한 이차방정식 $5x^2 - {}_nP_r x - 9{}_nC_{n-r} = 0$의 두 근이 -3, 9일 때, $n+r$의 값을 구하시오. (단, n, r는 자연수이다.)

이차방정식 $ax^2 + bx + c = 0$에서 근과 계수의 관계에 의하여

(두 근의 합) $= -\dfrac{b}{a}$,

(두 근의 곱) $= \dfrac{c}{a}$

600 어느 파티에 참석한 13쌍의 부부가 있다. 남편들은 자신의 부인을 제외한 모든 사람과 한 번씩 악수를 하였고, 부인들끼리는 악수를 하지 않았을 때, 참석한 모든 사람이 나눈 악수의 총횟수를 구하시오.

교육청 기출

601 서로 다른 네 종류의 인형이 각각 2개씩 있다. 이 8개의 인형 중에서 5개를 선택하는 경우의 수를 구하시오. (단, 같은 종류의 인형끼리는 서로 구별하지 않는다.)

세 종류 또는 네 종류의 인형에서 5개를 선택한다.

602 남녀 학생 15명으로 구성된 모임에서 3명의 대표를 뽑을 때, 여학생이 적어도 한 명 포함되도록 뽑는 방법의 수는 445이다. 이때 남학생 수를 구하시오.

교육청 기출

603 그림과 같이 9개의 칸으로 나누어진 정사각형의 각 칸에 1부터 9까지의 자연수가 적혀 있다. 이 9개의 숫자 중 다음 조건을 만족시키도록 2개의 숫자를 선택하려고 한다.

1	2	3
4	5	6
7	8	9

(개) 선택한 2개의 숫자는 서로 다른 가로줄에 있다.
(내) 선택한 2개의 숫자는 서로 다른 세로줄에 있다.

예를 들어, 숫자 1과 5를 선택하는 것은 조건을 만족시키지만, 숫자 3과 9를 선택하는 것은 조건을 만족시키지 않는다. 조건을 만족시키도록 2개의 숫자를 선택하는 경우의 수는?

① 9 ② 12 ③ 15 ④ 18 ⑤ 21

생각해 봅시다! 💡

604 오른쪽 그림과 같이 5개의 선분으로 만든 별 모양 도형 위에 10개의 점이 있다. 이들 점을 이어서 만들 수 있는 서로 다른 직선의 개수를 m, 서로 다른 삼각형의 개수를 n이라 할 때, $m+n$의 값을 구하시오.

일직선 위에 있는 점들로 만들 수 있는 직선은 1개이고, 삼각형은 없다.

교육청 기출

605 삼각형 ABC에서, 꼭짓점 A와 선분 BC 위의 네 점을 연결하는 4개의 선분을 그리고, 선분 AB 위의 세 점과 선분 AC 위의 세 점을 연결하는 3개의 선분을 그려 그림과 같은 도형을 만들었다. 이 도형의 선들로 만들 수 있는 삼각형의 개수는?

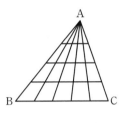

① 30   ② 40   ③ 50   ④ 60   ⑤ 70

실력 UP⁺

606 오른쪽 그림과 같이 12개의 점이 가로, 세로 같은 간격으로 놓여 있을 때, 이들 점을 이어서 만들 수 있는 서로 다른 직선의 개수를 구하시오.

일직선 위에 4개의 점이 있는 경우와 3개의 점이 있는 경우로 나누어 생각한다.

607 오른쪽 그림과 같이 4개, 3개, 2개의 평행한 직선들이 서로 만나고 있다. 이들 직선으로 만들 수 있는 평행사변형이 아닌 사다리꼴의 개수를 구하시오.

사각형의 네 변 중 한 쌍은 평행하고, 나머지 한 쌍은 평행하지 않아야 한다.

608 1층에서 6명이 함께 엘리베이터를 타고 올라가는 동안 2층, 3층, 4층, 5층의 4개의 층 중 2개의 층에서 각각 3명, 3명이 내리는 방법의 수를 구하시오. (단, 엘리베이터에 새로 타는 사람은 없다.)

어떤 말을 만 번 이상
되풀이하면
반드시 미래에
그 일이 이루어진다.

– 인디언 격언 –

IV 행렬

1 행렬

이 단원에서는

행렬의 뜻과 성분을 이해하고 실생활 상황을 행렬로 표현하는 방법을 학습합니다. 또 행렬의 덧셈과 뺄셈, 곱셈 등 간단한 연산과 그 성질, 행렬의 거듭제곱과 단위행렬을 학습합니다.

01 행렬

1 행렬의 뜻

(1) 수나 문자를 직사각형 모양으로 배열하여 괄호 (   )로 묶은 것을 **행렬**이라 한다.

(2) 행렬을 이루는 각각의 수나 문자를 그 행렬의 **성분**이라 한다.

(3) 행렬에서 가로의 줄을 **행**이라 하고, 위에서부터 차례대로 제1행, 제2행, …이라 한다. 또 세로의 줄을 **열**이라 하고 왼쪽에서부터 차례대로 제1열, 제2열, …이라 한다.

$$\begin{array}{c} \text{제1열 제2열 제3열} \\ \downarrow \quad \downarrow \quad \downarrow \end{array}$$
$$\begin{matrix} \text{제1행} \to \\ \text{제2행} \to \end{matrix} \begin{pmatrix} 85 & 92 & 80 \\ 70 & 84 & 96 \end{pmatrix}$$

▶ 영어로 행렬은 matrix, 성분은 entry, 행은 row, 열은 column이라 한다.

설명 오른쪽 표는 두 학생 A, B의 국어, 영어, 수학 성적을 나타낸 것이다. 이 표에서 수만을 뽑아 나열하고 양쪽에 괄호를 붙여 한 묶음으로 나타내면 다음과 같은 배열을 만들 수 있다.

학생 \ 과목	국어	영어	수학
A	85	92	80
B	70	84	96

$$\begin{matrix} 85 & 92 & 80 \\ 70 & 84 & 96 \end{matrix} \Rightarrow \begin{pmatrix} 85 & 92 & 80 \\ 70 & 84 & 96 \end{pmatrix}$$

이와 같이 수나 문자를 직사각형 모양으로 배열하여 괄호로 묶은 것을 행렬이라 하고, 85, 92, 80, 70, 84, 96과 같이 행렬을 이루는 괄호 안의 수나 문자를 그 행렬의 성분이라 한다.

또 위에서 첫 번째 줄인 제1행의 성분은 85, 92, 80, 두 번째 줄인 제2행의 성분은 70, 84, 96이고, 왼쪽에서 첫 번째 줄인 제1열의 성분은 85, 70, 두 번째 줄인 제2열의 성분은 92, 84, 세 번째 줄인 제3열의 성분은 80, 96이다.

2 $m \times n$ 행렬

m개의 행과 n개의 열로 이루어진 행렬을 **$m \times n$ 행렬**이라 한다. 특히 행의 개수와 열의 개수가 같은 행렬을 **정사각행렬**이라 하고, $n \times n$ 행렬을 n차 정사각행렬이라 한다.

$$\begin{array}{c} \text{행의 개수} \longrightarrow \\ m \times n \text{ 행렬} \\ \longleftarrow \text{열의 개수} \end{array}$$

▶ $m \times n$ 행렬을 'm by n 행렬'이라 읽는다.

보기 ▶ (1) $\begin{pmatrix} 85 & 92 & 80 \\ 70 & 84 & 96 \end{pmatrix}$은 행이 2개, 열이 3개이므로 2×3 행렬이다.

(2) $\begin{pmatrix} -1 & 3 \\ 0 & 9 \end{pmatrix}$는 이차정사각행렬이고,

$\begin{pmatrix} 1 & 3 & 0 \\ -2 & 6 & 2 \\ 10 & 1 & 5 \end{pmatrix}$는 삼차정사각행렬이다.

3 행렬의 (i, j) 성분 🔗 필수 01, 02

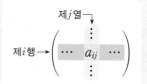

> (1) 행렬은 보통 A, B, C, $\cdots$와 같이 알파벳 대문자로 나타내고,
> 그 성분은 a, b, c, $\cdots$와 같이 알파벳 소문자로 나타낸다.
> (2) 행렬 A의 제i행과 제j열이 만나는 위치의 성분을 행렬 A의
> **(i, j) 성분**이라 하고, 기호로 a_{ij}와 같이 나타낸다.
> 이때 행렬 A를 $A=(a_{ij})$와 같이 나타내기도 한다.

▶ a_{ij}는 'a, i, j'로 읽는다.

설명 행렬 $A=\begin{pmatrix} a & b & c \\ d & e & f \end{pmatrix}$는 2×3 행렬이고

$(1, 1)$ 성분은 a, $(1, 2)$ 성분은 b, $(1, 3)$ 성분은 c,
$(2, 1)$ 성분은 d, $(2, 2)$ 성분은 e, $(2, 3)$ 성분은 f

이다. 이를 기호로 나타내면

$a_{11}=a$, $a_{12}=b$, $a_{13}=c$,
$a_{21}=d$, $a_{22}=e$, $a_{23}=f$

이다.

보기 ▶ 행렬 $\begin{pmatrix} 85 & 92 & 80 \\ 70 & 84 & 96 \end{pmatrix}$에서 $(1, 2)$ 성분은 92, $(2, 1)$ 성분은 70이고, 84는 $(2, 2)$ 성분이다.

4 두 행렬이 서로 같을 조건 🔗 필수 03

> (1) 두 행렬 A, B의 행의 개수와 열의 개수가 각각 같을 때, 두 행렬을 같은 꼴의 행렬이라 한다.
> (2) 두 행렬 A, B가 같은 꼴이고 대응하는 성분이 각각 같을 때, 두 행렬 A, B는 **서로 같다**고 하고
> 기호로 $A=B$와 같이 나타낸다.
> 두 행렬 $A=\begin{pmatrix} a_{11} & a_{12} \\ a_{21} & a_{22} \end{pmatrix}$, $B=\begin{pmatrix} b_{11} & b_{12} \\ b_{21} & b_{22} \end{pmatrix}$에 대하여
> $a_{11}=b_{11}$, $a_{12}=b_{12}$, $a_{21}=b_{21}$, $a_{22}=b_{22} \Longleftrightarrow A=B$
> (3) $A=B$이고 $B=C$이면 $A=C$이다.

▶ 두 행렬 A, B가 서로 같지 않을 때, $A \neq B$와 같이 나타낸다.

보기 ▶ $\begin{pmatrix} a & 3 \\ 0 & b \end{pmatrix}=\begin{pmatrix} -1 & c \\ d & 9 \end{pmatrix}$이면 두 행렬이 서로 같을 조건에 의하여

$a=-1$, $b=9$, $c=3$, $d=0$

이다.

01 행렬의 뜻

행렬 $A = \begin{pmatrix} 3 & 5 & 7 \\ 2 & 0 & -1 \\ 3 & 8 & 9 \end{pmatrix}$에 대하여 다음을 구하시오.

(1) 제2행의 모든 성분의 합

(2) 제3열의 모든 성분의 합

(3) $(2, 1)$ 성분과 $(1, 3)$ 성분의 곱

(4) $a_{23} - a_{32}$의 값

풀이 (1) 행렬 A의 제2행의 성분은 2, 0, -1이므로 구하는 합은
$$2 + 0 + (-1) = \mathbf{1}$$

(2) 행렬 A의 제3열의 성분은 7, -1, 9이므로 구하는 합은
$$7 + (-1) + 9 = \mathbf{15}$$

(3) $(2, 1)$ 성분은 제2행과 제1열이 만나는 위치의 성분이므로 2이고,

$(1, 3)$ 성분은 제1행과 제3열이 만나는 위치의 성분이므로 7이다.

따라서 구하는 곱은 $2 \times 7 = \mathbf{14}$

(4) a_{23}은 제2행과 제3열이 만나는 위치의 성분이므로 $a_{23} = -1$

a_{32}는 제3행과 제2열이 만나는 위치의 성분이므로 $a_{32} = 8$

$$\therefore a_{23} - a_{32} = -1 - 8 = \mathbf{-9}$$

KEY Point

• 제i행 ⇨ 위에서 i 번째 가로줄

제j열 ⇨ 왼쪽에서 j 번째 세로줄

● 정답 및 풀이 **142**쪽

 609 행렬 $A = \begin{pmatrix} -2 & 6 \\ 1 & 0 \\ 4 & 10 \end{pmatrix}$에 대하여 다음을 구하시오.

(1) 제1열의 모든 성분의 합

(2) 제2행의 모든 성분의 합

610 행렬 $A = \begin{pmatrix} -1 & 4 & 5 \\ 9 & 3 & -2 \\ 0 & 2 & -6 \end{pmatrix}$에 대하여 다음을 구하시오.

(1) $(1, 2)$ 성분과 $(3, 1)$ 성분의 합

(2) $a_{11} + a_{23} - a_{32}$의 값

02 **행렬 구하기**

행렬 A의 (i, j) 성분 a_{ij}가 다음과 같을 때, 행렬 A를 구하시오.

(단, $i=1, 2, j=1, 2, 3$)

(1) $a_{ij}=3i-2j$

(2) $a_{ij}=\begin{cases} 1 & (i=j) \\ 0 & (i\neq j) \end{cases}$

풀이 (1) $i=1, j=1$이면 $\quad a_{11}=3\times1-2\times1=1$

$i=1, j=2$이면 $\quad a_{12}=3\times1-2\times2=-1$

$i=1, j=3$이면 $\quad a_{13}=3\times1-2\times3=-3$

$i=2, j=1$이면 $\quad a_{21}=3\times2-2\times1=4$

$i=2, j=2$이면 $\quad a_{22}=3\times2-2\times2=2$

$i=2, j=3$이면 $\quad a_{23}=3\times2-2\times3=0$

$$\therefore A=\begin{pmatrix} 1 & -1 & -3 \\ 4 & 2 & 0 \end{pmatrix}$$

(2) $i=j=1$이면 $\quad a_{11}=1$

$i=j=2$이면 $\quad a_{22}=1$

$i\neq j$이면 $a_{ij}=0$이므로 $\quad a_{12}=a_{13}=a_{21}=a_{23}=0$

$$\therefore A=\begin{pmatrix} 1 & 0 & 0 \\ 0 & 1 & 0 \end{pmatrix}$$

KEY Point

• a_{ij} ⇨ 제 i 행과 제 j 열이 만나는 위치에 있는 성분

● 정답 및 풀이 **142**쪽

 611 행렬 A의 (i, j) 성분 a_{ij}가 다음과 같을 때, 행렬 A를 구하시오.

(1) $a_{ij}=i^2-3j$ $(i, j=1, 2)$

(2) $a_{ij}=\begin{cases} i & (i\leq j) \\ -j & (i>j) \end{cases}$ $(i, j=1, 2, 3)$

612 오른쪽 그림은 세 도시 P_1, P_2, P_3 사이의 통신망을 나타낸 것이다. 두 도시 P_i, P_j 사이에 직접 연결된 통신망의 수를 행렬 A의 (i, j) 성분 a_{ij}라 할 때, 행렬 A를 구하시오. (단, $i, j=1, 2, 3$)

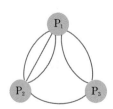

03 두 행렬이 서로 같을 조건

두 행렬 $A = \begin{pmatrix} 3a-2b & 5 \\ 5a-1 & 6 \end{pmatrix}$, $B = \begin{pmatrix} -1 & b+c \\ 4 & 6 \end{pmatrix}$에 대하여 $A=B$가 성립할 때, 상수 a, b, c의 값을 구하시오.

풀이   두 행렬의 대응하는 성분이 서로 같아야 하므로
$$3a-2b=-1 \quad \cdots\cdots \text{㉠}$$
$$5=b+c \quad \cdots\cdots \text{㉡}$$
$$5a-1=4 \quad \cdots\cdots \text{㉢}$$
㉢에서 $a=1$
㉠에 $a=1$을 대입하면
$$3-2b=-1 \quad \therefore b=2$$
㉡에 $b=2$를 대입하면
$$5=2+c \quad \therefore c=3$$

KEY Point

• $A=B$ ⇨ 같은 꼴인 두 행렬 A, B에서 대응하는 성분끼리 서로 같다.

• 정답 및 풀이 **143**쪽

 613 다음 등식이 성립하도록 하는 상수 a, b, c, d의 값을 구하시오.
$$\begin{pmatrix} a+b & a-b \\ -4 & 1 \end{pmatrix} = \begin{pmatrix} 5 & -1 \\ 2c & c-d \end{pmatrix}$$

614 두 행렬 $A = \begin{pmatrix} x^2+5 \\ -3 \end{pmatrix}$, $B = \begin{pmatrix} 6x \\ y^2-4y \end{pmatrix}$에 대하여 $A=B$일 때, 실수 x, y의 순서쌍 (x, y)를 모두 구하시오.

개념원리 이해

02 행렬의 덧셈, 뺄셈과 실수배

1 행렬의 덧셈과 뺄셈

같은 꼴인 두 행렬 A, B에 대하여 A와 B의 대응하는 각 성분의 합을 성분으로 하는 행렬을 A와 B의 합이라 하고, 기호로 $A+B$와 같이 나타낸다.

또 A의 각 성분에서 이에 대응하는 B의 각 성분을 뺀 값을 성분으로 하는 행렬을 A에서 B를 뺀 차라 하고, 기호로 $A-B$와 같이 나타낸다.

두 행렬 $A=\begin{pmatrix} a_{11} & a_{12} \\ a_{21} & a_{22} \end{pmatrix}$, $B=\begin{pmatrix} b_{11} & b_{12} \\ b_{21} & b_{22} \end{pmatrix}$에 대하여

(1) $A+B=\begin{pmatrix} a_{11}+b_{11} & a_{12}+b_{12} \\ a_{21}+b_{21} & a_{22}+b_{22} \end{pmatrix}$

(2) $A-B=\begin{pmatrix} a_{11}-b_{11} & a_{12}-b_{12} \\ a_{21}-b_{21} & a_{22}-b_{22} \end{pmatrix}$

▶ 행렬의 덧셈과 뺄셈은 두 행렬이 같은 꼴일 때에만 정의된다.

보기 ▶ 두 행렬 $A=\begin{pmatrix} 5 & 0 \\ -1 & 3 \end{pmatrix}$, $B=\begin{pmatrix} 2 & 3 \\ 4 & -6 \end{pmatrix}$에 대하여

(1) $A+B=\begin{pmatrix} 5 & 0 \\ -1 & 3 \end{pmatrix}+\begin{pmatrix} 2 & 3 \\ 4 & -6 \end{pmatrix}=\begin{pmatrix} 5+2 & 0+3 \\ -1+4 & 3+(-6) \end{pmatrix}=\begin{pmatrix} 7 & 3 \\ 3 & -3 \end{pmatrix}$

(2) $A-B=\begin{pmatrix} 5 & 0 \\ -1 & 3 \end{pmatrix}-\begin{pmatrix} 2 & 3 \\ 4 & -6 \end{pmatrix}=\begin{pmatrix} 5-2 & 0-3 \\ -1-4 & 3-(-6) \end{pmatrix}=\begin{pmatrix} 3 & -3 \\ -5 & 9 \end{pmatrix}$

2 행렬의 덧셈의 성질

행렬의 덧셈에 대하여 다음과 같은 성질이 성립한다.

같은 꼴의 세 행렬 A, B, C에 대하여

(1) **교환법칙**: $A+B=B+A$

(2) **결합법칙**: $(A+B)+C=A+(B+C)$

▶ 행렬의 덧셈에 대한 결합법칙이 성립하므로 $(A+B)+C$와 $A+(B+C)$는 괄호를 생략하여 간단히 $A+B+C$로 나타낼 수 있다.

보기 ▶ 세 행렬 $A=\begin{pmatrix} 5 & 0 \\ -1 & 3 \end{pmatrix}$, $B=\begin{pmatrix} 2 & 3 \\ 4 & -6 \end{pmatrix}$, $C=\begin{pmatrix} 1 & -4 \\ -3 & 5 \end{pmatrix}$에 대하여

(1) $A+B=\begin{pmatrix} 5 & 0 \\ -1 & 3 \end{pmatrix}+\begin{pmatrix} 2 & 3 \\ 4 & -6 \end{pmatrix}=\begin{pmatrix} 7 & 3 \\ 3 & -3 \end{pmatrix}$

$B+A=\begin{pmatrix} 2 & 3 \\ 4 & -6 \end{pmatrix}+\begin{pmatrix} 5 & 0 \\ -1 & 3 \end{pmatrix}=\begin{pmatrix} 7 & 3 \\ 3 & -3 \end{pmatrix}$

$\therefore A+B=B+A$

(2) $(A+B)+C=\begin{pmatrix} 7 & 3 \\ 3 & -3 \end{pmatrix}+\begin{pmatrix} 1 & -4 \\ -3 & 5 \end{pmatrix}=\begin{pmatrix} 8 & -1 \\ 0 & 2 \end{pmatrix}$

$A+(B+C)=\begin{pmatrix} 5 & 0 \\ -1 & 3 \end{pmatrix}+\left\{\begin{pmatrix} 2 & 3 \\ 4 & -6 \end{pmatrix}+\begin{pmatrix} 1 & -4 \\ -3 & 5 \end{pmatrix}\right\}$

$=\begin{pmatrix} 5 & 0 \\ -1 & 3 \end{pmatrix}+\begin{pmatrix} 3 & -1 \\ 1 & -1 \end{pmatrix}=\begin{pmatrix} 8 & -1 \\ 0 & 2 \end{pmatrix}$

$\therefore (A+B)+C=A+(B+C)$

3 영행렬

(1) 행렬의 모든 성분이 0인 행렬을 **영행렬**이라 하고, 기호로 O와 같이 나타낸다. 즉

$$O=\begin{pmatrix} 0 \\ 0 \end{pmatrix}, \ O=\begin{pmatrix} 0 & 0 \\ 0 & 0 \end{pmatrix}, \ O=\begin{pmatrix} 0 & 0 & 0 \\ 0 & 0 & 0 \end{pmatrix}$$

은 각각 2×1, 2×2, 2×3인 영행렬이다.

(2) 임의의 행렬 A와 같은 꼴인 영행렬 O에 대하여

$A+O=O+A=A$

가 성립한다.

4 $-A$

(1) 행렬 A의 모든 성분의 부호를 바꾼 것을 성분으로 하는 행렬을 기호로 $-A$와 같이 나타낸다.

행렬 $A=\begin{pmatrix} a & b \\ c & d \end{pmatrix}$에 대하여 $\quad -A=\begin{pmatrix} -a & -b \\ -c & -d \end{pmatrix}$

(2) 임의의 행렬 A와 같은 꼴인 영행렬 O에 대하여

$A+(-A)=(-A)+A=O$

가 성립한다.

(3) 같은 꼴의 두 행렬 A, B에 대하여

$A+(-B)=A-B$

가 성립한다.

예제 ▶ (1) 행렬 $A=\begin{pmatrix} 5 & 0 \\ -1 & 3 \end{pmatrix}$에 대하여 $-A$를 구하시오.

(2) 두 행렬 $A=\begin{pmatrix} 3 & -5 \\ 6 & 7 \end{pmatrix}$, $B=\begin{pmatrix} 0 & 1 \\ -1 & 3 \end{pmatrix}$에 대하여 등식 $B+X=A$를 만족시키는 행렬 X를 구하시오.

풀이 (1) $-A=\begin{pmatrix} -5 & 0 \\ 1 & -3 \end{pmatrix}$

(2) $B+X=A$에서 $\quad X=A-B=\begin{pmatrix} 3 & -5 \\ 6 & 7 \end{pmatrix}-\begin{pmatrix} 0 & 1 \\ -1 & 3 \end{pmatrix}=\begin{pmatrix} 3 & -6 \\ 7 & 4 \end{pmatrix}$

5 행렬의 실수배 　⚭ 필수 07

임의의 실수 k에 대하여 행렬 A의 각 성분에 k를 곱한 수를 성분으로 하는 행렬을 A의 k배라 하고, 기호로 kA와 같이 나타낸다.

행렬 $A = \begin{pmatrix} a_{11} & a_{12} \\ a_{21} & a_{22} \end{pmatrix}$에 대하여

$$kA = k\begin{pmatrix} a_{11} & a_{12} \\ a_{21} & a_{22} \end{pmatrix} = \begin{pmatrix} ka_{11} & ka_{12} \\ ka_{21} & ka_{22} \end{pmatrix}$$

보기 ▶ 행렬 $A = \begin{pmatrix} 2 & -1 \\ 1 & -3 \end{pmatrix}$에 대하여

$$2A = 2\begin{pmatrix} 2 & -1 \\ 1 & -3 \end{pmatrix} = \begin{pmatrix} 4 & -2 \\ 2 & -6 \end{pmatrix}, \quad -3A = -3\begin{pmatrix} 2 & -1 \\ 1 & -3 \end{pmatrix} = \begin{pmatrix} -6 & 3 \\ -3 & 9 \end{pmatrix}$$

6 행렬의 실수배의 성질

행렬의 실수배에 대하여 다음과 같은 성질이 성립한다.

같은 꼴의 두 행렬 A, B와 실수 k, l에 대하여
(1) $1 \times A = A$, $(-1) \times A = -A$, $0 \times A = O$, $k \times O = O$ (단, O는 같은 꼴인 영행렬이다.)
(2) **결합법칙**: $(kl)A = k(lA)$
(3) **분배법칙**: $(k+l)A = kA + lA$, $k(A+B) = kA + kB$

보기 ▶ 두 행렬 $A = \begin{pmatrix} a & b \\ c & d \end{pmatrix}$, $B = \begin{pmatrix} e & f \\ g & h \end{pmatrix}$에 대하여

(1) $0 \times A = 0\begin{pmatrix} a & b \\ c & d \end{pmatrix} = \begin{pmatrix} 0 \times a & 0 \times b \\ 0 \times c & 0 \times d \end{pmatrix} = \begin{pmatrix} 0 & 0 \\ 0 & 0 \end{pmatrix} = O$

$k \times O = k\begin{pmatrix} 0 & 0 \\ 0 & 0 \end{pmatrix} = \begin{pmatrix} k \times 0 & k \times 0 \\ k \times 0 & k \times 0 \end{pmatrix} = \begin{pmatrix} 0 & 0 \\ 0 & 0 \end{pmatrix} = O$

(2) $6A = 6\begin{pmatrix} a & b \\ c & d \end{pmatrix} = \begin{pmatrix} 6a & 6b \\ 6c & 6d \end{pmatrix}$, $2(3A) = 2\left\{3\begin{pmatrix} a & b \\ c & d \end{pmatrix}\right\} = 2\begin{pmatrix} 3a & 3b \\ 3c & 3d \end{pmatrix} = \begin{pmatrix} 6a & 6b \\ 6c & 6d \end{pmatrix}$

　이므로　　$6A = 2(3A)$

(3) $5A = 5\begin{pmatrix} a & b \\ c & d \end{pmatrix} = \begin{pmatrix} 5a & 5b \\ 5c & 5d \end{pmatrix}$,

$2A + 3A = 2\begin{pmatrix} a & b \\ c & d \end{pmatrix} + 3\begin{pmatrix} a & b \\ c & d \end{pmatrix} = \begin{pmatrix} 2a & 2b \\ 2c & 2d \end{pmatrix} + \begin{pmatrix} 3a & 3b \\ 3c & 3d \end{pmatrix} = \begin{pmatrix} 5a & 5b \\ 5c & 5d \end{pmatrix}$

　이므로　　$5A = 2A + 3A$

$2(A+B) = 2\left\{\begin{pmatrix} a & b \\ c & d \end{pmatrix} + \begin{pmatrix} e & f \\ g & h \end{pmatrix}\right\} = 2\begin{pmatrix} a+e & b+f \\ c+g & d+h \end{pmatrix} = \begin{pmatrix} 2a+2e & 2b+2f \\ 2c+2g & 2d+2h \end{pmatrix}$,

$2A + 2B = 2\begin{pmatrix} a & b \\ c & d \end{pmatrix} + 2\begin{pmatrix} e & f \\ g & h \end{pmatrix} = \begin{pmatrix} 2a & 2b \\ 2c & 2d \end{pmatrix} + \begin{pmatrix} 2e & 2f \\ 2g & 2h \end{pmatrix} = \begin{pmatrix} 2a+2e & 2b+2f \\ 2c+2g & 2d+2h \end{pmatrix}$

　이므로　　$2(A+B) = 2A + 2B$

개념원리 익히기

알아둡시다!

$A = \begin{pmatrix} a_{11} & a_{12} \\ a_{21} & a_{22} \end{pmatrix}$,

$B = \begin{pmatrix} b_{11} & b_{12} \\ b_{21} & b_{22} \end{pmatrix}$에 대하여

$A \pm B$

$= \begin{pmatrix} a_{11} \pm b_{11} & a_{12} \pm b_{12} \\ a_{21} \pm b_{21} & a_{22} \pm b_{22} \end{pmatrix}$

(복호동순)

615 다음을 계산하시오.

(1) $\begin{pmatrix} 2 & -3 \\ 3 & -1 \end{pmatrix} + \begin{pmatrix} 1 & 1 \\ -2 & 0 \end{pmatrix}$

(2) $\begin{pmatrix} -6 & 8 \\ 7 & -3 \end{pmatrix} + \begin{pmatrix} 2 & 6 \\ -4 & -2 \end{pmatrix}$

(3) $\begin{pmatrix} 2 & -3 \\ 3 & -1 \end{pmatrix} - \begin{pmatrix} 1 & 1 \\ -2 & 0 \end{pmatrix}$

(4) $\begin{pmatrix} -6 & 8 \\ 7 & -3 \end{pmatrix} - \begin{pmatrix} 2 & 6 \\ -4 & -2 \end{pmatrix}$

616 다음 등식을 만족시키는 행렬 X를 구하시오.

(1) $\begin{pmatrix} 1 & -3 \\ 5 & 8 \end{pmatrix} + X = \begin{pmatrix} 3 & -1 \\ 2 & -4 \end{pmatrix}$

(2) $X - \begin{pmatrix} -3 & 7 \\ 12 & 5 \end{pmatrix} = \begin{pmatrix} 5 & 8 \\ -3 & -1 \end{pmatrix}$

(3) $\begin{pmatrix} 15 & -1 \\ 9 & 12 \end{pmatrix} - X = \begin{pmatrix} 6 & 7 \\ 4 & -4 \end{pmatrix}$

617 두 행렬 $A = \begin{pmatrix} -1 & -4 \\ 6 & 11 \end{pmatrix}$, $B = \begin{pmatrix} 3 & 8 \\ 4 & -2 \end{pmatrix}$에 대하여 다음을 구하시오.

(1) $-3A$

(2) $\dfrac{1}{2}B$

(3) $2A + B$

(4) $3A - 2B$

$A = \begin{pmatrix} a_{11} & a_{12} \\ a_{21} & a_{22} \end{pmatrix}$에 대하여

$kA = \begin{pmatrix} ka_{11} & ka_{12} \\ ka_{21} & ka_{22} \end{pmatrix}$

(단, k는 실수이다.)

04 **행렬의 덧셈, 뺄셈과 실수배**

두 행렬 $A=\begin{pmatrix} 2 & 1 \\ 1 & 3 \end{pmatrix}$, $B=\begin{pmatrix} 1 & 2 \\ -2 & -1 \end{pmatrix}$에 대하여 다음을 구하시오.

(1) $A+2B$ 　　　　　　　　　　　(2) $4A-B$

(3) $2A+5B$ 　　　　　　　　　　(4) $2(A-B)-(A+B)$

풀이

(1) $A+2B=\begin{pmatrix} 2 & 1 \\ 1 & 3 \end{pmatrix}+2\begin{pmatrix} 1 & 2 \\ -2 & -1 \end{pmatrix}$

$=\begin{pmatrix} 2 & 1 \\ 1 & 3 \end{pmatrix}+\begin{pmatrix} 2 & 4 \\ -4 & -2 \end{pmatrix}=\begin{pmatrix} \mathbf{4} & \mathbf{5} \\ \mathbf{-3} & \mathbf{1} \end{pmatrix}$

(2) $4A-B=4\begin{pmatrix} 2 & 1 \\ 1 & 3 \end{pmatrix}-\begin{pmatrix} 1 & 2 \\ -2 & -1 \end{pmatrix}$

$=\begin{pmatrix} 8 & 4 \\ 4 & 12 \end{pmatrix}-\begin{pmatrix} 1 & 2 \\ -2 & -1 \end{pmatrix}=\begin{pmatrix} \mathbf{7} & \mathbf{2} \\ \mathbf{6} & \mathbf{13} \end{pmatrix}$

(3) $2A+5B=2\begin{pmatrix} 2 & 1 \\ 1 & 3 \end{pmatrix}+5\begin{pmatrix} 1 & 2 \\ -2 & -1 \end{pmatrix}$

$=\begin{pmatrix} 4 & 2 \\ 2 & 6 \end{pmatrix}+\begin{pmatrix} 5 & 10 \\ -10 & -5 \end{pmatrix}=\begin{pmatrix} \mathbf{9} & \mathbf{12} \\ \mathbf{-8} & \mathbf{1} \end{pmatrix}$

(4) $2(A-B)-(A+B)=2A-2B-A-B=A-3B$

$=\begin{pmatrix} 2 & 1 \\ 1 & 3 \end{pmatrix}-3\begin{pmatrix} 1 & 2 \\ -2 & -1 \end{pmatrix}$

$=\begin{pmatrix} 2 & 1 \\ 1 & 3 \end{pmatrix}-\begin{pmatrix} 3 & 6 \\ -6 & -3 \end{pmatrix}$

$=\begin{pmatrix} \mathbf{-1} & \mathbf{-5} \\ \mathbf{7} & \mathbf{6} \end{pmatrix}$

KEY Point

● 행렬의 덧셈, 뺄셈, 실수배 ⇨ 성분의 덧셈, 뺄셈, 실수배

● 정답 및 풀이 **144**쪽

 618 세 행렬 $A=\begin{pmatrix} 5 & 0 \\ -1 & 3 \end{pmatrix}$, $B=\begin{pmatrix} 2 & 3 \\ 4 & -6 \end{pmatrix}$, $C=\begin{pmatrix} 1 & -4 \\ -3 & 5 \end{pmatrix}$에 대하여 다음을 구하시오.

(1) $A-B+C$

(2) $2C-B-A$

(3) $2(A+2C)+3(B-A)$

05 등식을 만족시키는 행렬

두 행렬 $A=\begin{pmatrix} 6 & -3 \\ -9 & -6 \end{pmatrix}$, $B=\begin{pmatrix} 0 & 3 \\ -6 & 9 \end{pmatrix}$에 대하여 다음 등식을 만족시키는 행렬 X

를 구하시오.

(1) $2A+X=B$

(2) $2A-X=2X-B$

(3) $3X-2(A+2X)-B=-3B$

풀이   (1) $2A+X=B$에서

$$X=B-2A=\begin{pmatrix} 0 & 3 \\ -6 & 9 \end{pmatrix}-2\begin{pmatrix} 6 & -3 \\ -9 & -6 \end{pmatrix}$$

$$=\begin{pmatrix} 0 & 3 \\ -6 & 9 \end{pmatrix}-\begin{pmatrix} 12 & -6 \\ -18 & -12 \end{pmatrix}=\begin{pmatrix} \mathbf{-12} & \mathbf{9} \\ \mathbf{12} & \mathbf{21} \end{pmatrix}$$

(2) $2A-X=2X-B$에서 $3X=2A+B$

$$\therefore X=\frac{2}{3}A+\frac{1}{3}B=\frac{2}{3}\begin{pmatrix} 6 & -3 \\ -9 & -6 \end{pmatrix}+\frac{1}{3}\begin{pmatrix} 0 & 3 \\ -6 & 9 \end{pmatrix}$$

$$=\begin{pmatrix} 4 & -2 \\ -6 & -4 \end{pmatrix}+\begin{pmatrix} 0 & 1 \\ -2 & 3 \end{pmatrix}=\begin{pmatrix} \mathbf{4} & \mathbf{-1} \\ \mathbf{-8} & \mathbf{-1} \end{pmatrix}$$

(3) $3X-2(A+2X)-B=-3B$에서 $3X-2A-4X-B=-3B$

$$\therefore X=-2A+2B=-2\begin{pmatrix} 6 & -3 \\ -9 & -6 \end{pmatrix}+2\begin{pmatrix} 0 & 3 \\ -6 & 9 \end{pmatrix}$$

$$=\begin{pmatrix} -12 & 6 \\ 18 & 12 \end{pmatrix}+\begin{pmatrix} 0 & 6 \\ -12 & 18 \end{pmatrix}=\begin{pmatrix} \mathbf{-12} & \mathbf{12} \\ \mathbf{6} & \mathbf{30} \end{pmatrix}$$

KEY Point   • 행렬을 포함하는 등식 ⇨ 이항하여 간단히 정리한 다음 행렬을 대입한다.

● 정답 및 풀이 **144**쪽

 619 두 행렬 $A=\begin{pmatrix} 2 & 7 \\ 8 & -4 \end{pmatrix}$, $B=\begin{pmatrix} 1 & 3 \\ 2 & 5 \end{pmatrix}$에 대하여 $A-(B+X)=O$를 만족시키는 행렬 X

를 구하시오. (단, O는 영행렬이다.)

620 두 행렬 $A=\begin{pmatrix} -1 & -2 & 7 \\ -5 & 2 & 3 \end{pmatrix}$, $B=\begin{pmatrix} 2 & 1 & 1 \\ 1 & 2 & 3 \end{pmatrix}$에 대하여 $\frac{1}{3}(A+2B)=\frac{1}{2}(A-X)$를

만족시키는 행렬 X의 모든 성분의 합을 구하시오.

필수 06 **조건을 만족시키는 행렬**

두 이차정사각행렬 X, Y에 대하여

$$X-Y=\begin{pmatrix} -5 & -3 \\ 3 & 1 \end{pmatrix} \ \cdots\cdots \ \text{㉠}, \qquad 2X+Y=\begin{pmatrix} -4 & -9 \\ -3 & 5 \end{pmatrix} \ \cdots\cdots \ \text{㉡}$$

일 때, $X+Y$를 구하시오.

풀이 ㉠+㉡을 하면 $3X=\begin{pmatrix} -5 & -3 \\ 3 & 1 \end{pmatrix}+\begin{pmatrix} -4 & -9 \\ -3 & 5 \end{pmatrix}=\begin{pmatrix} -9 & -12 \\ 0 & 6 \end{pmatrix}$

$$\therefore X=\frac{1}{3}\begin{pmatrix} -9 & -12 \\ 0 & 6 \end{pmatrix}=\begin{pmatrix} -3 & -4 \\ 0 & 2 \end{pmatrix}$$

㉠×2−㉡을 하면

$$-3Y=2\begin{pmatrix} -5 & -3 \\ 3 & 1 \end{pmatrix}-\begin{pmatrix} -4 & -9 \\ -3 & 5 \end{pmatrix}=\begin{pmatrix} -10 & -6 \\ 6 & 2 \end{pmatrix}-\begin{pmatrix} -4 & -9 \\ -3 & 5 \end{pmatrix}=\begin{pmatrix} -6 & 3 \\ 9 & -3 \end{pmatrix}$$

$$\therefore Y=-\frac{1}{3}\begin{pmatrix} -6 & 3 \\ 9 & -3 \end{pmatrix}=\begin{pmatrix} 2 & -1 \\ -3 & 1 \end{pmatrix}$$

$$\therefore X+Y=\begin{pmatrix} -3 & -4 \\ 0 & 2 \end{pmatrix}+\begin{pmatrix} 2 & -1 \\ -3 & 1 \end{pmatrix}=\begin{pmatrix} \mathbf{-1} & \mathbf{-5} \\ \mathbf{-3} & \mathbf{3} \end{pmatrix}$$

필수 07 **행렬의 변형**

세 행렬 $A=\begin{pmatrix} 1 & 2 \\ 0 & 1 \end{pmatrix}$, $B=\begin{pmatrix} 4 & 6 \\ 1 & 3 \end{pmatrix}$, $C=\begin{pmatrix} 1 & 0 \\ 1 & 0 \end{pmatrix}$에 대하여 실수 x, y가 $xA+yB=C$

를 만족시킬 때, x, y의 값을 구하시오.

풀이 $xA+yB=C$에서 $x\begin{pmatrix} 1 & 2 \\ 0 & 1 \end{pmatrix}+y\begin{pmatrix} 4 & 6 \\ 1 & 3 \end{pmatrix}=\begin{pmatrix} 1 & 0 \\ 1 & 0 \end{pmatrix}$

좌변을 정리하면 $\begin{pmatrix} x+4y & 2x+6y \\ y & x+3y \end{pmatrix}=\begin{pmatrix} 1 & 0 \\ 1 & 0 \end{pmatrix}$

두 행렬이 서로 같을 조건에 의하여

$$x+4y=1,\ 2x+6y=0,\ y=1,\ x+3y=0$$
$$\therefore \boldsymbol{x=-3, \ y=1}$$

● 정답 및 풀이 **144**쪽

621 두 이차정사각행렬 A, B에 대하여 $A-2B=\begin{pmatrix} 1 & -2 \\ 6 & 5 \end{pmatrix}$, $2A+B=\begin{pmatrix} 2 & -4 \\ -3 & 5 \end{pmatrix}$일 때,

행렬 $A-B$의 $(1, 2)$ 성분을 구하시오.

622 두 행렬 $A=\begin{pmatrix} 2 \\ -1 \end{pmatrix}$, $B=\begin{pmatrix} 1 \\ -3 \end{pmatrix}$에 대하여 $xA+yB=\begin{pmatrix} 3 \\ 1 \end{pmatrix}$을 만족시키는 실수 x, y의 값

을 구하시오.

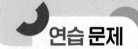
STEP 1

생각해 봅시다! 💡

623 오른쪽 그림은 세 도시 1, 2, 3 사이의 도로망을 나타낸 것이다. i 도시에서 j 도시로 직접 가는 도로의 수를 행렬 A의 (i, j) 성분 a_{ij}라 할 때, 행렬 A를 구하시오. (단, $i, j=1, 2, 3$)

624 두 행렬 $A=(3 \quad x)$, $B=(x+y \quad 2y+1)$에 대하여 $A=B$일 때, 상수 x, y에 대하여 xy의 값을 구하시오.

$A=B$
⇨ A, B의 대응하는 성분이 각각 같다.

625 두 행렬 $A=\begin{pmatrix} 1 & 0 \\ 0 & 1 \end{pmatrix}$, $B=\begin{pmatrix} 3 & 7 \\ 0 & 3 \end{pmatrix}$에 대하여

$2(X+B)=3\{X+2(X+A)\}$를 만족시키는 행렬 X의 모든 성분의 합을 구하시오.

626 두 이차정사각행렬 A, B에 대하여 $A-2B=\begin{pmatrix} 1 & -2 \\ 0 & 3 \end{pmatrix}$,

$3A+B=\begin{pmatrix} -1 & 4 \\ 7 & 1 \end{pmatrix}$일 때, 행렬 $A+B$의 $(2, 1)$ 성분을 구하시오.

두 식을 연립하여 A 또는 B를 소거한다.

STEP 2

627 삼차정사각행렬 A의 (i, j) 성분 a_{ij}가 $a_{ij}=\begin{cases} 2i+j & (i>j) \\ ij & (i=j) \\ i-2j & (i<j) \end{cases}$일 때,

행렬 A의 모든 성분의 합을 구하시오.

628 세 행렬 $A=\begin{pmatrix} 2 & 1 \\ 0 & 1 \end{pmatrix}$, $B=\begin{pmatrix} 4 & -1 \\ 2 & 3 \end{pmatrix}$, $C=\begin{pmatrix} 0 & 3 \\ z & w \end{pmatrix}$에 대하여 실수

x, y가 $xA+yB=C$를 만족시킬 때, $xy+zw$의 값을 구하시오.

(단, z, w는 상수이다.)

실력 UP⁺

629 등식 $\begin{pmatrix} x^2 & 0 \\ x & x^3 \end{pmatrix}-2\begin{pmatrix} a & 1 \\ 2 & b \end{pmatrix}+\begin{pmatrix} y^2 & xy \\ y & y^3 \end{pmatrix}=O$를 만족시키는 실수 a,

b에 대하여 a^2+b^2의 값을 구하시오.

(단, x, y는 실수이고 O는 영행렬이다.)

03 행렬의 곱셈

1 행렬의 곱셈

(1) 행렬 A의 열의 개수와 행렬 B의 행의 개수가 같을 때, A의 제i행의 성분에 B의 제j열의 대응하는 성분을 차례대로 곱하여 더한 값을 $(i,\ j)$ 성분으로 하는 행렬을 A와 B의 곱이라 하고, 기호로 AB와 같이 나타낸다.

$$\begin{pmatrix} \text{제 }i\text{ 행} \end{pmatrix} \times \begin{pmatrix} \text{제} \\ j \\ \text{열} \end{pmatrix} = \begin{pmatrix} \\ \end{pmatrix} \overset{}{\underset{}{}}(i,\ j)\ \text{성분}$$

$$\text{행렬 } A \qquad\qquad \text{행렬 } B \qquad\qquad \text{행렬 } AB$$

(2) 행렬 A가 $m \times n$ 행렬, 행렬 B가 $n \times l$ 행렬일 때, 행렬 AB는 $m \times l$ 행렬이다.

$$(m \times n\ \text{행렬}) \times (n \times l\ \text{행렬}) \Rightarrow (m \times l\ \text{행렬})$$

설명 두 행렬 A, B의 곱 AB는 A의 열의 개수와 B의 행의 개수가 같을 때만 정의된다. 예를 들어 1×3 행렬 $(a\ \ b\ \ c)$와 2×1 행렬 $\begin{pmatrix} x \\ y \end{pmatrix}$의 곱 $(a\ \ b\ \ c)\begin{pmatrix} x \\ y \end{pmatrix}$를 생각해 보면 c에 대응하는 성분이 없으므로 행렬의 곱이 정의되지 않는다.

2 행렬의 곱의 계산 방법 ☞ 필수 08

(1) $(a\ \ b)\begin{pmatrix} x \\ y \end{pmatrix} = (ax+by)$ ← $(1 \times 2\ \text{행렬}) \times (2 \times 1\ \text{행렬}) = (1 \times 1\ \text{행렬})$

(2) $(a\ \ b)\begin{pmatrix} x & u \\ y & v \end{pmatrix} = (ax+by\ \ \ au+bv)$ ← $(1 \times 2\ \text{행렬}) \times (2 \times 2\ \text{행렬}) = (1 \times 2\ \text{행렬})$

(3) $\begin{pmatrix} a \\ b \end{pmatrix}(x\ \ y) = \begin{pmatrix} ax & ay \\ bx & by \end{pmatrix}$ ← $(2 \times 1\ \text{행렬}) \times (1 \times 2\ \text{행렬}) = (2 \times 2\ \text{행렬})$

(4) $\begin{pmatrix} a & b \\ c & d \end{pmatrix}\begin{pmatrix} x \\ y \end{pmatrix} = \begin{pmatrix} ax+by \\ cx+dy \end{pmatrix}$ ← $(2 \times 2\ \text{행렬}) \times (2 \times 1\ \text{행렬}) = (2 \times 1\ \text{행렬})$

(5) $\begin{pmatrix} a & b \\ c & d \end{pmatrix}\begin{pmatrix} x & u \\ y & v \end{pmatrix} = \begin{pmatrix} ax+by & au+bv \\ cx+dy & cu+dv \end{pmatrix}$ ← $(2 \times 2\ \text{행렬}) \times (2 \times 2\ \text{행렬}) = (2 \times 2\ \text{행렬})$

보기 ▶ (1) $(3\ \ 4)\begin{pmatrix} 1 \\ -2 \end{pmatrix} = (3 \times 1 + 4 \times (-2)) = (-5)$

(2) $(3\ \ 4)\begin{pmatrix} 1 & 2 \\ -2 & -1 \end{pmatrix} = (3 \times 1 + 4 \times (-2)\ \ \ 3 \times 2 + 4 \times (-1)) = (-5\ \ \ 2)$

(3) $\begin{pmatrix} 3 \\ -1 \end{pmatrix}(1\ \ 2) = \begin{pmatrix} 3 \times 1 & 3 \times 2 \\ -1 \times 1 & -1 \times 2 \end{pmatrix} = \begin{pmatrix} 3 & 6 \\ -1 & -2 \end{pmatrix}$

(4) $\begin{pmatrix} 3 & 4 \\ -1 & 2 \end{pmatrix}\begin{pmatrix} 1 \\ -2 \end{pmatrix} = \begin{pmatrix} 3 \times 1 + 4 \times (-2) \\ -1 \times 1 + 2 \times (-2) \end{pmatrix} = \begin{pmatrix} -5 \\ -5 \end{pmatrix}$

(5) $\begin{pmatrix} 3 & 4 \\ -1 & 2 \end{pmatrix}\begin{pmatrix} 1 & 2 \\ -2 & -1 \end{pmatrix} = \begin{pmatrix} 3 \times 1 + 4 \times (-2) & 3 \times 2 + 4 \times (-1) \\ -1 \times 1 + 2 \times (-2) & -1 \times 2 + 2 \times (-1) \end{pmatrix} = \begin{pmatrix} -5 & 2 \\ -5 & -4 \end{pmatrix}$

● 정답 및 풀이 146쪽

✐ 알아둡시다!

$$\begin{pmatrix} a & b \\ c & d \end{pmatrix}\begin{pmatrix} e & f \\ g & h \end{pmatrix}$$
$$=\begin{pmatrix} ae+bg & af+bh \\ ce+dg & cf+dh \end{pmatrix}$$

630 다음을 계산하시오.

(1) $(2 \quad 3)\begin{pmatrix} -1 \\ 4 \end{pmatrix}$

(2) $(-5 \quad 2)\begin{pmatrix} 3 \\ 1 \end{pmatrix}$

(3) $(1 \quad 3)\begin{pmatrix} 4 & 5 \\ 2 & 7 \end{pmatrix}$

(4) $(-2 \quad 3)\begin{pmatrix} -1 & 2 \\ 3 & 1 \end{pmatrix}$

(5) $\begin{pmatrix} 2 \\ 1 \end{pmatrix}(3 \quad -1)$

(6) $\begin{pmatrix} 5 \\ 7 \end{pmatrix}(-2 \quad 3)$

(7) $\begin{pmatrix} 2 & 1 \\ 1 & 3 \end{pmatrix}\begin{pmatrix} 4 \\ -2 \end{pmatrix}$

(8) $\begin{pmatrix} 2 & 3 \\ -3 & 1 \end{pmatrix}\begin{pmatrix} 8 \\ 5 \end{pmatrix}$

(9) $\begin{pmatrix} 8 & -1 \\ 3 & 5 \end{pmatrix}\begin{pmatrix} 2 & 0 \\ 4 & -3 \end{pmatrix}$

(10) $\begin{pmatrix} 4 & 1 \\ 3 & 2 \end{pmatrix}\begin{pmatrix} 2 & 6 \\ 1 & -4 \end{pmatrix}$

(11) $\begin{pmatrix} -1 & 0 \\ 1 & 2 \end{pmatrix}\begin{pmatrix} 1 & 2 \\ 3 & 4 \end{pmatrix}$

(12) $\begin{pmatrix} 2 & -3 \\ 3 & -1 \end{pmatrix}\begin{pmatrix} 1 & 1 \\ -2 & 0 \end{pmatrix}$

631 다음 등식을 만족시키는 상수 x, y의 값을 구하시오.

(1) $\begin{pmatrix} -1 & x \\ 1 & 2 \end{pmatrix}\begin{pmatrix} 1 & 2 \\ y & -3 \end{pmatrix}=\begin{pmatrix} -9 & -8 \\ -7 & -4 \end{pmatrix}$

(2) $\begin{pmatrix} x & 4 \\ 1 & y \end{pmatrix}\begin{pmatrix} -1 & 2 \\ 1 & -3 \end{pmatrix}=\begin{pmatrix} -2 & 0 \\ 3 & -10 \end{pmatrix}$

● 더 다양한 문제는 **RPM** 공통수학1 160쪽

필수 08 행렬의 곱셈

등식 $\begin{pmatrix} x & y \\ 2 & 1 \end{pmatrix}\begin{pmatrix} x & 0 \\ y & x \end{pmatrix} = 2\begin{pmatrix} 10 & 6-x \\ 3 & 0 \end{pmatrix} + \begin{pmatrix} 5 & 2x \\ 4 & x \end{pmatrix}$ 가 성립하도록 하는 실수 $x,\ y$의 값을 구하시오.

풀이 $\begin{pmatrix} x & y \\ 2 & 1 \end{pmatrix}\begin{pmatrix} x & 0 \\ y & x \end{pmatrix} = \begin{pmatrix} x^2+y^2 & xy \\ 2x+y & x \end{pmatrix}$, $2\begin{pmatrix} 10 & 6-x \\ 3 & 0 \end{pmatrix} + \begin{pmatrix} 5 & 2x \\ 4 & x \end{pmatrix} = \begin{pmatrix} 25 & 12 \\ 10 & x \end{pmatrix}$

따라서 $\begin{pmatrix} x^2+y^2 & xy \\ 2x+y & x \end{pmatrix} = \begin{pmatrix} 25 & 12 \\ 10 & x \end{pmatrix}$이므로 두 행렬이 서로 같을 조건에 의하여

$$x^2+y^2=25,\ xy=12,\ 2x+y=10$$

$2x+y=10$에서 $y=10-2x$이므로 $xy=12$에 대입하면 $\quad x(10-2x)=12$

$x^2-5x+6=0,\quad (x-2)(x-3)=0\quad \therefore\ x=2$ 또는 $x=3$

$x=2$일 때 $y=6$이므로 $\quad x^2+y^2=40\neq25$

$x=3$일 때 $y=4$이므로 $\quad x^2+y^2=25$

$\therefore\ \boldsymbol{x=3,\ y=4}$

● 더 다양한 문제는 **RPM** 공통수학1 161쪽

필수 09 행렬의 곱셈의 변형

이차정사각행렬 A에 대하여 $A\begin{pmatrix} a \\ b \end{pmatrix} = \begin{pmatrix} 1 \\ 2 \end{pmatrix}$, $A\begin{pmatrix} c \\ d \end{pmatrix} = \begin{pmatrix} 1 \\ -1 \end{pmatrix}$일 때, $A\begin{pmatrix} 2a+3c \\ 2b+3d \end{pmatrix}$를 구하시오.

풀이 $\begin{pmatrix} 2a+3c \\ 2b+3d \end{pmatrix} = \begin{pmatrix} 2a \\ 2b \end{pmatrix} + \begin{pmatrix} 3c \\ 3d \end{pmatrix} = 2\begin{pmatrix} a \\ b \end{pmatrix} + 3\begin{pmatrix} c \\ d \end{pmatrix}$이므로

$$A\begin{pmatrix} 2a+3c \\ 2b+3d \end{pmatrix} = 2A\begin{pmatrix} a \\ b \end{pmatrix} + 3A\begin{pmatrix} c \\ d \end{pmatrix}$$

$$= 2\begin{pmatrix} 1 \\ 2 \end{pmatrix} + 3\begin{pmatrix} 1 \\ -1 \end{pmatrix}$$

$$= \begin{pmatrix} \boldsymbol{5} \\ \boldsymbol{1} \end{pmatrix}$$

● 정답 및 풀이 **147**쪽

632 두 행렬 $A = \begin{pmatrix} 2 & x \\ 3 & y \end{pmatrix}$, $B = \begin{pmatrix} 2 & -1 \\ -2 & 1 \end{pmatrix}$에 대하여 $AB=O$일 때, 상수 $x,\ y$에 대하여 xy의 값을 구하시오. (단, O는 영행렬이다.)

633 이차정사각행렬 A에 대하여 $A\begin{pmatrix} 2a \\ 0 \end{pmatrix} = \begin{pmatrix} 4 \\ -6 \end{pmatrix}$, $A\begin{pmatrix} 0 \\ 3b \end{pmatrix} = \begin{pmatrix} -3 \\ 6 \end{pmatrix}$이 성립할 때, $A\begin{pmatrix} a \\ b \end{pmatrix}$를 구하시오.

04 행렬의 곱셈의 성질

1 행렬의 거듭제곱 ∞ 필수 10, 11

행렬 A가 정사각행렬이고 m, n이 자연수일 때

(1) $A^2 = AA$, $A^3 = A^2 A$, $A^4 = A^3 A$, $\cdots$, $A^{n+1} = A^n A$

(2) $A^m A^n = A^{m+n}$, $(A^m)^n = A^{mn}$

> 행렬의 거듭제곱은 정사각행렬에 대해서만 정의된다.

예제 ▶ 행렬 $A = \begin{pmatrix} -1 & 2 \\ 0 & 3 \end{pmatrix}$에 대하여 A^2, A^3을 구하시오.

풀이 $A^2 = \begin{pmatrix} -1 & 2 \\ 0 & 3 \end{pmatrix}\begin{pmatrix} -1 & 2 \\ 0 & 3 \end{pmatrix} = \begin{pmatrix} 1 & 4 \\ 0 & 9 \end{pmatrix}$

$A^3 = A^2 A = \begin{pmatrix} 1 & 4 \\ 0 & 9 \end{pmatrix}\begin{pmatrix} -1 & 2 \\ 0 & 3 \end{pmatrix} = \begin{pmatrix} -1 & 14 \\ 0 & 27 \end{pmatrix}$

2 행렬의 곱셈의 성질 ∞ 필수 12

행렬의 곱셈에서 결합법칙, 분배법칙은 성립하지만 **교환법칙은 성립하지 않는다.**

합과 곱이 정의되는 세 행렬 A, B, C에 대하여

(1) $\boldsymbol{AB \neq BA}$ ← 교환법칙이 성립하지 않는다.

(2) $(AB)C = A(BC)$ ← 결합법칙

(3) $A(B+C) = AB + AC$, $(A+B)C = AC + BC$ ← 분배법칙

(4) $k(AB) = (kA)B = A(kB)$ (단, k는 실수이다.)

(5) $AO = OA = O$ (단, O는 영행렬이다.)

> 행렬의 곱셈에 대한 결합법칙이 성립하므로 $(AB)C = A(BC)$는 괄호를 생략하여 간단히 ABC로 나타낼 수 있다.

설명 (1) $A = \begin{pmatrix} 1 & 2 \\ -1 & 1 \end{pmatrix}$, $B = \begin{pmatrix} 2 & 3 \\ 1 & 0 \end{pmatrix}$에 대하여

$AB = \begin{pmatrix} 1 & 2 \\ -1 & 1 \end{pmatrix}\begin{pmatrix} 2 & 3 \\ 1 & 0 \end{pmatrix} = \begin{pmatrix} 4 & 3 \\ -1 & -3 \end{pmatrix}$, $BA = \begin{pmatrix} 2 & 3 \\ 1 & 0 \end{pmatrix}\begin{pmatrix} 1 & 2 \\ -1 & 1 \end{pmatrix} = \begin{pmatrix} -1 & 7 \\ 1 & 2 \end{pmatrix}$

이므로 $AB \neq BA$

즉 일반적으로 $AB \neq BA$이므로 행렬의 곱셈에서는 교환법칙이 성립하지 않는다.

참고 (1) 행렬의 곱셈에서는 다음이 성립하지 않는다.

① $AB = O$이면 $A = O$ 또는 $B = O$이다.

⇨ $A = \begin{pmatrix} -1 & 2 \\ 3 & -6 \end{pmatrix}$, $B = \begin{pmatrix} 4 & 2 \\ 2 & 1 \end{pmatrix}$에 대하여

$AB = \begin{pmatrix} -1 & 2 \\ 3 & -6 \end{pmatrix}\begin{pmatrix} 4 & 2 \\ 2 & 1 \end{pmatrix} = \begin{pmatrix} 0 & 0 \\ 0 & 0 \end{pmatrix} = O$

즉 $AB = O$이지만 $A \neq O$, $B \neq O$이다.

② $A \neq O$, $AB=AC$이면 $B=C$이다.

⇨ $A=\begin{pmatrix} 1 & -1 \\ -3 & 3 \end{pmatrix}$, $B=\begin{pmatrix} 1 & 2 \\ 3 & 4 \end{pmatrix}$, $C=\begin{pmatrix} 2 & 0 \\ 4 & 2 \end{pmatrix}$에 대하여

$$AB=\begin{pmatrix} 1 & -1 \\ -3 & 3 \end{pmatrix}\begin{pmatrix} 1 & 2 \\ 3 & 4 \end{pmatrix}=\begin{pmatrix} -2 & -2 \\ 6 & 6 \end{pmatrix}, AC=\begin{pmatrix} 1 & -1 \\ -3 & 3 \end{pmatrix}\begin{pmatrix} 2 & 0 \\ 4 & 2 \end{pmatrix}=\begin{pmatrix} -2 & -2 \\ 6 & 6 \end{pmatrix}$$

이므로 $AB=AC$이다.

즉 $A \neq O$, $AB=AC$이지만 $B \neq C$이다.

(2) 행렬의 곱셈에서는 교환법칙이 성립하지 않기 때문에 지수법칙이나 곱셈 공식은 성립하지 않는다.

① $(A+B)^2 \neq A^2+2AB+B^2$ ⇨ $(A+B)^2=(A+B)(A+B)=A^2+AB+BA+B^2$

② $(A-B)^2 \neq A^2-2AB+B^2$ ⇨ $(A-B)^2=(A-B)(A-B)=A^2-AB-BA+B^2$

③ $(A+B)(A-B) \neq A^2-B^2$ ⇨ $(A+B)(A-B)=A^2-AB+BA-B^2$

④ $(AB)^2 \neq A^2B^2$ ⇨ $(AB)^2=ABAB$

3 단위행렬 ✎ 필수 13

(1) 오른쪽과 같이 n차 정사각행렬 중에서

$$a_{11}=a_{22}=a_{33}=\cdots=a_{nn}=1$$

이고 그 이외의 성분은 모두 0인 행렬을 n차 **단위행렬**

이라 하고, 기호로 E와 같이 나타낸다.

일차단위행렬	이차단위행렬	삼차단위행렬
(1)	$\begin{pmatrix} 1 & 0 \\ 0 & 1 \end{pmatrix}$	$\begin{pmatrix} 1 & 0 & 0 \\ 0 & 1 & 0 \\ 0 & 0 & 1 \end{pmatrix}$

(2) n차 정사각행렬 A와 n차 단위행렬 E에 대하여

$$AE=EA=A$$

(3) **단위행렬의 성질**

① $E^2=E$, $E^3=E$, $\cdots$, $E^n=E$ (단, n은 자연수이다.)

② $(A+E)^2=A^2+2A+E$, $(A-E)^2=A^2-2A+E$, $(A+E)(A-E)=A^2-E$

▶ 단위행렬은 정사각행렬에 대해서만 정의된다.

설명 (2) $A=\begin{pmatrix} a & b \\ c & d \end{pmatrix}$, $E=\begin{pmatrix} 1 & 0 \\ 0 & 1 \end{pmatrix}$에 대하여

$$AE=\begin{pmatrix} a & b \\ c & d \end{pmatrix}\begin{pmatrix} 1 & 0 \\ 0 & 1 \end{pmatrix}=\begin{pmatrix} a & b \\ c & d \end{pmatrix}=A, EA=\begin{pmatrix} 1 & 0 \\ 0 & 1 \end{pmatrix}\begin{pmatrix} a & b \\ c & d \end{pmatrix}=\begin{pmatrix} a & b \\ c & d \end{pmatrix}=A$$

이와 같이 모든 n차 정사각행렬 A에 대하여 $AE=EA=A$가 성립한다.

(3) ① $E^2=EE=\begin{pmatrix} 1 & 0 \\ 0 & 1 \end{pmatrix}\begin{pmatrix} 1 & 0 \\ 0 & 1 \end{pmatrix}=\begin{pmatrix} 1 & 0 \\ 0 & 1 \end{pmatrix}=E$

$E^3=E^2E=EE=E^2=E$

같은 방법으로 하면 자연수 n에 대하여 $E^n=E$

② $(A+E)^2=A^2+AE+EA+E^2$

이때 $AE=EA=A$, $E^2=E$이므로 $(A+E)^2=A^2+2A+E$

같은 방법으로 $(A-E)^2=A^2-2A+E$, $(A+E)(A-E)=A^2-E$

예제 ▶ 단위행렬 $E=\begin{pmatrix} 1 & 0 \\ 0 & 1 \end{pmatrix}$에 대하여 다음을 구하시오.

(1) E^{10}

(2) $(-E)^{2023}$

풀이 (1) $E^{10}=E=\begin{pmatrix} 1 & 0 \\ 0 & 1 \end{pmatrix}$

(2) $(-E)^{2023}=-E=\begin{pmatrix} -1 & 0 \\ 0 & -1 \end{pmatrix}$

특강 케일리-해밀턴의 정리

이차정사각행렬 $A=\begin{pmatrix} a & b \\ c & d \end{pmatrix}$, $E=\begin{pmatrix} 1 & 0 \\ 0 & 1 \end{pmatrix}$, $O=\begin{pmatrix} 0 & 0 \\ 0 & 0 \end{pmatrix}$에 대하여

$$A^2-(a+d)A+(ad-bc)E=O$$

가 성립한다. 이를 케일리-해밀턴의 정리라 한다.

증명 $A=\begin{pmatrix} a & b \\ c & d \end{pmatrix}$에서

$$A^2=AA=\begin{pmatrix} a & b \\ c & d \end{pmatrix}\begin{pmatrix} a & b \\ c & d \end{pmatrix}=\begin{pmatrix} a^2+bc & ab+bd \\ ac+cd & bc+d^2 \end{pmatrix}$$

$$(a+d)A=(a+d)\begin{pmatrix} a & b \\ c & d \end{pmatrix}=\begin{pmatrix} a^2+ad & ab+bd \\ ac+cd & ad+d^2 \end{pmatrix}$$

$$(ad-bc)E=(ad-bc)\begin{pmatrix} 1 & 0 \\ 0 & 1 \end{pmatrix}=\begin{pmatrix} ad-bc & 0 \\ 0 & ad-bc \end{pmatrix}$$

$$\therefore A^2-(a+d)A+(ad-bc)E$$
$$=\begin{pmatrix} a^2+bc & ab+bd \\ ac+cd & bc+d^2 \end{pmatrix}-\begin{pmatrix} a^2+ad & ab+bd \\ ac+cd & ad+d^2 \end{pmatrix}+\begin{pmatrix} ad-bc & 0 \\ 0 & ad-bc \end{pmatrix}$$
$$=\begin{pmatrix} 0 & 0 \\ 0 & 0 \end{pmatrix}=O$$

참고 $A=\begin{pmatrix} -1 & 2 \\ -3 & 4 \end{pmatrix}$일 때 케일리-해밀턴의 정리에 의하여 $A^2-3A+2E=O$가 성립하지만 등식 $A^2-3A+2E=O$를 만족시키는 행렬 A가 유일한 것은 아니다. 예를 들어 $A=\begin{pmatrix} 2 & 0 \\ 0 & 2 \end{pmatrix}$도 $A^2-3A+2E=O$를 만족시킨다.

특강 01   케일리-해밀턴의 정리

행렬 $A=\begin{pmatrix} 2 & 1 \\ 1 & 3 \end{pmatrix}$에 대하여 A^2-5A를 구하시오.

풀이 케일리-해밀턴의 정리에 의하여
$$A^2-(2+3)A+(2\times3-1\times1)E=O \qquad \therefore A^2-5A+5E=O$$

$$\therefore A^2-5A=-5E=\begin{pmatrix} -5 & 0 \\ 0 & -5 \end{pmatrix}$$

다른 풀이 $A^2=AA=\begin{pmatrix} 2 & 1 \\ 1 & 3 \end{pmatrix}\begin{pmatrix} 2 & 1 \\ 1 & 3 \end{pmatrix}=\begin{pmatrix} 5 & 5 \\ 5 & 10 \end{pmatrix}$이므로

$$A^2-5A=\begin{pmatrix} 5 & 5 \\ 5 & 10 \end{pmatrix}-5\begin{pmatrix} 2 & 1 \\ 1 & 3 \end{pmatrix}=\begin{pmatrix} -5 & 0 \\ 0 & -5 \end{pmatrix}$$

● 정답 및 풀이 **148**쪽

634 두 행렬 $A=\begin{pmatrix} 1 & 2 \\ 3 & 4 \end{pmatrix}$, $E=\begin{pmatrix} 1 & 0 \\ 0 & 1 \end{pmatrix}$에 대하여 $A^2-pA=2E$를 만족시키는 실수 p의 값을 구하시오.

10 **행렬의 거듭제곱**

두 이차정사각행렬 A, B에 대하여

$$2A+B=\begin{pmatrix} 2 & -1 \\ 3 & -4 \end{pmatrix} \ \cdots\cdots ㉠, \qquad A+2B=\begin{pmatrix} 4 & -2 \\ 0 & -5 \end{pmatrix} \ \cdots\cdots ㉡$$

가 성립할 때, A^2-B^2을 구하시오.

풀이 ㉠$\times2-$㉡을 하면

$$3A=2\begin{pmatrix} 2 & -1 \\ 3 & -4 \end{pmatrix}-\begin{pmatrix} 4 & -2 \\ 0 & -5 \end{pmatrix}=\begin{pmatrix} 0 & 0 \\ 6 & -3 \end{pmatrix} \qquad \therefore A=\begin{pmatrix} 0 & 0 \\ 2 & -1 \end{pmatrix}$$

㉠$-$㉡$\times2$를 하면

$$-3B=\begin{pmatrix} 2 & -1 \\ 3 & -4 \end{pmatrix}-2\begin{pmatrix} 4 & -2 \\ 0 & -5 \end{pmatrix}=\begin{pmatrix} -6 & 3 \\ 3 & 6 \end{pmatrix} \qquad \therefore B=\begin{pmatrix} 2 & -1 \\ -1 & -2 \end{pmatrix}$$

$$\therefore A^2-B^2=\begin{pmatrix} 0 & 0 \\ 2 & -1 \end{pmatrix}\begin{pmatrix} 0 & 0 \\ 2 & -1 \end{pmatrix}-\begin{pmatrix} 2 & -1 \\ -1 & -2 \end{pmatrix}\begin{pmatrix} 2 & -1 \\ -1 & -2 \end{pmatrix}$$

$$=\begin{pmatrix} 0 & 0 \\ -2 & 1 \end{pmatrix}-\begin{pmatrix} 5 & 0 \\ 0 & 5 \end{pmatrix}=\begin{pmatrix} -5 & 0 \\ -2 & -4 \end{pmatrix}$$

 11 A^n**의 추정**

행렬 $A=\begin{pmatrix} 1 & 0 \\ -1 & 1 \end{pmatrix}$에 대하여 $A^n=\begin{pmatrix} 1 & 0 \\ -10 & 1 \end{pmatrix}$을 만족시키는 자연수 n의 값을 구하시오.

설명 $A^2=AA$, $A^3=A^2A$를 직접 구하여 A^n을 추정한다.

풀이 $A^2=AA=\begin{pmatrix} 1 & 0 \\ -1 & 1 \end{pmatrix}\begin{pmatrix} 1 & 0 \\ -1 & 1 \end{pmatrix}=\begin{pmatrix} 1 & 0 \\ -2 & 1 \end{pmatrix}$

$A^3=A^2A=\begin{pmatrix} 1 & 0 \\ -2 & 1 \end{pmatrix}\begin{pmatrix} 1 & 0 \\ -1 & 1 \end{pmatrix}=\begin{pmatrix} 1 & 0 \\ -3 & 1 \end{pmatrix}$

같은 방법으로 하면 $A^n=\begin{pmatrix} 1 & 0 \\ -n & 1 \end{pmatrix}$이므로 $n=10$

● 정답 및 풀이 **148**쪽

 635 두 이차정사각행렬 A, B에 대하여 $A+B=\begin{pmatrix} 1 & -2 \\ 0 & 3 \end{pmatrix}$, $A-B=\begin{pmatrix} 5 & 0 \\ 2 & -3 \end{pmatrix}$일 때, 행렬 A^2-B^2의 $(2, 1)$ 성분을 구하시오.

636 행렬 $A=\begin{pmatrix} 1 & 4 \\ 0 & 1 \end{pmatrix}$에 대하여 $A^{10}=\begin{pmatrix} 1 & k \\ 0 & 1 \end{pmatrix}$을 만족시키는 상수 k의 값을 구하시오.

● 더 다양한 문제는 **RPM** 공통수학1 162쪽

필수 12 **행렬의 곱셈에 대한 성질**

두 행렬 $A=\begin{pmatrix} 1 & 1 \\ 1 & 0 \end{pmatrix}$, $B=\begin{pmatrix} a & b \\ 4 & 1 \end{pmatrix}$에 대하여 $(A+B)(A-B)=A^2-B^2$이 성립할 때, 상수 a, b의 값을 구하시오.

풀이 $(A+B)(A-B)=A^2-AB+BA-B^2$이므로
$$A^2-AB+BA-B^2=A^2-B^2$$
$$\therefore AB=BA$$

따라서 $\begin{pmatrix} 1 & 1 \\ 1 & 0 \end{pmatrix}\begin{pmatrix} a & b \\ 4 & 1 \end{pmatrix}=\begin{pmatrix} a & b \\ 4 & 1 \end{pmatrix}\begin{pmatrix} 1 & 1 \\ 1 & 0 \end{pmatrix}$이므로

$$\begin{pmatrix} a+4 & b+1 \\ a & b \end{pmatrix}=\begin{pmatrix} a+b & a \\ 5 & 4 \end{pmatrix}$$

두 행렬이 서로 같을 조건에 의하여 $a=5$, $b=4$

● 더 다양한 문제는 **RPM** 공통수학1 162쪽

필수 13 **단위행렬의 성질**

이차정사각행렬 A, B에 대하여 $A+B=O$, $AB=E$가 성립할 때, $A^{2023}-B^{2023}$을 A를 사용하여 나타내시오. (단, E는 단위행렬, O는 영행렬이다.)

풀이 $A+B=O$에서 $B=-A$이므로 $AB=A(-A)=E$ $\therefore A^2=-E$
따라서 $A^{2023}=(A^2)^{1011}A=(-E)^{1011}A=-EA=-A$,
$B^{2023}=(-A)^{2023}=-A^{2023}=-(-A)=A$이므로
$$A^{2023}-B^{2023}=-A-A=-2A$$

KEY Point
• 행렬에서는 일반적으로 $AB \neq BA$이므로 곱셈 공식, 인수분해 공식을 적용할 수 없다.
• 단위행렬 E에 대해서는 $AE=EA$이므로 곱셈 공식, 인수분해 공식을 적용할 수 있다.

● 정답 및 풀이 **148**쪽

확인체크 637 두 행렬 $A=\begin{pmatrix} 1 & 3 \\ 2 & 4 \end{pmatrix}$, $B=\begin{pmatrix} 0 & y \\ x & 12 \end{pmatrix}$에 대하여 $(A+B)^2=A^2+2AB+B^2$이 성립할 때, 상수 x, y의 값을 구하시오.

638 이차정사각행렬 A, B에 대하여 $A+B=E$, $AB=O$가 성립할 때, A^3+B^3을 간단히 하시오. (단, E는 단위행렬, O는 영행렬이다.)

14 **단위행렬의 활용**

행렬 $A=\begin{pmatrix} 0 & -1 \\ 1 & 0 \end{pmatrix}$에 대하여 다음 물음에 답하시오.

(1) $A^n=E$를 만족시키는 자연수 n의 최솟값을 구하시오. (단, E는 단위행렬이다.)

(2) $A^{18}\begin{pmatrix} x \\ y \end{pmatrix}=\begin{pmatrix} 1 \\ 2 \end{pmatrix}$일 때, 상수 x, y의 값을 구하시오.

풀이 (1) $A^2=AA=\begin{pmatrix} 0 & -1 \\ 1 & 0 \end{pmatrix}\begin{pmatrix} 0 & -1 \\ 1 & 0 \end{pmatrix}=\begin{pmatrix} -1 & 0 \\ 0 & -1 \end{pmatrix}=-E$

$A^3=A^2A=-EA=-A$

$A^4=A^3A=-AA=-A^2=-(-E)=E$

따라서 n의 최솟값은 **4**이다.

(2) $A^{18}=(A^4)^4A^2=E^4A^2=A^2=-E$이므로

$$A^{18}\begin{pmatrix} x \\ y \end{pmatrix}=-E\begin{pmatrix} x \\ y \end{pmatrix}=\begin{pmatrix} -1 & 0 \\ 0 & -1 \end{pmatrix}\begin{pmatrix} x \\ y \end{pmatrix}=\begin{pmatrix} -x \\ -y \end{pmatrix}$$

즉 $\begin{pmatrix} -x \\ -y \end{pmatrix}=\begin{pmatrix} 1 \\ 2 \end{pmatrix}$이므로 $x=-1$, $y=-2$

다른 풀이 (1) 케일리-해밀턴의 정리에 의하여

$A^2+E=O$ ∴ $A^2=-E$

따라서 $A^4=(A^2)^2=(-E)^2=E$이므로 n의 최솟값은 4이다.

KEY Point

• $A^n=E$를 만족시키는 자연수 n의 최솟값이 k이다. ⇨ A^n은 k를 주기로 반복된다.

● 정답 및 풀이 **149**쪽

639 행렬 $A=\begin{pmatrix} 2 & -3 \\ 1 & -1 \end{pmatrix}$일 때, $A^n=E$를 만족시키는 자연수 n의 최솟값을 구하시오.

(단, E는 단위행렬이다.)

640 행렬 $A=\begin{pmatrix} 1 & 1 \\ -3 & -2 \end{pmatrix}$에 대하여 $A^{16}\begin{pmatrix} x \\ y \end{pmatrix}=\begin{pmatrix} 1 \\ -6 \end{pmatrix}$일 때, 상수 x, y에 대하여 $x-y$의 값을 구하시오.

641 행렬 $A=\dfrac{1}{2}\begin{pmatrix} 1 & -3 \\ 1 & 1 \end{pmatrix}$에 대하여 $A+A^2+A^3+\cdots+A^{120}$의 모든 성분의 합을 구하시오.

STEP 1

642 행렬 $A=\begin{pmatrix} 2 \\ 4 \end{pmatrix}$, $B=(1 \quad -2)$, $C=\begin{pmatrix} 0 & 1 \\ -1 & 2 \end{pmatrix}$에 대하여 다음 중 그

곱을 정의할 수 없는 것은?

① AB ② BA ③ AC ④ CA ⑤ BC

643 행렬 $A=\begin{pmatrix} x & 1 \\ 1 & y \end{pmatrix}$, $E=\begin{pmatrix} 1 & 0 \\ 0 & 1 \end{pmatrix}$에 대하여 $A^2+2A-E=O$일 때,

x^2+y^2의 값을 구하시오. (단, x, y는 상수이고, O는 영행렬이다.)

644 이차정사각행렬 A에 대하여 $A\begin{pmatrix} 1 \\ 0 \end{pmatrix}=\begin{pmatrix} 1 \\ 3 \end{pmatrix}$, $A^2\begin{pmatrix} 1 \\ 0 \end{pmatrix}=\begin{pmatrix} -5 \\ 6 \end{pmatrix}$일 때,

$A^3\begin{pmatrix} 1 \\ 0 \end{pmatrix}$의 모든 성분의 합을 구하시오.

645 행렬 $A=\begin{pmatrix} 1 & 0 \\ 0 & 2 \end{pmatrix}$에 대하여 $A^n=\begin{pmatrix} 1 & 0 \\ 0 & 64 \end{pmatrix}$를 만족시키는 자연수 n

의 값을 구하시오.

646 이차정사각행렬 A, B, C에 대하여 다음 중 옳지 <u>않은</u> 것은?

(단, E는 단위행렬, O는 영행렬이다.)

① $(A+E)(A-3E)=A^2-2A-3E$
② $A^2-B^2=O$이면 $A=B$ 또는 $A=-B$이다.
③ $A(BC)=(AB)C$
④ $A^2+E=O$인 행렬 A가 존재한다.
⑤ $B=C$이면 $AB=AC$이다.

647 두 행렬 $A=\begin{pmatrix} 0 & -1 \\ 1 & 0 \end{pmatrix}$, $E=\begin{pmatrix} 1 & 0 \\ 0 & 1 \end{pmatrix}$에 대하여

$$(2E+3A)(3E+2A)=xE+yA$$

가 성립할 때, 실수 x, y에 대하여 $x+y$의 값을 구하시오.

648 행렬 $A=\begin{pmatrix} 2 & -1 \\ 3 & -1 \end{pmatrix}$에 대하여 $A^{2025}\begin{pmatrix} x \\ y \end{pmatrix}=\begin{pmatrix} -2 \\ 4 \end{pmatrix}$일 때, 상수 x, y에

대하여 $x-y$의 값을 구하시오.

STEP 2

생각해 봅시다! 💡

649 [표 1]은 P 문구점과 Q 문구점에서 파는 노트와 펜의 가격을 나타낸 것이고, [표 2]는 A, B가 구입하려는 노트와 펜의 개수를 나타낸 것이다. 두 행렬 $X = \begin{pmatrix} 800 & 500 \\ 700 & 600 \end{pmatrix}$, $Y = \begin{pmatrix} 3 & 2 \\ 3 & 5 \end{pmatrix}$에 대하여 다음 중 A가 Q 문구점에서 노트와 펜을 구입한 가격을 나타내는 것은?

(단위: 원)

	노트	펜
P	800	500
Q	700	600

[표 1]

(단위: 개)

	A	**B**
노트	3	2
펜	3	5

[표 2]

① 행렬 XY의 $(1, 2)$ 성분 ② 행렬 XY의 $(2, 1)$ 성분

③ 행렬 XY의 $(2, 2)$ 성분 ④ 행렬 YX의 $(1, 2)$ 성분

⑤ 행렬 YX의 $(2, 1)$ 성분

650 이차정사각행렬 A에 대하여 $A\begin{pmatrix} 2a \\ b \end{pmatrix} = \begin{pmatrix} 3 \\ 15 \end{pmatrix}$, $A\begin{pmatrix} a \\ 2b \end{pmatrix} = \begin{pmatrix} 3 \\ -3 \end{pmatrix}$일 때, $A\begin{pmatrix} 2a \\ 3b \end{pmatrix}$를 구하시오. (단, $ab \neq 0$)

651 이차방정식 $x^2 - 7x - 1 = 0$의 두 근을 α, β라 하자. 행렬 $A = \begin{pmatrix} \alpha & 1 \\ 1 & \beta \end{pmatrix}$에 대하여 $A^2 = \begin{pmatrix} a & b \\ c & d \end{pmatrix}$일 때, $a + d$의 값을 구하시오.

652 두 이차정사각행렬 A, B에 대하여

$$A + B = \begin{pmatrix} 0 & 1 \\ -4 & -3 \end{pmatrix}, \quad AB + BA = \begin{pmatrix} -12 & 0 \\ 12 & 0 \end{pmatrix}$$

이 성립할 때, $(A-B)^2$을 구하시오.

$(A-B)^2$
$= A^2 - AB - BA + B^2$

실력 UP⁺

653 이차정사각행렬 A, B에 대하여 $AB = 2BA$일 때, $A^4B^4 = k(AB)^4$이다. 이때 상수 k의 값을 구하시오.

654 행렬 $A = \begin{pmatrix} 0 & -1 \\ 1 & a \end{pmatrix}$가 $A^2 + A + E = O$를 만족시킬 때, A^{101}의 모든 성분의 합을 구하시오. (단, a는 상수, E는 단위행렬, O는 영행렬이다.)

● 본책 12~35쪽

1 다항식의 연산   I. 다항식

1 (1) $-3x^3+3x^2+(-2y+z^2)x+4y^2z$

   (2) $3x^2+xz^2-3x^3-2xy+4zy^2$

2 (1) $3x^3-8x^2+16x-7$

   (2) $4x^3-9x^2-2x+9$

   (3) $9x^3-22x^2+20x+1$

   (4) $-7x^3+16x^2-13$

3 (가) 결합법칙   (나) 교환법칙   (다) 결합법칙

4 $-16x^4-21x^3+21x^2-3x+2$

5 $5x^2+2xy-6y^2$

6 $7x^2+6x-10$

7 (1) $-4a^4b^5$ (2) $16x^7$

   (3) $a^2b^{12}c^5$ (4) $-\dfrac{1}{27}b^7$

8 (1) $2x^3y-2x^2y^2+6xy^3$

   (2) $2x^2-3x-5$

   (3) x^3-x^2+2x-8

   (4) $x^3-4x^2y+4xy^2+3xy-6y^2$

   (5) $6x^4-3x^3+5x^2+2x-6$

   (6) $2x^2-xy-3x-3y^2+7y-2$

9 ㄱ, ㄹ   **10** 17

11 $\dfrac{3}{2}$ **12** 2

13 (1) $x^3+9x^2+23x+15$

    (2) $x^3-9x^2+26x-24$

    (3) $x^2+y^2+4z^2+2xy+4yz+4zx$

    (4) $x^2+9y^2+z^2-6xy+6yz-2zx$

    (5) $27x^3+27x^2+9x+1$

    (6) $8x^3+60x^2+150x+125$

    (7) $27x^3-54x^2+36x-8$

    (8) $x^3-12x^2y+48xy^2-64y^3$

    (9) x^3+1

    (10) $8x^3+27$

    (11) x^3-8

    (12) $8a^3-b^3$

14 (1) $a^3+b^3-c^3+3abc$

    (2) $a^3-8b^3+27c^3+18abc$

    (3) x^4+x^2+1

    (4) $x^4+16x^2y^2+256y^4$

15 (1) $a^4-25b^2c^2$

    (2) $x^2+4y^2+9z^2-4xy+12yz-6zx$

    (3) $27x^3-8y^3$

    (4) $x^3+3x^2-18x-40$

    (5) $81x^4+9x^2y^2+y^4$

    (6) $8a^3+b^3-c^3+6abc$

    (7) $x^6-3x^4y^2+3x^2y^4-y^6$

    (8) a^6-b^6

16 (1) $x^4+10x^3+20x^2-25x+6$

    (2) $a^2-b^2-c^2+2bc$

    (3) $x^4-6x^3+6x^2+9x-2$

    (4) $x^4+14x^3+41x^2-56x-180$

    (5) $x^4-10x^3+35x^2-50x+24$

17 $\dfrac{1}{4}(5^{16}-1)$ **18** 10^8-1

19 46

20 (1) 2 (2) 0 (3) -2

21 (1) 10 (2) 4 (3) 28

22 (1) 23 (2) 21 (3) 110

23 (1) 6 (2) 8 (3) 14 **24** 5

25 $2\sqrt{7}$ **26** 14

27 52 **28** $9\sqrt{6}$

29 1 **30** 15

31 31 **32** 48

33 52

34 (1) $-2ab-3c^2$ (2) $2yz^3-x^2y^4z$

  (3) $-5a^2c^5+\dfrac{a}{b^3}-2a^4b^2c^8$

35 풀이 8쪽

36 (1) x^3-2x^2-x+6

  (2) x^3+3x^2+3x+5

37 풀이 8쪽 **38** 1

39 6 **40** $2x^2+x-2$

41 몫: $2Q(x)$, 나머지: R

42 7

43 (1) 몫: $x^4-x^3+x^2-x+1$, 나머지: 0

  (2) 몫: x^2-2x+3, 나머지: 4

44 $-5x^2+7xy$ **45** -48

46 14 **47** ②

48 몫: x^2+3, 나머지: -2

49 56 **50** -29702

51 -18 **52** 66

53 $8x-9$ **54** ①

55 -29 **56** 127

57 24 **58** 6

59 ② **60** $105+15\sqrt{7}$

● 본책 40~57쪽

I. 다항식

2 항등식과 나머지정리

61 ㄷ, ㄹ, ㅂ

62 (1) $a=1$, $b=-1$, $c=0$

  (2) $a=2$, $b=\dfrac{1}{2}$, $c=-9$

  (3) $a=1$, $b=1$, $c=2$

63 (1) $a=-2$, $b=3$

  (2) $a=-2$, $b=1$

64 $a=1$, $b=1$, $c=-2$

65 $a=1$, $b=6$, $c=7$, $d=1$

66 -5 **67** $x=-5$, $y=9$

68 -8 **69** $a=4$, $b=1$

70 $a=0$, 나머지: $-3x+3$

71 $a=1$, $b=-3$, $c=5$, $d=1$

72 14 **73** $a=1$, $b=2$, $c=3$

74 ③

75 -2

76 4

77 1

78 ②

79 $a=4, b=-4$

80 $a=1, b=1$

81 $a=1, b=5, c=10, d=10, e=5, f=1$

82 -13

83 20

84 -30

85 (1) 3 (2) -21 (3) 49 (4) -65

86 (1) $-\dfrac{9}{4}$ (2) $\dfrac{23}{3}$ (3) $\dfrac{79}{4}$ (4) $-\dfrac{13}{3}$

87 (1) -9 (2) 0 (3) -10

88 $-\dfrac{7}{2}$

89 5

90 7

91 $-2x+2$

92 -5

93 $-x^2-2x+1$

94 4

95 20

96 11

97 4

98 -1

99 -20

100 -3

101 5

102 -9

103 11

104 2

105 11

106 21

107 8

108 $2x^2-3x+3$

109 31

110 -27

111 106

112 11

113 ⑤

114 $x+3$

115 3

116 ③

● 본책 62~75쪽

I. 다항식

3 인수분해

117 (1) $4xy(x+2)$

(2) $(2a+b)(2a+b+3)$

(3) $(2x+3y)^2$

(4) $(3x-5y)^2$

(5) $(4a+9b)(4a-9b)$

(6) $(x+3)(x+1)$

(7) $(3a+b)(a-2b)$

118 (1) $(x+y+2z)^2$

(2) $(a-2b+3c)^2$

(3) $(x+2)^3$

(4) $(2x-y)^3$

(5) $(a+3b)(a^2-3ab+9b^2)$

(6) $(2x-y)(4x^2+2xy+y^2)$

(7) $(x+y+1)(x^2+y^2-xy-x-y+1)$

(8) $(2a+b-c)(4a^2+b^2+c^2-2ab+bc+2ca)$

(9) $(a^2+a+1)(a^2-a+1)$

(10) $(x^2+2xy+4y^2)(x^2-2xy+4y^2)$

119 (1) $(x^2+y^2)(x+y)(x-y)$

(2) $(3a+3b+c)(3a+3b-c)$

(3) $x(x+1)(x^2-x+1)$

(4) $2b(3a^2+b^2)$

(5) $ab(a-b)^2$

(6) $(x-a+3)(x+a+5)$

120 (1) $(a+b)(a-b)(a+c)$

(2) $(x-2a)(x^2+2)$

(3) $(2x+y+1)(2x-y+1)$

(4) $(3a-b+1)(-3a+b+1)$

121 $(a+b+c)(a+b-c)(a-b+c)(-a+b+c)$

122 (1) $(x^2+x-4)(x^2+x-9)$

(2) $(x-1)^4$

(3) $(x^2+3x+5)(x^2+3x-3)$

(4) $(x+2)(x+6)(x^2+8x+10)$

123 (1) $(x^2+3)(x^2-2)$

(2) $(x+1)(x-1)(x+3)(x-3)$

(3) $(x^2+2x+2)(x^2-2x+2)$

(4) $(x^2+x+3)(x^2-x+3)$

(5) $(x^2+2xy-y^2)(x^2-2xy-y^2)$

124 (1) $(a+b)(b+c)(c+a)$

(2) $(x+3y-2)(x-2y+3)$

(3) $(3x+y-1)(x+y-3)$

(4) $(x+y+1)(x-y+2z+3)$

125 (1) $(x+1)(x+2)(3x-2)$

(2) $(x-2)(x+3)(x+4)$

(3) $(x-1)(x+1)(x^2-3x+1)$

(4) $(x-1)(x-2)(x+2)(x+3)$

126 $(x-1)(x-2)(x-3)$

127 (1) 1000000 (2) 999 (3) -180

128 24 **129** ①

130 $9\sqrt{3}$ **131** ④

132 ③ **133** 5

134 -3 **135** ③

136 $a=-5$, $b=-3$, $(x+1)^2(x-1)(2x+3)$

137 16 **138** 2

139 1 **140** 0

141 18 **142** 7

143 ② **144** -3

145 ③

146 빗변의 길이가 c인 직각삼각형

● 본책 80~101쪽

Ⅱ. 방정식과 부등식

1 복소수

147 (1) 실수부분: 2, 허수부분: -3

(2) 실수부분: 0, 허수부분: 5

(3) 실수부분: $\sqrt{3}-1$, 허수부분: 0

(4) 실수부분: 4, 허수부분: 1

(5) 실수부분: $\dfrac{1}{3}$, 허수부분: $\dfrac{1}{3}$

148 (1) $x=2$, $y=-2$ (2) $x=0$, $y=2$

(3) $x=4$, $y=0$ (4) $x=4$, $y=3$

(5) $x=1$, $y=-2$

149 (1) $3+4i$ (2) $5i$ (3) $-3-\sqrt{2}i$

(4) $1+\sqrt{5}$ (5) $\dfrac{1}{2}-\dfrac{2}{3}i$

150 ⑤

151 $-9i$, $\sqrt{2}i$

152 (1) $1-i$　(2) $7-10i$　(3) $2+8i$　(4) $-14-i$

153 (1) $5+i$　(2) $8+27i$　(3) 7　(4) $-3+4i$

154 (1) $\dfrac{2}{13}-\dfrac{3}{13}i$　(2) $\dfrac{4}{41}+\dfrac{5}{41}i$　(3) $\dfrac{1}{5}+\dfrac{3}{5}i$

　　(4) $\dfrac{32}{17}+\dfrac{8}{17}i$

155 (1) $13+7i$　(2) $4-6i$　(3) $\dfrac{5}{2}+\dfrac{5}{2}i$

　　(4) $-7+5i$

156 -3　　　　　**157** $-2i$

158 -1

159 (1) $x=7, y=11$　(2) $x=21, y=15$

　　(3) $x=\dfrac{6}{7}, y=-\dfrac{5}{7}$

160 -6　　　　　**161** -1

162 -1　　　　　**163** 21

164 $3+4i, 3-4i$　　**165** -8

166 ⑤　　　　　**167** ④

168 6　　　　　**169** ①

170 $-\dfrac{20}{7}$　　　　**171** 5

172 $4+i, -4+i$　　**173** 29

174 $\dfrac{1}{5}$　　　　　**175** 4

176 10　　　　　**177** 17

178 12　　　　　**179** -1

180 10　　　　　**181** $-19+4i$

182 -2　　　　　**183** $\dfrac{1}{5}-\dfrac{2}{5}i$

184 ⑤

185 (1) -1　(2) i　(3) 2　(4) 0　(5) -4　(6) $-i$

186 (1) $\pm\sqrt{5}i$　(2) $\pm\sqrt{10}i$

　　(3) $\pm2\sqrt{5}i$　(4) $\pm\dfrac{1}{6}i$

187 (1) $-3\sqrt{5}$　(2) $3\sqrt{2}i$　(3) $-\sqrt{3}i$　(4) $\sqrt{2}$

188 (1) 1　(2) -1　　　**189** $-6+5i$

190 1

191 (1) 2^{28}　(2) -1　(3) -2

192 $-i$　　　　　**193** 3

194 (1) $-4\sqrt{2}+i$　(2) $-4-3i$

195 $2a$　　　　　**196** 3

197 1　　　　　**198** $1-i$

199 1　　　　　**200** 3

201 $\sqrt{3}$　　　　　**202** $-2a+2c$

203 $-\dfrac{2}{5}$　　　　**204** ⑤

205 8　　　　　**206** 18

207 25　　　　　**208** x^2-1

● 본책 106∼130쪽

2 **이차방정식**　　　　Ⅱ. 방정식과 부등식

209 (1) $x=0$ 또는 $x=3$

　　(2) $x=2$ 또는 $x=3$

　　(3) $x=-1$ 또는 $x=\dfrac{3}{2}$

(4) $x=-2$ 또는 $x=\dfrac{1}{3}$

(5) $x=\dfrac{1}{2}$ (중근)

(6) $x=1$ 또는 $x=2$

210 (1) $x=\dfrac{7\pm\sqrt{17}}{4}$, 실근

(2) $x=\dfrac{3\pm\sqrt{7}i}{2}$, 허근

(3) $x=\dfrac{-1\pm\sqrt{7}i}{4}$, 허근

(4) $x=\dfrac{-2\pm\sqrt{10}}{3}$, 실근

(5) $x=\dfrac{1\pm\sqrt{2}i}{3}$, 허근

(6) $x=\dfrac{\sqrt{3}\pm\sqrt{7}}{4}$, 실근

211 (1) $x=\dfrac{-2\pm\sqrt{2}i}{2}$ (2) $x=1$ 또는 $x=4$

212 $x=1$ 또는 $x=2-\sqrt{3}$

213 $x=\dfrac{-3\pm3\sqrt{3}i}{2}$

214 $a=2,\ b=-\dfrac{2}{3}$

215 (1) $x=-4$ 또는 $x=4$

(2) $x=1-\sqrt{3}$ 또는 $x=-1+\sqrt{5}$

(3) $x=-1$ 또는 $x=2+\sqrt{3}$

216 $x=-3$ 또는 $x=\sqrt{3}$

217 2 m

218 15초

219 (1) $4\leq x<5$ 또는 $8\leq x<9$ (2) $x=\sqrt{5}$

220 (1) 서로 다른 두 실근   (2) 서로 다른 두 허근

(3) 중근   (4) 중근   (5) 서로 다른 두 실근

(6) 서로 다른 두 허근

221 (1) ㄴ, ㄹ, ㅁ, ㅂ   (2) ㄱ, ㄷ

222 (1) $a<7$ (2) $a=7$ (3) $a>7$

223 (1) $k<\dfrac{13}{4}$ (2) $k=\dfrac{13}{4}$ (3) $k>\dfrac{13}{4}$

224 $k\geq1$

225 $\dfrac{1}{2}<k<1$ 또는 $k>1$

226 12   **227** 6

228 8   **229** ①

230 ③   **231** 7

232 0, $\dfrac{3}{2}$ **233** 4

234 1   **235** 서로 다른 두 실근

236 $\dfrac{2+5\sqrt{2}}{2}$

237 빗변의 길이가 a인 직각삼각형

238 ③   **239** -1

240 (1) -3 (2) -2 (3) $\dfrac{3}{2}$ (4) 13

241 (1) 2   (2) $\dfrac{2}{3}$ (3) 2   (4) 4

242 (1) $x^2-10x+24=0$ (2) $x^2-3x-10=0$

(3) $x^2-2x-4=0$ (4) $x^2-6x+10=0$

243 (1) $\left(x-\dfrac{1+\sqrt{13}}{2}\right)\left(x-\dfrac{1-\sqrt{13}}{2}\right)$

(2) $(x+3i)(x-3i)$

244 (1) 12   (2) 5   (3) 11   (4) -1 (5) $-\dfrac{9}{16}$

245 -1 **246** -4

247 $a=-1, b=0$ **248** 8

249 $\dfrac{1}{3}, 3$ **250** -17

251 $2x^2-9x+11=0$ **252** $x^2+45x-8=0$

253 (1) $(x+3-\sqrt{5})(x+3+\sqrt{5})$

(2) $3\left(x-\dfrac{1+\sqrt{5}i}{3}\right)\left(x-\dfrac{1-\sqrt{5}i}{3}\right)$

254 2   **255** -2

256 9   **257** $x=\dfrac{-5\pm\sqrt{17}}{4}$

258 ③   **259** ④

260 ②   **261** -8

262 -5 **263** $-\sqrt{17}$

264 6   **265** ④

266 4   **267** -1

268 $x=\dfrac{4\pm\sqrt{5}i}{3}$ **269** 2, 8

270 $f(x)=x^2+x-3$ **271** $-\dfrac{3}{5}$

272 -5 **273** $\dfrac{3}{2}$

274 ⑤

● 본책 134∼153쪽

3 이차방정식과 이차함수
Ⅱ. 방정식과 부등식

275 2   **276** -5

277 ㄱ, ㄷ, ㄹ

278 (1) $-2, 0$ (2) $-4, 2$ (3) 4

279 (1) 2   (2) 0   (3) 1   (4) 2

280 (1) $\dfrac{1}{2}, 4$ (2) $2\pm\sqrt{11}$ (3) 3

281 (1) 만나지 않는다.

(2) 한 점에서 만난다. (접한다.)

(3) 만나지 않는다.

(4) 서로 다른 두 점에서 만난다.

282 -12 **283** -3

284 (1) $k<-3$ (2) $k=-3$ (3) $k>-3$

285 68   **286** 24

287 $(0, -3)$ **288** 2

289 (1) $k>-7$ (2) $k=-7$ (3) $k<-7$

290 $m\geq\dfrac{1}{2}$ **291** $a=-2, b=\dfrac{7}{4}$

292 8   **293** 54

294 1   **295** 16

296 -10 **297** ④

298 3   **299** ④

300 $\dfrac{8}{9}$ **301** -1

302 3   **303** $\sqrt{5}$

304 (1) $y=3(x-1)^2-1$

(2) 최솟값: -1, 최댓값: 없다.

305 (1) 최솟값: $-\dfrac{3}{2}$, 최댓값: 없다.

(2) 최댓값: -3, 최솟값: 없다.

(3) 최솟값: -2, 최댓값: 없다.

(4) 최댓값: 7, 최솟값: 없다.

306 $2, 3, 2, 2, -3, 5, 5, -3$

307 (1) 최댓값: 7, 최솟값: 4

　　(2) 최댓값: -4, 최솟값: -10

　　(3) 최댓값: 15, 최솟값: 3

　　(4) 최댓값: 4, 최솟값: -21

308 $\dfrac{4}{3}$　　　　　**309** 11

310 39　　　　　**311** -1

312 45 m　　　　**313** 200 m^2

314 -16　　　　**315** 1

316 4　　　　　**317** 10

318 ②

319 가격: 4만 원, 수익: 1500만 원

320 4　　　　　**321** ③

322 -1　　　　**323** 60

324 3　　　　　**325** $\dfrac{15}{4}$

326 5　　　　　**327** $\dfrac{1}{12}$

328 ③

● 본책 157~186쪽

4 여러 가지 방정식　　　

329 (1) $x=2$ 또는 $x=\dfrac{5}{2}$ 또는 $x=3$

　　(2) $x=-2$ 또는 $x=\dfrac{3\pm\sqrt{7}i}{2}$

(3) $x=0$ 또는 $x=\pm 2i$

(4) $x=0$ 또는 $x=-2$ 또는 $x=-1$

(5) $x=\dfrac{1}{2}$ 또는 $x=\pm i$

(6) $x=-2$ 또는 $x=1\pm\sqrt{3}i$

(7) $x=3$ 또는 $x=\dfrac{-3\pm 3\sqrt{3}i}{2}$

(8) $x=-2$ (삼중근)

330 (1) $x=-3$ 또는 $x=-2$ 또는 $x=1$

　　　또는 $x=4$

(2) $x=1$ 또는 $x=2$ 또는 $x=\dfrac{3\pm\sqrt{17}}{2}$

(3) $x=0$ (중근) 또는 $x=\pm\sqrt{2}$

(4) $x=\pm i$ 또는 $x=-1$ 또는 $x=1$

(5) $x=0$ 또는 $x=-2$ 또는 $x=2$ 또는 $x=3$

(6) $x=2$ 또는 $x=-1$ 또는 $x=\dfrac{1\pm\sqrt{3}i}{2}$

331 (1) $x=2$ 또는 $x=1\pm\sqrt{5}$

(2) $x=1$ 또는 $x=\dfrac{11\pm\sqrt{13}}{6}$

(3) $x=-3$ 또는 $x=-2$ 또는 $x=-1$

　　　또는 $x=2$

(4) $x=-1$ 또는 $x=-2$ 또는 $x=\dfrac{3\pm\sqrt{5}}{2}$

332 (1) $x=-4$ 또는 $x=1$ 또는 $x=\dfrac{-3\pm\sqrt{11}i}{2}$

(2) $x=-1$ (중근) 또는 $x=-3$ 또는 $x=1$

(3) $x=-6$ 또는 $x=-2$ 또는 $x=-4\pm\sqrt{6}$

333 (1) $x=\pm2\sqrt{2}i$ 또는 $x=\pm3$

(2) $x=\pm\dfrac{\sqrt{2}}{2}i$ 또는 $x=\pm1$

(3) $x=-1\pm\sqrt{2}$ 또는 $x=1\pm\sqrt{2}$

(4) $x=-\sqrt{2}\pm\sqrt{2}i$ 또는 $x=\sqrt{2}\pm\sqrt{2}i$

334 10 **335** 3

336 -6 **337** $k>1$

338 $a\le\dfrac{1}{4}$ **339** 2 cm

340 2 **341** 11

342 1 **343** -10

344 0 **345** 15

346 $x=1$(중근) **347** $k\ge-\dfrac{1}{8}$

348 -5 **349** ⑤

350 2 **351** $k\le-1$

352 12 **353** 3

354 (1) $\dfrac{1}{2}$ (2) 2 (3) $-\dfrac{5}{2}$ (4) $-\dfrac{1}{5}$ (5) 1

355 (1) $x^3+5x^2-2x-24=0$

(2) $x^3-6x-4=0$

(3) $x^3-5x^2+4x+10=0$

356 $a=2,\ b=-2$ **357** $a=-3,\ b=12$

358 (1) $-\dfrac{3}{4}$ (2) -2 (3) $\dfrac{1}{2}$

359 -2 **360** $a=44,\ b=-48$

361 $x^3-x^2-3x+1=0$

362 $7-\sqrt{2}$ **363** 5

364 (1) 1 (2) -3 (3) 1

365 -1 **366** 7

367 12 **368** 66

369 $x^3+6x^2+9x-4=0$

370 6 **371** 2

372 -2 **373** -2

374 -3 **375** 17

376 1 **377** ⑤

378 ④ **379** -11

380 (1) $\begin{cases} x=3 \\ y=1 \end{cases}$ 또는 $\begin{cases} x=-\dfrac{17}{9} \\ y=\dfrac{31}{9} \end{cases}$

(2) $\begin{cases} x=-1 \\ y=5 \end{cases}$ 또는 $\begin{cases} x=4 \\ y=-5 \end{cases}$

381 (1) $\begin{cases} x=2 \\ y=4 \end{cases}$ 또는 $\begin{cases} x=-2 \\ y=-4 \end{cases}$ 또는 $\begin{cases} x=\sqrt{10} \\ y=\sqrt{10} \end{cases}$

또는 $\begin{cases} x=-\sqrt{10} \\ y=-\sqrt{10} \end{cases}$

(2) $\begin{cases} x=\dfrac{\sqrt{15}}{5} \\ y=\dfrac{2\sqrt{15}}{5} \end{cases}$ 또는 $\begin{cases} x=-\dfrac{\sqrt{15}}{5} \\ y=-\dfrac{2\sqrt{15}}{5} \end{cases}$ 또는

$\begin{cases} x=\sqrt{3} \\ y=\dfrac{\sqrt{3}}{2} \end{cases}$ 또는 $\begin{cases} x=-\sqrt{3} \\ y=-\dfrac{\sqrt{3}}{2} \end{cases}$

382 (1) $\begin{cases} x=-3 \\ y=5 \end{cases}$ 또는 $\begin{cases} x=5 \\ y=-3 \end{cases}$

(2) $\begin{cases} x=1 \\ y=-1 \end{cases}$ 또는 $\begin{cases} x=-1 \\ y=1 \end{cases}$ 또는 $\begin{cases} x=0 \\ y=1 \end{cases}$

또는 $\begin{cases} x=1 \\ y=0 \end{cases}$

383 3

384 83

385 $12\sqrt{5}$

386 $\dfrac{3}{2}$

387 $m=-1$, 공통인 근: $x=1$

388 $\begin{cases} x=2 \\ y=3 \end{cases}$ 또는 $\begin{cases} x=3 \\ y=2 \end{cases}$ 또는 $\begin{cases} x=0 \\ y=-1 \end{cases}$

또는 $\begin{cases} x=-1 \\ y=0 \end{cases}$

389 7

390 2

391 ①

392 17

393 -3

394 -2

395 3

396 17

397 1

398 ③

399 -15

400 3

401 -13

● 본책 189~229쪽

5 여러 가지 부등식

402 (1) $<$ (2) $>$

403 $\begin{cases} a>2일 \ 때, \ x\geq-5 \\ a<2일 \ 때, \ x\leq-5 \\ a=2일 \ 때, \ 모든 \ 실수 \end{cases}$

404 $x\geq-8$

405 (1) $x>4$ (2) $x<-4$ (3) $-\dfrac{9}{2}\leq x<4$

(4) $-9\leq x\leq-3$

406 -3

407 (1) $x>5$ (2) $\dfrac{5}{6}<x\leq 1$

408 5

409 (1) $x=-2$ (2) 해는 없다. (3) 해는 없다.

(4) 해는 없다.

410 7

411 33

412 $a>-4$

413 $3\leq k<4$

414 6

415 26

416 100 g 이상 170 g 이하

417 6

418 -4

419 $\dfrac{19}{6}$

420 10

421 ⑤

422 ⑤

423 $3\leq x<6$

424 $x=1, y=3$

425 $a\geq 1$

426 $\dfrac{3}{4}\leq a<\dfrac{5}{4}$

427 ②

428 ⑤

429 (1) $x<-\dfrac{3}{2}$ 또는 $x>\dfrac{5}{2}$

(2) $\dfrac{9}{4}<x<3$ 또는 $\dfrac{9}{2}<x<\dfrac{21}{4}$

430 27

431 (1) $-1<x<3$ (2) $x<\dfrac{2}{3}$

432 $\dfrac{4}{3}$

433 ③

434 -3

435 5

436 -13

437 6

438 14

439 $k \geq 2$

440 (1) $x \leq b$ 또는 $x \geq d$

(2) $x < a$ 또는 $0 < x < c$ 또는 $x > e$

441 $-2 \leq x \leq 2$

442 (1) $x < -\dfrac{1}{2}$ 또는 $x > 2$

(2) $3 - 2\sqrt{3} \leq x \leq 3 + 2\sqrt{3}$

(3) $x \neq 3$인 모든 실수

(4) $x = \dfrac{3}{2}$

(5) 모든 실수

(6) 해는 없다.

443 $\begin{cases} a > 0 일 때, \ x < -3 \ 또는 \ x > 1 \\ a = 0 일 때, \ 해는 \ 없다. \\ a < 0 일 때, \ -3 < x < 1 \end{cases}$

444 (1) $-3 < x < 3$ (2) $x \leq -2$ 또는 $x \geq 4$

445 ③

446 7

447 -7

448 $-\dfrac{1}{3} < x < \dfrac{1}{5}$

449 $-\dfrac{1}{3} \leq x \leq \dfrac{2}{3}$

450 $a \leq -3$

451 $1 \leq a < 2$

452 $-\dfrac{4}{3} < k < 0$

453 $a < -12$ 또는 $a > 4$

454 $1 \leq a < 3$

455 3

456 $0 < a < 2$

457 3

458 $-2 \leq a \leq 1$ 또는 $2 \leq a \leq 5$

459 5

460 ㄱ, ㄹ

461 4

462 4

463 6초

464 $a < -1$

465 ③

466 ③

467 $-7 < x < -5$

468 ①

469 3

470 -7

471 ④

472 1

473 ㄱ

474 $1 \leq a \leq \dfrac{5}{4}$

475 9

476 (1) $-1 \leq x \leq \dfrac{1}{2}$ 또는 $2 \leq x \leq \dfrac{5}{2}$

(2) $4 < x < 6$

(3) $-5 \leq x < -4$ 또는 $2 < x \leq 3$

(4) $-2 \leq x \leq 0$ 또는 $4 \leq x \leq 6$

477 $-4 \leq a \leq -2$

478 $4 < a \leq 5$

479 $a < -1$ 또는 $a > 3$

480 $0 < a < 2$

481 3 m 이상 5 m 이하

482 1

483 -2

484 5

485 10

486 $a \leq \dfrac{1}{3}$ 또는 $a \geq 2$

487 $-9 \leq a < -8$ 또는 $3 < a \leq 4$

488 $-\dfrac{4}{3} < m < 0$

489 2

490 4

491 $-3 < k \leq -2$ 또는 $k \geq 6$

492 $0<m\leq\dfrac{4}{9}$ 또는 $m\geq4$

493 3　　　　**494** $m<2$ 또는 $m>7$

495 $4<k\leq5$　　**496** $k\leq\dfrac{1}{3}$

497 $-1+\sqrt{3}\leq a<1$　**498** 5

499 $0<k<\dfrac{1}{2}$　　**500** -2

501 $-\dfrac{1}{3}<a<\dfrac{1}{2}$　　**502** $2\leq k<3$

1 경우의 수와 순열

Ⅲ. 경우의 수

503 10　　　　**504** (1) 3　(2) 16

505 60　　　　**506** 12

507 19　　　　**508** 19

509 32　　　　**510** 12

511 12　　　　**512** 16

513 40　　　　**514** (1) 9　(2) 10

515 27　　　　**516** (1) 15　(2) 12

517 8　　　　**518** 30

519 38　　　　**520** 34

521 48　　　　**522** 96

523 260　　　　**524** (1) 59　(2) 35

525 143　　　　**526** 12

527 12　　　　**528** 3

529 54　　　　**530** 20

531 53　　　　**532** 29

533 4　　　　**534** ③

535 84　　　　**536** 18

537 (1) 20　(2) 1　(3) 24　(4) 180

538 (1) 4　(2) 6　(3) 2　(4) 0　(5) 3　(6) 5

539 (1) 5040　(2) 60

540 ㈎ n　㈏ $n!$

541 (1) 3 또는 4　(2) 15　(3) 6　(4) 7

542 210　　　　**543** 120

544 3　　　　**545** (1) 240　(2) 480

546 2880　　　　**547** 2

548 (1) 24　(2) 96　　**549** 100800

550 3600

551 (1) 48　(2) 18　(3) 20

552 30142　　　　**553** 60

554 247번째　　　　**555** 13

556 96　　　　**557** 17280

558 ⑤　　　　**559** 480

560 240　　　　**561** B

562 576　　　　**563** 2

564 216　　　　**565** 52

566 984　　　　**567** ④

568 4608　　　　**569** 84

570 384　　　　**571** 194

● 본책 260~271쪽

2 조합

III. 경우의 수

572 (1) 6　(2) 1　(3) 1　(4) 105

573 (1) 7　(2) 3　(3) 5

574 (1) 120　(2) 36

575 (가) $(n-r)!$　(나) $n!$　(다) $r!$

576 (1) 9　(2) 3　(3) 3 또는 8　(4) 5

577 6　　　　　**578** 24

579 8　　　　　**580** 15

581 (1) 36　(2) 84　(3) 666

582 35　　　　　**583** 1440

584 240　　　　**585** 180

586 22　　　　　**587** 26

588 13　　　　　**589** 72

590 (1) 30　(2) 70　　**591** 105

592 90　　　　　**593** 315

594 11　　　　　**595** 224

596 194　　　　**597** 126

598 10　　　　　**599** 8

600 234　　　　**601** 16

602 5　　　　　**603** ④

604 120　　　　**605** ④

606 35　　　　　**607** 72

608 120

● 본책 276~297쪽

1 행렬

IV. 행렬

609 (1) 3　(2) 1　　　**610** (1) 4　(2) -5

611 (1) $\begin{pmatrix} -2 & -5 \\ 1 & -2 \end{pmatrix}$　(2) $\begin{pmatrix} 1 & 1 & 1 \\ -1 & 2 & 2 \\ -1 & -2 & 3 \end{pmatrix}$

612 $\begin{pmatrix} 0 & 3 & 2 \\ 3 & 0 & 1 \\ 2 & 1 & 0 \end{pmatrix}$

613 $a=2,\ b=3,\ c=-2,\ d=-3$

614 $(1, 1),\ (1, 3),\ (5, 1),\ (5, 3)$

615 (1) $\begin{pmatrix} 3 & -2 \\ 1 & -1 \end{pmatrix}$　(2) $\begin{pmatrix} -4 & 14 \\ 3 & -5 \end{pmatrix}$

　(3) $\begin{pmatrix} 1 & -4 \\ 5 & -1 \end{pmatrix}$　(4) $\begin{pmatrix} -8 & 2 \\ 11 & -1 \end{pmatrix}$

616 (1) $\begin{pmatrix} 2 & 2 \\ -3 & -12 \end{pmatrix}$　(2) $\begin{pmatrix} 2 & 15 \\ 9 & 4 \end{pmatrix}$

　(3) $\begin{pmatrix} 9 & -8 \\ 5 & 16 \end{pmatrix}$

617 (1) $\begin{pmatrix} 3 & 12 \\ -18 & -33 \end{pmatrix}$　(2) $\begin{pmatrix} \dfrac{3}{2} & 4 \\ 2 & -1 \end{pmatrix}$

　(3) $\begin{pmatrix} 1 & 0 \\ 16 & 20 \end{pmatrix}$　(4) $\begin{pmatrix} -9 & -28 \\ 10 & 37 \end{pmatrix}$

618 (1) $\begin{pmatrix} 4 & -7 \\ -8 & 14 \end{pmatrix}$　(2) $\begin{pmatrix} -5 & -11 \\ -9 & 13 \end{pmatrix}$

　(3) $\begin{pmatrix} 5 & -7 \\ 1 & -1 \end{pmatrix}$

619 $\begin{pmatrix} 1 & 4 \\ 6 & -9 \end{pmatrix}$

620 -12　　　　**621** -2

622 $x=2,\ y=-1$

623 $\begin{pmatrix} 2 & 0 & 1 \\ 0 & 0 & 1 \\ 0 & 1 & 0 \end{pmatrix}$ **624** $\dfrac{14}{9}$

625 2   **626** 3

627 22   **628** 0

629 436

630 (1) (10) (2) (-13) (3) $(10 \quad 26)$

    (4) $(11 \quad -1)$ (5) $\begin{pmatrix} 6 & -2 \\ 3 & -1 \end{pmatrix}$

    (6) $\begin{pmatrix} -10 & 15 \\ -14 & 21 \end{pmatrix}$ (7) $\begin{pmatrix} 6 \\ -2 \end{pmatrix}$ (8) $\begin{pmatrix} 31 \\ -19 \end{pmatrix}$

    (9) $\begin{pmatrix} 12 & 3 \\ 26 & -15 \end{pmatrix}$ (10) $\begin{pmatrix} 9 & 20 \\ 8 & 10 \end{pmatrix}$

    (11) $\begin{pmatrix} -1 & -2 \\ 7 & 10 \end{pmatrix}$ (12) $\begin{pmatrix} 8 & 2 \\ 5 & 3 \end{pmatrix}$

631 (1) $x=2, y=-4$ (2) $x=6, y=4$

632 6   **633** $\begin{pmatrix} 1 \\ -1 \end{pmatrix}$

634 5   **635** 4

636 40   **637** $x=8, y=12$

638 E **639** 6

640 7   **641** 0

642 ③   **643** 4

644 -26 **645** 6

646 ②   **647** 13

648 6   **649** ②

650 $\begin{pmatrix} 5 \\ 1 \end{pmatrix}$ **651** 53

652 $\begin{pmatrix} 20 & -3 \\ -12 & 5 \end{pmatrix}$ **653** 64

654 -1

함께 만드는 개념원리

개념원리는

선생님이 가르치기 쉽고

학생이 배우기 쉬운

교육 콘텐츠를 만듭니다.

전국 **360명** 선생님이 교재 개발 참여

총 **2,540명** 학생의 실사용 의견 청취

(2017년도~2023년도 교재 VOC 누적)

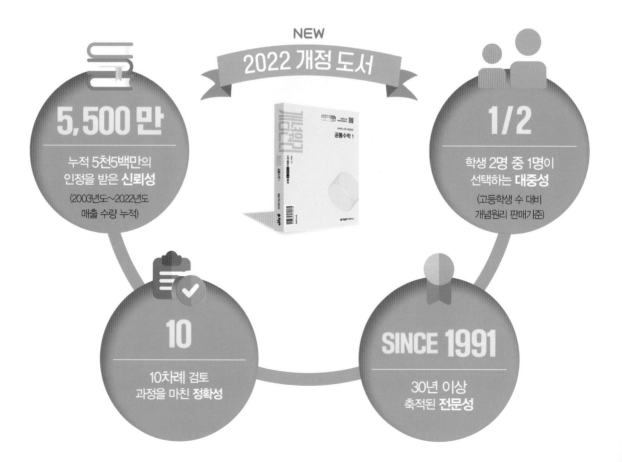

NEW
2022 개정 도서

공통수학 1

5,500 만

누적 5천5백만의
인정을 받은 **신뢰성**

(2003년도~2022년도
매출 수량 누적)

1/2

학생 2명 중 1명이
선택하는 **대중성**

(고등학생 수 대비
개념원리 판매기준)

10

10차례 검토
과정을 마친 **정확성**

SINCE 1991

30년 이상
축적된 **전문성**

2022 개정 더 좋아진 개념원리

2022 개정 교재는 학습자의 학습 편의성을 강화했습니다.
학습 과정에서 필요한 각종 학습자료를 추가해 더욱더 완전한 학습을 지원합니다.

A

2015 개정
• 교재 학습으로
  학습종료

2022 개정 | **교재 + 교재 연계 서비스 (APP)**

개념원리&RPM + 교재 연계 서비스 제공

• 서비스를 통해 교재의 완전 학습 및 지속적인 학습 성장 지원

B

2015 개정
• 개념원리 주요 문항만
  무료 해설 강의 제공
  (RPM 미제공)

2022 개정 | **무료 해설 강의 확대**

**RPM
영상 0% 제공**

**RPM 전 문항
해설 강의 100% 제공**

• QR 1개당 1년 평균 **3,900명** 이상 인입 (2015 개정 개념원리 수학(상) p.34 기준)
• 완전한 학습을 위해 RPM **전 문항 무료 해설 강의 제공**

학생 모두가 수학을 쉽게 배울 수 있는 환경이 조성될 때까지
개념원리의 노력은 계속됩니다.

개념원리 공통수학 1

공통수학 1

정답 및 풀이

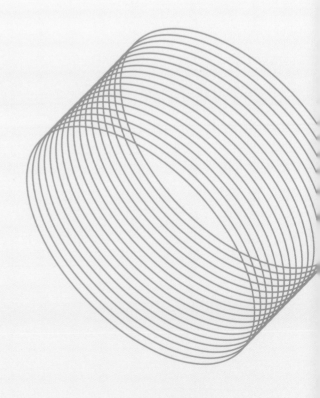

개념원리 수학연구소

개념원리 공통수학 1

정답 및 풀이

 친절한 풀이 정확하고 이해하기 쉬운 친절한 풀이 제시

 다른 풀이 수학적 사고력을 키우는 다양한 해결 방법 제시

 해설 Focus 문제 해결 TIP과 중요/보충 개념을 제시

 해결 전략 연습문제 해결의 실마리 제공

교재 만족도 조사

이 교재는 학생 2,540명과 선생님 360명의
의견을 반영하여 만든 교재입니다.

개념원리는 개념원리, RPM을 공부하는
여러분의 목소리에 항상 귀 기울이겠습니다.

여러분의 소중한 의견을 전해 주세요.
단 5분이면 충분해요!
매월 초 10명을 추첨하여 문화상품권
1만 원권을 선물로 드립니다.

수학의 시작 개념원리

공통수학 1

정답 및 풀이

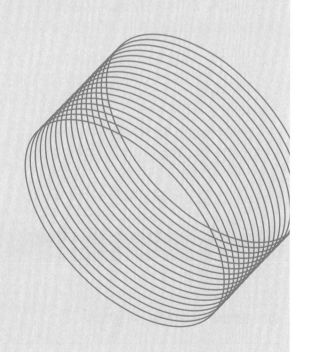

1 다항식의 연산

01 다항식의 덧셈과 뺄셈
● 본책 10~13쪽

1

답 (1) $-3x^3+3x^2+(-2y+z^2)x+4y^2z$

(2) $3x^2+xz^2-3x^3-2xy+4zy^2$

2

(1) $A+2B$

$=-x^3+2x^2+4x-5+2(2x^3-5x^2+6x-1)$

$=-x^3+2x^2+4x-5+4x^3-10x^2+12x-2$

$=3x^3-8x^2+16x-7$

(2) $B-2A$

$=2x^3-5x^2+6x-1-2(-x^3+2x^2+4x-5)$

$=2x^3-5x^2+6x-1+2x^3-4x^2-8x+10$

$=4x^3-9x^2-2x+9$

(3) $3B-(A-B)$

$=3B-A+B$

$=-A+4B$

$=-(-x^3+2x^2+4x-5)$

$\quad+4(2x^3-5x^2+6x-1)$

$=x^3-2x^2-4x+5+8x^3-20x^2+24x-4$

$=9x^3-22x^2+20x+1$

(4) $2(2A-B)-A$

$=4A-2B-A$

$=3A-2B$

$=3(-x^3+2x^2+4x-5)$

$\quad-2(2x^3-5x^2+6x-1)$

$=-3x^3+6x^2+12x-15-4x^3+10x^2-12x+2$

$=-7x^3+16x^2-13$

답 (1) $3x^3-8x^2+16x-7$

(2) $4x^3-9x^2-2x+9$

(3) $9x^3-22x^2+20x+1$

(4) $-7x^3+16x^2-13$

3

답 (가) 결합법칙 (나) 교환법칙 (다) 결합법칙

4

$7A-3\{B+(2A-C)\}-4C$

$=7A-3(B+2A-C)-4C$

$=7A-3B-6A+3C-4C$

$=A-3B-C$

$=(-7x^4+3x^2+x+4)-3(8x^3-6x^2+1)$

$\quad-(9x^4-3x^3+4x-1)$

$=-7x^4+3x^2+x+4-24x^3+18x^2-3$

$\quad-9x^4+3x^3-4x+1$

$=-16x^4-21x^3+21x^2-3x+2$

답 $-16x^4-21x^3+21x^2-3x+2$

5

$2A-X=3(A-B)$에서

$2A-X=3A-3B$

$\therefore X=-A+3B$

$=-(x^2-2xy+3y^2)+3(2x^2-y^2)$

$=-x^2+2xy-3y^2+6x^2-3y^2$

$=5x^2+2xy-6y^2$

답 $5x^2+2xy-6y^2$

6

$A-B=2x^2+3x-4$ ····· ㉠

$A+2B=5x^2-6x+2$ ····· ㉡

㉡-㉠을 하면 $3B=3x^2-9x+6$

$\therefore B=x^2-3x+2$

㉠에 이것을 대입하면

$A-(x^2-3x+2)=2x^2+3x-4$

$\therefore A=2x^2+3x-4+(x^2-3x+2)$

$=2x^2+3x-4+x^2-3x+2=3x^2-2$

$\therefore 3A-2B=3(3x^2-2)-2(x^2-3x+2)$

$=9x^2-6-2x^2+6x-4$

$=7x^2+6x-10$

답 $7x^2+6x-10$

02 다항식의 곱셈
● 본책 14~16쪽

7

(1) $(2ab^2)^2\times(-a^2b)=4a^2b^4\times(-a^2b)=-4a^4b^5$

(2) $(4x^3y^2)^3 \div (2xy^3)^2 = 64x^9y^6 \div 4x^2y^6$
$$= 16x^7$$

(3) $(a^2b^3c)^3 \times (bc^2)^3 \div (ac)^4 = a^6b^9c^3 \times b^3c^6 \div a^4c^4$
$$= a^6b^{12}c^9 \div a^4c^4$$
$$= a^2b^{12}c^5$$

(4) $\left(\dfrac{2}{3}a^2b\right)^3 \div (a^3b)^2 \times \left(-\dfrac{1}{2}b^2\right)^3$
$$= \dfrac{8}{27}a^6b^3 \div a^6b^2 \times \left(-\dfrac{1}{8}b^6\right)$$
$$= \dfrac{8}{27}b \times \left(-\dfrac{1}{8}b^6\right)$$
$$= -\dfrac{1}{27}b^7$$

답 (1) $-4a^4b^5$ (2) $16x^7$

(3) $a^2b^{12}c^5$ (4) $-\dfrac{1}{27}b^7$

8

(1) $2xy(x^2 - xy + 3y^2) = \mathbf{2x^3y - 2x^2y^2 + 6xy^3}$

(2) $(x+1)(2x-5) = 2x^2 - 5x + 2x - 5$
$$= \mathbf{2x^2 - 3x - 5}$$

(3) $(x-2)(x^2 + x + 4)$
$$= x^3 + x^2 + 4x - 2x^2 - 2x - 8$$
$$= \mathbf{x^3 - x^2 + 2x - 8}$$

(4) $(x^2 - 2xy + 3y)(x - 2y)$
$$= x^3 - 2x^2y - 2x^2y + 4xy^2 + 3xy - 6y^2$$
$$= \mathbf{x^3 - 4x^2y + 4xy^2 + 3xy - 6y^2}$$

(5) $(2x^2 - x + 3)(3x^2 - 2)$
$$= 6x^4 - 4x^2 - 3x^3 + 2x + 9x^2 - 6$$
$$= \mathbf{6x^4 - 3x^3 + 5x^2 + 2x - 6}$$

(6) $(2x - 3y + 1)(x + y - 2)$
$$= 2x^2 + 2xy - 4x - 3xy - 3y^2 + 6y + x + y - 2$$
$$= \mathbf{2x^2 - xy - 3x - 3y^2 + 7y - 2}$$

답 풀이 참조

9

답 ㄱ, ㄹ

10

$(1 + x - 3x^2 + x^3)^2$
$$= (1 + x - 3x^2 + x^3)(1 + x - 3x^2 + x^3)$$

이 식의 전개식에서 x^4항은
$$x \times x^3 + (-3x^2) \times (-3x^2) + x^3 \times x$$
$$= x^4 + 9x^4 + x^4 = 11x^4$$
x^5항은
$$-3x^2 \times x^3 + x^3 \times (-3x^2)$$
$$= -3x^5 - 3x^5 = -6x^5$$
따라서 x^4의 계수는 11, x^5의 계수는 -6이므로
$$a = 11, \ b = -6$$
$$\therefore \ a - b = 17$$

답 **17**

11

$(x^3 + ax^2 + b)(2x^2 - 3bx + 4)$의 전개식에서 x^4항은
$$x^3 \times (-3bx) + ax^2 \times 2x^2 = (2a - 3b)x^4$$
x^2항은
$$ax^2 \times 4 + b \times 2x^2 = (4a + 2b)x^2$$
이때 x^4의 계수와 x^2의 계수가 모두 8이므로
$$2a - 3b = 8, \ 4a + 2b = 8$$
$$\therefore \ a = \dfrac{5}{2}, \ b = -1$$
$$\therefore \ a + b = \dfrac{3}{2}$$

답 $\dfrac{3}{2}$

12

$(3x - 1)(x^2 - kx - 4k)$의 전개식에서 상수항을 포함한 모든 항의 계수들의 총합은 이 식에 $x = 1$을 대입했을 때의 식의 값과 같으므로
$$(3 - 1)(1 - k - 4k) = 2(1 - 5k)$$
이때 계수들의 총합이 -18이므로
$$2(1 - 5k) = -18, \qquad 1 - 5k = -9$$
$$\therefore \ k = 2$$

답 **2**

03 곱셈 공식

● 본책 17~21쪽

13

(1) $(x+1)(x+3)(x+5)$
$$= x^3 + (1 + 3 + 5)x^2$$
$$\quad + (1 \times 3 + 3 \times 5 + 5 \times 1)x + 1 \times 3 \times 5$$
$$= \mathbf{x^3 + 9x^2 + 23x + 15}$$

(2) $(x-2)(x-4)(x-3)$
$=x^3-(2+4+3)x^2$
$\quad+(2\times4+4\times3+3\times2)x-2\times4\times3$
$=\boldsymbol{x^3-9x^2+26x-24}$

(3) $(x+y+2z)^2$
$=x^2+y^2+(2z)^2$
$\quad+2xy+2y\times2z+2\times2z\times x$
$=\boldsymbol{x^2+y^2+4z^2+2xy+4yz+4zx}$

(4) $(x-3y-z)^2$
$=x^2+(-3y)^2+(-z)^2+2x\times(-3y)$
$\quad+2\times(-3y)\times(-z)+2\times(-z)\times x$
$=\boldsymbol{x^2+9y^2+z^2-6xy+6yz-2zx}$

(5) $(3x+1)^3$
$=(3x)^3+3\times(3x)^2\times1+3\times3x\times1^2+1^3$
$=\boldsymbol{27x^3+27x^2+9x+1}$

(6) $(2x+5)^3$
$=(2x)^3+3\times(2x)^2\times5+3\times2x\times5^2+5^3$
$=\boldsymbol{8x^3+60x^2+150x+125}$

(7) $(3x-2)^3$
$=(3x)^3-3\times(3x)^2\times2+3\times3x\times2^2-2^3$
$=\boldsymbol{27x^3-54x^2+36x-8}$

(8) $(x-4y)^3$
$=x^3-3\times x^2\times4y+3\times x\times(4y)^2-(4y)^3$
$=\boldsymbol{x^3-12x^2y+48xy^2-64y^3}$

(9) $(x+1)(x^2-x+1)=\boldsymbol{x^3+1}$

(10) $(2x+3)(4x^2-6x+9)$
$=(2x)^3+3^3=\boldsymbol{8x^3+27}$

(11) $(x-2)(x^2+2x+4)$
$=x^3-2^3=\boldsymbol{x^3-8}$

(12) $(2a-b)(4a^2+2ab+b^2)$
$=(2a)^3-b^3=\boldsymbol{8a^3-b^3}$

🔒 풀이 참조

14

(1) (주어진 식)
$=a^3+b^3+(-c)^3-3\times a\times b\times(-c)$
$=\boldsymbol{a^3+b^3-c^3+3abc}$

(2) (주어진 식)
$=a^3+(-2b)^3+(3c)^3-3\times a\times(-2b)\times3c$
$=\boldsymbol{a^3-8b^3+27c^3+18abc}$

(3) (주어진 식)$=\boldsymbol{x^4+x^2+1}$

(4) (주어진 식)
$=\{x^2+x\times4y+(4y)^2\}\{x^2-x\times4y+(4y)^2\}$
$=x^4+x^2\times(4y)^2+(4y)^4$
$=\boldsymbol{x^4+16x^2y^2+256y^4}$

🔒 (1) $\boldsymbol{a^3+b^3-c^3+3abc}$
　(2) $\boldsymbol{a^3-8b^3+27c^3+18abc}$
　(3) $\boldsymbol{x^4+x^2+1}$
　(4) $\boldsymbol{x^4+16x^2y^2+256y^4}$

15

(1) $(a^2-5bc)(a^2+5bc)=(a^2)^2-(5bc)^2$
$\qquad\qquad\qquad\qquad=\boldsymbol{a^4-25b^2c^2}$

(2) $(-x+2y+3z)^2$
$=(-x)^2+(2y)^2+(3z)^2+2\times(-x)\times2y$
$\quad+2\times2y\times3z+2\times3z\times(-x)$
$=\boldsymbol{x^2+4y^2+9z^2-4xy+12yz-6zx}$

(3) $(3x-2y)(9x^2+6xy+4y^2)$
$=(3x)^3-(2y)^3=\boldsymbol{27x^3-8y^3}$

(4) $(x-4)(x+2)(x+5)$
$=x^3+(-4+2+5)x^2$
$\quad+\{-4\times2+2\times5+5\times(-4)\}x$
$\quad+(-4)\times2\times5$
$=\boldsymbol{x^3+3x^2-18x-40}$

(5) $(9x^2+3xy+y^2)(9x^2-3xy+y^2)$
$=\{(3x)^2+3x\times y+y^2\}\{(3x)^2-3x\times y+y^2\}$
$=(3x)^4+(3x)^2\times y^2+y^4$
$=\boldsymbol{81x^4+9x^2y^2+y^4}$

(6) $(2a+b-c)(4a^2+b^2+c^2-2ab+bc+2ca)$
$=(2a)^3+b^3+(-c)^3-3\times2a\times b\times(-c)$
$=\boldsymbol{8a^3+b^3-c^3+6abc}$

(7) $(x-y)^3(x+y)^3$
$=\{(x+y)(x-y)\}^3=(x^2-y^2)^3$
$=(x^2)^3-3\times(x^2)^2\times y^2+3\times x^2\times(y^2)^2-(y^2)^3$
$=\boldsymbol{x^6-3x^4y^2+3x^2y^4-y^6}$

(8) $(a-b)(a+b)(a^2-ab+b^2)(a^2+ab+b^2)$
$=\{(a-b)(a^2+ab+b^2)\}\{(a+b)(a^2-ab+b^2)\}$
$=(a^3-b^3)(a^3+b^3)=\boldsymbol{a^6-b^6}$

🔲 풀이 참조

[다른 풀이] (8) $(a-b)(a+b)$
$\times(a^2-ab+b^2)(a^2+ab+b^2)$
$=(a^2-b^2)(a^4+a^2b^2+b^4)$
$=(a^2)^3-(b^2)^3=a^6-b^6$

16

(1) $x^2+5x=X$로 놓으면
$(x^2+5x-2)(x^2+5x-3)$
$=(X-2)(X-3)=X^2-5X+6$
$=(x^2+5x)^2-5(x^2+5x)+6$
$=x^4+10x^3+25x^2-5x^2-25x+6$
$=\boldsymbol{x^4+10x^3+20x^2-25x+6}$

(2) $(a+b-c)(a-b+c)$
$=\{a+(b-c)\}\{a-(b-c)\}$
$b-c=X$로 놓으면
(주어진 식)$=(a+X)(a-X)$
$=a^2-X^2=a^2-(b-c)^2$
$=\boldsymbol{a^2-b^2-c^2+2bc}$

(3) $x^2-3x=X$로 놓으면
$(x^2-3x+1)(x^2-3x-4)+2$
$=(X+1)(X-4)+2$
$=X^2-3X-2$
$=(x^2-3x)^2-3(x^2-3x)-2$
$=x^4-6x^3+9x^2-3x^2+9x-2$
$=\boldsymbol{x^4-6x^3+6x^2+9x-2}$

(4) 상수항의 합이 같도록 두 개씩 짝을 지으면
$(x+2)(x-2)(x+5)(x+9)$
$=\{(x+2)(x+5)\}\{(x-2)(x+9)\}$
$=(x^2+7x+10)(x^2+7x-18)$
$x^2+7x=X$로 놓으면
(주어진 식)
$=(X+10)(X-18)=X^2-8X-180$
$=(x^2+7x)^2-8(x^2+7x)-180$
$=x^4+14x^3+49x^2-8x^2-56x-180$
$=\boldsymbol{x^4+14x^3+41x^2-56x-180}$

(5) 상수항의 합이 같도록 두 개씩 짝을 지으면
$(x-4)(x-3)(x-2)(x-1)$
$=\{(x-4)(x-1)\}\{(x-3)(x-2)\}$
$=(x^2-5x+4)(x^2-5x+6)$
$x^2-5x=X$로 놓으면
(주어진 식)
$=(X+4)(X+6)$
$=X^2+10X+24$
$=(x^2-5x)^2+10(x^2-5x)+24$
$=x^4-10x^3+25x^2+10x^2-50x+24$
$=\boldsymbol{x^4-10x^3+35x^2-50x+24}$

🔲 풀이 참조

17

주어진 식에 $\dfrac{1}{4}(5-1)$을 곱하면
$(5+1)(5^2+1)(5^4+1)(5^8+1)$
$=\dfrac{1}{4}(5-1)(5+1)(5^2+1)(5^4+1)(5^8+1)$
$=\dfrac{1}{4}(5^2-1)(5^2+1)(5^4+1)(5^8+1)$
$=\dfrac{1}{4}(5^4-1)(5^4+1)(5^8+1)$
$=\dfrac{1}{4}(5^8-1)(5^8+1)$
$=\dfrac{1}{4}(5^{16}-1)$　　　🔲 $\boldsymbol{\dfrac{1}{4}(5^{16}-1)}$

18

$9\times11\times101\times10001$
$=(10-1)\times(10+1)\times(100+1)\times(10000+1)$
$=(10-1)\times(10+1)\times(10^2+1)\times(10^4+1)$
$=(10^2-1)\times(10^2+1)\times(10^4+1)$
$=(10^4-1)\times(10^4+1)$
$=10^8-1$　　　🔲 $\boldsymbol{10^8-1}$

19

$a^3=199^3=(200-1)^3$
$=200^3-3\times200^2+3\times200-1$
$=8000000-120000+600-1$
$=7880599$

따라서 a^3의 각 자리의 숫자의 합은

$$7+8+8+0+5+9+9=46$$ 답 **46**

04 곱셈 공식의 변형

● 본책 22~26쪽

20

(1) $a^2+b^2=(a+b)^2-2ab=(-2)^2-2\times1=2$

(2) $(a-b)^2=(a+b)^2-4ab=(-2)^2-4\times1=0$

(3) $a^3+b^3=(a+b)^3-3ab(a+b)$
$$=(-2)^3-3\times1\times(-2)=-2$$

답 (1) **2** (2) **0** (3) **-2**

21

(1) $a^2+b^2=(a-b)^2+2ab=4^2+2\times(-3)=10$

(2) $(a+b)^2=(a-b)^2+4ab=4^2+4\times(-3)=4$

(3) $a^3-b^3=(a-b)^3+3ab(a-b)$
$$=4^3+3\times(-3)\times4=28$$

답 (1) **10** (2) **4** (3) **28**

22

(1) $x^2+\dfrac{1}{x^2}=\left(x+\dfrac{1}{x}\right)^2-2=5^2-2=23$

(2) $\left(x-\dfrac{1}{x}\right)^2=\left(x+\dfrac{1}{x}\right)^2-4=5^2-4=21$

(3) $x^3+\dfrac{1}{x^3}=\left(x+\dfrac{1}{x}\right)^3-3\left(x+\dfrac{1}{x}\right)$
$$=5^3-3\times5=110$$

답 (1) **23** (2) **21** (3) **110**

23

(1) $x^2+\dfrac{1}{x^2}=\left(x-\dfrac{1}{x}\right)^2+2=2^2+2=6$

(2) $\left(x+\dfrac{1}{x}\right)^2=\left(x-\dfrac{1}{x}\right)^2+4=2^2+4=8$

(3) $x^3-\dfrac{1}{x^3}=\left(x-\dfrac{1}{x}\right)^3+3\left(x-\dfrac{1}{x}\right)$
$$=2^3+3\times2=14$$

답 (1) **6** (2) **8** (3) **14**

24

$a^2+b^2+c^2=(a+b+c)^2-2(ab+bc+ca)$
$$=1^2-2\times(-2)=5$$ 답 **5**

25

$a^2+b^2=(a+b)^2-2ab$에서

$$32=6^2-2ab \qquad \therefore ab=2$$

따라서 $(a-b)^2=(a+b)^2-4ab=6^2-4\times2=28$이므로

$$a-b=\sqrt{28}=2\sqrt{7} \ (\because a>b)$$ 답 **$2\sqrt{7}$**

26

$x^4y-xy^4=xy(x^3-y^3)$
$$=xy\{(x-y)^3+3xy(x-y)\}$$

이때 $x=\sqrt{2}+1, \ y=\sqrt{2}-1$이므로

$$x-y=2, \ xy=1$$
$$\therefore x^4y-xy^4=1\times(2^3+3\times1\times2)$$
$$=14$$ 답 **14**

27

$x^2-\dfrac{1}{x^2}=\left(x+\dfrac{1}{x}\right)\left(x-\dfrac{1}{x}\right)$에서

$$8\sqrt{3}=\left(x+\dfrac{1}{x}\right)\times2\sqrt{3} \qquad \therefore x+\dfrac{1}{x}=4$$
$$\therefore x^3+\dfrac{1}{x^3}=\left(x+\dfrac{1}{x}\right)^3-3\left(x+\dfrac{1}{x}\right)$$
$$=4^3-3\times4=52$$ 답 **52**

28

$x^2-\sqrt{6}x-1=0$에서 $x\neq0$이므로 양변을 x로 나누면

$$x-\sqrt{6}-\dfrac{1}{x}=0 \qquad \therefore x-\dfrac{1}{x}=\sqrt{6}$$
$$\therefore x^3-\dfrac{1}{x^3}=\left(x-\dfrac{1}{x}\right)^3+3\left(x-\dfrac{1}{x}\right)$$
$$=(\sqrt{6})^3+3\sqrt{6}=9\sqrt{6}$$ 답 **$9\sqrt{6}$**

참고 $x=0$을 $x^2-\sqrt{6}x-1=0$의 좌변에 대입하면
$$-1\neq0$$
이므로 $x\neq0$이다.

6

29

$$\frac{1}{a}+\frac{1}{b}+\frac{1}{c}=\frac{ab+bc+ca}{abc}$$

이때 $(a+b+c)^2=a^2+b^2+c^2+2(ab+bc+ca)$에서

$$2^2=8+2(ab+bc+ca)$$

$$\therefore ab+bc+ca=-2$$

$$\therefore \frac{1}{a}+\frac{1}{b}+\frac{1}{c}=\frac{-2}{-2}=1$$　답 **1**

30

$x-y=2+\sqrt{3}$, $y-z=2-\sqrt{3}$을 변끼리 더하면

$$x-z=4 \quad \therefore z-x=-4$$

$$\therefore x^2+y^2+z^2-xy-yz-zx$$

$$=\frac{1}{2}\{(x-y)^2+(y-z)^2+(z-x)^2\}$$

$$=\frac{1}{2}\{(2+\sqrt{3})^2+(2-\sqrt{3})^2+(-4)^2\}$$

$$=15$$　답 **15**

31

$$a^2+b^2+c^2=(a+b+c)^2-2(ab+bc+ca)$$

$$=4^2-2\times 2=12$$

$$\therefore a^3+b^3+c^3$$

$$=(a+b+c)(a^2+b^2+c^2-ab-bc-ca)$$

$$+3abc$$

$$=4\times(12-2)+3\times(-3)$$

$$=31$$　답 **31**

32

오른쪽 그림과 같이 직사각형의 가로의 길이를 a, 세로의 길이를 b라 하면 직사각형의 넓이는 ab이다.

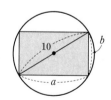

이때 원의 지름의 길이가

$2\times 5=10$이므로　$a^2+b^2=100$

또 직사각형의 둘레의 길이가 28이므로

$$2(a+b)=28 \quad \therefore a+b=14$$

$a^2+b^2=(a+b)^2-2ab$에서

$$100=14^2-2ab, \quad 2ab=96$$

$$\therefore ab=48$$

따라서 직사각형의 넓이는 48이다.　답 **48**

33

$\overline{AB}$, $\overline{BC}$, $\overline{BF}$의 길이를 각각 x, y, z라 하면 직육면체의 겉넓이가 100이므로

$$2(xy+yz+zx)=100$$

$$\therefore xy+yz+zx=50$$

또 $\triangle BGD$의 세 변의 길이의 제곱의 합이 138이므로

$$(x^2+y^2)+(y^2+z^2)+(z^2+x^2)=138$$

$$\therefore x^2+y^2+z^2=69$$

$$\therefore (x+y+z)^2$$

$$=x^2+y^2+z^2+2(xy+yz+zx)$$

$$=69+2\times 50=169$$

이때 $x>0$, $y>0$, $z>0$이므로

$$x+y+z=\sqrt{169}=13$$

따라서 직육면체의 모든 모서리의 길이의 합은

$$4(x+y+z)=4\times 13=52$$

답 **52**

05 다항식의 나눗셈　　● 본책 27~32쪽

34

(1) $(6a^2b^3c+9ab^2c^3)\div(-3ab^2c)$

$$=\frac{6a^2b^3c}{-3ab^2c}+\frac{9ab^2c^3}{-3ab^2c}$$

$$=-2ab-3c^2$$

(2) $(4xy^4z^5-2x^3y^7z^3)\div 2xy^3z^2$

$$=\frac{4xy^4z^5}{2xy^3z^2}-\frac{2x^3y^7z^3}{2xy^3z^2}$$

$$=2yz^3-x^2y^4z$$

(3) $(25a^4b^5c^6-5a^3b^2c+10a^6b^7c^9)\div(-5a^2b^5c)$

$$=\frac{25a^4b^5c^6}{-5a^2b^5c}-\frac{5a^3b^2c}{-5a^2b^5c}+\frac{10a^6b^7c^9}{-5a^2b^5c}$$

$$=-5a^2c^5+\frac{a}{b^3}-2a^4b^2c^8$$

답 (1) $-2ab-3c^2$

(2) $2yz^3-x^2y^4z$

(3) $-5a^2c^5+\dfrac{a}{b^3}-2a^4b^2c^8$

35

(1)

$$
\begin{array}{r}
\boxed{x^2}+2x-8 \\
x+1\,)\ \overline{x^3\ +3x^2-6x\ +1} \\
\underline{x^3\ +\ x^2} \\
\boxed{2x^2}-6x \\
\underline{2x^2\ +\ 2x} \\
\boxed{-8x}\ +\ 1 \\
\underline{-8x\ -\ 8} \\
\boxed{9}
\end{array}
$$

∴ 몫: x^2+2x-8, 나머지: 9

(2)

$$
\begin{array}{r}
2x-\boxed{1} \\
2x^2-1\,)\ \overline{4x^3-2x^2\qquad\ -4} \\
\underline{4x^3\qquad\ -2x} \\
-2x^2+2x-\boxed{4} \\
\underline{\boxed{-2x^2}\qquad\ +1} \\
\boxed{2x}-\boxed{5}
\end{array}
$$

∴ 몫: $2x-1$, 나머지: $2x-5$

답 풀이 참조

36

(1) $f(x)=(x^2-1)(x-2)+4$
　　　$=x^3-2x^2-x+6$

(2) $f(x)=(x^2+2x+2)(x+1)-x+3$
　　　$=x^3+3x^2+3x+5$

답 (1) x^3-2x^2-x+6
　　(2) x^3+3x^2+3x+5

37

(1)
$$
\begin{array}{r|rrrr}
-2 & 1 & \boxed{0} & \boxed{-5} & 1 \\
 & & -2 & \boxed{4} & \boxed{2} \\
\hline
 & 1 & \boxed{-2} & -1 & \boxed{3}
\end{array}
$$

∴ 몫: x^2-2x-1, 나머지: 3

(2)
$$
\begin{array}{r|rrrr}
\boxed{1} & 3 & \boxed{-4} & -2 & 6 \\
 & & 3 & \boxed{-1} & -3 \\
\hline
 & \boxed{3} & -1 & -3 & \boxed{3}
\end{array}
$$

∴ 몫: $3x^2-x-3$, 나머지: 3

답 풀이 참조

38

$$
\begin{array}{r}
x^2+\ x-3 \\
2x^2-x+1\,)\ \overline{2x^4+\ x^3-6x^2+7x-5} \\
\underline{2x^4-\ x^3+\ x^2} \\
2x^3-7x^2+7x \\
\underline{2x^3-\ x^2+\ x} \\
-6x^2+6x-5 \\
\underline{-6x^2+3x-3} \\
3x-2
\end{array}
$$

따라서 다항식 $2x^4+x^3-6x^2+7x-5$를 $2x^2-x+1$로 나누었을 때의 몫은 x^2+x-3, 나머지는 $3x-2$이므로　　$a=1,\ b=-3,\ c=3$
　　∴ $a+b+c=1$　　　　　답 1

39

$$
\begin{array}{r}
x-1 \\
x^2+x+1\,)\ \overline{x^3\qquad\ -2x+1} \\
\underline{x^3+x^2+\ x} \\
-x^2-3x+1 \\
\underline{-x^2-\ x-1} \\
-2x+2
\end{array}
$$

따라서 $Q(x)=x-1,\ R(x)=-2x+2$이므로
　　$Q(3)+R(-1)=2+4=6$　　　답 6

40

$6x^4-x^3-16x^2+5x=A(3x^2-2x-4)+5x-8$이
므로
　　$A(3x^2-2x-4)$
　　$=6x^4-x^3-16x^2+5x-(5x-8)$
　　$=6x^4-x^3-16x^2+8$
　　∴ $A=(6x^4-x^3-16x^2+8)\div(3x^2-2x-4)$

$$
\begin{array}{r}
2x^2+\ x-\ 2 \\
3x^2-2x-4\,)\ \overline{6x^4-\ x^3-16x^2\qquad\ +8} \\
\underline{6x^4-4x^3-\ 8x^2} \\
3x^3-\ 8x^2 \\
\underline{3x^3-\ 2x^2-4x} \\
-\ 6x^2+4x+8 \\
\underline{-\ 6x^2+4x+8} \\
0
\end{array}
$$

　　∴ $A=2x^2+x-2$　　　答 $2x^2+x-2$

41

다항식 $f(x)$를 $2x+4$로 나누었을 때의 몫이 $Q(x)$, 나머지가 R이므로

$$f(x)=(2x+4)Q(x)+R$$
$$=2(x+2)Q(x)+R$$
$$=(x+2)\times 2Q(x)+R$$

따라서 $f(x)$를 $x+2$로 나누었을 때의 몫은 $2Q(x)$, 나머지는 R이다.

답 몫: $2Q(x)$, 나머지: R

42

```
3 | 2  −5  −4   6
  |     6   3  −3
  ─────────────────
    2   1  −1 | 3
```

따라서 $a=3$, $b=1$, $R=3$이므로

$$a+b+R=7$$

답 7

43

(1)
```
−1 | 1   0   0   0   0   1
   |    −1   1  −1   1  −1
   ───────────────────────
     1  −1   1  −1   1 | 0
```

∴ 몫: $x^4-x^3+x^2-x+1$, 나머지: 0

(2)
```
1/3 | 3  −7  11   1
    |     1  −2   3
    ─────────────────
      3  −6   9 | 4
```

위의 조립제법에서

$$3x^3-7x^2+11x+1$$
$$=\left(x-\frac{1}{3}\right)(3x^2-6x+9)+4$$
$$=\left(x-\frac{1}{3}\right)\times 3(x^2-2x+3)+4$$
$$=(3x-1)(x^2-2x+3)+4$$

∴ 몫: x^2-2x+3, 나머지: 4

답 (1) 몫: $x^4-x^3+x^2-x+1$, 나머지: **0**
(2) 몫: x^2-2x+3, 나머지: **4**

연습 문제

44

전략 주어진 등식에서 X를 A, B에 대한 식으로 나타낸다.

$A-3(X-B)=7A$에서

$$A-3X+3B=7A, \qquad 3X=-6A+3B$$
$$\therefore X=-2A+B$$
$$=-2(3x^2-2xy-y^2)+(x^2+3xy-2y^2)$$
$$=-6x^2+4xy+2y^2+x^2+3xy-2y^2$$
$$=-5x^2+7xy$$

답 $-5x^2+7xy$

45

전략 곱셈 공식을 이용하여 두 다항식의 곱으로 나타낸 후 x^2항이 나오는 항만 전개한다.

$$(x+2)^3(3x-2)^2$$
$$=(x^3+6x^2+12x+8)(9x^2-12x+4)$$

이 식의 전개식에서 x^2항은

$$6x^2\times 4+12x\times(-12x)+8\times 9x^2$$
$$=24x^2-144x^2+72x^2$$
$$=-48x^2$$

따라서 x^2의 계수는 -48이다.

답 -48

46

전략 상수항의 곱이 같도록 두 개씩 짝을 지어 전개한 후 공통부분을 한 문자로 놓는다.

상수항의 곱이 같도록 두 개씩 짝을 지으면

$$(x+1)(x-2)(x-5)(x+10)$$
$$=\{(x+1)(x+10)\}\{(x-2)(x-5)\}$$
$$=(x^2+11x+10)(x^2-7x+10)$$

$x^2+10=X$로 놓으면

$$(\text{주어진 식})=(X+11x)(X-7x)$$
$$=X^2+4xX-77x^2$$
$$=(x^2+10)^2+4x(x^2+10)-77x^2$$
$$=x^4+20x^2+100+4x^3+40x-77x^2$$
$$=x^4+4x^3-57x^2+40x+100$$

따라서 $p=-57$, $q=100$이므로

$$-2p-q=-2\times(-57)-100=14$$

답 14

47

전략 곱셈 공식의 변형을 이용하여 $\dfrac{x^2}{y}+\dfrac{y^2}{x}$ 을 $x+y$, xy 에 대한 식으로 나타낸다.

$$\dfrac{x^2}{y}+\dfrac{y^2}{x}=\dfrac{x^3+y^3}{xy}$$

$$=\dfrac{(x+y)^3-3xy(x+y)}{xy}$$

$$=\dfrac{(\sqrt{2})^3-3\times(-2)\times\sqrt{2}}{-2}$$

$$=\dfrac{2\sqrt{2}+6\sqrt{2}}{-2}=-4\sqrt{2}$$

답 ②

48

전략 주어진 조립제법에서 k의 값을 구하고 다항식의 나눗셈에 대한 등식을 세운다.

주어진 조립제법에서 $2k=1$이므로

$$k=\dfrac{1}{2}$$

즉 다항식 ax^3+bx^2+cx+d를 일차식 $x-\dfrac{1}{2}$로 나누었을 때의 몫이 $2x^2+6$이고 나머지가 -2이다.

$$\therefore\ ax^3+bx^2+cx+d$$

$$=\left(x-\dfrac{1}{2}\right)(2x^2+6)-2$$

$$=\left(x-\dfrac{1}{2}\right)\times2(x^2+3)-2$$

$$=(2x-1)(x^2+3)-2$$

따라서 다항식 ax^3+bx^2+cx+d를 $2x-1$로 나누었을 때의 몫은 x^2+3이고 나머지는 -2이다.

답 몫: x^2+3, 나머지: -2

49

전략 x^5항이 나오는 경우만 전개하여 x^5의 계수를 구한다.

$$(1+2x+3x^2+\cdots+100x^{99})^2$$

$$=(1+2x+3x^2+\cdots+100x^{99})$$

$$\times(1+2x+3x^2+\cdots+100x^{99})$$

이 식의 전개식에서 x^5항은

$$1\times6x^5+2x\times5x^4+3x^2\times4x^3$$

$$+4x^3\times3x^2+5x^4\times2x+6x^5\times1$$

$$=6x^5+10x^5+12x^5+12x^5+10x^5+6x^5$$

$$=56x^5$$

따라서 x^5의 계수는 56이다.

답 56

⚙ **해설 Focus**

주어진 식의 전개식에서 x^5항이 나오는 경우는

(상수항)×(오차항)+(일차항)×(사차항)

+(이차항)×(삼차항)+(삼차항)×(이차항)

+(사차항)×(일차항)+(오차항)×(상수항)

이다. 따라서 구하는 x^5의 계수는

$$(1+2x+3x^2+4x^3+5x^4+6x^5)^2$$

의 전개식에서의 x^5의 계수와 같다.

50

전략 $99=100-1$, $101=100+1$로 변형하고 곱셈 공식을 이용한다.

$$99^3-101\times(100^2-99)$$

$$=(100-1)^3-(100+1)\times(100^2-100+1)$$

$$=100^3-3\times100^2+3\times100-1-(100^3+1)$$

$$=-3\times100^2+3\times100-2$$

$$=-30000+300-2$$

$$=-29702$$

답 -29702

51

전략 $x^2+3x+1=0$의 양변을 x로 나누어 $x+\dfrac{1}{x}$의 값을 구한다.

$x^2+3x+1=0$에서 $x\neq0$이므로 양변을 x로 나누면

$$x+3+\dfrac{1}{x}=0$$

$$\therefore\ x+\dfrac{1}{x}=-3$$

$$x^2+\dfrac{1}{x^2}=\left(x+\dfrac{1}{x}\right)^2-2=(-3)^2-2=7,$$

$$x^3+\dfrac{1}{x^3}=\left(x+\dfrac{1}{x}\right)^3-3\left(x+\dfrac{1}{x}\right)$$

$$=(-3)^3-3\times(-3)$$

$$=-18$$

이므로

$$x^3-2x^2-3x+5-\dfrac{3}{x}-\dfrac{2}{x^2}+\dfrac{1}{x^3}$$

$$=\left(x^3+\dfrac{1}{x^3}\right)-2\left(x^2+\dfrac{1}{x^2}\right)-3\left(x+\dfrac{1}{x}\right)+5$$

$$=-18-2\times7-3\times(-3)+5$$

$$=-18$$

답 -18

52

전략 주어진 식을 이용하여 $xy+yz+zx$, xyz의 값을 구한다.

$(x+y+z)^2=x^2+y^2+z^2+2(xy+yz+zx)$에서

$$6^2=18+2(xy+yz+zx)$$

$$\therefore xy+yz+zx=9$$

$\dfrac{1}{x}+\dfrac{1}{y}+\dfrac{1}{z}=\dfrac{9}{4}$에서

$$\dfrac{xy+yz+zx}{xyz}=\dfrac{9}{4}$$

$$\dfrac{9}{xyz}=\dfrac{9}{4} \qquad \therefore xyz=4$$

$$\therefore x^3+y^3+z^3$$
$$=(x+y+z)(x^2+y^2+z^2-xy-yz-zx)$$
$$+3xyz$$
$$=6\times(18-9)+3\times4=66$$

답 **66**

53

전략 다항식 A를 다항식 B로 나누었을 때의 몫이 Q, 나머지가 R이면 $A=BQ+R$임을 이용한다.

다항식 $f(x)$를 x^2-2x+3으로 나누었을 때의 몫이 $x-1$이고 나머지가 $3x-2$이므로

$$f(x)=(x^2-2x+3)(x-1)+3x-2$$
$$=x^3-x^2-2x^2+2x+3x-3+3x-2$$
$$=x^3-3x^2+8x-5$$

$f(x)$를 x^2-x-1로 나누었을 때의 몫과 나머지를 구하면 다음과 같다.

$$
\begin{array}{r}
x-2 \\
x^2-x-1 \overline{\smash{)}\ x^3-3x^2+8x-5} \\
\underline{x^3-\ x^2-\ x} \\
-2x^2+9x-5 \\
\underline{-2x^2+2x+2} \\
7x-7
\end{array}
$$

따라서 몫은 $x-2$, 나머지는 $7x-7$이므로 그 합은

$$(x-2)+(7x-7)=8x-9$$

답 **$8x-9$**

54

전략 $f(x)$를 x^2+1로 나누었을 때의 몫을 $Q(x)$로 놓고 등식을 세운다.

다항식 $f(x)$를 x^2+1로 나누었을 때의 몫을 $Q(x)$라 하면 나머지가 $x+1$이므로

$$f(x)=(x^2+1)Q(x)+x+1$$

$$\therefore \{f(x)\}^2$$
$$=\{(x^2+1)Q(x)+x+1\}^2$$
$$=(x^2+1)^2\{Q(x)\}^2$$
$$\quad+2(x^2+1)(x+1)Q(x)+(x+1)^2$$
$$=(x^2+1)^2\{Q(x)\}^2$$
$$\quad+2(x^2+1)(x+1)Q(x)+(x^2+1)+2x$$
$$=(x^2+1)$$
$$\quad\times[(x^2+1)\{Q(x)\}^2+2(x+1)Q(x)+1]$$
$$\quad+2x$$

따라서 $\{f(x)\}^2$을 x^2+1로 나눈 나머지는 $2x$이므로

$$R(x)=2x$$

$$\therefore R(3)=2\times3=6$$

답 ①

55

전략 조립제법에서 셋째 줄에 적힌 수 중 맨 오른쪽에 있는 수가 나머지, 그 수를 제외한 수가 몫의 계수이다.

$f(x)=x^3+ax^2+bx+c$, $Q(x)=px^2+qx+r$라 하면

$$
\begin{array}{r|rrrr}
1 & 1 & \boxed{a} & \boxed{b} & \boxed{c} \\
  &   & 1 & -4 & 3 \\
\hline
  & \boxed{p} & \boxed{q} & \boxed{r} & 8
\end{array}
$$

위의 조립제법에서 $p=1$이고

$1\times q=-4$에서 $\quad q=-4$

$1\times r=3$에서 $\quad r=3$

$a+1=q=-4$에서 $\quad a=-5$

$b+(-4)=r=3$에서 $\quad b=7$

$c+3=8$에서 $\quad c=5$

따라서 $f(x)=x^3-5x^2+7x+5$,

$Q(x)=x^2-4x+3$, $R=8$이므로

$$f(-2)=(-2)^3-5\times(-2)^2+7\times(-2)+5$$
$$=-37$$

$$Q(3)=3^2-4\times3+3=0$$

$$\therefore f(-2)+Q(3)+R=-37+0+8$$
$$=-29$$

답 **-29**

56

전략 먼저 a^3+b^3, a^4+b^4의 값을 구한 후 a^7+b^7을 a^3+b^3과 a^4+b^4의 곱으로 나타낸다.

$a^2+b^2=(a+b)^2-2ab$에서

$\qquad 5=1^2-2ab$

$\qquad \therefore ab=-2$

$\qquad \therefore a^3+b^3=(a+b)^3-3ab(a+b)$

$\qquad\qquad =1^3-3\times(-2)\times1=7,$

$\qquad a^4+b^4=(a^2+b^2)^2-2a^2b^2$

$\qquad\qquad =(a^2+b^2)^2-2(ab)^2$

$\qquad\qquad =5^2-2\times(-2)^2=17$

$(a^3+b^3)(a^4+b^4)=a^7+a^3b^4+a^4b^3+b^7$이므로

$a^7+b^7=(a^3+b^3)(a^4+b^4)-a^3b^4-a^4b^3$

$\qquad =(a^3+b^3)(a^4+b^4)-a^3b^3(a+b)$

$\qquad =7\times17-(-2)^3\times1=127$

답 **127**

57

전략 $a+b+c=2$임을 이용하여 주어진 식을 간단히 정리한 후 곱셈 공식의 변형을 이용한다.

$a+b+c=2$에서

$\qquad b+c=2-a,\ a+c=2-b,\ a+b=2-c$

이므로

$\qquad (a+b+c)^2+(-a+b+c)^2$

$\qquad +(a-b+c)^2+(a+b-c)^2$

$\qquad =2^2+(2-2a)^2+(2-2b)^2+(2-2c)^2$

$\qquad =4+4-8a+4a^2+4-8b+4b^2+4-8c+4c^2$

$\qquad =16-8(a+b+c)+4(a^2+b^2+c^2)$

$\qquad =16-8\times2+4(a^2+b^2+c^2)$

$\qquad =4(a^2+b^2+c^2)$

이때

$\qquad a^2+b^2+c^2=(a+b+c)^2-2(ab+bc+ca)$

$\qquad\qquad =2^2-2\times(-1)=6$

이므로

$\qquad (주어진 식)=4(a^2+b^2+c^2)$

$\qquad\qquad =4\times6=24$

답 **24**

다른 풀이 $(a+b+c)^2+(-a+b+c)^2$

$\qquad +(a-b+c)^2+(a+b-c)^2$

$\qquad =a^2+b^2+c^2+2ab+2bc+2ca$

$\qquad\quad +a^2+b^2+c^2-2ab+2bc-2ca$

$\qquad\quad +a^2+b^2+c^2-2ab-2bc+2ca$

$\qquad\quad +a^2+b^2+c^2+2ab-2bc-2ca$

$\qquad =4(a^2+b^2+c^2)$

58

전략 주어진 식을 $ab+bc+ca$, abc에 대한 식으로 변형한다.

$a+b+c=3$이므로

$\qquad a+b=3-c,\ b+c=3-a,\ c+a=3-b$

$\qquad \therefore ab(a+b)+bc(b+c)+ca(c+a)$

$\qquad =ab(3-c)+bc(3-a)+ca(3-b)$

$\qquad =3ab-abc+3bc-abc+3ca-abc$

$\qquad =3(ab+bc+ca)-3abc \qquad \cdots\cdots\ \bigcirc$

이때 $(a+b+c)^2=a^2+b^2+c^2+2(ab+bc+ca)$에서

$\qquad 3^2=11+2(ab+bc+ca)$

$\qquad \therefore ab+bc+ca=-1$

$a^3+b^3+c^3$

$=(a+b+c)(a^2+b^2+c^2-ab-bc-ca)+3abc$

에서

$\qquad 27=3\times\{11-(-1)\}+3abc$

$\qquad \therefore abc=-3$

따라서 $\bigcirc$에서

$\qquad ab(a+b)+bc(b+c)+ca(c+a)$

$\qquad =3\times(-1)-3\times(-3)=6$

답 **6**

59

전략 $\overline{PH}^2+\overline{PI}^2$, $\overline{PH}+\overline{PI}$의 값을 이용한다.

$\overline{PH}=x$, $\overline{PI}=y$라 하면 $\overline{HI}=\overline{OP}=4$이므로 직각삼각형 PIH에서

$\qquad x^2+y^2=16$

한편 삼각형 PIH에 내접하는 원의 넓이가 $\dfrac{\pi}{4}$이므로 이 원의 반지름의 길이를 r라 하면

$\qquad \pi\times r^2=\dfrac{\pi}{4} \qquad \therefore r=\dfrac{1}{2}\ (\because r>0)$

오른쪽 그림과 같이 △PIH와
내접원의 접점을 D, E, F라
하면 $\overline{PD}=\overline{PF}=\dfrac{1}{2}$이므로

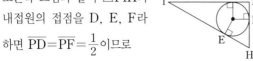

$$\overline{HE}=\overline{HF}=x-\dfrac{1}{2},$$

$$\overline{IE}=\overline{ID}=y-\dfrac{1}{2}$$

$\overline{HI}=4$이므로　$\left(x-\dfrac{1}{2}\right)+\left(y-\dfrac{1}{2}\right)=4$

$$\therefore x+y=5$$

$x^2+y^2=(x+y)^2-2xy$이므로

$$16=5^2-2xy　\therefore xy=\dfrac{9}{2}$$

$$\therefore \overline{PH}^3+\overline{PI}^3=x^3+y^3$$

$$=(x+y)^3-3xy(x+y)$$

$$=5^3-3\times\dfrac{9}{2}\times5$$

$$=125-\dfrac{135}{2}=\dfrac{115}{2}$$　답 ②

60

전략 $x=1+\sqrt{7}$을 (x에 대한 이차식)$=0$의 꼴로 변형한다.

$x=1+\sqrt{7}$에서

$$x-1=\sqrt{7}$$

위의 식의 양변을 제곱하면

$$x^2-2x+1=7$$

$$\therefore x^2-2x-6=0$$

이때 다항식 $2x^4-3x^3+x^2-21x$를 x^2-2x-6으로 나누면 다음과 같다.

$$
\begin{array}{r}
2x^2+\ x\ +15 \\
x^2-2x-6\,\overline{\smash)\,2x^4-3x^3+\ \ x^2-21x} \\
\underline{2x^4-4x^3-12x^2\ \ \ \ \ \ } \\
x^3+13x^2-21x \\
\underline{x^3-\ 2x^2-\ 6x} \\
15x^2-15x \\
\underline{15x^2-30x-90} \\
15x+90
\end{array}
$$

$$\therefore 2x^4-3x^3+x^2-21x$$

$$=(x^2-2x-6)(2x^2+x+15)+15x+90$$

$$=0+15(1+\sqrt{7})+90$$

$$=105+15\sqrt{7}$$　답 $\mathbf{105+15\sqrt{7}}$

01 항등식 ● 본책 38~44쪽

61

ㄱ. 주어진 등식은 $x=2$일 때에만 성립하므로 항등식이 아니다.

ㄴ. 주어진 등식의 우변을 전개하면

$$x+1=-3x-3$$

이 등식은 $x=-1$일 때에만 성립하므로 항등식이 아니다.

ㄷ. 주어진 등식의 좌변을 전개하면

$$x^2-2x+1=x^2-2x+1$$

이 등식은 x에 어떤 값을 대입하여도 항상 성립하므로 항등식이다.

ㄹ. 주어진 등식의 우변을 전개하면

$$2x+5=2x+2+3$$

$$\therefore 2x+5=2x+5$$

이 등식은 x에 어떤 값을 대입하여도 항상 성립하므로 항등식이다.

ㅁ. 주어진 등식의 좌변을 전개하면

$$-2x^2+2x-1=-2x^2+1$$

이 등식은 $x=1$일 때에만 성립하므로 항등식이 아니다.

ㅂ. 주어진 등식의 좌변을 전개하면

$$x^2-3x+2=x^2-3x+2$$

이 등식은 x에 어떤 값을 대입하여도 항상 성립하므로 항등식이다.

이상에서 항등식인 것은 ㄷ, ㄹ, ㅂ이다.

답 ㄷ, ㄹ, ㅂ

62

(1) $(a-1)x^2+(b+1)x+c=0$에서

$$a-1=0,\ b+1=0,\ c=0$$

$$\therefore a=1,\ b=-1,\ c=0$$

(2) $ax^2+(2b-1)x+c+5=2x^2-4$에서

$$a=2,\ 2b-1=0,\ c+5=-4$$

$$\therefore a=2,\ b=\dfrac{1}{2},\ c=-9$$

(3) $(a+2)x^2+(b-3)x+4c=3x^2-2x+8$에서

$a+2=3$, $b-3=-2$, $4c=8$

$\therefore a=1$, $b=1$, $c=2$

답 (1) $a=1$, $b=-1$, $c=0$

(2) $a=2$, $b=\dfrac{1}{2}$, $c=-9$

(3) $a=1$, $b=1$, $c=2$

63

(1) 양변에 $x=-1$을 대입하면

$-3b=-9$ $\therefore b=3$

양변에 $x=2$를 대입하면

$3a=-6$ $\therefore a=-2$

(2) 양변에 $x=-\dfrac{3}{2}$을 대입하면

$\dfrac{5}{2}b=\dfrac{5}{2}$ $\therefore b=1$

양변에 $x=1$을 대입하면

$-5a=10$ $\therefore a=-2$

답 (1) $a=-2$, $b=3$

(2) $a=-2$, $b=1$

다른 풀이 (1) 주어진 등식의 좌변을 전개하여 정리하면

$(a+b)x+a-2b=x-8$

양변의 동류항의 계수를 비교하면

$a+b=1$, $a-2b=-8$

$\therefore a=-2$, $b=3$

(2) 주어진 등식의 좌변을 전개하여 정리하면

$(-2a-b)x-3a+b=3x+7$

양변의 동류항의 계수를 비교하면

$-2a-b=3$, $-3a+b=7$

$\therefore a=-2$, $b=1$

🔅 해설 Focus

항등식의 미정계수를 구할 때에는 계수 비교법과 수치 대입법 중 계산이 더 간단한 방법을 이용하면 된다. 위의 문제는 x에 적당한 수를 대입하면 식이 간단해지므로 수치 대입법이 더 편리하다.

64

주어진 등식의 우변을 전개한 후 x에 대한 내림차순으로 정리하면

$x^3+3x^2-4=ax^3+(b+2a)x^2+(c+2b)x+2c$

이 등식이 x에 대한 항등식이므로

$1=a$, $3=b+2a$, $0=c+2b$, $-4=2c$

$\therefore a=1$, $b=1$, $c=-2$

답 $a=1$, $b=1$, $c=-2$

65

$x^3=a(x-1)(x-2)(x-3)+b(x-1)(x-2)$
$\qquad +c(x-1)+d$

가 x에 대한 항등식이므로 양변에 $x=1$을 대입하면

$1=d$

양변에 $x=2$를 대입하면

$8=c+d$, $8=c+1$

$\therefore c=7$

양변에 $x=3$을 대입하면

$27=2b+2c+d$, $27=2b+14+1$

$2b=12$ $\therefore b=6$

양변에 $x=0$을 대입하면

$0=-6a+2b-c+d$

$0=-6a+12-7+1$

$6a=6$ $\therefore a=1$

답 $a=1$, $b=6$, $c=7$, $d=1$

66

$(x+1)(x^2-2)f(x)=x^4+ax^2-b$

가 x에 대한 항등식이므로 양변에 $x=-1$을 대입하면

$0=1+a-b$

$\therefore a-b=-1$ $\qquad$ ······ ㉠

양변에 $x^2=2$를 대입하면

$0=4+2a-b$

$\therefore 2a-b=-4$ $\qquad$ ······ ㉡

㉠, ㉡을 연립하여 풀면

$a=-3$, $b=-2$

$\therefore a+b=-5$ $\qquad$ 답 -5

67

주어진 등식의 좌변을 k에 대하여 정리하면

$(x+y)k+(-2x-y)=4k+1$

이 등식이 k에 대한 항등식이므로

$x+y=4$, $-2x-y=1$

$\therefore x=-5$, $y=9$ 　　　답 $x=-5$, $y=9$

68

주어진 등식의 좌변을 x, y에 대하여 정리하면

$(a+b)x+(a-b)y+2=3x-5y+c$

이 등식이 x, y에 대한 항등식이므로

$a+b=3$, $a-b=-5$, $2=c$

$\therefore a=-1$, $b=4$, $c=2$

$\therefore abc=-8$ 　　　답 -8

69

x^3+ax^2+bx-6을 x^2+2x-3으로 나누었을 때의 몫을 $Q(x)$라 하면 나머지가 0이므로

$x^3+ax^2+bx-6=(x^2+2x-3)Q(x)$

　　　　　　　　$=(x+3)(x-1)Q(x)$

이 등식이 x에 대한 항등식이므로

양변에 $x=-3$을 대입하면

$-27+9a-3b-6=0$

$\therefore 3a-b=11$ 　　　…… ㉠

양변에 $x=1$을 대입하면

$1+a+b-6=0$

$\therefore a+b=5$ 　　　…… ㉡

㉠, ㉡을 연립하여 풀면

$a=4$, $b=1$ 　　　답 $a=4$, $b=1$

70

x^3+ax^2-2x+1을 x^2+x+2로 나누었을 때의 몫이 $x-1$이므로 나머지를 $px+q$ (p, q는 상수)라 하면

x^3+ax^2-2x+1

$=(x^2+x+2)(x-1)+px+q$

$=x^3+(p+1)x-2+q$

이 등식이 x에 대한 항등식이므로

$a=0$, $-2=p+1$, $1=-2+q$

$\therefore a=0$, $p=-3$, $q=3$

따라서 나머지는 $-3x+3$이다.

답 $a=0$, 나머지: $-3x+3$

해설 Focus

다항식 A를 다항식 B로 나누었을 때의 나머지를 R라 하면 R는 상수이거나 (R의 차수)<(B의 차수)이다.

따라서 다항식의 나눗셈에서 나누는 식이 이차식이면 나머지는 상수 또는 일차식이므로 $px+q$ (p, q는 상수)로 놓을 수 있다.

71

$x+1$로 나누는 조립제법을 몫에 대하여 연속으로 이용하면 다음과 같다.

$$\begin{array}{r|rrrr} -1 & 1 & 0 & 2 & 4 \\ & & -1 & 1 & -3 \\ \hline -1 & 1 & -1 & 3 & \underline{1} \\ & & -1 & 2 & \\ \hline -1 & 1 & -2 & \underline{5} & \\ & & -1 & & \\ \hline & 1 & \underline{-3} & & \end{array}$$

$\therefore x^3+2x+4$

$=(x+1)(x^2-x+3)+1$

$=(x+1)\{(x+1)(x-2)+5\}+1$

$=(x+1)^2(x-2)+5(x+1)+1$

$=(x+1)^2\{(x+1)\times1-3\}+5(x+1)+1$

$=(x+1)^3-3(x+1)^2+5(x+1)+1$

$\therefore a=1$, $b=-3$, $c=5$, $d=1$

답 $a=1$, $b=-3$, $c=5$, $d=1$

72

$x-2$로 나누는 조립제법을 몫에 대하여 연속으로 이용하면 다음과 같다.

$$\begin{array}{r|rrrr} 2 & 1 & -4 & 3 & -5 \\ & & 2 & -4 & -2 \\ \hline 2 & 1 & -2 & -1 & \underline{-7} \\ & & 2 & 0 & \\ \hline 2 & 1 & 0 & \underline{-1} & \\ & & 2 & & \\ \hline & 1 & \underline{2} & & \end{array}$$

15

$$\therefore \ x^3-4x^2+3x-5$$
$$=(x-2)(x^2-2x-1)-7$$
$$=(x-2)\{(x-2)\times x-1\}-7$$
$$=(x-2)^2\times x-(x-2)-7$$
$$=(x-2)^2\{(x-2)\times 1+2\}-(x-2)-7$$
$$=(x-2)^3+2(x-2)^2-(x-2)-7$$

따라서 $a=1$, $b=2$, $c=-1$, $d=-7$이므로
$$abcd=14$$
답 14

● 본책 45~46쪽

연습 문제

73

전략 수치 대입법과 계수 비교법을 적절히 이용하여 a, b, c의 값을 구한다.

$$x^2-x-2=a(x-b)^2+c(x-b) \qquad \cdots\cdots \ \text{㉠}$$

㉠의 양변에 $x=b$를 대입하면
$$b^2-b-2=0, \qquad (b+1)(b-2)=0$$
$$\therefore \ b=2 \ (\because \ b>0)$$

㉠에 $b=2$를 대입하여 전개하면
$$x^2-x-2=a(x-2)^2+c(x-2)$$
$$=ax^2+(-4a+c)x+4a-2c$$

이 등식은 x에 대한 항등식이므로
$$1=a, \ -1=-4a+c, \ -2=4a-2c$$
$$\therefore \ a=1, \ c=3$$
답 $a=1$, $b=2$, $c=3$

74

전략 주어진 등식은 x에 대한 항등식이므로 양변에 적당한 값을 대입하여 a, b의 값을 구한다.

$$x(x+1)(x+2)$$
$$=(x+1)(x-1)P(x)+ax+b \qquad \cdots\cdots \ \text{㉠}$$

㉠의 양변에 $x=-1$을 대입하면
$$0=-a+b \qquad \cdots\cdots \ \text{㉡}$$

㉠의 양변에 $x=1$을 대입하면
$$6=a+b \qquad \cdots\cdots \ \text{㉢}$$

㉡, ㉢을 연립하여 풀면
$$a=3, \ b=3$$

따라서 $a-b=0$이므로 ㉠의 양변에 $x=0$을 대입하면
$$0=-P(0)+b$$
$$\therefore \ P(0)=b=3$$
답 ③

75

전략 주어진 등식이 k에 대한 항등식임을 이용하여 x^2+y^2, $x+y$의 값을 구한다.

주어진 등식의 좌변을 k에 대하여 정리하면
$$(x^2+y^2-8)k-x^2-y^2+3x+3y+2=0$$

이 등식이 k에 대한 항등식이므로
$$x^2+y^2-8=0, \ -x^2-y^2+3x+3y+2=0$$
$$\therefore \ x^2+y^2=8, \ x+y=2$$

이때 $(x+y)^2=x^2+y^2+2xy$이므로
$$2^2=8+2xy, \qquad 2xy=-4$$
$$\therefore \ xy=-2$$
답 -2

76

전략 x, y 사이의 관계식을 한 문자에 대하여 정리한 후 $axy+bx+cy+2=0$에 대입한다.

$x+y=1$에서 $\qquad y=1-x$

이것을 $axy+bx+cy+2=0$에 대입하면
$$ax(1-x)+bx+c(1-x)+2=0$$
$$\therefore \ -ax^2+(a+b-c)x+c+2=0$$

이 등식이 x에 대한 항등식이므로
$$-a=0, \ a+b-c=0, \ c+2=0$$
$$\therefore \ a=0, \ b=-2, \ c=-2$$
$$\therefore \ a-b-c=4$$
답 4

77

전략 주어진 등식은 x에 대한 항등식이므로 등식의 양변에 적당한 값을 대입하여 a, b, c, d의 값을 구한다.

$(2x-3)^3=a+bP_1(x)+cP_2(x)+dP_3(x)$에서
$$(2x-3)^3$$
$$=a+b(x-1)+c(x-1)(x-2)$$
$$+d(x-1)(x-2)(x-3)$$

이 등식이 x에 대한 항등식이므로
양변에 $x=1$을 대입하면 $\qquad -1=a$
양변에 $x=2$를 대입하면
$$1=a+b, \qquad 1=-1+b$$
$$\therefore \ b=2$$

양변에 $x=3$을 대입하면
$$27=a+2b+2c$$
$$27=-1+4+2c, \qquad 2c=24$$
$$\therefore c=12$$
양변에 $x=0$을 대입하면
$$-27=a-b+2c-6d$$
$$-27=-1-2+24-6d$$
$$6d=48 \qquad \therefore d=8$$
$$\therefore a-b+c-d=-1-2+12-8=1 \qquad \text{답 } \boxed{1}$$

78

전략 $x=1$을 주어진 이차방정식에 대입한 등식은 k에 대한 항등
식이다.

$x^2+k(2p-3)x-(p^2-2)k+q+2=0$이 $x=1$을
근으로 가지므로
$$1+k(2p-3)-(p^2-2)k+q+2=0$$
이 등식의 좌변을 k에 대하여 정리하면
$$(-p^2+2p-1)k+q+3=0$$
이 등식이 k에 대한 항등식이므로
$$-p^2+2p-1=0, \; q+3=0$$
$-p^2+2p-1=0$에서 $(p-1)^2=0$
$$\therefore p=1 \text{ (중근)}$$
$q+3=0$에서 $q=-3$
$$\therefore p+q=-2 \qquad \text{답 } ②$$

79

전략 $\dfrac{4x+ay+b}{x+y-1}=k$ (k는 상수)로 놓고 이 등식이 x, y에 대
한 항등식임을 이용한다.

$\dfrac{4x+ay+b}{x+y-1}=k$ (k는 상수)라 하면
$$4x+ay+b=k(x+y-1)$$
이 식을 x, y에 대하여 정리하면
$$(4-k)x+(a-k)y+b+k=0$$
이 등식이 x, y에 대한 항등식이므로
$$4-k=0, \; a-k=0, \; b+k=0$$
$$\therefore k=4, \; a=4, \; b=-4 \qquad \text{답 } \boldsymbol{a=4, \; b=-4}$$

80

전략 사차식을 이차식으로 나누었을 때의 몫은 이차식임을 이용
한다.

x^4+x^3+ax+b를 x^2-x+1로 나누었을 때의 몫을
x^2+cx+d (c, d는 상수)라 하면
$$x^4+x^3+ax+b$$
$$=(x^2-x+1)(x^2+cx+d)$$
$$=x^4+(c-1)x^3+(-c+d+1)x^2$$
$$\qquad +(c-d)x+d$$
이 등식이 x에 대한 항등식이므로
$$1=c-1, \; 0=-c+d+1, \; a=c-d, \; b=d$$
$$\therefore a=1, \; b=1, \; c=2, \; d=1$$
$$\text{답 } \boldsymbol{a=1, \; b=1}$$

다른 풀이 직접 나눗셈을 하면 다음과 같다.

$$
\begin{array}{r}
x^2+2x+1 \\
x^2-x+1{\overline{\smash{\big)}\,x^4+x^3\qquad\quad +ax+b}} \\
\underline{x^4-x^3+x^2} \\
2x^3-x^2+ax \\
\underline{2x^3-2x^2+2x} \\
x^2+(a-2)x+b \\
\underline{x^2-x+1} \\
(a-1)x+b-1
\end{array}
$$

이때 나머지가 0이므로 $(a-1)x+b-1=0$
이 등식이 x에 대한 항등식이므로
$$a-1=0, \; b-1=0 \qquad \therefore a=1, \; b=1$$

81

전략 조립제법을 연속으로 이용하여 $x-1$에 대한 내림차순으로
정리한다.

$x-1$로 나누는 조립제법을 몫에 대하여 연속으로 이
용하면 다음과 같다.

```
1 | 1   0    0    0    0   0
  |     1    1    1    1   1
1 | 1   1    1    1    1 | 1
  |     1    2    3    4
1 | 1   2    3    4  | 5
  |     1    3    6
1 | 1   3    6  | 10
  |     1    4
1 | 1   4 | 10
  |     1
  | 1 | 5
```

$\therefore x^5$

$= (x-1)(x^4+x^3+x^2+x+1)+1$

$= (x-1)\{(x-1)(x^3+2x^2+3x+4)+5\}$
$\quad +1$

$= (x-1)^2(x^3+2x^2+3x+4)+5(x-1)$
$\quad +1$

$= (x-1)^2\{(x-1)(x^2+3x+6)+10\}$
$\quad +5(x-1)+1$

$= (x-1)^3(x^2+3x+6)+10(x-1)^2$
$\quad +5(x-1)+1$

$= (x-1)^3\{(x-1)(x+4)+10\}$
$\quad +10(x-1)^2+5(x-1)+1$

$= (x-1)^4(x+4)+10(x-1)^3$
$\quad +10(x-1)^2+5(x-1)+1$

$= (x-1)^4\{(x-1)\times 1+5\}+10(x-1)^3$
$\quad +10(x-1)^2+5(x-1)+1$

$= (x-1)^5+5(x-1)^4+10(x-1)^3$
$\quad +10(x-1)^2+5(x-1)+1$

$\therefore a=1,\ b=5,\ c=10,\ d=10,\ e=5,\ f=1$

답 $a=1,\ b=5,\ c=10,\ d=10,\ e=5,\ f=1$

82

전략 주어진 등식의 양변에 $x=1$, $x=-1$을 각각 대입한다.

주어진 등식의 양변에 $x=1$을 대입하면

$1=a_0+a_1+a_2+a_3+a_4+a_5+a_6$ $\cdots\cdots$ ㉠

주어진 등식의 양변에 $x=-1$을 대입하면

$-27=a_0-a_1+a_2-a_3+a_4-a_5+a_6$

$\cdots\cdots$ ㉡

㉠+㉡을 하면

$-26=2(a_0+a_2+a_4+a_6)$

$\therefore a_0+a_2+a_4+a_6=-13$ **답** -13

83

전략 x, y, z 사이의 관계식을 한 문자에 대하여 정리한 후 $axy+byz+czx=12$에 대입한다.

$x-y-z=1$ $\cdots\cdots$ ㉠

$x-2y-3z=0$ $\cdots\cdots$ ㉡

㉠$\times 2-$㉡을 하면

$x+z=2$ $\quad \therefore x=-z+2$

㉠$-$㉡을 하면

$y+2z=1$ $\quad \therefore y=-2z+1$

$x=-z+2$, $y=-2z+1$을 $axy+byz+czx=12$에 대입하면

$a(-z+2)(-2z+1)+b(-2z+1)z$
$\quad +cz(-z+2)$

$=12$

$\therefore (2a-2b-c)z^2+(-5a+b+2c)z$
$\quad +2a-12$

$\quad =0$

이 등식이 z에 대한 항등식이므로

$2a-2b-c=0$ $\cdots\cdots$ ㉢

$-5a+b+2c=0$ $\cdots\cdots$ ㉣

$2a-12=0$

$2a-12=0$에서 $\quad a=6$

㉢, ㉣에 $a=6$을 각각 대입하면

$12-2b-c=0,\ -30+b+2c=0$

$\therefore b=-2,\ c=16$

$\therefore a+b+c=6+(-2)+16=20$ **답** 20

84

전략 다항식의 나눗셈에 대한 항등식을 세우고 양변에 적당한 값을 대입한다.

$x^n(x^2+ax+b)$를 $(x-3)^2$으로 나누었을 때의 몫을 $Q(x)$라 하면 나머지가 $3^n(x-3)$이므로

$x^n(x^2+ax+b)$
$=(x-3)^2Q(x)+3^n(x-3)$ $\cdots\cdots$ ㉠

㉠의 양변에 $x=3$을 대입하면

$3^n(9+3a+b)=0$

이때 $3^n\neq 0$이므로 $\quad 9+3a+b=0$

$\therefore b=-3a-9$ $\cdots\cdots$ ㉡

$\therefore x^2+ax+b$
$=x^2+ax-3a-9$
$=(x^2-9)+a(x-3)$
$=(x-3)(x+3+a)$ $\cdots\cdots$ ㉢

㉠에 ㉢을 대입하면

$x^n(x-3)(x+3+a)$
$=(x-3)^2Q(x)+3^n(x-3)$
$=(x-3)\{(x-3)Q(x)+3^n\}$

이 등식은 x에 대한 항등식이므로

$$x^n(x+3+a)=(x-3)Q(x)+3^n$$

양변에 $x=3$을 대입하면

$$3^n(6+a)=3^n$$

이때 $3^n \neq 0$이므로

$$6+a=1 \qquad \therefore a=-5$$

ⓛ에 $a=-5$를 대입하면 $\qquad b=6$

$$\therefore ab=-30$$

답 **-30**

---

02 나머지정리와 인수정리

● 본책 47~54쪽

85

나머지정리에 의하여 구하는 나머지는 다음과 같다.

(1) $f(1)=2\times1^3-1^2+1+1=3$

(2) $f(-2)=2\times(-2)^3-(-2)^2+(-2)+1$
$$=-21$$

(3) $f(3)=2\times3^3-3^2+3+1=49$

(4) $f(-3)=2\times(-3)^3-(-3)^2+(-3)+1$
$$=-65$$

답 (1) **3** (2) **-21** (3) **49** (4) **-65**

86

나머지정리에 의하여 구하는 나머지는 다음과 같다.

(1) $f\left(\dfrac{1}{2}\right)=3\times\left(\dfrac{1}{2}\right)^2-8\times\dfrac{1}{2}+1=-\dfrac{9}{4}$

(2) $f\left(-\dfrac{2}{3}\right)=3\times\left(-\dfrac{2}{3}\right)^2-8\times\left(-\dfrac{2}{3}\right)+1=\dfrac{23}{3}$

(3) $f\left(-\dfrac{3}{2}\right)=3\times\left(-\dfrac{3}{2}\right)^2-8\times\left(-\dfrac{3}{2}\right)+1=\dfrac{79}{4}$

(4) $f\left(\dfrac{4}{3}\right)=3\times\left(\dfrac{4}{3}\right)^2-8\times\dfrac{4}{3}+1=-\dfrac{13}{3}$

답 (1) $-\dfrac{9}{4}$ (2) $\dfrac{23}{3}$ (3) $\dfrac{79}{4}$ (4) $-\dfrac{13}{3}$

87

(1) $f(-1)=0$이므로

$$-2-3-k-4=0$$
$$\therefore k=-9$$

(2) $f(2)=0$이므로

$$16-12+2k-4=0, \qquad 2k=0$$
$$\therefore k=0$$

(3) $f\left(-\dfrac{1}{2}\right)=0$이므로

$$-\dfrac{1}{4}-\dfrac{3}{4}-\dfrac{k}{2}-4=0, \qquad \dfrac{k}{2}=-5$$
$$\therefore k=-10$$

답 (1) **-9** (2) **0** (3) **-10**

88

나머지정리에 의하여 $f(-3)=f(1)$이므로

$$81-54+9a+3+6=1+2+a-1+6$$
$$9a+36=a+8, \qquad 8a=-28$$
$$\therefore a=-\dfrac{7}{2}$$

답 $-\dfrac{7}{2}$

89

$f(x)=3x^3+ax^2+bx-1$이라 하면 나머지정리에 의하여

$$f\left(\dfrac{2}{3}\right)=1, f(-1)=-19$$

$f\left(\dfrac{2}{3}\right)=1$에서 $\qquad \dfrac{8}{9}+\dfrac{4}{9}a+\dfrac{2}{3}b-1=1$

$$\therefore 2a+3b=5 \qquad \cdots\cdots \text{㉠}$$

$f(-1)=-19$에서 $\qquad -3+a-b-1=-19$

$$\therefore a-b=-15 \qquad \cdots\cdots \text{㉡}$$

㉠, ㉡을 연립하여 풀면

$$a=-8, b=7$$

따라서 $f(x)=3x^3-8x^2+7x-1$을 $x-2$로 나누었을 때의 나머지는

$$f(2)=24-32+14-1=5$$

답 **5**

90

나머지정리에 의하여

$$f(-1)=2, g(-1)=-1$$

따라서 다항식 $2f(x)-3g(x)$를 $x+1$로 나누었을 때의 나머지는

$$2f(-1)-3g(-1)=2\times2-3\times(-1)=7$$

답 **7**

91

$f(x)$를 $x+2$, $x-6$으로 나누었을 때의 나머지가 각각 6, -10이므로 나머지정리에 의하여
$$f(-2)=6, f(6)=-10$$
다항식 $f(x)$를 $x^2-4x-12$로 나누었을 때의 몫을 $Q(x)$, 나머지를 $ax+b$ (a, b는 상수)라 하면
$$\begin{aligned} f(x)&=(x^2-4x-12)Q(x)+ax+b\\ &=(x+2)(x-6)Q(x)+ax+b \end{aligned}$$
$$\cdots\cdots ㉠$$
㉠의 양변에 $x=-2$를 대입하면
$$f(-2)=-2a+b$$
$$\therefore -2a+b=6 \qquad \cdots\cdots ㉡$$
㉠의 양변에 $x=6$을 대입하면
$$f(6)=6a+b$$
$$\therefore 6a+b=-10 \qquad \cdots\cdots ㉢$$
㉡, ㉢을 연립하여 풀면
$$a=-2,\ b=2$$
따라서 구하는 나머지는 $-2x+2$이다.

답 $-2x+2$

92

다항식 $f(x)$를 $x-1$, $x+3$으로 나누었을 때의 나머지가 각각 9, 5이므로 나머지정리에 의하여
$$f(1)=9, f(-3)=5$$
$f(x)$를 x^2+2x-3으로 나누었을 때의 나머지를 $ax+b$ (a, b는 상수)라 하면
$$\begin{aligned} f(x)&=(x^2+2x-3)(x^2+2)+ax+b\\ &=(x+3)(x-1)(x^2+2)+ax+b \end{aligned}$$
$$\cdots\cdots ㉠$$
㉠의 양변에 $x=1$을 대입하면
$$f(1)=a+b$$
$$\therefore a+b=9 \qquad \cdots\cdots ㉡$$
㉠의 양변에 $x=-3$을 대입하면
$$f(-3)=-3a+b$$
$$\therefore -3a+b=5 \qquad \cdots\cdots ㉢$$
㉡, ㉢을 연립하여 풀면
$$a=1,\ b=8$$

따라서 $f(x)=(x+3)(x-1)(x^2+2)+x+8$이므로 $f(x)$를 $x+1$로 나누었을 때의 나머지는
$$f(-1)=2\times(-2)\times3-1+8=-5$$

답 -5

93

$f(x)$를 $(x+1)^2(x-3)$으로 나누었을 때의 몫을 $Q(x)$, 나머지를 ax^2+bx+c (a, b, c는 상수)라 하면
$$f(x)=(x+1)^2(x-3)Q(x)+ax^2+bx+c$$
이때 $f(x)$를 $(x+1)^2$으로 나누었을 때의 나머지가 2이므로 ax^2+bx+c를 $(x+1)^2$으로 나누었을 때의 나머지도 2이다. 즉
$$ax^2+bx+c=a(x+1)^2+2 \qquad \cdots\cdots ㉠$$
이므로
$$f(x)=(x+1)^2(x-3)Q(x)+a(x+1)^2+2$$
한편 $f(x)$를 $x-3$으로 나누었을 때의 나머지가 -14이므로
$$f(3)=16a+2=-14$$
$$\therefore a=-1$$
따라서 ㉠에서 구하는 나머지는
$$-1\times(x+1)^2+2=-x^2-2x+1$$

답 $-x^2-2x+1$

94

$f(x)$를 $(x^2+1)(x-1)$로 나누었을 때의 몫을 $Q(x)$, 나머지를 $R(x)=ax^2+bx+c$ (a, b, c는 상수)라 하면
$$f(x)=(x^2+1)(x-1)Q(x)+ax^2+bx+c$$
이때 $f(x)$를 x^2+1로 나누었을 때의 나머지가 $x+1$이므로 ax^2+bx+c를 x^2+1로 나누었을 때의 나머지도 $x+1$이다.
즉 $R(x)=ax^2+bx+c=a(x^2+1)+x+1$이므로
$$\begin{aligned} &f(x)\\ &=(x^2+1)(x-1)Q(x)+a(x^2+1)+x+1 \end{aligned}$$
한편 $f(x)$를 $x-1$로 나누었을 때의 나머지가 4이므로
$$f(1)=2a+2=4$$
$$\therefore a=1$$
따라서 $R(x)=(x^2+1)+x+1=x^2+x+2$이므로
$$R(-2)=4-2+2=4$$

답 4

95

$f(x)$를 $x-2$로 나누었을 때의 나머지가 4이므로

$$f(2)=4$$

따라서 $xf(x-3)$을 $x-5$로 나누었을 때의 나머지는

$$5f(5-3)=5f(2)=5\times4=20 \qquad \text{답 } 20$$

96

$f(x)$를 $2x^2-5x-3$으로 나누었을 때의 몫을 $Q(x)$라 하면 나머지가 $4x-1$이므로

$$f(x)=(2x^2-5x-3)Q(x)+4x-1$$
$$=(2x+1)(x-3)Q(x)+4x-1$$
$$\qquad\qquad\qquad\qquad \cdots\cdots \ \text{㉠}$$

$f(3x)$를 $x-1$로 나누었을 때의 나머지는

$f(3\times1)=f(3)$이므로 ㉠의 양변에 $x=3$을 대입하면

$$f(3)=4\times3-1=11 \qquad \text{답 } 11$$

(다른 풀이) ㉠의 양변에 x 대신 $3x$를 대입하면

$$f(3x)=(6x+1)(3x-3)Q(3x)+12x-1$$
$$=3(6x+1)(x-1)Q(3x)$$
$$\qquad +12(x-1)+11$$
$$=(x-1)\{3(6x+1)Q(3x)+12\}+11$$

따라서 $f(3x)$를 $x-1$로 나누었을 때의 나머지는 11이다.

97

$f(x)$를 $x-3$으로 나누었을 때의 몫이 $Q(x)$, 나머지가 4이므로

$$f(x)=(x-3)Q(x)+4 \qquad \cdots\cdots \ \text{㉠}$$

$Q(x)$를 $x+1$로 나누었을 때의 나머지가 2이므로

$$Q(-1)=2$$

$xf(x)$를 $x+1$로 나누었을 때의 나머지는

$$-f(-1)$$

㉠의 양변에 $x=-1$을 대입하면

$$f(-1)=-4Q(-1)+4=-4\times2+4=-4$$

따라서 구하는 나머지는

$$-f(-1)=-(-4)=4 \qquad \text{답 } 4$$

98

$f(x)=2x^3-5x^2+ax+b$라 하면 $f(x)$가 $2x+1$, $x-1$로 각각 나누어떨어지므로 인수정리에 의하여

$$f\left(-\frac{1}{2}\right)=0,\ f(1)=0$$

$f\left(-\frac{1}{2}\right)=0$에서 $\quad -\dfrac{1}{4}-\dfrac{5}{4}-\dfrac{1}{2}a+b=0$

$$\therefore a-2b=-3 \qquad\qquad \cdots\cdots \ \text{㉠}$$

$f(1)=0$에서 $\quad 2-5+a+b=0$

$$\therefore a+b=3 \qquad\qquad\qquad \cdots\cdots \ \text{㉡}$$

㉠, ㉡을 연립하여 풀면 $\quad a=1,\ b=2$

$$\therefore a-b=-1 \qquad \text{답 } -1$$

99

$f(x)=-x^4+ax^2-2x+b$라 하면 $f(x)$가 x^2-x-2, 즉 $(x+1)(x-2)$로 나누어떨어지므로 $f(x)$는 $x+1$, $x-2$로 각각 나누어떨어진다.

따라서 인수정리에 의하여

$$f(-1)=0,\ f(2)=0$$

$f(-1)=0$에서 $\quad -1+a+2+b=0$

$$\therefore a+b=-1 \qquad\qquad \cdots\cdots \ \text{㉠}$$

$f(2)=0$에서 $\quad -16+4a-4+b=0$

$$\therefore 4a+b=20 \qquad\qquad \cdots\cdots \ \text{㉡}$$

㉠, ㉡을 연립하여 풀면 $\quad a=7,\ b=-8$

따라서 $f(x)=-x^4+7x^2-2x-8$이므로 $f(x)$를 $x+3$으로 나누었을 때의 나머지는

$$f(-3)=-81+63+6-8=-20 \qquad \text{답 } -20$$

연습 문제 ────────────── ● 본책 55~57쪽

100

(전략) 주어진 조건을 이용하여 다항식의 나눗셈에 대한 항등식을 세운다.

$f(x)$를 $(kx-2)(x+5)$로 나누었을 때의 몫은 $x-1$이고 나머지는 3이므로

$$f(x)=(kx-2)(x+5)(x-1)+3$$

이때 $f(x)$를 $x+1$로 나누었을 때의 나머지가 -5이므로 $\quad f(-1)=-5$

$$(-k-2)\times4\times(-2)+3=-5$$
$$8k+19=-5,\qquad 8k=-24$$
$$\therefore k=-3 \qquad \text{답 } -3$$

101

전략 $f(x)+g(x)$를 $x-1$로 나누었을 때의 나머지는 $f(1)+g(1)$임을 이용한다.

$f(x)$를 x^2-1로 나누었을 때의 몫을 $Q(x)$라 하면

$$f(x)=(x^2-1)Q(x)+2$$
$$=(x+1)(x-1)Q(x)+2 \quad\cdots\cdots \ \text{㉠}$$

$g(x)$를 x^2-3x+2로 나누었을 때의 몫을 $Q'(x)$라 하면

$$g(x)=(x^2-3x+2)Q'(x)+2x+1$$
$$=(x-1)(x-2)Q'(x)+2x+1$$
$$\cdots\cdots \ \text{㉡}$$

다항식 $f(x)+g(x)$를 $x-1$로 나누었을 때의 나머지는 $f(1)+g(1)$이고 ㉠, ㉡에서

$$f(1)=2, \ g(1)=3$$

따라서 구하는 나머지는

$$f(1)+g(1)=2+3=5 \qquad\qquad \text{답 } \mathbf{5}$$

102

전략 $R(x)=ax+b$ (a, b는 상수)로 놓고 나머지정리를 이용하여 a, b의 값을 구한다.

$(x+2)f(x)$를 $x-1$로 나누었을 때의 나머지가 9이므로

$$3f(1)=9 \qquad \therefore \ f(1)=3$$

$(2x+1)f(x)$를 $x+1$로 나누었을 때의 나머지가 5이므로

$$-f(-1)=5 \qquad \therefore \ f(-1)=-5$$

$f(x)$를 x^2-1로 나누었을 때의 몫을 $Q(x)$, 나머지를 $R(x)=ax+b$ (a, b는 상수)라 하면

$$f(x)=(x^2-1)Q(x)+ax+b$$
$$=(x+1)(x-1)Q(x)+ax+b$$
$$\cdots\cdots \ \text{㉠}$$

㉠의 양변에 $x=1$을 대입하면

$$f(1)=a+b \qquad \therefore \ a+b=3 \quad\cdots\cdots \ \text{㉡}$$

㉠의 양변에 $x=-1$을 대입하면

$$f(-1)=-a+b$$
$$\therefore \ -a+b=-5 \quad\cdots\cdots \ \text{㉢}$$

㉡, ㉢을 연립하여 풀면 $a=4$, $b=-1$

따라서 $R(x)=4x-1$이므로

$$R(-2)=4\times(-2)-1=-9 \qquad \text{답 } \mathbf{-9}$$

103

전략 $f(4x)$를 $x-a$로 나누었을 때의 나머지는 $f(4a)$임을 이용한다.

$f(x)$를 x^2+3x-4로 나누었을 때의 몫을 $Q(x)$라 하면 나머지가 $-2x+3$이므로

$$f(x)=(x^2+3x-4)Q(x)-2x+3$$
$$=(x+4)(x-1)Q(x)-2x+3$$
$$\cdots\cdots \ \text{㉠}$$

$f(4x)$를 $x+1$로 나누었을 때의 나머지는 $f(-4)$이므로 ㉠의 양변에 $x=-4$를 대입하면

$$f(-4)=8+3=11 \qquad\qquad \text{답 } \mathbf{11}$$

104

전략 먼저 다항식의 나눗셈에 대한 항등식을 세우고 상수 a의 값을 구한다.

다항식 $x^{60}-x^{31}+ax^3+1$을 $x-1$로 나누었을 때의 몫이 $Q(x)$, 나머지가 4이므로

$$x^{60}-x^{31}+ax^3+1=(x-1)Q(x)+4$$

양변에 $x=1$을 대입하면

$$a+1=4 \qquad \therefore \ a=3$$
$$\therefore \ x^{60}-x^{31}+3x^3+1=(x-1)Q(x)+4$$
$$\cdots\cdots \ \text{㉠}$$

한편 $Q(x)$를 $x+1$로 나누었을 때의 나머지는 $Q(-1)$이므로 ㉠의 양변에 $x=-1$을 대입하면

$$0=-2Q(-1)+4$$
$$\therefore \ Q(-1)=2 \qquad\qquad \text{답 } \mathbf{2}$$

105

전략 인수정리를 이용하여 a, b의 값을 구한다.

$f(x)=x^3+ax^2-7x+b$라 하면 $f(x)$가 $x-1$, $x+2$를 인수로 가지므로 인수정리에 의하여

$$f(1)=0, \ f(-2)=0$$

$f(1)=0$에서 $1+a-7+b=0$

$$\therefore \ a+b=6 \quad\cdots\cdots \ \text{㉠}$$

$f(-2)=0$에서 $-8+4a+14+b=0$

$$\therefore \ 4a+b=-6 \quad\cdots\cdots \ \text{㉡}$$

㉠, ㉡을 연립하여 풀면

$$a=-4, \ b=10$$
$$\therefore \ f(x)=x^3-4x^2-7x+10$$

이때 $f(x)$가 $x-1$, $x+2$, $x-c$를 인수로 가지므로
$$x^3-4x^2-7x+10=(x-1)(x+2)(x-c)$$
이 등식이 x에 대한 항등식이므로 양변에 $x=0$을 대입하면
$$10=2c \quad \therefore c=5$$
$$\therefore a+b+c=-4+10+5=11$$

답 11

106

전략 다항식 $P(x)$를 $x-a$로 나누었을 때의 나머지는 $P(a)$임을 이용한다.

$f(x)+g(x)$를 $x-2$로 나누었을 때의 나머지가 10이므로
$$f(2)+g(2)=10$$
$\{f(x)\}^2+\{g(x)\}^2$을 $x-2$로 나누었을 때의 나머지가 58이므로
$$\{f(2)\}^2+\{g(2)\}^2=58$$
$f(x)g(x)$를 $x-2$로 나누었을 때의 나머지는
$$f(2)g(2)$$
$$\{f(2)\}^2+\{g(2)\}^2=\{f(2)+g(2)\}^2-2f(2)g(2)$$
에서
$$58=10^2-2f(2)g(2)$$
$$\therefore f(2)g(2)=21$$

답 21

107

전략 $R(x)=ax^2+bx+c$ (a, b, c는 상수)로 놓고 a, b, c의 값을 구한다.

$x^{10}-x^7+2x^4-6$을 x^3-x로 나누었을 때의 몫을 $Q(x)$, 나머지를 $R(x)=ax^2+bx+c$ (a, b, c는 상수)라 하면
$$x^{10}-x^7+2x^4-6$$
$$=(x^3-x)Q(x)+ax^2+bx+c$$
$$=x(x+1)(x-1)Q(x)+ax^2+bx+c$$

⋯⋯ ㉠

㉠의 양변에 $x=0$을 대입하면
$$-6=c$$
㉠의 양변에 $x=-1$을 대입하면
$$-2=a-b-6$$
$$\therefore a-b=4$$

⋯⋯ ㉡

㉠의 양변에 $x=1$을 대입하면
$$-4=a+b-6$$
$$\therefore a+b=2$$

⋯⋯ ㉢

㉡, ㉢을 연립하여 풀면
$$a=3, b=-1$$
따라서 $R(x)=3x^2-x-6$이므로 $R(x)$를 $x+2$로 나누었을 때의 나머지는
$$R(-2)=12+2-6=8$$

답 8

108

전략 $f(x)=A(x)B(x)+C(x)$에서 $f(x)$를 $A(x)$로 나누었을 때의 나머지는 $C(x)$를 $A(x)$로 나누었을 때의 나머지와 같다.

$f(x)$를 $(x-1)^2(x-2)$로 나누었을 때의 몫을 $Q(x)$, 나머지를 ax^2+bx+c (a, b, c는 상수)라 하면
$$f(x)=(x-1)^2(x-2)Q(x)+ax^2+bx+c$$
이때 $f(x)$를 $(x-1)^2$으로 나누었을 때의 나머지가 $x+1$이므로 ax^2+bx+c를 $(x-1)^2$으로 나누었을 때의 나머지도 $x+1$이다. 즉
$$ax^2+bx+c=a(x-1)^2+x+1 \quad \cdots\cdots ㉠$$
이므로
$$f(x)=(x-1)^2(x-2)Q(x)+a(x-1)^2+x+1$$
한편 $f(x)$를 $x-2$로 나누었을 때의 나머지가 5이므로
$$f(2)=a+3=5$$
$$\therefore a=2$$
따라서 ㉠에서 구하는 나머지는
$$2(x-1)^2+x+1=2x^2-3x+3$$

답 $2x^2-3x+3$

109

전략 $f(6x)$를 이차식으로 나누었을 때의 나머지가 $R(x)$이므로 $R(x)=ax+b$ (a, b는 상수)로 놓는다.

$f(x)$를 $(x-1)(x-2)(x-3)$으로 나누었을 때의 몫을 $Q_1(x)$라 하면 나머지가 x^2+x+1이므로
$$f(x)$$
$$=(x-1)(x-2)(x-3)Q_1(x)+x^2+x+1$$
양변에 $x=2$를 대입하면
$$f(2)=7$$
양변에 $x=3$을 대입하면
$$f(3)=13$$

한편 $f(6x)$를 $6x^2-5x+1$, 즉 $(2x-1)(3x-1)$로 나누었을 때의 몫을 $Q_2(x)$, 나머지를 $R(x)=ax+b$ $(a, b$는 상수)라 하면
$$f(6x)=(2x-1)(3x-1)Q_2(x)+ax+b$$
양변에 $x=\dfrac{1}{2}$을 대입하면
$$f(3)=\dfrac{1}{2}a+b$$
$$\therefore \dfrac{1}{2}a+b=13 \qquad \cdots\cdots ㉠$$
양변에 $x=\dfrac{1}{3}$을 대입하면
$$f(2)=\dfrac{1}{3}a+b$$
$$\therefore \dfrac{1}{3}a+b=7 \qquad \cdots\cdots ㉡$$
㉠, ㉡을 연립하여 풀면 $a=36, b=-5$
따라서 $R(x)=36x-5$이므로
$$R(1)=31 \qquad \qquad \text{🄰 } 31$$

110

전략 다항식의 나눗셈에 대한 항등식을 세우고 나머지정리를 이용한다.

$f(x)$를 $x-1$로 나누었을 때의 몫은 $Q(x)$, 나머지는 6이므로
$$f(x)=(x-1)Q(x)+6 \qquad \cdots\cdots ㉠$$
㉠의 양변에 $x=1$을 대입하면
$$f(1)=6$$
㉠의 양변에 $x=-2$를 대입하면
$$f(-2)=-3Q(-2)+6$$
나머지정리에 의하여 $Q(-2)=9$이므로
$$f(-2)=-3\times 9+6=-21$$
한편 $f(x)$를 $(x-1)(x+2)$로 나누었을 때의 몫을 $Q'(x)$라 하면 나머지가 $ax+b$이므로
$$f(x)=(x-1)(x+2)Q'(x)+ax+b$$
$$\qquad\qquad\qquad\qquad \cdots\cdots ㉡$$
㉡의 양변에 $x=1$을 대입하면
$$f(1)=a+b \qquad \therefore a+b=6 \qquad \cdots\cdots ㉢$$
㉡의 양변에 $x=-2$를 대입하면
$$f(-2)=-2a+b$$
$$\therefore -2a+b=-21 \qquad \cdots\cdots ㉣$$

㉢, ㉣을 연립하여 풀면
$$a=9, b=-3$$
$$\therefore ab=-27 \qquad\qquad \text{🄰 } -27$$

111

전략 인수정리를 이용하여 $f(-2)$, $f(2)$의 값을 구한다.

$f(x)+2$가 $x+2$로 나누어떨어지므로
$$f(-2)+2=0$$
$$\therefore f(-2)=-2$$
$f(x)-2$가 $x-2$로 나누어떨어지므로
$$f(2)-2=0$$
$$\therefore f(2)=2$$
이때 $f(x)$는 이차항의 계수가 1인 이차다항식이므로
$$f(x)=x^2+ax+b \ (a, b\text{는 상수})$$
라 하면 $f(-2)=-2$, $f(2)=2$에서
$$4-2a+b=-2, \ 4+2a+b=2$$
$$2a-b=6, \ 2a+b=-2$$
$$\therefore a=1, b=-4$$
따라서 $f(x)=x^2+x-4$이므로
$$f(10)=100+10-4=106 \qquad \text{🄰 } 106$$

112

전략 $F(x)=f(x)-5$로 놓고 $F(x)$의 인수를 구한다.

$F(x)=f(x)-5$라 하면
$$F(1)=f(1)-5=0, \ F(2)=f(2)-5=0,$$
$$F(3)=f(3)-5=0$$
이므로 $F(x)$는 $x-1$, $x-2$, $x-3$을 인수로 갖는다.
이때 $F(x)$는 최고차항의 계수가 1인 삼차식이므로
$$F(x)=(x-1)(x-2)(x-3)$$
$$\therefore f(x)=F(x)+5$$
$$=(x-1)(x-2)(x-3)+5$$
따라서 $f(x)$를 $x-4$로 나누었을 때의 나머지는
$$f(4)=3\times 2\times 1+5=11$$
$$\text{🄰 } 11$$

(다른 풀이) $f(x)$가 최고차항의 계수가 1인 삼차식이므로 $f(x)=x^3+ax^2+bx+c$ $(a, b, c$는 상수)라 하면
$f(1)=f(2)=f(3)=5$에서
$$1+a+b+c=5, \ 8+4a+2b+c=5,$$
$$27+9a+3b+c=5$$

세 식을 연립하여 풀면

$$a=-6,\ b=11,\ c=-1$$
$$\therefore f(x)=x^3-6x^2+11x-1$$

따라서 $f(x)$를 $x-4$로 나누었을 때의 나머지는

$$f(4)=4^3-6\times4^2+11\times4-1=11$$

113

전략 주어진 조건과 항등식의 성질을 이용하여 $f(x)$를 구한다.

조건 ㈎에서 $g(x)=x^2f(x)$이므로 $g(x)$를 $x-4$로 나눈 나머지는

$$g(4)=16f(4) \qquad \cdots\cdots \text{㉠}$$

조건 ㈏의 등식에 $g(x)=x^2f(x)$를 대입하면

$$x^2f(x)+(3x^2+4x)f(x)=x^3+ax^2+2x+b$$
$$(4x^2+4x)f(x)=x^3+ax^2+2x+b$$
$$\therefore 4x(x+1)f(x)=x^3+ax^2+2x+b$$
$$\qquad\qquad\qquad\cdots\cdots \text{㉡}$$

㉡의 양변에 $x=0$을 대입하면 $\quad 0=b$

㉡의 양변에 $x=-1$을 대입하면

$$0=-1+a-2 \qquad \therefore a=3$$

따라서 ㉡에서

$$4x(x+1)f(x)=x^3+3x^2+2x$$

위의 식의 양변에 $x=4$를 대입하면

$$4\times4\times5\times f(4)=64+48+8$$
$$80f(4)=120 \qquad \therefore f(4)=\frac{3}{2}$$

따라서 ㉠에서 구하는 나머지는

$$16f(4)=16\times\frac{3}{2}=24 \qquad\qquad \text{답 ⑤}$$

114

전략 $Q(x)$를 x^2-1로 나누었을 때의 나머지를 $ax+b$ (a, b는 상수)로 놓고 나머지정리를 이용한다.

$f(x)$를 x^2+1로 나누었을 때의 몫이 $Q(x)$, 나머지가 $-2x$이므로

$$f(x)=(x^2+1)Q(x)-2x \qquad \cdots\cdots \text{㉠}$$

$f(x)$를 x^2-1, 즉 $(x+1)(x-1)$로 나누었을 때의 나머지가 6이므로

$$f(-1)=6,\ f(1)=6$$

㉠의 양변에 $x=-1$, $x=1$을 각각 대입하면

$$f(-1)=2Q(-1)+2,\ f(1)=2Q(1)-2$$
$$6=2Q(-1)+2,\ 6=2Q(1)-2$$
$$\therefore Q(-1)=2,\ Q(1)=4$$

한편 $Q(x)$를 x^2-1로 나누었을 때의 몫을 $Q_1(x)$, 나머지를 $ax+b$ (a, b는 상수)라 하면

$$Q(x)=(x^2-1)Q_1(x)+ax+b$$
$$=(x+1)(x-1)Q_1(x)+ax+b$$
$$\qquad\qquad\qquad \cdots\cdots \text{㉡}$$

㉡의 양변에 $x=-1$, $x=1$을 각각 대입하면

$$Q(-1)=-a+b,\ Q(1)=a+b$$
$$2=-a+b,\ 4=a+b$$
$$\therefore a=1,\ b=3$$

따라서 $Q(x)$를 x^2-1로 나누었을 때의 나머지는 $x+3$이다. $\qquad$ 답 $\boldsymbol{x+3}$

115

전략 $x=7$이라 하면 $6=x-1$이므로 $x^{30}+x^{20}+x$를 $x-1$로 나누었을 때의 나머지를 이용한다.

$x^{30}+x^{20}+x$를 $x-1$로 나누었을 때의 몫을 $Q(x)$, 나머지를 R라 하면

$$x^{30}+x^{20}+x=(x-1)Q(x)+R \quad \cdots\cdots \text{㉠}$$

㉠의 양변에 $x=1$을 대입하면

$$R=3$$

㉠의 양변에 $x=7$을 대입하면

$$7^{30}+7^{20}+7=6\times Q(7)+3$$

따라서 $7^{30}+7^{20}+7$을 6으로 나누었을 때의 나머지는 3이다. $\qquad$ 답 $\boldsymbol{3}$

116

전략 주어진 조건을 이용하여 $f(x)$에 대한 항등식을 세우고 양변에 적당한 값을 대입한다.

조건 ㈎에서 $f(x)$를 $x+1$, x^2-3으로 나눈 몫을 각각 $Q_1(x)$, $Q_2(x)$라 하고 나머지를 R라 하면

$$f(x)=(x+1)Q_1(x)+R,$$
$$f(x)=(x^2-3)Q_2(x)+R$$
$$\therefore f(x)-R=(x+1)Q_1(x),$$
$$f(x)-R=(x^2-3)Q_2(x)$$

따라서 $f(x)-R$는 $x+1$, x^2-3을 인수로 갖고, 최고차항의 계수가 1인 사차다항식이므로
$$f(x)-R=(x+1)(x^2-3)(x+k)\ (k는\ 상수)$$
$$\cdots\cdots\ \bigcirc$$
로 놓을 수 있다.

한편 조건 (나)에서 $f(x+1)-5$가 x^2+x, 즉 $x(x+1)$로 나누어떨어지므로 인수정리에 의하여
$$f(0+1)-5=0,\ f(-1+1)-5=0$$
$$\therefore f(1)=5,\ f(0)=5$$
$\bigcirc$의 양변에 $x=1$을 대입하면
$$f(1)-R=2\times(-2)\times(1+k)$$
$$5-R=-4-4k$$
$$\therefore 4k-R=-9 \qquad \cdots\cdots\ \bigcirc\!\bigcirc$$
$\bigcirc$의 양변에 $x=0$을 대입하면
$$f(0)-R=1\times(-3)\times k$$
$$5-R=-3k$$
$$\therefore 3k-R=-5 \qquad \cdots\cdots\ \bigcirc\!\bigcirc\!\bigcirc$$
$\bigcirc\!\bigcirc$, $\bigcirc\!\bigcirc\!\bigcirc$을 연립하여 풀면
$$k=-4,\ R=-7$$
따라서 $\bigcirc$에서
$$f(x)+7=(x+1)(x^2-3)(x-4)$$
이므로
$$f(x)=(x+1)(x^2-3)(x-4)-7$$
$$\therefore f(4)=-7 \qquad\qquad 답\ ③$$

3 인수분해

01 인수분해 ● 본책 60~64쪽

117

(1) $4x^2y+8xy=\mathbf{4xy(x+2)}$

(2) $(2a+b)^2+6a+3b$
$$=(2a+b)^2+3(2a+b)$$
$$=(2a+b)\{(2a+b)+3\}$$
$$=\mathbf{(2a+b)(2a+b+3)}$$

(3) $4x^2+12xy+9y^2$
$$=(2x)^2+2\times 2x\times 3y+(3y)^2$$
$$=\mathbf{(2x+3y)^2}$$

(4) $9x^2-30xy+25y^2$
$$=(3x)^2-2\times 3x\times 5y+(5y)^2$$
$$=\mathbf{(3x-5y)^2}$$

(5) $16a^2-81b^2=(4a)^2-(9b)^2$
$$=\mathbf{(4a+9b)(4a-9b)}$$

(6) $x^2+4x+3=\mathbf{(x+3)(x+1)}$

(7) $3a^2-5ab-2b^2=\mathbf{(3a+b)(a-2b)}$

圉 풀이 참조

118

(1) $x^2+y^2+4z^2+2xy+4yz+4zx$
$$=x^2+y^2+(2z)^2+2\times x\times y$$
$$\quad+2\times y\times 2z+2\times 2z\times x$$
$$=\mathbf{(x+y+2z)^2}$$

(2) $a^2+4b^2+9c^2-4ab-12bc+6ca$
$$=a^2+(-2b)^2+(3c)^2+2\times a\times(-2b)$$
$$\quad+2\times(-2b)\times 3c+2\times 3c\times a$$
$$=\mathbf{(a-2b+3c)^2}$$

(3) $x^3+6x^2+12x+8$
$$=x^3+3\times x^2\times 2+3\times x\times 2^2+2^3$$
$$=\mathbf{(x+2)^3}$$

(4) $8x^3-12x^2y+6xy^2-y^3$
$$=(2x)^3-3\times(2x)^2\times y+3\times 2x\times y^2-y^3$$
$$=\mathbf{(2x-y)^3}$$

I -3

인수분해

(5) $a^3+27b^3=a^3+(3b)^3$
$=(a+3b)\{a^2-a\times 3b+(3b)^2\}$
$=\boldsymbol{(a+3b)(a^2-3ab+9b^2)}$

(6) $8x^3-y^3=(2x)^3-y^3$
$=(2x-y)\{(2x)^2+2x\times y+y^2\}$
$=\boldsymbol{(2x-y)(4x^2+2xy+y^2)}$

(7) $x^3+y^3+1-3xy$
$=x^3+y^3+1^3-3\times x\times y\times 1$
$=(x+y+1)$
$\quad\times(x^2+y^2+1^2-x\times y-y\times 1-1\times x)$
$=\boldsymbol{(x+y+1)(x^2+y^2-xy-x-y+1)}$

(8) $8a^3+b^3-c^3+6abc$
$=(2a)^3+b^3+(-c)^3-3\times 2a\times b\times(-c)$
$=(2a+b-c)$
$\quad\times\{(2a)^2+b^2+(-c)^2-2a\times b-b\times(-c)$
$\quad\quad -(-c)\times 2a\}$
$=\boldsymbol{(2a+b-c)(4a^2+b^2+c^2-2ab+bc+2ca)}$

(9) $a^4+a^2+1=a^4+a^2\times 1^2+1^4$
$=(a^2+a\times 1+1^2)(a^2-a\times 1+1^2)$
$=\boldsymbol{(a^2+a+1)(a^2-a+1)}$

(10) $x^4+4x^2y^2+16y^4$
$=x^4+x^2\times(2y)^2+(2y)^4$
$=\{x^2+x\times 2y+(2y)^2\}\{x^2-x\times 2y+(2y)^2\}$
$=\boldsymbol{(x^2+2xy+4y^2)(x^2-2xy+4y^2)}$

답 풀이 참조

119

(1) $x^4-y^4=(x^2)^2-(y^2)^2$
$=(x^2+y^2)(x^2-y^2)$
$=\boldsymbol{(x^2+y^2)(x+y)(x-y)}$

(2) $9(a+b)^2-c^2=\{3(a+b)\}^2-c^2$
$=\{3(a+b)+c\}\{3(a+b)-c\}$
$=\boldsymbol{(3a+3b+c)(3a+3b-c)}$

(3) $x^4+x=x(x^3+1)$
$=\boldsymbol{x(x+1)(x^2-x+1)}$

(4) $(a+b)^3-(a-b)^3$
$=\{(a+b)-(a-b)\}$
$\quad\times\{(a+b)^2+(a+b)(a-b)+(a-b)^2\}$
$=\boldsymbol{2b(3a^2+b^2)}$

(5) $a^3b-2a^2b^2+ab^3=ab(a^2-2ab+b^2)$
$=\boldsymbol{ab(a-b)^2}$

(6) $x^2+8x-(a-3)(a+5)$
$=\{x-(a-3)\}\{x+(a+5)\}$
$=\boldsymbol{(x-a+3)(x+a+5)}$

답 풀이 참조

참고 **(6)** $x^2+8x-(a-3)(a+5)$

120

(1) $a^3-ab^2-b^2c+a^2c=a(a^2-b^2)+c(a^2-b^2)$
$=(a^2-b^2)(a+c)$
$=\boldsymbol{(a+b)(a-b)(a+c)}$

(2) $x^3-2ax^2+2x-4a=x^2(x-2a)+2(x-2a)$
$=\boldsymbol{(x-2a)(x^2+2)}$

(3) $4x^2+4x+1-y^2$
$=(2x+1)^2-y^2$
$=\{(2x+1)+y\}\{(2x+1)-y\}$
$=\boldsymbol{(2x+y+1)(2x-y+1)}$

(4) $6ab+1-9a^2-b^2$
$=1-(9a^2-6ab+b^2)$
$=1-(3a-b)^2$
$=\{1+(3a-b)\}\{1-(3a-b)\}$
$=\boldsymbol{(3a-b+1)(-3a+b+1)}$

답 풀이 참조

121

$4a^2b^2-(a^2+b^2-c^2)^2$
$=(2ab)^2-(a^2+b^2-c^2)^2$
$=\{2ab+(a^2+b^2-c^2)\}\{2ab-(a^2+b^2-c^2)\}$
$=(a^2+2ab+b^2-c^2)\{c^2-(a^2-2ab+b^2)\}$
$=\{(a+b)^2-c^2\}\{c^2-(a-b)^2\}$
$=\{(a+b)+c\}\{(a+b)-c\}$
$\quad\times\{c+(a-b)\}\{c-(a-b)\}$
$=\boldsymbol{(a+b+c)(a+b-c)(a-b+c)(-a+b+c)}$

답 풀이 참조

122

(1) $x^2+x=X$로 놓으면

$$(x^2+x)^2-13(x^2+x)+36$$
$$=X^2-13X+36=(X-4)(X-9)$$
$$=\boldsymbol{(x^2+x-4)(x^2+x-9)}$$

(2) $1-2x=X$로 놓으면

$$(1-2x-x^2)(1-2x+3x^2)+4x^4$$
$$=(X-x^2)(X+3x^2)+4x^4$$
$$=X^2+2x^2X-3x^4+4x^4$$
$$=X^2+2x^2X+x^4$$
$$=(X+x^2)^2=(1-2x+x^2)^2$$
$$=\{(x-1)^2\}^2=\boldsymbol{(x-1)^4}$$

(3) $x(x+1)(x+2)(x+3)-15$

$$=\{x(x+3)\}\{(x+1)(x+2)\}-15$$
$$=(x^2+3x)(x^2+3x+2)-15$$

$x^2+3x=X$로 놓으면

$$(주어진 식)=X(X+2)-15$$
$$=X^2+2X-15$$
$$=(X+5)(X-3)$$
$$=\boldsymbol{(x^2+3x+5)(x^2+3x-3)}$$

(4) $(x^2+4x+3)(x^2+12x+35)+15$

$$=(x+1)(x+3)(x+5)(x+7)+15$$
$$=\{(x+1)(x+7)\}\{(x+3)(x+5)\}+15$$
$$=(x^2+8x+7)(x^2+8x+15)+15$$

$x^2+8x=X$로 놓으면

$$(주어진 식)=(X+7)(X+15)+15$$
$$=X^2+22X+120$$
$$=(X+12)(X+10)$$
$$=(x^2+8x+12)(x^2+8x+10)$$
$$=\boldsymbol{(x+2)(x+6)(x^2+8x+10)}$$

🔢 풀이 참조

123

(1) $x^2=X$로 놓으면

$$x^4+x^2-6=X^2+X-6$$
$$=(X+3)(X-2)$$
$$=\boldsymbol{(x^2+3)(x^2-2)}$$

(2) $x^2=X$로 놓으면

$$x^4-10x^2+9$$
$$=X^2-10X+9$$
$$=(X-1)(X-9)$$
$$=(x^2-1)(x^2-9)$$
$$=\boldsymbol{(x+1)(x-1)(x+3)(x-3)}$$

(3) $x^4+4=(x^4+4x^2+4)-4x^2$

$$=(x^2+2)^2-(2x)^2$$
$$=\boldsymbol{(x^2+2x+2)(x^2-2x+2)}$$

(4) $x^4+5x^2+9=(x^4+6x^2+9)-x^2$

$$=(x^2+3)^2-x^2$$
$$=\boldsymbol{(x^2+x+3)(x^2-x+3)}$$

(5) $x^4+y^4-6x^2y^2=(x^4-2x^2y^2+y^4)-4x^2y^2$

$$=(x^2-y^2)^2-(2xy)^2$$
$$=\boldsymbol{(x^2+2xy-y^2)(x^2-2xy-y^2)}$$

🔢 풀이 참조

(다른 풀이) (2) x^4-10x^2+9

$$=(x^4-6x^2+9)-4x^2$$
$$=(x^2-3)^2-(2x)^2$$
$$=(x^2+2x-3)(x^2-2x-3)$$
$$=(x+3)(x-1)(x+1)(x-3)$$

124

(1) 주어진 식을 전개한 후 a에 대하여 내림차순으로 정리하면

$$ab(a+b)+bc(b+c)+ca(c+a)+2abc$$
$$=a^2b+ab^2+b^2c+bc^2+c^2a+ca^2+2abc$$
$$=(b+c)a^2+(b^2+2bc+c^2)a+b^2c+bc^2$$
$$=(b+c)a^2+(b+c)^2a+bc(b+c)$$
$$=(b+c)\{a^2+(b+c)a+bc\}$$
$$=(b+c)(a+b)(a+c)$$
$$=\boldsymbol{(a+b)(b+c)(c+a)}$$

(2) x에 대하여 내림차순으로 정리하면

$$x^2+xy-6y^2+x+13y-6$$
$$=x^2+(y+1)x-(6y^2-13y+6)$$
$$=x^2+(y+1)x-(3y-2)(2y-3)$$
$$=\{x+(3y-2)\}\{x-(2y-3)\}$$
$$=\boldsymbol{(x+3y-2)(x-2y+3)}$$

(3) x에 대하여 내림차순으로 정리하면

$$3x^2+4xy+y^2-10x-4y+3$$
$$=3x^2+(4y-10)x+(y^2-4y+3)$$
$$=3x^2+(4y-10)x+(y-1)(y-3)$$
$$=\boldsymbol{(3x+y-1)(x+y-3)}$$

(4) z에 대하여 내림차순으로 정리하면

$$x^2-y^2+2yz+2xz+4x+2y+2z+3$$
$$=(2y+2x+2)z+x^2+4x-y^2+2y+3$$
$$=2(x+y+1)z+x^2+4x-(y^2-2y-3)$$
$$=2(x+y+1)z+x^2+4x-(y+1)(y-3)$$
$$=2(x+y+1)z$$
$$\quad+\{x+(y+1)\}\{x-(y-3)\}$$
$$=2(x+y+1)z+(x+y+1)(x-y+3)$$
$$=\boldsymbol{(x+y+1)(x-y+2z+3)}$$

답 풀이 참조

다른 풀이 (4) $x^2-y^2+2yz+2xz+4x+2y+2z+3$
$$=(2x+2y+2)z+x^2+4x$$
$$\quad-(y^2-2y)+3$$
$$=2(x+y+1)z+(x^2+4x+4)$$
$$\quad-(y^2-2y+1)$$
$$=2(x+y+1)z+(x+2)^2-(y-1)^2$$
$$=2(x+y+1)z+(x+y+1)(x-y+3)$$
$$=(x+y+1)(x-y+2z+3)$$

참고 (2) $x^2+(y+1)x-(3y-2)(2y-3)$

$$
\begin{array}{ccc}
1 & & 3y-2 \quad\rightarrow\quad 3y-2 \\
1 & & -(2y-3) \quad\rightarrow\quad -2y+3 \\
\hline
& & y+1
\end{array}
$$

(3) $3x^2+(4y-10)x+(y-1)(y-3)$

$$
\begin{array}{ccc}
3 & & y-1 \quad\rightarrow\quad y-1 \\
1 & & y-3 \quad\rightarrow\quad 3y-9 \\
\hline
& & 4y-10
\end{array}
$$

(4) $x^2+4x-(y+1)(y-3)$

$$
\begin{array}{ccc}
1 & & y+1 \quad\rightarrow\quad y+1 \\
1 & & -(y-3) \quad\rightarrow\quad -y+3 \\
\hline
& & 4
\end{array}
$$

125

(1) $f(x)=3x^3+7x^2-4$라 하면 $f(-1)=0$이므로
$f(x)$는 $x+1$을 인수로 갖는다.

따라서 조립제법을 이용하여 $f(x)$를 인수분해하면

$$
\begin{array}{r|rrrr}
-1 & 3 & 7 & 0 & -4 \\
 & & -3 & -4 & 4 \\
\hline
 & 3 & 4 & -4 & 0
\end{array}
$$

$$\therefore\ 3x^3+7x^2-4$$
$$=(x+1)(3x^2+4x-4)$$
$$=\boldsymbol{(x+1)(x+2)(3x-2)}$$

(2) $f(x)=x^3+5x^2-2x-24$라 하면 $f(2)=0$이므
로 $f(x)$는 $x-2$를 인수로 갖는다.

따라서 조립제법을 이용하여 $f(x)$를 인수분해하면

$$
\begin{array}{r|rrrr}
2 & 1 & 5 & -2 & -24 \\
 & & 2 & 14 & 24 \\
\hline
 & 1 & 7 & 12 & 0
\end{array}
$$

$$\therefore\ x^3+5x^2-2x-24$$
$$=(x-2)(x^2+7x+12)$$
$$=\boldsymbol{(x-2)(x+3)(x+4)}$$

(3) $f(x)=x^4-3x^3+3x-1$이라 하면 $f(1)=0$,
$f(-1)=0$이므로 $f(x)$는 $x-1$, $x+1$을 인수로
갖는다.

따라서 조립제법을 이용하여 $f(x)$를 인수분해하면

$$
\begin{array}{r|rrrrr}
1 & 1 & -3 & 0 & 3 & -1 \\
 & & 1 & -2 & -2 & 1 \\
\hline
-1 & 1 & -2 & -2 & 1 & 0 \\
 & & -1 & 3 & -1 & \\
\hline
 & 1 & -3 & 1 & 0 &
\end{array}
$$

$$\therefore\ x^4-3x^3+3x-1$$
$$=\boldsymbol{(x-1)(x+1)(x^2-3x+1)}$$

(4) $f(x)=x^4+2x^3-7x^2-8x+12$라 하면
$f(1)=0$, $f(2)=0$이므로 $f(x)$는 $x-1$, $x-2$를
인수로 갖는다.

따라서 조립제법을 이용하여 $f(x)$를 인수분해하면

$$
\begin{array}{r|rrrrr}
1 & 1 & 2 & -7 & -8 & 12 \\
 & & 1 & 3 & -4 & -12 \\
\hline
2 & 1 & 3 & -4 & -12 & 0 \\
 & & 2 & 10 & 12 & \\
\hline
 & 1 & 5 & 6 & 0 &
\end{array}
$$

$$\therefore x^4+2x^3-7x^2-8x+12$$
$$=(x-1)(x-2)(x^2+5x+6)$$
$$=\boldsymbol{(x-1)(x-2)(x+2)(x+3)}$$

🗒 **풀이 참조**

126

$f(x)=x^3-6x^2-ax-6$이라 하면 $f(x)$가 $x-2$를
인수로 가지므로
$$f(2)=8-24-2a-6=0$$
$$2a=-22 \quad \therefore a=-11$$
$$\therefore f(x)=x^3-6x^2+11x-6$$
조립제법을 이용하여 $f(x)$를 인수분해하면

$$
\begin{array}{r|rrrr}
2 & 1 & -6 & 11 & -6 \\
  &   & 2 & -8 & 6 \\
\hline
  & 1 & -4 & 3 & \,0 \\
\end{array}
$$

$$\therefore x^3-6x^2+11x-6$$
$$=(x-2)(x^2-4x+3)$$
$$=(x-1)(x-2)(x-3)$$

🗒 $\boldsymbol{(x-1)(x-2)(x-3)}$

127

(1) $x=98$로 놓으면
$$98^3+6\times98^2+12\times98+8$$
$$=x^3+6x^2+12x+8$$
$$=(x+2)^3=(98+2)^3$$
$$=100^3=1000000$$

(2) $a=3002$, $b=2003$으로 놓으면
$$\frac{3002^3-2003^3}{3002^2+5005\times2003}$$
$$=\frac{a^3-b^3}{a^2+(a+b)b}$$
$$=\frac{(a-b)(a^2+ab+b^2)}{a^2+ab+b^2}$$
$$=a-b=3002-2003=999$$

(3) $10^2-12^2+14^2-16^2+18^2-20^2$
$$=(10^2-12^2)+(14^2-16^2)+(18^2-20^2)$$
$$=(10-12)\times(10+12)+(14-16)\times(14+16)$$
$$\quad+(18-20)\times(18+20)$$
$$=-2\times(22+30+38)=-2\times90=-180$$

🗒 (1) **1000000** (2) **999** (3) **−180**

128

$$x^3+y^3-x^2y-xy^2$$
$$=(x+y)(x^2-xy+y^2)-xy(x+y)$$
$$=(x+y)(x^2-2xy+y^2)$$
$$=(x+y)(x-y)^2 \qquad \cdots\cdots \text{㉠}$$
이때 $x=1+\sqrt{3}$, $y=1-\sqrt{3}$이므로
$$x+y=(1+\sqrt{3})+(1-\sqrt{3})=2$$
$$x-y=(1+\sqrt{3})-(1-\sqrt{3})=2\sqrt{3}$$
따라서 ㉠에서 구하는 값은
$$2\times(2\sqrt{3})^2=24 \qquad\qquad 🗒 \textbf{24}$$

129

$a^2+ac-b^2-bc=0$에서
$$a^2-b^2+ac-bc=0$$
$$(a+b)(a-b)+(a-b)c=0$$
$$(a-b)(a+b+c)=0$$
$$\therefore a-b=0 \text{ 또는 } a+b+c=0$$
이때 a, b, c는 삼각형의 세 변의 길이이므로
$$a+b+c>0$$
$$\therefore a-b=0, \text{ 즉 } a=b$$
따라서 주어진 삼각형은 $a=b$인 이등변삼각형이다.

🗒 ①

130

$a^3+b^3+c^3-3abc=0$에서
$$(a+b+c)(a^2+b^2+c^2-ab-bc-ca)=0$$
$$\frac{1}{2}(a+b+c)\{(a-b)^2+(b-c)^2+(c-a)^2\}=0$$
$$\therefore a+b+c=0 \text{ 또는}$$
$$(a-b)^2+(b-c)^2+(c-a)^2=0$$
이때 a, b, c는 삼각형의 세 변의 길이이므로
$$a+b+c>0$$
$$\therefore (a-b)^2+(b-c)^2+(c-a)^2=0$$
즉 $a-b=0$, $b-c=0$, $c-a=0$이므로
$$a=b=c$$
따라서 주어진 삼각형은 정삼각형이고, 둘레의 길이가
18이므로 한 변의 길이는 6이다.

한 변의 길이가 6인 정삼각형의 넓이는

$$\frac{\sqrt{3}}{4} \times 6^2 = 9\sqrt{3}$$

답 **$9\sqrt{3}$**

참고 한 변의 길이가 a인 정삼각형의 넓이 $\Rightarrow \dfrac{\sqrt{3}}{4}a^2$

연습 문제
● 본책 73~75쪽

131

전략 식의 모양을 파악하여 가장 적합한 인수분해 공식을 이용한다.

① $8x^3 + 27y^3 = (2x)^3 + (3y)^3$
$= (2x+3y)(4x^2-6xy+9y^2)$

② $9x^2 - (y-z)^2 = \{3x+(y-z)\}\{3x-(y-z)\}$
$= (3x+y-z)(3x-y+z)$

③ $3(4x-1)^2 - 12 = 3\{(4x-1)^2 - 2^2\}$
$= 3\{(4x-1)+2\}\{(4x-1)-2\}$
$= 3(4x+1)(4x-3)$

④ $x^4 - 8x = x(x^3-8) = x(x-2)(x^2+2x+4)$

⑤ $x^3 - 9x^2y + 27xy^2 - 27y^3 = (x-3y)^3$

답 ④

132

전략 공통부분을 한 문자로 치환하여 인수분해한다.

$x^2 - 3x = X$로 놓으면

$(x^2-3x)(x^2-3x-1) - 6$
$= X(X-1) - 6 = X^2 - X - 6$
$= (X-3)(X+2)$
$= (x^2-3x-3)(x^2-3x+2)$
$= (x^2-3x-3)(x-1)(x-2)$

따라서 인수가 아닌 것은 ③이다.

답 ③

133

전략 이차항 $-13x^2$을 분리하여 A^2-B^2의 꼴로 변형한다.

$x^4 - 13x^2 + 4 = (x^4 - 4x^2 + 4) - 9x^2$
$= (x^2-2)^2 - (3x)^2$
$= (x^2+3x-2)(x^2-3x-2)$

따라서 $a=3$, $b=2$이므로

$$a+b=5$$

답 **5**

134

전략 한 문자에 대하여 내림차순으로 정리한 후 인수분해한다.

주어진 다항식을 x에 대하여 내림차순으로 정리하면

$2x^2 - xy - y^2 - 4x + y + 2$
$= 2x^2 - (y+4)x - (y^2-y-2)$
$= 2x^2 - (y+4)x - (y+1)(y-2)$
$= \{x-(y+1)\}\{2x+(y-2)\}$
$= (x-y-1)(2x+y-2)$

따라서 $a=1$, $b=-1$, $c=2$, $d=1$이므로

$$a+b-c-d=-3$$

답 **-3**

참고 $2x^2 - (y+4)x - (y+1)(y-2)$

$$
\begin{array}{lll}
1 & \diagdown \diagup & -(y+1) \;\rightarrow\; -2y-2 \\
2 & \diagup \diagdown & y-2 \;\rightarrow\; \underline{\quad y-2 \quad} \\
& & \qquad\qquad -y-4
\end{array}
$$

135

전략 다항식을 c에 대하여 내림차순으로 정리한 후 인수분해한다.

주어진 다항식을 c에 대하여 내림차순으로 정리하면

$a^2b - ac + ab^2 - bc - c + ab$
$= (-a-b-1)c + a^2b + ab^2 + ab$
$= -(a+b+1)c + ab(a+b+1)$
$= (a+b+1)(ab-c)$

따라서 주어진 다항식의 인수인 것은 ③ $ab-c$이다.

답 ③

136

전략 $f(x)$를 $(x+1)^2$으로 나누었을 때의 나머지가 0임을 이용하여 a, b의 값을 구한다.

$2x^4 + 5x^3 + x^2 + ax + b$가 $(x+1)^2$을 인수로 가지므로 $(x+1)^2$으로 나누어떨어진다.

이때 조립제법을 이용하면

-1	2	5	1	a	b
		-2	-3	2	$-a-2$
-1	2	3	-2	$a+2$	$-a+b-2$
		-2	-1	3	
	2	1	-3	$a+5$	

나누어떨어지면 나머지가 0이므로

$$-a+b-2=0,\ a+5=0$$

$$\therefore a=-5,\ b=-3$$

또 $f(x)$를 인수분해하면

$$f(x)=(x+1)^2(2x^2+x-3)$$
$$=(x+1)^2(x-1)(2x+3)$$

답 $a=-5,\ b=-3,$
$(x+1)^2(x-1)(2x+3)$

137

전략 공통부분이 생기도록 두 개씩 짝을 지어 전개한 후 공통부분을 찾아 치환한다.

$$(x-1)(x-3)(x-5)(x-7)+k$$
$$=\{(x-1)(x-7)\}\{(x-3)(x-5)\}+k$$
$$=(x^2-8x+7)(x^2-8x+15)+k$$

$x^2-8x=X$로 놓으면

$$(주어진\ 식)=(X+7)(X+15)+k$$
$$=X^2+22X+105+k \quad\cdots\cdots\ \text{㉠}$$

주어진 식이 x에 대한 이차식의 완전제곱식으로 인수분해되려면 ㉠이 X에 대한 완전제곱식으로 인수분해되어야 한다.

즉 $X^2+22X+105+k=(X+11)^2$이어야 하므로

$$105+k=11^2$$

$$\therefore k=16$$

답 16

해설 Focus

$x^2-8x+7=X$라 하면

$$(x-1)(x-3)(x-5)(x-7)+k$$
$$=(x^2-8x+7)(x^2-8x+15)+k$$
$$=X(X+8)+k=X^2+8X+k$$

이때 $X^2+8X+k=(X+4)^2$이어야 하므로

$$k=16$$

이다.

이처럼 공통부분을 다르게 놓아도 k의 값은 동일하다.

138

전략 먼저 주어진 이차식을 한 문자에 대한 내림차순으로 정리한다.

주어진 식을 x에 대한 내림차순으로 정리하면

$$x^2+kxy-3y^2+x+11y-6$$
$$=x^2+(ky+1)x-(3y^2-11y+6)$$
$$=x^2+(ky+1)x-(3y-2)(y-3)$$

주어진 식이 $x,\ y$에 대한 두 일차식의 곱으로 인수분해되려면

$$3y-2-(y-3)=ky+1$$

$$\therefore k=2$$

답 2

참고 $x^2+(ky+1)x-(3y-2)(y-3)$

$$\begin{array}{ccccc}
1 & & 3y-2 & \rightarrow & 3y-2 \\
1 & & -(y-3) & \rightarrow & \underline{-y+3} \\
& & & & 2y+1
\end{array}$$

139

전략 분자의 식을 전개한 후 한 문자에 대한 내림차순으로 정리하여 인수분해한다.

주어진 식의 분자를 전개하여 a에 대한 내림차순으로 정리하면

$$(b-a)c^2+(c-b)a^2+(a-c)b^2$$
$$=bc^2-ac^2+a^2c-a^2b+ab^2-b^2c$$
$$=(c-b)a^2-(c^2-b^2)a+bc^2-b^2c$$
$$=(c-b)a^2-(c+b)(c-b)a+bc(c-b)$$
$$=(c-b)\{a^2-(c+b)a+bc\}$$
$$=(c-b)(a-b)(a-c)$$
$$=(a-b)(b-c)(c-a)$$

$$\therefore (주어진\ 식)=\frac{(a-b)(b-c)(c-a)}{(a-b)(b-c)(c-a)}=1$$

답 1

140

전략 인수분해 공식을 이용하여 주어진 조건에서 $a,\ b,\ c$ 사이의 관계식을 구한다.

$a^3+b^3+c^3=3abc$에서

$$a^3+b^3+c^3-3abc=0$$
$$(a+b+c)(a^2+b^2+c^2-ab-bc-ca)=0$$

이때 $a>0,\ b>0,\ c>0$이므로

$$a+b+c\neq 0$$

즉 $a^2+b^2+c^2-ab-bc-ca=0$이므로

$$\frac{1}{2}\{(a-b)^2+(b-c)^2+(c-a)^2\}=0$$

따라서 $a-b=0,\ b-c=0,\ c-a=0$이므로

$$a=b=c$$

$$\therefore a+b+c-\frac{ab}{c}-\frac{bc}{a}-\frac{ca}{b}$$
$$=a+a+a-a-a-a$$
$$=0 \qquad \qquad \text{답 } \mathbf{0}$$

141

전략 인수정리를 이용하여 $f(x)$를 인수분해하고 $f(82)$의 값을 구한다.

$f(x)=x^3+4x^2-28x+32$에서 $f(2)=0$이므로 $f(x)$는 $x-2$를 인수로 갖는다.

따라서 조립제법을 이용하여 $f(x)$를 인수분해하면

$$
\begin{array}{r|rrrr}
2 & 1 & 4 & -28 & 32 \\
  &   & 2 & 12 & -32 \\
\hline
  & 1 & 6 & -16 & 0
\end{array}
$$

$$\therefore f(x)=(x-2)(x^2+6x-16)$$
$$=(x-2)^2(x+8)$$

즉 $f(82)=80^2 \times 90=576000$이므로 각 자리의 숫자의 합은 $5+7+6=18$ \qquad 답 **18**

142

전략 등식의 좌변을 전개한 후 인수분해하고 주어진 식의 값을 대입한다.

$(a-b+c)(ab+bc-ca)-abc$
$=a^2b+abc-a^2c-ab^2-b^2c+abc$
$\quad +abc+bc^2-ac^2-abc$
$=(b-c)a^2-(b^2-2bc+c^2)a-b^2c+bc^2$
$=(b-c)a^2-(b-c)^2a-bc(b-c)$
$=(b-c)\{a^2-(b-c)a-bc\}$
$=(b-c)(a-b)(a+c)$

따라서 $(b-c)(a-b)(a+c)=42$이고 $a-b=3$, $b-c=2$이므로

$$2 \times 3 \times (a+c)=42$$
$$\therefore a+c=7 \qquad \qquad \text{답 } \mathbf{7}$$

143

전략 나무 블록의 부피를 x에 대한 식으로 나타낸 후 인수정리를 이용하여 인수분해한다.

나무 블록의 부피는

$$x \times x \times (x+3)-2 \times (1 \times 1 \times 1)$$
$$=x^3+3x^2-2$$

$f(x)=x^3+3x^2-2$라 하면 $f(-1)=0$이므로 $f(x)$는 $x+1$을 인수로 갖는다.

따라서 조립제법을 이용하여 $f(x)$를 인수분해하면

$$
\begin{array}{r|rrrr}
-1 & 1 & 3 & 0 & -2 \\
   &   & -1 & -2 & 2 \\
\hline
   & 1 & 2 & -2 & 0
\end{array}
$$

$$\therefore x^3+3x^2-2=(x+1)(x^2+2x-2)$$

따라서 $a=1$, $b=2$, $c=-2$이므로

$$a \times b \times c=-4 \qquad \qquad \text{답 } ②$$

144

전략 주어진 조건을 이용하여 $P(x)$, $Q(x)$를 각각 구한다.

조건 ㈎, ㈏에서

$\{P(x)\}^2+\{Q(x)\}^2$
$=\{P(x)-Q(x)\}^2+2P(x)Q(x)$
$=36+2P(x)Q(x)$
$=2x^4+8x^3+8x^2+18$

이므로

$$2P(x)Q(x)=2x^4+8x^3+8x^2-18$$
$$\therefore P(x)Q(x)=x^4+4x^3+4x^2-9$$
$$\qquad \qquad \cdots\cdots \ ㉠$$

$f(x)=x^4+4x^3+4x^2-9$라 하면 $f(-3)=0$, $f(1)=0$이므로 $f(x)$는 $x+3$, $x-1$을 인수로 갖는다.

따라서 조립제법을 이용하여 $f(x)$를 인수분해하면

$$
\begin{array}{r|rrrrr}
-3 & 1 & 4 & 4 & 0 & -9 \\
   &   & -3 & -3 & -3 & 9 \\
\hline
1 & 1 & 1 & 1 & -3 & 0 \\
   &   & 1 & 2 & 3 & \\
\hline
   & 1 & 2 & 3 & 0 &
\end{array}
$$

$$\therefore x^4+4x^3+4x^2-9$$
$$=(x+3)(x-1)(x^2+2x+3)$$

즉 ㉠에서

$$P(x)Q(x)=(x+3)(x-1)(x^2+2x+3)$$
$$=(x^2+2x-3)(x^2+2x+3)$$

이때 조건 ㈎에서 $P(x)-Q(x)=6$이므로

$$P(x)=x^2+2x+3, \ Q(x)=x^2+2x-3$$
$$\therefore P(-1)-Q(2)=2-5=-3$$
$$\qquad \qquad \text{답 } \mathbf{-3}$$

145

전략 $x=14$로 놓고 x^2+2x를 치환하여 인수분해한다.

$x=14$로 놓으면

$$(14^2+2\times14)^2-18\times(14^2+2\times14)+45$$
$$=(x^2+2x)^2-18(x^2+2x)+45$$

$x^2+2x=X$로 놓으면

$$(x^2+2x)^2-18(x^2+2x)+45$$
$$=X^2-18X+45$$
$$=(X-3)(X-15)$$
$$=(x^2+2x-3)(x^2+2x-15)$$
$$=(x+3)(x-1)(x+5)(x-3)$$
$$=17\times13\times19\times11$$
$$\therefore a+b+c+d=60 \qquad \qquad 답 ③$$

146

전략 다항식 $P(x)$가 $x-a$로 나누어떨어지면 $P(a)=0$임을 이용하여 a, b, c 사이의 관계식을 구한다.

$$P(x)=x^3-(a+b)x^2-(a^2+b^2)x$$
$$+a^3+b^3+ab(a+b)$$

라 하면 $P(x)$가 $x-c$로 나누어떨어지므로

$$P(c)=0$$
$$\therefore c^3-(a+b)c^2-(a^2+b^2)c$$
$$+a^3+b^3+ab(a+b)$$
$$=0$$

이 식의 좌변을 인수분해하면

$$c^3-(a+b)c^2-(a^2+b^2)c+a^3+b^3+ab(a+b)$$
$$=c^3-(a+b)c^2-(a^2+b^2)c+a^3+b^3+a^2b+ab^2$$
$$=c^3-(a+b)c^2-(a^2+b^2)c$$
$$+a^2(a+b)+b^2(a+b)$$
$$=c^3-(a+b)c^2-(a^2+b^2)c+(a+b)(a^2+b^2)$$
$$=-c^2(a+b-c)+(a^2+b^2)(a+b-c)$$
$$=(a+b-c)(a^2+b^2-c^2)=0$$
$$\therefore a+b-c=0 \text{ 또는 } a^2+b^2-c^2=0$$

이때 a, b, c는 삼각형의 세 변의 길이이므로

$$a+b>c \qquad \therefore a+b-c\neq0$$
$$\therefore a^2+b^2-c^2=0, \text{ 즉 } a^2+b^2=c^2$$

따라서 주어진 삼각형은 빗변의 길이가 c인 직각삼각형이다.

답 빗변의 길이가 c인 직각삼각형

1 복소수

01 복소수
● 본책 78~81쪽

147

(2) $5i=0+5i$이므로 $5i$의 실수부분은 0, 허수부분은 5이다.

(3) $\sqrt{3}-1=(\sqrt{3}-1)+0\times i$이므로 $\sqrt{3}-1$의 실수부분은 $\sqrt{3}-1$, 허수부분은 0이다.

(5) $\dfrac{1+i}{3}=\dfrac{1}{3}+\dfrac{1}{3}i$이므로 $\dfrac{1+i}{3}$의 실수부분은 $\dfrac{1}{3}$, 허수부분은 $\dfrac{1}{3}$이다.

> **답** (1) **실수부분: 2, 허수부분: -3**
> (2) **실수부분: 0, 허수부분: 5**
> (3) **실수부분: $\sqrt{3}-1$, 허수부분: 0**
> (4) **실수부분: 4, 허수부분: 1**
> (5) **실수부분: $\dfrac{1}{3}$, 허수부분: $\dfrac{1}{3}$**

148

(1) $x=2$, $2y=-4$이므로
$$x=2, y=-2$$

(2) $2x=0$, $y+3=5$이므로
$$x=0, y=2$$

(3) $x-1=3$, $2y-1=-1$이므로
$$x=4, y=0$$

(4) $2x+1=9$, $y-3=0$이므로
$$x=4, y=3$$

(5) $x+y=-1$, $2x-3y=8$
두 식을 연립하여 풀면
$$x=1, y=-2$$

> **답** (1) $x=2, y=-2$ (2) $x=0, y=2$
> (3) $x=4, y=0$ (4) $x=4, y=3$
> (5) $x=1, y=-2$

149

> **답** (1) $3+4i$ (2) $5i$ (3) $-3-\sqrt{2}i$
> (4) $1+\sqrt{5}$ (5) $\dfrac{1}{2}-\dfrac{2}{3}i$

150

① $i^2=-1<0$

② $7=7+0\times i$이므로 7의 허수부분은 0이다.

③ $-4i=0-4i$는 실수부분이 0, 허수부분이 -4이
므로 순허수이다.

④ $1+i$는 실수부분이 1, 허수부분이 1이므로 순허수
가 아닌 허수이다.

⑤ $a+(b-3)i$에서 $a=i$, $b=3$이면
$$a+(b-3)i=i$$
즉 $b=3$이어도 실수가 아닐 수 있다.

따라서 옳지 않은 것은 ⑤이다. 답 ⑤

151

순허수는 복소수 $a+bi$ (a, b는 실수)에서
$a=0$, $b\neq0$인 꼴이므로 $-9i$, $\sqrt{2}i$이다.

답 $-9i$, $\sqrt{2}i$

02 복소수의 연산 ● 본책 82~91쪽

152

(1) $3i+(1-4i)=(0+1)+(3-4)i=1-i$

(2) $(5-3i)+(2-7i)=(5+2)+(-3-7)i$
$$=7-10i$$

(3) $(4+3i)-(2-5i)=(4-2)+(3+5)i=2+8i$

(4) $(-9-3i)-(5-2i)=(-9-5)+(-3+2)i$
$$=-14-i$$

답 (1) $1-i$ (2) $7-10i$
(3) $2+8i$ (4) $-14-i$

153

(1) $(1-i)(2+3i)=2+3i-2i-3i^2$
$$=2+3i-2i+3=5+i$$

(2) $(-2+3i)(5-6i)=-10+12i+15i-18i^2$
$$=-10+12i+15i+18$$
$$=8+27i$$

(3) $(\sqrt{3}+2i)(\sqrt{3}-2i)=(\sqrt{3})^2-(2i)^2$
$$=3-4i^2=3+4=7$$

(4) $(1+2i)^2=1+4i+4i^2$
$$=1+4i-4=-3+4i$$

답 (1) $5+i$ (2) $8+27i$
(3) 7 (4) $-3+4i$

154

(1) $\dfrac{1}{2+3i}=\dfrac{2-3i}{(2+3i)(2-3i)}=\dfrac{2-3i}{4-9i^2}$
$$=\dfrac{2-3i}{13}=\dfrac{2}{13}-\dfrac{3}{13}i$$

(2) $\dfrac{1}{4-5i}=\dfrac{4+5i}{(4-5i)(4+5i)}=\dfrac{4+5i}{16-25i^2}$
$$=\dfrac{4+5i}{41}=\dfrac{4}{41}+\dfrac{5}{41}i$$

(3) $\dfrac{1+i}{2-i}=\dfrac{(1+i)(2+i)}{(2-i)(2+i)}=\dfrac{2+i+2i+i^2}{4-i^2}$
$$=\dfrac{1+3i}{5}=\dfrac{1}{5}+\dfrac{3}{5}i$$

(4) $\dfrac{8i}{1+4i}=\dfrac{8i(1-4i)}{(1+4i)(1-4i)}=\dfrac{8i-32i^2}{1-16i^2}$
$$=\dfrac{32+8i}{17}=\dfrac{32}{17}+\dfrac{8}{17}i$$

답 (1) $\dfrac{2}{13}-\dfrac{3}{13}i$ (2) $\dfrac{4}{41}+\dfrac{5}{41}i$
(3) $\dfrac{1}{5}+\dfrac{3}{5}i$ (4) $\dfrac{32}{17}+\dfrac{8}{17}i$

155

(1) $(7+5i)+\overline{6-2i}=(7+5i)+(6+2i)$
$$=13+7i$$

(2) $(2-i)^2-i(2+i)=(4-4i+i^2)-(2i+i^2)$
$$=4-4i-1-2i+1$$
$$=4-6i$$

(3) $\dfrac{3}{1-i}-\dfrac{(1-i)^2}{1+i}=\dfrac{3}{1-i}-\dfrac{-2i}{1+i}$
$$=\dfrac{3(1+i)+2i(1-i)}{(1-i)(1+i)}$$
$$=\dfrac{3+3i+2i-2i^2}{1-i^2}$$
$$=\dfrac{5+5i}{2}=\dfrac{5}{2}+\dfrac{5}{2}i$$

(4) $\dfrac{1-3i}{2-i}+(1+3i)^2$

$\quad =\dfrac{(1-3i)(2+i)}{(2-i)(2+i)}+(1+6i+9i^2)$

$\quad =\dfrac{2+i-6i-3i^2}{4-i^2}+1+6i-9$

$\quad =\dfrac{5-5i}{5}-8+6i$

$\quad =1-i-8+6i=-7+5i$

답 (1) $13+7i$　(2) $4-6i$

(3) $\dfrac{5}{2}+\dfrac{5}{2}i$　(4) $-7+5i$

156

$(1+i)x^2+3xi-4+2i=(x^2-4)+(x^2+3x+2)i$

이 복소수가 실수가 되려면

$\quad x^2+3x+2=0,\quad (x+2)(x+1)=0$

$\quad \therefore x=-2$ 또는 $x=-1$

따라서 모든 실수 x의 값의 합은

$\quad -2+(-1)=-3$　　　　　　　答 -3

157

$z=2(k+1)-k(1-i)^2$

$\quad =2(k+1)-k(-2i)$

$\quad =2(k+1)+2ki$　　　　　……㉠

z가 순허수이므로

$\quad 2(k+1)=0,\ 2k\neq0$

$2(k+1)=0$에서　　$k=-1$

$2k\neq0$에서　　$k\neq0$

따라서 $k=-1$이므로 ㉠에 이것을 대입하면

$\quad z=-2i$　　　　　　　　　答 $-2i$

158

$z=(1+i)a^2-(1+3i)a+2(i-1)$

$\quad =(a^2-a-2)+(a^2-3a+2)i$

이때 z^2이 음의 실수가 되려면 z는 순허수이어야 하므로

$\quad a^2-a-2=0,\ a^2-3a+2\neq0$

(i) $a^2-a-2=0$에서

$\quad (a+1)(a-2)=0$

$\quad \therefore a=-1$ 또는 $a=2$

(ii) $a^2-3a+2\neq0$에서

$\quad (a-1)(a-2)\neq0$

$\quad \therefore a\neq1,\ a\neq2$

(i), (ii)에서　　$a=-1$　　　　　答 -1

159

(1) $(3+xi)(2-i)=13+yi$에서

$\quad 6-3i+2xi+x=13+yi$

$\quad \therefore (6+x)+(2x-3)i=13+yi$

복소수가 서로 같을 조건에 의하여

$\quad 6+x=13,\ 2x-3=y$

$\quad \therefore x=7,\ y=11$

(2) $\dfrac{x}{1+3i}+\dfrac{y}{1-3i}=\dfrac{9}{2+i}$에서

$\quad \dfrac{x(1-3i)+y(1+3i)}{(1+3i)(1-3i)}=\dfrac{9(2-i)}{(2+i)(2-i)}$

$\quad \dfrac{(x+y)+(-3x+3y)i}{10}=\dfrac{18-9i}{5}$

$\quad \therefore (x+y)+(-3x+3y)i=36-18i$

복소수가 서로 같을 조건에 의하여

$\quad x+y=36,\ -3x+3y=-18$

두 식을 연립하여 풀면

$\quad x=21,\ y=15$

(3) $\overline{(4+i)x+(2-3i)y}=2-3i$에서

$\quad \overline{(4x+2y)+(x-3y)i}=2-3i$

$\quad \therefore (4x+2y)-(x-3y)i=2-3i$

복소수가 서로 같을 조건에 의하여

$\quad 4x+2y=2,\ x-3y=3$

두 식을 연립하여 풀면

$\quad x=\dfrac{6}{7},\ y=-\dfrac{5}{7}$

답 (1) $x=7,\ y=11$　(2) $x=21,\ y=15$

(3) $x=\dfrac{6}{7},\ y=-\dfrac{5}{7}$

160

$z=\dfrac{3+\sqrt{7}i}{2}$에서

$\quad 2z=3+\sqrt{7}i\quad \therefore 2z-3=\sqrt{7}i$

양변을 제곱하면

$$4z^2-12z+9=-7, \qquad 4z^2-12z+16=0$$

$$\therefore z^2-3z+4=0$$

$$\therefore z^3-2z^2+z-2$$

$$=z(z^2-3z+4)+z^2-3z-2$$

$$=z(z^2-3z+4)+(z^2-3z+4)-6$$

$$=-6$$

답 -6

161

$z=1-i$에서 $\qquad z-1=-i$

양변을 제곱하면 $\qquad z^2-2z+1=-1$

$$\therefore z^2-2z+2=0$$

$$\therefore z^4-2z^3+3z^2-2z+1$$

$$=z^2(z^2-2z+2)+z^2-2z+1$$

$$=z^2(z^2-2z+2)+(z^2-2z+2)-1$$

$$=-1$$

답 -1

162

$$x+y=\frac{1+\sqrt{3}i}{2}+\frac{1-\sqrt{3}i}{2}=1$$

$$xy=\frac{1+\sqrt{3}i}{2}\times\frac{1-\sqrt{3}i}{2}=\frac{4}{4}=1$$

$$\therefore \frac{y}{x}+\frac{x}{y}=\frac{x^2+y^2}{xy}=\frac{(x+y)^2-2xy}{xy}$$

$$=\frac{1^2-2\times1}{1}=-1$$

답 -1

다른 풀이 $\dfrac{y}{x}+\dfrac{x}{y}=\dfrac{1-\sqrt{3}i}{1+\sqrt{3}i}+\dfrac{1+\sqrt{3}i}{1-\sqrt{3}i}$

$$=\frac{(1-\sqrt{3}i)^2+(1+\sqrt{3}i)^2}{(1+\sqrt{3}i)(1-\sqrt{3}i)}$$

$$=\frac{1-2\sqrt{3}i-3+1+2\sqrt{3}i-3}{4}$$

$$=-1$$

163

$$a\bar{a}-a\bar{\beta}-\bar{a}\beta+\beta\bar{\beta}=a(\bar{a}-\bar{\beta})-\beta(\bar{a}-\bar{\beta})$$

$$=(a-\beta)(\bar{a}-\bar{\beta})$$

$$=(a-\beta)(\overline{a-\beta})$$

$$=(4+\sqrt{5}i)(4-\sqrt{5}i)$$

$$=16+5=21$$

답 21

164

$z=a+bi$ (a, b는 실수)라 하면 $\bar{z}=a-bi$이므로

$z+\bar{z}=6$에서 $\qquad (a+bi)+(a-bi)=6$

$$2a=6 \qquad \therefore a=3 \qquad \cdots\cdots ㉠$$

$z\bar{z}=25$에서 $\qquad (a+bi)(a-bi)=25$

$$\therefore a^2+b^2=25 \qquad \cdots\cdots ㉡$$

㉡에 ㉠을 대입하면

$$9+b^2=25, \qquad b^2=16$$

$$\therefore b=\pm4$$

따라서 복소수 z는 $3+4i$ 또는 $3-4i$이다.

답 $3+4i$, $3-4i$

165

$z=a+bi$ (a, b는 실수)라 하면 $\bar{z}=a-bi$이므로

$iz+(1-i)\bar{z}=2i$에서

$$i(a+bi)+(1-i)(a-bi)=2i$$

$$ai-b+a-bi-ai-b=2i$$

$$\therefore (a-2b)-bi=2i$$

복소수가 서로 같을 조건에 의하여

$$a-2b=0, \quad -b=2$$

$$\therefore a=-4, \ b=-2$$

따라서 $z=-4-2i$, $\bar{z}=-4+2i$이므로

$$z+\bar{z}=(-4-2i)+(-4+2i)=-8$$

답 -8

166

ㄱ. z^2-z가 실수이므로 $\overline{z^2-z}$도 실수이다. (참)

ㄴ. $z^2-z=(a+bi)^2-(a+bi)$

$$=a^2+2abi-b^2-a-bi$$

$$=(a^2-a-b^2)+(2a-1)bi$$

이때 z^2-z가 실수이므로

$$(2a-1)b=0 \qquad \therefore a=\frac{1}{2} \ (\because b\neq0)$$

즉 $z=\dfrac{1}{2}+bi$이므로

$$\bar{z}=\frac{1}{2}-bi$$

$$\therefore z+\bar{z}=\left(\frac{1}{2}+bi\right)+\left(\frac{1}{2}-bi\right)=1 \ (참)$$

ㄷ. $z\bar{z}=\left(\dfrac{1}{2}+bi\right)\left(\dfrac{1}{2}-bi\right)=\dfrac{1}{4}+b^2$

이때 b는 0이 아닌 실수이므로 $b^2>0$

$$\dfrac{1}{4}+b^2>\dfrac{1}{4} \quad \therefore z\bar{z}>\dfrac{1}{4} \ (참)$$

이상에서 ㄱ, ㄴ, ㄷ 모두 옳다. 답 ⑤

연습 문제 ● 본책 92~94쪽

167

전략 주어진 복소수의 분모를 실수화하여 실수부분과 허수부분을 구한다.

$$\dfrac{a+3i}{2-i}=\dfrac{(a+3i)(2+i)}{(2-i)(2+i)}=\dfrac{2a+ai+6i-3}{5}$$
$$=\dfrac{2a-3}{5}+\dfrac{a+6}{5}i$$

따라서 복소수 $\dfrac{a+3i}{2-i}$ 의 실수부분은 $\dfrac{2a-3}{5}$, 허수부분은 $\dfrac{a+6}{5}$ 이므로

$$\dfrac{2a-3}{5}+\dfrac{a+6}{5}=3, \quad 3a+3=15$$
$$\therefore a=4 \qquad\qquad 답 ④$$

168

전략 복소수 z를 (실수부분)+(허수부분)i의 꼴로 정리한다.

$z=i(x-2i)^2=i(x^2-4xi-4)$
$\quad =4x+(x^2-4)i$ ...... ㉠

㉠이 실수가 되려면
$\quad x^2-4=0, \quad x^2=4 \quad \therefore x=\pm2$

이때 양수 x의 값이 a이므로 $a=2$

㉠에 $x=2$를 대입하면
$\quad z=8 \quad \therefore b=8$
$\quad \therefore b-a=6 \qquad\qquad 답 6$

169

전략 $\overline{a+bi}=a-bi$임을 이용한다.

$(2+i)\overline{(x-yi)}=5(1-i)$에서
$\quad (2+i)(x+yi)=5(1-i)$
$\quad 2x+2yi+xi-y=5-5i$
$\quad \therefore (2x-y)+(x+2y)i=5-5i$

복소수가 서로 같을 조건에 의하여
$\quad 2x-y=5, \ x+2y=-5$

두 식을 연립하여 풀면 $x=1, \ y=-3$
$\quad \therefore x+y=-2 \qquad\qquad 답 ①$

170

전략 $x+y$, xy의 값을 이용하여 주어진 식의 값을 구한다.

$$x=\dfrac{7}{2-\sqrt{3}i}=\dfrac{7(2+\sqrt{3}i)}{(2-\sqrt{3}i)(2+\sqrt{3}i)}=2+\sqrt{3}i$$
$$y=\dfrac{7}{2+\sqrt{3}i}=\dfrac{7(2-\sqrt{3}i)}{(2+\sqrt{3}i)(2-\sqrt{3}i)}=2-\sqrt{3}i$$

따라서 $x+y=(2+\sqrt{3}i)+(2-\sqrt{3}i)=4$,

$xy=(2+\sqrt{3}i)(2-\sqrt{3}i)=7$이므로

$$\dfrac{x^2}{y}+\dfrac{y^2}{x}=\dfrac{x^3+y^3}{xy}$$
$$=\dfrac{(x+y)^3-3xy(x+y)}{xy}$$
$$=\dfrac{4^3-3\times7\times4}{7}=-\dfrac{20}{7}$$

$$답 -\dfrac{20}{7}$$

171

전략 $\alpha+\beta$, $\overline{\alpha}+\overline{\beta}$의 값을 이용할 수 있도록 주어진 식을 변형한다.

$$\alpha\overline{\alpha}+\overline{\alpha}\beta+\alpha\overline{\beta}+\beta\overline{\beta}=\overline{\alpha}(\alpha+\beta)+\overline{\beta}(\alpha+\beta)$$
$$=(\alpha+\beta)(\overline{\alpha}+\overline{\beta})$$
$$=(\alpha+\beta)\overline{(\alpha+\beta)}$$
$$=(2-i)(2+i)=5 \qquad 답 5$$

172

전략 $z=a+bi$ (a, b는 실수)로 놓고 주어진 식에 대입하여 a, b의 값을 구한다.

$z=a+bi$ (a, b는 실수)라 하면 $\bar{z}=a-bi$이므로

$z-\bar{z}=2i$에서 $(a+bi)-(a-bi)=2i$
$\quad 2bi=2i \quad \therefore b=1$ ...... ㉠

또 $z\bar{z}=17$에서 $(a+bi)(a-bi)=17$
$\quad \therefore a^2+b^2=17$ ...... ㉡

㉡에 ㉠을 대입하면 $a^2=16 \quad \therefore a=\pm4$

따라서 복소수 z는 $4+i$ 또는 $-4+i$이다.

답 $4+i$, $-4+i$

173

전략 $\overline{a+bi}=a-bi$임을 이용하여 z를 구한다.

$\overline{z-3i}=5+i$이므로 $z-3i=\overline{5+i}$

즉 $z-3i=5-i$이므로 $z=5+2i$

$\therefore z\overline{z}=(5+2i)(5-2i)=29$ 답 **29**

다른 풀이 $z=a+bi$ (a, b는 실수)라 하면

$z-3i=a+(b-3)i$

따라서 $z-3i$의 켤레복소수는 $a-(b-3)i$이므로

$a=5,\ -(b-3)=1$ $\therefore a=5,\ b=2$

즉 $z=5+2i$이므로 $z\overline{z}=(5+2i)(5-2i)=29$

174

전략 분모의 켤레복소수를 분모, 분자에 각각 곱하여 분모를 실수화하고, 주어진 식을 간단히 나타낸다.

$\dfrac{1+i}{1-i}=\dfrac{(1+i)^2}{(1-i)(1+i)}=\dfrac{2i}{2}=i$

이므로 주어진 식은

$i+\dfrac{2-i}{x+yi}=1-i,\qquad \dfrac{2-i}{x+yi}=1-2i$

$\therefore x+yi=\dfrac{2-i}{1-2i}=\dfrac{(2-i)(1+2i)}{(1-2i)(1+2i)}$

$\qquad\qquad =\dfrac{4+3i}{5}=\dfrac{4}{5}+\dfrac{3}{5}i$

따라서 $x=\dfrac{4}{5},\ y=\dfrac{3}{5}$이므로

$x-y=\dfrac{1}{5}$ 답 $\dfrac{1}{5}$

175

전략 주어진 등식을 우변에 순허수만 남도록 변형한 후 양변을 제곱하여 식의 값이 0인 이차식을 만든다.

$x=\dfrac{-1+\sqrt{3}i}{2}$에서 $2x+1=\sqrt{3}i$

양변을 제곱하면 $4x^2+4x+1=-3$

$4x^2+4x+4=0$ $\therefore x^2+x+1=0$

$\therefore x^4+7x^3-x-3$

$=x^2(x^2+x+1)+6x^3-x^2-x-3$

$=6x^3-x^2-x-3$

$=6x(x^2+x+1)-7x^2-7x-3$

$=-7x^2-7x-3$

$=-7(x^2+x+1)+4$

$=4$ 답 **4**

다른 풀이 $x^2+x+1=0$의 양변에 $x-1$을 곱하면

$(x-1)(x^2+x+1)=0$

$x^3-1=0$ $\therefore x^3=1$

$\therefore x^4+7x^3-x-3=x^3\times x+7x^3-x-3$

$\qquad\qquad\qquad\quad =x+7-x-3$

$\qquad\qquad\qquad\quad =4$

176

전략 $\overline{z_1-z_2}=\overline{z_1}-\overline{z_2}$임을 이용한다.

$z+w=3+6i$ ······ ㉠

$\overline{z}-\overline{w}=\overline{z-w}=1-4i$이므로

$z-w=1+4i$ ······ ㉡

㉠+㉡을 하면 $2z=4+10i$

$\therefore z=2+5i$

㉠-㉡을 하면 $2w=2+2i$

$\therefore w=1+i$

$\therefore z\overline{w}=(2+5i)(1-i)$

$\qquad\quad =7+3i$

따라서 $p=7,\ q=3$이므로

$p+q=10$ 답 **10**

다른 풀이 실수 a, b, c, d에 대하여 $z=a+bi$,

$w=c+di$라 하면 $\overline{z}=a-bi$, $\overline{w}=c-di$이므로

$z+w=(a+bi)+(c+di)$

$\qquad =(a+c)+(b+d)i$

$\overline{z}-\overline{w}=(a-bi)-(c-di)$

$\qquad\quad =(a-c)+(-b+d)i$

복소수가 서로 같을 조건에 의하여

$a+c=3$ ······ ㉠

$b+d=6$ ······ ㉡

$a-c=1$ ······ ㉢

$-b+d=-4$ ······ ㉣

㉠, ㉢을 연립하여 풀면

$a=2,\ c=1$

㉡, ㉣을 연립하여 풀면

$b=5,\ d=1$

즉 $z=2+5i$, $w=1+i$이므로

$z\overline{w}=(2+5i)(1-i)=7+3i$

따라서 $p=7,\ q=3$이므로

$p+q=10$

177

전략 z를 $a+bi$(a, b는 실수)의 꼴로 정리한 후 $z\bar{z}=0$에 대입한다.

$z=(1+i)x+(1-i)y-3+5i$
$\quad =(x+y-3)+(x-y+5)i$

따라서 $\bar{z}=(x+y-3)-(x-y+5)i$이므로
$z\bar{z}=0$에서

$\quad \{(x+y-3)+(x-y+5)i\}$
$\qquad \times\{(x+y-3)-(x-y+5)i\}$
$\quad =0$
$\quad \therefore (x+y-3)^2+(x-y+5)^2=0$

이때 $x+y-3$, $x-y+5$는 실수이므로
$\quad x+y-3=0$, $x-y+5=0$

두 식을 연립하여 풀면
$\quad x=-1$, $y=4$
$\quad \therefore x^2+y^2=(-1)^2+4^2=17$ 답 **17**

178

전략 주어진 등식을 a에 대한 식으로 나타낸 후 복소수가 서로 같을 조건을 이용한다.

$z=a+2i$에서 $\bar{z}=a-2i$이므로 $\bar{z}=\dfrac{z^2}{4i}$에서

$\quad a-2i=\dfrac{(a+2i)^2}{4i}$

$\quad 4i(a-2i)=(a^2-4)+4ai$

$\quad \therefore 8+4ai=(a^2-4)+4ai$

복소수가 서로 같을 조건에 의하여

$\quad a^2-4=8$

$\quad \therefore a^2=12$ 답 **12**

179

전략 z^2이 실수이려면 z가 실수이거나 순허수이어야 함을 이용한다.

$z=a(2+i)-1+2i=(2a-1)+(a+2)i$

z^2이 실수가 되려면 z는 실수 또는 순허수이어야 하므로
$\quad 2a-1=0$ 또는 $a+2=0$
$\quad \therefore a=\dfrac{1}{2}$ 또는 $a=-2$

따라서 모든 실수 a의 값의 곱은
$\quad \dfrac{1}{2}\times(-2)=-1$ 답 **-1**

다른 풀이 $z=(2a-1)+(a+2)i$에서
$\quad z^2=(2a-1)^2+2(2a-1)(a+2)i-(a+2)^2$

z^2이 실수가 되려면
$\quad 2(2a-1)(a+2)=0$
$\quad \therefore a=\dfrac{1}{2}$ 또는 $a=-2$

해설 Focus

$z=a+bi$ (a, b는 실수)에서 $z^2=(a^2-b^2)+2abi$이므로 z^2이 실수가 되려면
$\quad 2ab=0$ $\therefore a=0$ 또는 $b=0$
이때 $a=0$, $b\neq0$이면 $z=bi$이므로 z는 순허수이고, $b=0$이면 $z=a$이므로 z는 실수이다.

180

전략 $z^2=-16$을 만족시키는 z의 값은 $\pm4i$임을 이용하여 z를 구한다.

$z=a(3-i)-b(1+i)$
$\quad =(3a-b)+(-a-b)i$

$z^2=-16$에서 $z=4i$ 또는 $z=-4i$

(i) $z=4i$일 때,
$\quad (3a-b)+(-a-b)i=4i$이므로 복소수가 서로 같을 조건에 의하여
$\qquad 3a-b=0$, $-a-b=4$
두 식을 연립하여 풀면
$\qquad a=-1$, $b=-3$

(ii) $z=-4i$일 때,
$\quad (3a-b)+(-a-b)i=-4i$이므로 복소수가 서로 같을 조건에 의하여
$\qquad 3a-b=0$, $-a-b=-4$
두 식을 연립하여 풀면
$\qquad a=1$, $b=3$

(i), (ii)에서 $a^2+b^2=10$ 답 **10**

181

전략 주어진 등식을 우변에 순허수만 남도록 변형한 후 양변을 제곱하여 x에 대한 방정식을 만든다.

$x^2=-3+2i$에서 $x^2+3=2i$

양변을 제곱하면 $x^4+6x^2+9=-4$

$\quad \therefore x^4+6x^2+13=0$

양변을 x로 나누면 $\qquad x^3+6x+\dfrac{13}{x}=0$

$$\therefore x^4+x^3+8x^2+6x+\dfrac{13}{x}$$
$$=x^4+8x^2+\left(x^3+6x+\dfrac{13}{x}\right)$$
$$=x^4+8x^2=(x^4+6x^2+13)+2x^2-13$$
$$=2x^2-13=2(-3+2i)-13$$
$$=-19+4i \qquad \qquad \text{답} \ -19+4i$$

182

전략 켤레복소수의 성질을 이용한다.

$\alpha\overline{\alpha}=\beta\overline{\beta}=2$에서 $\qquad \overline{\alpha}=\dfrac{2}{\alpha}, \ \overline{\beta}=\dfrac{2}{\beta}$

$$\therefore \overline{\alpha}+\overline{\beta}=\dfrac{2}{\alpha}+\dfrac{2}{\beta}$$
$$=\dfrac{2(\alpha+\beta)}{\alpha\beta}=\dfrac{4i}{\alpha\beta} \qquad \cdots\cdots ㉠$$

한편 켤레복소수의 성질에 의하여

$$\overline{\alpha}+\overline{\beta}=\overline{\alpha+\beta}=\overline{2i}=-2i \qquad \cdots\cdots ㉡$$

㉠, ㉡에서 $\qquad \dfrac{4i}{\alpha\beta}=-2i$

$$\therefore \alpha\beta=\dfrac{4i}{-2i}=-2 \qquad \qquad \text{답} \ -2$$

183

전략 $z=a+bi$ (a, b는 실수)로 놓고 주어진 식에 대입하여 a, b 사이의 관계식을 구한다.

$z=a+bi$ (a, b는 실수)라 하면 $\overline{z}=a-bi$이므로

$\dfrac{z+2\overline{z}}{z\overline{z}}=3+2i$에서

$$\dfrac{(a+bi)+2(a-bi)}{(a+bi)(a-bi)}=3+2i$$

$$\dfrac{3a-bi}{a^2+b^2}=3+2i$$

$$\therefore \dfrac{3a}{a^2+b^2}-\dfrac{b}{a^2+b^2}i=3+2i$$

복소수가 서로 같을 조건에 의하여

$$\dfrac{3a}{a^2+b^2}=3, \ -\dfrac{b}{a^2+b^2}=2$$

$\dfrac{3a}{a^2+b^2}=3$에서 $\qquad 3a=3(a^2+b^2)$

$$\therefore a^2+b^2=a \qquad \cdots\cdots ㉠$$

$-\dfrac{b}{a^2+b^2}=2$에서 $\qquad -b=2(a^2+b^2)$

$$\therefore a^2+b^2=-\dfrac{b}{2} \qquad \cdots\cdots ㉡$$

㉠, ㉡에서 $\qquad a=-\dfrac{b}{2}$

㉡에 이것을 대입하면

$$\left(-\dfrac{b}{2}\right)^2+b^2=-\dfrac{b}{2}, \qquad \dfrac{5}{4}b^2+\dfrac{b}{2}=0$$

$$5b^2+2b=0, \qquad b(5b+2)=0$$

$$\therefore b=0 \ \text{또는} \ b=-\dfrac{2}{5}$$

이때 $b=0$이면 $a=0$이고 $z=0$이므로 조건을 만족시키지 않는다.

따라서 $b=-\dfrac{2}{5}$, $a=-\dfrac{b}{2}=\dfrac{1}{5}$이므로

$$z=\dfrac{1}{5}-\dfrac{2}{5}i \qquad \qquad \text{답} \ \dfrac{1}{5}-\dfrac{2}{5}i$$

184

전략 켤레복소수의 성질을 이용하여 참, 거짓을 판별한다.

ㄱ. $z_1=a+bi$에서 $\overline{z_1}=a-bi$이므로

$z_1\overline{z_1}=10$에서 $\qquad (a+bi)(a-bi)=10$

$$\therefore a^2+b^2=10 \qquad \cdots\cdots ㉠ \ (참)$$

ㄴ. a, b가 자연수이므로 ㉠에서

$$a=1, b=3 \ \text{또는} \ a=3, b=1 \ \cdots\cdots ㉡$$

한편 $z_2=c+di$에서 $\overline{z_2}=c-di$이므로

$z_1+\overline{z_2}=3$에서

$$(a+bi)+(c-di)=3$$

$$\therefore (a+c)+(b-d)i=3$$

복소수가 서로 같을 조건에 의하여

$$a+c=3, \ b-d=0$$

$a+c=3$에서 $a<3$이어야 하므로 ㉡에서

$$a=1, c=2$$

$b-d=0$에서 $\qquad d=b=3$

$$\therefore c+d=2+3=5 \ (참)$$

ㄷ. $z_2\overline{z_2}=(c+di)(c-di)=c^2+d^2 \qquad \cdots\cdots ㉢$

$$z_1+z_2=(a+bi)+(c+di)$$
$$=(a+c)+(b+d)i$$

이므로

$$\overline{z_1+z_2}=(a+c)-(b+d)i$$

즉 $(z_1+z_2)(\overline{z_1+z_2})=41$에서

$$\{(a+c)+(b+d)i\}\{(a+c)-(b+d)i\}$$
$$=41$$
$$\therefore (a+c)^2+(b+d)^2=41$$

$a+c=2$이면 $(b+d)^2=37$이므로 자연수 $b+d$는 존재하지 않는다.

$a+c=3$이면 $(b+d)^2=32$이므로 자연수 $b+d$는 존재하지 않는다.

$a+c=4$이면 $(b+d)^2=25$이므로　$b+d=5$

$a+c=5$이면 $(b+d)^2=16$이므로　$b+d=4$

$a+c=6$이면 $(b+d)^2=5$이므로 자연수 $b+d$는 존재하지 않는다.

$a+c\geq 7$이면 $(a+c)^2\geq 49$이므로 자연수 $b+d$는 존재하지 않는다.

(ⅰ) $a+c=4$, $b+d=5$일 때

　ⓐ ㉡에서 $a=1$, $b=3$이면 $c=3$, $d=2$이므로
　㉢에서
$$z_2\overline{z_2}=c^2+d^2=3^2+2^2=13$$

　ⓑ ㉡에서 $a=3$, $b=1$이면 $c=1$, $d=4$이므로
　㉢에서
$$z_2\overline{z_2}=c^2+d^2=1^2+4^2=17$$

(ⅱ) $a+c=5$, $b+d=4$일 때

　ⓐ ㉡에서 $a=1$, $b=3$이면 $c=4$, $d=1$이므로
　㉢에서
$$z_2\overline{z_2}=c^2+d^2=4^2+1^2=17$$

　ⓑ ㉡에서 $a=3$, $b=1$이면 $c=2$, $d=3$이므로
　㉢에서
$$z_2\overline{z_2}=c^2+d^2=2^2+3^2=13$$

(ⅰ), (ⅱ)에서 $z_2\overline{z_2}=13$ 또는 $z_2\overline{z_2}=17$이므로 $z_2\overline{z_2}$의 최댓값은 17이다. (참)

이상에서 ㄱ, ㄴ, ㄷ 모두 옳다. 　답 ⑤

03 i의 거듭제곱, 음수의 제곱근
● 본책 95~99쪽

185

(1) $i^6=i^4\times i^2=i^2=-1$

(2) $(-i)^{11}=-i^{11}=-(i^4)^2\times i^3=-i^3=-(-i)=i$

(3) $i^{100}+(-i)^{200}=i^{100}+i^{200}=(i^4)^{25}+(i^4)^{50}$
$$=1+1=2$$

(4) $\dfrac{1}{i}+\dfrac{1}{i^2}+\dfrac{1}{i^3}+\dfrac{1}{i^4}=\dfrac{1}{i}+\dfrac{1}{-1}+\dfrac{1}{-i}+\dfrac{1}{1}$
$$=\dfrac{1}{i}-1-\dfrac{1}{i}+1=0$$

(5) $(1-i)^2=-2i$이므로
$$(1-i)^4=\{(1-i)^2\}^2=(-2i)^2$$
$$=(-2)^2\times i^2=-4$$

(6) $\left(\dfrac{1+i}{\sqrt{2}}\right)^2=\dfrac{2i}{2}=i$이므로
$$\left(\dfrac{1+i}{\sqrt{2}}\right)^6=\left\{\left(\dfrac{1+i}{\sqrt{2}}\right)^2\right\}^3=i^3=-i$$

답 (1) -1　(2) i　(3) 2
　(4) 0　(5) -4　(6) $-i$

186

(1) $\pm\sqrt{-5}=\pm\sqrt{5}i$

(2) $\pm\sqrt{-10}=\pm\sqrt{10}i$

(3) $\pm\sqrt{-20}=\pm\sqrt{20}i=\pm 2\sqrt{5}i$

(4) $\pm\sqrt{-\dfrac{1}{36}}=\pm\sqrt{\dfrac{1}{36}}i=\pm\dfrac{1}{6}i$

답 (1) $\pm\sqrt{5}i$　(2) $\pm\sqrt{10}i$
　(3) $\pm 2\sqrt{5}i$　(4) $\pm\dfrac{1}{6}i$

187

(1) $-5<0$, $-9<0$이므로
$$\sqrt{-5}\sqrt{-9}=-\sqrt{(-5)\times(-9)}$$
$$=-\sqrt{45}=-3\sqrt{5}$$

(2) $\sqrt{3}\sqrt{-6}=\sqrt{3}\sqrt{6}i=\sqrt{18}i=3\sqrt{2}i$

(3) $12>0$, $-4<0$이므로
$$\dfrac{\sqrt{12}}{\sqrt{-4}}=-\sqrt{\dfrac{12}{-4}}=-\sqrt{-3}=-\sqrt{3}i$$

(4) $\dfrac{\sqrt{-4}}{\sqrt{-2}}=\dfrac{\sqrt{4}i}{\sqrt{2}i}=\sqrt{2}$

답 (1) $-3\sqrt{5}$　(2) $3\sqrt{2}i$
　(3) $-\sqrt{3}i$　(4) $\sqrt{2}$

다른 풀이 (1) $\sqrt{-5}\sqrt{-9}=\sqrt{5}i\times\sqrt{9}i=-\sqrt{45}$
$$=-3\sqrt{5}$$

(3) $\dfrac{\sqrt{12}}{\sqrt{-4}}=\dfrac{\sqrt{12}}{\sqrt{4}i}=\dfrac{2\sqrt{3}}{2i}=\dfrac{\sqrt{3}}{i}=-\sqrt{3}i$

188

(1) $i+i^2+i^3+i^4=i-1-i+1=0$이므로
$$1+i+i^2+i^3+\cdots+i^{144}$$
$$=1+(i+i^2+i^3+i^4)$$
$$\quad+i^4(i+i^2+i^3+i^4)+\cdots$$
$$\quad+i^{140}(i+i^2+i^3+i^4)$$
$$=1$$

(2) $\dfrac{1}{i}+\dfrac{1}{i^2}+\dfrac{1}{i^3}+\dfrac{1}{i^4}=\dfrac{1}{i}-1-\dfrac{1}{i}+1=0$이므로
$$\dfrac{1}{i}+\dfrac{1}{i^2}+\dfrac{1}{i^3}+\dfrac{1}{i^4}+\cdots+\dfrac{1}{i^{2023}}$$
$$=\left(\dfrac{1}{i}+\dfrac{1}{i^2}+\dfrac{1}{i^3}+\dfrac{1}{i^4}\right)$$
$$\quad+\dfrac{1}{i^4}\left(\dfrac{1}{i}+\dfrac{1}{i^2}+\dfrac{1}{i^3}+\dfrac{1}{i^4}\right)+\cdots$$
$$\quad+\dfrac{1}{i^{2020}}\left(\dfrac{1}{i}+\dfrac{1}{i^2}+\dfrac{1}{i^3}\right)$$
$$=\dfrac{1}{i}+\dfrac{1}{i^2}+\dfrac{1}{i^3}=-i-1+i=-1$$

답 (1) **1** (2) **−1**

189

$$i+2i^2+3i^3+4i^4+\cdots+10i^{10}$$
$$=i-2-3i+4+5i-6-7i+8+9i-10$$
$$=(-2+4-6+8-10)+(1-3+5-7+9)i$$
$$=-6+5i$$

답 **−6+5i**

190

$$\dfrac{1}{i}+\dfrac{2}{i^2}+\dfrac{3}{i^3}+\dfrac{4}{i^4}+\cdots+\dfrac{50}{i^{50}}$$
$$=\left(\dfrac{1}{i}+\dfrac{2}{i^2}+\dfrac{3}{i^3}+\dfrac{4}{i^4}\right)+\left(\dfrac{5}{i^5}+\dfrac{6}{i^6}+\dfrac{7}{i^7}+\dfrac{8}{i^8}\right)+\cdots$$
$$\quad+\left(\dfrac{45}{i^{45}}+\dfrac{46}{i^{46}}+\dfrac{47}{i^{47}}+\dfrac{48}{i^{48}}\right)+\dfrac{49}{i^{49}}+\dfrac{50}{i^{50}}$$
$$=\left(\dfrac{1}{i}+\dfrac{2}{-1}+\dfrac{3}{-i}+\dfrac{4}{1}\right)$$
$$\quad+\left(\dfrac{5}{i}+\dfrac{6}{-1}+\dfrac{7}{-i}+\dfrac{8}{1}\right)+\cdots$$
$$\quad+\left(\dfrac{45}{i}+\dfrac{46}{-1}+\dfrac{47}{-i}+\dfrac{48}{1}\right)+\dfrac{49}{i}+\dfrac{50}{-1}$$
$$=(-i-2+3i+4)+(-5i-6+7i+8)+\cdots$$
$$\quad+(-45i-46+47i+48)-49i-50$$
$$=(2+2i)\times12-49i-50$$
$$=-26-25i$$

따라서 $a=-26$, $b=-25$이므로
$$b-a=-25-(-26)=1$$

답 **1**

191

(1) $(1-i)^2=-2i$이므로
$$(1-i)^{56}=\{(1-i)^2\}^{28}=(-2i)^{28}$$
$$=(-2)^{28}\times i^{28}=2^{28}\times(i^4)^7$$
$$=2^{28}$$

(2) $\dfrac{1-i}{1+i}=\dfrac{(1-i)^2}{(1+i)(1-i)}=\dfrac{-2i}{2}=-i$이므로
$$\left(\dfrac{1-i}{1+i}\right)^{2026}=(-i)^{2026}=i^{2026}$$
$$=(i^4)^{506}\times i^2=i^2$$
$$=-1$$

(3) $\left(\dfrac{1+i}{\sqrt{2}i}\right)^2=\dfrac{2i}{-2}=-i$, $\left(\dfrac{1-i}{\sqrt{2}i}\right)^2=\dfrac{-2i}{-2}=i$이므로
$$\left(\dfrac{1+i}{\sqrt{2}i}\right)^{100}+\left(\dfrac{1-i}{\sqrt{2}i}\right)^{100}$$
$$=\left\{\left(\dfrac{1+i}{\sqrt{2}i}\right)^2\right\}^{50}+\left\{\left(\dfrac{1-i}{\sqrt{2}i}\right)^2\right\}^{50}$$
$$=(-i)^{50}+i^{50}=i^{50}+i^{50}$$
$$=(i^4)^{12}\times i^2+(i^4)^{12}\times i^2$$
$$=-1+(-1)=-2$$

답 (1) **2²⁸** (2) **−1** (3) **−2**

192

$z^2=\left(\dfrac{\sqrt{2}}{1+i}\right)^2=\dfrac{2}{2i}=\dfrac{1}{i}=-i$이므로
$$z^2+z^4+z^6+z^8+z^{10}$$
$$=z^2+(z^2)^2+(z^2)^3+(z^2)^4+(z^2)^5$$
$$=-i+(-i)^2+(-i)^3+(-i)^4+(-i)^5$$
$$=-i+i^2-i^3+i^4-i^5$$
$$=-i-1+i+1-i=-i$$

답 **−i**

193

$$\dfrac{i+1}{i-1}=\dfrac{(i+1)(-i-1)}{(i-1)(-i-1)}=\dfrac{-(i+1)^2}{2}=\dfrac{-2i}{2}=-i$$
즉 $\left(\dfrac{i+1}{i-1}\right)^n=(-i)^n$이므로
$$\left(\dfrac{i+1}{i-1}\right)^2=(-i)^2=i^2=-1$$
$$\left(\dfrac{i+1}{i-1}\right)^3=(-i)^3=-i^3=i$$

따라서 $\left(\dfrac{i+1}{i-1}\right)^n=i$를 만족시키는 자연수 n의 최솟값은 3이다.　　　　　　　　　　**답 3**

194

(1) $\sqrt{-4}\sqrt{-8}+\sqrt{3}\sqrt{-3}+\dfrac{\sqrt{8}}{\sqrt{-2}}$

$=-\sqrt{32}+\sqrt{-9}-\sqrt{\dfrac{8}{-2}}$

$=-4\sqrt{2}+3i-\sqrt{-4}$

$=-4\sqrt{2}+3i-2i$

$=-4\sqrt{2}+i$

(2) $\dfrac{\sqrt{-20}}{\sqrt{-5}}+\sqrt{-9}\sqrt{-4}+\dfrac{\sqrt{81}}{\sqrt{-9}}$

$=\sqrt{\dfrac{-20}{-5}}-\sqrt{36}-\sqrt{\dfrac{81}{-9}}$

$=\sqrt{4}-6-\sqrt{-9}$

$=2-6-3i=-4-3i$

　　　답 (1) $-4\sqrt{2}+i$　(2) $-4-3i$

195

0이 아닌 두 실수 $a,\ b$에 대하여 $\dfrac{\sqrt{a}}{\sqrt{b}}=-\sqrt{\dfrac{a}{b}}$이므로

$a>0,\ b<0$　　$\therefore a-b>0$

따라서 $|a|=a,\ \sqrt{(a-b)^2}=|a-b|=a-b,$

$\sqrt{b^2}=|b|=-b$이므로

$|a|+\sqrt{(a-b)^2}-\sqrt{b^2}=a+(a-b)-(-b)$

　　　　　　　　　　　　$=2a$

　　　　　　　　　　　　답 $2a$

📝 개념 노트

$\sqrt{A^2}=|A|=\begin{cases} A\ (A\geq0) \\ -A\ (A<0) \end{cases}$

196

$\sqrt{a-4}\sqrt{1-a}=-\sqrt{(a-4)(1-a)}$이므로

$a-4<0,\ 1-a<0\ (\because a\neq1,\ a\neq4)$

즉 $1<a<4$이므로

$\sqrt{(a-4)^2}+|a-1|=|a-4|+|a-1|$

　　　　　　　　　　$=-(a-4)+(a-1)$

　　　　　　　　　　$=3$　　　　**답 3**

 연습 문제 ━━━━━━━━　● 본책 100~101쪽

197

전략 i^n의 규칙성을 이용한다.

$i-2i^2+3i^3-4i^4+\cdots-30i^{30}$

$=(i-2i^2+3i^3-4i^4)+(5i^5-6i^6+7i^7-8i^8)+\cdots$

$\quad +(25i^{25}-26i^{26}+27i^{27}-28i^{28})+29i^{29}-30i^{30}$

$=(i+2-3i-4)+(5i+6-7i-8)+\cdots$

$\quad +(25i+26-27i-28)+29i+30$

$=(-2-2i)\times7+29i+30$

$=16+15i$

따라서 $p=16,\ q=15$이므로

$\quad p-q=1$　　　　　　　　　　**답 1**

198

전략 $(1\pm i)^2$은 순허수임을 이용한다.

$\left(\dfrac{1+i}{\sqrt{2}}\right)^2=\dfrac{2i}{2}=i,\ \left(\dfrac{1-i}{\sqrt{2}}\right)^2=\dfrac{-2i}{2}=-i$이므로

$\left(\dfrac{1+i}{\sqrt{2}}\right)^{4n}+\left(\dfrac{1-i}{\sqrt{2}}\right)^{4n+2}$

$=\left\{\left(\dfrac{1+i}{\sqrt{2}}\right)^2\right\}^{2n}+\left\{\left(\dfrac{1-i}{\sqrt{2}}\right)^2\right\}^{2n+1}$

$=i^{2n}+(-i)^{2n+1}$

$=(i^2)^n+\{(-i)^2\}^n\times(-i)$

$=(-1)^n+(-1)^n\times(-i)$

$=1+1\times(-i)$　　　　　　　← n은 짝수

$=1-i$　　　　　　　　　　**답 $1-i$**

199

전략 복소수 x의 분모를 실수화하여 x^n의 규칙성을 파악한다.

$x=\dfrac{1-i}{1+i}=\dfrac{(1-i)^2}{(1+i)(1-i)}=\dfrac{-2i}{2}=-i$이므로

$1+x+x^2+x^3=1+(-i)+(-i)^2+(-i)^3$

　　　　　　　　　　$=1-i-1+i=0$

$\therefore 1+x+x^2+x^3+\cdots+x^{2000}$

$\quad =(1+x+x^2+x^3)$

$\quad\quad +x^4(1+x+x^2+x^3)+\cdots$

$\quad\quad +x^{1996}(1+x+x^2+x^3)+x^{2000}$

$\quad =x^{2000}=(-i)^{2000}=i^{2000}$

$\quad =(i^4)^{500}=1$　　　　　　**답 1**

200

전략 $\sqrt{-a}=\sqrt{a}i$임을 이용하여 음수의 제곱근을 허수단위 i를 사용하여 나타낸다.

ㄱ. $\dfrac{\sqrt{-5}}{\sqrt{-2}}=\dfrac{\sqrt5 i}{\sqrt2 i}=\dfrac{\sqrt5}{\sqrt2}=\sqrt{\dfrac52}=\sqrt{\dfrac{-5}{-2}}$ (참)

ㄴ. $\dfrac{\sqrt{-5}}{\sqrt2}=\dfrac{\sqrt5 i}{\sqrt2}=\sqrt{\dfrac52}i=\sqrt{\dfrac{-5}{2}}$ (참)

ㄷ. $\dfrac{\sqrt5}{\sqrt{-2}}=\dfrac{\sqrt5}{\sqrt2 i}=\dfrac{\sqrt5 i}{\sqrt2 i^2}=\dfrac{\sqrt5 i}{-\sqrt2}$

$\qquad =-\sqrt{\dfrac52}i=-\sqrt{\dfrac{-5}{2}}$

$\qquad \therefore \dfrac{\sqrt5}{\sqrt{-2}}\neq\sqrt{\dfrac{5}{-2}}$ (거짓)

ㄹ. $\sqrt{-2}\sqrt5=\sqrt2 i\times\sqrt5=\sqrt{10}i=\sqrt{-10}$

$\qquad =\sqrt{(-2)\times5}$ (참)

ㅁ. $\sqrt{-2}\sqrt{-5}=\sqrt2 i\times\sqrt5 i=\sqrt{10}i^2$

$\qquad =-\sqrt{10}=-\sqrt{(-2)\times(-5)}$

$\qquad \therefore \sqrt{-2}\sqrt{-5}\neq\sqrt{(-2)\times(-5)}$ (거짓)

따라서 옳은 것은 ㄱ, ㄴ, ㄹ의 3개이다. **답 3**

201

전략 음수의 제곱근의 성질을 이용하여 계산한다.

$(\sqrt{-5})^2=(\sqrt5 i)^2=-5$

$\sqrt{-9}\sqrt{-12}=-\sqrt{108}=-6\sqrt3$

$\sqrt3\sqrt{-3}=\sqrt{-9}=3i$

$\dfrac{\sqrt{-75}}{\sqrt{-3}}=\sqrt{\dfrac{-75}{-3}}=\sqrt{25}=5$

$\dfrac{\sqrt{36}}{\sqrt{-4}}=-\sqrt{\dfrac{36}{-4}}=-\sqrt{-9}=-3i$

$\quad \therefore$ (주어진 식)

$\qquad =-5-(-6\sqrt3)+3i+5-(-3i)$

$\qquad =6\sqrt3+6i$

따라서 $a=6\sqrt3$, $b=6$이므로

$\quad \dfrac{a}{b}=\sqrt3$ **답 $\sqrt3$**

202

전략 음수의 제곱근의 성질을 이용하여 a, b, c의 부호를 구한다.

$a\neq0$, $b\neq0$, $c\neq0$이므로

$\sqrt a\sqrt b=-\sqrt{ab}$에서 $\quad a<0$, $b<0$

$\dfrac{\sqrt c}{\sqrt b}=-\sqrt{\dfrac{c}{b}}$에서 $\quad b<0$, $c>0$

즉 $a<0$, $b<0$, $c>0$이므로

$\quad a+b<0$, $c-a>0$

$\quad \therefore \sqrt{(a+b)^2}+|c-a|-\sqrt{b^2}+\sqrt{c^2}$

$\qquad =|a+b|+|c-a|-|b|+|c|$

$\qquad =-(a+b)+(c-a)-(-b)+c$

$\qquad =-2a+2c$

답 $-2a+2c$

203

전략 자연수 k에 대하여 $i^{4k}=1$임을 이용하여 $f(7)$, $f(77)$의 값을 구한다.

$i^7=i^4\times i^3=i^3=-i$, $i^{77}=(i^4)^{19}\times i=i$이므로

$\quad f(7)=\dfrac{i^7}{2-i^7}=\dfrac{-i}{2+i}$

$\quad f(77)=\dfrac{i^{77}}{2-i^{77}}=\dfrac{i}{2-i}$

$\quad \therefore f(7)+f(77)=\dfrac{-i}{2+i}+\dfrac{i}{2-i}$

$\qquad =\dfrac{-i(2-i)+i(2+i)}{(2+i)(2-i)}$

$\qquad =\dfrac{-2i-1+2i-1}{5}$

$\qquad =-\dfrac25$

답 $-\dfrac25$

해설 Focus

음이 아닌 정수 k에 대하여

① $n=4k+1$이면 $i^n=i$이므로

$\qquad f(n)=\dfrac{i}{2-i}=\dfrac{-1+2i}{5}$

② $n=4k+2$이면 $i^n=i^2=-1$이므로

$\qquad f(n)=\dfrac{-1}{2-(-1)}=-\dfrac13$

③ $n=4k+3$이면 $i^n=i^3=-i$이므로

$\qquad f(n)=\dfrac{-i}{2+i}=\dfrac{-1-2i}{5}$

④ $n=4k+4$이면 $i^n=i^4=1$이므로

$\qquad f(n)=\dfrac{1}{2-1}=1$

204

전략 i^n (n은 자연수)의 값은 i, -1, $-i$, 1이 순서대로 반복됨을 이용한다.

$1+i+i^2+i^3=1+i-1-i=0$이므로

$$1+i+i^2+i^3+\cdots+i^{101}$$
$$=(1+i+i^2+i^3)+i^4(1+i+i^2+i^3)+\cdots$$
$$+i^{96}(1+i+i^2+i^3)+i^{100}+i^{101}$$
$$=i^{100}+i^{101}=(i^4)^{25}+(i^4)^{25}\times i$$
$$=1+i$$
$$\therefore z=\frac{1+i}{1-i}=\frac{(1+i)^2}{(1-i)(1+i)}=\frac{2i}{2}=i$$
$$\therefore z^3+z+7=i^3+i+7=-i+i+7=7$$

답 ⑤

205

전략 z의 분모를 실수화한 후 z의 거듭제곱을 구한다.

$z=\dfrac{1+i}{i}=\dfrac{(1+i)\times i}{i^2}=1-i$이므로

$$z^2=(1-i)^2=-2i$$
$$z^3=z^2z=-2i(1-i)=-2-2i$$
$$z^4=(z^2)^2=(-2i)^2=-4$$
$$z^5=z^4z=-4(1-i)=-4+4i$$
$$z^6=z^4z^2=-4\times(-2i)=8i$$
$$z^7=z^4z^3=-4(-2-2i)=8+8i$$
$$z^8=(z^4)^2=(-4)^2=16$$

따라서 z^n이 양의 정수가 되는 자연수 n의 최솟값은 8이다.

답 8

206

전략 $z^2=-a(a>0)$이면 $z=\pm\sqrt{-a}=\pm\sqrt{a}i$임을 이용한다.

$\sqrt{x}\sqrt{y}=-\sqrt{xy}$에서

$$x<0,\ y<0$$
$$z=x^2+3x-yi-18+i$$
$$=(x^2+3x-18)+(-y+1)i$$

이고, $z^2=-16$에서 $z=\pm4i$이므로

$$x^2+3x-18=0,\ -y+1=\pm4$$

$x^2+3x-18=0$에서 $(x+6)(x-3)=0$

$$\therefore x=-6\ (\because x<0)$$

$-y+1=\pm4$에서 $y=-3$ 또는 $y=5$

그런데 $y<0$이므로 $y=-3$

$$\therefore xy=-6\times(-3)=18$$

답 18

207

전략 $(-i)^n$의 규칙성을 이용한다.

$(1-i)^2=-2i$이므로

$$(1-i)^{2n}=\{(1-i)^2\}^n=(-2i)^n=2^n\times(-i)^n$$

즉 $(1-i)^{2n}=2^ni$에서 $2^n\times(-i)^n=2^ni$

$$\therefore (-i)^n=i \qquad\qquad \cdots\cdots ㉠$$

음이 아닌 정수 k에 대하여

$n=4k+1$일 때,

$$(-i)^n=(-i)^{4k+1}=-i^{4k+1}=-i$$

$n=4k+2$일 때,

$$(-i)^n=(-i)^{4k+2}=i^{4k+2}=i^2=-1$$

$n=4k+3$일 때,

$$(-i)^n=(-i)^{4k+3}=-i^{4k+3}=-i^3=i$$

$n=4k+4$일 때,

$$(-i)^n=(-i)^{4k+4}=i^{4k+4}=i^4=1$$

즉 $n=4k+3$일 때 ㉠을 만족시킨다.

따라서 주어진 조건을 만족시키는 100 이하의 자연수 n은

$$3,\ 7,\ 11,\ \cdots,\ 99$$

의 25개이다.

답 25

208

전략 근호 안의 식의 부호를 조사하고 음수의 제곱근의 성질을 이용한다.

$-1<x<1$이므로

$$x+1>0,\ x-1<0,\ 1-x>0,\ -1-x<0$$
$$\therefore \sqrt{x+1}\sqrt{x-1}\sqrt{1-x}\sqrt{-1-x}$$
$$=\sqrt{(x+1)(x-1)}\sqrt{(1-x)(-1-x)}$$

이때 $(x+1)(x-1)<0$, $(1-x)(-1-x)<0$이므로

$$(\text{주어진 식})$$
$$=-\sqrt{(x+1)(x-1)(1-x)(-1-x)}$$
$$=-\sqrt{(x+1)^2(x-1)^2}$$
$$=-\sqrt{(x+1)^2}\sqrt{(x-1)^2}$$
$$=-|x+1||x-1|$$
$$=-(x+1)\{-(x-1)\}$$
$$=x^2-1$$

답 x^2-1

2 이차방정식　　　Ⅱ. 방정식과 부등식

01 이차방정식　　● 본책 104~111쪽

209

(1) $x^2-3x=0$에서　　$x(x-3)=0$

　　$\therefore x=0$ 또는 $x=3$

(2) $x^2-5x+6=0$에서　　$(x-2)(x-3)=0$

　　$\therefore x=2$ 또는 $x=3$

(3) $2x^2-x-3=0$에서　　$(x+1)(2x-3)=0$

　　$\therefore x=-1$ 또는 $x=\dfrac{3}{2}$

(4) $3x^2+5x-2=0$에서　　$(x+2)(3x-1)=0$

　　$\therefore x=-2$ 또는 $x=\dfrac{1}{3}$

(5) $4x^2-4x+1=0$에서　　$(2x-1)^2=0$

　　$\therefore x=\dfrac{1}{2}$ (중근)

(6) $\dfrac{1}{2}x^2-\dfrac{3}{2}x+1=0$에서

　　$x^2-3x+2=0$,　　$(x-1)(x-2)=0$

　　$\therefore x=1$ 또는 $x=2$

답 풀이 참조

210

(1) $2x^2-7x+4=0$에서

$$x=\frac{-(-7)\pm\sqrt{(-7)^2-4\times2\times4}}{2\times2}$$

$$=\frac{7\pm\sqrt{17}}{4}\ \text{(실근)}$$

(2) $x^2-3x+4=0$에서

$$x=\frac{-(-3)\pm\sqrt{(-3)^2-4\times1\times4}}{2\times1}$$

$$=\frac{3\pm\sqrt{-7}}{2}$$

$$=\frac{3\pm\sqrt{7}i}{2}\ \text{(허근)}$$

(3) $2x^2+x+1=0$에서

$$x=\frac{-1\pm\sqrt{1^2-4\times2\times1}}{2\times2}=\frac{-1\pm\sqrt{-7}}{4}$$

$$=\frac{-1\pm\sqrt{7}i}{4}\ \text{(허근)}$$

(4) $3x^2+4x-2=0$에서

$$x=\frac{-2\pm\sqrt{2^2-3\times(-2)}}{3}$$

$$=\frac{-2\pm\sqrt{10}}{3}\ \text{(실근)}$$

(5) $3x^2-2x+1=0$에서

$$x=\frac{-(-1)\pm\sqrt{(-1)^2-3\times1}}{3}$$

$$=\frac{1\pm\sqrt{-2}}{3}$$

$$=\frac{1\pm\sqrt{2}i}{3}\ \text{(허근)}$$

(6) $4x^2-2\sqrt{3}x-1=0$에서

$$x=\frac{-(-\sqrt{3})\pm\sqrt{(-\sqrt{3})^2-4\times(-1)}}{4}$$

$$=\frac{\sqrt{3}\pm\sqrt{7}}{4}\ \text{(실근)}$$

답 풀이 참조

211

(1) $3(x+1)^2=x(x+2)$에서

　　$3x^2+6x+3=x^2+2x$,　　$2x^2+4x+3=0$

　　$\therefore x=\dfrac{-2\pm\sqrt{2^2-2\times3}}{2}=\dfrac{-2\pm\sqrt{2}i}{2}$

(2) $\dfrac{3x^2+2}{5}-x=\dfrac{x^2-x}{2}$에서

　　$2(3x^2+2)-10x=5(x^2-x)$

　　$6x^2-10x+4=5x^2-5x$

　　$x^2-5x+4=0$,　　$(x-1)(x-4)=0$

　　$\therefore x=1$ 또는 $x=4$

답 (1) $x=\dfrac{-2\pm\sqrt{2}i}{2}$　(2) $x=1$ 또는 $x=4$

212

주어진 방정식의 양변에 $2-\sqrt{3}$을 곱하면

　　$(2-\sqrt{3})(2+\sqrt{3})x^2-(2-\sqrt{3})(3+\sqrt{3})x$

　　$+2-\sqrt{3}=0$

　　$x^2-(3-\sqrt{3})x+2-\sqrt{3}=0$

　　$(x-1)\{x-(2-\sqrt{3})\}=0$

　　$\therefore x=1$ 또는 $x=2-\sqrt{3}$

답 $x=1$ 또는 $x=2-\sqrt{3}$

213

$x^2-(a+2)x+2a=0$에 $x=3$을 대입하면

$9-3(a+2)+2a=0$ $\therefore a=3$

$x^2+ax+a^2=0$에 $a=3$을 대입하면

$x^2+3x+9=0$

$\therefore x=\dfrac{-3\pm\sqrt{3^2-4\times1\times9}}{2}$

$=\dfrac{-3\pm3\sqrt{3}i}{2}$

답 $x=\dfrac{-3\pm3\sqrt{3}i}{2}$

214

$3ax^2+(a^2+3a)x+2a(a-1)=0$은 x에 대한 이차
방정식이므로

$a\neq0$

이 이차방정식의 한 근이 -1이므로 $x=-1$을 대입
하면

$3a-(a^2+3a)+2a(a-1)=0$

$a^2-2a=0,\quad a(a-2)=0$

$\therefore a=2\ (\because a\neq0)$

주어진 방정식에 $a=2$를 대입하면

$6x^2+10x+4=0,\qquad 3x^2+5x+2=0$

$(x+1)(3x+2)=0$

$\therefore x=-1$ 또는 $x=-\dfrac{2}{3}$

$\therefore b=-\dfrac{2}{3}$

답 $a=2,\ b=-\dfrac{2}{3}$

215

(1) $x^2-2|x|-8=0$에서

(i) $x<0$일 때, $|x|=-x$이므로

$x^2+2x-8=0,\qquad (x+4)(x-2)=0$

$\therefore x=-4$ 또는 $x=2$

그런데 $x<0$이므로 $x=-4$

(ii) $x\geq0$일 때, $|x|=x$이므로

$x^2-2x-8=0,\qquad (x+2)(x-4)=0$

$\therefore x=-2$ 또는 $x=4$

그런데 $x\geq0$이므로 $x=4$

(i), (ii)에서 $x=-4$ 또는 $x=4$

(2) $x^2+|2x-1|=3$에서

(i) $x<\dfrac{1}{2}$일 때, $|2x-1|=-(2x-1)$이므로

$x^2-(2x-1)=3,\qquad x^2-2x-2=0$

$\therefore x=1\pm\sqrt{3}$

그런데 $x<\dfrac{1}{2}$이므로 $x=1-\sqrt{3}$

(ii) $x\geq\dfrac{1}{2}$일 때, $|2x-1|=2x-1$이므로

$x^2+2x-1=3,\qquad x^2+2x-4=0$

$\therefore x=-1\pm\sqrt{5}$

그런데 $x\geq\dfrac{1}{2}$이므로 $x=-1+\sqrt{5}$

(i), (ii)에서 $x=1-\sqrt{3}$ 또는 $x=-1+\sqrt{5}$

(3) $x^2-3x-1=|x-2|$에서

(i) $x<2$일 때, $|x-2|=-(x-2)$이므로

$x^2-3x-1=-(x-2)$

$x^2-2x-3=0,\qquad (x+1)(x-3)=0$

$\therefore x=-1$ 또는 $x=3$

그런데 $x<2$이므로 $x=-1$

(ii) $x\geq2$일 때, $|x-2|=x-2$이므로

$x^2-3x-1=x-2,\qquad x^2-4x+1=0$

$\therefore x=2\pm\sqrt{3}$

그런데 $x\geq2$이므로 $x=2+\sqrt{3}$

(i), (ii)에서 $x=-1$ 또는 $x=2+\sqrt{3}$

답 풀이 참조

216

$|x-2|+1=x^2-\sqrt{x^2}$에서

$|x-2|+1=x^2-|x|$

(i) $x<0$일 때,

$|x-2|=-(x-2),\ |x|=-x$이므로

$-(x-2)+1=x^2-(-x)$

$x^2+2x-3=0,\qquad (x+3)(x-1)=0$

$\therefore x=-3$ 또는 $x=1$

그런데 $x<0$이므로 $x=-3$

(ii) $0\leq x<2$일 때,

$|x-2|=-(x-2),\ |x|=x$이므로

$-(x-2)+1=x^2-x$

$x^2=3$ $\therefore x=\pm\sqrt{3}$

그런데 $0\leq x<2$이므로 $x=\sqrt{3}$

(iii) $x \geq 2$일 때,

$|x-2|=x-2$, $|x|=x$이므로

$x-2+1=x^2-x$

$x^2-2x+1=0$, $(x-1)^2=0$

$\therefore x=1$(중근)

그런데 $x \geq 2$이므로 $x=1$은 해가 아니다.

이상에서 $x=-3$ 또는 $x=\sqrt{3}$

답 $x=-3$ 또는 $x=\sqrt{3}$

217

길의 폭을 x m라 하면 길을 제외한 잔디밭의 넓이는 다음 그림에서 색칠한 부분의 넓이와 같다.

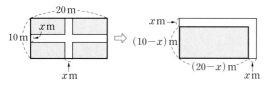

길을 제외한 잔디밭의 넓이가 144 m²이므로

$(20-x)(10-x)=144$

$x^2-30x+56=0$, $(x-2)(x-28)=0$

$\therefore x=2$ ($\because 0<x<10$)

따라서 길의 폭은 2 m이다. 답 **2 m**

218

x초 후의 직사각형의 가로의 길이는 $24-x$, 세로의 길이는 $18+2x$이므로

$(24-x)(18+2x)=24 \times 18$

$-x^2+15x=0$, $x(x-15)=0$

$\therefore x=15$ ($\because x>0$)

따라서 15초 후에 처음 직사각형의 넓이와 같아진다.

답 **15초**

219

(1) $[x]^2-12[x]+32=0$에서

$([x]-4)([x]-8)=0$

$\therefore [x]=4$ 또는 $[x]=8$

$[x]=4$에서 $4 \leq x < 5$

$[x]=8$에서 $8 \leq x < 9$

$\therefore 4 \leq x < 5$ 또는 $8 \leq x < 9$

(2) (i) $1<x<2$일 때, $[x]=1$이므로

$x^2-1-3=0$, $x^2=4$

$\therefore x=\pm 2$

그런데 $1<x<2$이므로 해가 없다.

(ii) $2 \leq x < 3$일 때, $[x]=2$이므로

$x^2-2-3=0$, $x^2=5$

$\therefore x=\pm\sqrt{5}$

그런데 $2 \leq x < 3$이므로 $x=\sqrt{5}$

(i), (ii)에서 $x=\sqrt{5}$

답 (1) $4 \leq x < 5$ 또는 $8 \leq x < 9$ (2) $x=\sqrt{5}$

02 이차방정식의 판별식 ● 본책 112~116쪽

220

주어진 각 이차방정식의 판별식을 D라 하자.

(1) $D=3^2-4 \times 1 \times (-2)=17>0$

따라서 **서로 다른 두 실근**을 갖는다.

(2) $\dfrac{D}{4}=(-2)^2-1 \times 7=-3<0$

따라서 **서로 다른 두 허근**을 갖는다.

(3) $\dfrac{D}{4}=6^2-4 \times 9=0$

따라서 **중근**을 갖는다.

(4) $\dfrac{D}{4}=(-\sqrt{3})^2-1 \times 3=0$

따라서 **중근**을 갖는다.

(5) $3x^2-4x-2=0$이므로

$\dfrac{D}{4}=(-2)^2-3 \times (-2)=10>0$

따라서 **서로 다른 두 실근**을 갖는다.

(6) $2x^2+3x+5=0$이므로

$D=3^2-4 \times 2 \times 5=-31<0$

따라서 **서로 다른 두 허근**을 갖는다.

답 **풀이 참조**

221

보기의 각 이차방정식의 판별식을 D라 하자.

ㄱ. $\dfrac{D}{4}=(-1)^2-1 \times 4=-3<0$

ㄴ. $\dfrac{D}{4}=(-2)^2-1 \times (-5)=9>0$

ㄷ. $D=3^2-4\times2\times4=-23<0$

ㄹ. $\dfrac{D}{4}=3^2-9\times1=0$

ㅁ. $D=(-1)^2-4\times\dfrac{1}{4}\times1=0$

ㅂ. $D=(-1)^2-4\times\dfrac{2}{3}\times\dfrac{1}{3}=\dfrac{1}{9}>0$

(1) 실근을 가지려면 $D\geq0$이어야 하므로

ㄴ, ㄹ, ㅁ, ㅂ

(2) 허근을 가지려면 $D<0$이어야 하므로

ㄱ, ㄷ

📋 (1) ㄴ, ㄹ, ㅁ, ㅂ　(2) ㄱ, ㄷ

222

이차방정식 $x^2+4x+a-3=0$의 판별식을 D라 하면

$$\dfrac{D}{4}=2^2-1\times(a-3)=7-a$$

(1) 서로 다른 두 실근을 가지려면 $D>0$이어야 하므로

$$\dfrac{D}{4}=7-a>0 \quad \therefore a<7$$

(2) 중근을 가지려면 $D=0$이어야 하므로

$$\dfrac{D}{4}=7-a=0 \quad \therefore a=7$$

(3) 서로 다른 두 허근을 가지려면 $D<0$이어야 하므로

$$\dfrac{D}{4}=7-a<0 \quad \therefore a>7$$

📋 (1) $a<7$　(2) $a=7$　(3) $a>7$

223

이차방정식 $x^2+(2k-1)x+k^2-3=0$의 판별식을 D라 하면

$$D=(2k-1)^2-4\times1\times(k^2-3)=-4k+13$$

(1) 서로 다른 두 실근을 가지려면 $D>0$이어야 하므로

$$D=-4k+13>0 \quad \therefore k<\dfrac{13}{4}$$

(2) 중근을 가지려면 $D=0$이어야 하므로

$$D=-4k+13=0 \quad \therefore k=\dfrac{13}{4}$$

(3) 서로 다른 두 허근을 가지려면 $D<0$이어야 하므로

$$D=-4k+13<0 \quad \therefore k>\dfrac{13}{4}$$

📋 (1) $k<\dfrac{13}{4}$　(2) $k=\dfrac{13}{4}$　(3) $k>\dfrac{13}{4}$

224

이차방정식 $x^2-2(k-1)x+k^2-5k+4=0$이 실근을 가지므로 판별식을 D라 하면

$$\dfrac{D}{4}=\{-(k-1)\}^2-1\times(k^2-5k+4)\geq0$$

$$3k-3\geq0 \quad \therefore k\geq1 \qquad 📋 k\geq1$$

225

$(k-1)x^2+2kx+k-1=0$이 이차방정식이므로

$$k-1\neq0 \quad \therefore k\neq1 \qquad\cdots\cdots ㉠$$

이차방정식 $(k-1)x^2+2kx+k-1=0$이 서로 다른 두 실근을 가지므로 판별식을 D라 하면

$$\dfrac{D}{4}=k^2-(k-1)^2>0$$

$$2k-1>0 \quad \therefore k>\dfrac{1}{2} \qquad\cdots\cdots ㉡$$

㉠, ㉡에서 $\dfrac{1}{2}<k<1$ 또는 $k>1$

📋 $\dfrac{1}{2}<k<1$ 또는 $k>1$

226

이차방정식 $x^2+2(k+a)x+k^2+6k+b=0$이 중근을 가지므로 판별식을 D라 하면

$$\dfrac{D}{4}=(k+a)^2-(k^2+6k+b)=0$$

$$\therefore (2a-6)k+a^2-b=0$$

이 등식이 k의 값에 관계없이 항상 성립하므로

$$2a-6=0,\ a^2-b=0 \quad \therefore a=3,\ b=9$$

$$\therefore a+b=12 \qquad\qquad 📋 12$$

227

$(k-2)x^2+4(k-2)x+3k-2$가 이차식이므로

$$k-2\neq0 \quad \therefore k\neq2$$

이 이차식이 완전제곱식이 되려면 이차방정식 $(k-2)x^2+4(k-2)x+3k-2=0$이 중근을 가져야 하므로 판별식을 D라 할 때,

$$\dfrac{D}{4}=\{2(k-2)\}^2-(k-2)(3k-2)=0$$

$$k^2-8k+12=0, \quad (k-2)(k-6)=0$$

$$\therefore k=2 \text{ 또는 } k=6$$

그런데 $k\neq2$이므로 $k=6$ 　📋 6

연습 문제 ————— ● 본책 117~118쪽

228

전략 근의 공식을 이용하여 이차방정식의 해를 구한다.

이차방정식 $x^2-ax+7=0$의 해는

$$x=\frac{a\pm\sqrt{a^2-28}}{2}=\frac{5\pm\sqrt{b}\,i}{2}$$

따라서 $a=5$, $b=-(a^2-28)=3$이므로

$$a+b=8 \qquad\qquad 답\ 8$$

229

전략 주어진 이차방정식에 $x=\alpha$를 대입한 다음 식을 변형한다.

이차방정식 $2x^2-2x+1=0$의 한 근이 $x=\alpha$이므로 $x=\alpha$를 대입하면

$$2\alpha^2-2\alpha+1=0, \qquad \alpha^2-\alpha+\frac{1}{2}=0$$

$$\therefore \alpha^2=\alpha-\frac{1}{2}$$

위의 식의 양변을 제곱하면

$$\alpha^4=\alpha^2-\alpha+\frac{1}{4}$$

$$\therefore \alpha^4-\alpha^2+\alpha=\frac{1}{4} \qquad\qquad 답\ ①$$

다른 풀이 이차방정식 $2x^2-2x+1=0$의 해는

$$x=\frac{1\pm i}{2}$$

이때 $\alpha=\frac{1+i}{2}$라 하면

$$\alpha^2=\left(\frac{1+i}{2}\right)^2=\frac{i}{2}, \ \alpha^4=(\alpha^2)^2=\left(\frac{i}{2}\right)^2=-\frac{1}{4}$$

$$\therefore \alpha^4-\alpha^2+\alpha=-\frac{1}{4}-\frac{i}{2}+\frac{1+i}{2}=\frac{1}{4}$$

230

전략 주어진 이차방정식에 $x=1$을 대입하여 상수 a의 값을 먼저 구한다.

$(a+1)x^2+x+a^2-2=0$이 x에 대한 이차방정식이므로

$$a+1\neq0 \qquad \therefore a\neq-1$$

이 방정식의 한 근이 1이므로 $x=1$을 대입하면

$$(a+1)+1+a^2-2=0$$

$$a^2+a=0, \qquad a(a+1)=0$$

$$\therefore a=0 \ (\because a\neq-1)$$

주어진 방정식에 $a=0$을 대입하면

$$x^2+x-2=0, \qquad (x+2)(x-1)=0$$

$$\therefore x=-2 \ 또는 \ x=1$$

따라서 다른 한 근은 -2이다. 답 ③

231

전략 $x\geq2$인 경우와 $x<2$인 경우로 나누어 절댓값 기호를 없애고 방정식을 푼다.

$x^2-|x-2|-4=0$에서

(i) $x<2$일 때, $|x-2|=-(x-2)$이므로

$$x^2+(x-2)-4=0$$

$$x^2+x-6=0, \qquad (x+3)(x-2)=0$$

$$\therefore x=-3 \ 또는 \ x=2$$

그런데 $x<2$이므로 $x=-3$

(ii) $x\geq2$일 때, $|x-2|=x-2$이므로

$$x^2-(x-2)-4=0$$

$$x^2-x-2=0, \qquad (x+1)(x-2)=0$$

$$\therefore x=-1 \ 또는 \ x=2$$

그런데 $x\geq2$이므로 $x=2$

(i), (ii)에서 $x=-3 \ 또는 \ x=2$

이때 $x^2+ax+b=0$에 $x=-3$을 대입하면

$$9-3a+b=0 \qquad\qquad \cdots\cdots\ ㉠$$

$x^2+ax+b=0$에 $x=2$를 대입하면

$$4+2a+b=0 \qquad\qquad \cdots\cdots\ ㉡$$

㉠, ㉡을 연립하여 풀면 $a=1$, $b=-6$

$$\therefore a-b=7 \qquad\qquad 답\ 7$$

232

전략 주어진 기호의 뜻에 따라 이차방정식을 세운다.

$$x*x=2\times x\times x-x-x+1=2x^2-2x+1$$

$$1*x=2\times1\times x-1-x+1=x$$

즉 $x*x=|1*x|+1$에서

$$2x^2-2x+1=|x|+1$$

$$\therefore 2x^2-2x=|x|$$

(i) $x<0$일 때, $|x|=-x$이므로

$$2x^2-2x=-x$$

$$2x^2-x=0, \qquad x(2x-1)=0$$

$$\therefore x=0 \ 또는 \ x=\frac{1}{2}$$

그런데 $x<0$이므로 해가 없다.

(ii) $x \geq 0$일 때, $|x| = x$이므로

$$2x^2 - 2x = x$$
$$2x^2 - 3x = 0, \quad x(2x-3) = 0$$
$$\therefore x = 0 \ \text{또는} \ x = \frac{3}{2}$$

(i), (ii)에서 $\quad x = 0 \ \text{또는} \ x = \frac{3}{2}$ 　　　답 $0, \dfrac{3}{2}$

233

전략 판별식을 이용하여 k에 대한 부등식을 세운다.

이차방정식 $x^2 - 2(k+2)x + k^2 + 24 = 0$이 서로 다른 두 허근을 가지므로 판별식을 D라 하면

$$\frac{D}{4} = \{-(k+2)\}^2 - (k^2 + 24) < 0$$
$$4k - 20 < 0 \quad \therefore k < 5$$

따라서 구하는 자연수 k는 1, 2, 3, 4의 4개이다.

답 4

234

전략 주어진 이차방정식에 $x = 2$를 대입하여 k에 대한 항등식을 세운다.

$2x^2 + a(k+1)x + b(k-3) = 0$에 $x = 2$를 대입하면

$$8 + 2a(k+1) + b(k-3) = 0$$
$$\therefore (2a+b)k + 2a - 3b + 8 = 0$$

이 등식이 k의 값에 관계없이 항상 성립해야 하므로

$$2a + b = 0, \ 2a - 3b + 8 = 0$$

두 식을 연립하여 풀면 $\quad a = -1, \ b = 2$

$$\therefore a + b = 1$$ 　　　답 1

 개념 노트

항등식의 성질

① 등식 $ax + b = 0$이 x에 대한 항등식이면
$$a = 0, \ b = 0$$

② 등식 $ax^2 + bx + c = 0$이 x에 대한 항등식이면
$$a = 0, \ b = 0, \ c = 0$$

235

전략 판별식을 이용하여 a, b에 대한 부등식을 세운다.

이차방정식 $x^2 + ax + b = 0$이 서로 다른 두 실근을 가지므로 판별식을 D_1이라 하면

$$D_1 = a^2 - 4b > 0$$ 　　　……㉠

이차방정식 $x^2 + (a-2c)x + b - ac = 0$의 판별식을 D_2라 하면

$$D_2 = (a-2c)^2 - 4(b-ac)$$
$$= a^2 - 4ac + 4c^2 - 4b + 4ac$$
$$= (a^2 - 4b) + 4c^2$$

이때 ㉠에서 $a^2 - 4b > 0$이고, $4c^2 \geq 0$이므로

$$(a^2 - 4b) + 4c^2 > 0 \quad \therefore D_2 > 0$$

따라서 이차방정식 $x^2 + (a-2c)x + b - ac = 0$은 서로 다른 두 실근을 갖는다.

답 서로 다른 두 실근

236

전략 (판별식)$=0$을 만족시키는 y의 값의 개수가 1임을 이용한다.

$2x^2 - 3y^2 - 4x + ay - xy + 1 = 0$에서

$$2x^2 - (y+4)x - 3y^2 + ay + 1 = 0$$

이 이차방정식의 판별식을 D라 하면

$$D = (y+4)^2 - 4 \times 2 \times (-3y^2 + ay + 1) = 0$$
$$\therefore 25y^2 - 8(a-1)y + 8 = 0$$

y에 대한 이 이차방정식의 실근이 1개이므로 이 이차방정식의 판별식을 D'이라 하면

$$\frac{D'}{4} = \{-4(a-1)\}^2 - 25 \times 8 = 0$$
$$(a-1)^2 = \frac{25}{2}, \quad a - 1 = \pm \frac{5\sqrt{2}}{2}$$
$$\therefore a = \frac{2 + 5\sqrt{2}}{2} \ (\because a > 0)$$ 　　답 $\dfrac{2+5\sqrt{2}}{2}$

237

전략 주어진 이차식이 완전제곱식이 되려면 (이차식)$=0$이 중근을 가져야 함을 이용하여 a, b, c 사이의 관계식을 구한다.

$$a(1+x^2) + 2bx + c(1-x^2)$$
$$= (a-c)x^2 + 2bx + a + c$$

이 이차식이 완전제곱식이 되려면 이차방정식
$(a-c)x^2 + 2bx + a + c = 0$이 중근을 가져야 하므로 판별식을 D라 하면

$$\frac{D}{4} = b^2 - (a-c)(a+c) = 0$$
$$b^2 - a^2 + c^2 = 0 \quad \therefore a^2 = b^2 + c^2$$

따라서 주어진 삼각형은 빗변의 길이가 a인 직각삼각형이다.

답 빗변의 길이가 a인 직각삼각형

238

전략 삼각형의 닮음을 이용하여 이차방정식을 세운다.

$\overline{AP}=x$라 하면　　$\overline{DR}=x$

삼각형 DOR와 삼각형 DBC는 서로 닮음이므로

$\overline{DR}:\overline{DC}=\overline{OR}:\overline{BC}$에서

　　$x:2=\overline{OR}:4,$　$2\overline{OR}=4x$　$\therefore \overline{OR}=2x$

　　$\therefore \overline{PO}=\overline{PR}-\overline{OR}=4-2x$

따라서 사각형 APOS의 넓이는

　　$x(4-2x)=4x-2x^2$

또 $\overline{RC}=\overline{DC}-\overline{DR}=2-x$이므로 사각형 OQCR의
넓이는

　　$2x(2-x)=4x-2x^2$

이때 사각형 APOS와 사각형 OQCR의 넓이의 합이
3이므로

　　$(4x-2x^2)+(4x-2x^2)=3$

　　$4x^2-8x+3=0,$　$(2x-1)(2x-3)=0$

　　$\therefore x=\dfrac{1}{2}$ 또는 $x=\dfrac{3}{2}$

이때 $\overline{AP}<\overline{PB}$이므로　　$x=\dfrac{1}{2}\ (\because x<1)$

답 ③

참고　$\overline{AP}<\overline{PB}$에서　　$x<2-x$　$\therefore x<1$

239

전략 주어진 식을 x에 대한 이차식으로 생각하고, 판별식을 이용
한다.

$2x^2+xy-y^2-x+2y+k$

$=2x^2+(y-1)x-(y^2-2y-k)$

이차방정식 $2x^2+(y-1)x-(y^2-2y-k)=0$의 판
별식을 D라 하면 근의 공식에 의하여

　　$x=\dfrac{-(y-1)\pm\sqrt{D}}{4}$　　　……　(*)

따라서 주어진 이차식이 x, y에 대한 두 일차식의 곱으
로 인수분해되려면 D가 완전제곱식이어야 한다.

$D=(y-1)^2-4\times2\times\{-(y^2-2y-k)\}$

　$=9y^2-18y+1-8k$

이므로 $9y^2-18y+1-8k=0$의 판별식을 D'이라 하
면

　　$\dfrac{D'}{4}=(-9)^2-9(1-8k)=0$

　　$72k=-72$　$\therefore k=-1$

답 -1

주어진 이차식이 x, y에 대한 두 일차식의 곱으로 인수
분해되려면 (*)에서 근호가 없어져야 하므로 D가 완
전제곱식이어야 한다.

이때 $k=-1$이면 $D=9y^2-18y+9=9(y-1)^2$이므로

　　$x=\dfrac{-y+1\pm\sqrt{9(y-1)^2}}{4}$

　　$\therefore x=-y+1$ 또는 $x=\dfrac{1}{2}y-\dfrac{1}{2}$

따라서 주어진 이차식은

　　$2x^2+xy-y^2-x+2y-1$

　　$=(x+y-1)(2x-y+1)$

과 같이 인수분해된다.

03 이차방정식의 근과 계수의 관계

240

(1) $\alpha+\beta=-3$

(2) $\alpha\beta=-2$

(3) $\dfrac{1}{\alpha}+\dfrac{1}{\beta}=\dfrac{\alpha+\beta}{\alpha\beta}=\dfrac{-3}{-2}=\dfrac{3}{2}$

(4) $\alpha^2+\beta^2=(\alpha+\beta)^2-2\alpha\beta$

　　　　$=(-3)^2-2\times(-2)=13$

답 (1) -3　(2) -2　(3) $\dfrac{3}{2}$　(4) 13

241

(1) $\alpha+\beta=-\dfrac{-6}{3}=2$

(2) $\alpha\beta=\dfrac{2}{3}$

(3) $\alpha^2-\alpha\beta+\beta^2=(\alpha+\beta)^2-3\alpha\beta$

　　　　　　$=2^2-3\times\dfrac{2}{3}=2$

(4) $\dfrac{\beta}{\alpha}+\dfrac{\alpha}{\beta}=\dfrac{\alpha^2+\beta^2}{\alpha\beta}=\dfrac{(\alpha+\beta)^2-2\alpha\beta}{\alpha\beta}$

　　　　　$=\dfrac{2^2-2\times\dfrac{2}{3}}{\dfrac{2}{3}}=\dfrac{\dfrac{8}{3}}{\dfrac{2}{3}}=4$

답 (1) 2　(2) $\dfrac{2}{3}$　(3) 2　(4) 4

242

(1) $4+6=10$, $4\times6=24$이므로

$$x^2-10x+24=0$$

(2) $5+(-2)=3$, $5\times(-2)=-10$이므로

$$x^2-3x-10=0$$

(3) $(1-\sqrt{5})+(1+\sqrt{5})=2$,

$(1-\sqrt{5})(1+\sqrt{5})=-4$이므로

$$x^2-2x-4=0$$

(4) $(3+i)+(3-i)=6$, $(3+i)(3-i)=10$이므로

$$x^2-6x+10=0$$

답 (1) $x^2-10x+24=0$ (2) $x^2-3x-10=0$

(3) $x^2-2x-4=0$ (4) $x^2-6x+10=0$

243

(1) $x^2-x-3=0$에서 $x=\dfrac{1\pm\sqrt{13}}{2}$

$$\therefore x^2-x-3=\left(x-\dfrac{1+\sqrt{13}}{2}\right)\left(x-\dfrac{1-\sqrt{13}}{2}\right)$$

(2) $x^2+9=0$에서 $x^2=-9$ $\therefore x=\pm3i$

$$\therefore x^2+9=(x+3i)(x-3i)$$

답 (1) $\left(x-\dfrac{1+\sqrt{13}}{2}\right)\left(x-\dfrac{1-\sqrt{13}}{2}\right)$

(2) $(x+3i)(x-3i)$

244

이차방정식 $x^2-3x+4=0$의 두 근이 α, β이므로 근과 계수의 관계에 의하여

$$\alpha+\beta=3,\ \alpha\beta=4$$

(1) $\alpha^2\beta+\alpha\beta^2=\alpha\beta(\alpha+\beta)=4\times3=12$

(2) $\alpha^2+\alpha\beta+\beta^2=(\alpha+\beta)^2-\alpha\beta=3^2-4=5$

(3) $(2\alpha-1)(2\beta-1)=4\alpha\beta-2(\alpha+\beta)+1$

$$=4\times4-2\times3+1=11$$

(4) $\dfrac{\beta}{\alpha-1}+\dfrac{\alpha}{\beta-1}=\dfrac{\beta(\beta-1)+\alpha(\alpha-1)}{(\alpha-1)(\beta-1)}$

$$=\dfrac{\alpha^2+\beta^2-\alpha-\beta}{\alpha\beta-\alpha-\beta+1}$$

$$=\dfrac{(\alpha+\beta)^2-2\alpha\beta-(\alpha+\beta)}{\alpha\beta-(\alpha+\beta)+1}$$

$$=\dfrac{3^2-2\times4-3}{4-3+1}=\dfrac{-2}{2}=-1$$

(5) $\dfrac{\beta}{\alpha^2}+\dfrac{\alpha}{\beta^2}=\dfrac{\alpha^3+\beta^3}{\alpha^2\beta^2}=\dfrac{(\alpha+\beta)^3-3\alpha\beta(\alpha+\beta)}{(\alpha\beta)^2}$

$$=\dfrac{3^3-3\times4\times3}{4^2}=-\dfrac{9}{16}$$

답 (1) **12** (2) **5** (3) **11**

(4) $-$**1** (5) $-\dfrac{9}{16}$

245

이차방정식 $x^2-2x+4=0$의 두 근이 α, β이므로

$$\alpha^2-2\alpha+4=0,\ \beta^2-2\beta+4=0$$

$$\therefore \alpha^2-\alpha+4=\alpha,\ \beta^2-\beta+4=\beta$$

$$\therefore \dfrac{\beta}{\alpha^2-\alpha+4}+\dfrac{\alpha}{\beta^2-\beta+4}$$

$$=\dfrac{\beta}{\alpha}+\dfrac{\alpha}{\beta}=\dfrac{\alpha^2+\beta^2}{\alpha\beta} \qquad \cdots\cdots ㉠$$

한편 이차방정식의 근과 계수의 관계에 의하여

$$\alpha+\beta=2,\ \alpha\beta=4$$

$$\therefore \alpha^2+\beta^2=(\alpha+\beta)^2-2\alpha\beta$$

$$=2^2-2\times4=-4$$

㉠에 $\alpha\beta=4$, $\alpha^2+\beta^2=-4$를 대입하면

$$\dfrac{\beta}{\alpha^2-\alpha+4}+\dfrac{\alpha}{\beta^2-\beta+4}=\dfrac{-4}{4}=-1$$

답 $-$**1**

246

이차방정식 $ax^2+2x+b=0$의 두 근이 -1, $\dfrac{1}{3}$이므로 근과 계수의 관계에 의하여

$$-1+\dfrac{1}{3}=-\dfrac{2}{a},\ -1\times\dfrac{1}{3}=\dfrac{b}{a}$$

$$\therefore a=3,\ b=-1$$

따라서 이차방정식 $bx^2+ax+a-b=0$의 두 근의 곱은 $\dfrac{a-b}{b}=\dfrac{3-(-1)}{-1}=-4$

답 $-$**4**

247

이차방정식 $x^2+ax+b=0$의 두 근이 α, β이므로 근과 계수의 관계에 의하여

$$\alpha+\beta=-a,\ \alpha\beta=b \qquad \cdots\cdots ㉠$$

또 이차방정식 $x^2-ax-b=0$의 두 근이 $\alpha-1$, $\beta-1$
이므로 근과 계수의 관계에 의하여

$$(\alpha-1)+(\beta-1)=a,\ (\alpha-1)(\beta-1)=-b$$
$$\therefore \alpha+\beta-2=a,\ \alpha\beta-(\alpha+\beta)+1=-b$$

$\qquad\qquad\qquad\qquad\qquad$ …… ㉡

㉡에 ㉠을 대입하면

$$-a-2=a,\ b+a+1=-b$$
$$\therefore a=-1,\ b=0 \qquad$$ 답 $\boldsymbol{a=-1,\ b=0}$

248

두 근의 차가 4이므로 두 근을 α, $\alpha+4$라 하면 근과 계
수의 관계에 의하여

$$\alpha+(\alpha+4)=k-2 \qquad\qquad ……\ ㉠$$
$$\alpha(\alpha+4)=k+2 \qquad\qquad ……\ ㉡$$

㉠에서 $\alpha=\dfrac{k}{2}-3$이므로 ㉡에 이것을 대입하면

$$\left(\dfrac{k}{2}-3\right)\left(\dfrac{k}{2}+1\right)=k+2$$
$$(k-6)(k+2)=4(k+2)$$
$$k^2-8k-20=0,\qquad (k+2)(k-10)=0$$
$$\therefore k=-2 \text{ 또는 } k=10$$

따라서 모든 실수 k의 값의 합은

$$-2+10=8 \qquad\qquad$$ 답 8

249

한 근이 다른 근의 3배이므로 두 근을 α, $3\alpha\,(\alpha\neq0)$라
하면 근과 계수의 관계에 의하여

$$\alpha+3\alpha=a+1 \qquad\qquad ……\ ㉠$$
$$\alpha\times3\alpha=a \qquad\qquad ……\ ㉡$$

㉠에서 $\alpha=\dfrac{a+1}{4}$이므로 ㉡에 이것을 대입하면

$$\dfrac{a+1}{4}\times\dfrac{3(a+1)}{4}=a$$
$$3(a+1)^2=16a$$
$$3a^2-10a+3=0,\qquad (3a-1)(a-3)=0$$
$$\therefore a=\dfrac{1}{3} \text{ 또는 } a=3$$

$\qquad\qquad\qquad\qquad\qquad$ 답 $\dfrac{1}{3}$, 3

다른 풀이 $x^2-(a+1)x+a=0$에서

$$(x-1)(x-a)=0 \qquad \therefore x=1 \text{ 또는 } x=a$$

이때 한 근이 다른 근의 3배이므로

$$1\times3=a \text{ 또는 } a\times3=1$$
$$\therefore a=3 \text{ 또는 } a=\dfrac{1}{3}$$

250

두 근의 비가 2 : 5이므로 두 근을 2α, $5\alpha\,(\alpha\neq0)$라
하면 근과 계수의 관계에 의하여

$$2\alpha+5\alpha=7,\ 2\alpha\times5\alpha=k$$
$$\therefore \alpha=1,\ k=10$$

따라서 이차방정식 $x^2+kx-2k+3=0$의 두 근의 곱은

$$-2k+3=-2\times10+3=-17$$

$\qquad\qquad\qquad\qquad\qquad$ 답 -17

251

이차방정식 $2x^2-5x+4=0$의 두 근이 α, β이므로 근
과 계수의 관계에 의하여

$$\alpha+\beta=\dfrac{5}{2},\ \alpha\beta=2$$

두 근 $\alpha+1$, $\beta+1$의 합과 곱을 구하면

$$(\alpha+1)+(\beta+1)=\alpha+\beta+2=\dfrac{5}{2}+2=\dfrac{9}{2}$$
$$(\alpha+1)(\beta+1)=\alpha\beta+\alpha+\beta+1$$
$$=2+\dfrac{5}{2}+1=\dfrac{11}{2}$$

따라서 $\alpha+1$, $\beta+1$을 두 근으로 하고 x^2의 계수가
2인 이차방정식은

$$2\left(x^2-\dfrac{9}{2}x+\dfrac{11}{2}\right)=0 \qquad \therefore 2x^2-9x+11=0$$

$\qquad\qquad\qquad\qquad\qquad$ 답 $\boldsymbol{2x^2-9x+11=0}$

252

이차방정식 $x^2+3x-2=0$의 두 근이 α, β이므로 근
과 계수의 관계에 의하여

$$\alpha+\beta=-3,\ \alpha\beta=-2$$

두 근 α^3, β^3의 합과 곱을 구하면

$$\alpha^3+\beta^3=(\alpha+\beta)^3-3\alpha\beta(\alpha+\beta)$$
$$=(-3)^3-3\times(-2)\times(-3)=-45$$
$$\alpha^3\times\beta^3=(\alpha\beta)^3=(-2)^3=-8$$

따라서 α^3, β^3을 두 근으로 하고 x^2의 계수가 1인 이차
방정식은

$$x^2+45x-8=0 \qquad\qquad$$ 답 $\boldsymbol{x^2+45x-8=0}$

253

(1) 이차방정식 $x^2+6x+4=0$의 근은

$$x=-3\pm\sqrt{5}$$

$$\therefore x^2+6x+4$$
$$=\{x-(-3+\sqrt{5}\,)\}\{x-(-3-\sqrt{5}\,)\}$$
$$=(x+3-\sqrt{5}\,)(x+3+\sqrt{5}\,)$$

(2) 이차방정식 $3x^2-2x+2=0$의 근은

$$x=\frac{1\pm\sqrt{5}i}{3}$$

$$\therefore 3x^2-2x+2$$
$$=3\left(x-\frac{1+\sqrt{5}i}{3}\right)\left(x-\frac{1-\sqrt{5}i}{3}\right)$$

답 풀이 참조

254

이차방정식 $f(x)=0$의 두 근이 α, β이므로

$$f(\alpha)=0,\ f(\beta)=0$$

$f(2x-1)=0$이려면

$$2x-1=\alpha\ \text{또는}\ 2x-1=\beta$$

$$\therefore x=\frac{\alpha+1}{2}\ \text{또는}\ x=\frac{\beta+1}{2}$$

따라서 이차방정식 $f(2x-1)=0$의 두 근의 곱은

$$\frac{\alpha+1}{2}\times\frac{\beta+1}{2}=\frac{\alpha\beta+(\alpha+\beta)+1}{4}$$
$$=\frac{4+3+1}{4}$$
$$=2$$

답 2

255

이차방정식 $x^2+ax-b=0$에서 a, b가 유리수이고 한 근이 $\sqrt{2}+1$, 즉 $1+\sqrt{2}$이므로 다른 한 근은 $1-\sqrt{2}$이다.

따라서 근과 계수의 관계에 의하여

$(1+\sqrt{2})+(1-\sqrt{2})=-a$이므로　$a=-2$

$(1+\sqrt{2})(1-\sqrt{2})=-b$이므로　$b=1$

$$\therefore ab=-2$$

답 -2

256

이차방정식 $x^2+6x+a=0$에서 a, b가 실수이고 한 근이 $b+\sqrt{3}i$이므로 다른 한 근은 $b-\sqrt{3}i$이다.

따라서 근과 계수의 관계에 의하여

$(b+\sqrt{3}i)+(b-\sqrt{3}i)=-6$이므로　$b=-3$

$(b+\sqrt{3}i)(b-\sqrt{3}i)=a$이므로　$a=12$

$$\therefore a+b=9$$

답 9

257

$$\frac{1}{1+2i}=\frac{1-2i}{(1+2i)(1-2i)}=\frac{1-2i}{5}=\frac{1}{5}-\frac{2}{5}i$$

이차방정식 $5x^2+ax+b=0$에서 a, b가 실수이고 한 근이 $\frac{1}{5}-\frac{2}{5}i$이므로 다른 한 근은 $\frac{1}{5}+\frac{2}{5}i$이다.

따라서 근과 계수의 관계에 의하여

$\left(\frac{1}{5}-\frac{2}{5}i\right)+\left(\frac{1}{5}+\frac{2}{5}i\right)=-\frac{a}{5}$이므로　$a=-2$

$\left(\frac{1}{5}-\frac{2}{5}i\right)\left(\frac{1}{5}+\frac{2}{5}i\right)=\frac{b}{5}$이므로　$b=1$

이차방정식 $ax^2-5x-b=0$에 $a=-2$, $b=1$을 대입하면

$$-2x^2-5x-1=0\qquad \therefore 2x^2+5x+1=0$$

따라서 이차방정식 $2x^2+5x+1=0$의 근은

$$x=\frac{-5\pm\sqrt{17}}{4}$$

답 $x=\dfrac{-5\pm\sqrt{17}}{4}$

연습 문제 ● 본책 128~130쪽

258

전략 근과 계수의 관계를 이용하여 식의 값을 구한다.

이차방정식 $x^2-2x+3=0$의 두 근이 α, β이므로 근과 계수의 관계에 의하여

$$\alpha+\beta=2,\ \alpha\beta=3$$

② $(\alpha+1)(\beta+1)=\alpha\beta+\alpha+\beta+1$
$$=3+2+1=6$$

③ $(\alpha-\beta)^2=(\alpha+\beta)^2-4\alpha\beta$
$$=2^2-4\times3=-8$$

④ $\alpha^3+\beta^3=(\alpha+\beta)^3-3\alpha\beta(\alpha+\beta)$
$$=2^3-3\times3\times2=-10$$

⑤ $\dfrac{\beta}{\alpha}+\dfrac{\alpha}{\beta}=\dfrac{\alpha^2+\beta^2}{\alpha\beta}=\dfrac{(\alpha+\beta)^2-2\alpha\beta}{\alpha\beta}$
$$=\dfrac{2^2-2\times3}{3}=-\dfrac{2}{3}$$

따라서 옳지 않은 것은 ③이다.

답 ③

259

전략 근과 계수의 관계를 이용하여 $\alpha+\beta$, $\alpha\beta$의 값을 구하고, 주어진 등식의 좌변을 $\alpha+\beta$, $\alpha\beta$에 대한 식으로 변형한다.

이차방정식 $x^2+2x+k=0$의 서로 다른 두 근이 α, β이므로 근과 계수의 관계에 의하여

$$\alpha+\beta=-2,\ \alpha\beta=k \qquad \cdots\cdots \text{㉠}$$

$\alpha^2+\beta^2=8$에서

$$(\alpha+\beta)^2-2\alpha\beta=8$$

위의 식에 ㉠을 대입하면

$$(-2)^2-2k=8,\qquad 2k=-4$$

$$\therefore k=-2 \qquad\qquad\qquad \boxed{답}\ ④$$

260

전략 근과 계수의 관계를 이용하여 a, b를 α, β에 대한 식으로 나타낸다.

이차방정식 $x^2+ax+b=0$의 두 근이 α, β이므로 근과 계수의 관계에 의하여

$$\alpha+\beta=-a,\ \alpha\beta=b \qquad \cdots\cdots \text{㉠}$$

또 이차방정식 $x^2-bx+a=0$의 두 근이 $\alpha+1$, $\beta+1$이므로 근과 계수의 관계에 의하여

$$(\alpha+1)+(\beta+1)=b,\ (\alpha+1)(\beta+1)=a$$

$$\therefore \alpha+\beta+2=b,\ \alpha\beta+\alpha+\beta+1=a$$

$$\qquad\qquad\qquad\qquad\qquad \cdots\cdots \text{㉡}$$

㉡에 ㉠을 대입하면

$$-a+2=b,\ b-a+1=a$$

$$\therefore a+b=2,\ 2a-b=1$$

두 식을 연립하여 풀면 $a=1,\ b=1$

따라서 ㉠에서 $\alpha+\beta=-1$, $\alpha\beta=1$이므로

$$\alpha^2+\beta^2=(\alpha+\beta)^2-2\alpha\beta$$
$$=(-1)^2-2\times1=-1$$
$$\therefore \alpha^4+\beta^4=(\alpha^2+\beta^2)^2-2\alpha^2\beta^2$$
$$=(-1)^2-2\times1^2=-1 \qquad \boxed{답}\ ②$$

261

전략 연속하는 두 정수를 α, $\alpha+1$로 놓고 근과 계수의 관계를 이용한다.

이차방정식 $x^2+(k+2)x+9-k=0$의 두 근을 α, $\alpha+1$이라 하면 근과 계수의 관계에 의하여

$$\alpha+(\alpha+1)=-(k+2) \qquad \cdots\cdots \text{㉠}$$
$$\alpha(\alpha+1)=9-k \qquad\qquad \cdots\cdots \text{㉡}$$

㉠에서 $\alpha=\dfrac{-k-3}{2}$

㉡에 이것을 대입하면

$$\frac{-k-3}{2}\left(\frac{-k-3}{2}+1\right)=9-k$$
$$k^2+8k-33=0,\qquad (k+11)(k-3)=0$$
$$\therefore k=-11\ \text{또는}\ k=3$$

따라서 모든 실수 k의 값의 합은

$$-11+3=-8 \qquad\qquad\qquad \boxed{답}\ -8$$

다른 풀이 이차방정식의 두 근을 α, $\beta\ (\alpha>\beta)$라 하면 근과 계수의 관계에 의하여

$$\alpha+\beta=-(k+2),\ \alpha\beta=9-k$$

이때 두 근이 연속하는 정수이므로 두 근의 차는 1이다.

즉 $\alpha-\beta=1$이므로 $(\alpha-\beta)^2=(\alpha+\beta)^2-4\alpha\beta$에서

$$1^2=\{-(k+2)\}^2-4(9-k)$$
$$k^2+8k-33=0,\qquad (k+11)(k-3)=0$$
$$\therefore k=-11\ \text{또는}\ k=3$$

따라서 모든 실수 k의 값의 합은

$$-11+3=-8$$

262

전략 근과 계수의 관계를 이용하여 $\alpha^2+\dfrac{1}{\beta}$, $\beta^2+\dfrac{1}{\alpha}$의 합과 곱을 구한다.

이차방정식 $x^2-3x+1=0$의 두 근이 α, β이므로 근과 계수의 관계에 의하여

$$\alpha+\beta=3,\ \alpha\beta=1$$

두 근 $\alpha^2+\dfrac{1}{\beta}$, $\beta^2+\dfrac{1}{\alpha}$의 합과 곱을 구하면

$$\left(\alpha^2+\frac{1}{\beta}\right)+\left(\beta^2+\frac{1}{\alpha}\right)=\alpha^2+\beta^2+\frac{1}{\beta}+\frac{1}{\alpha}$$
$$=(\alpha+\beta)^2-2\alpha\beta+\frac{\alpha+\beta}{\alpha\beta}$$
$$=3^2-2\times1+3=10$$

$$\left(\alpha^2+\frac{1}{\beta}\right)\left(\beta^2+\frac{1}{\alpha}\right)=\alpha^2\beta^2+\alpha+\beta+\frac{1}{\alpha\beta}$$
$$=1^2+3+1=5$$

따라서 $\alpha^2+\dfrac{1}{\beta}$, $\beta^2+\dfrac{1}{\alpha}$을 두 근으로 하고 x^2의 계수가 1인 이차방정식은 $x^2-10x+5=0$이므로

$$a=-10,\ b=5$$

$$\therefore a+b=-5 \qquad\qquad\qquad \boxed{답}\ -5$$

263

전략 켤레근의 성질을 이용하여 유리수 a, b의 값을 구한다.

이차방정식 $x^2+ax+b=0$에서 a, b가 유리수이고 한 근이 $2-\sqrt{3}$이므로 다른 한 근은 $2+\sqrt{3}$이다.

따라서 근과 계수의 관계에 의하여

$(2-\sqrt{3})+(2+\sqrt{3})=-a$이므로 $a=-4$

$(2-\sqrt{3})(2+\sqrt{3})=b$이므로 $b=1$

이차방정식 $x^2+bx+a=0$에 $a=-4$, $b=1$을 대입하면

$$x^2+x-4=0$$

이 이차방정식의 두 근이 α, β이므로 근과 계수의 관계에 의하여

$\alpha+\beta=-1$, $\alpha\beta=-4$

$\therefore \alpha^2-\beta^2=(\alpha+\beta)(\alpha-\beta)=-(\alpha-\beta)$

이때

$$(\alpha-\beta)^2=(\alpha+\beta)^2-4\alpha\beta$$
$$=(-1)^2-4\times(-4)=17$$

이므로 $\alpha-\beta=\sqrt{17}\ (\because\ \alpha>\beta)$

$\therefore \alpha^2-\beta^2=-(\alpha-\beta)=-\sqrt{17}$ **답** $-\sqrt{17}$

264

전략 $|f(x)|=k\ (k>0)$이면 $f(x)=k$ 또는 $f(x)=-k$임을 이용한다.

$|x^2-2x-a+3|=1$에서

$x^2-2x-a+3=1$

또는 $x^2-2x-a+3=-1$

$\therefore x^2-2x-a+2=0$

또는 $x^2-2x-a+4=0$

이때 $a>3$에서 두 이차방정식은 실근을 가지므로 주어진 방정식의 모든 실근의 곱은 두 이차방정식의 모든 근의 곱과 같다.

$x^2-2x-a+2=0$에서 근과 계수의 관계에 의하여 두 근의 곱은 $-a+2$

$x^2-2x-a+4=0$에서 근과 계수의 관계에 의하여 두 근의 곱은 $-a+4$

이때 두 이차방정식의 근을 모두 곱하면 8이 되어야 하므로 $(-a+2)(-a+4)=8$

$a^2-6a=0$, $a(a-6)=0$

$\therefore a=6\,(\because\ a>3)$ **답** 6

265

전략 $\beta P(\alpha)+\alpha P(\beta)$를 $\alpha+\beta$, $\alpha\beta$에 대한 식으로 나타낸다.

이차방정식 $x^2+x-1=0$의 서로 다른 두 근이 α, β이므로 근과 계수의 관계에 의하여

$\alpha+\beta=-1$, $\alpha\beta=-1$

$\therefore \beta P(\alpha)+\alpha P(\beta)$
$=\beta(2\alpha^2-3\alpha)+\alpha(2\beta^2-3\beta)$
$=2\alpha^2\beta-3\alpha\beta+2\alpha\beta^2-3\alpha\beta$
$=2\alpha\beta(\alpha+\beta)-6\alpha\beta$
$=2\times(-1)\times(-1)-6\times(-1)$
$=8$ **답** ④

266

전략 $\alpha^2-4\alpha+2=0$, $\beta^2-4\beta+2=0$임을 이용한다.

이차방정식 $x^2-4x+2=0$의 두 근이 α, β이므로

$\alpha^2-4\alpha+2=0$, $\beta^2-4\beta+2=0$

$\therefore \sqrt{2\alpha^3-7\alpha^2+4\alpha}+\sqrt{2\beta^3-7\beta^2+4\beta}$
$=\sqrt{2\alpha(\alpha^2-4\alpha+2)+\alpha^2}$
$\quad+\sqrt{2\beta(\beta^2-4\beta+2)+\beta^2}$
$=\sqrt{\alpha^2}+\sqrt{\beta^2}$
$=|\alpha|+|\beta|$ ⋯⋯ ㉠

이때 이차방정식 $x^2-4x+2=0$의 판별식을 D라 하면

$$\frac{D}{4}=(-2)^2-2=2>0$$

이므로 α, β는 실수이다.

또 근과 계수의 관계에 의하여

$\alpha+\beta=4>0$, $\alpha\beta=2>0$

이므로 $\alpha>0$, $\beta>0$

따라서 ㉠에서

$\sqrt{2\alpha^3-7\alpha^2+4\alpha}+\sqrt{2\beta^3-7\beta^2+4\beta}$
$=\alpha+\beta=4$ **답** 4

267

전략 근과 계수의 관계를 이용하여 주어진 등식을 k에 대한 이차방정식으로 나타낸다.

이차방정식 $x^2-(4k+1)x+2k+1=0$의 두 근이 α, β이므로 근과 계수의 관계에 의하여

$\alpha+\beta=4k+1$, $\alpha\beta=2k+1$ ⋯⋯ ㉠

$\alpha^2\beta+\alpha\beta^2-\alpha-\beta=6$에서

$\alpha\beta(\alpha+\beta)-(\alpha+\beta)=6$ ⋯⋯ ㉡

ⓒ에 ㉠을 대입하면

$$(2k+1)(4k+1)-(4k+1)=6$$
$$4k^2+k-3=0, \qquad (k+1)(4k-3)=0$$
$$\therefore k=-1 \ (\because k는 정수) \qquad \qquad 답 \ -1$$

268

전략 두 근 $\dfrac{2}{3}$와 $\dfrac{7}{2}$을 이용하여 a, c의 관계식을 구하고, 두 근 $\dfrac{5}{3}$와 1을 이용하여 a, b의 관계식을 구한다.

$ax^2+bx+c=0$에서 a와 c를 바르게 보고 풀었을 때의 두 근이 $\dfrac{2}{3}$와 $\dfrac{7}{2}$이므로 두 근의 곱은

$$\frac{c}{a}=\frac{2}{3}\times\frac{7}{2}=\frac{7}{3}$$
$$\therefore c=\frac{7}{3}a \qquad\qquad \cdots\cdots ㉠$$

또 $ax^2+bx+c=0$에서 a와 b를 바르게 보고 풀었을 때의 두 근이 $\dfrac{5}{3}$와 1이므로 두 근의 합은

$$-\frac{b}{a}=\frac{5}{3}+1=\frac{8}{3}$$
$$\therefore b=-\frac{8}{3}a \qquad\qquad \cdots\cdots ㉡$$

$ax^2+bx+c=0$에 ㉠, ㉡을 대입하면

$$ax^2-\frac{8}{3}ax+\frac{7}{3}a=0$$

이때 $a\neq0$이므로 양변에 $\dfrac{3}{a}$을 곱하면

$$3x^2-8x+7=0$$

따라서 처음 이차방정식의 근은

$$x=\frac{4\pm\sqrt{5}i}{3} \qquad\qquad 답 \ x=\frac{4\pm\sqrt{5}i}{3}$$

269

전략 두 근의 곱이 음수이므로 두 근을 α, -2α로 놓는다.

근과 계수의 관계에 의하여 두 근의 곱이 $-18<0$이므로 두 근의 부호는 서로 다르다.

이때 두 근의 절댓값의 비가 2 : 1이므로 두 근을 α, -2α $(\alpha\neq0)$라 하면 근과 계수의 관계에 의하여

$$\alpha+(-2\alpha)=-(m-5) \qquad \cdots\cdots ㉠$$
$$\alpha\times(-2\alpha)=-18 \qquad\qquad \cdots\cdots ㉡$$

㉡에서 $\alpha^2=9$ $\therefore \alpha=\pm3$

㉠에서 $m=\alpha+5$이므로

$$m=2 \ 또는 \ m=8 \qquad\qquad 답 \ 2, 8$$

270

전략 $f(x)=k$이면 $f(x)-k=0$임을 이용한다.

이차방정식 $x^2+x-4=0$의 두 근이 α, β이므로

$$x^2+x-4=(x-\alpha)(x-\beta)$$

로 인수분해된다.

한편 $f(\alpha)=f(\beta)=1$에서

$$f(\alpha)-1=f(\beta)-1=0$$

즉 이차방정식 $f(x)-1=0$의 두 근이 α, β이고 이차식 $f(x)$의 이차항의 계수가 1이므로

$$f(x)-1=(x-\alpha)(x-\beta)=x^2+x-4$$
$$\therefore f(x)=x^2+x-3$$

$$답 \ f(x)=x^2+x-3$$

271

전략 켤레근의 성질을 이용하여 m, n의 값을 구한다.

이차방정식 $x^2+mx+n=0$에서 m, n이 실수이고 한 근이 $-1+2i$이므로 다른 한 근은 $-1-2i$이다.

따라서 근과 계수의 관계에 의하여

$$(-1+2i)+(-1-2i)=-m이므로 \qquad m=2$$
$$(-1+2i)(-1-2i)=n이므로 \qquad n=5$$

두 근 $\dfrac{1}{m}$, $\dfrac{1}{n}$의 합과 곱을 구하면

$$\frac{1}{m}+\frac{1}{n}=\frac{1}{2}+\frac{1}{5}=\frac{7}{10}$$
$$\frac{1}{m}\times\frac{1}{n}=\frac{1}{2}\times\frac{1}{5}=\frac{1}{10}$$

즉 $\dfrac{1}{m}$, $\dfrac{1}{n}$을 두 근으로 하고 x^2의 계수가 1인 이차방정식은

$$x^2-\frac{7}{10}x+\frac{1}{10}=0$$

따라서 $a=-\dfrac{7}{10}$, $b=\dfrac{1}{10}$이므로

$$a+b=-\frac{3}{5} \qquad\qquad 답 \ -\frac{3}{5}$$

272

전략 $|A|^2=A^2$임을 이용하여 주어진 등식을 변형한다.

이차방정식 $x^2-4x+k=0$의 두 근이 α, β이므로 근과 계수의 관계에 의하여

$$\alpha+\beta=4, \ \alpha\beta=k \qquad\qquad \cdots\cdots ㉠$$

$|\alpha|+|\beta|=6$의 양변을 제곱하면

$$|\alpha|^2+2|\alpha||\beta|+|\beta|^2=36$$
$$\alpha^2+2|\alpha\beta|+\beta^2=36$$
$$\therefore (\alpha+\beta)^2-2\alpha\beta+2|\alpha\beta|=36 \quad \cdots\cdots \text{ⓛ}$$

ⓛ에 ㉠을 대입하면

$$4^2-2k+2|k|=36$$
$$\therefore k-|k|=-10$$

(ⅰ) $k \ge 0$일 때,

$$k-|k|=k-k=0$$

이므로 등식을 만족시키지 않는다.

(ⅱ) $k < 0$일 때,

$$k-|k|=k+k=-10$$
$$2k=-10 \quad \therefore k=-5$$

(ⅰ), (ⅱ)에서 $\quad k=-5$ 답 -5

273

전략 근과 계수의 관계를 이용하여 $\alpha+1$, $\beta+1$의 합과 곱을 구한다.

이차방정식 $x^2-5x+2=0$의 두 근이 α, β이므로 근과 계수의 관계에 의하여

$$\alpha+\beta=5,\ \alpha\beta=2$$

한편 $Q(x)=P(x)+x-3$이라 하면 이차방정식 $Q(x)=0$의 두 근이 $\alpha+1$, $\beta+1$이다.

$\alpha+1$, $\beta+1$의 합과 곱을 구하면

$$(\alpha+1)+(\beta+1)=\alpha+\beta+2=5+2=7,$$
$$(\alpha+1)(\beta+1)=\alpha\beta+\alpha+\beta+1=2+5+1=8$$

이므로

$$Q(x)=a(x^2-7x+8)\ (a\text{는 0이 아닌 상수})$$

이라 할 수 있다.

이때 $Q(-1)=P(-1)-1-3=-4$이므로

$$a\{(-1)^2-7\times(-1)+8\}=-4$$
$$\therefore a=-\frac{1}{4}$$

즉 $Q(x)=-\frac{1}{4}(x^2-7x+8)$이므로

$$Q(2)=-\frac{1}{4}\times(2^2-7\times2+8)=\frac{1}{2}$$

따라서 $P(2)+2-3=\frac{1}{2}$이므로

$$P(2)=\frac{3}{2}$$ 답 $\dfrac{3}{2}$

274

전략 정사각형의 한 변의 길이를 k로 놓고, 삼각형의 닮음을 이용하여 k를 α, β에 대한 식으로 나타낸다.

이차방정식 $x^2-4x+2=0$의 두 근이 α, β이므로 근과 계수의 관계에 의하여

$$\alpha+\beta=4,\ \alpha\beta=2$$

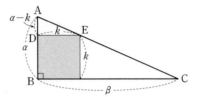

위의 그림과 같이 직각삼각형 ABC에 내접하는 정사각형의 한 변의 길이를 k라 하면

$\triangle ADE \backsim \triangle ABC$ (AA 닮음)이므로

$$\overline{AD}:\overline{AB}=\overline{DE}:\overline{BC}$$
$$(\alpha-k):\alpha=k:\beta$$
$$(\alpha-k)\beta=\alpha k$$
$$(\alpha+\beta)k=\alpha\beta$$
$$\therefore k=\frac{\alpha\beta}{\alpha+\beta}=\frac{2}{4}=\frac{1}{2}$$

이때 한 변의 길이가 $\frac{1}{2}$인 정사각형의 넓이는

$\frac{1}{2}\times\frac{1}{2}=\frac{1}{4}$이고, 둘레의 길이는 $4\times\frac{1}{2}=2$이므로

이차방정식 $4x^2+mx+n=0$의 두 근은 $\frac{1}{4}$, 2이다.

$\frac{1}{4}$, 2를 두 근으로 하고 x^2의 계수가 4인 이차방정식은

$$4\left\{x^2-\left(\frac{1}{4}+2\right)x+\frac{1}{4}\times2\right\}=0$$
$$\therefore 4x^2-9x+2=0$$

따라서 $m=-9$, $n=2$이므로

$$m+n=-7$$ 답 ⑤

3 이차방정식과 이차함수

Ⅱ. 방정식과 부등식

01 이차방정식과 이차함수의 관계   ● 본책 132~142쪽

275

$y=-3x^2+6kx-k^2-k-5$

$=-3(x-k)^2+2k^2-k-5$

이므로 이 함수의 그래프의 꼭짓점의 좌표는

$(k,\ 2k^2-k-5)$

이 점이 직선 $y=x-1$ 위에 있으므로

$2k^2-k-5=k-1$

$k^2-k-2=0,\qquad (k+1)(k-2)=0$

$\therefore k=2\ (\because k>0)$ 답 **2**

276

이차함수의 식을 $y=a(x+3)(x-1)$ (a는 상수)이

라 하면 이 함수의 그래프가 점 $(0, 3)$을 지나므로

$3=-3a\qquad \therefore a=-1$

따라서 이차함수의 식은

$y=-(x+3)(x-1)$

이 함수의 그래프가 점 $(2, k)$를 지나므로

$k=-5\times 1=-5$ 답 **−5**

277

이차함수 $y=ax^2+bx+c$의 그래프에서

그래프가 아래로 볼록하므로 $a>0$

축이 y축의 왼쪽에 있으므로

$-\dfrac{b}{2a}<0\qquad \therefore b>0$

y축과의 교점이 원점이므로 $c=0$

ㄱ. $a>0$, $b>0$이므로 $ab>0$ (참)

ㄴ. $x=-1$일 때 $y<0$이므로 $a-b+c<0$

   이때 $c=0$이므로 $a-b<0$ (거짓)

ㄷ. $x=-2$일 때 $y=0$이므로 $4a-2b+c=0$ (참)

ㄹ. $x=\dfrac{1}{3}$일 때 $y>0$이므로 $\dfrac{1}{9}a+\dfrac{1}{3}b+c>0$

   $\therefore a+3b+9c>0$ (참)

따라서 옳은 것은 ㄱ, ㄷ, ㄹ이다.   답 **ㄱ, ㄷ, ㄹ**

278

(1) 이차방정식 $3x^2+6x=0$에서

$x(x+2)=0$

$\therefore x=0$ 또는 $x=-2$

따라서 주어진 이차함수의 그래프와 x축의 교점의

x좌표는 -2, 0이다.

(2) 이차방정식 $-x^2-2x+8=0$에서

$x^2+2x-8=0,\qquad (x+4)(x-2)=0$

$\therefore x=-4$ 또는 $x=2$

따라서 주어진 이차함수의 그래프와 x축의 교점의

x좌표는 -4, 2이다.

(3) 이차방정식 $-x^2+8x-16=0$에서

$x^2-8x+16=0,\qquad (x-4)^2=0$

$\therefore x=4$ (중근)

따라서 주어진 이차함수의 그래프와 x축의 교점의

x좌표는 4이다.

답 (1) **−2, 0** (2) **−4, 2** (3) **4**

279

(1) 이차방정식 $x^2+2x-4=0$의 판별식을 D라 하면

$\dfrac{D}{4}=1^2-1\times(-4)=5>0$

이므로 주어진 이차함수의 그래프와 x축의 교점의

개수는 2이다.

(2) 이차방정식 $2x^2-3x+3=0$의 판별식을 D라 하면

$D=(-3)^2-4\times 2\times 3=-15<0$

이므로 주어진 이차함수의 그래프와 x축의 교점의

개수는 0이다.

(3) 이차방정식 $-x^2+4x-4=0$의 판별식을 D라 하면

$\dfrac{D}{4}=2^2-(-1)\times(-4)=0$

이므로 주어진 이차함수의 그래프와 x축의 교점의

개수는 1이다.

(4) 이차방정식 $3x^2-4x-2=0$의 판별식을 D라 하면

$\dfrac{D}{4}=(-2)^2-3\times(-2)=10>0$

이므로 주어진 이차함수의 그래프와 x축의 교점의

개수는 2이다.

답 (1) **2** (2) **0** (3) **1** (4) **2**

280

(1) $2x^2+x-2=10x-6$에서
$$2x^2-9x+4=0, \qquad (2x-1)(x-4)=0$$
$$\therefore x=\frac{1}{2} \text{ 또는 } x=4$$
따라서 주어진 이차함수의 그래프와 직선의 교점의
x좌표는 $\frac{1}{2}$, 4이다.

(2) $-x^2+3x+1=-x-6$에서
$$x^2-4x-7=0 \qquad \therefore x=2\pm\sqrt{11}$$
따라서 주어진 이차함수의 그래프와 직선의 교점의
x좌표는 $2\pm\sqrt{11}$이다.

(3) $x^2-3x+7=3x-2$에서 $\qquad x^2-6x+9=0$
$$(x-3)^2=0 \qquad \therefore x=3 \ (\text{중근})$$
따라서 주어진 이차함수의 그래프와 직선의 교점의
x좌표는 3이다.

답 (1) $\dfrac{1}{2}$, **4** (2) $2\pm\sqrt{11}$ (3) **3**

281

(1) $x^2-3x+3=x-2$에서 $\qquad x^2-4x+5=0$
이 이차방정식의 판별식을 D라 하면
$$\frac{D}{4}=(-2)^2-1\times5=-1<0$$
이므로 주어진 이차함수의 그래프와 직선은 만나지
않는다.

(2) $4x^2+5x+2=x+1$에서 $\qquad 4x^2+4x+1=0$
이 이차방정식의 판별식을 D라 하면
$$\frac{D}{4}=2^2-4\times1=0$$
이므로 주어진 이차함수의 그래프와 직선은 한 점
에서 만난다. (접한다.)

(3) $2x^2+3x=2x-1$에서 $\qquad 2x^2+x+1=0$
이 이차방정식의 판별식을 D라 하면
$$D=1^2-4\times2\times1=-7<0$$
이므로 주어진 이차함수의 그래프와 직선은 만나지
않는다.

(4) $-2x^2+8x+2=2x+5$에서 $\qquad 2x^2-6x+3=0$
이 이차방정식의 판별식을 D라 하면
$$\frac{D}{4}=(-3)^2-2\times3=3>0$$

이므로 주어진 이차함수의 그래프와 직선은 서로
다른 두 점에서 만난다.

답 (1) **만나지 않는다.**
(2) **한 점에서 만난다. (접한다.)**
(3) **만나지 않는다.**
(4) **서로 다른 두 점에서 만난다.**

282

이차함수 $y=x^2+ax-4$의 그래프와 x축의 교점의 x
좌표가 -1, b이므로 이차방정식 $x^2+ax-4=0$의
두 근이 -1, b이다.
따라서 이차방정식의 근과 계수의 관계에 의하여
$$-1+b=-a, \ -1\times b=-4$$
$$\therefore a=-3, \ b=4$$
$$\therefore ab=-12 \qquad\qquad \text{답} \ -12$$

283

이차함수 $y=x^2+2x+k$의 그래프가 x축과 만나는
두 점의 x좌표를 각각 α, β라 하면 α, β는 이차방정식
$x^2+2x+k=0$의 두 근이므로 근과 계수의 관계에 의
하여
$$\alpha+\beta=-2, \ \alpha\beta=k \qquad\qquad \cdots\cdots \ \text{㉠}$$
이때 두 점 사이의 거리가 4이므로
$$|\alpha-\beta|=4$$
양변을 제곱하면 $\qquad (\alpha-\beta)^2=16$
$$\therefore (\alpha+\beta)^2-4\alpha\beta=16 \qquad\qquad \cdots\cdots \ \text{㉡}$$
㉡에 ㉠을 대입하면
$$(-2)^2-4k=16 \qquad \therefore k=-3 \qquad \text{답} \ -3$$

다른 풀이 $y=x^2+2x+k=(x+1)^2+k-1$
이므로 이 이차함수의 그래프의 축의 방정식은 $x=-1$
이다.
이때 주어진 이차함수의 그래프
가 x축과 만나는 두 점을 각각
A, B라 하면 $\overline{AB}=4$이므로
$$A(-3, 0), B(1, 0)$$

따라서 이차방정식
$x^2+2x+k=0$의 두 근이 -3, 1이므로 근과 계수의
관계에 의하여
$$-3\times1=k \qquad \therefore k=-3$$

284

이차방정식 $x^2-2kx+k^2+k+3=0$의 판별식을 D
라 하면

$$\frac{D}{4}=(-k)^2-(k^2+k+3)=-k-3$$

(1) 서로 다른 두 점에서 만나려면 $D>0$이어야 하므로

$$-k-3>0 \qquad \therefore k<-3$$

(2) 접하려면 $D=0$이어야 하므로

$$-k-3=0 \qquad \therefore k=-3$$

(3) 만나지 않으려면 $D<0$이어야 하므로

$$-k-3<0 \qquad \therefore k>-3$$

답 (1) $\pmb{k<-3}$ (2) $\pmb{k=-3}$ (3) $\pmb{k>-3}$

285

이차함수 $y=ax^2-8x+a+6$의 그래프가 x축과 접
해야 하므로 이차방정식 $ax^2-8x+a+6=0$의 판별
식을 D라 하면

$$\frac{D}{4}=(-4)^2-a(a+6)=0$$

$$a^2+6a-16=0, \qquad (a+8)(a-2)=0$$

$$\therefore a=-8 \text{ 또는 } a=2$$

$$\therefore \alpha^2+\beta^2=(-8)^2+2^2=68$$

답 **68**

286

이차함수 $y=2x^2-3x+1$의 그래프와 직선
$y=ax+b$의 교점의 x좌표는 이차방정식

$$2x^2-3x+1=ax+b, \text{ 즉}$$

$$2x^2-(3+a)x+1-b=0 \qquad \cdots\cdots \text{㉠}$$

의 실근과 같으므로 이차방정식 ㉠의 두 근이 -2, 5
이다.

따라서 이차방정식의 근과 계수의 관계에 의하여

$$-2+5=\frac{3+a}{2}, \quad -2\times5=\frac{1-b}{2}$$

$$\therefore a=3, b=21 \qquad \therefore a+b=24$$

답 **24**

287

이차함수 $y=2x^2+5x-3$의 그래프와 직선
$y=-x+k$의 교점의 x좌표는 이차방정식

$$2x^2+5x-3=-x+k, \text{ 즉}$$

$$2x^2+6x-3-k=0 \qquad \cdots\cdots \text{㉠}$$

의 실근과 같으므로 이차방정식 ㉠의 한 근이 -3이다.

㉠에 $x=-3$을 대입하면

$$18-18-3-k=0 \qquad \therefore k=-3$$

㉠에 $k=-3$을 대입하면 $\qquad 2x^2+6x=0$

$$x(x+3)=0 \qquad \therefore x=-3 \text{ 또는 } x=0$$

따라서 점 B의 x좌표는 0이므로 $y=-x-3$에 $x=0$
을 대입하면 $\qquad y=-3$

즉 점 B의 좌표는 $(0, -3)$이다. 답 **(0, -3)**

[다른 풀이] $2x^2+5x-3=-x+k$, 즉

$2x^2+6x-3-k=0$의 한 근이 -3이므로 다른 한 근
을 α라 하면 이차방정식의 근과 계수의 관계에 의하여

$$-3+\alpha=-\frac{6}{2} \qquad \therefore \alpha=0$$

따라서 점 B의 x좌표가 0이므로 점 B의 좌표는

$$(0, -3)$$

288

이차함수 $y=x^2-ax+b$의 그래프와 직선
$y=2x-1$의 교점의 x좌표는 이차방정식

$$x^2-ax+b=2x-1, \text{ 즉}$$

$$x^2-(a+2)x+b+1=0 \qquad \cdots\cdots \text{㉠}$$

의 실근과 같다.

이때 a, b가 유리수이고 이차방정식 ㉠의 한 근이
$2-\sqrt{3}$이므로 다른 한 근은 $2+\sqrt{3}$이다.

따라서 이차방정식의 근과 계수의 관계에 의하여

$$(2-\sqrt{3})+(2+\sqrt{3})=a+2$$

$$(2-\sqrt{3})(2+\sqrt{3})=b+1$$

$$\therefore a=2, b=0 \qquad \therefore a+b=2$$

답 **2**

289

이차방정식 $x^2-5x-3=-x+k$, 즉
$x^2-4x-3-k=0$의 판별식을 D라 하면

$$\frac{D}{4}=(-2)^2-(-3-k)=k+7$$

(1) 서로 다른 두 점에서 만나려면 $D>0$이어야 하므로

$$k+7>0 \qquad \therefore k>-7$$

(2) 접하려면 $D=0$이어야 하므로

$$k+7=0 \qquad \therefore k=-7$$

(3) 만나지 않으려면 $D<0$이어야 하므로

$$k+7<0 \qquad \therefore k<-7$$

답 (1) $\pmb{k>-7}$ (2) $\pmb{k=-7}$ (3) $\pmb{k<-7}$

II -3

이차방정식과 이차함수

290

이차함수 $y=x^2-2mx+1+m^2$의 그래프와 직선
$y=2x-1$이 만나므로 이차방정식
$x^2-2mx+1+m^2=2x-1$, 즉
$x^2-2(m+1)x+2+m^2=0$의 판별식을 D라 하면

$$\frac{D}{4}=\{-(m+1)\}^2-(2+m^2)\geq0$$

$$2m-1\geq0 \qquad \therefore m\geq\frac{1}{2} \qquad \text{답 } m\geq\frac{1}{2}$$

291

직선 $y=ax+b$는 직선 $y=-2x+3$과 평행하므로

$$a=-2$$

직선 $y=-2x+b$가 이차함수 $y=x^2+x+4$의 그래프에 접하므로 이차방정식 $x^2+x+4=-2x+b$, 즉
$x^2+3x+4-b=0$의 판별식을 D라 하면

$$D=3^2-4\times1\times(4-b)=0$$

$$4b-7=0 \qquad \therefore b=\frac{7}{4} \qquad \text{답 } a=-2, \ b=\frac{7}{4}$$

📓 **개념 노트**

두 일차함수의 그래프의 평행

서로 평행한 두 일차함수의 그래프는 기울기가 같고 y절편이 다르다.

⇨ 두 일차함수 $y=ax+b$와 $y=cx+d$의 그래프가 서로 평행하면 $a=c, \ b\neq d$

연습 문제 ●━━━ 본책 143~144쪽

292

전략 이차함수 $y=f(x)$의 그래프와 x축의 교점의 x좌표는 $f(x)=0$의 실근임을 이용한다.

이차함수 $y=x^2-(a+2)x+b^2-b$의 그래프와 x축의 두 교점의 x좌표가 1, 6이므로 이차방정식
$x^2-(a+2)x+b^2-b=0$의 두 근이 1, 6이다.
따라서 이차방정식의 근과 계수의 관계에 의하여

$$1+6=a+2, \ 1\times6=b^2-b$$

$7=a+2$에서 $a=5$

$6=b^2-b$에서 $b^2-b-6=0$

$$(b+2)(b-3)=0 \qquad \therefore b=3 \ (\because b>0)$$

$$\therefore a+b=8 \qquad \text{답 } 8$$

293

전략 이차함수의 그래프가 지나는 점과 이차방정식의 판별식을 이용하여 a, b에 대한 식을 세운다.

이차함수 $y=x^2+ax+b$의 그래프가 점 $(-1, 4)$를 지나므로

$$4=1-a+b \qquad \therefore b=a+3 \qquad \cdots\cdots \ \bigcirc$$

또 이차함수 $y=x^2+ax+b$의 그래프가 x축에 접하므로 이차방정식 $x^2+ax+b=0$의 판별식을 D라 하면

$$D=a^2-4b=0 \qquad \cdots\cdots \ \bigcirc$$

$\bigcirc$에 $\bigcirc$을 대입하면 $a^2-4(a+3)=0$

$$a^2-4a-12=0, \qquad (a+2)(a-6)=0$$

$$\therefore a=6 \ (\because a>0)$$

$\bigcirc$에 $a=6$을 대입하면 $b=9$

$$\therefore ab=54 \qquad \text{답 } 54$$

294

전략 이차방정식 $x^2+2kx+k=0$은 중근을 갖고, 이차방정식 $2x^2-x+k=0$은 허근을 가짐을 이용한다.

이차함수 $y=x^2+2kx+k$의 그래프가 x축과 한 점에서 만나므로 이차방정식 $x^2+2kx+k=0$의 판별식을 D_1이라 하면

$$\frac{D_1}{4}=k^2-k=0, \qquad k(k-1)=0$$

$$\therefore k=0 \text{ 또는 } k=1 \qquad \cdots\cdots \ \bigcirc$$

또 이차함수 $y=2x^2-x+k$의 그래프가 x축과 만나지 않으므로 이차방정식 $2x^2-x+k=0$의 판별식을 D_2라 하면 $D_2=(-1)^2-4\times2\times k<0$

$$1-8k<0 \qquad \therefore k>\frac{1}{8} \qquad \cdots\cdots \ \bigcirc$$

$\bigcirc$, $\bigcirc$에서 $k=1$ 　　　　　　　　 답 **1**

295

전략 이차함수 $y=f(x)$의 그래프와 직선 $y=g(x)$의 교점의 x좌표가 이차방정식 $f(x)=g(x)$의 실근임을 이용한다.

이차함수 $y=x^2-x+3$의 그래프와 직선 $y=ax+2$의 교점의 x좌표는 이차방정식

$$x^2-x+3=ax+2, \ 즉$$

$$x^2-(a+1)x+1=0 \qquad \cdots\cdots \ \bigcirc$$

의 실근과 같으므로 이차방정식 $\bigcirc$의 두 근이 x_1, x_2이다.

따라서 이차방정식의 근과 계수의 관계에 의하여

$$x_1+x_2=a+1$$

즉 $a+1=4$이므로　　$a=3$

이때 두 점 (x_1, y_1), (x_2, y_2)가 직선 $y=3x+2$ 위의 점이므로

$$y_1=3x_1+2,\ y_2=3x_2+2$$

$$\therefore\ y_1+y_2=3x_1+2+3x_2+2$$
$$=3(x_1+x_2)+4$$
$$=3\times4+4=16$$

답 16

296

전략 이차방정식의 켤레근의 성질을 이용하여 다른 교점의 x좌표를 구한다.

이차함수 $y=-x^2+4x-1$의 그래프와 직선 $y=ax+b$의 교점의 x좌표는 이차방정식

$$-x^2+4x-1=ax+b,\ 즉$$

$$x^2+(a-4)x+b+1=0 \qquad \cdots\cdots ㉠$$

의 실근과 같다.

이때 a, b가 모두 유리수이고 이차방정식 ㉠의 한 근이 $1+\sqrt5$이므로 다른 한 근은 $1-\sqrt5$이다.

따라서 이차방정식의 근과 계수의 관계에 의하여

$$(1+\sqrt5)+(1-\sqrt5)=-a+4$$
$$(1+\sqrt5)(1-\sqrt5)=b+1$$
$$\therefore a=2,\ b=-5$$
$$\therefore ab=-10$$

답 -10

297

전략 두 직선의 기울기가 같음을 이용하여 직선의 방정식을 구하고, 이차함수의 식과 연립하여 얻은 이차방정식이 중근을 가짐을 이용한다.

직선 $y=mx+3$은 직선 $y=4x-5$와 평행하므로

$$m=4$$

직선 $y=4x+3$이 이차함수 $y=ax^2+1$의 그래프에 접하므로 이차방정식 $ax^2+1=4x+3$, 즉

$ax^2-4x-2=0$의 판별식을 D라 하면

$$\frac{D}{4}=(-2)^2-a\times(-2)=0$$
$$4+2a=0 \quad \therefore a=-2$$
$$\therefore a^2+m^2=4+16=20$$

답 ④

298

전략 이차함수 $y=f(x)$의 그래프와 직선 $y=g(x)$가 접하면 이차방정식 $f(x)=g(x)$가 중근을 가짐을 이용한다.

이차함수 $y=x^2+ax+3a-1$의 그래프가 직선 $y=-x+4$에 접하므로 이차방정식

$x^2+ax+3a-1=-x+4$, 즉

$x^2+(a+1)x+3a-5=0$의 판별식을 D_1이라 하면

$$D_1=(a+1)^2-4(3a-5)=0$$
$$a^2-10a+21=0,\quad (a-3)(a-7)=0$$
$$\therefore a=3\ 또는\ a=7 \qquad \cdots\cdots ㉠$$

또 이차함수 $y=x^2+ax+3a-1$의 그래프가 직선 $y=5x+7$에 접하므로 이차방정식

$x^2+ax+3a-1=5x+7$, 즉

$x^2+(a-5)x+3a-8=0$의 판별식을 D_2라 하면

$$D_2=(a-5)^2-4(3a-8)=0$$
$$a^2-22a+57=0,\quad (a-3)(a-19)=0$$
$$\therefore a=3\ 또는\ a=19 \qquad \cdots\cdots ㉡$$

㉠, ㉡에서　　$a=3$

답 3

299

전략 이차함수의 그래프와 x축의 교점의 x좌표를 이용하여 함수식을 세운다.

세 이차함수의 최고차항의 계수의 절댓값이 같으므로 양수 k에 대하여 두 이차함수 $f(x)$, $h(x)$의 최고차항의 계수를 k라 하면 이차함수 $g(x)$의 최고차항의 계수는 $-k$이다.

함수 $y=f(x)$의 그래프와 x축의 교점의 x좌표가 -1, 1이므로　　$f(x)=k(x+1)(x-1)$

함수 $y=g(x)$의 그래프와 x축의 교점의 x좌표가 -2, 1이므로　　$g(x)=-k(x+2)(x-1)$

함수 $y=h(x)$의 그래프와 x축의 교점의 x좌표가 1, 2이므로　　$h(x)=k(x-1)(x-2)$

$f(x)+g(x)+h(x)=0$에서

$$k(x+1)(x-1)-k(x+2)(x-1)$$
$$+k(x-1)(x-2)=0$$
$$k(x-1)\{(x+1)-(x+2)+(x-2)\}=0$$
$$k(x-1)(x-3)=0$$
$$\therefore x=1\ 또는\ x=3$$

따라서 방정식 $f(x)+g(x)+h(x)=0$의 모든 근의 합은

$$1+3=4 \qquad \text{달 ④}$$

다른 풀이 $f(x)+g(x)+h(x)=0$에서

$$k(x+1)(x-1)-k(x+2)(x-1)$$
$$+k(x-1)(x-2)=0$$
$$\therefore kx^2-4kx+3k=0$$

따라서 이차방정식의 근과 계수의 관계에 의하여 방정식 $f(x)+g(x)+h(x)=0$의 모든 근의 합은

$$-\frac{-4k}{k}=4 \ (\because k\neq0)$$

300

전략 이차방정식 $3x^2+kx-1=0$의 두 근의 차가 $\frac{4}{3}$임을 이용한다.

이차함수 $y=3x^2+kx-1$의 그래프가 x축과 만나는 두 점 P, Q의 x좌표를 각각 α, β라 하면 α, β는 이차방정식 $3x^2+kx-1=0$의 두 근이므로 근과 계수의 관계에 의하여

$$\alpha+\beta=-\frac{k}{3}, \ \alpha\beta=-\frac{1}{3} \qquad \cdots\cdots \ \boxdot$$

이때 $\overline{\mathrm{PQ}}=|\alpha-\beta|=\frac{4}{3}$이므로

$$(\alpha-\beta)^2=\frac{16}{9}$$
$$\therefore (\alpha+\beta)^2-4\alpha\beta=\frac{16}{9} \qquad \cdots\cdots \ \boxdot$$

$\boxdot$에 $\boxdot$을 대입하면

$$\left(-\frac{k}{3}\right)^2-4\times\left(-\frac{1}{3}\right)=\frac{16}{9}$$
$$\frac{k^2}{9}+\frac{4}{3}=\frac{16}{9}, \qquad k^2=4$$
$$\therefore k=\pm2$$

따라서 $y=3x^2\pm2x-1=3\left(x\pm\frac{1}{3}\right)^2-\frac{4}{3}$의 그래프의 꼭짓점 R의 좌표는

$$\left(\mp\frac{1}{3}, -\frac{4}{3}\right)$$
$$\therefore \triangle\mathrm{PQR}=\frac{1}{2}\times\frac{4}{3}\times\frac{4}{3}=\frac{8}{9} \qquad \text{달 } \frac{8}{9}$$

301

전략 이차방정식의 판별식을 이용하여 k에 대한 항등식을 세운다.

이차함수 $y=x^2-2(a+k)x+k^2-2k+b$의 그래프가 x축에 접하므로 이차방정식 $x^2-2(a+k)x+k^2-2k+b=0$의 판별식을 D라 하면

$$\frac{D}{4}=\{-(a+k)\}^2-(k^2-2k+b)=0$$
$$\therefore (2a+2)k+a^2-b=0$$

이 식이 k의 값에 관계없이 항상 성립하므로

$$2a+2=0, \ a^2-b=0 \qquad \therefore a=-1, \ b=1$$
$$\therefore ab=-1 \qquad \text{달 } -1$$

302

전략 이차함수 $y=f(x)$의 그래프와 직선 $y=g(x)$가 만나지 않으면 이차방정식 $f(x)=g(x)$는 실근을 갖지 않음을 이용한다.

이차함수 $y=\frac{1}{4}x^2+kx+14$의 그래프가 직선 $y=-2x-k^2-6$보다 항상 위쪽에 있으려면 이차함수의 그래프와 직선이 만나지 않아야 하므로 이차방정식 $\frac{1}{4}x^2+kx+14=-2x-k^2-6$, 즉 $\frac{1}{4}x^2+(k+2)x+k^2+20=0$의 판별식을 D라 하면

$$D=(k+2)^2-4\times\frac{1}{4}\times(k^2+20)<0$$
$$4k-16<0 \qquad \therefore k<4$$

따라서 주어진 조건을 만족시키는 자연수 k는 1, 2, 3의 3개이다. 　　달 3

303

전략 방정식 $f(2x-1)=0$의 해를 α, β로 나타낸다.

이차함수 $y=f(2x-1)$의 그래프와 x축의 교점의 x좌표는 $f(2x-1)=0$의 실근이다.

이때 이차함수 $y=f(x)$의 그래프에서 $f(\alpha)=0$, $f(\beta)=0$이므로 $f(2x-1)=0$이려면

$$2x-1=\alpha \text{ 또는 } 2x-1=\beta$$
$$\therefore x=\frac{\alpha+1}{2} \text{ 또는 } x=\frac{\beta+1}{2}$$

따라서 두 교점 사이의 거리는

$$\frac{\beta+1}{2}-\frac{\alpha+1}{2}=\frac{\beta-\alpha}{2} \qquad \cdots\cdots \ \boxdot$$

$\alpha+\beta=6$, $\alpha\beta=4$에서

$$(\beta-\alpha)^2=(\alpha+\beta)^2-4\alpha\beta$$
$$=6^2-4\times4=20$$
$$\therefore \beta-\alpha=2\sqrt{5}\ (\because \alpha<\beta)$$

㉠에 이것을 대입하면 구하는 거리는 $\sqrt{5}$이다.

달 $\sqrt{5}$

02 이차함수의 최대·최소
● 본책 145~151쪽

304

(1) $y=3x^2-6x+2$
$=3(x-1)^2-1$

(2) $x=1$일 때 **최솟값 -1**을 갖고, **최댓값은 없다.**

달 풀이 참조

305

(1) $y=2x^2+6x+3=2\left(x+\dfrac{3}{2}\right)^2-\dfrac{3}{2}$

따라서 $x=-\dfrac{3}{2}$일 때 **최솟값 $-\dfrac{3}{2}$**을 갖고, **최댓값은 없다.**

(2) $y=-3x^2+12x-15=-3(x-2)^2-3$

따라서 $x=2$일 때 **최댓값 -3**을 갖고, **최솟값은 없다.**

(3) $y=3x^2-18x+25=3(x-3)^2-2$

따라서 $x=3$일 때 **최솟값 -2**를 갖고, **최댓값은 없다.**

(4) $y=-\dfrac{1}{2}x^2-2x+5=-\dfrac{1}{2}(x+2)^2+7$

따라서 $x=-2$일 때 **최댓값 7**을 갖고, **최솟값은 없다.**

달 풀이 참조

306

달 2, 3, 2, 2, -3, 5, 5, -3

307

(1) 이차함수의 그래프의 꼭짓점의 x좌표 -1은 주어진 범위에 포함되지 않는다.

$0\le x\le1$에서

$x=0$일 때 $y=4$, $x=1$일 때 $y=7$

따라서 **최댓값은 7, 최솟값은 4**이다.

(2) 이차함수의 그래프의 꼭짓점의 x좌표 1은 주어진 범위에 포함되지 않는다.

$2\le x\le3$에서

$x=2$일 때 $y=-4$, $x=3$일 때 $y=-10$

따라서 **최댓값은 -4, 최솟값은 -10**이다.

(3) $y=3x^2-6x+6=3(x-1)^2+3$

이므로 이차함수의 그래프의 꼭짓점의 x좌표 1은 주어진 범위에 포함된다.

$-1\le x\le2$에서

$x=-1$일 때 $y=15$, $x=1$일 때 $y=3$,

$x=2$일 때 $y=6$

따라서 **최댓값은 15, 최솟값은 3**이다.

(4) $y=-4x^2+4x+3=-4\left(x-\dfrac{1}{2}\right)^2+4$

이므로 이차함수의 그래프의 꼭짓점의 x좌표 $\dfrac{1}{2}$은 주어진 범위에 포함된다.

$-1\le x\le3$에서

$x=-1$일 때 $y=-5$, $x=\dfrac{1}{2}$일 때 $y=4$,

$x=3$일 때 $y=-21$

따라서 **최댓값은 4, 최솟값은 -21**이다.

달 풀이 참조

308

$$y=-3x^2+2x+1=-3\left(x-\dfrac{1}{3}\right)^2+\dfrac{4}{3}$$

이므로 이차함수의 그래프의 꼭짓점의 x좌표 $\dfrac{1}{3}$이

$0\le x\le1$에 포함된다.

$0\le x\le1$에서

$x=0$일 때 $y=1$, $x=\dfrac{1}{3}$일 때 $y=\dfrac{4}{3}$,

$x=1$일 때 $y=0$

따라서 $M=\dfrac{4}{3}$, $m=0$이므로

$$M+m=\dfrac{4}{3}$$

달 $\dfrac{4}{3}$

309

$$y=\dfrac{1}{3}x^2-2x+k=\dfrac{1}{3}(x-3)^2-3+k$$

이 이차함수의 그래프의 꼭짓점의 x좌표 3이
$-3 \leq x \leq 4$에 포함되므로 $x=3$일 때 최솟값 $-3+k$
를 갖는다.
즉 $-3+k=-1$이므로 $k=2$
따라서 $y=\dfrac{1}{3}(x-3)^2-1$이므로

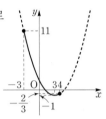

$\qquad x=-3$일 때 $y=11$,

$\qquad x=4$일 때 $y=-\dfrac{2}{3}$

즉 주어진 이차함수의 최댓값
은 11이다.

답 **11**

310

$x^2+4x=t$로 놓으면
$$t=x^2+4x=(x+2)^2-4$$
$$\therefore t \geq -4$$
이때 주어진 함수는
$$y=-t^2-10t+15$$
$$=-(t+5)^2+40 \ (t \geq -4)$$
이므로 $t=-4$일 때 최댓값 39를 갖는다.

답 **39**

311

$x^2+2x+2=t$로 놓으면
$$t=x^2+2x+2$$
$$=(x+1)^2+1$$
$-3 \leq x \leq 0$이므로 [그림 1]에
서
$$1 \leq t \leq 5$$
이때 주어진 함수는
$$y=t^2-4t-1$$
$$=(t-2)^2-5$$
$$(1 \leq t \leq 5)$$
이므로 [그림 2]에서
$\qquad t=5$일 때 최댓값 4,
$\qquad t=2$일 때 최솟값 -5
를 갖는다.
따라서 최댓값과 최솟값의 합은
$$4+(-5)=-1$$

답 **-1**

312

$$y=-5t^2+30t=-5(t-3)^2+45$$
이때 $0 \leq t \leq 6$이므로 $t=3$일 때 최댓값 45를 갖는다.
따라서 물체가 가장 높이 올라갔을 때의 지면으로부터
의 높이는 45 m이다.

답 **45 m**

313

오른쪽 그림과 같이
상가 건물의 바닥면의
가로의 길이를 x m라
하면

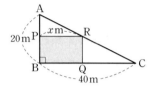

$\triangle APR \circ \triangle ABC$
(AA 닮음)이므로
$\overline{AP} : \overline{AB} = \overline{PR} : \overline{BC}$에서
$\qquad \overline{AP} : 20 = x : 40, \qquad 40\overline{AP} = 20x$

$\qquad \therefore \overline{AP} = \dfrac{1}{2}x \ (m)$

$\qquad \therefore \overline{PB} = 20 - \dfrac{1}{2}x \ (m)$

직사각형 PBQR의 넓이를 S m^{2}라 하면
$$S = \overline{PR} \times \overline{PB}$$
$$= x\left(20 - \dfrac{1}{2}x\right) = -\dfrac{1}{2}x^2 + 20x$$
$$= -\dfrac{1}{2}(x-20)^2 + 200$$
이때 $0 < x < 40$이므로 S는 $x=20$일 때 최댓값 200
을 갖는다.
따라서 상가 건물의 바닥면의 넓이의 최댓값은
200 m^{2}이다.

답 **200 m^2**

314

$$4x^2+y^2-16x+2y+1$$
$$=4(x-2)^2+(y+1)^2-16$$
이때 x, y가 실수이므로
$$(x-2)^2 \geq 0, \ (y+1)^2 \geq 0$$
따라서 주어진 식은 $x=2$, $y=-1$일 때 최솟값 -16
을 갖는다.

답 **-16**

315

$2x^2-y^2$에 $y=2x-1$을 대입하면
$$2x^2-y^2=2x^2-(2x-1)^2=-2x^2+4x-1$$
$$=-2(x-1)^2+1$$
따라서 주어진 이차식은 $x=1$, $y=1$일 때 최댓값 1을 갖는다.　　　　　　　　　　　　　　　　답 **1**

연습문제　　　　　　　　　● 본책 152~153쪽

316

전략 주어진 x의 값의 범위에서 이차함수의 그래프를 그려 본다.
$$y=-ax^2+8ax-14a-b$$
$$=-a(x-4)^2+2a-b$$
$a>0$이므로 $1\le x\le3$에서 이 이
차함수의 그래프는 오른쪽 그림
과 같다.

이때 이차함수의 그래프의 꼭짓
점의 x좌표 4는 $1\le x\le3$에 포함되지 않는다.
따라서 $x=3$일 때 최댓값 $a-b$를 가지므로
$$a-b=-2 \qquad\cdots\cdots\ \text{㉠}$$
$x=1$일 때 최솟값 $-7a-b$를 가지므로
$$-7a-b=-10 \qquad\cdots\cdots\ \text{㉡}$$
㉠, ㉡을 연립하여 풀면　　$a=1$, $b=3$
$$\therefore a+b=4 \qquad\qquad\qquad 답\ \textbf{4}$$

317

전략 주어진 조건을 이용하여 함수 $f(x)$를 구한다.
$f(-5)=f(3)$이므로 함수 $y=f(x)$의 그래프의 축의
방정식은
$$x=\frac{-5+3}{2}=-1$$
따라서 함수 $y=f(x)$의 그래프의 꼭짓점의 좌표가
$(-1, 1)$이므로
$$f(x)=(x+1)^2+1$$
$-2\le x\le2$에서
$$f(-2)=2,\ f(2)=10$$
이므로 구하는 최댓값은 10이다.　　　　답 **10**

318

전략 x^2-2x를 t로 치환하고, $-1\le x\le2$에서 t의 값의 범위를 구한다.

$x^2-2x=t$로 놓으면
$$t=x^2-2x$$
$$=(x-1)^2-1$$
$-1\le x\le2$이므로 [그림 1]에
서
$$-1\le t\le3$$

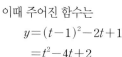

[그림 1]

이때 주어진 함수는
$$y=(t-1)^2-2t+1$$
$$=t^2-4t+2$$
$$=(t-2)^2-2$$
$$(-1\le t\le3)$$
이므로 [그림 2]에서
$$t=-1$$일 때 최댓값 7,
$$t=2$$일 때 최솟값 -2
를 갖는다.

[그림 2]

따라서 $M=7$, $m=-2$이므로
$$M+m=5 \qquad\qquad\qquad 답\ ②$$

319

전략 주어진 함수식을 변형하여 최댓값을 구한다.
$$y=-200x^2+1600x-1700$$
$$=-200(x-4)^2+1500$$
이므로 $x=4$일 때 최댓값 1500을 갖는다.
따라서 입장권 한 장의 가격을 4만 원으로 정할 때 수익이 최대가 되고, 그때의 수익은 1500만 원이다.

답 **가격: 4만 원, 수익: 1500만 원**

320

전략 $-3\le x\le0$인 경우와 $0\le x\le3$인 경우로 나누어 최댓값과 최솟값을 구한다.
(ⅰ) $-3\le x\le0$일 때
$y=x^2+4x+5=(x+2)^2+1$에서
$x=-3$일 때 $y=2$, $x=-2$일 때 $y=1$,
$x=0$일 때 $y=5$
이므로 최댓값은 5, 최솟값은 1이다.

(ii) $0 \leq x \leq 3$일 때
$$y = x^2 - 4x + 5 = (x-2)^2 + 1$$에서
$$x=0일 때 y=5, \ x=2일 때 y=1,$$
$$x=3일 때 y=2$$
이므로 최댓값은 5, 최솟값은 1이다.

(ⅰ), (ⅱ)에서 주어진 함수의 최댓값은 5, 최솟값은 1이
므로 구하는 차는
$$5-1=4$$ 답 **4**

참고 $-3 \leq x \leq 3$에서
$y = x^2 - 4|x| + 5$의 그래프는
오른쪽 그림과 같다.

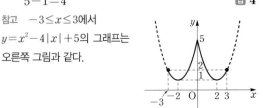

321

전략 먼저 주어진 이차함수의 식을 변형하여 $f(a)$를 구한다.

$$y = -x^2 - 2ax + 4a - 1$$
$$= -(x+a)^2 + a^2 + 4a - 1$$
따라서 $x = -a$일 때 최댓값은 $a^2 + 4a - 1$이므로
$$f(a) = a^2 + 4a - 1 = (a+2)^2 - 5$$
$-5 \leq a \leq 0$에서
$$f(-5) = 4, \ f(-2) = -5, \ f(0) = -1$$
이므로 $f(a)$는 $a=-2$일 때 최솟값 -5, $a=-5$일
때 최댓값 4를 갖는다.
따라서 구하는 합은
$$4 + (-5) = -1$$ 답 ③

322

전략 x의 값의 범위와 y의 값의 범위를 만족시키는 이차함수의
그래프를 그려 본다.

$$y = -x^2 - 2x + 1 = -(x+1)^2 + 2$$
$a \leq x \leq 0$에서 $-2 \leq y \leq b$이
려면 이 함수의 그래프가 오
른쪽 그림과 같아야 한다.
즉 $x = a$일 때 $y = -2$이므로
$$-2 = -a^2 - 2a + 1$$
$$a^2 + 2a - 3 = 0$$
$$(a+3)(a-1) = 0$$
$$\therefore a = -3 \ (\because a < 0)$$

또 $x = -1$일 때 $y = b$이므로
$$b = 2$$
$$\therefore a + b = -1$$ 답 **-1**

323

전략 주어진 조건을 이용하여 p, q에 대한 식을 세운다.

조건 ㈎에서 이차함수 $f(x) = -x^2 + px - q$의 그래
프가 x축에 접하므로 이차방정식 $f(x) = 0$의 판별식
을 D라 하면
$$D = p^2 - 4q = 0$$
$$\therefore q = \frac{p^2}{4} \qquad \cdots\cdots \ \bigcirc$$
$$\therefore f(x) = -x^2 + px - \frac{p^2}{4}$$
$$= -\left(x - \frac{p}{2}\right)^2$$
이차함수 $y = f(x)$의 그래프의 꼭짓점의 x좌표 $\frac{p}{2}$가
$-p \leq x \leq p$에 포함되므로
$$f(-p) = -\frac{9}{4}p^2, \ f\left(\frac{p}{2}\right) = 0, \ f(p) = -\frac{p^2}{4}$$
에서 이차함수 $f(x)$는 $x = -p$일 때 최솟값 $-\frac{9}{4}p^2$
을 갖는다.
즉 $-\frac{9}{4}p^2 = -54$이므로 $p^2 = 24$
$\bigcirc$에 $p^2 = 24$를 대입하면
$$q = \frac{24}{4} = 6$$
$$\therefore p^2 + q^2 = 24 + 36 = 60$$ 답 **60**

324

전략 $x^2 + 2x - 1$을 t로 치환하고, t의 값의 범위를 구한다.

$x^2 + 2x - 1 = t$로 놓으면
$$t = x^2 + 2x - 1 = (x+1)^2 - 2$$
$$\therefore t \geq -2$$
이때 주어진 함수는
$$y = -2t^2 + 12t - k$$
$$= -2(t-3)^2 + 18 - k \ (t \geq -2)$$
이므로 $t = 3$일 때 최댓값 $18 - k$를 갖는다.
즉 $18 - k = 15$이므로
$$k = 3$$ 답 **3**

325

전략 두 점 P, Q의 y좌표가 같음을 이용하여 $\overline{PQ}$의 길이에 대한 식을 세운다.

점 P의 x좌표를 a라 하면

$P(a, (a+1)^2)$

이때 두 점 P, Q의 y좌표가 같으므로 $y=x-3$에 $y=(a+1)^2$을 대입하면

$(a+1)^2=x-3$ ∴ $x=a^2+2a+4$

즉 점 Q의 좌표는 $(a^2+2a+4, (a+1)^2)$이므로

$\overline{PQ}=(a^2+2a+4)-a=a^2+a+4$

$=\left(a+\dfrac{1}{2}\right)^2+\dfrac{15}{4}$

따라서 $a=-\dfrac{1}{2}$일 때 $\overline{PQ}$의 길이의 최솟값은 $\dfrac{15}{4}$이다.

답 $\dfrac{15}{4}$

326

전략 x^2+y^2+2를 y에 대한 이차식으로 나타내어 최댓값과 최솟값을 구한다.

$y=x+1$에서 $x=y-1$이므로

$x^2+y^2+2=(y-1)^2+y^2+2=2y^2-2y+3$

$=2\left(y-\dfrac{1}{2}\right)^2+\dfrac{5}{2}$ $(-1\leq y\leq 3)$

따라서 주어진 식은 $y=\dfrac{1}{2}$일 때 최솟값 $\dfrac{5}{2}$, $y=3$일 때 최댓값 15를 가지므로

$M=15, m=\dfrac{5}{2}$

∴ $M-4m=15-4\times\dfrac{5}{2}=5$

답 5

327

전략 주어진 이차함수의 그래프의 꼭짓점의 x좌표가 3 미만일 때와 3 이상일 때로 나누어 최솟값을 구한다.

$y=2x^2-8kx=2(x-2k)^2-8k^2$ $(x\geq 3)$

(i) $2k<3$, 즉 $k<\dfrac{3}{2}$일 때,

꼭짓점의 x좌표가 주어진 범위에 포함되지 않으므로 $x=3$일 때 최솟값 $18-24k$를 갖는다.

즉 $18-24k=16$이므로

$k=\dfrac{1}{12}$

(ii) $2k\geq 3$, 즉 $k\geq\dfrac{3}{2}$일 때,

꼭짓점의 x좌표가 주어진 범위에 포함되므로 $x=2k$일 때 최솟값 $-8k^2$을 갖는다.

즉 $-8k^2=16$이므로 $k^2=-2$

이때 이를 만족시키는 실수 k의 값은 존재하지 않는다.

(i), (ii)에서 $k=\dfrac{1}{12}$

답 $\dfrac{1}{12}$

328

전략 $\overline{AQ}$, $\overline{BQ}$, $\overline{CQ}$의 길이를 x에 대한 식으로 나타낸다.

선분 AP는 한 변의 길이가 2인 정삼각형 ABC의 높이이므로

$\overline{AP}=\dfrac{\sqrt{3}}{2}\times 2=\sqrt{3}$

이때 $\overline{PQ}=x$이므로

$\overline{AQ}=\overline{AP}-\overline{PQ}=\sqrt{3}-x$

∴ $\overline{AQ}^2=(\sqrt{3}-x)^2=x^2-2\sqrt{3}x+3$

또 삼각형 BPQ는 직각삼각형이고, $\triangle BPQ\equiv\triangle CPQ$ (SAS 합동)이므로 피타고라스 정리에 의하여

$\overline{BQ}^2=\overline{CQ}^2=\overline{BP}^2+\overline{PQ}^2=1+x^2$

∴ $\overline{AQ}^2+\overline{BQ}^2+\overline{CQ}^2$

$=(x^2-2\sqrt{3}x+3)+(1+x^2)+(1+x^2)$

$=3x^2-2\sqrt{3}x+5$

$=3\left(x-\dfrac{\sqrt{3}}{3}\right)^2+4$

따라서 $\overline{AQ}^2+\overline{BQ}^2+\overline{CQ}^2$은 $x=\dfrac{\sqrt{3}}{3}$일 때 최솟값 4를 가지므로

$a=\dfrac{\sqrt{3}}{3}, m=4$

∴ $\dfrac{m}{a}=4\times\dfrac{3}{\sqrt{3}}=4\sqrt{3}$

답 ③

📓 개념 노트

한 변의 길이가 a인 정삼각형의 높이를 h, 넓이를 S라 하면

① $h=\dfrac{\sqrt{3}}{2}a$ ② $S=\dfrac{\sqrt{3}}{4}a^2$

01 삼차방정식과 사차방정식

● 본책 156~164쪽

329

(1) $(x-2)(2x-5)(x-3)=0$에서

$x=2$ 또는 $x=\dfrac{5}{2}$ 또는 $x=3$

(2) $(x+2)(x^2-3x+4)=0$에서

$x=-2$ 또는 $x=\dfrac{3\pm\sqrt{7}i}{2}$

(3) $x^3+4x=0$의 좌변을 인수분해하면

$x(x^2+4)=0$

$\therefore x=0$ 또는 $x=\pm 2i$

(4) $x^3+3x^2+2x=0$의 좌변을 인수분해하면

$x(x+2)(x+1)=0$

$\therefore x=0$ 또는 $x=-2$ 또는 $x=-1$

(5) $2x^3-x^2+2x-1=0$의 좌변을 인수분해하면

$x^2(2x-1)+(2x-1)=0$

$(2x-1)(x^2+1)=0$

$\therefore x=\dfrac{1}{2}$ 또는 $x=\pm i$

(6) $x^3+8=0$의 좌변을 인수분해하면

$(x+2)(x^2-2x+4)=0$

$\therefore x=-2$ 또는 $x=1\pm\sqrt{3}i$

(7) $x^3-27=0$의 좌변을 인수분해하면

$(x-3)(x^2+3x+9)=0$

$\therefore x=3$ 또는 $x=\dfrac{-3\pm 3\sqrt{3}i}{2}$

(8) $x^3+6x^2+12x+8=0$의 좌변을 인수분해하면

$(x+2)^3=0$ $\quad\therefore x=-2$ (삼중근)

🄫 풀이 참조

330

(1) $(x+3)(x+2)(x-1)(x-4)=0$에서

$x=-3$ 또는 $x=-2$ 또는 $x=1$ 또는 $x=4$

(2) $(x^2-3x+2)(x^2-3x-2)=0$에서

$(x-1)(x-2)(x^2-3x-2)=0$

$\therefore x=1$ 또는 $x=2$ 또는 $x=\dfrac{3\pm\sqrt{17}}{2}$

(3) $x^4-2x^2=0$에서

$x^2(x^2-2)=0$

$\therefore x=0$ (중근) 또는 $x=\pm\sqrt{2}$

(4) $x^4-1=0$에서

$(x^2+1)(x^2-1)=0$

$(x^2+1)(x+1)(x-1)=0$

$\therefore x=\pm i$ 또는 $x=-1$ 또는 $x=1$

(5) $x^4-3x^3-4x^2+12x=0$에서

$x^3(x-3)-4x(x-3)=0$

$(x^3-4x)(x-3)=0$

$x(x^2-4)(x-3)=0$

$x(x+2)(x-2)(x-3)=0$

$\therefore x=0$ 또는 $x=-2$ 또는 $x=2$ 또는 $x=3$

(6) $x^4-2x^3+x-2=0$에서

$x^3(x-2)+(x-2)=0$

$(x-2)(x^3+1)=0$

$(x-2)(x+1)(x^2-x+1)=0$

$\therefore x=2$ 또는 $x=-1$ 또는 $x=\dfrac{1\pm\sqrt{3}i}{2}$

🄫 풀이 참조

331

(1) $f(x)=x^3-4x^2+8$이라 하면

$f(2)=8-16+8=0$

이므로 조립제법을 이용하여 $f(x)$를 인수분해하면

$$
\begin{array}{r|rrrr}
2 & 1 & -4 & 0 & 8 \\
  &   & 2 & -4 & -8 \\
\hline
  & 1 & -2 & -4 & 0 \\
\end{array}
$$

$\therefore f(x)=(x-2)(x^2-2x-4)$

따라서 주어진 방정식은

$(x-2)(x^2-2x-4)=0$

$\therefore x=2$ 또는 $x=1\pm\sqrt{5}$

(2) $f(x)=3x^3-14x^2+20x-9$라 하면

$f(1)=3-14+20-9=0$

이므로 조립제법을 이용하여 $f(x)$를 인수분해하면

$$
\begin{array}{r|rrrr}
1 & 3 & -14 & 20 & -9 \\
  &   & 3 & -11 & 9 \\
\hline
  & 3 & -11 & 9 & 0 \\
\end{array}
$$

$\therefore f(x)=(x-1)(3x^2-11x+9)$

따라서 주어진 방정식은

$$(x-1)(3x^2-11x+9)=0$$

$$\therefore x=1 \text{ 또는 } x=\frac{11\pm\sqrt{13}}{6}$$

(3) $f(x)=x^4+4x^3-x^2-16x-12$라 하면

$$f(-1)=1-4-1+16-12=0,$$

$$f(2)=16+32-4-32-12=0$$

이므로 조립제법을 이용하여 $f(x)$를 인수분해하면

$$
\begin{array}{r|rrrrr}
-1 & 1 & 4 & -1 & -16 & -12 \\
   &   & -1 & -3 & 4 & 12 \\
\hline
2 & 1 & 3 & -4 & -12 & \,0 \\
  &   & 2 & 10 & 12 & \\
\hline
  & 1 & 5 & 6 & \,0 & \\
\end{array}
$$

$$\therefore f(x)=(x+1)(x-2)(x^2+5x+6)$$
$$=(x+1)(x-2)(x+3)(x+2)$$

따라서 주어진 방정식은

$$(x+3)(x+2)(x+1)(x-2)=0$$

$$\therefore x=-3 \text{ 또는 } x=-2 \text{ 또는 } x=-1$$
$$\text{또는 } x=2$$

(4) $f(x)=x^4-6x^2-3x+2$라 하면

$$f(-1)=1-6+3+2=0,$$

$$f(-2)=16-24+6+2=0$$

이므로 조립제법을 이용하여 $f(x)$를 인수분해하면

$$
\begin{array}{r|rrrrr}
-1 & 1 & 0 & -6 & -3 & 2 \\
   &   & -1 & 1 & 5 & -2 \\
\hline
-2 & 1 & -1 & -5 & 2 & \,0 \\
   &   & -2 & 6 & -2 & \\
\hline
   & 1 & -3 & 1 & \,0 & \\
\end{array}
$$

$$\therefore f(x)=(x+1)(x+2)(x^2-3x+1)$$

따라서 주어진 방정식은

$$(x+1)(x+2)(x^2-3x+1)=0$$

$$\therefore x=-1 \text{ 또는 } x=-2 \text{ 또는 } x=\frac{3\pm\sqrt{5}}{2}$$

답 풀이 참조

332

(1) $x^2+3x=X$로 놓으면 주어진 방정식은

$$(X-3)(X+4)=8, \qquad X^2+X-20=0$$

$$(X+5)(X-4)=0$$

$$\therefore X=-5 \text{ 또는 } X=4$$

(i) $X=-5$일 때, $\qquad x^2+3x+5=0$

$$\therefore x=\frac{-3\pm\sqrt{11}i}{2}$$

(ii) $X=4$일 때, $\qquad x^2+3x-4=0$

$$(x+4)(x-1)=0$$

$$\therefore x=-4 \text{ 또는 } x=1$$

(i), (ii)에서

$$x=-4 \text{ 또는 } x=1 \text{ 또는 } x=\frac{-3\pm\sqrt{11}i}{2}$$

(2) $(x^2+2x)^2=2x^2+4x+3$에서

$$(x^2+2x)^2-2x^2-4x-3=0$$

$$\therefore (x^2+2x)^2-2(x^2+2x)-3=0$$

$x^2+2x=X$로 놓으면

$$X^2-2X-3=0, \qquad (X+1)(X-3)=0$$

$$\therefore X=-1 \text{ 또는 } X=3$$

(i) $X=-1$일 때, $\qquad x^2+2x+1=0$

$$(x+1)^2=0 \qquad \therefore x=-1 \text{ (중근)}$$

(ii) $X=3$일 때, $\qquad x^2+2x-3=0$

$$(x+3)(x-1)=0$$

$$\therefore x=-3 \text{ 또는 } x=1$$

(i), (ii)에서

$$x=-1 \text{ (중근) 또는 } x=-3 \text{ 또는 } x=1$$

(3) $(x+1)(x+3)(x+5)(x+7)+15=0$에서

$$\{(x+1)(x+7)\}\{(x+3)(x+5)\}+15=0$$

$$\therefore (x^2+8x+7)(x^2+8x+15)+15=0$$

$x^2+8x=X$로 놓으면

$$(X+7)(X+15)+15=0$$

$$X^2+22X+120=0$$

$$(X+12)(X+10)=0$$

$$\therefore X=-12 \text{ 또는 } X=-10$$

(i) $X=-12$일 때, $\qquad x^2+8x+12=0$

$$(x+6)(x+2)=0$$

$$\therefore x=-6 \text{ 또는 } x=-2$$

(ii) $X=-10$일 때, $\qquad x^2+8x+10=0$

$$\therefore x=-4\pm\sqrt{6}$$

(i), (ii)에서

$$x=-6 \text{ 또는 } x=-2 \text{ 또는 } x=-4\pm\sqrt{6}$$

답 풀이 참조

(3) $(x^2+8x+7)(x^2+8x+15)+15=0$에서

① $x^2+8x+7=X$로 놓으면　　$X(X+8)+15=0$

$(X+5)(X+3)=0$　　$\therefore X=-5$ 또는 $X=-3$

② $x^2+8x+11=X$로 놓으면　　$(X-4)(X+4)+15=0$

$(X+1)(X-1)=0$　　$\therefore X=-1$ 또는 $X=1$

333

(1) $x^2=X$로 놓으면 주어진 방정식은

$X^2-X-72=0,$　　$(X+8)(X-9)=0$

$\therefore X=-8$ 또는 $X=9$

따라서 $x^2=-8$ 또는 $x^2=9$이므로

$$x=\pm2\sqrt{2}i \text{ 또는 } x=\pm3$$

(2) $x^2=X$로 놓으면 주어진 방정식은

$2X^2-X-1=0,$　　$(2X+1)(X-1)=0$

$\therefore X=-\dfrac{1}{2}$ 또는 $X=1$

따라서 $x^2=-\dfrac{1}{2}$ 또는 $x^2=1$이므로

$$x=\pm\dfrac{\sqrt{2}}{2}i \text{ 또는 } x=\pm1$$

(3) $x^4-6x^2+1=0$에서

$(x^4-2x^2+1)-4x^2=0$

$(x^2-1)^2-(2x)^2=0$

$(x^2+2x-1)(x^2-2x-1)=0$

$\therefore x^2+2x-1=0$ 또는 $x^2-2x-1=0$

(ⅰ) $x^2+2x-1=0$에서　　$x=-1\pm\sqrt{2}$

(ⅱ) $x^2-2x-1=0$에서　　$x=1\pm\sqrt{2}$

(ⅰ), (ⅱ)에서

$$x=-1\pm\sqrt{2} \text{ 또는 } x=1\pm\sqrt{2}$$

(4) $x^4+16=0$에서

$(x^4+8x^2+16)-8x^2=0$

$(x^2+4)^2-(2\sqrt{2}x)^2=0$

$(x^2+2\sqrt{2}x+4)(x^2-2\sqrt{2}x+4)=0$

$\therefore x^2+2\sqrt{2}x+4=0$ 또는 $x^2-2\sqrt{2}x+4=0$

(ⅰ) $x^2+2\sqrt{2}x+4=0$에서　　$x=-\sqrt{2}\pm\sqrt{2}i$

(ⅱ) $x^2-2\sqrt{2}x+4=0$에서　　$x=\sqrt{2}\pm\sqrt{2}i$

(ⅰ), (ⅱ)에서

$$x=-\sqrt{2}\pm\sqrt{2}i \text{ 또는 } x=\sqrt{2}\pm\sqrt{2}i$$

🄰 풀이 참조

334

$x^3-px+6=0$의 한 근이 -3이므로 $x=-3$을 대입하면

$-27+3p+6=0$　　$\therefore p=7$

따라서 주어진 방정식은

$x^3-7x+6=0$

이 방정식의 한 근이 -3이므로 조립제법을 이용하여 좌변을 변형하면

$$
\begin{array}{r|rrr|r}
-3 & 1 & 0 & -7 & 6 \\
   &   & -3 & 9 & -6 \\
\hline
   & 1 & -3 & 2 & 0
\end{array}
$$

$\therefore (x+3)(x^2-3x+2)=0$

이때 α, β는 이차방정식 $x^2-3x+2=0$의 두 근이므로 근과 계수의 관계에 의하여

$\alpha+\beta=3$

$\therefore p+\alpha+\beta=7+3=10$　　🄰 **10**

335

$x^4+ax^3+3x^2+x+b=0$의 두 근이 -1, 2이므로

$x=-1$, $x=2$를 각각 대입하면

$1-a+3-1+b=0$에서

$a-b=3$　　　　……㉠

$16+8a+12+2+b=0$에서

$8a+b=-30$　　……㉡

㉠, ㉡을 연립하여 풀면　　$a=-3$, $b=-6$

따라서 주어진 방정식은

$x^4-3x^3+3x^2+x-6=0$

이 방정식의 두 근이 -1, 2이므로 조립제법을 이용하여 좌변을 인수분해하면

$$
\begin{array}{r|rrrr|r}
-1 & 1 & -3 & 3 & 1 & -6 \\
   &   & -1 & 4 & -7 & 6 \\
\hline
2 & 1 & -4 & 7 & -6 & 0 \\
   &   & 2 & -4 & 6 & \\
\hline
   & 1 & -2 & 3 & 0 &
\end{array}
$$

$\therefore (x+1)(x-2)(x^2-2x+3)=0$

이때 나머지 두 근은 이차방정식 $x^2-2x+3=0$의 두 근이므로 근과 계수의 관계에 의하여 구하는 두 근의 곱은 3이다.　　🄰 **3**

336

$f(x)=x^3+x^2+kx-k-2$라 하면
$$f(1)=1+1+k-k-2=0$$
이므로 조립제법을 이용하여 $f(x)$를 인수분해하면

$$
\begin{array}{r|rrrr}
1 & 1 & 1 & k & -k-2 \\
  &   & 1 & 2 & k+2 \\
\hline
  & 1 & 2 & k+2 & 0
\end{array}
$$

$$\therefore f(x)=(x-1)(x^2+2x+k+2)$$

이때 방정식 $f(x)=0$이 중근을 가지려면

(ⅰ) 이차방정식 $x^2+2x+k+2=0$이 $x=1$을 근으로
갖는 경우
$$1+2+k+2=0$$
$$\therefore k=-5$$

(ⅱ) 이차방정식 $x^2+2x+k+2=0$이 중근을 갖는 경우
이 이차방정식의 판별식을 D라 하면
$$\frac{D}{4}=1-(k+2)=0$$
$$\therefore k=-1$$

(ⅰ), (ⅱ)에서 구하는 모든 실수 k의 값의 합은
$$-5+(-1)=-6$$
답 **−6**

337

$f(x)=x^3+3x^2+(k+2)x+k$라 하면
$$f(-1)=-1+3-(k+2)+k=0$$
이므로 조립제법을 이용하여 $f(x)$를 인수분해하면

$$
\begin{array}{r|rrrr}
-1 & 1 & 3 & k+2 & k \\
   &   & -1 & -2 & -k \\
\hline
   & 1 & 2 & k & 0
\end{array}
$$

$$\therefore f(x)=(x+1)(x^2+2x+k)$$

이때 방정식 $f(x)=0$이 허근을 가지려면 이차방정식
$x^2+2x+k=0$이 허근을 가져야 한다.
이 이차방정식의 판별식을 D라 하면
$$\frac{D}{4}=1-k<0 \quad \therefore k>1$$
답 **$k>1$**

338

$f(x)=x^3-3x^2+(a+2)x-2a$라 하면
$$f(2)=8-12+2(a+2)-2a=0$$
이므로 조립제법을 이용하여 $f(x)$를 인수분해하면

$$
\begin{array}{r|rrrr}
2 & 1 & -3 & a+2 & -2a \\
  &   & 2 & -2 & 2a \\
\hline
  & 1 & -1 & a & 0
\end{array}
$$

$$\therefore f(x)=(x-2)(x^2-x+a)$$

이때 방정식 $f(x)=0$의 세 근이 모두 실수가 되려면
이차방정식 $x^2-x+a=0$이 실근을 가져야 한다.
이 이차방정식의 판별식을 D라 하면
$$D=(-1)^2-4a\geq0 \quad \therefore a\leq\frac{1}{4} \qquad 답\ a\leq\frac{1}{4}$$

339

처음 정육면체의 한 모서리의 길이를 x cm라 하면 새
로 만든 직육면체의 가로의 길이는 $(x-1)$ cm, 세로
의 길이는 $(x+2)$ cm, 높이는 $(x+3)$ cm이므로
$$(x-1)(x+2)(x+3)=\frac{5}{2}x^3$$
$$x^3+4x^2+x-6=\frac{5}{2}x^3$$
$$\therefore 3x^3-8x^2-2x+12=0 \qquad \cdots\cdots ㉠$$
$f(x)=3x^3-8x^2-2x+12$라 하면
$$f(2)=24-32-4+12=0$$
이므로 조립제법을 이용하여 $f(x)$를 인수분해하면

$$
\begin{array}{r|rrrr}
2 & 3 & -8 & -2 & 12 \\
  &   & 6 & -4 & -12 \\
\hline
  & 3 & -2 & -6 & 0
\end{array}
$$

$$\therefore f(x)=(x-2)(3x^2-2x-6)$$

즉 ㉠에서
$$(x-2)(3x^2-2x-6)=0$$
$$\therefore x=2 \ 또는 \ x=\frac{1\pm\sqrt{19}}{3}$$
이때 x는 자연수이므로 $x=2$
따라서 처음 정육면체의 한 모서리의 길이는 2 cm이다.
답 **2 cm**

340

직육면체 모양의 상자의 가로의 길이는 $(15-2x)$ cm,
세로의 길이는 $(12-2x)$ cm, 높이는 x cm이므로
$$(15-2x)(12-2x)x=176$$
$$\therefore 2x^3-27x^2+90x-88=0 \qquad \cdots\cdots ㉠$$

$f(x)=2x^3-27x^2+90x-88$이라 하면

$$f(2)=16-108+180-88=0$$

이므로 조립제법을 이용하여 $f(x)$를 인수분해하면

```
2 | 2  -27   90  -88
  |      4  -46   88
  --------------------
    2  -23   44 |  0
```

$$\therefore f(x)=(x-2)(2x^2-23x+44)$$

즉 ㉠에서 $(x-2)(2x^2-23x+44)=0$

$$\therefore x=2 \text{ 또는 } x=\frac{23\pm\sqrt{177}}{4}$$

이때 x는 자연수이므로 $x=2$ <kbd>답</kbd> **2**

참고 모서리의 길이는 양수이므로

$$15-2x>0, \ 12-2x>0, \ x>0$$
$$\therefore 0<x<6$$

연습문제 ● 본책 165~166쪽

341

<kbd>전략</kbd> 주어진 방정식에서 좌변의 식의 값을 0으로 만드는 x의 값을 찾아 좌변을 인수분해한다.

$f(x)=x^3-9x^2+13x+23$이라 하면

$$f(-1)=-1-9-13+23=0$$

이므로 조립제법을 이용하여 $f(x)$를 인수분해하면

```
-1 | 1   -9   13   23
   |     -1   10  -23
   --------------------
     1  -10   23 |  0
```

$$\therefore f(x)=(x+1)(x^2-10x+23)$$

따라서 주어진 방정식은

$$(x+1)(x^2-10x+23)=0$$
$$\therefore x=-1 \text{ 또는 } x=5\pm\sqrt{2}$$
$$\therefore |\alpha|+|\beta|+|\gamma|=1+(5+\sqrt{2})+(5-\sqrt{2})$$
$$=11$$

<kbd>답</kbd> **11**

342

<kbd>전략</kbd> 주어진 방정식에서 좌변을 인수분해하여 α를 한 근으로 하는 이차방정식을 구한다.

$f(x)=x^4-2x^3+x^2-4$라 하면

$$f(-1)=1+2+1-4=0,$$
$$f(2)=16-16+4-4=0$$

이므로 조립제법을 이용하여 $f(x)$를 인수분해하면

```
-1 | 1   -2    1    0   -4
   |      -1    3   -4    4
 2 | 1   -3    4   -4 |  0
   |       2   -2    4
   --------------------------
     1   -1    2 |  0
```

$$\therefore f(x)=(x+1)(x-2)(x^2-x+2)$$

따라서 허근 α는 이차방정식 $x^2-x+2=0$의 한 근이므로 $\alpha^2-\alpha+2=0$

양변을 α로 나누면 $\alpha-1+\dfrac{2}{\alpha}=0$

$$\therefore \alpha+\frac{2}{\alpha}=1$$

<kbd>답</kbd> **1**

343

<kbd>전략</kbd> 상수항의 합이 같은 것끼리 두 개씩 짝을 지어 전개한다.

$x(x-1)(x-2)(x-3)=24$에서

$$\{x(x-3)\}\{(x-1)(x-2)\}=24$$
$$(x^2-3x)(x^2-3x+2)=24$$

$x^2-3x=X$로 놓으면

$$X(X+2)=24$$
$$X^2+2X-24=0, \quad (X+6)(X-4)=0$$
$$\therefore X=-6 \text{ 또는 } X=4$$

(i) $X=-6$일 때, $x^2-3x+6=0$

$$\therefore x=\frac{3\pm\sqrt{15}i}{2}$$

(ii) $X=4$일 때, $x^2-3x-4=0$

$$(x+1)(x-4)=0 \quad \therefore x=-1 \text{ 또는 } x=4$$

(i), (ii)에서

$$\alpha\beta=-1\times4=-4,$$
$$\gamma\delta=\frac{3+\sqrt{15}i}{2}\times\frac{3-\sqrt{15}i}{2}=\frac{9+15}{4}=6$$
$$\therefore \alpha\beta-\gamma\delta=-4-6=-10$$

<kbd>답</kbd> **−10**

참고 이차방정식의 판별식과 근과 계수의 관계를 이용하여 $\alpha\beta$, $\gamma\delta$의 값을 구할 수도 있다.

즉 이차방정식 $x^2-3x+6=0$의 판별식을 D_1이라 하면

$$D_1=9-24=-15<0$$

이므로 이 이차방정식은 허근을 갖는다.

이차방정식 $x^2-3x-4=0$의 판별식을 D_2라 하면

$$D_2=9+16=25>0$$

이므로 이 이차방정식은 실근을 갖는다.

따라서 근과 계수의 관계에 의하여

$$\alpha\beta=-4,\ \gamma\delta=6$$

344

전략 이차항 $-15x^2$을 분리하여 좌변을 A^2-B^2의 꼴로 변형한다.

$x^4-15x^2+25=0$에서

$$(x^4+10x^2+25)-25x^2=0$$
$$(x^2+5)^2-(5x)^2=0$$
$$(x^2+5x+5)(x^2-5x+5)=0$$
$$\therefore\ x^2+5x+5=0\ \text{또는}\ x^2-5x+5=0$$

이차방정식 $x^2+5x+5=0$의 두 근을 α, β, 이차방정식 $x^2-5x+5=0$의 두 근을 γ, δ라 하면 근과 계수의 관계에 의하여

$$\alpha+\beta=-5,\ \alpha\beta=5,\ \gamma+\delta=5,\ \gamma\delta=5$$
$$\therefore\ \frac{1}{\alpha}+\frac{1}{\beta}+\frac{1}{\gamma}+\frac{1}{\delta}=\frac{\alpha+\beta}{\alpha\beta}+\frac{\gamma+\delta}{\gamma\delta}$$
$$=\frac{-5}{5}+\frac{5}{5}=0$$

답 **0**

345

전략 주어진 방정식에 $x=-1$을 대입하면 등식이 성립함을 이용하여 a의 값을 구한다.

$x^3-x^2+ax-1=0$의 한 근이 -1이므로 $x=-1$을 대입하면

$$-1-1-a-1=0\qquad\therefore\ a=-3$$

따라서 주어진 방정식은

$$x^3-x^2-3x-1=0$$

이 방정식의 한 근이 -1이므로 조립제법을 이용하여 좌변을 인수분해하면

```
-1 | 1  -1  -3  -1
   |    -1   2   1
   ----------------
     1  -2  -1 | 0
```

$$\therefore\ (x+1)(x^2-2x-1)=0$$

이때 α, β는 이차방정식 $x^2-2x-1=0$의 두 근이므로 근과 계수의 관계에 의하여

$$\alpha+\beta=2,\ \alpha\beta=-1$$

$$\therefore\ \alpha^2+\beta^2=(\alpha+\beta)^2-2\alpha\beta$$
$$=2^2-2\times(-1)=6$$
$$\therefore\ \alpha^2+\alpha^2+\beta^2=(-3)^2+6=15$$

답 **15**

346

전략 주어진 방정식에 $x=3$, $x=-2$를 대입하여 a, b에 대한 연립방정식을 세운다.

$x^4+ax^3+ax^2+11x+b=0$의 두 근이 3, -2이므로 $x=3$, $x=-2$를 각각 대입하면

$81+27a+9a+33+b=0$에서

$$36a+b=-114\qquad\cdots\cdots\ \text{㉠}$$

$16-8a+4a-22+b=0$에서

$$4a-b=-6\qquad\cdots\cdots\ \text{㉡}$$

㉠, ㉡을 연립하여 풀면 $a=-3$, $b=-6$

따라서 주어진 방정식은

$$x^4-3x^3-3x^2+11x-6=0$$

이 방정식의 두 근이 3, -2이므로 조립제법을 이용하여 좌변을 인수분해하면

```
 3 | 1  -3  -3  11  -6
   |     3   0  -9   6
   --------------------
-2 | 1   0  -3   2 | 0
   |    -2   4  -2
   --------------------
     1  -2   1 | 0
```

$$(x-3)(x+2)(x^2-2x+1)=0$$
$$\therefore\ (x-3)(x+2)(x-1)^2=0$$

따라서 나머지 근은

$$x=1\ (\text{중근})$$

답 $x=1$ (중근)

347

전략 주어진 방정식에서 좌변의 식의 값을 0으로 만드는 x의 값을 찾아 좌변을 인수분해하고 판별식을 이용한다.

$f(x)=x^3-(2k+1)x-2k$라 하면

$$f(-1)=-1+2k+1-2k=0$$

이므로 조립제법을 이용하여 $f(x)$를 인수분해하면

```
-1 | 1   0  -2k-1  -2k
   |     -1   1    2k
   --------------------
     1  -1  -2k |  0
```

$$\therefore\ f(x)=(x+1)(x^2-x-2k)$$

이때 방정식 $f(x)=0$의 근이 모두 실수가 되려면 이차방정식 $x^2-x-2k=0$이 실근을 가져야 한다.

이 이차방정식의 판별식을 D라 하면

$$D=1+8k \geq 0 \qquad \therefore k \geq -\frac{1}{8}$$

달 $k \geq -\dfrac{1}{8}$

348

전략 주어진 방정식에서 좌변을 인수분해하여 α, β를 두 근으로 하는 이차방정식을 구한다.

$f(x)=x^4-4x^3+7x^2-8x+4$라 하면

$$f(1)=1-4+7-8+4=0,$$
$$f(2)=16-32+28-16+4=0$$

이므로 조립제법을 이용하여 $f(x)$를 인수분해하면

```
1 |  1   -4    7    -8     4
  |       1   -3     4    -4
2 |  1   -3    4    -4  |  0
  |       2   -2     4
  |  1   -1    2  |  0
```

$$\therefore f(x)=(x-1)(x-2)(x^2-x+2)$$

따라서 주어진 방정식은

$$(x-1)(x-2)(x^2-x+2)=0$$

이때 α, β는 이차방정식 $x^2-x+2=0$의 두 근이므로 근과 계수의 관계에 의하여

$$\alpha+\beta=1, \ \alpha\beta=2$$
$$\therefore \alpha^3+\beta^3=(\alpha+\beta)^3-3\alpha\beta(\alpha+\beta)$$
$$=1^3-3\times2\times1=-5$$

달 -5

참고 이차방정식 $x^2-x+2=0$의 판별식을 D라 하면

$$D=1-8=-7<0$$

이므로 이 이차방정식은 두 허근을 갖는다.

349

전략 α, β의 관계식을 이용하여 실수와 허수를 구분한다.

α가 실수이고 β가 허수이면 α^2은 실수이고 -2β는 허수이므로

$$\alpha^2 \neq -2\beta$$

따라서 α는 허수이고, β는 실수이다.

삼차방정식 $x^3-x^2-kx+k=0$에서

$$x^2(x-1)-k(x-1)=0$$

$$(x-1)(x^2-k)=0$$
$$\therefore x=1 \ \text{또는} \ x=\pm\sqrt{k}$$

이때 β는 실수, α, γ는 허수이므로

$$\beta=1, \ \alpha^2=\gamma^2=k \ (k<0)$$

따라서 $\alpha^2=-2\beta=-2$이므로 $\qquad k=-2$

즉 $\gamma^2=-2$이므로

$$\beta^2+\gamma^2=1^2+(-2)=-1$$

달 ⑤

350

전략 주어진 방정식을 $(x-a)(x^2+px+q)=0$의 꼴로 인수분해한 후 이차방정식 $x^2+px+q=0$이 $x \neq a$인 서로 다른 두 실근을 가져야 함을 이용한다.

$f(x)=x^3+(4-a)x^2-5ax+a^2$이라 하면

$$f(a)=a^3+(4-a)a^2-5a^2+a^2=0$$

이므로 조립제법을 이용하여 $f(x)$를 인수분해하면

```
a |  1   4-a   -5a    a^2
  |       a     4a   -a^2
  |  1    4    -a  |  0
```

$$\therefore f(x)=(x-a)(x^2+4x-a)$$

이때 방정식 $f(x)=0$이 서로 다른 세 실근을 가지려면 이차방정식 $x^2+4x-a=0$이 $x \neq a$인 서로 다른 두 실근을 가져야 한다.

따라서 이차방정식 $x^2+4x-a=0$의 판별식을 D라 하면

$$\frac{D}{4}=4+a>0 \qquad \therefore a>-4 \qquad \cdots\cdots \ \text{㉠}$$

또 $x=a$는 이차방정식 $x^2+4x-a=0$의 근이 아니어야 하므로

$$a^2+4a-a \neq 0, \qquad a(a+3) \neq 0$$
$$\therefore a \neq 0, \ a \neq -3 \qquad \cdots\cdots \ \text{㉡}$$

㉠, ㉡에서 음의 정수 a는 -2, -1의 2개이다.

달 2

351

전략 주어진 방정식을 $(x-a)(2x^2+px+q)=0$ (a는 실수)의 꼴로 인수분해한 후 이차방정식 $2x^2+px+q=0$이 $x=a$를 중근으로 갖거나 허근을 가져야 함을 이용한다.

$f(x)=2x^3-6x^2-2(k-2)x+2k$라 하면

$$f(1)=2-6-2k+4+2k=0$$

이므로 조립제법을 이용하여 $f(x)$를 인수분해하면

$$\begin{array}{r|rrrr} 1 & 2 & -6 & -2k+4 & 2k \\ & & 2 & -4 & -2k \\ \hline & 2 & -4 & -2k & 0 \end{array}$$

$$\therefore f(x)=(x-1)(2x^2-4x-2k)$$

이때 방정식 $f(x)=0$의 서로 다른 실근이 1개이려면 이차방정식 $2x^2-4x-2k=0$이 $x=1$을 중근으로 갖거나 허근을 가져야 한다.

(ⅰ) 이차방정식 $2x^2-4x-2k=0$이 $x=1$을 중근으로 갖는 경우

$2x^2-4x-2k=0$에 $x=1$을 대입하면

$$2-4-2k=0 \quad \therefore k=-1$$

$2x^2-4x-2k=0$에 $k=-1$을 대입하면

$$2x^2-4x+2=0, \quad (x-1)^2=0$$

$$\therefore x=1\,(중근)$$

(ⅱ) 이차방정식 $2x^2-4x-2k=0$이 허근을 갖는 경우

이 이차방정식의 판별식을 D라 하면

$$\frac{D}{4}=4+4k<0$$

$$\therefore k<-1$$

(ⅰ), (ⅱ)에서 실수 k의 값의 범위는

$$k\le-1$$

🔲 $k\le-1$

352

전략 주어진 사차방정식이 중근을 포함한 서로 다른 세 실근을 가져야 함을 이용한다.

$x^4+(2a+1)x^3+(3a+2)x^2+(a+2)x=0$에서

$$x\{x^3+(2a+1)x^2+(3a+2)x+a+2\}=0$$

$f(x)=x^3+(2a+1)x^2+(3a+2)x+a+2$라 하면

$$f(-1)=-1+2a+1-(3a+2)+a+2=0$$

이므로 조립제법을 이용하여 $f(x)$를 인수분해하면

$$\begin{array}{r|rrrr} -1 & 1 & 2a+1 & 3a+2 & a+2 \\ & & -1 & -2a & -a-2 \\ \hline & 1 & 2a & a+2 & 0 \end{array}$$

$$\therefore f(x)=(x+1)(x^2+2ax+a+2)$$

따라서 주어진 방정식은

$$x(x+1)(x^2+2ax+a+2)=0$$

$$\therefore x=-1 \text{ 또는 } x=0 \text{ 또는 } x^2+2ax+a+2=0$$

이때 주어진 방정식의 서로 다른 실근의 개수가 3이 되려면 한 중근과 서로 다른 두 실근을 가져야 한다.

이차방정식 $x^2+2ax+a+2=0$의 두 실근을 α, β라 할 때

(ⅰ) $\alpha=-1$, $\beta\ne0$, $\alpha\ne\beta$인 경우

$x^2+2ax+a+2=0$에 $x=-1$을 대입하면

$$1-2a+a+2=0 \quad \therefore a=3$$

$x^2+2ax+a+2=0$에 $a=3$을 대입하면

$$x^2+6x+5=0, \quad (x+5)(x+1)=0$$

$$\therefore x=-5 \text{ 또는 } x=-1$$

따라서 주어진 방정식의 근은

$$x=-5 \text{ 또는 } x=-1\,(중근) \text{ 또는 } x=0$$

(ⅱ) $\alpha=0$, $\beta\ne-1$, $\alpha\ne\beta$인 경우

$x^2+2ax+a+2=0$에 $x=0$을 대입하면

$$a+2=0 \quad \therefore a=-2$$

$x^2+2ax+a+2=0$에 $a=-2$를 대입하면

$$x^2-4x=0, \quad x(x-4)=0$$

$$\therefore x=0 \text{ 또는 } x=4$$

따라서 주어진 방정식의 근은

$$x=-1 \text{ 또는 } x=0\,(중근) \text{ 또는 } x=4$$

(ⅲ) $\alpha=\beta$, $\alpha\ne0$, $\alpha\ne-1$인 경우

이차방정식 $x^2+2ax+a+2=0$의 판별식을 D라 하면

$$\frac{D}{4}=a^2-(a+2)=0$$

$$a^2-a-2=0, \quad (a+1)(a-2)=0$$

$$\therefore a=-1 \text{ 또는 } a=2$$

$x^2+2ax+a+2=0$에 $a=-1$을 대입하면

$$x^2-2x+1=0, \quad (x-1)^2=0$$

$$\therefore x=1\,(중근)$$

즉 $a=-1$일 때 주어진 방정식의 근은

$$x=-1 \text{ 또는 } x=0 \text{ 또는 } x=1\,(중근)$$

$x^2+2ax+a+2=0$에 $a=2$를 대입하면

$$x^2+4x+4=0, \quad (x+2)^2=0$$

$$\therefore x=-2\,(중근)$$

즉 $a=2$일 때 주어진 방정식의 근은

$$x=-2\,(중근) \text{ 또는 } x=-1 \text{ 또는 } x=0$$

이상에서

$$a=-2 \text{ 또는 } a=-1 \text{ 또는 } a=2 \text{ 또는 } a=3$$

따라서 구하는 곱은

$$-2\times(-1)\times2\times3=12$$

🔲 **12**

353

전략 오각기둥의 부피를 이용하여 삼차방정식을 세운다.

주어진 전개도를 접어 오각기둥을 만들면 다음 그림과 같다.

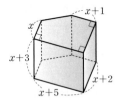

이 오각기둥의 부피가 216이므로

$$\left[x(x+5)+\frac{1}{2}\{(x+1)+(x+5)\}\times 2 \right]$$
$$\times(x+3)=216$$
$$(x^2+7x+6)(x+3)=216$$
$$\therefore x^3+10x^2+27x-198=0 \quad \cdots\cdots \bigcirc$$

$f(x)=x^3+10x^2+27x-198$이라 하면

$$f(3)=27+90+81-198=0$$

이므로 조립제법을 이용하여 $f(x)$를 인수분해하면

$$\begin{array}{r|rrrr} 3 & 1 & 10 & 27 & -198 \\ & & 3 & 39 & 198 \\ \hline & 1 & 13 & 66 & 0 \end{array}$$

$$\therefore f(x)=(x-3)(x^2+13x+66)$$

따라서 ㉠에서

$$(x-3)(x^2+13x+66)=0$$
$$\therefore x=3 \ \text{또는}\ x=\frac{-13\pm\sqrt{95}\,i}{2}$$

이때 x는 실수이므로 $\quad x=3$ 답 **3**

02 삼차방정식의 근과 계수의 관계 ● 본책 167~171쪽

354

(1) $\alpha+\beta+\gamma=-\dfrac{-1}{2}=\dfrac{1}{2}$

(2) $\alpha\beta+\beta\gamma+\gamma\alpha=\dfrac{4}{2}=2$

(3) $\alpha\beta\gamma=-\dfrac{5}{2}$

(4) $\dfrac{1}{\alpha\beta}+\dfrac{1}{\beta\gamma}+\dfrac{1}{\gamma\alpha}=\dfrac{\alpha+\beta+\gamma}{\alpha\beta\gamma}=\dfrac{\dfrac{1}{2}}{-\dfrac{5}{2}}=-\dfrac{1}{5}$

(5) $(1+\alpha)(1+\beta)(1+\gamma)$
$$=1+(\alpha+\beta+\gamma)+(\alpha\beta+\beta\gamma+\gamma\alpha)+\alpha\beta\gamma$$
$$=1+\frac{1}{2}+2-\frac{5}{2}=1$$

답 (1) $\dfrac{1}{2}$ (2) **2** (3) $-\dfrac{5}{2}$

(4) $-\dfrac{1}{5}$ (5) **1**

355

(1) 세 근이 2, -3, -4이므로

(세 근의 합)$=2+(-3)+(-4)=-5$

(두 근끼리의 곱의 합)
$$=2\times(-3)+(-3)\times(-4)+(-4)\times 2$$
$$=-2$$

(세 근의 곱)$=2\times(-3)\times(-4)=24$

따라서 구하는 삼차방정식은
$$x^3+5x^2-2x-24=0$$

(2) 세 근이 $1+\sqrt{3}$, $1-\sqrt{3}$, -2이므로

(세 근의 합)$=(1+\sqrt{3})+(1-\sqrt{3})+(-2)$
$$=0$$

(두 근끼리의 곱의 합)
$$=(1+\sqrt{3})(1-\sqrt{3})+(1-\sqrt{3})\times(-2)$$
$$+(-2)\times(1+\sqrt{3})$$
$$=-6$$

(세 근의 곱)$=(1+\sqrt{3})(1-\sqrt{3})\times(-2)=4$

따라서 구하는 삼차방정식은
$$x^3-6x-4=0$$

(3) 세 근이 -1, $3+i$, $3-i$이므로

(세 근의 합)$=-1+(3+i)+(3-i)=5$

(두 근끼리의 곱의 합)
$$=-1\times(3+i)+(3+i)(3-i)$$
$$+(3-i)\times(-1)$$
$$=4$$

(세 근의 곱)$=-1\times(3+i)(3-i)=-10$

따라서 구하는 삼차방정식은
$$x^3-5x^2+4x+10=0$$

답 (1) $x^3+5x^2-2x-24=0$

(2) $x^3-6x-4=0$

(3) $x^3-5x^2+4x+10=0$

356

주어진 삼차방정식의 계수가 유리수이고 $2+\sqrt{5}$가 근이
므로 $2-\sqrt{5}$도 근이다.

따라서 주어진 방정식의 세 근이 -2, $2+\sqrt{5}$, $2-\sqrt{5}$
이므로 삼차방정식의 근과 계수의 관계에 의하여

$$-2+(2+\sqrt{5})+(2-\sqrt{5})=a,$$
$$-2\times(2+\sqrt{5})(2-\sqrt{5})=-b$$
$$\therefore a=2, \ b=-2$$

답 $a=2, \ b=-2$

357

주어진 삼차방정식의 계수가 실수이고 $1-3i$가 근이
므로 $1+3i$도 근이다.

따라서 주어진 방정식의 세 근이 1, $1-3i$, $1+3i$이므
로 삼차방정식의 근과 계수의 관계에 의하여

$$1+(1-3i)+(1+3i)=-a,$$
$$1\times(1-3i)+(1-3i)(1+3i)+(1+3i)\times 1$$
$$=b$$
$$\therefore a=-3, \ b=12$$

답 $a=-3, \ b=12$

358

$x^3+2x^2+3x+4=0$의 세 근이 α, β, γ이므로 삼차
방정식의 근과 계수의 관계에 의하여

$$\alpha+\beta+\gamma=-2,$$
$$\alpha\beta+\beta\gamma+\gamma\alpha=3,$$
$$\alpha\beta\gamma=-4$$

(1) $\dfrac{1}{\alpha}+\dfrac{1}{\beta}+\dfrac{1}{\gamma}=\dfrac{\alpha\beta+\beta\gamma+\gamma\alpha}{\alpha\beta\gamma}=-\dfrac{3}{4}$

(2) $\alpha+\beta+\gamma=-2$이므로

$$\alpha+\beta=-2-\gamma, \ \beta+\gamma=-2-\alpha,$$
$$\gamma+\alpha=-2-\beta$$
$$\therefore (\alpha+\beta)(\beta+\gamma)(\gamma+\alpha)$$
$$=(-2-\gamma)(-2-\alpha)(-2-\beta)$$
$$=-(2+\alpha)(2+\beta)(2+\gamma)$$
$$=-\{8+4(\alpha+\beta+\gamma)+2(\alpha\beta+\beta\gamma+\gamma\alpha)$$
$$+\alpha\beta\gamma\}$$
$$=-\{8+4\times(-2)+2\times 3-4\}=-2$$

(3) $\dfrac{\gamma}{\alpha\beta}+\dfrac{\alpha}{\beta\gamma}+\dfrac{\beta}{\gamma\alpha}$

$$=\dfrac{\alpha^2+\beta^2+\gamma^2}{\alpha\beta\gamma}$$
$$=\dfrac{(\alpha+\beta+\gamma)^2-2(\alpha\beta+\beta\gamma+\gamma\alpha)}{\alpha\beta\gamma}$$
$$=\dfrac{(-2)^2-2\times 3}{-4}=\dfrac{1}{2}$$

답 (1) $-\dfrac{3}{4}$　(2) -2　(3) $\dfrac{1}{2}$

359

$x^3-x^2+3x-3=0$의 세 근이 α, β, γ이므로 삼차방
정식의 근과 계수의 관계에 의하여

$$\alpha+\beta+\gamma=1, \ \alpha\beta+\beta\gamma+\gamma\alpha=3, \ \alpha\beta\gamma=3$$

따라서 $\beta+\gamma=1-\alpha$, $\gamma+\alpha=1-\beta$, $\alpha+\beta=1-\gamma$이
므로

$$\dfrac{\beta+\gamma}{\alpha}+\dfrac{\gamma+\alpha}{\beta}+\dfrac{\alpha+\beta}{\gamma}$$
$$=\dfrac{1-\alpha}{\alpha}+\dfrac{1-\beta}{\beta}+\dfrac{1-\gamma}{\gamma}$$
$$=\left(\dfrac{1}{\alpha}+\dfrac{1}{\beta}+\dfrac{1}{\gamma}\right)-3$$
$$=\dfrac{\alpha\beta+\beta\gamma+\gamma\alpha}{\alpha\beta\gamma}-3$$
$$=\dfrac{3}{3}-3=-2$$

답 -2

360

주어진 삼차방정식의 세 근을 α, 2α, 3α $(\alpha\neq 0)$라 하
면 삼차방정식의 근과 계수의 관계에 의하여

$$\alpha+2\alpha+3\alpha=12, \qquad 6\alpha=12$$
$$\therefore \alpha=2$$

따라서 세 근이 2, 4, 6이므로

$$2\times 4+4\times 6+6\times 2=a, \ 2\times 4\times 6=-b$$
$$\therefore a=44, \ b=-48$$

답 $a=44, \ b=-48$

361

$x^3-3x^2-x+1=0$의 세 근이 α, β, γ이므로 삼차방
정식의 근과 계수의 관계에 의하여

$$\alpha+\beta+\gamma=3, \ \alpha\beta+\beta\gamma+\gamma\alpha=-1, \ \alpha\beta\gamma=-1$$

구하는 삼차방정식의 세 근이 $\dfrac{1}{\alpha}$, $\dfrac{1}{\beta}$, $\dfrac{1}{\gamma}$이므로

$$(세 근의 합)=\dfrac{1}{\alpha}+\dfrac{1}{\beta}+\dfrac{1}{\gamma}$$
$$=\dfrac{\alpha\beta+\beta\gamma+\gamma\alpha}{\alpha\beta\gamma}=\dfrac{-1}{-1}=1$$

$$(두 근끼리의 곱의 합)$$
$$=\dfrac{1}{\alpha}\times\dfrac{1}{\beta}+\dfrac{1}{\beta}\times\dfrac{1}{\gamma}+\dfrac{1}{\gamma}\times\dfrac{1}{\alpha}$$
$$=\dfrac{\alpha+\beta+\gamma}{\alpha\beta\gamma}=\dfrac{3}{-1}=-3$$

$$(세 근의 곱)=\dfrac{1}{\alpha}\times\dfrac{1}{\beta}\times\dfrac{1}{\gamma}$$
$$=\dfrac{1}{\alpha\beta\gamma}=\dfrac{1}{-1}=-1$$

따라서 구하는 삼차방정식은
$$x^3-x^2-3x+1=0$$

⟮답⟯ $x^3-x^2-3x+1=0$

362

주어진 삼차방정식의 계수가 유리수이고 $1+\sqrt{2}$가 근이므로 $1-\sqrt{2}$도 근이다.

나머지 한 근을 α라 하면 삼차방정식의 근과 계수의 관계에 의하여
$$\alpha(1+\sqrt{2})(1-\sqrt{2})=-6$$
$$\therefore \alpha=6$$

따라서 나머지 두 근의 합은
$$(1-\sqrt{2})+6=7-\sqrt{2}$$

⟮답⟯ $7-\sqrt{2}$

363

주어진 삼차방정식의 계수가 실수이고 $2-i$가 근이므로 $2+i$도 근이다.

나머지 한 근이 c이므로 삼차방정식의 근과 계수의 관계에 의하여
$$c(2-i)(2+i)=5, \qquad 5c=5$$
$$\therefore c=1$$

따라서 주어진 방정식의 세 근이 1, $2-i$, $2+i$이므로
$$1+(2-i)+(2+i)=-a,$$
$$1\times(2-i)+(2-i)(2+i)+(2+i)\times1=b$$
$$\therefore a=-5,\ b=9$$
$$\therefore a+b+c=5$$

⟮답⟯ 5

364

$x^3=-1$에서
$$x^3+1=0 \qquad \therefore (x+1)(x^2-x+1)=0$$
ω는 $x^3=-1$과 $x^2-x+1=0$의 한 허근이므로
$$\omega^3=-1,\ \omega^2-\omega+1=0$$

(1) $\dfrac{\omega^{100}+\omega^{102}}{\omega^{101}}=\dfrac{(\omega^3)^{33}\times\omega+(\omega^3)^{34}}{(\omega^3)^{33}\times\omega^2}$

$$=\dfrac{-\omega+1}{-\omega^2}=\dfrac{-\omega^2}{-\omega^2}=1$$

(2) $\omega(2\omega-1)(2+\omega^2)$
$$=\omega(2\omega^3-\omega^2+4\omega-2)$$
$$=2\omega^4-\omega^3+4\omega^2-2\omega$$
$$=2\omega^3\times\omega-\omega^3+4\omega^2-2\omega$$
$$=-2\omega+1+4\omega^2-2\omega$$
$$=4(\omega^2-\omega)+1$$
$$=4\times(-1)+1=-3$$

(3) $\omega^5-\omega^4+\omega^3-\omega^2+\omega$
$$=\omega^3(\omega^2-\omega+1)-(\omega^2-\omega)$$
$$=-1\times0-(-1)=1$$

⟮답⟯ (1) 1 (2) -3 (3) 1

365

$x^3-1=0$에서 $\qquad(x-1)(x^2+x+1)=0$
방정식 $x^2+x+1=0$의 계수가 실수이고 한 허근이 ω이므로 다른 한 근은 $\overline{\omega}$이다.

따라서 근과 계수의 관계에 의하여
$$\omega+\overline{\omega}=-1,\ \omega\overline{\omega}=1$$
$$\therefore \dfrac{1}{\omega-1}+\dfrac{1}{\overline{\omega}-1}=\dfrac{\overline{\omega}-1+\omega-1}{(\omega-1)(\overline{\omega}-1)}$$
$$=\dfrac{(\omega+\overline{\omega})-2}{\omega\overline{\omega}-(\omega+\overline{\omega})+1}$$
$$=\dfrac{-1-2}{1-(-1)+1}$$
$$=-1 \qquad\qquad ⟮답⟯ -1$$

366

$x^3+1=0$에서 $\qquad(x+1)(x^2-x+1)=0$
방정식 $x^2-x+1=0$의 계수가 실수이고 한 허근이 ω이므로 다른 한 근은 $\overline{\omega}$이다.

따라서 근과 계수의 관계에 의하여

$$\omega+\overline{\omega}=1,\ \omega\overline{\omega}=1$$

$$\therefore \frac{(2\omega+1)\overline{(2\omega+1)}}{(\omega-1)\overline{(\omega-1)}}=\frac{(2\omega+1)(2\overline{\omega}+1)}{(\omega-1)(\overline{\omega}-1)}$$

$$=\frac{4\omega\overline{\omega}+2(\omega+\overline{\omega})+1}{\omega\overline{\omega}-(\omega+\overline{\omega})+1}$$

$$=\frac{4+2+1}{1-1+1}$$

$$=7$$

월 7

연습 문제

● 본책 174~175쪽

367

전략 삼차방정식의 근과 계수의 관계를 이용한다.

$2x^3+3x^2-4x+4=0$의 세 근이 α, β, γ이므로 삼차방정식의 근과 계수의 관계에 의하여

$$\alpha+\beta+\gamma=-\frac{3}{2}$$

$$\alpha\beta+\beta\gamma+\gamma\alpha=-2$$

$$\alpha\beta\gamma=-2$$

$$\therefore (2-\alpha)(2-\beta)(2-\gamma)$$

$$=8-4(\alpha+\beta+\gamma)+2(\alpha\beta+\beta\gamma+\gamma\alpha)$$

$$-\alpha\beta\gamma$$

$$=8-4\times\left(-\frac{3}{2}\right)+2\times(-2)-(-2)$$

$$=12$$

월 12

다른 풀이 $2x^3+3x^2-4x+4=0$의 세 근이 α, β, γ이므로

$$2x^3+3x^2-4x+4=2(x-\alpha)(x-\beta)(x-\gamma)$$

양변에 $x=2$를 대입하면

$$2\times8+3\times4-4\times2+4$$

$$=2(2-\alpha)(2-\beta)(2-\gamma)$$

$$\therefore (2-\alpha)(2-\beta)(2-\gamma)=12$$

368

전략 연속하는 세 정수를 $\alpha-1$, α, $\alpha+1$로 놓는다.

삼차방정식 $x^3+6x^2+ax+b=0$의 세 근을 $\alpha-1$, α, $\alpha+1$이라 하자.

삼차방정식의 근과 계수의 관계에 의하여

$$(\alpha-1)+\alpha+(\alpha+1)=-6$$

$$\therefore \alpha=-2$$

따라서 주어진 방정식의 세 근이 -3, -2, -1이므로

$$-3\times(-2)+(-2)\times(-1)+(-1)\times(-3)$$

$$=a$$

$$-3\times(-2)\times(-1)=-b$$

$$\therefore a=11,\ b=6$$

$$\therefore ab=66$$

월 66

369

전략 삼차방정식의 근과 계수의 관계를 이용하여 α^2, β^2, γ^2의 합, 두 수끼리의 곱의 합, 곱을 구한다.

$x^3+3x-2=0$의 세 근이 α, β, γ이므로 삼차방정식의 근과 계수의 관계에 의하여

$$\alpha+\beta+\gamma=0,\ \alpha\beta+\beta\gamma+\gamma\alpha=3,\ \alpha\beta\gamma=2$$

구하는 삼차방정식의 세 근이 α^2, β^2, γ^2이므로

(세 근의 합)$=\alpha^2+\beta^2+\gamma^2$

$$=(\alpha+\beta+\gamma)^2-2(\alpha\beta+\beta\gamma+\gamma\alpha)$$

$$=0^2-2\times3=-6$$

(두 근끼리의 곱의 합)

$$=\alpha^2\beta^2+\beta^2\gamma^2+\gamma^2\alpha^2$$

$$=(\alpha\beta+\beta\gamma+\gamma\alpha)^2-2(\alpha\beta^2\gamma+\alpha\beta\gamma^2+\alpha^2\beta\gamma)$$

$$=(\alpha\beta+\beta\gamma+\gamma\alpha)^2-2\alpha\beta\gamma(\alpha+\beta+\gamma)$$

$$=3^2-2\times2\times0=9$$

(세 근의 곱)$=\alpha^2\beta^2\gamma^2=(\alpha\beta\gamma)^2=2^2=4$

따라서 구하는 삼차방정식은

$$x^3+6x^2+9x-4=0$$

월 $x^3+6x^2+9x-4=0$

370

전략 삼차방정식의 근과 계수의 관계를 이용하여 α, β, γ의 합, 두 수끼리의 곱의 합, 곱을 구한다.

$x^3+6x^2-4x-16=0$의 세 근이 2α, 2β, 2γ이므로 삼차방정식의 근과 계수의 관계에 의하여

$$2\alpha+2\beta+2\gamma=-6$$

$$2\alpha\times2\beta+2\beta\times2\gamma+2\gamma\times2\alpha=-4$$

$$2\alpha\times2\beta\times2\gamma=16$$

$$\therefore \alpha+\beta+\gamma=-3,\ \alpha\beta+\beta\gamma+\gamma\alpha=-1,$$

$$\alpha\beta\gamma=2$$

II-4

요러 가지 방정식

83

따라서 α, β, γ를 세 근으로 하고 x^3의 계수가 1인 삼차방정식은

$$x^3+3x^2-x-2=0$$

즉 $f(x)=x^3+3x^2-x-2$이므로

$$a=3,\ b=-1,\ c=-2$$
$$\therefore abc=3\times(-1)\times(-2)=6 \qquad \text{🄐 } \textbf{6}$$

371

전략 $\dfrac{2}{1-i}$의 분모를 실수화하고 켤레근을 구한다.

$$\frac{2}{1-i}=\frac{2(1+i)}{(1-i)(1+i)}=\frac{2(1+i)}{2}=1+i$$

즉 주어진 삼차방정식의 계수가 실수이고 한 근이 $1+i$이므로 $1-i$도 근이다.

나머지 한 근을 α라 하면 삼차방정식의 근과 계수의 관계에 의하여

$$\alpha(1+i)+(1+i)(1-i)+\alpha(1-i)=4$$
$$2\alpha+2=4 \qquad \therefore \alpha=1$$

따라서 주어진 방정식의 세 근이 $1+i$, $1-i$, 1이므로

$$a=(1+i)(1-i)\times1=2 \qquad \text{🄐 } \textbf{2}$$

참고 주어진 삼차방정식의 세 근의 합을 이용하여 a의 값을 구할 수도 있다.

즉 $a+1=(1+i)+(1-i)+1=3$이므로

$$a=2$$

372

전략 $\omega^3=1$, $\omega^2+\omega+1=0$임을 이용하여 주어진 식을 간단히 한다.

$x^3=1$에서

$$x^3-1=0 \qquad \therefore (x-1)(x^2+x+1)=0$$

따라서 ω는 $x^3=1$과 $x^2+x+1=0$의 한 허근이므로

$$\omega^3=1,\ \omega^2+\omega+1=0$$
$$\therefore \frac{\omega^{125}}{\omega^{124}+1}+\frac{\omega^{124}}{\omega^{125}+1}$$
$$=\frac{(\omega^3)^{41}\times\omega^2}{(\omega^3)^{41}\times\omega+1}+\frac{(\omega^3)^{41}\times\omega}{(\omega^3)^{41}\times\omega^2+1}$$
$$=\frac{\omega^2}{\omega+1}+\frac{\omega}{\omega^2+1}$$
$$=\frac{\omega^2}{-\omega^2}+\frac{\omega}{-\omega}$$
$$=-1-1=-2 \qquad \text{🄐 } \textbf{-2}$$

373

전략 $x^2-x+1=0$이므로 $x^3+1=0$임을 이용한다.

$x^2-x+1=0$의 양변에 $x+1$을 곱하면

$$(x+1)(x^2-x+1)=0, \qquad x^3+1=0$$
$$\therefore x^3=-1$$

따라서 ω는 $x^2-x+1=0$과 $x^3=-1$의 한 허근이므로

$$\omega^2-\omega+1=0,\ \omega^3=-1$$
$$\therefore (-1-\omega^{1000})(1-\omega^{1001})(1+\omega^{1002})$$
$$=\{-1-(\omega^3)^{333}\times\omega\}\{1-(\omega^3)^{333}\times\omega^2\}$$
$$\quad \times\{1+(\omega^3)^{334}\}$$
$$=(-1+\omega)(1+\omega^2)(1+1)$$
$$=\omega^2\times\omega\times2$$
$$=2\omega^3=-2 \qquad \text{🄐 } \textbf{-2}$$

374

전략 삼차방정식 $f(x+1)=0$의 세 근을 α, β, γ로 나타낸다.

삼차방정식 $f(x)=0$의 세 근이 α, β, γ이므로

$$f(\alpha)=0,\ f(\beta)=0,\ f(\gamma)=0$$

이때 $f(x+1)=0$의 해는

$$x+1=\alpha \text{ 또는 } x+1=\beta \text{ 또는 } x+1=\gamma$$

를 만족시키는 x의 값이므로

$$x=\alpha-1 \text{ 또는 } x=\beta-1 \text{ 또는 } x=\gamma-1$$

따라서 삼차방정식 $f(x+1)=0$의 세 근의 곱은

$$(\alpha-1)(\beta-1)(\gamma-1)$$
$$=\alpha\beta\gamma-(\alpha\beta+\beta\gamma+\gamma\alpha)+(\alpha+\beta+\gamma)-1$$
$$=(\alpha\beta\gamma+\alpha+\beta+\gamma)-(\alpha\beta+\beta\gamma+\gamma\alpha)-1$$
$$=1-3-1=-3 \qquad \text{🄐 } \textbf{-3}$$

375

전략 방정식 $f(x)+2=0$의 근이 1, 3, 5임을 이용한다.

$f(1)=f(3)=f(5)=-2$에서

$$f(1)+2=0,\ f(3)+2=0,\ f(5)+2=0$$

즉 삼차방정식 $f(x)+2=0$의 세 근이 1, 3, 5이다.

이때 1, 3, 5를 세 근으로 하고 x^3의 계수가 1인 삼차방정식은

$$x^3-(1+3+5)x^2+(1\times3+3\times5+5\times1)x$$
$$-1\times3\times5=0$$
$$\therefore x^3-9x^2+23x-15=0$$

즉 $f(x)+2=x^3-9x^2+23x-15$이므로
$$f(x)=x^3-9x^2+23x-17$$
따라서 방정식 $f(x)=0$의 모든 근의 곱은 삼차방정식의 근과 계수의 관계에 의하여 17이다.

답 **17**

376

전략 $\omega^3=1$, $\omega^2+\omega+1=0$임을 이용하여 좌변을 간단히 한다.

$x^3=1$에서
$$x^3-1=0 \qquad \therefore (x-1)(x^2+x+1)=0$$
따라서 ω는 $x^3=1$과 $x^2+x+1=0$의 한 허근이므로
$$\omega^3=1, \ \omega^2+\omega+1=0$$
$$\therefore \ 1+2\omega+3\omega^2+4\omega^3+5\omega^4+6\omega^5+7\omega^6$$
$$=1+2\omega+3\omega^2+4\omega^3+5\omega^3\times\omega$$
$$+6\omega^3\times\omega^2+7\times(\omega^3)^2$$
$$=1+2\omega+3\omega^2+4+5\omega+6\omega^2+7$$
$$=12+7\omega+9\omega^2$$
$$=12+7\omega+9(-\omega-1)$$
$$=-2\omega+3$$
따라서 $a=-2$, $b=3$이므로
$$a+b=1$$

답 **1**

377

전략 주어진 방정식의 좌변을 인수분해하여 ω를 한 근으로 하는 이차방정식을 구한다.

$f(x)=x^3+x^2-x+2$라 하면
$$f(-2)=-8+4+2+2=0$$
이므로 조립제법을 이용하여 $f(x)$를 인수분해하면

$$
\begin{array}{r|rrrr}
-2 & 1 & 1 & -1 & 2 \\
   &   & -2 & 2 & -2 \\
\hline
   & 1 & -1 & 1 & 0
\end{array}
$$

$$\therefore f(x)=(x+2)(x^2-x+1)$$
따라서 주어진 방정식은 $(x+2)(x^2-x+1)=0$
이때 ω는 $x^2-x+1=0$의 한 허근이므로
$$\omega^2-\omega+1=0$$
또한 이차방정식 $x^2-x+1=0$의 양변에 $x+1$을 곱하면
$$(x+1)(x^2-x+1)=0$$
$$x^3+1=0 \qquad \therefore x^3=-1$$

즉 ω는 $x^3=-1$의 한 허근이므로
$$\omega^3=-1$$
한편 방정식 $x^2-x+1=0$의 계수가 실수이고 한 허근이 ω이므로 다른 한 근은 $\overline{\omega}$이다.
따라서 근과 계수의 관계에 의하여
$$\omega\overline{\omega}=1$$
$$\therefore \frac{\omega}{\overline{\omega}}-\omega^{1001}=\frac{\omega^2}{\overline{\omega}\times\omega}-(\omega^3)^{333}\times\omega^2$$
$$=\omega^2+\omega^2=2\omega^2$$

답 ⑤

378

전략 z, $\overline{z}$를 두 근으로 하는 이차방정식을 세운다.

$z+\overline{z}=-1$, $z\overline{z}=1$이므로 이차방정식의 근과 계수의 관계에 의하여 z, $\overline{z}$는 이차방정식 $x^2+x+1=0$의 두 근이다.
이때 $x^2+x+1=0$의 양변에 $x-1$을 곱하면
$$(x-1)(x^2+x+1)=0$$
$$x^3-1=0 \qquad \therefore x^3=1$$
따라서 z, $\overline{z}$는 삼차방정식 $x^3=1$의 두 허근이므로
$$z^3=1, \ (\overline{z})^3=1$$
$$\therefore \ \frac{\overline{z}}{z^5}+\frac{(\overline{z})^2}{z^4}+\frac{(\overline{z})^3}{z^3}+\frac{(\overline{z})^4}{z^2}+\frac{(\overline{z})^5}{z}$$
$$=\frac{\overline{z}}{z^2}+\frac{(\overline{z})^2}{z}+\frac{1}{1}+\frac{\overline{z}}{z^2}+\frac{(\overline{z})^2}{z}$$
$$=\frac{2\overline{z}}{z^2}+\frac{2(\overline{z})^2}{z}+1$$
$$=\frac{2z\overline{z}+2(z\overline{z})^2}{z^3}+1$$
$$=\frac{2\times1+2\times1^2}{1}+1=5$$

답 ④

다른 풀이 $z=a+bi$ (a, b는 실수)라 하면
$$\overline{z}=a-bi$$
$z+\overline{z}=-1$에서 $(a+bi)+(a-bi)=-1$
$$2a=-1 \qquad \therefore a=-\frac{1}{2}$$
$z\overline{z}=1$에서 $(a+bi)(a-bi)=1$
$$a^2+b^2=1, \qquad \frac{1}{4}+b^2=1$$
$$b^2=\frac{3}{4} \qquad \therefore b=\pm\frac{\sqrt{3}}{2}$$

이때 $z=\dfrac{-1+\sqrt{3}i}{2}$라 하면 $\bar{z}=\dfrac{-1-\sqrt{3}i}{2}$이고

$$z^2=\left(\dfrac{-1+\sqrt{3}i}{2}\right)^2=\dfrac{-1-\sqrt{3}i}{2}=\bar{z}$$

$$z^3=z^2\times z=\bar{z}\times z=1$$

$$\therefore \dfrac{\bar{z}}{z^5}+\dfrac{(\bar{z})^2}{z^4}+\dfrac{(\bar{z})^3}{z^3}+\dfrac{(\bar{z})^4}{z^2}+\dfrac{(\bar{z})^5}{z}$$

$$=\dfrac{z^2}{z^5}+\dfrac{z^4}{z^4}+\dfrac{z^6}{z^3}+\dfrac{z^8}{z^2}+\dfrac{z^{10}}{z}$$

$$=\dfrac{1}{z^3}+1+z^3+z^6+z^9$$

$$=1+1+1+1+1=5$$

379

전략 $f(1)$, $f(2)$, $f(3)$, …의 값을 구하여 $f(n)$의 값을 추정한다.

$x^3=1$에서

$$x^3-1=0 \qquad \therefore (x-1)(x^2+x+1)=0$$

따라서 ω는 $x^3=1$과 $x^2+x+1=0$의 한 허근이므로

$$\omega^3=1, \ \omega^2+\omega+1=0$$

$f(n)=\dfrac{\omega^{2n}}{\omega^n+1}$에 $n=1, 2, 3, \cdots$을 대입하면

$$f(1)=\dfrac{\omega^2}{\omega+1}=\dfrac{\omega^2}{-\omega^2}=-1$$

$$f(2)=\dfrac{\omega^4}{\omega^2+1}=\dfrac{\omega^3\times\omega}{\omega^2+1}=\dfrac{\omega}{-\omega}=-1$$

$$f(3)=\dfrac{\omega^6}{\omega^3+1}=\dfrac{(\omega^3)^2}{\omega^3+1}=\dfrac{1}{1+1}=\dfrac{1}{2}$$

$$f(4)=\dfrac{\omega^8}{\omega^4+1}=\dfrac{(\omega^3)^2\times\omega^2}{\omega^3\times\omega+1}=\dfrac{\omega^2}{\omega+1}$$
$$=f(1)=-1$$

$$f(5)=\dfrac{\omega^{10}}{\omega^5+1}=\dfrac{(\omega^3)^2\times\omega^4}{\omega^3\times\omega^2+1}=\dfrac{\omega^4}{\omega^2+1}$$
$$=f(2)=-1$$

$$\vdots$$

$$\therefore f(n)=\begin{cases} -1 & (n=3k-2, \ 3k-1) \\ \dfrac{1}{2} & (n=3k) \end{cases}$$

(단, k는 자연수이다.)

$$\therefore f(1)+f(2)+f(3)+\cdots+f(20)$$

$$=\left(-1-1+\dfrac{1}{2}\right)\times 6+(-1)+(-1)$$

$$=-11 \qquad \text{답 } -11$$

---

04 미지수가 2개인 연립이차방정식 ● 본책 176~184쪽

380

(1) $\begin{cases} x+2y=5 & \cdots\cdots \text{㉠} \\ 2x^2+y^2=19 & \cdots\cdots \text{㉡} \end{cases}$

㉠에서 $\quad x=5-2y \qquad \cdots\cdots \text{㉢}$

㉡에 ㉢을 대입하면

$$2(5-2y)^2+y^2=19$$

$$9y^2-40y+31=0, \qquad (y-1)(9y-31)=0$$

$$\therefore y=1 \ \text{또는} \ y=\dfrac{31}{9}$$

(i) ㉢에 $y=1$을 대입하면 $\quad x=3$

(ii) ㉢에 $y=\dfrac{31}{9}$을 대입하면 $\quad x=-\dfrac{17}{9}$

(i), (ii)에서 $\quad \begin{cases} x=3 \\ y=1 \end{cases} \text{또는} \begin{cases} x=-\dfrac{17}{9} \\ y=\dfrac{31}{9} \end{cases}$

(2) $\begin{cases} x^2+xy=-4 & \cdots\cdots \text{㉠} \\ 2x+y=3 & \cdots\cdots \text{㉡} \end{cases}$

㉡에서 $\quad y=-2x+3 \qquad \cdots\cdots \text{㉢}$

㉠에 ㉢을 대입하면

$$x^2+x(-2x+3)=-4$$

$$x^2-3x-4=0, \qquad (x+1)(x-4)=0$$

$$\therefore x=-1 \ \text{또는} \ x=4$$

(i) ㉢에 $x=-1$을 대입하면 $\quad y=5$

(ii) ㉢에 $x=4$를 대입하면 $\quad y=-5$

(i), (ii)에서 $\quad \begin{cases} x=-1 \\ y=5 \end{cases} \text{또는} \begin{cases} x=4 \\ y=-5 \end{cases}$

답 풀이 참조

381

(1) $\begin{cases} 2x^2-3xy+y^2=0 & \cdots\cdots \text{㉠} \\ x^2+y^2=20 & \cdots\cdots \text{㉡} \end{cases}$

㉠의 좌변을 인수분해하면

$$(2x-y)(x-y)=0$$

$$\therefore y=2x \ \text{또는} \ y=x$$

(i) ㉡에 $y=2x$를 대입하면

$$x^2+(2x)^2=20, \qquad x^2=4$$

$$\therefore x=\pm 2$$

$y=2x$이므로

$$x=\pm2,\ y=\pm4\ (복호동순)$$

(ii) ㉡에 $y=x$를 대입하면

$$x^2+x^2=20,\qquad x^2=10$$

$$\therefore\ x=\pm\sqrt{10}$$

$y=x$이므로

$$x=\pm\sqrt{10},\ y=\pm\sqrt{10}\ (복호동순)$$

(i), (ii)에서

$$\begin{cases}x=2\\y=4\end{cases}\ 또는\ \begin{cases}x=-2\\y=-4\end{cases}$$

$$또는\ \begin{cases}x=\sqrt{10}\\y=\sqrt{10}\end{cases}\ 또는\ \begin{cases}x=-\sqrt{10}\\y=-\sqrt{10}\end{cases}$$

(2) $\begin{cases}2x^2-5xy+2y^2=0 & \cdots\cdots\ ㉠\\x^2+3xy+2y^2=9 & \cdots\cdots\ ㉡\end{cases}$

㉠의 좌변을 인수분해하면

$$(2x-y)(x-2y)=0$$

$$\therefore\ y=2x\ 또는\ x=2y$$

(i) ㉡에 $y=2x$를 대입하면

$$x^2+3x\times2x+2\times(2x)^2=9$$

$$15x^2=9\qquad\therefore\ x=\pm\frac{\sqrt{15}}{5}$$

$y=2x$이므로

$$x=\pm\frac{\sqrt{15}}{5},\ y=\pm\frac{2\sqrt{15}}{5}\ (복호동순)$$

(ii) ㉡에 $x=2y$를 대입하면

$$(2y)^2+3\times2y\times y+2y^2=9$$

$$12y^2=9\qquad\therefore\ y=\pm\frac{\sqrt{3}}{2}$$

$x=2y$이므로

$$x=\pm\sqrt{3},\ y=\pm\frac{\sqrt{3}}{2}\ (복호동순)$$

(i), (ii)에서

$$\begin{cases}x=\dfrac{\sqrt{15}}{5}\\[4pt]y=\dfrac{2\sqrt{15}}{5}\end{cases}\ 또는\ \begin{cases}x=-\dfrac{\sqrt{15}}{5}\\[4pt]y=-\dfrac{2\sqrt{15}}{5}\end{cases}$$

$$또는\ \begin{cases}x=\sqrt{3}\\[4pt]y=\dfrac{\sqrt{3}}{2}\end{cases}\ 또는\ \begin{cases}x=-\sqrt{3}\\[4pt]y=-\dfrac{\sqrt{3}}{2}\end{cases}$$

🛄 풀이 참조

382

(1) $\begin{cases}x+y=2\\x^2-xy+y^2=49\end{cases}$에서

$$\begin{cases}x+y=2\\(x+y)^2-3xy=49\end{cases}$$

$x+y=a,\ xy=b$로 놓으면

$$\begin{cases}a=2 & \cdots\cdots\ ㉠\\a^2-3b=49 & \cdots\cdots\ ㉡\end{cases}$$

㉡에 ㉠을 대입하면

$$4-3b=49\qquad\therefore\ b=-15$$

즉 $x+y=2,\ xy=-15$이므로 $x,\ y$는 이차방정식 $t^2-2t-15=0$의 두 근이다.

$(t+3)(t-5)=0$에서 $\quad t=-3\ 또는\ t=5$

따라서 연립방정식의 해는

$$\begin{cases}x=-3\\y=5\end{cases}\ 또는\ \begin{cases}x=5\\y=-3\end{cases}$$

(2) $\begin{cases}x^2+y^2+x+y=2\\x^2+xy+y^2=1\end{cases}$에서

$$\begin{cases}(x+y)^2-2xy+x+y=2\\(x+y)^2-xy=1\end{cases}$$

$x+y=a,\ xy=b$로 놓으면

$$\begin{cases}a^2-2b+a=2 & \cdots\cdots\ ㉠\\a^2-b=1 & \cdots\cdots\ ㉡\end{cases}$$

㉡에서 $\quad b=a^2-1\qquad\cdots\cdots\ ㉢$

㉠에 ㉢을 대입하면

$$a^2-2(a^2-1)+a=2$$

$$a^2-a=0,\qquad a(a-1)=0$$

$$\therefore\ a=0\ 또는\ a=1$$

㉢에 $a=0$을 대입하면 $\quad b=-1$

㉢에 $a=1$을 대입하면 $\quad b=0$

(i) $a=0,\ b=-1$, 즉 $x+y=0,\ xy=-1$일 때, $x,\ y$는 이차방정식 $t^2-1=0$의 두 근이다.

$(t+1)(t-1)=0$에서 $\quad t=-1\ 또는\ t=1$

$$\therefore\ x=1,\ y=-1\ 또는\ x=-1,\ y=1$$

(ii) $a=1,\ b=0$, 즉 $x+y=1,\ xy=0$일 때, $x,\ y$는 이차방정식 $t^2-t=0$의 두 근이다.

$t(t-1)=0$에서 $\quad t=0\ 또는\ t=1$

$$\therefore\ x=0,\ y=1\ 또는\ x=1,\ y=0$$

여러 가지 방정식

(i), (ii)에서

$$\begin{cases} x=1 \\ y=-1 \end{cases} \text{또는} \begin{cases} x=-1 \\ y=1 \end{cases}$$

$$\text{또는} \begin{cases} x=0 \\ y=1 \end{cases} \text{또는} \begin{cases} x=1 \\ y=0 \end{cases}$$

🅑 풀이 참조

383

$$\begin{cases} x+y=2a+1 \\ xy=a^2+3 \end{cases}$$ 의 해 x, y는 t에 대한 이차방정식

$$t^2-(2a+1)t+a^2+3=0 \qquad \cdots\cdots \text{㉠}$$

의 두 근이다.

이때 주어진 연립방정식이 실근을 가지려면 이차방정식 ㉠이 실근을 가져야 한다.

㉠의 판별식을 D라 하면

$$D=(2a+1)^2-4(a^2+3)\geq 0$$

$$4a-11\geq 0 \qquad \therefore a\geq \frac{11}{4}$$

따라서 정수 a의 최솟값은 3이다. 🅑 3

384

두 자리 자연수의 십의 자리의 숫자를 x, 일의 자리의 숫자를 y라 하면

$$\begin{cases} x^2+y^2=73 & \cdots\cdots \text{㉠} \\ (10y+x)+(10x+y)=121 & \cdots\cdots \text{㉡} \end{cases}$$

㉡에서 $y=11-x \qquad \cdots\cdots \text{㉢}$

㉠에 ㉢을 대입하면

$$x^2+(11-x)^2=73$$

$$x^2-11x+24=0, \qquad (x-3)(x-8)=0$$

$$\therefore x=3 \text{ 또는 } x=8$$

㉢에 $x=3$을 대입하면 $y=8$

㉢에 $x=8$을 대입하면 $y=3$

이때 구하는 자연수는 50 이상이므로 83이다.

🅑 83

385

오른쪽 그림과 같이 마름모의 두 대각선의 길이를 각각 $2x$, $2y$ $(x>y)$라 하면

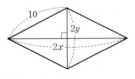

$$\begin{cases} x^2+y^2=10^2 & \cdots\cdots \text{㉠} \\ 2x-2y=4\sqrt{5} & \cdots\cdots \text{㉡} \end{cases}$$

㉡에서 $x=y+2\sqrt{5} \qquad \cdots\cdots \text{㉢}$

㉠에 ㉢을 대입하면

$$(y+2\sqrt{5})^2+y^2=100$$

$$y^2+2\sqrt{5}y-40=0$$

$$\therefore y=-\sqrt{5}\pm 3\sqrt{5}$$

그런데 $y>0$이므로 $y=2\sqrt{5}$

㉢에 $y=2\sqrt{5}$를 대입하면

$$x=4\sqrt{5}$$

따라서 마름모의 두 대각선의 길이가 각각 $8\sqrt{5}$, $4\sqrt{5}$이므로 구하는 합은

$$8\sqrt{5}+4\sqrt{5}=12\sqrt{5} \qquad\qquad \text{🅑 } 12\sqrt{5}$$

386

두 이차방정식의 공통인 근을 α라 하면

$$\begin{cases} \alpha^2-(k+4)\alpha+5k=0 & \cdots\cdots \text{㉠} \\ \alpha^2+(k-2)\alpha-5k=0 & \cdots\cdots \text{㉡} \end{cases}$$

㉠+㉡을 하면

$$2\alpha^2-6\alpha=0 \qquad \leftarrow \text{상수항 소거}$$

$$\alpha^2-3\alpha=0, \qquad \alpha(\alpha-3)=0$$

$$\therefore \alpha=0 \text{ 또는 } \alpha=3$$

(i) $\alpha=0$일 때,

㉠에 $\alpha=0$을 대입하면 $k=0$

이때 $k\neq 0$이므로 조건을 만족시키지 않는다.

(ii) $\alpha=3$일 때,

㉠에 $\alpha=3$을 대입하면

$$9-3(k+4)+5k=0$$

$$2k=3 \qquad \therefore k=\frac{3}{2}$$

(i), (ii)에서 $k=\frac{3}{2}$ 🅑 $\frac{3}{2}$

387

두 이차방정식의 공통인 근을 α라 하면

$$\begin{cases} \alpha^2+4m\alpha-2m+1=0 & \cdots\cdots \text{㉠} \\ \alpha^2+m\alpha+m+1=0 & \cdots\cdots \text{㉡} \end{cases}$$

㉠−㉡을 하면

$$3ma-3m=0 \quad \leftarrow \text{이차항 소거}$$
$$3m(a-1)=0$$
$$\therefore m=0 \text{ 또는 } a=1$$

(i) $m=0$일 때,

두 이차방정식이 모두 $x^2+1=0$으로 일치하므로 공통인 근이 2개이다.

따라서 주어진 조건을 만족시키지 않는다.

(ii) $a=1$일 때,

㉠에 $a=1$을 대입하면

$$1+4m-2m+1=0$$
$$\therefore m=-1$$

(i), (ii)에서 $m=-1$이고 공통인 근은 $x=1$이다.

🔟 **$m=-1$, 공통인 근: $x=1$**

388

$xy-x-y-1=0$에서

$$x(y-1)-(y-1)-2=0$$
$$\therefore (x-1)(y-1)=2$$

x, y가 정수이므로 $x-1$, $y-1$도 정수이다.

따라서 $x-1$, $y-1$의 값은 다음 표와 같다.

$x-1$	1	2	-1	-2
$y-1$	2	1	-2	-1

(i) $x-1=1$, $y-1=2$일 때, $x=2$, $y=3$

(ii) $x-1=2$, $y-1=1$일 때, $x=3$, $y=2$

(iii) $x-1=-1$, $y-1=-2$일 때, $x=0$, $y=-1$

(iv) $x-1=-2$, $y-1=-1$일 때, $x=-1$, $y=0$

이상에서 구하는 x, y의 값은

$$\begin{cases} x=2 \\ y=3 \end{cases} \text{또는} \begin{cases} x=3 \\ y=2 \end{cases}$$

$$\text{또는} \begin{cases} x=0 \\ y=-1 \end{cases} \text{또는} \begin{cases} x=-1 \\ y=0 \end{cases}$$

🔟 **풀이 참조**

389

$xy+y-2x=7$에서

$$y(x+1)-2(x+1)+2=7$$
$$\therefore (x+1)(y-2)=5$$

x, y가 정수이므로 $x+1$, $y-2$도 정수이다.

따라서 $x+1$, $y-2$의 값은 다음 표와 같다.

$x+1$	1	5	-1	-5
$y-2$	5	1	-5	-1

(i) $x+1=1$, $y-2=5$일 때,

$$x=0, \ y=7 \quad \therefore x+y=7$$

(ii) $x+1=5$, $y-2=1$일 때,

$$x=4, \ y=3 \quad \therefore x+y=7$$

(iii) $x+1=-1$, $y-2=-5$일 때,

$$x=-2, \ y=-3 \quad \therefore x+y=-5$$

(iv) $x+1=-5$, $y-2=-1$일 때,

$$x=-6, \ y=1 \quad \therefore x+y=-5$$

이상에서 $x+y$의 최댓값은 7이다.

🔟 **7**

390

$x^2+y^2-4x-2y+5=0$에서

$$(x^2-4x+4)+(y^2-2y+1)=0$$
$$\therefore (x-2)^2+(y-1)^2=0$$

이때 x, y가 실수이므로 $x-2$, $y-1$도 실수이다.

따라서 $x-2=0$, $y-1=0$이므로

$$x=2, \ y=1$$
$$\therefore xy=2$$

🔟 **2**

다른 풀이 주어진 방정식의 좌변을 x에 대하여 내림차순으로 정리하면

$$x^2-4x+y^2-2y+5=0 \quad \cdots\cdots ㉠$$

x가 실수이므로 이차방정식 ㉠이 실근을 가져야 한다.

㉠의 판별식을 D라 하면

$$\frac{D}{4}=4-(y^2-2y+5) \geq 0$$
$$y^2-2y+1 \leq 0$$
$$\therefore (y-1)^2 \leq 0$$

이때 y도 실수이므로

$$y-1=0 \quad \therefore y=1$$

㉠에 $y=1$을 대입하면

$$x^2-4x+4=0$$
$$(x-2)^2=0 \quad \therefore x=2 \text{ (중근)}$$
$$\therefore xy=2$$

II-4

여러 가지 방정식

391

전략 상수항이 0인 이차방정식을 인수분해하여 x, y 사이의 관계식을 구한다.

$x^2-3xy+2y^2=0$에서

$\qquad(x-y)(x-2y)=0 \qquad \therefore x=y$ 또는 $x=2y$

(i) $x^2-y^2=9$에 $x=y$를 대입하면

$\qquad y^2-y^2=0 \neq 9$

이므로 조건을 만족시키지 않는다.

(ii) $x^2-y^2=9$에 $x=2y$를 대입하면

$\qquad(2y)^2-y^2=9, \qquad y^2=3$

$\qquad \therefore y=\pm\sqrt{3}$

$x=2y$이므로

$\qquad x=\pm 2\sqrt{3}, y=\pm\sqrt{3}$ (복호동순)

(i), (ii)에서 연립방정식의 해는

$\qquad \begin{cases} x=2\sqrt{3} \\ y=\sqrt{3} \end{cases}$ 또는 $\begin{cases} x=-2\sqrt{3} \\ y=-\sqrt{3} \end{cases}$

이때 $\alpha_1 < \alpha_2$이므로 $\qquad \alpha_1=-2\sqrt{3}, \alpha_2=2\sqrt{3}$

따라서 $\beta_1=-\sqrt{3}, \beta_2=\sqrt{3}$이므로

$\qquad \beta_1-\beta_2=-\sqrt{3}-\sqrt{3}=-2\sqrt{3}$ 　　　답 ①

392

전략 $x+y=a$, $xy=b$로 놓고 주어진 방정식을 a, b에 대한 방정식으로 변형한다.

$\begin{cases} xy+x+y=9 \\ x^2y+xy^2=20 \end{cases}$ 에서 $\begin{cases} xy+x+y=9 \\ xy(x+y)=20 \end{cases}$

$x+y=a$, $xy=b$로 놓으면

$\qquad \begin{cases} a+b=9 & \cdots\cdots ㉠ \\ ab=20 & \cdots\cdots ㉡ \end{cases}$

㉠에서 $\qquad b=9-a \qquad \cdots\cdots ㉢$

㉡에 ㉢을 대입하면 $\qquad a(9-a)=20$

$\qquad a^2-9a+20=0, \qquad (a-4)(a-5)=0$

$\qquad \therefore a=4$ 또는 $a=5$

㉢에 $a=4$를 대입하면 $\qquad b=5$

㉢에 $a=5$를 대입하면 $\qquad b=4$

(i) $a=4$, $b=5$, 즉 $x+y=4$, $xy=5$일 때,

$\quad x$, y는 이차방정식 $t^2-4t+5=0$의 두 근이므로 이를 만족시키는 자연수 x, y는 존재하지 않는다.

(ii) $a=5$, $b=4$, 즉 $x+y=5$, $xy=4$일 때,

$\quad x$, y는 이차방정식 $t^2-5t+4=0$의 두 근이다.

$\qquad(t-1)(t-4)=0$에서 $\qquad t=1$ 또는 $t=4$

$\qquad \therefore x=1, y=4$ 또는 $x=4, y=1$

(i), (ii)에서 $\quad \begin{cases} x=1 \\ y=4 \end{cases}$ 또는 $\begin{cases} x=4 \\ y=1 \end{cases}$

$\qquad \therefore x^2+y^2=17$ 　　　답 **17**

393

전략 일차방정식을 y에 대한 식으로 변형하여 이차방정식에 대입했을 때, x에 대한 이차방정식이 실근을 갖지 않음을 이용한다.

$\begin{cases} x^2+2x-2y=0 & \cdots\cdots ㉠ \\ x+y=a & \cdots\cdots ㉡ \end{cases}$

㉡에서 $y=a-x$이므로 ㉠에 대입하면

$\qquad x^2+2x-2(a-x)=0$

$\qquad \therefore x^2+4x-2a=0 \qquad \cdots\cdots ㉢$

주어진 연립방정식이 실근을 갖지 않으려면 이차방정식 ㉢이 실근을 갖지 않아야 한다.

㉢의 판별식을 D라 하면

$\qquad \dfrac{D}{4}=4+2a<0 \qquad \therefore a<-2$

따라서 정수 a의 최댓값은 -3이다. 　　　답 **-3**

394

전략 공통인 근을 α로 놓고, α에 대한 연립이차방정식을 세운다.

두 이차방정식의 공통인 근을 α라 하면

$\qquad \begin{cases} p\alpha^2+\alpha+1=0 & \cdots\cdots ㉠ \\ \alpha^2+p\alpha+1=0 & \cdots\cdots ㉡ \end{cases}$

㉠-㉡을 하면

$\qquad(p-1)\alpha^2-(p-1)\alpha=0$

$\qquad(p-1)(\alpha^2-\alpha)=0$

$\qquad \therefore (p-1)\alpha(\alpha-1)=0$

이때 $\alpha \neq 0$이므로 $\qquad p=1$ 또는 $\alpha=1$

(i) $p=1$일 때,

두 이차방정식은 모두 $x^2+x+1=0$으로 허근을 갖는다.

즉 공통인 실근을 갖는다는 조건을 만족시키지 않는다.

(ii) $a=1$일 때,

㉠에 $a=1$을 대입하면

$$p+1+1=0 \qquad \therefore p=-2$$

(i), (ii)에서 $\quad p=-2$ **답** -2

395

전략 좌변을 x에 대한 내림차순으로 정리하고, 이차방정식이 실근을 가질 조건을 이용한다.

$x^2-2xy+2y^2-4x+2y+5=0$의 좌변을 x에 대한 내림차순으로 정리하면

$$x^2-2(y+2)x+2y^2+2y+5=0 \quad \cdots\cdots ㉠$$

x가 실수이므로 이차방정식 ㉠이 실근을 가져야 한다.

㉠의 판별식을 D라 하면

$$\frac{D}{4}=(y+2)^2-(2y^2+2y+5)\geq0$$

$$y^2-2y+1\leq0 \qquad \therefore (y-1)^2\leq0$$

이때 y도 실수이므로

$$y-1=0 \qquad \therefore y=1$$

㉠에 $y=1$을 대입하면

$$x^2-6x+9=0$$

$$(x-3)^2=0 \qquad \therefore x=3$$

$$\therefore xy=3$$

답 3

396

전략 미정계수를 포함하지 않는 두 방정식을 연립하여 해를 구한다.

두 연립방정식의 공통인 해는 연립방정식

$$\begin{cases} 2x+y=3 & \cdots\cdots ㉠ \\ x^2-y^2=-45 & \cdots\cdots ㉡ \end{cases}$$

를 만족시킨다.

㉠에서 $\quad y=3-2x \qquad \cdots\cdots ㉢$

㉡에 ㉢을 대입하면 $\quad x^2-(3-2x)^2=-45$

$$x^2-4x-12=0, \qquad (x+2)(x-6)=0$$

$$\therefore x=-2 \text{ 또는 } x=6$$

㉢에 $x=-2$를 대입하면 $\quad y=7$

㉢에 $x=6$을 대입하면 $\quad y=-9$

(i) $a^2x^2-y^2=-1$, $x+y=b^2$에 각각 $x=-2$, $y=7$을 대입하면

$$4a^2-49=-1, \quad -2+7=b^2$$

$$\therefore a^2=12, \ b^2=5$$

(ii) $a^2x^2-y^2=-1$, $x+y=b^2$에 각각 $x=6$, $y=-9$

를 대입하면

$$36a^2-81=-1, \quad 6-9=b^2$$

$$\therefore a^2=\frac{20}{9}, \ b^2=-3$$

그런데 $b^2=-3$을 만족시키는 실수 b는 존재하지 않는다.

(i), (ii)에서 $a^2=12$, $b^2=5$이므로

$$a^2+b^2=17$$

답 17

397

전략 xy를 a에 대한 식으로 나타낸 후 x, y를 두 실근으로 하는 이차방정식을 세운다.

$$\begin{cases} x+y=2a-1 \\ x^2+xy+y^2=3a^2-4a+2 \end{cases} \text{에서}$$

$$\begin{cases} x+y=2a-1 & \cdots\cdots ㉠ \\ (x+y)^2-xy=3a^2-4a+2 & \cdots\cdots ㉡ \end{cases}$$

㉡에 ㉠을 대입하면

$$(2a-1)^2-xy=3a^2-4a+2$$

$$\therefore xy=a^2-1 \qquad \cdots\cdots ㉢$$

㉠, ㉢을 만족시키는 x, y는 t에 대한 이차방정식 $t^2-(2a-1)t+a^2-1=0$의 두 실근이므로 이 이차방정식의 판별식을 D라 하면

$$D=(2a-1)^2-4(a^2-1)\geq0$$

$$-4a+5\geq0 \qquad \therefore a\leq\frac{5}{4}$$

따라서 정수 a의 최댓값은 1이다. **답** 1

398

전략 변의 길이와 넓이의 조건을 이용하여 a, b에 대한 연립방정식을 세운다.

$\overline{AF}=\overline{AB}+\overline{EF}-\overline{EB}$이므로

$$5=a+b-1$$

$$\therefore a+b=6 \qquad \cdots\cdots ㉠$$

$\square EFGH=b^2$, $\square EBCI=a$이므로

$$a=\frac{1}{4}b^2 \qquad \cdots\cdots ㉡$$

㉠에 ㉡을 대입하면

$$\frac{1}{4}b^2+b=6, \qquad b^2+4b-24=0$$

$$\therefore b=-2\pm2\sqrt{7}$$

이때 $b>0$이므로 $\quad b=-2+2\sqrt{7}$

답 ③

399

전략 이차방정식의 판별식을 이용하여 a, b에 대한 방정식을 세우고, a, b가 정수임을 이용하여 해를 구한다.

이차방정식 $x^2-2ax+a^2-ab-2a-4b-1=0$의 판별식을 D라 하면

$$\frac{D}{4}=a^2-(a^2-ab-2a-4b-1)=0$$
$$ab+2a+4b=-1$$
$$a(b+2)+4(b+2)-8=-1$$
$$\therefore (a+4)(b+2)=7$$

이때 a, b가 정수이므로 $a+4$, $b+2$도 정수이다.
따라서 $a+4$, $b+2$의 값은 다음 표와 같다.

$a+4$	-7	-1	1	7
$b+2$	-1	-7	7	1

(ⅰ) $a+4=-7$, $b+2=-1$일 때,

$$a=-11, \ b=-3 \quad \therefore ab=33$$

(ⅱ) $a+4=-1$, $b+2=-7$일 때,

$$a=-5, \ b=-9 \quad \therefore ab=45$$

(ⅲ) $a+4=1$, $b+2=7$일 때,

$$a=-3, \ b=5 \quad \therefore ab=-15$$

(ⅳ) $a+4=7$, $b+2=1$일 때,

$$a=3, \ b=-1 \quad \therefore ab=-3$$

이상에서 ab의 최솟값은 -15이다.   **답** -15

400

전략 $x \geq y$인 경우와 $x<y$인 경우로 나누어 주어진 연립방정식의 해를 구한다.

(ⅰ) $x \geq y$일 때,

$x \odot y=-x$이므로 $\begin{cases} 3x-y^2=-x \\ 2x+y-1=-x \end{cases}$

$$\therefore \begin{cases} y^2=4x & \cdots\cdots \ \bigcirc \\ y=-3x+1 & \cdots\cdots \ \bigcirc\!\!\!\bigcirc \end{cases}$$

$\bigcirc$에 $\bigcirc\!\!\!\bigcirc$을 대입하면 $\quad (-3x+1)^2=4x$

$$9x^2-10x+1=0, \quad (9x-1)(x-1)=0$$
$$\therefore x=\frac{1}{9} \ \text{또는} \ x=1$$

$\bigcirc\!\!\!\bigcirc$에 $x=\dfrac{1}{9}$을 대입하면 $\quad y=\dfrac{2}{3}$

$\bigcirc\!\!\!\bigcirc$에 $x=1$을 대입하면 $\quad y=-2$

그런데 $x \geq y$이므로 $\quad x=1, \ y=-2$

(ⅱ) $x<y$일 때,

$x \odot y=2y$이므로 $\begin{cases} 3x-y^2=2y \\ 2x+y-1=2y \end{cases}$

$$\therefore \begin{cases} 3x-y^2-2y=0 & \cdots\cdots \ \boxdot \\ y=2x-1 & \cdots\cdots \ \boxdot\!\!\!\boxdot \end{cases}$$

$\boxdot$에 $\boxdot\!\!\!\boxdot$을 대입하면

$$3x-(2x-1)^2-2(2x-1)=0$$
$$4x^2-3x-1=0, \quad (4x+1)(x-1)=0$$
$$\therefore x=-\frac{1}{4} \ \text{또는} \ x=1$$

$\boxdot\!\!\!\boxdot$에 $x=-\dfrac{1}{4}$을 대입하면 $\quad y=-\dfrac{3}{2}$

$\boxdot\!\!\!\boxdot$에 $x=1$을 대입하면 $\quad y=1$

이때 $x<y$를 만족시키는 x, y의 값은 존재하지 않는다.

(ⅰ), (ⅱ)에서 $\quad x=1, \ y=-2$

즉 $p=1$, $q=-2$이므로

$$p-q=3$$ **답** 3

401

전략 삼차방정식의 한 실근이 이차방정식의 근임을 이용한다.

$x^3+ax^2+bx+c=0$의 계수가 모두 실수이고 $1+\sqrt{3}i$가 근이므로 $1-\sqrt{3}i$도 근이다.

나머지 한 실근을 α라 하면 삼차방정식의 근과 계수의 관계에 의하여

$a+(1+\sqrt{3}i)+(1-\sqrt{3}i)=-a$에서

$$\alpha+2=-a \quad \therefore a=-\alpha-2 \quad \cdots\cdots \ \bigcirc$$

$\alpha(1+\sqrt{3}i)+(1+\sqrt{3}i)(1-\sqrt{3}i)+\alpha(1-\sqrt{3}i)=b$

에서 $\quad b=2\alpha+4 \quad \cdots\cdots \ \bigcirc\!\!\!\bigcirc$

$\alpha(1+\sqrt{3}i)(1-\sqrt{3}i)=-c$에서

$$4\alpha=-c \quad \therefore c=-4\alpha \quad \cdots\cdots \ \boxdot$$

한편 방정식 $x^2+ax+2=0$과의 공통인 근은 α이므로 $\quad \alpha^2+a\alpha+2=0 \quad \cdots\cdots \ \boxdot$

$\boxdot$에 $\bigcirc$을 대입하면 $\quad \alpha^2-(\alpha+2)\alpha+2=0$

$$-2\alpha+2=0 \quad \therefore \alpha=1$$

$\bigcirc$, $\bigcirc\!\!\!\bigcirc$, $\boxdot$에 $\alpha=1$을 대입하면

$$a=-3, \ b=6, \ c=-4$$
$$\therefore a-b+c=-3-6+(-4)=-13$$ **답** -13

5 여러 가지 부등식

01 일차부등식

● 본책 188~189쪽

402

(1) $c>0$이므로 $a<b$에서 $ac<bc$

$b>0$이므로 $c<d$에서 $bc<bd$

따라서 $ac<bc<bd$이므로

$ac<bd$

(2) $a<0$, $b<0$이므로 $a+b<0$

$a<b$이므로 $a-b<0$

따라서 $(a+b)(a-b)>0$이므로

$a^2-b^2>0$ ∴ $a^2>b^2$

답 (1) $<$ (2) $>$

다른 풀이 (2) $b<0$이므로 $a<b$에서 $ab>b^2$

$a<0$이므로 $a<b$에서 $a^2>ab$

따라서 $a^2>ab>b^2$이므로 $a^2>b^2$

403

$ax-10\geq2x-5a$에서

$(a-2)x\geq-5(a-2)$

(ⅰ) $a-2>0$, 즉 $a>2$일 때,

$x\geq-5$

(ⅱ) $a-2<0$, 즉 $a<2$일 때,

$x\leq-5$

(ⅲ) $a-2=0$, 즉 $a=2$일 때,

$0\times x\geq0$이므로 해는 모든 실수이다.

이상에서 주어진 부등식의 해는

$\begin{cases} a>2일 \text{ 때,} & x\geq-5 \\ a<2일 \text{ 때,} & x\leq-5 \\ a=2일 \text{ 때, 해는 모든 실수이다.} \end{cases}$ 답 풀이 참조

404

$(a+b)x-2b\leq0$에서

$(a+b)x\leq2b$

이 부등식의 해가 $x\geq-2$이므로

$a+b<0$ ······ ㉠

$(a+b)x\leq2b$의 양변을 $a+b$로 나누면

$$x\geq\frac{2b}{a+b}$$

따라서 $\dfrac{2b}{a+b}=-2$이므로

$2b=-2(a+b)$, $2a=-4b$

∴ $a=-2b$

㉠에 $a=-2b$를 대입하면

$-b<0$ ∴ $b>0$

이때 $bx-4a\geq0$, 즉 $bx+8b\geq0$에서

$bx\geq-8b$

∴ $x\geq-8$ ($\because b>0$)   답 $x\geq-8$

02 연립일차부등식

● 본책 190~197쪽

405

(1) $2x-5>3$에서 $2x>8$

∴ $x>4$ ······ ㉠

$-x+6\leq2x+3$에서 $-3x\leq-3$

∴ $x\geq1$ ······ ㉡

㉠, ㉡을 수직선 위에 나타내면 오른쪽 그림과 같으므로 주어진 연립부등식의 해는

$x>4$

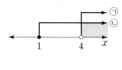

(2) $3x+2<2(x-1)$에서

$3x+2<2x-2$

∴ $x<-4$ ······ ㉠

$-x-1\leq-3(x-3)$에서

$-x-1\leq-3x+9$, $2x\leq10$

∴ $x\leq5$ ······ ㉡

㉠, ㉡을 수직선 위에 나타내면 오른쪽 그림과 같으므로 주어진 연립부등식의 해는

$x<-4$

(3) $x-4\le 3x+5$에서 $\quad -2x\le 9$

$\qquad\therefore x\ge -\dfrac{9}{2}$ $\qquad\qquad\cdots\cdots$ ㉠

$\dfrac{3}{4}x<3-\dfrac{4-x}{3}$의 양변에 12를 곱하면

$\qquad 9x<36-4(4-x)$

$\qquad 9x<36-16+4x,\qquad 5x<20$

$\qquad\therefore x<4$ $\qquad\qquad\cdots\cdots$ ㉡

㉠, ㉡을 수직선 위에 나타내면 오른쪽 그림과 같으므로 주어진 연립부등식의 해는

$\qquad -\dfrac{9}{2}\le x<4$

(4) $0.4x+0.2\le 0.1x-0.7$의 양변에 10을 곱하면

$\qquad 4x+2\le x-7,\qquad 3x\le -9$

$\qquad\therefore x\le -3$ $\qquad\qquad\cdots\cdots$ ㉠

$\dfrac{9x-1}{6}\le\dfrac{5x+4}{3}$의 양변에 6을 곱하면

$\qquad 9x-1\le 2(5x+4),\qquad 9x-1\le 10x+8$

$\qquad\therefore x\ge -9$ $\qquad\qquad\cdots\cdots$ ㉡

㉠, ㉡을 수직선 위에 나타내면 오른쪽 그림과 같으므로 주어진 연립부등식의 해는

$\qquad -9\le x\le -3$

🈯 (1) $x>4$ (2) $x<-4$

(3) $-\dfrac{9}{2}\le x<4$ (4) $-9\le x\le -3$

406

$0.3(2x-1)\ge 1.2x+1$의 양변에 10을 곱하면

$\qquad 3(2x-1)\ge 12x+10$

$\qquad 6x-3\ge 12x+10,\qquad -6x\ge 13$

$\qquad\therefore x\le -\dfrac{13}{6}$ $\qquad\qquad\cdots\cdots$ ㉠

$\dfrac{x-1}{3}-\dfrac{x+1}{4}\le\dfrac{1}{6}$의 양변에 12를 곱하면

$\qquad 4(x-1)-3(x+1)\le 2$

$\qquad 4x-4-3x-3\le 2$

$\qquad\therefore x\le 9$ $\qquad\qquad\cdots\cdots$ ㉡

㉠, ㉡을 수직선 위에 나타내면 오른쪽 그림과 같으므로 주어진 연립부등식의 해는

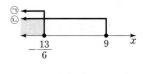

$\qquad x\le -\dfrac{13}{6}$

따라서 x의 값 중 가장 큰 정수는 -3이다. 🈯 -3

407

(1) 주어진 부등식은

$$\begin{cases} x+7\le 5x+3 & \cdots\cdots ㉠\\ 5x+3<6x-2 & \cdots\cdots ㉡ \end{cases}$$

㉠을 풀면 $\quad -4x\le -4\qquad\therefore x\ge 1$

㉡을 풀면 $\quad x>5$

㉠, ㉡의 해를 수직선 위에 나타내면 오른쪽 그림과 같으므로 주어진 부등식의 해는

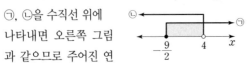

$\qquad x>5$

(2) 주어진 부등식은

$$\begin{cases} \dfrac{x-3}{2}\le 2-3x & \cdots\cdots ㉠\\ 2-3x<-\dfrac{3}{4}(2x-1) & \cdots\cdots ㉡ \end{cases}$$

㉠의 양변에 2를 곱하면

$\qquad x-3\le 2(2-3x)$

$\qquad x-3\le 4-6x,\qquad 7x\le 7$

$\qquad\therefore x\le 1$

㉡의 양변에 4를 곱하면

$\qquad 4(2-3x)<-3(2x-1)$

$\qquad 8-12x<-6x+3,\qquad -6x<-5$

$\qquad\therefore x>\dfrac{5}{6}$

㉠, ㉡의 해를 수직선 위에 나타내면 오른쪽 그림과 같으므로 주어진 부등식의 해는

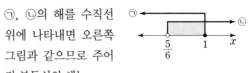

$\qquad \dfrac{5}{6}<x\le 1$

🈯 (1) $x>5$ (2) $\dfrac{5}{6}<x\le 1$

408

주어진 부등식은

$$\begin{cases} 5-4(x+5)\leq 5(3-2x) & \cdots\cdots\ \text{㉠} \\ 5(3-2x)\leq 8x-3 & \cdots\cdots\ \text{㉡} \end{cases}$$

㉠을 풀면 $5-4x-20\leq 15-10x$

$6x\leq 30$ $\therefore\ x\leq 5$

㉡을 풀면 $15-10x\leq 8x-3$

$-18x\leq -18$ $\therefore\ x\geq 1$

㉠, ㉡의 해를 수직선 위에 나타내면 오른쪽 그림과 같으므로 주어진 부등식의 해는

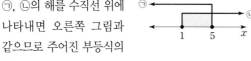

$$1\leq x\leq 5$$

따라서 정수 x는 1, 2, 3, 4, 5의 5개이다.　**답 5**

409

(1) $x+8\leq -x+4$에서

$2x\leq -4$ $\therefore\ x\leq -2$ $\cdots\cdots\ \text{㉠}$

$5x+3\geq x-5$에서

$4x\geq -8$ $\therefore\ x\geq -2$ $\cdots\cdots\ \text{㉡}$

㉠, ㉡을 수직선 위에 나타내면 오른쪽 그림과 같으므로 주어진 연립부등식의 해는

$$x=-2$$

(2) $5x<3(2x-1)$에서

$5x<6x-3$, $-x<-3$

$\therefore\ x>3$ $\cdots\cdots\ \text{㉠}$

$2(x-3)\geq 4x-2$에서

$2x-6\geq 4x-2$, $-2x\geq 4$

$\therefore\ x\leq -2$ $\cdots\cdots\ \text{㉡}$

㉠, ㉡을 수직선 위에 나타내면 오른쪽 그림과 같으므로 주어진 연립부등식의 해는 없다.

(3) $0.3x-0.1\geq 0.2x+0.4$의 양변에 10을 곱하면

$3x-1\geq 2x+4$

$\therefore\ x\geq 5$ $\cdots\cdots\ \text{㉠}$

$\dfrac{2}{3}x+5\leq -\dfrac{1}{2}x-2$의 양변에 6을 곱하면

$4x+30\leq -3x-12$, $7x\leq -42$

$\therefore\ x\leq -6$ $\cdots\cdots\ \text{㉡}$

㉠, ㉡을 수직선 위에 나타내면 오른쪽 그림과 같으므로 주어진 연립부등식의 해는 없다.

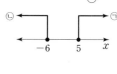

(4) 주어진 부등식은

$$\begin{cases} 2-3x<x-6 & \cdots\cdots\ \text{㉠} \\ x-6\leq -\dfrac{1}{2}(x+6) & \cdots\cdots\ \text{㉡} \end{cases}$$

㉠을 풀면 $-4x<-8$ $\therefore\ x>2$

㉡의 양변에 2를 곱하면

$2(x-6)\leq -(x+6)$

$2x-12\leq -x-6$, $3x\leq 6$

$\therefore\ x\leq 2$

㉠, ㉡의 해를 수직선 위에 나타내면 오른쪽 그림과 같으므로 주어진 부등식의 해는 없다.

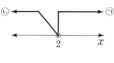

답 (1) $x=-2$　(2) 해는 없다.
(3) 해는 없다.　(4) 해는 없다.

410

$2x-1\leq 4x+5$에서 $-2x\leq 6$

$\therefore\ x\geq -3$

$\dfrac{x+a}{2}\leq \dfrac{2x-1}{5}+2$의 양변에 10을 곱하면

$5(x+a)\leq 2(2x-1)+20$

$5x+5a\leq 4x-2+20$

$\therefore\ x\leq 18-5a$

주어진 연립부등식의 해가 $b\leq x\leq -2$이므로

$b=-3$, $18-5a=-2$

따라서 $a=4$, $b=-3$이므로

$a-b=7$　**답 7**

411

주어진 부등식은

$$\begin{cases} 2x+a<3x+4 & \cdots\cdots\ \text{㉠} \\ 3x+4\leq -4x+b & \cdots\cdots\ \text{㉡} \end{cases}$$

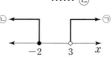

Ⅱ-5　요과 가치 부등식

㉠을 풀면 $x>a-4$

㉡을 풀면 $7x\leq b-4$ $\therefore x\leq \dfrac{b-4}{7}$

주어진 부등식의 해가 $-3<x\leq 4$이므로

$$a-4=-3, \dfrac{b-4}{7}=4$$

따라서 $a=1$, $b=32$이므로

$$a+b=33$$

탭 **33**

412

$\dfrac{x-2}{6}<\dfrac{x}{3}$ 의 양변에 6을 곱하면

$$x-2<2x \quad \therefore x>-2 \quad \cdots\cdots ㉠$$

$2(x+1)>3x-a$ 에서 $2x+2>3x-a$

$$\therefore x<a+2 \quad \cdots\cdots ㉡$$

주어진 연립부등식이 해를
갖도록 ㉠, ㉡을 수직선
위에 나타내면 오른쪽 그
림과 같으므로

$$-2<a+2 \quad \therefore a>-4$$

탭 **$a>-4$**

참고 $a+2=-2$, 즉 $a=-4$일 때, ㉡에서

$$x<-2$$

이때 오른쪽 그림과 같이 공
통부분이 없으므로 주어진 연
립부등식의 해는 없다.

413

$5(x+1)>7x-3$ 에서

$$5x+5>7x-3, \quad -2x>-8$$

$$\therefore x<4 \quad \cdots\cdots ㉠$$

$6x+2>5x+k$ 에서 $x>k-2 \quad \cdots\cdots ㉡$

주어진 연립부등식의 정수
인 해가 2개가 되도록 ㉠,
㉡을 수직선 위에 나타내
면 오른쪽 그림과 같으므로

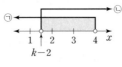

$$1\leq k-2<2 \quad \therefore 3\leq k<4$$

탭 **$3\leq k<4$**

참고 $k-2=2$, 즉 $k=4$이면 주어진 연립부등식의 정수인
해는 3의 1개뿐이다.

414

주어진 조건을 연립부등식으로 나타내면

$$\begin{cases} \dfrac{x}{2}-7\leq 0 \\ 2(x-3)>10 \end{cases}$$

$\dfrac{x}{2}-7\leq 0$에서 $\dfrac{x}{2}\leq 7$

$$\therefore x\leq 14 \quad \cdots\cdots ㉠$$

$2(x-3)>10$에서

$$2x-6>10, \quad 2x>16$$

$$\therefore x>8 \quad \cdots\cdots ㉡$$

㉠, ㉡의 공통부분은

$$8<x\leq 14$$

이때 x는 정수이므로 9, 10, $\cdots$, 14의 6개이다.

탭 **6**

415

학생 수를 x라 하면 초콜릿의 개수는 $4x+10$이다.
이때 초콜릿을 6개씩 나누어 주면 2개 이상 4개 미만
의 초콜릿이 남으므로

$$6x+2\leq 4x+10<6x+4$$

$6x+2\leq 4x+10$에서 $2x\leq 8$

$$\therefore x\leq 4 \quad \cdots\cdots ㉠$$

$4x+10<6x+4$에서 $-2x<-6$

$$\therefore x>3 \quad \cdots\cdots ㉡$$

㉠, ㉡의 공통부분은

$$3<x\leq 4$$

이때 x는 자연수이므로 $x=4$
따라서 초콜릿의 개수는

$$4\times 4+10=26 \qquad\text{탭 }\textbf{26}$$

참고 한 사람에게 n개씩 나누어 주는 경우
⇨ 사람 수를 x로 놓는다.

416

두 식품 A, B에 대하여 각각 1 g을 섭취하여 얻을 수
있는 열량과 단백질의 양은 다음 표와 같다.

식품	열량(kcal)	단백질(g)
A	1.2	0.2
B	3.2	0.1

식품 A의 섭취량을 x g이라 하면 식품 B의 섭취량은
$(200-x)$ g이므로

$$\begin{cases} 1.2x+3.2(200-x) \geq 300 & \cdots\cdots\ \text{㉠} \\ 0.2x+0.1(200-x) \geq 30 & \cdots\cdots\ \text{㉡} \end{cases}$$

㉠의 양변에 10을 곱하면

$$12x+32(200-x) \geq 3000$$
$$12x+6400-32x \geq 3000$$
$$-20x \geq -3400$$
$$\therefore x \leq 170 \qquad \cdots\cdots\ \text{㉢}$$

㉡의 양변에 10을 곱하면

$$2x+200-x \geq 300$$
$$\therefore x \geq 100 \qquad \cdots\cdots\ \text{㉣}$$

㉢, ㉣의 공통부분은

$$100 \leq x \leq 170$$

따라서 식품 A를 100 g 이상 170 g 이하로 섭취해야
한다.

답 **100 g 이상 170 g 이하**

● 본책 198~199쪽

연습 문제

417

전략 각 부등식을 풀어 연립부등식의 해를 구한다.

$10-4x < -9x+30$에서

$$5x < 20 \qquad \therefore x < 4 \qquad \cdots\cdots\ \text{㉠}$$

$-9x \leq 12-2(x-1)$에서

$$-9x \leq 12-2x+2$$
$$-7x \leq 14$$
$$\therefore x \geq -2 \qquad \cdots\cdots\ \text{㉡}$$

㉠, ㉡을 수직선 위에 나
타내면 오른쪽 그림과 같
으므로 주어진 연립부등식
의 해는

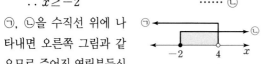

$$-2 \leq x < 4$$

따라서 $a=-2$, $b=4$이므로

$$b-a=6$$

답 **6**

418

전략 주어진 부등식을 연립부등식으로 변형하여 푼다.

주어진 부등식은

$$\begin{cases} 1-\dfrac{2(1-x)}{3} < \dfrac{3x+5}{4} & \cdots\cdots\ \text{㉠} \\ \dfrac{3x+5}{4} < \dfrac{x-1}{2}+1 & \cdots\cdots\ \text{㉡} \end{cases}$$

㉠의 양변에 12를 곱하면

$$12-8(1-x) < 3(3x+5)$$
$$12-8+8x < 9x+15$$
$$\therefore x > -11$$

㉡의 양변에 4를 곱하면

$$3x+5 < 2(x-1)+4$$
$$3x+5 < 2x-2+4 \qquad \therefore x < -3$$

㉠, ㉡의 해를 수직선 위에
나타내면 오른쪽 그림과
같으므로 주어진 부등식의
해는

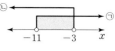

$$-11 < x < -3$$

따라서 x의 값 중에서 가장 큰 정수는 -4이다.

답 **-4**

419

전략 각 부등식의 해를 구하여 주어진 수직선과 비교한다.

$\dfrac{3x+a}{2} \leq \dfrac{x}{3}+1$의 양변에 6을 곱하면

$$3(3x+a) \leq 2x+6$$
$$9x+3a \leq 2x+6, \qquad 7x \leq -3a+6$$
$$\therefore x \leq \dfrac{-3a+6}{7}$$

$\dfrac{x}{3}-\dfrac{2x+1}{6} \geq \dfrac{x-1}{2}$의 양변에 6을 곱하면

$$2x-(2x+1) \geq 3(x-1)$$
$$2x-2x-1 \geq 3x-3$$
$$-3x \geq -2 \qquad \therefore x \leq \dfrac{2}{3}$$

주어진 그림에서 연립부등식의 해가 $x \leq -\dfrac{1}{2}$이므로

$$\dfrac{-3a+6}{7} = -\dfrac{1}{2}, \qquad -6a+12=-7$$
$$\therefore a = \dfrac{19}{6}$$

답 **$\dfrac{19}{6}$**

420

전략 각 부등식의 해가 $x \le 8$, $x \ge 8$이어야 함을 이용한다.

$4x - 3(1 + x) \ge a$에서　　$4x - 3 - 3x \ge a$

　　$\therefore x \ge a + 3$

$3(x - 1) + b \le 2(x + 5)$에서

　　$3x - 3 + b \le 2x + 10$

　　$\therefore x \le -b + 13$

주어진 연립부등식의 해가 $x = 8$이므로

　　$a + 3 = 8$, $-b + 13 = 8$

　　$\therefore a = 5$, $b = 5$

　　$\therefore a + b = 10$　　　　　　답 **10**

421

전략 각 부등식의 해를 구한 다음 공통부분이 없도록 수직선에 나타낸다.

$8 - 3x \ge 5x$에서　　$-8x \ge -8$

　　$\therefore x \le 1$　　　　　　……㉠

$\dfrac{3x + 1}{4} > \dfrac{1}{3}a$의 양변에 12를 곱하면

　　$3(3x + 1) > 4a$,　　$9x + 3 > 4a$

　　$\therefore x > \dfrac{4a - 3}{9}$　　　……㉡

주어진 연립부등식의 해가
없도록 ㉠, ㉡을 수직선 위
에 나타내면 오른쪽 그림과
같으므로

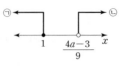

　　$\dfrac{4a - 3}{9} \ge 1$,　　$4a - 3 \ge 9$　　$\therefore a \ge 3$

따라서 상수 a의 값이 될 수 있는 것은 ⑤이다.　답 ⑤

422

전략 연립부등식의 해를 a에 대한 식으로 나타낸다.

$x + 2 > 3$에서　　$x > 1$　　　　……㉠

$3x < a + 1$에서　　$x < \dfrac{a + 1}{3}$　　……㉡

주어진 연립부등식을 만족
시키는 모든 정수 x의 값
의 합이 9가 되도록 ㉠, ㉡
을 수직선 위에 나타내면
오른쪽 그림과 같으므로

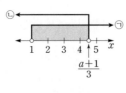

$4 < \dfrac{a + 1}{3} \le 5$,　　$12 < a + 1 \le 15$

　　$\therefore 11 < a \le 14$

따라서 자연수 a의 최댓값은 14이다.　　　　답 ⑤

참고　$2 + 3 + 4 = 9$이므로 주어진 연립부등식을 만족시키는 정수 x의 값은 2, 3, 4이다.

423

전략 잘못 푼 연립부등식의 해를 이용하여 a, b의 값을 구한다.

$5x - 4a < 3x + 2a$에서　　$2x < 6a$

　　$\therefore x < 3a$　　　　　　……㉠

$5x - 4a \le 6x + b$에서

　　$x \ge -4a - b$　　　　　……㉡

㉠, ㉡의 공통부분이 $-3 \le x < 6$이므로

　　$3a = 6$, $-4a - b = -3$

　　$\therefore a = 2$, $b = -5$

따라서 주어진 부등식은 $5x - 8 < 3x + 4 \le 6x - 5$이므로

$$\begin{cases} 5x - 8 < 3x + 4 \\ 3x + 4 \le 6x - 5 \end{cases}$$

$5x - 8 < 3x + 4$에서　　$2x < 12$

　　$\therefore x < 6$　　　　　　……㉢

$3x + 4 \le 6x - 5$에서　　$-3x \le -9$

　　$\therefore x \ge 3$　　　　　　……㉣

㉢, ㉣을 수직선 위에 나
타내면 오른쪽 그림과 같
으므로 주어진 부등식의
해는

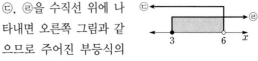

　　$3 \le x < 6$　　　　　　답 $3 \le x < 6$

424

전략 y를 x에 대한 식으로 나타내어 부등식에 대입한다.

$2x + 3y - 1 = 10x + y - 3$에서

　　$y = 4x - 1$　　　　　　……㉠

$3x + 2 < 2y < 2x + 5$에 ㉠을 대입하면

　　$3x + 2 < 2(4x - 1) < 2x + 5$

　　$3x + 2 < 8x - 2 < 2x + 5$

　　$\therefore \begin{cases} 3x + 2 < 8x - 2 \\ 8x - 2 < 2x + 5 \end{cases}$

$3x+2<8x-2$에서　　$-5x<-4$

$\therefore \ x>\dfrac{4}{5}$　　　　…… ㉡

$8x-2<2x+5$에서

$6x<7$　　$\therefore \ x<\dfrac{7}{6}$　　…… ㉢

㉡, ㉢을 수직선 위에 나 타내면 오른쪽 그림과 같 으므로 주어진 부등식의 해는

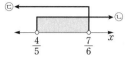

$\dfrac{4}{5}<x<\dfrac{7}{6}$

이때 x는 자연수이므로　　$x=1$

㉠에 $x=1$을 대입하면　　$y=3$

답 $x=1,\ y=3$

425

전략 주어진 부등식을 연립부등식으로 변형한 후 각 부등식의 해 의 공통부분에 정수가 없도록 수직선에 나타낸다.

주어진 부등식은

$$\begin{cases} \dfrac{-x+a}{3}<1-\dfrac{x}{2} \\ 1-\dfrac{x}{2}<\dfrac{-x+1}{4} \end{cases}$$

$\dfrac{-x+a}{3}<1-\dfrac{x}{2}$의 양변에 6을 곱하면

$2(-x+a)<6-3x$

$-2x+2a<6-3x$

$\therefore \ x<6-2a$　　　　…… ㉠

$1-\dfrac{x}{2}<\dfrac{-x+1}{4}$의 양변에 4를 곱하면

$4-2x<-x+1$

$\therefore \ x>3$　　　　…… ㉡

주어진 부등식을 만족시키 는 정수 x가 없도록 ㉠, ㉡ 을 수직선 위에 나타내면 오 른쪽 그림과 같으므로

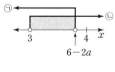

$6-2a\le 4,$　　$-2a\le -2$

$\therefore \ a\ge 1$　　　　**답** $a\ge 1$

426

전략 각 부등식의 해를 구한 다음 공통부분에 음의 정수가 1개만 포함되도록 수직선에 나타낸다.

$\dfrac{x}{4}-\dfrac{a}{2}\le\dfrac{x}{2}-\dfrac{1}{8}$의 양변에 8을 곱하면

$2x-4a\le 4x-1,$　　$-2x\le 4a-1$

$\therefore \ x\ge\dfrac{-4a+1}{2}$　　　　…… ㉠

$4x+1\ge 6x-5$에서

$-2x\ge -6$　　$\therefore \ x\le 3$　　…… ㉡

주어진 연립부등식을 만족시키는 음의 정수 x가 1개뿐이 도록 ㉠, ㉡을 수직선 위에 나타내면 다음 그림과 같다.

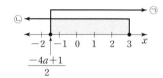

즉 $-2<\dfrac{-4a+1}{2}\le -1$이어야 하므로

$-4<-4a+1\le -2,$　　$-5<-4a\le -3$

$\therefore \ \dfrac{3}{4}\le a<\dfrac{5}{4}$　　　　**답** $\dfrac{3}{4}\le a<\dfrac{5}{4}$

427

전략 직선과 이차함수의 그래프의 위치 관계를 부등식으로 나타 낸다.

직선 $y=x+k$와 이차함수 $y=x^2-2x+4$의 그래프 가 만나려면 이차방정식 $x+k=x^2-2x+4$, 즉 $x^2-3x-k+4=0$의 실근이 존재해야 한다.

따라서 이 이차방정식의 판별식을 D_1이라 하면

$D_1=(-3)^2-4\times 1\times(-k+4)\ge 0$

$9+4k-16\ge 0,$　　$4k\ge 7$

$\therefore \ k\ge\dfrac{7}{4}$　　　　…… ㉠

또 직선 $y=x+k$와 이차함수 $y=x^2-5x+15$의 그 래프가 만나지 않으려면 이차방정식 $x+k=x^2-5x+15$, 즉 $x^2-6x-k+15=0$의 실근 이 존재하지 않아야 한다.

따라서 이 이차방정식의 판별식을 D_2라 하면

$\dfrac{D_2}{4}=(-3)^2-1\times(-k+15)<0$

$9+k-15<0$

$\therefore \ k<6$　　　　…… ㉡

㉠, ㉡의 공통부분은　　$\dfrac{7}{4}\le k<6$

따라서 정수 k는 2, 3, 4, 5의 4개이다.　　**답** ②

428

전략 의자의 개수를 x로 놓고, 학생 수에 대한 부등식을 세운다.

의자의 개수를 x라 하면 전체 학생 수는 $5x+8$이다.

이때 6명씩 앉으면 의자 4개가 남는다는 것은 의자 $(x-5)$ 개에는 6명씩 앉고 다른 한 의자에는 최소 1명에서 최대 6명까지 앉을 수 있다는 뜻이다.

즉 전체 학생 수는 $6(x-5)+1$ 이상 $6(x-5)+6$ 이하이다.

따라서 부등식을 세우면

$$6(x-5)+1 \leq 5x+8 \leq 6(x-5)+6$$

$$\therefore \begin{cases} 6(x-5)+1 \leq 5x+8 & \cdots\cdots \ \unicode{x27E1} \\ 5x+8 \leq 6(x-5)+6 & \cdots\cdots \ \unicode{x27E2} \end{cases}$$

$\unicode{x27E1}$을 풀면 $6x-30+1 \leq 5x+8$

$$\therefore \ x \leq 37 \qquad \cdots\cdots \ \unicode{x27E3}$$

$\unicode{x27E2}$을 풀면 $5x+8 \leq 6x-30+6$

$$\therefore \ x \geq 32 \qquad \cdots\cdots \ \unicode{x27E4}$$

$\unicode{x27E3}$, $\unicode{x27E4}$의 공통부분은

$$32 \leq x \leq 37$$

따라서 가능한 의자의 개수가 될 수 없는 것은 ⑤이다.

답 ⑤

다른 풀이 6명씩 앉으면 의자 4개가 남는다는 것은 학생 수가 $6(x-5)$ 초과 $6(x-4)$ 이하라는 뜻이므로

$$6(x-5) < 5x+8 \leq 6(x-4)$$

$$\therefore \ 32 \leq x < 38$$

03 절댓값 기호를 포함한 일차부등식 ● 본책 200~202쪽

429

(1) $|2x-1| > 4$에서

$$2x-1 < -4 \ \text{또는} \ 2x-1 > 4$$

$$\therefore \ x < -\frac{3}{2} \ \text{또는} \ x > \frac{5}{2}$$

(2) $1 < \left| 5 - \frac{4}{3}x \right| < 2$에서

$$-2 < 5 - \frac{4}{3}x < -1 \ \text{또는} \ 1 < 5 - \frac{4}{3}x < 2$$

(i) $-2 < 5 - \frac{4}{3}x < -1$에서

$$-7 < -\frac{4}{3}x < -6 \qquad \therefore \ \frac{9}{2} < x < \frac{21}{4}$$

(ii) $1 < 5 - \frac{4}{3}x < 2$에서

$$-4 < -\frac{4}{3}x < -3 \qquad \therefore \ \frac{9}{4} < x < 3$$

(i), (ii)에서 주어진 부등식의 해는

$$\frac{9}{4} < x < 3 \ \text{또는} \ \frac{9}{2} < x < \frac{21}{4}$$

답 (1) $x < -\dfrac{3}{2}$ 또는 $x > \dfrac{5}{2}$

(2) $\dfrac{9}{4} < x < 3$ 또는 $\dfrac{9}{2} < x < \dfrac{21}{4}$

430

$|3x-a| < b$에서 $-b < 3x-a < b$

$$a-b < 3x < a+b$$

$$\therefore \ \frac{a-b}{3} < x < \frac{a+b}{3}$$

주어진 부등식의 해가 $-2 < x < 4$이므로

$$\frac{a-b}{3} = -2, \quad \frac{a+b}{3} = 4$$

$$a-b = -6, \quad a+b = 12$$

$$\therefore \ a=3, \ b=9$$

$$\therefore \ ab = 27$$

답 27

431

(1) $2|x-2| < -x+5$에서

(i) $x < 2$일 때, $x-2 < 0$이므로

$$-2(x-2) < -x+5$$

$$\therefore \ x > -1$$

그런데 $x < 2$이므로

$$-1 < x < 2$$

(ii) $x \geq 2$일 때, $x-2 \geq 0$이므로

$$2(x-2) < -x+5$$

$$3x < 9 \qquad \therefore \ x < 3$$

그런데 $x \geq 2$이므로

$$2 \leq x < 3$$

(i), (ii)에서 주어진 부등식의 해는

$$-1 < x < 3$$

(2) $|x+1|-|2-x|<-x+1$에서

(i) $x<-1$일 때,

$x+1<0$, $2-x>0$이므로

$-(x+1)-(2-x)<-x+1$

$\therefore x<4$

그런데 $x<-1$이므로

$x<-1$

(ii) $-1\leq x<2$일 때,

$x+1\geq 0$, $2-x>0$이므로

$x+1-(2-x)<-x+1$

$3x<2$ $\therefore x<\dfrac{2}{3}$

그런데 $-1\leq x<2$이므로

$-1\leq x<\dfrac{2}{3}$

(iii) $x\geq 2$일 때,

$x+1>0$, $2-x\leq 0$이므로

$x+1+(2-x)<-x+1$

$\therefore x<-2$

그런데 $x\geq 2$이므로 해는 없다.

이상에서 주어진 부등식의 해는

$x<\dfrac{2}{3}$

답 (1) $-1<x<3$ (2) $x<\dfrac{2}{3}$

432

$2|x-1|+|x+3|\leq 5$에서

(i) $x<-3$일 때,

$x-1<0$, $x+3<0$이므로

$-2(x-1)-(x+3)\leq 5$

$-3x\leq 6$

$\therefore x\geq -2$

그런데 $x<-3$이므로 해는 없다.

(ii) $-3\leq x<1$일 때,

$x-1<0$, $x+3\geq 0$이므로

$-2(x-1)+(x+3)\leq 5$

$\therefore x\geq 0$

그런데 $-3\leq x<1$이므로

$0\leq x<1$

(iii) $x\geq 1$일 때,

$x-1\geq 0$, $x+3>0$이므로

$2(x-1)+(x+3)\leq 5$

$3x\leq 4$ $\therefore x\leq \dfrac{4}{3}$

그런데 $x\geq 1$이므로 $1\leq x\leq \dfrac{4}{3}$

이상에서 주어진 부등식의 해는

$0\leq x\leq \dfrac{4}{3}$

따라서 주어진 부등식을 만족시키는 실수 x의 최댓값

은 $M=\dfrac{4}{3}$, 최솟값은 $m=0$이므로

$M-m=\dfrac{4}{3}$ 답 $\dfrac{4}{3}$

연습 문제 ● 본책 203쪽

433

전략 주어진 부등식의 해를 a에 대한 식으로 나타낸다.

$a+1$이 양수이므로 $|x-7|\leq a+1$에서

$-(a+1)\leq x-7\leq a+1$

$\therefore -a+6\leq x\leq a+8$ ......㉠

부등식 ㉠을 만족시키는 모든 정수 x의 개수는

$(a+8)-(-a+6)+1=2a+3$

이때 주어진 부등식을 만족시키는 모든 정수 x의 개수

가 9이므로

$2a+3=9$, $2a=6$

$\therefore a=3$ 답 ③

해설 Focus

정수 a, b에 대하여

① $a<x<b$를 만족시키는 정수 x의 개수는

$b-a-1$

② $a\leq x<b$ (또는 $a<x\leq b$)를 만족시키는 정수 x의

개수는

$b-a$

③ $a\leq x\leq b$를 만족시키는 정수 x의 개수는

$b-a+1$

434

전략 $|A|>k$이면 $A<-k$ 또는 $A>k$임을 이용한다.

$3x-2\leq10-x$에서

$\qquad 4x\leq12 \qquad \therefore x\leq3 \qquad \cdots\cdots \bigcirc$

$|2x-3|>7$에서

$\qquad 2x-3<-7$ 또는 $2x-3>7$

$\qquad 2x<-4$ 또는 $2x>10$

$\qquad \therefore x<-2$ 또는 $x>5 \qquad \cdots\cdots \bigcirc$

$\bigcirc$, $\bigcirc$을 수직선 위에 나타내
면 오른쪽 그림과 같으므로
주어진 연립부등식의 해는

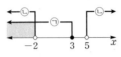

$\qquad x<-2$

따라서 정수 x의 최댓값은 -3이다. 　답 -3

435

전략 실수 A에 대하여 $|A|\geq0$임을 이용하여 주어진 부등식의
해가 존재하지 않을 조건을 구한다.

$|x-2|\leq\dfrac{2}{3}k-4$의 해가 존재하지 않으려면

$\dfrac{2}{3}k-4<0$이어야 하므로

$\qquad \dfrac{2}{3}k<4 \qquad \therefore k<6$

따라서 자연수 k는 1, 2, 3, 4, 5의 5개이다. 　답 5

436

전략 $x<3$인 경우와 $x\geq3$인 경우로 나누어 부등식을 푼다.

$|3-x|\geq-2(x+5)$에서

(i) $x<3$일 때, $3-x>0$이므로

$\qquad 3-x\geq-2(x+5), \qquad 3-x\geq-2x-10$

$\qquad \therefore x\geq-13$

　그런데 $x<3$이므로 $\qquad -13\leq x<3$

(ii) $x\geq3$일 때, $3-x\leq0$이므로

$\qquad -(3-x)\geq-2(x+5)$

$\qquad -3+x\geq-2x-10$

$\qquad 3x\geq-7 \qquad \therefore x\geq-\dfrac{7}{3}$

　그런데 $x\geq3$이므로 $\qquad x\geq3$

(i), (ii)에서 주어진 부등식의 해는 $\qquad x\geq-13$

$\qquad \therefore a=-13$ 　답 -13

437

전략 $|A|<k$이면 $-k<A<k$임을 이용한다.

$||x+1|-5|<2$에서

$\qquad -2<|x+1|-5<2$

$\qquad 3<|x+1|<7$

$\qquad \therefore -7<x+1<-3$ 또는 $3<x+1<7$

(i) $-7<x+1<-3$에서 $\qquad -8<x<-4$

(ii) $3<x+1<7$에서 $\qquad 2<x<6$

(i), (ii)에서 $\qquad -8<x<-4$ 또는 $2<x<6$

따라서 정수 x는 -7, -6, -5, 3, 4, 5의 6개이다.

답 6

438

전략 $\sqrt{A^2}=|A|$임을 이용하여 절댓값 기호를 포함한 부등식으
로 변형한다.

$2\sqrt{(1-x)^2}+3|x+1|<9$에서

$\qquad 2|1-x|+3|x+1|<9$

(i) $x<-1$일 때,

$\qquad 1-x>0$, $x+1<0$이므로

$\qquad\qquad 2(1-x)-3(x+1)<9$

$\qquad\qquad -5x<10 \qquad \therefore x>-2$

　그런데 $x<-1$이므로

$\qquad\qquad -2<x<-1$

(ii) $-1\leq x<1$일 때,

$\qquad 1-x>0$, $x+1\geq0$이므로

$\qquad\qquad 2(1-x)+3(x+1)<9$

$\qquad\qquad \therefore x<4$

　그런데 $-1\leq x<1$이므로

$\qquad\qquad -1\leq x<1$

(iii) $x\geq1$일 때,

$\qquad 1-x\leq0$, $x+1>0$이므로

$\qquad\qquad -2(1-x)+3(x+1)<9$

$\qquad\qquad 5x<8 \qquad \therefore x<\dfrac{8}{5}$

　그런데 $x\geq1$이므로

$\qquad\qquad 1\leq x<\dfrac{8}{5}$

이상에서 주어진 부등식의 해는

$\qquad -2<x<\dfrac{8}{5}$

한편 $5x+a<6x+4<x+b$에서

$$\begin{cases} 5x+a<6x+4 \\ 6x+4<x+b \end{cases}$$

$5x+a<6x+4$에서　　$x>a-4$

$6x+4<x+b$에서　　$x<\dfrac{b-4}{5}$

이 부등식의 해가 $-2<x<\dfrac{8}{5}$이므로

$$a-4=-2,\ \dfrac{b-4}{5}=\dfrac{8}{5}$$

$$\therefore a=2,\ b=12$$

$$\therefore a+b=14$$

답 **14**

439

전략 $x<-1$, $-1\le x<1$, $x\ge1$인 경우로 나누어 좌변의 식의 값의 범위를 구한다.

$f(x)=2|x+1|+|x-1|$이라 하면 주어진 부등식은

$$f(x)\le k \qquad \cdots\cdots ㉠$$

(i) $x<-1$일 때,

　$x+1<0$, $x-1<0$이므로

$$f(x)=-2(x+1)-(x-1)$$
$$=-3x-1$$

　그런데 $x<-1$에서 $-3x>3$이므로

$$-3x-1>2$$
$$\therefore f(x)>2$$

(ii) $-1\le x<1$일 때,

　$x+1\ge0$, $x-1<0$이므로

$$f(x)=2(x+1)-(x-1)=x+3$$

　그런데 $-1\le x<1$에서 $2\le x+3<4$이므로

$$2\le f(x)<4$$

(iii) $x\ge1$일 때,

　$x+1>0$, $x-1\ge0$이므로

$$f(x)=2(x+1)+(x-1)$$
$$=3x+1$$

　그런데 $x\ge1$에서 $3x\ge3$이므로

$$3x+1\ge4$$
$$\therefore f(x)\ge4$$

이상에서　$f(x)\ge2$

따라서 부등식 ㉠이 해를 가지려면

$$k\ge2$$

답 $k\ge2$

04 이차부등식　　● 본책 204~210쪽

440

(1) 부등식 $f(x)\ge g(x)$의 해는 $y=f(x)$의 그래프가 $y=g(x)$의 그래프보다 위쪽에 있거나 만나는 부분의 x의 값의 범위이므로

$$x\le b\ \text{또는}\ x\ge d$$

(2) $f(x)g(x)<0$이면

　$f(x)>0$, $g(x)<0$ 또는 $f(x)<0$, $g(x)>0$

(i) $f(x)>0$, $g(x)<0$일 때,

　$f(x)>0$을 만족시키는 x의 값의 범위는

$$x<a\ \text{또는}\ x>c \qquad \cdots\cdots ㉠$$

　$g(x)<0$을 만족시키는 x의 값의 범위는

$$x<0\ \text{또는}\ x>e \qquad \cdots\cdots ㉡$$

　㉠, ㉡의 공통부분은　$x<a$ 또는 $x>e$

(ii) $f(x)<0$, $g(x)>0$일 때,

　$f(x)<0$을 만족시키는 x의 값의 범위는

$$a<x<c \qquad \cdots\cdots ㉢$$

　$g(x)>0$을 만족시키는 x의 값의 범위는

$$0<x<e \qquad \cdots\cdots ㉣$$

　㉢, ㉣의 공통부분은　$0<x<c$

(i), (ii)에서 구하는 부등식의 해는

$$x<a\ \text{또는}\ 0<x<c\ \text{또는}\ x>e$$

답 (1) $x\le b$ 또는 $x\ge d$
(2) $x<a$ 또는 $0<x<c$ 또는 $x>e$

441

$ax^2+(b-m)x+c-n\le0$에서

$$ax^2+bx+c\le mx+n$$

따라서 이 부등식의 해는 이차함수 $y=ax^2+bx+c$의 그래프가 직선 $y=mx+n$보다 아래쪽에 있거나 만나는 부분의 x의 값의 범위이므로

$$-2\le x\le2$$

답 $-2\le x\le2$

442

(1) $2(x^2-2x)+1>-x+3$에서

$$2x^2-3x-2>0,\quad (2x+1)(x-2)>0$$

$$\therefore x<-\dfrac{1}{2}\ \text{또는}\ x>2$$

(2) $-x^2+3\geq-6x$에서

$\quad x^2-6x-3\leq0$

이차방정식 $x^2-6x-3=0$의 해는

$\quad x=3\pm2\sqrt{3}$

따라서 주어진 부등식의 해는

$\quad \boldsymbol{3-2\sqrt{3}\leq x\leq3+2\sqrt{3}}$

(3) $x^2+9>6x$에서

$\quad x^2-6x+9>0$

$\quad \therefore \ (x-3)^2>0$

따라서 주어진 부등식의 해는

$\boldsymbol{x\neq3}$인 모든 실수이다.

(4) $5x^2-10x+7\leq x^2+2x-2$

에서

$\quad 4x^2-12x+9\leq0$

$\quad (2x-3)^2\leq0$

$\quad \therefore \ \boldsymbol{x=\dfrac{3}{2}}$

(5) $-2x^2-2x<3$에서

$\quad 2x^2+2x+3>0$

$\quad \therefore \ 2\left(x+\dfrac{1}{2}\right)^2+\dfrac{5}{2}>0$

따라서 주어진 부등식의 해는

모든 실수이다.

(6) $2x^2\leq4(2x-5)+11$에서

$\quad 2x^2-8x+9\leq0$

$\quad 2(x-2)^2+1\leq0$

따라서 주어진 부등식의 해는 없다.

답 풀이 참조

443

$ax^2+2ax-3a>0$에서

$\quad a(x^2+2x-3)>0$

$\quad \therefore \ a(x+3)(x-1)>0$ ······ ㉠

(i) $a>0$일 때,

㉠의 양변을 a로 나누면

$\quad (x+3)(x-1)>0$

$\quad \therefore \ x<-3$ 또는 $x>1$

(ii) $a=0$일 때,

㉠에서 $0\times(x+3)(x-1)>0$이므로 해는 없다.

(iii) $a<0$일 때,

㉠의 양변을 a로 나누면

$\quad (x+3)(x-1)<0$

$\quad \therefore \ -3<x<1$

이상에서 주어진 부등식의 해는

$\begin{cases} \boldsymbol{a>0}\text{일 때,} \quad \boldsymbol{x<-3} \text{ 또는 } \boldsymbol{x>1} \\ \boldsymbol{a=0}\text{일 때, 해는 없다.} \\ \boldsymbol{a<0}\text{일 때,} \quad \boldsymbol{-3<x<1} \end{cases}$

답 풀이 참조

444

(1) (i) $x<0$일 때, $x^2+2x-3<0$

$\quad (x+3)(x-1)<0$

$\quad \therefore \ -3<x<1$

그런데 $x<0$이므로 $-3<x<0$

(ii) $x\geq0$일 때, $x^2-2x-3<0$

$\quad (x+1)(x-3)<0$

$\quad \therefore \ -1<x<3$

그런데 $x\geq0$이므로 $0\leq x<3$

(i), (ii)에서 주어진 부등식의 해는

$\quad -3<x<3$

(2) (i) $x<1$일 때, $x^2-2x\geq-2(x-1)+2$

$\quad x^2-4\geq0, \quad (x+2)(x-2)\geq0$

$\quad \therefore \ x\leq-2$ 또는 $x\geq2$

그런데 $x<1$이므로 $x\leq-2$

(ii) $x\geq1$일 때, $x^2-2x\geq2(x-1)+2$

$\quad x^2-4x\geq0, \quad x(x-4)\geq0$

$\quad \therefore \ x\leq0$ 또는 $x\geq4$

그런데 $x\geq1$이므로 $x\geq4$

(i), (ii)에서 주어진 부등식의 해는

$\quad x\leq-2$ 또는 $x\geq4$

답 (1) $\boldsymbol{-3<x<3}$

(2) $\boldsymbol{x\leq-2}$ 또는 $\boldsymbol{x\geq4}$

다른 풀이 (1) $x^2-2|x|-3<0$에서

$\quad |x|^2-2|x|-3<0$

$\quad (|x|+1)(|x|-3)<0$

그런데 $|x|+1>0$이므로

$\quad |x|-3<0, \quad |x|<3$

$\quad \therefore \ -3<x<3$

445

한 대의 가격을 x만 원 인상하면 가격은 $(20+x)$만 원, 월 판매량은 $(90-3x)$대가 된다.

한 달 동안의 총판매액이 1872만 원 이상이 되려면

$$(20+x)(90-3x) \geq 1872$$
$$-3x^2+30x-72 \geq 0$$
$$x^2-10x+24 \leq 0, \quad (x-4)(x-6) \leq 0$$
$$\therefore 4 \leq x \leq 6$$

따라서 $24 \leq 20+x \leq 26$이므로 최고로 정할 수 있는 한 대의 가격은 26만 원이다.

답 ③

446

이차방정식 $3x^2+(a+2)x+a=0$의 판별식을 D라 하면 이 이차방정식이 허근을 가져야 하므로

$$D=(a+2)^2-12a<0$$
$$\therefore a^2-8a+4<0 \qquad \cdots\cdots \,\text{㉠}$$

이차방정식 $a^2-8a+4=0$의 해는

$$a=4\pm2\sqrt{3}$$

이므로 이차부등식 ㉠의 해는

$$4-2\sqrt{3}<a<4+2\sqrt{3}$$

따라서 정수 a는 1, 2, 3, $\cdots$, 7의 7개이다.

답 7

05 이차부등식의 해의 조건
• 본책 211~215쪽

447

해가 $-\dfrac{1}{2}<x<\dfrac{1}{3}$이고 x^2의 계수가 1인 이차부등식은

$$\left(x+\dfrac{1}{2}\right)\left(x-\dfrac{1}{3}\right)<0$$
$$\therefore x^2+\dfrac{1}{6}x-\dfrac{1}{6}<0 \qquad \cdots\cdots \,\text{㉠}$$

㉠과 주어진 이차부등식 $ax^2+bx+1>0$의 부등호의 방향이 다르므로 $a<0$

㉠의 양변에 a를 곱하면 $ax^2+\dfrac{a}{6}x-\dfrac{a}{6}>0$

이 부등식이 $ax^2+bx+1>0$과 일치하므로

$$b=\dfrac{a}{6},\ 1=-\dfrac{a}{6} \qquad \therefore a=-6,\ b=-1$$
$$\therefore a+b=-7$$

답 -7

다른 풀이 이차방정식 $ax^2+bx+1=0$의 두 근이 $-\dfrac{1}{2}$, $\dfrac{1}{3}$이므로 근과 계수의 관계에 의하여

$$-\dfrac{b}{a}=-\dfrac{1}{2}+\dfrac{1}{3},\ \dfrac{1}{a}=-\dfrac{1}{2}\times\dfrac{1}{3}$$
$$\therefore a=-6,\ b=-1$$
$$\therefore a+b=-7$$

448

해가 $x<-3$ 또는 $x>5$이고 x^2의 계수가 1인 이차부등식은

$$(x+3)(x-5)>0$$
$$\therefore x^2-2x-15>0 \qquad \cdots\cdots \,\text{㉠}$$

㉠과 주어진 이차부등식 $ax^2+bx+c<0$의 부등호의 방향이 다르므로

$$a<0$$

㉠의 양변에 a를 곱하면 $ax^2-2ax-15a<0$

이 부등식이 $ax^2+bx+c<0$과 일치하므로

$$b=-2a,\ c=-15a \qquad \cdots\cdots \,\text{㉡}$$

$cx^2+bx+a<0$에 ㉡을 대입하면

$$-15ax^2-2ax+a<0$$

양변을 $-a$로 나누면

$$15x^2+2x-1<0 \ (\because -a>0)$$
$$(3x+1)(5x-1)<0$$
$$\therefore -\dfrac{1}{3}<x<\dfrac{1}{5}$$

답 $-\dfrac{1}{3}<x<\dfrac{1}{5}$

다른 풀이 이차방정식 $ax^2+bx+c=0$의 두 근이 -3, 5이므로 근과 계수의 관계에 의하여

$$-\dfrac{b}{a}=-3+5,\ \dfrac{c}{a}=-3\times5$$
$$\therefore b=-2a,\ c=-15a$$

449

해가 $x<-2$ 또는 $x>1$이고 x^2의 계수가 1인 이차부등식은

$$(x+2)(x-1)>0 \qquad \cdots\cdots \,\text{㉠}$$

㉠과 $f(x)<0$의 부등호의 방향이 다르므로 ㉠의 양변에 $a<0$인 상수 a를 곱하면

$$a(x+2)(x-1)<0$$

Ⅱ-5

여러 가지 부등식

즉 $f(x)=a(x+2)(x-1)$이라 하면
$$f(3x-1)=a(3x-1+2)(3x-1-1)$$
$$=a(3x+1)(3x-2)$$
부등식 $f(3x-1)\geq 0$, 즉 $a(3x+1)(3x-2)\geq 0$에서
$$(3x+1)(3x-2)\leq 0\ (\because a<0)$$
$$\therefore -\frac{1}{3}\leq x\leq\frac{2}{3}\qquad\text{답}\ -\frac{1}{3}\leq x\leq\frac{2}{3}$$

[다른 풀이] $f(x)<0$의 해가 $x<-2$ 또는 $x>1$이므로 $f(x)\geq 0$의 해는 $-2\leq x\leq 1$이다.
따라서 $f(3x-1)\geq 0$의 해는 $-2\leq 3x-1\leq 1$에서
$$-1\leq 3x\leq 2\qquad\therefore -\frac{1}{3}\leq x\leq\frac{2}{3}$$

450
모든 실수 x에 대하여 이차부등식
$ax^2+6x+(2a+3)\leq 0$이 성립하려면
$$a<0\qquad\qquad\cdots\cdots\ \text{㉠}$$
또 이차방정식 $ax^2+6x+(2a+3)=0$의 판별식을 D라 하면
$$\frac{D}{4}=9-a(2a+3)\leq 0$$
$$2a^2+3a-9\geq 0,\qquad (a+3)(2a-3)\geq 0$$
$$\therefore a\leq -3\ \text{또는}\ a\geq\frac{3}{2}\qquad\cdots\cdots\ \text{㉡}$$
㉠, ㉡의 공통부분은 $\quad a\leq -3\qquad$ 답 $a\leq -3$

451
모든 실수 x에 대하여 부등식
$(a-1)x^2-2(a-1)x+1>0$이 성립하려면
(i) $a-1=0$, 즉 $a=1$일 때,
$0\times x^2-0\times x+1>0$에서 $1>0$이므로 주어진 부등식은 모든 실수 x에 대하여 성립한다.
(ii) $a-1\neq 0$, 즉 $a\neq 1$일 때,
주어진 부등식이 모든 실수 x에 대하여 성립하려면
$$a-1>0\qquad\therefore a>1\qquad\cdots\cdots\ \text{㉠}$$
또 이차방정식 $(a-1)x^2-2(a-1)x+1=0$의 판별식을 D라 하면
$$\frac{D}{4}=(a-1)^2-(a-1)<0$$
$$(a-1)(a-2)<0$$

$$\therefore 1<a<2\qquad\qquad\cdots\cdots\ \text{㉡}$$
㉠, ㉡의 공통부분은 $\quad 1<a<2$
(i), (ii)에서 구하는 실수 a의 값의 범위는
$$1\leq a<2\qquad\qquad\text{답}\ 1\leq a<2$$

452
이차함수 $y=x^2-4kx+1$의 그래프가 직선 $y=2x-k^2$보다 항상 위쪽에 있으려면 모든 실수 x에 대하여 이차부등식 $x^2-4kx+1>2x-k^2$, 즉 $x^2-2(2k+1)x+k^2+1>0$이 성립해야 한다.
이차방정식 $x^2-2(2k+1)x+k^2+1=0$의 판별식을 D라 하면
$$\frac{D}{4}=(2k+1)^2-(k^2+1)<0$$
$$3k^2+4k<0,\qquad k(3k+4)<0$$
$$\therefore -\frac{4}{3}<k<0\qquad\text{답}\ -\frac{4}{3}<k<0$$

참고 $y=f(x)$의 그래프가 $y=g(x)$의 그래프보다 항상 위쪽에 있다.
⇨ 모든 실수 x에 대하여 부등식 $f(x)>g(x)$가 성립한다.

453
이차부등식 $2x^2-ax-a+6<0$이 해를 가지려면 이차방정식 $2x^2-ax-a+6=0$이 서로 다른 두 실근을 가져야 하므로 이 이차방정식의 판별식을 D라 하면
$$D=a^2-8(-a+6)>0$$
$$a^2+8a-48>0,\qquad (a+12)(a-4)>0$$
$$\therefore a<-12\ \text{또는}\ a>4$$
답 $a<-12$ 또는 $a>4$

454
이차부등식 $(a-3)x^2-2(a-3)x-2>0$의 해가 존재하지 않으려면 모든 실수 x에 대하여 이차부등식
$$(a-3)x^2-2(a-3)x-2\leq 0$$
이 성립해야 하므로 $a-3<0$에서
$$a<3\qquad\qquad\cdots\cdots\ \text{㉠}$$
또 이차방정식 $(a-3)x^2-2(a-3)x-2=0$의 판별식을 D라 하면
$$\frac{D}{4}=(a-3)^2+2(a-3)\leq 0$$
$$(a-1)(a-3)\leq 0$$

$$\therefore 1 \leq a \leq 3 \qquad \cdots\cdots ㉡$$

㉠, ㉡의 공통부분은 $1 \leq a < 3$ **답 $1 \leq a < 3$**

455

이차부등식 $(a+1)x^2 - 2(a+1)x + 4 \leq 0$이 단 하나의 해를 가지려면

$$a+1 > 0 \qquad \therefore a > -1 \qquad \cdots\cdots ㉠$$

또 이차방정식 $(a+1)x^2 - 2(a+1)x + 4 = 0$의 판별식을 D라 하면

$$\frac{D}{4} = (a+1)^2 - 4(a+1) = 0$$

$$(a+1)(a-3) = 0$$

$$\therefore a = -1 \ \text{또는} \ a = 3 \qquad \cdots\cdots ㉡$$

㉠, ㉡에서 $a = 3$ **답 3**

456

$f(x) = x^2 - 2ax + a^2 - 16$이라 하면 $-2 \leq x \leq 4$에서 $f(x) < 0$이어야 하므로 $y = f(x)$의 그래프는 오른쪽 그림과 같아야 한다.

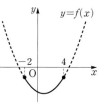

(i) $f(-2) < 0$에서 $4 + 4a + a^2 - 16 < 0$

$$a^2 + 4a - 12 < 0, \qquad (a+6)(a-2) < 0$$

$$\therefore -6 < a < 2 \qquad \cdots\cdots ㉠$$

(ii) $f(4) < 0$에서 $16 - 8a + a^2 - 16 < 0$

$$a^2 - 8a < 0, \qquad a(a-8) < 0$$

$$\therefore 0 < a < 8 \qquad \cdots\cdots ㉡$$

㉠, ㉡의 공통부분은

$$0 < a < 2$$ **답 $0 < a < 2$**

457

$x^2 - 4x > a^2 - 8$에서 $x^2 - 4x - a^2 + 8 > 0$

$f(x) = x^2 - 4x - a^2 + 8$이라 하면

$$f(x) = (x-2)^2 - a^2 + 4$$

$-1 \leq x \leq 2$에서 $f(x) > 0$이어야 하므로 $y = f(x)$의 그래프는 오른쪽 그림과 같아야 한다.

즉 $-1 \leq x \leq 2$에서 $y = f(x)$의 최솟값인 $f(2)$가 0보다 커야 하므로

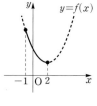

$$f(2) = -a^2 + 4 > 0$$

$$a^2 - 4 < 0, \qquad (a+2)(a-2) < 0$$

$$\therefore -2 < a < 2$$

따라서 정수 a는 -1, 0, 1의 3개이다.   **답 3**

458

$-2 < x < 1$에서 이차함수 $y = -2x^2 + 3ax + 8$의 그래프가 직선 $y = a^2 x - 4$보다 항상 위쪽에 있으려면 $-2 < x < 1$에서 이차부등식

$$-2x^2 + 3ax + 8 > a^2 x - 4, \ \text{즉}$$

$$2x^2 + (a^2 - 3a)x - 12 < 0$$

이 항상 성립해야 한다.

$f(x) = 2x^2 + (a^2 - 3a)x - 12$라 하면 $-2 < x < 1$에서 $f(x) < 0$이어야 하므로 $y = f(x)$의 그래프는 오른쪽 그림과 같아야 한다.

(i) $f(-2) \leq 0$에서 $8 - 2(a^2 - 3a) - 12 \leq 0$

$$a^2 - 3a + 2 \geq 0, \qquad (a-1)(a-2) \geq 0$$

$$\therefore a \leq 1 \ \text{또는} \ a \geq 2 \qquad \cdots\cdots ㉠$$

(ii) $f(1) \leq 0$에서 $2 + a^2 - 3a - 12 \leq 0$

$$a^2 - 3a - 10 \leq 0, \qquad (a+2)(a-5) \leq 0$$

$$\therefore -2 \leq a \leq 5 \qquad \cdots\cdots ㉡$$

㉠, ㉡의 공통부분은

$$-2 \leq a \leq 1 \ \text{또는} \ 2 \leq a \leq 5$$

답 $-2 \leq a \leq 1$ 또는 $2 \leq a \leq 5$

연습문제
● 본책 216~218쪽

459

전략 $f(x) > 0$인 x의 값의 범위와 $f(x) < g(x)$인 x의 값의 범위의 공통부분을 구한다.

부등식 $0 < f(x) < g(x)$에서

$$\begin{cases} f(x) > 0 \\ f(x) < g(x) \end{cases}$$

(i) $f(x)>0$의 해는 $y=f(x)$의 그래프가 x축보다 위쪽에 있는 부분의 x의 값의 범위이므로

$$x<-2 \text{ 또는 } x>2 \qquad \cdots\cdots \text{㉠}$$

(ii) $f(x)<g(x)$의 해는 $y=f(x)$의 그래프가 $y=g(x)$의 그래프보다 아래쪽에 있는 부분의 x의 값의 범위이므로

$$-1<x<3 \qquad \cdots\cdots \text{㉡}$$

㉠, ㉡의 공통부분은 $\quad 2<x<3$

따라서 $\alpha=2$, $\beta=3$이므로

$$\alpha+\beta=5 \qquad \qquad \text{답 } \boxed{5}$$

460

전략 이차부등식의 해를 구하거나 좌변을 $(x-p)^2+q$의 꼴로 변형한다.

ㄱ. $(x+1)^2 \geq 0$은 모든 실수 x에 대하여 성립하므로 해는 모든 실수이다.

ㄴ. 이차방정식 $x^2-x-1=0$의 해는

$$x=\frac{1\pm\sqrt{5}}{2}$$

이므로 $x^2-x-1>0$의 해는

$$x<\frac{1-\sqrt{5}}{2} \text{ 또는 } x>\frac{1+\sqrt{5}}{2}$$

ㄷ. $x^2+6x+9>0$에서 $\quad (x+3)^2>0$

따라서 해는 $x \neq -3$인 모든 실수이다.

ㄹ. $x^2-4x+6>0$에서 $\quad (x-2)^2+2>0$

따라서 해는 모든 실수이다.

이상에서 해가 모든 실수인 것은 ㄱ, ㄹ이다.

$$\text{답 } \boxed{\text{ㄱ, ㄹ}}$$

461

전략 이차방정식의 판별식을 이용하여 a의 값을 먼저 구한다.

$x^2+6x+6-a=0$의 판별식을 D라 하면

$$\frac{D}{4}=9-(6-a)=0$$

$$a+3=0 \qquad \therefore a=-3$$

즉 주어진 이차부등식은 $-3x^2+4x+15>0$이므로

$$3x^2-4x-15<0, \qquad (3x+5)(x-3)<0$$

$$\therefore -\frac{5}{3}<x<3$$

따라서 정수 x는 -1, 0, 1, 2의 4개이다. $\quad$ 답 $\boxed{4}$

462

전략 $x<1$인 경우와 $x \geq 1$인 경우로 나누어 부등식을 푼다.

$x^2-x \leq 2|x-1|$에서

(i) $x<1$일 때,

$$x^2-x \leq -2(x-1)$$

$$x^2+x-2 \leq 0$$

$$(x+2)(x-1) \leq 0$$

$$\therefore -2 \leq x \leq 1$$

그런데 $x<1$이므로 $\quad -2 \leq x<1$

(ii) $x \geq 1$일 때,

$$x^2-x \leq 2(x-1)$$

$$x^2-3x+2 \leq 0$$

$$(x-1)(x-2) \leq 0$$

$$\therefore 1 \leq x \leq 2$$

그런데 $x \geq 1$이므로 $\quad 1 \leq x \leq 2$

(i), (ii)에서 주어진 부등식의 해는

$$-2 \leq x \leq 2$$

따라서 $\alpha=-2$, $\beta=2$이므로

$$\beta-\alpha=4 \qquad \qquad \text{답 } \boxed{4}$$

463

전략 주어진 식을 이용하여 이차부등식을 세운다.

공의 높이가 80 m 이상이려면

$$50t-5t^2 \geq 80, \qquad 5t^2-50t+80 \leq 0$$

$$t^2-10t+16 \leq 0, \qquad (t-2)(t-8) \leq 0$$

$$\therefore 2 \leq t \leq 8$$

따라서 공의 높이가 80 m 이상인 시간은 2초부터 8초까지이므로 $8-2=6$(초) 동안이다.

$$\text{답 } \boxed{\text{6초}}$$

464

전략 이차함수의 그래프와 직선의 위치 관계를 이용하여 이차부등식을 세우고, 이차부등식이 항상 성립할 조건을 이용한다.

이차함수 $y=ax^2-3$의 그래프가 직선 $y=-4x-a$보다 항상 아래쪽에 있으려면 모든 실수 x에 대하여 이차부등식 $ax^2-3<-4x-a$, 즉

$ax^2+4x+a-3<0$이 성립해야 하므로

$$a<0 \qquad \cdots\cdots \text{㉠}$$

또 이차방정식 $ax^2+4x+a-3=0$의 판별식을 D라 하면

$$\frac{D}{4}=4-a(a-3)<0$$

$$a^2-3a-4>0, \quad (a+1)(a-4)>0$$

$$\therefore a<-1 \ \text{또는} \ a>4 \quad \cdots\cdots \ ㉡$$

㉠, ㉡의 공통부분은

$$a<-1$$

답 $a<-1$

465

전략 $n>5$, $n=5$, $n<5$인 경우로 나누어 주어진 부등식의 해를 구한다.

$x^2-(n+5)x+5n\leq 0$에서

$$(x-5)(x-n)\leq 0$$

(i) $n<5$일 때,

주어진 부등식의 해는 $\quad n\leq x\leq 5$

이때 정수 x의 개수가 3이므로

$$5-n+1=3 \quad \therefore n=3$$

(ii) $n=5$일 때,

주어진 부등식의 해는 $\quad x=5$

이때 정수 x의 개수가 1이므로 조건을 만족시키지 않는다.

(iii) $n>5$일 때,

주어진 부등식의 해는 $\quad 5\leq x\leq n$

이때 정수 x의 개수가 3이므로

$$n-5+1=3 \quad \therefore n=7$$

이상에서 조건을 만족시키는 모든 자연수 n의 값의 합은

$$3+7=10$$

답 ③

466

전략 $x<0$, $0\leq x<2$, $x\geq 2$인 경우로 나누어 절댓값을 포함한 부등식의 해를 먼저 구한다.

$|x|+|x-2|<3$에서

(i) $x<0$일 때,

$$-x-(x-2)<3, \quad -2x<1$$

$$\therefore x>-\frac{1}{2}$$

그런데 $x<0$이므로 $\quad -\frac{1}{2}<x<0$

(ii) $0\leq x<2$일 때,

$$x-(x-2)<3$$

즉 $0\times x<1$이므로 부등식이 항상 성립한다.

$$\therefore 0\leq x<2$$

(iii) $x\geq 2$일 때,

$$x+(x-2)<3, \quad 2x<5$$

$$\therefore x<\frac{5}{2}$$

그런데 $x\geq 2$이므로 $\quad 2\leq x<\frac{5}{2}$

이상에서 주어진 부등식의 해는

$$-\frac{1}{2}<x<\frac{5}{2}$$

해가 $-\frac{1}{2}<x<\frac{5}{2}$이고 x^2의 계수가 4인 이차부등식은

$$4\left(x+\frac{1}{2}\right)\left(x-\frac{5}{2}\right)<0$$

$$\therefore 4x^2-8x-5<0$$

답 ③

467

전략 부등식의 해를 이용하여 a의 부호를 알아내고 b, c를 a에 대한 식으로 나타낸다.

해가 $\frac{1}{14}<x<\frac{1}{10}$이고 x^2의 계수가 1인 이차부등식은

$$\left(x-\frac{1}{14}\right)\left(x-\frac{1}{10}\right)<0$$

$$\therefore x^2-\frac{6}{35}x+\frac{1}{140}<0 \quad \cdots\cdots \ ㉠$$

㉠과 주어진 부등식 $ax^2+bx+c>0$의 부등호의 방향이 다르므로

$$a<0$$

㉠의 양변에 a를 곱하면

$$ax^2-\frac{6}{35}ax+\frac{1}{140}a>0$$

이 부등식이 $ax^2+bx+c>0$과 일치하므로

$$b=-\frac{6}{35}a, \ c=\frac{1}{140}a \quad \cdots\cdots \ ㉡$$

$4cx^2-2bx+a>0$에 ㉡을 대입하면

$$\frac{1}{35}ax^2+\frac{12}{35}ax+a>0$$

$$x^2+12x+35<0 \ (\because a<0)$$

$$(x+7)(x+5)<0$$

$$\therefore -7<x<-5$$

답 $-7<x<-5$

468

전략 해가 $0 \le x \le 1$인 이차부등식을 이용하여 $P(x)$를 구한다.

조건 ㈎에서 $P(x) \ge -2x-3$, 즉 $P(x)+2x+3 \ge 0$
의 해가 $0 \le x \le 1$이다.

해가 $0 \le x \le 1$이고 x^2의 계수가 1인 이차부등식은

$$x(x-1) \le 0 \qquad \cdots\cdots \text{㉠}$$

㉠과 $P(x)+2x+3 \ge 0$의 부등호의 방향이 다르므로
㉠의 양변에 $a<0$인 상수 a를 곱하면

$$ax(x-1) \ge 0$$

즉 $P(x)+2x+3=ax(x-1)$이라 하면

$$P(x)=ax^2-(a+2)x-3 \qquad \cdots\cdots \text{㉡}$$

또 조건 ㈏에서 $P(x)=-3x-2$, 즉

$P(x)+3x+2=0$이 중근을 갖는다.

$P(x)+3x+2=0$에 ㉡을 대입하면

$$ax^2-(a-1)x-1=0$$

이 이차방정식의 판별식을 D라 하면

$$D=(a-1)^2+4a=0$$
$$a^2+2a+1=0, \qquad (a+1)^2=0$$
$$\therefore a=-1 \ (\text{중근})$$

따라서 $P(x)=-x^2-x-3$이므로

$$P(-1)=-(-1)^2-(-1)-3=-3$$

답 ①

469

전략 주어진 부등식의 해를 이용하여 $f(x)$를 미정계수로 나타낸다.

해가 $1<x<5$이고 x^2의 계수가 1인 이차부등식은

$$(x-1)(x-5)<0 \qquad \cdots\cdots \text{㉠}$$

㉠과 $f(x)>0$의 부등호의 방향이 다르므로 ㉠의 양변
에 $a<0$인 상수 a를 곱하면

$$a(x-1)(x-5)>0$$

즉 $f(x)=a(x-1)(x-5)$라 하면

$$f(3-2x)=a(3-2x-1)(3-2x-5)$$
$$=4a(x-1)(x+1)$$

이고, $f(0)=5a$이므로 부등식 $f(3-2x)>f(0)$에서

$$4a(x-1)(x+1)>5a$$
$$4x^2-4<5 \ (\because a<0)$$
$$4x^2-9<0$$
$$(2x+3)(2x-3)<0$$

$$\therefore -\frac{3}{2}<x<\frac{3}{2}$$

따라서 정수 x는 -1, 0, 1의 3개이다.

답 **3**

470

전략 이차방정식의 판별식을 이용하여 부등식을 세운다.

이차부등식 $-x^2+2(k+3)x+4(k+3)>0$, 즉
$x^2-2(k+3)x-4(k+3)<0$의 해가 존재하지 않으
려면 모든 실수 x에 대하여

$$x^2-2(k+3)x-4(k+3) \ge 0$$

이 성립해야 한다.

이차방정식 $x^2-2(k+3)x-4(k+3)=0$의 판별식
을 D라 하면

$$\frac{D}{4}=(k+3)^2+4(k+3) \le 0$$
$$(k+7)(k+3) \le 0$$
$$\therefore -7 \le k \le -3$$

따라서 정수 k의 최솟값은 -7이다.

답 **-7**

471

전략 조건을 만족시키도록 $y=-x^2+4x+a^2-4$의 그래프를 그려 본다.

$f(x)=-x^2+4x+a^2-4$라 하면

$$f(x)=-(x-2)^2+a^2$$

$1 \le x \le 4$에서 $f(x) \ge 0$이어야 하므로 $y=f(x)$의 그
래프가 다음 그림과 같아야 한다.

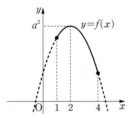

즉 $1 \le x \le 4$에서 $y=f(x)$의 최솟값인 $f(4)$가 0보다
크거나 같아야 하므로

$$f(4)=-16+16+a^2-4 \ge 0$$
$$a^2-4 \ge 0, \qquad (a+2)(a-2) \ge 0$$
$$\therefore a \le -2 \ \text{또는} \ a \ge 2$$

따라서 주어진 부등식이 항상 성립하도록 하는 실수 a
의 값이 아닌 것은 ④이다.

답 ④

472

전략 $[x]$를 한 문자로 생각하여 좌변을 인수분해한다.

$3[x]^2-[x]-10<0$에서

$$(3[x]+5)([x]-2)<0 \qquad \therefore -\frac{5}{3}<[x]<2$$

그런데 $[x]$는 정수이므로　$[x]=-1,\ 0,\ 1$

$[x]=-1$에서　$-1\le x<0$

$[x]=0$에서　$0\le x<1$

$[x]=1$에서　$1\le x<2$

따라서 주어진 부등식의 해는 $-1\le x<2$이므로

$$a=-1,\ b=2 \qquad \therefore a+b=1 \qquad \text{답 } \mathbf{1}$$

🎯 **해설 Focus**

정수 n에 대하여

$$[x]=n \Longleftrightarrow n\le x<n+1$$

(단, $[x]$는 x보다 크지 않은 최대의 정수이다.)

473

전략 이차부등식의 해를 이용하여 a의 부호를 알아내고 b, c를 a에 대한 식으로 나타낸다.

이차부등식 $ax^2+bx+c\ge0$의 해가 $x=2$이므로

$$a<0$$

또 이차방정식 $ax^2+bx+c=0$이 $x=2$를 중근으로 가져야 하므로

$$ax^2+bx+c=a(x-2)^2=ax^2-4ax+4a$$

$$\therefore b=-4a,\ c=4a$$

ㄱ. $ax^2+bx+c\le0$, 즉 $ax^2-4ax+4a\le0$에서

$$a(x-2)^2\le0$$

이때 $a<0$이므로　$(x-2)^2\ge0$

따라서 해는 모든 실수이다. (참)

ㄴ. $-ax^2+bx-c\le0$, 즉 $-ax^2-4ax-4a\le0$에서

$$-a(x+2)^2\le0$$

이때 $-a>0$이므로　$(x+2)^2\le0$

따라서 해는 $x=-2$이다. (거짓)

ㄷ. $cx^2+bx+a\ge0$, 즉 $4ax^2-4ax+a\ge0$에서

$$a(2x-1)^2\ge0$$

이때 $a<0$이므로　$(2x-1)^2\le0$

따라서 해는 $x=\frac{1}{2}$이다. (거짓)

이상에서 옳은 것은 ㄱ뿐이다. 　답 ㄱ

474

전략 근호 안의 식의 값이 0 또는 양수이어야 함을 이용하여 부등식을 세운다.

모든 실수 x에 대하여 $\sqrt{(a-1)x^2-8(a-1)x+4}$가 실수이려면 모든 실수 x에 대하여 부등식

$$(a-1)x^2-8(a-1)x+4\ge0$$

이 성립해야 한다.

(i) $a=1$일 때, $0\times x^2-0\times x+4\ge0$에서 $4\ge0$이므로 이 부등식은 모든 실수 x에 대하여 성립한다.

(ii) $a\ne1$일 때,

$a-1>0$이어야 하므로

$$a>1 \qquad\qquad \cdots\cdots ㉠$$

또 이차방정식 $(a-1)x^2-8(a-1)x+4=0$의 판별식을 D라 하면

$$\frac{D}{4}=16(a-1)^2-4(a-1)\le0$$

$$4a^2-9a+5\le0, \qquad (a-1)(4a-5)\le0$$

$$\therefore 1\le a\le\frac{5}{4} \qquad\qquad \cdots\cdots ㉡$$

㉠, ㉡의 공통부분은　$1<a\le\frac{5}{4}$

(i), (ii)에서 구하는 실수 a의 값의 범위는

$$1\le a\le\frac{5}{4} \qquad\qquad \text{답 } \mathbf{1\le a\le\dfrac{5}{4}}$$

475

전략 이차부등식 $f(x)\le0$의 해가 단 한 개이려면 $f(x)$의 이차항의 계수가 양수이고, $f(x)=0$이 중근을 가져야 한다.

이차부등식 $3x^2+2(a+b+c)x+ab+bc+ca\le0$의 해가 단 한 개 존재하므로 이차방정식

$3x^2+2(a+b+c)x+ab+bc+ca=0$의 판별식을 D라 하면

$$\frac{D}{4}=(a+b+c)^2-3(ab+bc+ca)=0$$

$$a^2+b^2+c^2-ab-bc-ca=0$$

$$\frac{1}{2}\{(a-b)^2+(b-c)^2+(c-a)^2\}=0$$

따라서 $a-b=0$, $b-c=0$, $c-a=0$이므로

$$a=b=c$$

$$\therefore \frac{3b}{a}+\frac{3c}{b}+\frac{3a}{c}=\frac{3a}{a}+\frac{3b}{b}+\frac{3c}{c}=9$$

답 **9**

476

(1) $2x^2-5x+2\geq0$에서 $(2x-1)(x-2)\geq0$

$$\therefore x\leq\frac{1}{2} \text{ 또는 } x\geq2 \qquad \cdots\cdots \text{㉠}$$

$2x^2-3x-5\leq0$에서 $(x+1)(2x-5)\leq0$

$$\therefore -1\leq x\leq\frac{5}{2} \qquad \cdots\cdots \text{㉡}$$

㉠, ㉡을 수직선 위에 나타내면 다음 그림과 같다.

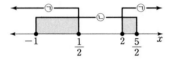

따라서 주어진 연립부등식의 해는

$$-1\leq x\leq\frac{1}{2} \text{ 또는 } 2\leq x\leq\frac{5}{2}$$

(2) $|x-2|<4$에서 $-4<x-2<4$

$$\therefore -2<x<6 \qquad \cdots\cdots \text{㉠}$$

$-x^2+x+12<0$에서 $x^2-x-12>0$

$(x+3)(x-4)>0$

$$\therefore x<-3 \text{ 또는 } x>4 \qquad \cdots\cdots \text{㉡}$$

㉠, ㉡을 수직선 위에 나타내면 다음 그림과 같다.

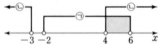

따라서 주어진 연립부등식의 해는

$$4<x<6$$

(3) $-2x-7<x^2-15$에서 $x^2+2x-8>0$

$(x+4)(x-2)>0$

$$\therefore x<-4 \text{ 또는 } x>2 \qquad \cdots\cdots \text{㉠}$$

$x^2-15\leq-2x$에서 $x^2+2x-15\leq0$

$(x+5)(x-3)\leq0$

$$\therefore -5\leq x\leq3 \qquad \cdots\cdots \text{㉡}$$

㉠, ㉡을 수직선 위에 나타내면 다음 그림과 같다.

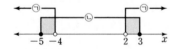

따라서 주어진 부등식의 해는

$$-5\leq x<-4 \text{ 또는 } 2<x\leq3$$

(4) $|x^2-4x-6|\leq6$에서

$$-6\leq x^2-4x-6\leq6$$

$-6\leq x^2-4x-6$에서 $x^2-4x\geq0$

$x(x-4)\geq0$

$$\therefore x\leq0 \text{ 또는 } x\geq4 \qquad \cdots\cdots \text{㉠}$$

$x^2-4x-6\leq6$에서 $x^2-4x-12\leq0$

$(x+2)(x-6)\leq0$

$$\therefore -2\leq x\leq6 \qquad \cdots\cdots \text{㉡}$$

㉠, ㉡을 수직선 위에 나타내면 다음 그림과 같다.

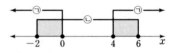

따라서 주어진 부등식의 해는

$$-2\leq x\leq0 \text{ 또는 } 4\leq x\leq6$$

답 풀이 참조

477

$x^2-6x+8>0$에서

$(x-2)(x-4)>0$

$$\therefore x<2 \text{ 또는 } x>4 \qquad \cdots\cdots \text{㉠}$$

$x^2-(6-a)x-6a\leq0$에서

$$(x+a)(x-6)\leq0 \qquad \cdots\cdots \text{㉡}$$

(i) $-a>6$일 때, ㉡의 해는

$$6\leq x\leq -a$$

(ii) $-a=6$일 때, ㉡에서 $(x-6)^2\leq0$

$$\therefore x=6$$

(iii) $-a<6$일 때, ㉡의 해는

$$-a\leq x\leq6$$

이상에서 ㉠, ㉡의 공통부분이 $4<x\leq6$이 되도록 수직선 위에 나타내면 다음 그림과 같다.

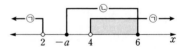

따라서 $2\leq -a\leq4$이므로

$$-4\leq a\leq-2 \qquad\qquad \text{답} \ -4\leq a\leq-2$$

478

$x^2-x-6>0$에서 $(x+2)(x-3)>0$

$$\therefore x<-2 \text{ 또는 } x>3 \qquad \cdots\cdots \text{㉠}$$

$2x^2-(2a+3)x+3a<0$에서

$$(2x-3)(x-a)<0 \qquad \cdots\cdots \text{㉡}$$

(ⅰ) $a>\dfrac{3}{2}$일 때, ㉡의 해는

$$\dfrac{3}{2}<x<a$$

(ⅱ) $a=\dfrac{3}{2}$일 때, ㉡에서 $(2x-3)^2<0$이므로 해가 없다.

(ⅲ) $a<\dfrac{3}{2}$일 때, ㉡의 해는

$$a<x<\dfrac{3}{2}$$

㉠, ㉡의 공통부분에 속하는 정수 x가 4뿐이도록 수직선 위에 나타내면 다음 그림과 같다.

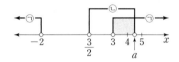

$$\therefore 4<a\leq 5$$

답 $4<a\leq 5$

479

$x^2+2x-3>0$에서 　$(x+3)(x-1)>0$

$$\therefore x<-3 \text{ 또는 } x>1 \qquad \cdots\cdots ㉠$$

$x^2+(a-1)x-a<0$에서

$$(x+a)(x-1)<0 \qquad \cdots\cdots ㉡$$

(ⅰ) $-a<1$일 때

㉡의 해는　$-a<x<1$

㉠, ㉡의 공통부분이 존재하도록 수직선 위에 나타내면 다음과 같다.

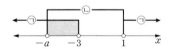

즉 $-a<-3$이므로　$a>3$

(ⅱ) $-a=1$일 때

㉡에서　$(x-1)^2<0$

이를 만족시키는 실수 x의 값은 존재하지 않으므로 주어진 연립부등식은 해를 갖지 않는다.

(ⅲ) $-a>1$일 때

㉡의 해는　$1<x<-a$

이때 ㉠, ㉡의 공통부분이 반드시 존재하므로 주어진 연립부등식은 해를 갖는다.

이상에서　$a<-1$ 또는 $a>3$

답 $a<-1$ 또는 $a>3$

480

이차방정식 $x^2+ax+a^2-3=0$의 판별식을 D_1이라 하면 이 방정식이 서로 다른 두 실근을 가지므로

$$D_1=a^2-4(a^2-3)>0$$

$$a^2-4<0$$

$$(a+2)(a-2)<0$$

$$\therefore -2<a<2 \qquad \cdots\cdots ㉠$$

이차방정식 $x^2+ax+a=0$의 판별식을 D_2라 하면 이 방정식이 허근을 가지므로

$$D_2=a^2-4a<0$$

$$a(a-4)<0$$

$$\therefore 0<a<4 \qquad \cdots\cdots ㉡$$

구하는 실수 a의 값의 범위는 ㉠, ㉡의 공통부분이므로

$$0<a<2$$

답 $0<a<2$

481

꽃밭의 가로의 길이를 x m라 하면 세로의 길이는 $(15-x)$ m이므로

$$x>0,\ 15-x>0,\ 15-x>x$$

$$\therefore 0<x<\dfrac{15}{2} \qquad \cdots\cdots ㉠$$

꽃밭의 넓이는 $x(15-x)$ m^{2}이고 꽃밭의 넓이가 36 m^2 이상 50 m^2 이하이므로

$$36\leq x(15-x)\leq 50$$

$$\therefore \begin{cases} 36\leq x(15-x) \\ x(15-x)\leq 50 \end{cases}$$

$36\leq x(15-x)$에서

$$x^2-15x+36\leq 0$$

$$(x-3)(x-12)\leq 0$$

$$\therefore 3\leq x\leq 12 \qquad \cdots\cdots ㉡$$

$x(15-x)\leq 50$에서

$$x^2-15x+50\geq 0$$

$$(x-5)(x-10)\geq 0$$

$$\therefore x\leq 5 \text{ 또는 } x\geq 10 \qquad \cdots\cdots ㉢$$

㉠, ㉡, ㉢의 공통부분은

$$3\leq x\leq 5$$

따라서 꽃밭의 가로의 길이의 범위는 3 m 이상 5 m 이하이다.

답 3 m 이상 5 m 이하

Ⅱ-5
여러 가지 부등식

연습 문제

482

전략 먼저 연립부등식의 해를 구한다.

$x^2 \leq x+6$에서

$\qquad x^2-x-6 \leq 0, \qquad (x+2)(x-3) \leq 0$

$\qquad \therefore -2 \leq x \leq 3 \qquad \cdots\cdots$ ㉠

$x^2+4x \geq 5$에서

$\qquad x^2+4x-5 \geq 0, \qquad (x+5)(x-1) \geq 0$

$\qquad \therefore x \leq -5$ 또는 $x \geq 1 \qquad \cdots\cdots$ ㉡

㉠, ㉡을 수직선 위에 나타내면 다음 그림과 같다.

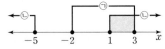

따라서 주어진 연립부등식의 해는

$\qquad 1 \leq x \leq 3$

즉 이차부등식 $ax^2+bx-1 \geq 0$의 해가 $1 \leq x \leq 3$이므로 $\quad a<0$

해가 $1 \leq x \leq 3$이고 x^2의 계수가 1인 이차부등식은

$\qquad (x-1)(x-3) \leq 0 \qquad \therefore x^2-4x+3 \leq 0$

양변에 a를 곱하면

$\qquad ax^2-4ax+3a \geq 0 \ (\because a<0)$

이 부등식이 $ax^2+bx-1 \geq 0$과 같으므로

$\qquad b=-4a, \ -1=3a \qquad \therefore a=-\dfrac{1}{3}, \ b=\dfrac{4}{3}$

$\qquad \therefore a+b=1$

답 1

483

전략 주어진 연립부등식의 해의 조건을 만족시키도록 각 부등식의 해를 수직선 위에 나타낸다.

$x^2-3x-10 \leq 0$에서 $\qquad (x+2)(x-5) \leq 0$

$\qquad \therefore -2 \leq x \leq 5 \qquad \cdots\cdots$ ㉠

$(x-2)(x-a)>0 \qquad \cdots\cdots$ ㉡

에서

(i) $a<2$일 때, ㉡의 해는

$\qquad x<a$ 또는 $x>2$

(ii) $a=2$일 때, ㉡에서 $(x-2)^2>0$이므로 해는 $x \neq 2$인 모든 실수이다.

(iii) $a>2$일 때, ㉡의 해는

$\qquad x<2$ 또는 $x>a$

이상에서 ㉠, ㉡의 공통부분이 $2<x \leq 5$가 되도록 수직선 위에 나타내면 다음 그림과 같다.

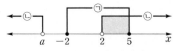

따라서 $a \leq -2$이므로 실수 a의 최댓값은 -2이다.

답 -2

484

전략 주어진 조건을 이용하여 x에 대한 이차부등식을 세운다.

변의 길이는 양수이므로

$\qquad x-4>0, \ x-10>0$

$\qquad \therefore x>10 \qquad \cdots\cdots$ ㉠

직각삼각형의 넓이가 36 이하이므로

$\qquad \dfrac{1}{2}(x-4)(x-10) \leq 36$

$\qquad x^2-14x-32 \leq 0$

$\qquad (x+2)(x-16) \leq 0$

$\qquad \therefore -2 \leq x \leq 16 \qquad \cdots\cdots$ ㉡

빗변의 길이가 $2\sqrt{17}$ 이상이므로

$\qquad \sqrt{(x-4)^2+(x-10)^2} \geq 2\sqrt{17}$

$\qquad (x-4)^2+(x-10)^2 \geq 68$

$\qquad x^2-14x+24 \geq 0$

$\qquad (x-2)(x-12) \geq 0$

$\qquad \therefore x \leq 2$ 또는 $x \geq 12 \qquad \cdots\cdots$ ㉢

㉠, ㉡, ㉢의 공통부분은 $\qquad 12 \leq x \leq 16$

따라서 정수 x는 12, 13, 14, 15, 16의 5개이다.

답 5

485

전략 각 부등식의 해를 a에 대한 식으로 나타내고 해의 공통부분에 속하는 정수가 없도록 수직선 위에 나타낸다.

$x^2-(a^2-3)x-3a^2<0$에서

$\qquad (x-a^2)(x+3)<0$

이때 $a>2$에서 $a^2>4$이므로

$\qquad -3<x<a^2 \qquad \cdots\cdots$ ㉠

$x^2+(a-9)x-9a>0$에서

$\qquad (x+a)(x-9)>0$

이때 $-a<-2$이므로

$\qquad x<-a$ 또는 $x>9 \qquad \cdots\cdots$ ㉡

ㄱ, ㄴ의 공통부분에 속하는 정수 x가 존재하지 않으려면 [그림 1]과 같이 해가 존재하지 않거나, [그림 2]와 같이 해의 범위에 속하는 정수가 존재하지 않아야 한다.

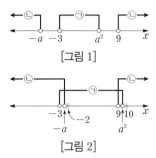

[그림 1]

[그림 2]

$-a \le -2$에서 $a \ge 2$ ...... ㄷ

$a^2 \le 10$에서 $-\sqrt{10} \le a \le \sqrt{10}$ ...... ㄹ

ㄷ, ㄹ의 공통부분은

$2 \le a \le \sqrt{10}$

이때 $a > 2$이므로 주어진 조건을 만족시키는 실수 a의 값의 범위는

$2 < a \le \sqrt{10}$

따라서 $M = \sqrt{10}$이므로

$M^2 = (\sqrt{10})^2 = 10$　　　**답 10**

486

전략 각 이차방정식의 판별식을 이용하여 이차부등식을 세운다.

주어진 두 이차방정식 중 적어도 하나가 실근을 갖는 경우는 두 이차방정식이 각각 실근을 갖는 경우를 합친 것과 같다.

이차방정식 $x^2 + 2ax + a + 2 = 0$의 판별식을 D_1이라 하면

$\dfrac{D_1}{4} = a^2 - (a+2) \ge 0$

$a^2 - a - 2 \ge 0$, $(a+1)(a-2) \ge 0$

$\therefore a \le -1$ 또는 $a \ge 2$ ...... ㄱ

이차방정식 $x^2 + (a-1)x + a^2 = 0$의 판별식을 D_2라 하면

$D_2 = (a-1)^2 - 4a^2 \ge 0$

$3a^2 + 2a - 1 \le 0$, $(a+1)(3a-1) \le 0$

$\therefore -1 \le a \le \dfrac{1}{3}$ ...... ㄴ

따라서 적어도 하나가 실근을 갖는 실수 a의 값의 범위는 ㄱ, ㄴ에서

$a \le \dfrac{1}{3}$ 또는 $a \ge 2$　　**답** $a \le \dfrac{1}{3}$ 또는 $a \ge 2$

다른 풀이 주어진 두 이차방정식 중 적어도 하나가 실근을 갖는 경우는 모든 경우에서 두 이차방정식이 모두 허근을 갖는 경우를 제외한 것과 같다.

이차방정식 $x^2 + 2ax + a + 2 = 0$의 판별식을 D_1이라 하면

$\dfrac{D_1}{4} = a^2 - (a+2) < 0$

$a^2 - a - 2 < 0$, $(a+1)(a-2) < 0$

$\therefore -1 < a < 2$ ...... ㄱ

이차방정식 $x^2 + (a-1)x + a^2 = 0$의 판별식을 D_2라 하면

$D_2 = (a-1)^2 - 4a^2 < 0$

$3a^2 + 2a - 1 > 0$, $(a+1)(3a-1) > 0$

$\therefore a < -1$ 또는 $a > \dfrac{1}{3}$ ...... ㄴ

두 이차방정식이 모두 허근을 갖는 a의 값의 범위는 ㄱ, ㄴ의 공통부분인 $\dfrac{1}{3} < a < 2$이다.

따라서 적어도 하나가 실근을 갖는 실수 a의 값의 범위는

$a \le \dfrac{1}{3}$ 또는 $a \ge 2$

487

전략 주어진 조건을 만족시키도록 각 부등식의 해를 수직선 위에 나타낸다.

$x^2 - 5x - 6 \ge 0$에서 $(x+1)(x-6) \ge 0$

$\therefore x \le -1$ 또는 $x \ge 6$ ...... ㄱ

$x^2 - (1-a)x - a < 0$에서

$(x+a)(x-1) < 0$ ...... ㄴ

(i) $-a > 1$일 때,

ㄴ의 해는 $1 < x < -a$

ㄱ, ㄴ의 공통부분에 속하는 정수 x의 개수가 3이려면 다음 그림과 같아야 한다.

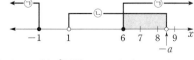

즉 $8 < -a \le 9$이므로 $-9 \le a < -8$

(ii) $-a=1$일 때,

ⓛ에서 $(x-1)^2<0$을 만족시키는 실수 x가 존재하지 않으므로 주어진 연립부등식은 해를 갖지 않는다.

(iii) $-a<1$일 때,

ⓛ의 해는 $-a<x<1$

ⓘ, ⓛ의 공통부분에 속하는 정수 x의 개수가 3이려면 다음 그림과 같아야 한다.

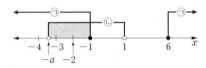

즉 $-4\leq-a<-3$이므로 $3<a\leq4$

이상에서

$-9\leq a<-8$ 또는 $3<a\leq4$

답 $-9\leq a<-8$ 또는 $3<a\leq4$

---

07 이차방정식의 실근의 조건   ● 본책 224~228쪽

488

이차방정식 $(m^2+1)x^2-2(m-2)x+4=0$의 서로 다른 두 근을 α, β, 판별식을 D라 하면 두 근이 모두 음수이므로

(i) $\dfrac{D}{4}=(m-2)^2-4(m^2+1)>0$

$3m^2+4m<0$, $m(3m+4)<0$

$\therefore -\dfrac{4}{3}<m<0$

(ii) $\alpha+\beta<0$에서 $\dfrac{2(m-2)}{m^2+1}<0$

그런데 $m^2+1>0$이므로 $2(m-2)<0$

$\therefore m<2$

(iii) $\alpha\beta=\dfrac{4}{m^2+1}$에서 $m^2+1>0$이므로 항상 $\alpha\beta>0$이다.

이상에서 구하는 m의 값의 범위는

$-\dfrac{4}{3}<m<0$ 답 $-\dfrac{4}{3}<m<0$

489

이차방정식 $x^2-5x+a^2-4a+3=0$의 두 근을 α, β라 하면 두 근의 부호가 서로 다르므로

$\alpha\beta<0$에서 $a^2-4a+3<0$

$(a-1)(a-3)<0$ $\therefore 1<a<3$

따라서 정수 a의 값은 2이다.   답 2

490

이차방정식 $x^2+(a^2-a-12)x+a^2-6a+5=0$의 두 근을 α, β라 하면 두 근의 부호가 서로 다르므로

$\alpha\beta<0$에서 $a^2-6a+5<0$

$(a-1)(a-5)<0$

$\therefore 1<a<5$ ……ⓘ

또 두 근의 절댓값이 같으므로

$\alpha+\beta=0$에서 $-(a^2-a-12)=0$

$a^2-a-12=0$, $(a+3)(a-4)=0$

$\therefore a=-3$ 또는 $a=4$ ……ⓛ

ⓘ, ⓛ을 동시에 만족시키는 a의 값은 4이다.   답 4

491

$f(x)=x^2-kx+k+3$이라 하면 이차방정식 $f(x)=0$의 두 근이 모두 -3보다 크므로 $y=f(x)$의 그래프는 오른쪽 그림과 같아야 한다.

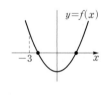

(i) 이차방정식 $f(x)=0$의 판별식을 D라 하면

$D=k^2-4(k+3)\geq0$

$k^2-4k-12\geq0$, $(k+2)(k-6)\geq0$

$\therefore k\leq-2$ 또는 $k\geq6$

(ii) $f(-3)=9+3k+k+3>0$에서

$4k>-12$ $\therefore k>-3$

(iii) $y=f(x)$의 그래프의 축의 방정식이 $x=\dfrac{k}{2}$이므로

$\dfrac{k}{2}>-3$ $\therefore k>-6$

이상에서 구하는 k의 값의 범위는

$-3<k\leq-2$ 또는 $k\geq6$

답 $-3<k\leq-2$ 또는 $k\geq6$

492

$f(x)=2x^2+3mx+5m-2$라 하면 이차방정식 $f(x)=0$의 두 근이 모두 1보다 작으므로 $y=f(x)$의 그래프는 오른쪽 그림과 같아야 한다.

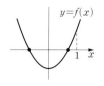

(i) 이차방정식 $f(x)=0$의 판별식을 D라 하면
$$D=9m^2-8(5m-2)\geq 0$$
$$9m^2-40m+16\geq 0$$
$$(9m-4)(m-4)\geq 0$$
$$\therefore m\leq \frac{4}{9} \text{ 또는 } m\geq 4$$

(ii) $f(1)=2+3m+5m-2>0$에서
$$8m>0 \qquad \therefore m>0$$

(iii) $y=f(x)$의 그래프의 축의 방정식이 $x=-\dfrac{3m}{4}$이므로
$$-\frac{3m}{4}<1 \qquad \therefore m>-\frac{4}{3}$$

이상에서 구하는 m의 값의 범위는
$$0<m\leq \frac{4}{9} \text{ 또는 } m\geq 4$$

답 $0<m\leq \dfrac{4}{9}$ 또는 $m\geq 4$

493

$f(x)=x^2+2ax+3a$라 하면 이차방정식 $f(x)=0$의 두 근이 모두 -2보다 작으므로 $y=f(x)$의 그래프는 오른쪽 그림과 같아야 한다.

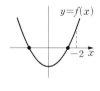

(i) 이차방정식 $f(x)=0$의 판별식을 D라 하면
$$\frac{D}{4}=a^2-3a\geq 0$$
$$a(a-3)\geq 0$$
$$\therefore a\leq 0 \text{ 또는 } a\geq 3$$

(ii) $f(-2)=4-4a+3a>0$에서
$$-a>-4 \qquad \therefore a<4$$

(iii) $y=f(x)$의 그래프의 축의 방정식이 $x=-a$이므로
$$-a<-2 \qquad \therefore a>2$$

이상에서 a의 값의 범위는
$$3\leq a<4$$
따라서 실수 a의 최솟값은 3이다.

답 3

494

$f(x)=x^2-(m-4)^2x+2m$이라 하면 이차방정식 $f(x)=0$의 두 근 사이에 2가 있으므로 $y=f(x)$의 그래프는 오른쪽 그림과 같아야 한다.

따라서 $f(2)<0$이어야 하므로
$$4-2(m-4)^2+2m<0$$
$$m^2-9m+14>0$$
$$(m-2)(m-7)>0$$
$$\therefore m<2 \text{ 또는 } m>7$$

답 $m<2$ 또는 $m>7$

495

$f(x)=x^2-4x+k-1$이라 하면 이차방정식 $f(x)=0$의 두 근이 모두 0과 3 사이에 있으므로 $y=f(x)$의 그래프는 오른쪽 그림과 같아야 한다.

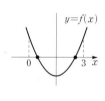

(i) 이차방정식 $f(x)=0$의 판별식을 D라 하면
$$\frac{D}{4}=4-(k-1)\geq 0$$
$$-k\geq -5 \qquad \therefore k\leq 5 \qquad \cdots\cdots ㉠$$

(ii) $f(0)=k-1>0$에서
$$k>1 \qquad \cdots\cdots ㉡$$
$$f(3)=9-12+k-1>0$$에서
$$k>4 \qquad \cdots\cdots ㉢$$

(iii) $y=f(x)$의 그래프의 축의 방정식은 $x=2$이고 $0<2<3$이다.

이상에서 구하는 k의 값의 범위는 ㉠, ㉡, ㉢의 공통부분이므로
$$4<k\leq 5$$

답 $4<k\leq 5$

496

전략 두 근이 모두 음수이면 (판별식)≥0, (두 근의 합)<0, (두 근의 곱)>0임을 이용한다.

이차방정식 $x^2-4(k-2)x+k^2+11=0$의 두 근을 α, β, 판별식을 D라 하면 두 근이 모두 음수이므로

(i) $\dfrac{D}{4}=4(k-2)^2-(k^2+11)\geq0$

$\qquad 3k^2-16k+5\geq0, \qquad (3k-1)(k-5)\geq0$

$\qquad \therefore k\leq\dfrac{1}{3}$ 또는 $k\geq5$

(ii) $\alpha+\beta<0$에서 $\qquad 4(k-2)<0 \qquad \therefore k<2$

(iii) $\alpha\beta>0$에서 $\qquad k^2+11>0$

이상에서 k의 값의 범위는

$\qquad\qquad k\leq\dfrac{1}{3}$ $\qquad\qquad$ 답 $k\leq\dfrac{1}{3}$

497

전략 x축과의 교점의 x좌표가 모두 1보다 크도록 $y=x^2-2(a+1)x+3$의 그래프를 그려 본다.

$f(x)=x^2-2(a+1)x+3$이라 하면 이차방정식 $f(x)=0$의 두 근이 모두 1보다 크므로 $y=f(x)$의 그래프는 오른쪽 그림과 같아야 한다.

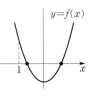

(i) 이차방정식 $f(x)=0$의 판별식을 D라 하면

$$\dfrac{D}{4}=(a+1)^2-3\geq0$$

$$\therefore a^2+2a-2\geq0$$

이차방정식 $a^2+2a-2=0$의 두 근이 $a=-1\pm\sqrt{3}$ 이므로 부등식의 해는

$$a\leq-1-\sqrt{3} \text{ 또는 } a\geq-1+\sqrt{3}$$

(ii) $f(1)=1-2(a+1)+3>0$에서

$$-2a>-2 \qquad \therefore a<1$$

(iii) $y=f(x)$의 그래프의 축의 방정식이 $x=a+1$이므로

$$a+1>1 \qquad \therefore a>0$$

이상에서 a의 값의 범위는

$$-1+\sqrt{3}\leq a<1 \qquad\qquad 답 -1+\sqrt{3}\leq a<1$$

498

전략 주어진 조건을 만족시키도록 $y=x^2+2ax+a^2-9$의 그래프를 그려 본다.

$f(x)=x^2+2ax+a^2-9$라 하면 이차방정식 $f(x)=0$의 두 근 사이에 1이 있으므로 $y=f(x)$의 그래프는 오른쪽 그림과 같아야 한다.

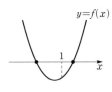

따라서 $f(1)<0$이어야 하므로

$$1+2a+a^2-9<0$$

$$a^2+2a-8<0$$

$$(a+4)(a-2)<0$$

$$\therefore -4<a<2$$

따라서 정수 a는 -3, -2, -1, 0, 1의 5개이다.

답 5

499

전략 (두 근의 합)<0, (두 근의 곱)<0임을 이용한다.

이차방정식 $x^2+4kx+2k^2+k-1=0$의 두 근을 α, β라 하면 두 근의 부호가 서로 다르므로

$\alpha\beta<0$에서 $\qquad 2k^2+k-1<0$

$\qquad (k+1)(2k-1)<0$

$\qquad \therefore -1<k<\dfrac{1}{2}$ $\qquad\qquad$ ······ ㉠

또 음수인 근의 절댓값이 양수인 근의 절댓값보다 크므로

$\alpha+\beta<0$에서 $\qquad -4k<0$

$\qquad \therefore k>0$ $\qquad\qquad$ ······ ㉡

㉠, ㉡의 공통부분은

$\qquad 0<k<\dfrac{1}{2}$ $\qquad\qquad$ 답 $0<k<\dfrac{1}{2}$

500

전략 조건을 만족시키는 $y=x^2-4kx+3k^2-k+2$의 그래프를 그린 다음 판별식, 함숫값, 축의 위치에 대한 부등식을 세운다.

$2(x-1)+3=7-x$에서

$$2x+1=7-x$$

$$3x=6$$

$$\therefore x=2$$

따라서
$$f(x)=x^2-4kx+3k^2-k+2$$
라 하면 이차방정식 $f(x)=0$의

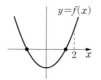

두 근이 모두 2보다 작으므로
$y=f(x)$의 그래프는 오른쪽 그림과 같아야 한다.

(i) 이차방정식 $f(x)=0$의 판별식을 D라 하면
$$\frac{D}{4}=4k^2-(3k^2-k+2)\geq0$$
$$k^2+k-2\geq0, \qquad (k+2)(k-1)\geq0$$
$$\therefore k\leq-2 \ \text{또는} \ k\geq1$$

(ii) $f(2)=4-8k+3k^2-k+2>0$에서
$$3k^2-9k+6>0, \qquad k^2-3k+2>0$$
$$(k-1)(k-2)>0$$
$$\therefore k<1 \ \text{또는} \ k>2$$

(iii) $y=f(x)$의 그래프의 축의 방정식이 $x=2k$이므로
$$2k<2 \qquad \therefore k<1$$
이상에서 k의 값의 범위는
$$k\leq-2$$
따라서 실수 k의 최댓값은 -2이다.

답 -2

501

전략 $f(x)=2x^2-ax+2a-1$이라 하고 $x=-1$, $x=0$, $x=1$에서의 $f(x)$의 값의 부호를 이용한다.

$f(x)=2x^2-ax+2a-1$이라 하면 주어진 조건을 만족시키는 $y=f(x)$의 그래프는 오른쪽 그림과 같다.

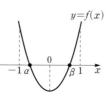

(i) $f(-1)>0$에서
$$2+a+2a-1>0, \qquad 3a>-1$$
$$\therefore a>-\frac{1}{3}$$

(ii) $f(0)<0$에서 $2a-1<0$
$$\therefore a<\frac{1}{2}$$

(iii) $f(1)>0$에서 $2-a+2a-1>0$
$$\therefore a>-1$$

이상에서 구하는 a의 값의 범위는
$$-\frac{1}{3}<a<\frac{1}{2}$$

답 $-\dfrac{1}{3}<a<\dfrac{1}{2}$

502

전략 $y=x^2-2kx+k+2$의 그래프의 축의 위치에 따라 경우를 나누어 푼다.

$x^2-4x+3=0$에서 $(x-1)(x-3)=0$
$$\therefore x=1 \ \text{또는} \ x=3$$

따라서 $f(x)=x^2-2kx+k+2$라 하면 $f(x)=0$의 근 중 적어도 한 개가 1과 3 사이에 있어야 한다.

이때 $y=f(x)$의 그래프의 축의 방정식이 $x=k$이므로

(i) $k\leq1$ 또는 $k\geq3$일 때

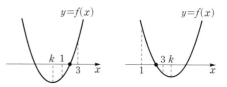

$y=f(x)$의 그래프가 위의 그림과 같아야 하므로
$$f(1)f(3)<0, \qquad (3-k)(11-5k)<0$$
$$\therefore \frac{11}{5}<k<3$$

그런데 $k\leq1$ 또는 $k\geq3$이므로 조건을 만족시키지 않는다.

(ii) $1<k<2$일 때
$f(1)<f(3)$이므로 $f(k)\leq0$, $f(3)>0$
$f(k)=-k^2+k+2\leq0$에서
$$(k+1)(k-2)\geq0$$
$$\therefore k\leq-1 \ \text{또는} \ k\geq2 \qquad \cdots\cdots \ \bigcirc$$
$f(3)=11-5k>0$에서
$$k<\frac{11}{5} \qquad \cdots\cdots \ \bigcirc$$

$\bigcirc$, $\bigcirc$의 공통부분은
$$k\leq-1 \ \text{또는} \ 2\leq k<\frac{11}{5}$$

그런데 $1<k<2$이므로 조건을 만족시키지 않는다.

(iii) $2\leq k<3$일 때
$f(1)\geq f(3)$이므로 $f(k)\leq0$, $f(1)>0$
$f(k)\leq0$에서
$$k\leq-1 \ \text{또는} \ k\geq2 \qquad \cdots\cdots \ \bigcirc$$
$f(1)=3-k>0$에서 $k<3 \qquad \cdots\cdots \ \textcircled{2}$

$\bigcirc$, $\textcircled{2}$의 공통부분 $k\leq-1$ 또는 $2\leq k<3$
그런데 $2\leq k<3$이므로 $2\leq k<3$
이상에서 $2\leq k<3$

답 $2\leq k<3$

1 경우의 수와 순열

01 경우의 수
● 본책 232~241쪽

503
김밥 4종류 중 한 가지를 택하는 경우는 4가지,
라면 3종류 중 한 가지를 택하는 경우는 3가지,
볶음밥 3종류 중 한 가지를 택하는 경우는 3가지이다.
따라서 합의 법칙에 의하여 구하는 경우의 수는

$$4+3+3=10$$

🖺 **10**

504
두 주사위에서 나오는 눈의 수를 순서쌍으로 나타내자.
(1) 합이 11 이상인 경우는 합이 11 또는 12인 경우이다.
  (i) 합이 11인 경우는
     $(5, 6)$, $(6, 5)$의 2가지
  (ii) 합이 12인 경우는
     $(6, 6)$의 1가지
  (i), (ii)는 동시에 일어날 수 없으므로 합의 법칙에 의하여 구하는 경우의 수는

$$2+1=3$$

(2) 차가 1 이하인 경우는 차가 0 또는 1인 경우이다.
  (i) 차가 0인 경우는
     $(1, 1)$, $(2, 2)$, $(3, 3)$, $(4, 4)$, $(5, 5)$,
     $(6, 6)$의 6가지
  (ii) 차가 1인 경우는
     $(1, 2)$, $(2, 3)$, $(3, 4)$, $(4, 5)$, $(5, 6)$,
     $(6, 5)$, $(5, 4)$, $(4, 3)$, $(3, 2)$, $(2, 1)$
     의 10가지
  (i), (ii)는 동시에 일어날 수 없으므로 합의 법칙에 의하여 구하는 경우의 수는

$$6+10=16$$

🖺 (1) **3**   (2) **16**

505
모자를 고르는 방법은 4가지이고, 그 각각에 대하여 티셔츠를 고르는 방법은 3가지, 이들 각각에 대하여 바지를 고르는 방법은 5가지이다.

따라서 곱의 법칙에 의하여 구하는 방법의 수는

$$4 \times 3 \times 5 = 60$$

🖺 **60**

506
집에서 도서관까지 가는 방법은 3가지이고, 그 각각에 대하여 도서관에서 학교까지 가는 방법은 4가지이다.
따라서 곱의 법칙에 의하여 구하는 방법의 수는

$$3 \times 4 = 12$$

🖺 **12**

507
두 주사위에서 나오는 눈의 수를 순서쌍으로 나타내면
(i) 나오는 두 눈의 수의 합이 3의 배수일 때,
  합이 3인 경우는
    $(1, 2)$, $(2, 1)$의 2가지
  합이 6인 경우는
    $(1, 5)$, $(2, 4)$, $(3, 3)$, $(4, 2)$, $(5, 1)$
    의 5가지
  합이 9인 경우는
    $(3, 6)$, $(4, 5)$, $(5, 4)$, $(6, 3)$의 4가지
  합이 12인 경우는
    $(6, 6)$의 1가지
  따라서 합이 3의 배수인 경우의 수는
    $2+5+4+1=12$
(ii) 나오는 두 눈의 수의 합이 5의 배수일 때,
  합이 5인 경우는
    $(1, 4)$, $(2, 3)$, $(3, 2)$, $(4, 1)$의 4가지
  합이 10인 경우는
    $(4, 6)$, $(5, 5)$, $(6, 4)$의 3가지
  따라서 합이 5의 배수인 경우의 수는
    $4+3=7$
(i), (ii)는 동시에 일어날 수 없으므로 합의 법칙에 의하여 구하는 경우의 수는

$$12+7=19$$

🖺 **19**

508
차가 2 이하인 경우는 차가 0 또는 1 또는 2인 경우이다.
이때 두 개의 상자에서 꺼낸 공에 적힌 수를 순서쌍으로 나타내면

(i) 차가 0인 경우는

$(1, 1), (2, 2), (3, 3), (4, 4), (5, 5)$

의 5가지

(ii) 차가 1인 경우는

$(1, 2), (2, 3), (3, 4), (4, 5), (5, 4),$
$(4, 3), (3, 2), (2, 1)$의 8가지

(iii) 차가 2인 경우는

$(1, 3), (2, 4), (3, 5), (5, 3), (4, 2),$
$(3, 1)$의 6가지

(i)~(iii)은 동시에 일어날 수 없으므로 합의 법칙에 의하여 구하는 경우의 수는

$5+8+6=19$　　　　　　　　　답 **19**

509

5로 나누어떨어지는 수, 즉 5의 배수는

$5, 10, 15, \cdots, 100$의 20개

7로 나누어떨어지는 수, 즉 7의 배수는

$7, 14, 21, \cdots, 98$의 14개

5와 7로 나누어떨어지는 수, 즉 35의 배수는

$35, 70$의 2개

따라서 구하는 수의 개수는

$20+14-2=32$　　　　　　　　답 **32**

510

x, y, z가 음이 아닌 정수이므로

$x\geq0, y\geq0, z\geq0$

$2x+y+z=5$에서 $2x\leq5$, 즉 $x\leq\dfrac{5}{2}$이므로

$x=0$ 또는 $x=1$ 또는 $x=2$

(i) $x=0$일 때, $y+z=5$이므로 순서쌍 (y, z)는

$(0, 5), (1, 4), (2, 3), (3, 2), (4, 1),$
$(5, 0)$의 6개

(ii) $x=1$일 때, $y+z=3$이므로 순서쌍 (y, z)는

$(0, 3), (1, 2), (2, 1), (3, 0)$의 4개

(iii) $x=2$일 때, $y+z=1$이므로 순서쌍 (y, z)는

$(0, 1), (1, 0)$의 2개

이상에서 구하는 순서쌍의 개수는

$6+4+2=12$　　　　　　　　　답 **12**

511

x, y가 자연수이므로　　$x\geq1, y\geq1$

$3x+y\leq10$에서 $3x<10$, 즉 $x<\dfrac{10}{3}$이므로

$x=1$ 또는 $x=2$ 또는 $x=3$

(i) $x=1$일 때, $y\leq7$이므로 순서쌍 (x, y)는

$(1, 1), (1, 2), (1, 3), \cdots, (1, 7)$의 7개

(ii) $x=2$일 때, $y\leq4$이므로 순서쌍 (x, y)는

$(2, 1), (2, 2), (2, 3), (2, 4)$의 4개

(iii) $x=3$일 때, $y\leq1$이므로 순서쌍 (x, y)는

$(3, 1)$의 1개

이상에서 구하는 순서쌍의 개수는

$7+4+1=12$　　　　　　　　　답 **12**

512

500원, 1000원, 2000원짜리 우표를 각각 x장, y장, z장 산다고 하면

$500x+1000y+2000z=10000$

$\therefore\ x+2y+4z=20$

그런데 3종류의 우표가 적어도 한 장씩은 포함되어야 하므로 x, y, z는 자연수이다.

$x+2y+4z=20$에서 $4z<20$, 즉 $z<5$이므로

$z=1$ 또는 $z=2$ 또는 $z=3$ 또는 $z=4$

(i) $z=1$일 때, $x+2y=16$이므로 순서쌍 (x, y)는

$(2, 7), (4, 6), (6, 5), (8, 4), (10, 3),$
$(12, 2), (14, 1)$의 7개

(ii) $z=2$일 때, $x+2y=12$이므로 순서쌍 (x, y)는

$(2, 5), (4, 4), (6, 3), (8, 2), (10, 1)$
의 5개

(iii) $z=3$일 때, $x+2y=8$이므로 순서쌍 (x, y)는

$(2, 3), (4, 2), (6, 1)$의 3개

(iv) $z=4$일 때, $x+2y=4$이므로 순서쌍 (x, y)는

$(2, 1)$의 1개

이상에서 구하는 방법의 수는

$7+5+3+1=16$　　　　　　　답 **16**

513

백의 자리의 숫자가 될 수 있는 것은

$1, 2, 3, 6$의 4개

십의 자리의 숫자가 될 수 있는 것은

  4, 8의 2개

일의 자리의 숫자가 될 수 있는 것은

  0, 2, 4, 6, 8의 5개

따라서 곱의 법칙에 의하여 구하는 자연수의 개수는

  $4 \times 2 \times 5 = 40$

  🖪 **40**

514

(1) $(a+b+c)(x+y+z)$를 전개할 때, a, b, c에 x, y, z를 각각 곱하여 항이 만들어지므로 곱의 법칙에 의하여 구하는 항의 개수는

  $3 \times 3 = 9$

(2) $(a+b)(c+d)$를 전개할 때, a, b에 c, d를 각각 곱하여 항이 만들어지므로 곱의 법칙에 의하여 항의 개수는 $2 \times 2 = 4$

$(x+y+z)(p-q)$를 전개할 때, x, y, z에 p, $-q$를 각각 곱하여 항이 만들어지므로 곱의 법칙에 의하여 항의 개수는 $3 \times 2 = 6$

이때 곱해지는 각 항이 모두 서로 다른 문자이므로 동류항이 생기지 않는다.

따라서 합의 법칙에 의하여 구하는 항의 개수는

  $4 + 6 = 10$

  🖪 (1) **9** (2) **10**

515

서로 다른 주사위 3개를 동시에 던졌을 때, 나오는 세 눈의 수의 곱이 홀수이려면 세 눈의 수가 모두 홀수이어야 한다.

주사위에서 홀수인 눈의 수는 1, 3, 5의 3개이므로 곱의 법칙에 의하여 구하는 경우의 수는

  $3 \times 3 \times 3 = 27$

  🖪 **27**

516

(1) 144를 소인수분해하면 $144 = 2^4 \times 3^2$

이때 144의 양의 약수는 2^4의 양의 약수와 3^2의 양의 약수에서 각각 하나씩 택하여 곱한 것이다.

2^4의 양의 약수는 1, 2, 2^2, 2^3, 2^4의 5개

3^2의 양의 약수는 1, 3, 3^2의 3개

따라서 곱의 법칙에 의하여 144의 양의 약수의 개수는 $5 \times 3 = 15$

(2) 144와 504의 양의 공약수의 개수는 144와 504의 최대공약수의 양의 약수의 개수와 같다.

144와 504의 최대공약수는 72이고 72를 소인수분해하면 $72 = 2^3 \times 3^2$

2^3의 양의 약수는 1, 2, 2^2, 2^3의 4개

3^2의 양의 약수는 1, 3, 3^2의 3개

따라서 곱의 법칙에 의하여 구하는 양의 공약수의 개수는 $4 \times 3 = 12$

  🖪 (1) **15** (2) **12**

> 🎯 **해설 Focus**
>
> 자연수 $N = p^a q^b r^c$ (p, q, r는 서로 다른 소수, a, b, c는 자연수)에 대하여
>
> p^a의 양의 약수는 1, p, p^2, $\cdots$, p^a의 $(a+1)$개
> q^b의 양의 약수는 1, q, q^2, $\cdots$, q^b의 $(b+1)$개
> r^c의 양의 약수는 1, r, r^2, $\cdots$, r^c의 $(c+1)$개
> 따라서 N의 양의 약수의 개수는
> $(a+1)(b+1)(c+1)$

517

270을 소인수분해하면

  $270 = 2 \times 3^3 \times 5$

이때 홀수인 양의 약수는 3^3의 양의 약수와 5의 양의 약수에서 하나씩 택하여 곱한 것이다.

3^3의 양의 약수는 1, 3, 3^2, 3^3의 4개

5의 양의 약수는 1, 5의 2개

따라서 곱의 법칙에 의하여 구하는 약수의 개수는

  $4 \times 2 = 8$ 🖪 **8**

(다른 풀이) $270 = 2 \times 3^3 \times 5$에서

2의 양의 약수 중 홀수는 1의 1개

3^3의 양의 약수 중 홀수는 1, 3, 3^2, 3^3의 4개

5의 양의 약수 중 홀수는 1, 5의 2개

따라서 곱의 법칙에 의하여 구하는 약수의 개수는

  $1 \times 4 \times 2 = 8$

518

600을 소인수분해하면

  $600 = 2^3 \times 3 \times 5^2$

2의 배수는 2를 소인수로 가지므로 600의 양의 약수 중 2의 배수의 개수는 $2^2 \times 3 \times 5^2$의 양의 약수의 개수와 같다.

2^2의 양의 약수는　　1, 2, 2^2의 3개

3의 양의 약수는　　1, 3의 2개

5^2의 양의 약수는　　1, 5, 5^2의 3개

$\therefore p = 3 \times 2 \times 3 = 18$

3의 배수는 3을 소인수로 가지므로 600의 양의 약수 중 3의 배수의 개수는 $2^3 \times 5^2$의 양의 약수의 개수와 같다.

2^3의 양의 약수는　　1, 2, 2^2, 2^3의 4개

5^2의 양의 약수는　　1, 5, 5^2의 3개

$\therefore q = 4 \times 3 = 12$

$\therefore p + q = 18 + 12 = 30$　　　답 30

519

같은 도시를 두 번 이상 지나지 않고 A 도시에서 출발하여 D 도시로 가는 경우는 다음 4가지이다.

(i) A → B → D로 가는 경우의 수는

$$2 \times 3 = 6$$

(ii) A → C → D로 가는 경우의 수는

$$3 \times 2 = 6$$

(iii) A → B → C → D로 가는 경우의 수는

$$2 \times 2 \times 2 = 8$$

(iv) A → C → B → D로 가는 경우의 수는

$$3 \times 2 \times 3 = 18$$

(i)~(iv)는 동시에 일어날 수 없으므로 합의 법칙에 의하여 구하는 경우의 수는

$$6 + 6 + 8 + 18 = 38$$　　　답 38

520

같은 도로를 두 번 이상 지나지 않으면서 A 지점에서 출발하여 C 지점으로 이동한 후 다시 A 지점으로 돌아오는 경우는 다음 4가지이다.

(i) A → C → A로 가는 경우의 수는

$$3 \times 2 = 6$$

(ii) A → B → C → A로 가는 경우의 수는

$$2 \times 2 \times 3 = 12$$

(iii) A → C → B → A로 가는 경우의 수는

$$3 \times 2 \times 2 = 12$$

(iv) A → B → C → B → A로 가는 경우의 수는

$$2 \times 2 \times 1 \times 1 = 4$$

(i)~(iv)는 동시에 일어날 수 없으므로 합의 법칙에 의하여 구하는 경우의 수는

$$6 + 12 + 12 + 4 = 34$$　　　답 34

해설 Focus

(i)의 경우, 같은 도로를 두 번 이상 지나지 않아야 하므로 A에서 C로 갈 때 지나간 도로는 C에서 A로 올 때 다시 지날 수 없다. 따라서 A → C의 경우의 수는 3이고, C → A의 경우의 수는 2이다.

521

가장 많은 영역과 인접하고 있는 영역 B부터 시작하여 B → A → C → D의 순서로 칠할 때,

B에 칠할 수 있는 색은 4가지

A에 칠할 수 있는 색은 B에 칠한 색을 제외한 3가지

C에 칠할 수 있는 색은 A와 B에 칠한 색을 제외한 2가지

D에 칠할 수 있는 색은 B와 C에 칠한 색을 제외한 2가지

따라서 곱의 법칙에 의하여 구하는 방법의 수는

$$4 \times 3 \times 2 \times 2 = 48$$　　　답 48

522

가장 많은 영역과 인접하고 있는 영역 E부터 시작하여 E → B → C → D → A의 순서로 칠할 때,

E에 칠할 수 있는 색은 4가지

B에 칠할 수 있는 색은 E에 칠한 색을 제외한 3가지

C에 칠할 수 있는 색은 B와 E에 칠한 색을 제외한 2가지

D에 칠할 수 있는 색은 C와 E에 칠한 색을 제외한 2가지

A에 칠할 수 있는 색은 B와 E에 칠한 색을 제외한 2가지

따라서 곱의 법칙에 의하여 구하는 방법의 수는

$$4 \times 3 \times 2 \times 2 \times 2 = 96$$　　　답 96

523

(i) A와 C에 같은 색을 칠하는 경우

A에 칠할 수 있는 색은 5가지

B에 칠할 수 있는 색은 A에 칠한 색을 제외한 4가지

C에 칠할 수 있는 색은 A에 칠한 색과 같은 색이므로 1가지

D에 칠할 수 있는 색은 A에 칠한 색을 제외한 4가지

따라서 이 경우의 칠하는 방법의 수는

$$5 \times 4 \times 1 \times 4 = 80$$

(ii) A와 C에 다른 색을 칠하는 경우

A에 칠할 수 있는 색은 5가지

B에 칠할 수 있는 색은 A에 칠한 색을 제외한 4가지

C에 칠할 수 있는 색은 A와 B에 칠한 색을 제외한 3가지

D에 칠할 수 있는 색은 A와 C에 칠한 색을 제외한 3가지

따라서 이 경우의 칠하는 방법의 수는

$$5 \times 4 \times 3 \times 3 = 180$$

(i), (ii)에서 구하는 방법의 수는

$$80 + 180 = 260$$

답 260

524

(1) 100원짜리 동전을 지불하는 방법은

0개, 1개, 2개의 3가지

50원짜리 동전을 지불하는 방법은

0개, 1개, 2개, 3개, 4개의 5가지

10원짜리 동전을 지불하는 방법은

0개, 1개, 2개, 3개의 4가지

이때 0원을 지불하는 것은 제외해야 하므로 지불하는 방법의 수는

$$3 \times 5 \times 4 - 1 = 59$$

(2) 100원짜리 동전으로 지불할 수 있는 금액은

0원, 100원, 200원의 3가지 ······ ㉠

50원짜리 동전으로 지불할 수 있는 금액은

0원, 50원, 100원, 150원, 200원의 5가지

······ ㉡

10원짜리 동전으로 지불할 수 있는 금액은

0원, 10원, 20원, 30원의 4가지

그런데 ㉠, ㉡에서 100원, 200원을 만들 수 있는 경우가 중복되므로 100원짜리 동전 2개를 50원짜리 동전 4개로 바꾸어 생각하면 지불할 수 있는 금액의 수는 50원짜리 동전 8개, 10원짜리 동전 3개로 지불할 수 있는 금액의 수와 같다.

50원짜리 동전으로 지불할 수 있는 금액은

0원, 50원, 100원, ···, 400원의 9가지

10원짜리 동전으로 지불할 수 있는 금액은

0원, 10원, 20원, 30원의 4가지

이때 0원을 지불하는 것은 제외해야 하므로 지불할 수 있는 금액의 수는

$$9 \times 4 - 1 = 35$$

답 (1) 59 (2) 35

525

(i) 지불하는 방법의 수

500원짜리 동전을 지불하는 방법은

0개, 1개의 2가지

100원짜리 동전을 지불하는 방법은

0개, 1개, 2개, ···, 7개의 8가지

10원짜리 동전을 지불하는 방법은

0개, 1개, 2개, 3개, 4개의 5가지

이때 0원을 지불하는 것은 제외해야 하므로

$$a = 2 \times 8 \times 5 - 1 = 79$$

(ii) 지불할 수 있는 금액의 수

500원짜리 동전으로 지불할 수 있는 금액은

0원, 500원의 2가지 ······ ㉠

100원짜리 동전으로 지불할 수 있는 금액은

0원, 100원, 200원, 300원, 400원, 500원, 600원, 700원의 8가지 ······ ㉡

10원짜리 동전으로 지불할 수 있는 금액은

0원, 10원, 20원, 30원, 40원의 5가지

그런데 ㉠, ㉡에서 500원을 만들 수 있는 경우가 중복되므로 500원짜리 동전 1개를 100원짜리 동전 5개로 바꾸어 생각하면 지불할 수 있는 금액의 수는 100원짜리 동전 12개, 10원짜리 동전 4개로 지불할 수 있는 금액의 수와 같다.

100원짜리 동전으로 지불할 수 있는 금액은

0원, 100원, 200원, ···, 1200원의 13가지

10원짜리 동전으로 지불할 수 있는 금액은

0원, 10원, 20원, 30원, 40원의 5가지

이때 0원을 지불하는 것은 제외해야 하므로

$b=13\times5-1=64$

$\therefore a+b=79+64=143$ **답 143**

연습 문제
● 본책 242~243쪽

526

전략 x, y가 음이 아닌 정수임을 이용하여 x, y의 값의 범위를 구하고, y의 값에 따라 순서쌍 (x, y)의 개수를 구한다.

x, y가 음이 아닌 정수이므로 $x\geq0$, $y\geq0$

$2x+3y\leq9$에서 $3y\leq9$, 즉 $y\leq3$이므로

$y=0$ 또는 $y=1$ 또는 $y=2$ 또는 $y=3$

(ⅰ) $y=0$일 때,

$2x\leq9$, 즉 $x\leq\dfrac{9}{2}$이므로 순서쌍 (x, y)는

$(0, 0)$, $(1, 0)$, $(2, 0)$, $(3, 0)$, $(4, 0)$의 5개

(ⅱ) $y=1$일 때,

$2x\leq6$, 즉 $x\leq3$이므로 순서쌍 (x, y)는

$(0, 1)$, $(1, 1)$, $(2, 1)$, $(3, 1)$의 4개

(ⅲ) $y=2$일 때,

$2x\leq3$, 즉 $x\leq\dfrac{3}{2}$이므로 순서쌍 (x, y)는

$(0, 2)$, $(1, 2)$의 2개

(ⅳ) $y=3$일 때,

$2x\leq0$, 즉 $x\leq0$이므로 순서쌍 (x, y)는

$(0, 3)$의 1개

이상에서 구하는 순서쌍의 개수는

$5+4+2+1=12$ **답 12**

527

전략 각 항의 문자가 모두 다를 때, 전개식의 항의 개수는 각 다항식의 항의 개수의 곱과 같음을 이용한다.

$(a+b+c)^2(x+y)$

$=(a^2+b^2+c^2+2ab+2bc+2ca)(x+y)$

위의 식에서 a^2, b^2, c^2, $2ab$, $2bc$, $2ca$에 x, y를 각각 곱하여 항이 만들어지므로 구하는 항의 개수는

$6\times2=12$ **답 12**

528

전략 54^n의 양의 약수의 개수를 n에 대한 식으로 나타낸다.

$54=2\times3^3$이므로

$54^n=(2\times3^3)^n=2^n\times3^{3n}$

2^n의 양의 약수는 $1, 2, 2^2, \cdots, 2^n$의 $(n+1)$개

3^{3n}의 양의 약수는 $1, 3, 3^2, \cdots, 3^{3n}$의 $(3n+1)$개

따라서 곱의 법칙에 의하여 54^n의 양의 약수의 개수는

$(n+1)(3n+1)$

즉 $(n+1)(3n+1)=40$이므로

$3n^2+4n-39=0$, $(3n+13)(n-3)=0$

$\therefore n=3$ ($\because$ n은 자연수) **답 3**

529

전략 동시에 갈 수 없는 길이면 합의 법칙을, 이어지는 길이면 곱의 법칙을 이용한다.

(ⅰ) 강남 → 시청 → 청량리로 가는 경우의 수는

$3\times4=12$

(ⅱ) 강남 → 잠실 → 청량리로 가는 경우의 수는

$3\times2=6$

(ⅲ) 강남 → 시청 → 잠실 → 청량리로 가는 경우의 수는

$3\times2\times2=12$

(ⅳ) 강남 → 잠실 → 시청 → 청량리로 가는 경우의 수는

$3\times2\times4=24$

이상에서 구하는 경우의 수는

$12+6+12+24=54$ **답 54**

530

전략 곱의 법칙을 이용하여 지불하는 방법의 수와 지불할 수 있는 금액의 수를 각각 구한다.

(ⅰ) 지불하는 방법의 수

10000원짜리 지폐를 지불하는 방법은

0장, 1장, 2장의 3가지

5000원짜리 지폐를 지불하는 방법은

0장, 1장, 2장, 3장의 4가지

1000원짜리 지폐를 지불하는 방법은

0장, 1장, 2장, 3장, 4장의 5가지

이때 0원을 지불하는 것은 제외해야 하므로

$a=3\times4\times5-1=59$

(ii) 지불할 수 있는 금액의 수

5000원짜리 지폐 2장의 금액과 10000원짜리 지폐 1장의 금액이 같으므로 10000원짜리 지폐 2장을 5000원짜리 지폐 4장으로 바꾸어 생각하면 지불할 수 있는 금액의 수는 5000원짜리 지폐 7장, 1000원짜리 지폐 4장으로 지불할 수 있는 금액의 수와 같다.

5000원짜리 지폐로 지불할 수 있는 금액은

0원, 5000원, 10000원, ⋯, 35000원

의 8가지

1000원짜리 지폐로 지불할 수 있는 금액은

0원, 1000원, 2000원, 3000원, 4000원

의 5가지

이때 0원을 지불하는 것은 제외해야 하므로

$b=8×5-1=39$

(i), (ii)에서 $a-b=59-39=20$ 답 20

531

전략 전체 자연수에서 3 또는 5로 나누어떨어지는 자연수를 제외한다.

3으로 나누어떨어지는 수, 즉 3의 배수는

3, 6, 9, ⋯, 99의 33개

5로 나누어떨어지는 수, 즉 5의 배수는

5, 10, 15, ⋯, 100의 20개

3과 5로 나누어떨어지는 수, 즉 15의 배수는

15, 30, 45, ⋯, 90의 6개

따라서 3 또는 5로 나누어떨어지는 자연수의 개수는

$33+20-6=47$

이므로 3과 5로 모두 나누어떨어지지 않는 자연수의 개수는

$100-47=53$ 답 53

532

전략 판별식을 이용하여 a, b에 대한 부등식을 세운다.

이차방정식 $x^2+2ax+b=0$의 판별식을 D라 하면 이 이차방정식이 실근을 가져야 하므로

$$\frac{D}{4}=a^2-b\geq0, \text{ 즉 } a^2\geq b$$

(i) $a=1$일 때,

$b\leq1$이므로 순서쌍 (a, b)는

$(1, 1)$의 1개

(ii) $a=2$일 때,

$b\leq4$이므로 순서쌍 (a, b)는

$(2, 1), (2, 2), (2, 3), (2, 4)$의 4개

(iii) $a=3$일 때,

$b\leq9$이므로 순서쌍 (a, b)는

$(3, 1), (3, 2), (3, 3), ⋯, (3, 6)$의 6개

(iv) $a=4$일 때,

$b\leq16$이므로 순서쌍 (a, b)는

$(4, 1), (4, 2), (4, 3), ⋯, (4, 6)$의 6개

(v) $a=5$일 때,

$b\leq25$이므로 순서쌍 (a, b)는

$(5, 1), (5, 2), (5, 3), ⋯, (5, 6)$의 6개

(vi) $a=6$일 때,

$b\leq36$이므로 순서쌍 (a, b)는

$(6, 1), (6, 2), (6, 3), ⋯, (6, 6)$의 6개

이상에서 구하는 순서쌍의 개수는

$1+4+6+6+6+6=29$ 답 29

533

전략 동시에 갈 수 없는 길이면 합의 법칙을, 이어지는 길이면 곱의 법칙을 이용한다.

A 지점과 C 지점을 연결하는 도로를 x개 추가한다고 하자.

(i) A → B → D로 가는 경우의 수는

$3×3=9$

(ii) A → C → D로 가는 경우의 수는

$x×2=2x$

(iii) A → B → C → D로 가는 경우의 수는

$3×2×2=12$

(iv) A → C → B → D로 가는 경우의 수는

$x×2×3=6x$

이상에서 A 지점에서 D 지점으로 가는 경우의 수는

$9+2x+12+6x=8x+21$

즉 $8x+21=53$이므로

$8x=32$ ∴ $x=4$

따라서 추가해야 하는 도로의 개수는 4이다.   답 4

534

전략 먼저 1, 6이 적힌 정사각형에 색을 칠하는 경우의 수를 구한 후 각 정사각형을 칠할 수 있는 색의 개수를 차례대로 구한다.

조건 ㈎에서 1, 6이 적힌 정사각형에 칠할 수 있는 색은 4가지

2가 적힌 정사각형에 칠할 수 있는 색은 1이 적힌 정사각형에 칠한 색을 제외한 3가지

3이 적힌 정사각형에 칠할 수 있는 색은 2, 6이 적힌 정사각형에 칠한 색을 제외한 2가지

5가 적힌 정사각형에 칠할 수 있는 색은 2, 6이 적힌 정사각형에 칠한 색을 제외한 2가지

4가 적힌 정사각형에 칠할 수 있는 색은 1, 5가 적힌 정사각형에 칠한 색을 제외한 2가지

따라서 조건을 만족시키도록 색을 칠하는 경우의 수는

$$4 \times 3 \times 2 \times 2 \times 2 = 96$$

답 ③

535

전략 B와 C에 같은 색을 칠하는 경우와 다른 색을 칠하는 경우로 나누어 생각한다.

(i) B와 C에 같은 색을 칠하는 경우

B에 칠할 수 있는 색은 4가지

A에 칠할 수 있는 색은 B에 칠한 색을 제외한 3가지

C에 칠할 수 있는 색은 B에 칠한 색과 같은 색이므로 1가지

D에 칠할 수 있는 색은 B에 칠한 색을 제외한 3가지

따라서 이 경우의 칠하는 방법의 수는

$$4 \times 3 \times 1 \times 3 = 36$$

(ii) B와 C에 다른 색을 칠하는 경우

B에 칠할 수 있는 색은 4가지

A에 칠할 수 있는 색은 B에 칠한 색을 제외한 3가지

C에 칠할 수 있는 색은 A와 B에 칠한 색을 제외한 2가지

D에 칠할 수 있는 색은 B와 C에 칠한 색을 제외한 2가지

따라서 이 경우의 칠하는 방법의 수는

$$4 \times 3 \times 2 \times 2 = 48$$

(i), (ii)에서 구하는 방법의 수는

$$36 + 48 = 84$$

답 84

536

전략 각 꼭짓점에서 이동할 수 있는 꼭짓점을 이용하여 수형도를 그린다.

주어진 정육면체의 꼭짓점 A에서 출발하여 꼭짓점 B로 움직인 후 꼭짓점 G에 도착하는 경우를 수형도를 그려서 구해 보면 다음과 같이 6가지가 있다.

같은 방법으로 구해 보면 꼭짓점 A에서 출발하여 꼭짓점 D, E로 움직인 후 꼭짓점 G에 도착하는 경우도 각각 6가지씩이다.

따라서 구하는 경우의 수는

$$6 \times 3 = 18$$

답 18

02 순열

● 본책 244~252쪽

537

(1) $_5P_2 = 5 \times 4 = 20$

(2) $_4P_0 = 1$

(3) $4! = 4 \times 3 \times 2 \times 1 = 24$

(4) $_6P_2 \times 3! = (6 \times 5) \times (3 \times 2 \times 1) = 180$

답 (1) 20 (2) 1 (3) 24 (4) 180

538

(1) $24 = 4 \times 3 \times 2$이므로 $_nP_3 = 24$에서

$$n(n-1)(n-2) = 4 \times 3 \times 2$$

$$\therefore n = 4$$

(2) $720 = 6 \times 5 \times 4 \times 3 \times 2 \times 1 = 6!$이므로 $_nP_n = 720$에서

$$n! = 6! \quad \therefore n = 6$$

(3) $56 = 8 \times 7$이므로 $_8P_r = 56 = 8 \times 7$에서

$$r = 2$$

(4) $_{10}P_r=1$에서　　$r=0$

(5) $_6P_3=\dfrac{6!}{(6-3)!}=\dfrac{6!}{3!}=\dfrac{6!}{n!}$이므로　　$n=3$

(6) $_9P_r=\dfrac{9!}{(9-r)!}=\dfrac{9!}{4!}$이므로

　　$9-r=4$　　$\therefore r=5$

답 (1) **4** 　(2) **6** 　(3) **2**
　(4) **0** 　(5) **3** 　(6) **5**

539

(1) 7명의 학생을 일렬로 세우는 방법의 수는
　　$7!=7\times6\times5\times4\times3\times2\times1=5040$

(2) 5장의 카드 중 3장을 뽑아 만들 수 있는 세 자리 자연수의 개수는 서로 다른 5개에서 3개를 택하는 순열의 수와 같으므로
　　$_5P_3=5\times4\times3=60$

답 (1) **5040** 　(2) **60**

540

$_{n-1}P_r+r\times{}_{n-1}P_{r-1}$

$=\dfrac{(n-1)!}{\{(n-1)-r\}!}+r\times\dfrac{(n-1)!}{\{(n-1)-(r-1)\}!}$

$=\dfrac{(n-1)!}{(n-r-1)!}+r\times\dfrac{(n-1)!}{(n-r)!}$

$=\dfrac{(n-r)\times(n-1)!+r\times(n-1)!}{(n-r)!}$

$=\dfrac{\boxed{n}\times(n-1)!}{(n-r)!}$

$=\dfrac{\boxed{n!}}{(n-r)!}={}_nP_r$

　　$\therefore {}_nP_r={}_{n-1}P_r+r\times{}_{n-1}P_{r-1}$

답 (개) $\boldsymbol{n}$ 　(내) $\boldsymbol{n!}$

541

(1) $_{n+2}P_3=10{}_nP_2$에서
　　$(n+2)(n+1)n=10n(n-1)$

이때 $n+2\geq3$, $n\geq2$에서 $n\geq2$이므로 양변을 n으로 나누면
　　$(n+2)(n+1)=10(n-1)$
　　$n^2-7n+12=0$,　　$(n-3)(n-4)=0$
　　$\therefore n=3$ 또는 $n=4$

(2) $4{}_nP_3=5{}_{n-1}P_3$에서
　　$4n(n-1)(n-2)=5(n-1)(n-2)(n-3)$

이때 $n\geq3$, $n-1\geq3$에서 $n\geq4$이므로 양변을 $(n-1)(n-2)$로 나누면
　　$4n=5(n-3)$,　　$4n=5n-15$
　　$\therefore n=15$

(3) $_nP_3+3{}_{n+1}P_2=5{}_{n+1}P_2$에서
　　$n(n-1)(n-2)+3n(n-1)=5(n+1)n$

이때 $n\geq3$, $n\geq2$, $n+1\geq2$에서 $n\geq3$이므로 양변을 n으로 나누면
　　$(n-1)(n-2)+3(n-1)=5(n+1)$
　　$n^2-5n-6=0$,　　$(n+1)(n-6)=0$
　　$\therefore n=6$ $(\because n\geq3)$

(4) $_nP_3:{}_{n+2}P_3=5:12$에서　　$12{}_nP_3=5{}_{n+2}P_3$
　　$12n(n-1)(n-2)=5(n+2)(n+1)n$

이때 $n\geq3$, $n+2\geq3$에서 $n\geq3$이므로 양변을 n으로 나누면
　　$12(n-1)(n-2)=5(n+2)(n+1)$
　　$7n^2-51n+14=0$
　　$(7n-2)(n-7)=0$
　　$\therefore n=7$ $(\because n\geq3)$

답 (1) **3 또는 4** 　(2) **15**
　(3) **6** 　　(4) **7**

542

서로 다른 7개에서 3개를 택하는 순열의 수와 같으므로
　　$_7P_3=7\times6\times5=210$ 　답 **210**

543

서로 다른 6개에서 3개를 택하는 순열의 수와 같으므로
　　$_6P_3=6\times5\times4=120$ 　답 **120**

544

학생 9명 중 n명을 뽑아 일렬로 세우는 방법의 수는 서로 다른 9개에서 n개를 택하는 순열의 수와 같으므로
　　$_9P_n=504=9\times8\times7$
　　$\therefore n=3$ 　답 **3**

545

(1) a와 b를 한 묶음으로 생각하여 5개의 문자를 일렬로 나열하는 방법의 수는

$$5! = 120$$

그 각각에 대하여 a와 b가 자리를 바꾸는 방법의 수는 $2! = 2$

따라서 구하는 방법의 수는

$$120 \times 2 = 240$$

(2) c, d, e, f를 일렬로 나열하는 방법의 수는

$$4! = 24$$

그 사이사이와 양 끝의 5개의 자리 중 2개의 자리에 a, b를 나열하는 방법의 수는

$$_5\mathrm{P}_2 = 20$$

따라서 구하는 방법의 수는

$$24 \times 20 = 480$$

🔲 (1) **240**   (2) **480**

다른 풀이 (2) 6개의 문자를 일렬로 나열하는 방법의 수에서 a, b가 이웃하도록 나열하는 방법의 수를 빼면 되므로 구하는 방법의 수는

$$6! - 240 = 720 - 240 = 480$$

546

여학생 4명을 일렬로 세우는 방법의 수는

$$4! = 24$$

여학생 4명의 사이사이와 양 끝의 5개의 자리에 남학생 5명을 세우는 방법의 수는

$$5! = 120$$

따라서 구하는 방법의 수는

$$24 \times 120 = 2880$$

🔲 **2880**

547

남학생 3명을 한 사람으로 생각하여 $(n+1)$명을 일렬로 세우는 방법의 수는 $(n+1)!$

그 각각에 대하여 남학생 3명이 자리를 바꾸는 방법의 수는 $3! = 6$

즉 $(n+1)! \times 6 = 36$이므로

$$(n+1)! = 6 = 3!$$

$$n + 1 = 3 \quad \therefore n = 2$$

🔲 **2**

548

(1) a를 맨 처음에, b를 맨 마지막에 고정시키고, 나머지 c, d, e, f의 4개의 문자를 일렬로 나열하면 되므로 구하는 경우의 수는

$$4! = 24$$

(2) a와 b 사이에 나머지 4개의 문자 중 3개를 택하여 나열하는 경우의 수는

$$_4\mathrm{P}_3 = 24$$

$a\bigcirc\bigcirc\bigcirc b$를 한 묶음으로 생각하여 2개의 문자를 일렬로 나열하는 경우의 수는

$$2! = 2$$

a와 b가 자리를 바꾸는 경우의 수는 $2! = 2$

따라서 구하는 경우의 수는

$$24 \times 2 \times 2 = 96$$

🔲 (1) **24**   (2) **96**

549

5명의 남학생 중 2명을 택하여 양 끝에 세우는 방법의 수는

$$_5\mathrm{P}_2 = 20$$

양 끝에 세운 남학생 2명을 제외한 나머지 7명을 일렬로 세우는 방법의 수는

$$7! = 5040$$

따라서 구하는 방법의 수는

$$20 \times 5040 = 100800 \qquad 🔲 \ \mathbf{100800}$$

550

적어도 2개의 모음이 이웃하도록 나열하는 경우의 수는 전체 경우의 수에서 모음 중 어느 것도 이웃하지 않도록 나열하는 경우의 수를 빼면 된다.

promise의 7개의 문자를 일렬로 나열하는 경우의 수는 $7! = 5040$

자음 p, r, m, s를 일렬로 나열한 다음 그 사이사이와 양 끝의 5개의 자리에 모음 3개를 나열하는 경우의 수는

$$4! \times _5\mathrm{P}_3 = 1440$$

따라서 구하는 경우의 수는

$$5040 - 1440 = 3600 \qquad 🔲 \ \mathbf{3600}$$

551

(1) 백의 자리에는 0이 올 수 없으므로 백의 자리에 올
수 있는 숫자는   1, 2, 3, 4의 4가지
이 각각에 대하여 십의 자리, 일의 자리에는 백의
자리에 온 숫자를 제외한 4개의 숫자 중 2개를 택하
여 나열하면 되므로 $_4P_2=12$
따라서 구하는 세 자리 자연수의 개수는
$$4\times12=48$$

(2) 홀수는 일의 자리의 숫자가 홀수이어야 하므로
□□1, □□3의 꼴이다.
이때 백의 자리에 올 수 있는 숫자는 0과 일의 자리
에 온 숫자를 제외한 3가지이고, 십의 자리에는 백
의 자리와 일의 자리에 온 숫자를 제외한 3가지가
올 수 있으므로 구하는 홀수의 개수는
$$2\times(3\times3)=18$$

(3) 3의 배수는 각 자리의 숫자의 합이 3의 배수이어야
한다.
이때 0, 1, 2, 3, 4에서 서로 다른 3개를 택하여 합
이 3의 배수가 되는 경우는

0, 1, 2 또는 0, 2, 4 또는 1, 2, 3 또는 2, 3, 4

(ⅰ) 0, 1, 2 또는 0, 2, 4일 때,
백의 자리에는 0이 올 수 없으므로 만들 수 있는
세 자리 자연수의 개수는
$$2\times(2\times2!)=8$$

(ⅱ) 1, 2, 3 또는 2, 3, 4일 때,
만들 수 있는 세 자리 자연수의 개수는
$$2\times3!=12$$

(ⅰ), (ⅱ)에서 구하는 3의 배수의 개수는
$$8+12=20$$

답 (1) **48**   (2) **18**   (3) **20**

552

1□□□□의 꼴의 자연수의 개수는 $4!=24$
2□□□□의 꼴의 자연수의 개수는 $4!=24$
따라서 50번째에 오는 수는 3□□□□의 꼴의 자연
수 중에서 두 번째 수이다.
3으로 시작하는 수를 크기가 작은 수부터 차례대로 나
열하면 30124, 30142, …이므로 50번째에 오는 수는
30142이다.   **답 30142**

553

5□□□□의 꼴의 자연수의 개수는 $4!=24$
4□□□□의 꼴의 자연수의 개수는 $4!=24$
35□□□의 꼴의 자연수의 개수는 $3!=6$
34□□□의 꼴의 자연수의 개수는 $3!=6$
따라서 34000보다 큰 자연수의 개수는
$$24+24+6+6=60$$ **답 60**

554

D□□□□□의 꼴의 문자열의 개수는 $5!=120$
E□□□□□의 꼴의 문자열의 개수는 $5!=120$
FDE□□□의 꼴의 문자열의 개수는 $3!=6$
이때 FDIENR는 FDI□□□의 꼴에서 첫 번째에
오는 문자열이므로
$$120+120+6+1=247(번째)$$ **답 247번째**

연습 문제 ●━━━ 본책 253~255쪽

555

전략 주어진 부등식을 r에 대한 식으로 변형한다.

$2r+1\le16$, $2r\le16$이므로
$$r\le\frac{15}{2} \qquad\qquad \cdots\cdots \text{㉠}$$
$_{16}P_{2r+1}\le4\,_{16}P_{2r}$에서
$$\frac{16!}{\{16-(2r+1)\}!}\le4\times\frac{16!}{(16-2r)!}$$
$$\frac{16!}{(15-2r)!}\le4\times\frac{16!}{(16-2r)!}$$
$$(16-2r)!\le4\times(15-2r)!$$
$$16-2r\le4 \qquad \leftarrow (16-2r)!=(16-2r)\times(15-2r)!$$
$$-2r\le-12 \qquad \therefore r\ge6 \qquad \cdots\cdots \text{㉡}$$
㉠, ㉡의 공통부분은
$$6\le r\le\frac{15}{2}$$
따라서 자연수 r는 6, 7이므로 구하는 합은
$$6+7=13$$ **답 13**

556

전략 A를 맨 앞에 세울 때, 바로 뒤에 B를 세울 수 없음을 이용한다.

A를 맨 앞에 세울 때, A의 바로 뒤에 세울 수 있는 사람은 C, D, E, F의 4명이고, 나머지 4명을 일렬로 세우는 경우의 수는

$4! = 24$

따라서 구하는 방법의 수는

$4 \times 24 = 96$　　　　　　답 **96**

다른 풀이 A를 맨 앞에 세우고 나머지 5명을 일렬로 세우는 방법의 수는

$5! = 120$

A를 맨 앞에 세우고 B와 A를 이웃하게 세우는 방법의 수는

$4! = 24$　　　←　A B □ □ □ □

따라서 구하는 방법의 수는

$120 - 24 = 96$

557

전략 남학생 3명을 한 사람, 여학생 5명을 한 사람으로 생각한다.

남학생 3명을 한 사람, 여학생 5명을 한 사람으로 생각하여 4명을 일렬로 세우는 방법의 수는　　　$4! = 24$
남학생 3명이 자리를 바꾸는 방법의 수는　　　$3! = 6$
여학생 5명이 자리를 바꾸는 방법의 수는　　　$5! = 120$
따라서 구하는 방법의 수는

$24 \times 6 \times 120 = 17280$　　　　답 **17280**

558

전략 이웃해도 되는 카드를 일렬로 나열한 다음 그 사이사이와 양 끝에 이웃하지 않아야 할 카드를 나열한다.

홀수 1, 3, 5가 적혀 있는 카드를 일렬로 나열하는 경우의 수는　　　$3! = 6$
1, 3, 5가 적혀 있는 세 장의 카드의 사이사이와 양 끝의 4개의 자리에 2, 4가 적혀 있는 카드를 나열하는 경우의 수는

$_4P_2 = 12$

따라서 구하는 경우의 수는

$6 \times 12 = 72$　　　　　　답 **⑤**

다른 풀이 전체 5장의 카드를 일렬로 나열하는 경우의 수는

$5! = 120$

이때 2, 4가 적혀 있는 카드를 한 장으로 생각하여 4장의 카드를 일렬로 나열하는 경우의 수는

$4! = 24$

2, 4가 적혀 있는 카드끼리 자리를 바꾸는 경우의 수는

$2! = 2$

즉 2, 4가 적혀 있는 카드를 이웃하게 나열하는 경우의 수는

$24 \times 2 = 48$

따라서 구하는 경우의 수는

$120 - 48 = 72$

559

전략 b, e 사이에 적어도 1개의 문자가 들어가는 경우의 수는 전체 경우의 수에서 b, e가 이웃하는 경우의 수를 뺀 것과 같다.

6개의 문자를 일렬로 나열하는 경우의 수는

$6! = 720$

이때 b와 e를 한 묶음으로 생각하여 5개의 문자를 일렬로 나열하는 경우의 수는

$5! = 120$

그 각각에 대하여 b와 e가 자리를 바꾸는 경우의 수는

$2! = 2$

즉 b와 e가 서로 이웃하도록 나열하는 경우의 수는

$120 \times 2 = 240$

따라서 b와 e 사이에 적어도 1개의 문자가 들어가는 경우의 수는

$720 - 240 = 480$　　　　　　답 **480**

560

전략 천의 자리의 숫자와 일의 자리의 숫자를 먼저 택한다.

홀수인 1, 3, 5, 7 중에서 2개를 택하여 천의 자리와 일의 자리에 나열하는 경우의 수는　　　$_4P_2 = 12$
나머지 5개의 숫자 중에서 2개를 택하여 백의 자리와 십의 자리에 나열하는 경우의 수는　　　$_5P_2 = 20$
따라서 구하는 자연수의 개수는

$12 \times 20 = 240$　　　　　　답 **240**

561

전략 순열의 수를 이용하여 맨 앞의 문자가 A인 문자열의 개수부터 구해 본다.

A□□□□의 꼴의 문자열의 개수는　　4!=24
B□□□□의 꼴의 문자열의 개수는　　4!=24
C□□□□의 꼴의 문자열의 개수는　　4!=24
DA□□□의 꼴의 문자열의 개수는　　3!=6
DB□□□의 꼴의 문자열의 개수는　　3!=6

이때 24+24+24+6+6=84이므로 86번째에 오는 문자열은 DC□□□의 꼴의 2번째 문자열이다.
DC□□□의 꼴의 문자열을 사전식으로 배열하면

　　DCABE, DCAEB, …

이므로 86번째에 오는 문자열은 DCAEB이다.
따라서 구하는 문자는 B이다.　　　답 B

562

전략 먼저 A와 B의 자리를 정하는 방법을 구한다.

조건 ㈎에서 A와 B가 같이 앉을 수 있는 2인용 의자는 마부가 앉아 있는 의자를 제외한 3개이고, 두 사람은 자리를 서로 바꿔 앉을 수 있으므로 A와 B의 자리를 정하는 경우의 수는

　　$3 \times 2! = 6$

나머지 5개의 자리에 C와 D가 앉는 모든 경우의 수는

　　$_5P_2 = 20$

C와 D가 같은 2인용 의자에 이웃하여 앉는 경우의 수는　　$2 \times 2! = 4$

따라서 조건 ㈏를 만족시키도록 C와 D가 앉는 경우의 수는

　　$20 - 4 = 16$

남은 3개의 좌석에 E, F, G가 앉는 경우의 수는

　　$3! = 6$

따라서 구하는 경우의 수는

　　$6 \times 16 \times 6 = 576$　　　답 576

563

전략 적어도 한쪽 끝에 홀수가 오는 경우의 수는 전체 경우의 수에서 양 끝에 모두 짝수가 오는 경우의 수를 빼서 구한다.

6개의 숫자를 일렬로 나열하는 경우의 수는

　　$6! = 720$

이때 서로 다른 한 자리 자연수 6개 중에서 짝수의 개수를 n이라 하면 양 끝에 짝수가 오는 경우의 수는

　　$_nP_2 \times 4!$

즉 적어도 한쪽 끝에 홀수가 오는 경우의 수는

　　$720 - _nP_2 \times 4! = 432$
　　$_nP_2 \times 4! = 288$,　　$_nP_2 = 12$
　　$n(n-1) = 4 \times 3$　　∴ $n = 4$

따라서 홀수의 개수는

　　$6 - 4 = 2$　　　답 2

564

전략 '짝홀짝홀짝' 또는 '홀짝홀짝홀'로 나열하는 방법의 수를 구한다.

(i) (짝, 홀, 짝, 홀, 짝)인 경우
　　3개의 짝수를 일렬로 나열하는 방법의 수는
　　　　$3! = 6$
　　짝수 사이사이에 4개의 홀수 중 2개의 홀수를 택하여 나열하는 방법의 수는　　$_4P_2 = 12$
　　따라서 이 경우의 방법의 수는
　　　　$6 \times 12 = 72$

(ii) (홀, 짝, 홀, 짝, 홀)인 경우
　　4개의 홀수 중 3개의 홀수를 택하여 일렬로 나열하는 방법의 수는　　$_4P_3 = 24$
　　홀수 사이사이에 3개의 짝수 중 2개의 짝수를 택하여 나열하는 방법의 수는　　$_3P_2 = 6$
　　따라서 이 경우의 방법의 수는
　　　　$24 \times 6 = 144$

(i), (ii)에서 구하는 방법의 수는
　　$72 + 144 = 216$　　　답 216

565

전략 만의 자리의 숫자가 2, 3, 4인 짝수의 개수를 먼저 구한다.

(i) 2□□□□의 꼴인 짝수의 개수
　　일의 자리의 숫자는 4 또는 6이고 그 각각에 대하여 천의 자리, 백의 자리, 십의 자리에는 나머지 3개의 숫자를 일렬로 나열하면 되므로
　　　　$2 \times 3! = 12$

(ii) 3□□□□의 꼴인 짝수의 개수

일의 자리의 숫자는 2 또는 4 또는 6이고 그 각각에 대하여 천의 자리, 백의 자리, 십의 자리에는 나머지 3개의 숫자를 일렬로 나열하면 되므로

$3 \times 3! = 18$

(iii) 4□□□□의 꼴인 짝수의 개수

일의 자리의 숫자는 2 또는 6이고 그 각각에 대하여 천의 자리, 백의 자리, 십의 자리에는 나머지 3개의 숫자를 일렬로 나열하면 되므로

$2 \times 3! = 12$

(iv) 52□□□의 꼴인 짝수의 개수

일의 자리의 숫자는 4 또는 6이고 그 각각에 대하여 백의 자리, 십의 자리에는 나머지 2개의 숫자를 일렬로 나열하면 되므로

$2 \times 2! = 4$

(v) 53□□□의 꼴인 짝수의 개수

일의 자리의 숫자는 2 또는 4 또는 6이고 그 각각에 대하여 백의 자리, 십의 자리에는 나머지 2개의 숫자를 일렬로 나열하면 되므로

$3 \times 2! = 6$

이상에서 54000보다 작은 짝수의 개수는

$12 + 18 + 12 + 4 + 6 = 52$ **답 52**

566

전략 GYRNMEA의 바로 뒤의 문자열과 NGEAMRY의 바로 앞의 문자열을 확인한다.

GYRNMEA는 G□□□□□□의 꼴의 마지막 문자열이므로 바로 뒤의 문자열은 M□□□□□□의 꼴의 첫 번째 문자열이고, NGEAMRY는 NGE□□□□의 꼴의 첫 번째 문자열이므로 바로 앞의 문자열은 NGA□□□□의 꼴의 마지막 문자열이다.

M□□□□□□의 꼴의 문자열의 개수는

$6! = 720$

NA□□□□□의 꼴의 문자열의 개수는

$5! = 120$

NE□□□□□의 꼴의 문자열의 개수는

$5! = 120$

NGA□□□□의 꼴의 문자열의 개수는

$4! = 24$

따라서 GYRNMEA와 NGEAMRY 사이에 있는 문자열의 개수는

$720 + 120 + 120 + 24 = 984$ **답 984**

567

전략 나누어 주는 장미의 개수를 기준으로 경우를 나누어 생각한다.

(i) 장미 3송이를 나누어 주는 경우

장미 3송이를 나누어 주는 경우의 수는 1

(ii) 장미 2송이를 나누어 주는 경우

3명의 학생 중 1명을 택하여 튤립 또는 해바라기를 나누어 주는 경우의 수는 $3 \times 2 = 6$

이때 나머지 2명의 학생에게는 장미를 나누어 주면 된다.

(iii) 장미 1송이를 나누어 주는 경우

3명의 학생 중 1명을 택하여 장미를 나누어 주는 경우의 수는 3

나머지 2명에게 모두 튤립을 나누어 주거나 튤립 1송이, 해바라기 1송이를 나누어 주는 경우의 수는

$1 + 2! = 3$

따라서 이 경우의 수는 $3 \times 3 = 9$

(iv) 장미를 나누어 주지 않는 경우

튤립 2송이와 해바라기 1송이를 나누어 주는 경우의 수는 3

이상에서 구하는 경우의 수는

$1 + 6 + 9 + 3 = 19$ **답 ④**

568

전략 우선 8개의 자연수를 합이 같은 두 묶음으로 나눈다.

8개의 자연수 1, 3, 5, 7, 8, 10, 12, 14의 합이 60이므로 각 세로줄의 네 수의 합은 30이어야 한다.

주어진 수를 합이 30인 두 묶음으로 나누는 경우는

1, 3, 12, 14와 5, 7, 8, 10 또는

1, 5, 10, 14와 3, 7, 8, 12 또는

1, 7, 8, 14와 3, 5, 10, 12 또는

1, 7, 10, 12와 3, 5, 8, 14

의 4가지이다.

각 경우에 대하여 앞쪽 묶음의 4개의 자연수를 왼쪽 세로줄에, 뒤쪽 묶음의 4개의 자연수를 오른쪽 세로줄에 각각 일렬로 배열하는 경우의 수는

$$4! \times 4! = 576$$

왼쪽 세로줄과 오른쪽 세로줄을 서로 바꾸는 경우의 수는

$$2! = 2$$

따라서 구하는 경우의 수는

$$4 \times (576 \times 2) = 4608$$

답 **4608**

569

전략 ㄴ과 ㄹ, ㄹ과 ㅁ이 서로 이웃하는 경우의 수를 각각 구한 후 중복되는 경우의 수를 뺀다.

(ⅰ) ㄴ과 ㄹ이 서로 이웃하는 경우

ㄴ과 ㄹ을 한 묶음으로 생각하여 4개의 문자를 일렬로 나열하는 경우의 수는

$$4! = 24$$

그 각각에 대하여 ㄴ과 ㄹ이 자리를 바꾸는 경우의 수는 $2! = 2$

따라서 이 경우의 수는

$$24 \times 2 = 48$$

(ⅱ) ㄹ과 ㅁ이 서로 이웃하는 경우

ㄹ과 ㅁ을 한 묶음으로 생각하여 4개의 문자를 일렬로 나열하는 경우의 수는

$$4! = 24$$

그 각각에 대하여 ㄹ과 ㅁ이 자리를 바꾸는 경우의 수는 $2! = 2$

따라서 이 경우의 수는

$$24 \times 2 = 48$$

(ⅲ) ㄴ과 ㄹ, ㄹ과 ㅁ이 모두 서로 이웃하는 경우

ㄴㄹㅁ의 순서로 이웃하는 경우의 수는 ㄴㄹㅁ을 한 묶음으로 생각하여 3개의 문자를 일렬로 나열하는 경우의 수이므로 $3! = 6$

같은 방법으로 구하면 ㅁㄹㄴ의 순서로 이웃하는 경우의 수도 $3! = 6$이다.

따라서 이 경우의 수는

$$6 + 6 = 12$$

이상에서 구하는 경우의 수는

$$48 + 48 - 12 = 84$$

답 **84**

570

전략 먼저 두 수의 합이 11이 되는 경우를 구한다.

8개의 자연수 중에서 더해서 11이 되는 두 수를 순서쌍으로 나타내면

$$(2, 9), (3, 8), (4, 7), (5, 6)$$

의 4가지 경우가 있다.

순서쌍으로 묶인 두 수를 같이 사용하면 문제의 조건을 만족시키지 않으므로 네 개의 순서쌍에서 각각 하나씩만 수를 뽑아야 한다.

순서쌍에서 각각 하나씩 수를 뽑는 경우의 수는

$$2 \times 2 \times 2 \times 2 = 16$$

순서쌍에서 각각 하나씩 뽑은 4개의 수를 일렬로 나열하여 만들 수 있는 네 자리 자연수의 개수는

$$4! = 24$$

따라서 구하는 네 자리 자연수의 개수는

$$16 \times 24 = 384$$

답 **384**

571

전략 같은 숫자가 있는 경우와 없는 경우로 나누어 생각한다.

(ⅰ) 네 자리 자연수 중 같은 숫자가 없는 경우

1, 2, 3, 4, 5 중 서로 다른 4개를 택하여 나열하면 되므로

$$_5P_4 = 120$$

(ⅱ) 네 자리 자연수 중 같은 숫자가 한 쌍 있는 경우

ⓐ 같은 숫자가 2인 경우

2□2□, □2□2, 2□□2의 꼴의 3가지 경우가 있고 각각에 대하여 □의 자리에 1, 3, 4, 5 중 서로 다른 2개를 택하여 나열하면 되므로

$$3 \times _4P_2 = 36$$

ⓑ 같은 숫자가 3인 경우

ⓐ와 같은 방법으로 구하면 네 자리 자연수의 개수는 $3 \times _4P_2 = 36$

따라서 이 경우의 수는

$$36 + 36 = 72$$

(ⅲ) 네 자리 자연수 중 같은 숫자가 두 쌍 있는 경우

$$2323, 3232의 2개$$

이상에서 구하는 자연수의 개수는

$$120 + 72 + 2 = 194$$

답 **194**

2 조합 · Ⅲ. 경우의 수

01 조합 ● 본책 258~268쪽

572

(1) $_4C_2 = \dfrac{_4P_2}{2!} = \dfrac{4 \times 3}{2 \times 1} = 6$

(2) $_5C_0 = 1$

(3) $_8C_8 = 1$

(4) $_{15}C_{13} = {}_{15}C_{15-13} = {}_{15}C_2 = \dfrac{_{15}P_2}{2!} = \dfrac{15 \times 14}{2 \times 1} = 105$

　　　　　　　　답 (1) **6** (2) **1** (3) **1** (4) **105**

573

(1) $_nC_3 = 35$에서 $\dfrac{n(n-1)(n-2)}{3 \times 2 \times 1} = 35$

$n(n-1)(n-2) = 7 \times 6 \times 5$

$\therefore n = 7$

(2) $_6C_r = 20$에서 $\dfrac{6!}{r!(6-r)!} = 20$

$6! = 20 \times r!(6-r)!$

$6 \times 5 \times 4 \times 3 \times 2 \times 1 = 5 \times 4 \times r!(6-r)!$

$3 \times 2 \times 1 \times 3 \times 2 \times 1 = r!(6-r)!$

$3! \times 3! = r!(6-r)!$

$\therefore r = 3$

(3) $_{2n}C_2 = 45$에서 $\dfrac{2n(2n-1)}{2 \times 1} = 45$

$2n^2 - n - 45 = 0$, $(2n+9)(n-5) = 0$

$\therefore n = -\dfrac{9}{2}$ 또는 $n = 5$

이때 $2n \geq 2$, 즉 $n \geq 1$이므로 $n = 5$

　　　　　　　　답 (1) **7** (2) **3** (3) **5**

574

(1) 서로 다른 10개에서 7개를 택하는 방법의 수는

$_{10}C_7 = {}_{10}C_3 = \dfrac{10 \times 9 \times 8}{3 \times 2 \times 1} = 120$

(2) 전체 경기 수는 서로 다른 9개에서 2개를 택하는 조합의 수와 같으므로

$_9C_2 = \dfrac{9 \times 8}{2 \times 1} = 36$

　　　　　　　　답 (1) **120** (2) **36**

575

답 (가) $(n-r)!$ (나) $n!$ (다) $r!$

576

(1) $_nC_5 = {}_nC_{n-5}$이므로 $_nC_{n-5} = {}_nC_4$에서

$n-5 = 4$ $\therefore n = 9$

(2) (ⅰ) $_{10}C_r = {}_{10}C_{2r+1}$에서 $r = 2r+1$

$\therefore r = -1$

이때 $r \geq 0$이어야 하므로 조건을 만족시키지 않는다.

(ⅱ) $_{10}C_r = {}_{10}C_{10-r}$이므로 $_{10}C_{10-r} = {}_{10}C_{2r+1}$에서

$10 - r = 2r+1$

$3r = 9$ $\therefore r = 3$

(ⅰ), (ⅱ)에서 $r = 3$

(3) $_{10}C_2 + {}_{10}C_7 = {}_{10}C_2 + {}_{10}C_3 = {}_{11}C_3$이고

$_{11}C_3 = {}_{11}C_8$이므로

$r = 3$ 또는 $r = 8$

(4) $_{n+1}C_{n-1} = {}_{n+1}C_{(n+1)-(n-1)} = {}_{n+1}C_2$이므로

$_{n+2}C_3 = 2 \cdot {}_nC_2 + {}_{n+1}C_2$에서

$\dfrac{(n+2)(n+1)n}{3 \times 2 \times 1}$

$= 2 \times \dfrac{n(n-1)}{2 \times 1} + \dfrac{(n+1)n}{2 \times 1}$

$(n+2)(n+1)n = 6n(n-1) + 3(n+1)n$

이때 $n+2 \geq 3$, $n \geq 2$, $n+1 \geq 2$에서 $n \geq 2$이므로 양변을 n으로 나누면

$(n+2)(n+1) = 6(n-1) + 3(n+1)$

$n^2 - 6n + 5 = 0$, $(n-1)(n-5) = 0$

$\therefore n = 5$ ($\because n \geq 2$)

　　　　　　　답 (1) **9** (2) **3**
　　　　　　　(3) **3 또는 8** (4) **5**

577

$_nP_2 + 4 \cdot {}_nC_2 = 9 \cdot {}_{n-1}C_3$에서

$n(n-1) + 4 \times \dfrac{n(n-1)}{2 \times 1}$

$= 9 \times \dfrac{(n-1)(n-2)(n-3)}{3 \times 2 \times 1}$

$3n(n-1) = \dfrac{3(n-1)(n-2)(n-3)}{2}$

이때 $n \geq 2$, $n-1 \geq 3$에서 $n \geq 4$이므로 양변을 $3(n-1)$로 나누면

$$n = \frac{(n-2)(n-3)}{2}, \qquad 2n = n^2 - 5n + 6$$

$$n^2 - 7n + 6 = 0, \qquad (n-1)(n-6) = 0$$

$$\therefore n = 6 \ (\because n \geq 4) \qquad \text{답 } 6$$

578

수학책 5권 중에서 3권을 택하는 방법의 수는

$$_5C_3 = {}_5C_2 = \frac{5 \times 4}{2 \times 1} = 10$$

영어책 5권 중에서 3권을 택하는 방법의 수는

$$_5C_3 = {}_5C_2 = \frac{5 \times 4}{2 \times 1} = 10$$

국어책 4권 중에서 3권을 택하는 방법의 수는

$$_4C_3 = {}_4C_1 = 4$$

따라서 구하는 방법의 수는

$$10 + 10 + 4 = 24 \qquad \text{답 } 24$$

579

남학생 5명 중에서 2명을 뽑는 방법의 수는

$$_5C_2 = \frac{5 \times 4}{2 \times 1} = 10$$

여학생 n명 중에서 3명을 뽑는 방법의 수는

$$_nC_3 = \frac{n(n-1)(n-2)}{3 \times 2 \times 1}$$

이때 남학생 2명, 여학생 3명을 뽑는 방법의 수가 560이므로

$$10 \times \frac{n(n-1)(n-2)}{6} = 560$$

$$n(n-1)(n-2) = 56 \times 6 = 8 \times 7 \times 6$$

$$\therefore n = 8 \qquad \text{답 } 8$$

580

참석한 회원을 n명이라 하면 악수를 한 총횟수는 n명 중에서 2명을 뽑는 방법의 수와 같으므로

$$_nC_2 = 105 \text{에서} \qquad \frac{n(n-1)}{2} = 105$$

$$n^2 - n - 210 = 0, \qquad (n+14)(n-15) = 0$$

$$\therefore n = 15 \ (\because n \geq 2)$$

따라서 참석한 회원의 수는 15이다. $\qquad \text{답 } 15$

581

(1) A, B, C가 이미 선발되었다고 생각하고 나머지 9명 중에서 2명을 선발하면 되므로 구하는 경우의 수는

$$_9C_2 = 36$$

(2) C를 제외한 11명의 학생 중 A, B는 이미 선발되었다고 생각하고 나머지 9명 중에서 3명을 선발하면 되므로 구하는 경우의 수는

$$_9C_3 = 84$$

(3) 구하는 경우의 수는 12명 중 5명을 선발하는 모든 경우의 수에서 A, B, C가 모두 선발되지 않는 경우의 수를 뺀 것과 같다.

전체 12명 중에서 5명을 선발하는 경우의 수는

$$_{12}C_5 = 792$$

A, B, C가 모두 선발되지 않으려면 A, B, C를 제외한 9명의 학생 중 5명을 선발하면 되므로 이 경우의 수는 $\quad _9C_5 = {}_9C_4 = 126$

따라서 구하는 경우의 수는

$$792 - 126 = 666$$

$$\text{답 } (1) \ 36 \quad (2) \ 84 \quad (3) \ 666$$

582

두 수의 곱이 짝수이려면 두 수 중에서 적어도 하나는 짝수이어야 한다.

따라서 구하는 경우의 수는 10장의 카드 중에서 두 장을 뽑는 모든 경우의 수에서 홀수가 적힌 카드를 두 장 뽑는 경우의 수를 뺀 것과 같다.

10장의 카드 중에서 두 장을 뽑는 경우의 수는

$$_{10}C_2 = 45$$

홀수가 적힌 5장의 카드 중에서 두 장을 뽑는 경우의 수는

$$_5C_2 = 10$$

따라서 구하는 경우의 수는

$$45 - 10 = 35 \qquad \text{답 } 35$$

583

1부터 9까지의 자연수 중에서 홀수는 1, 3, 5, 7, 9의 5개, 짝수는 2, 4, 6, 8의 4개이므로 홀수 2개, 짝수 2개를 택하는 방법의 수는

$$_5C_2 \times {}_4C_2 = 10 \times 6 = 60$$

뽑은 4개의 자연수를 일렬로 나열하는 방법의 수는

$$4!=24$$

따라서 구하는 자연수의 개수는

$$60\times24=1440$$

답 **1440**

584

재헌이를 제외한 6명 중 수연이는 이미 뽑았다고 생각하고 나머지 5명 중에서 3명을 뽑는 방법의 수는

$$_5C_3=_5C_2=10$$

뽑은 4명을 일렬로 세우는 방법의 수는

$$4!=24$$

따라서 구하는 방법의 수는

$$10\times24=240$$

답 **240**

585

8명 중 A, B는 이미 뽑았다고 생각하고 나머지 6명 중에서 2명을 뽑는 방법의 수는

$$_6C_2=15$$

A, B를 포함한 4명에서 A, B를 한 사람으로 생각하여 3명을 일렬로 세우는 방법의 수는

$$3!=6$$

그 각각에 대하여 A, B가 자리를 바꾸는 방법의 수는

$$2!=2$$

따라서 구하는 방법의 수는

$$15\times6\times2=180$$

답 **180**

586

9개의 점 중에서 2개를 택하는 방법의 수는

$$_9C_2=36$$

일직선 위에 있는 4개의 점 중에서 2개를 택하는 방법의 수는

$$_4C_2=6$$

일직선 위에 있는 5개의 점 중에서 2개를 택하는 방법의 수는

$$_5C_2=10$$

이때 일직선 위에 있는 4개, 5개의 점으로 만들 수 있는 직선은 각각 1개이므로 구하는 직선의 개수는

$$36-6-10+2=22$$

답 **22**

다른 풀이 두 직선 위의 점을 각각 하나씩 택하는 방법의 수는

$$_4C_1\times_5C_1=20$$

이때 일직선 위에 있는 4개, 5개의 점으로 만들 수 있는 직선은 각각 1개이므로 구하는 직선의 개수는

$$20+2=22$$

587

10개의 점 중에서 2개의 점을 택하는 방법의 수는

$$_{10}C_2=45$$

각 변 위에 있는 4개, 5개, 4개의 점 중에서 각각 2개의 점을 택하는 방법의 수는

$$_4C_2+_5C_2+_4C_2=6+10+6=22$$

이때 각 변 위에 있는 4개, 5개, 4개의 점으로 만들 수 있는 직선은 각각 1개이므로 구하는 직선의 개수는

$$45-22+3=26$$

답 **26**

588

구하는 다각형의 꼭짓점의 개수를 $n(n\geq3)$이라 하면 $_nC_2-n=65$에서

$$\frac{n(n-1)}{2}-n=65$$

$$n^2-3n-130=0,\qquad(n+10)(n-13)=0$$

$$\therefore n=13\ (\because n\geq3)$$

따라서 구하는 다각형의 꼭짓점의 개수는 13이다.

답 **13**

589

9개의 점 중에서 3개를 택하는 방법의 수는

$$_9C_3=84$$

일직선 위에 있는 4개의 점 중에서 3개를 택하는 방법의 수는

$$_4C_3=_4C_1=4$$

이때 4개의 점이 있는 직선은 3개이고, 일직선 위에 있는 3개의 점으로는 삼각형을 만들 수 없으므로 구하는 삼각형의 개수는

$$84-4\times3=72$$

답 **72**

590

(1) 처음 정사각형의 한 변의 길이를 4라 하면
한 변의 길이가 1인 정사각형의 개수는
$$4 \times 4 = 16$$
한 변의 길이가 2인 정사각형의 개수는
$$3 \times 3 = 9$$
한 변의 길이가 3인 정사각형의 개수는
$$2 \times 2 = 4$$
한 변의 길이가 4인 정사각형의 개수는   1
따라서 구하는 정사각형의 개수는
$$16 + 9 + 4 + 1 = 30$$

(2) 가로선 5개 중에서 2개, 세로선 5개 중에서 2개를 택하면 한 개의 직사각형이 만들어지므로 만들 수 있는 직사각형의 개수는
$$_5C_2 \times {}_5C_2 = 10 \times 10 = 100$$
따라서 정사각형이 아닌 직사각형의 개수는
$$100 - 30 = 70$$

답 (1) **30** (2) **70**

591

10권의 책을 5권, 5권씩 두 묶음으로 나누는 모든 방법의 수는
$$_{10}C_5 \times {}_5C_5 \times \frac{1}{2!} = 252 \times 1 \times \frac{1}{2} = 126$$
소설책으로만 이루어진 묶음이 있도록 나누는 방법의 수는
$$_7C_5 \times {}_2C_2 = 21 \times 1 = 21$$
따라서 구하는 방법의 수는
$$126 - 21 = 105$$

답 **105**

592

6명의 학생을 2명, 2명, 2명씩 세 조로 나누는 방법의 수는
$$_6C_2 \times {}_4C_2 \times {}_2C_2 \times \frac{1}{3!} = 15 \times 6 \times 1 \times \frac{1}{6} = 15$$
세 조가 서로 다른 세 곳으로 봉사 활동을 가는 방법의 수는
$$3! = 6$$
따라서 구하는 방법의 수는
$$15 \times 6 = 90$$

답 **90**

593

8개의 학급을 4개의 학급씩 두 조로 나누는 방법의 수는
$$_8C_4 \times {}_4C_4 \times \frac{1}{2!} = 70 \times 1 \times \frac{1}{2} = 35$$
나누어진 두 조를 각각 2개의 학급씩 두 조로 나누는 방법의 수는
$$\left({}_4C_2 \times {}_2C_2 \times \frac{1}{2!}\right) \times \left({}_4C_2 \times {}_2C_2 \times \frac{1}{2!}\right)$$
$$= 3 \times 3 = 9$$
따라서 구하는 방법의 수는
$$35 \times 9 = 315$$

답 **315**

연습문제 ● 본책 269~271쪽

594

전략 $_nP_r = \dfrac{n!}{(n-r)!}$, $_nC_r = \dfrac{n!}{r!(n-r)!}$임을 이용하여 주어진 등식을 n에 대한 식으로 나타낸다.

$_nC_3 + {}_nP_2 = 5_{n-1}C_2$에서
$$\frac{n(n-1)(n-2)}{3 \times 2 \times 1} + n(n-1)$$
$$= 5 \times \frac{(n-1)(n-2)}{2 \times 1}$$
양변에 6을 곱하면
$$n(n-1)(n-2) + 6n(n-1)$$
$$= 15(n-1)(n-2)$$
이때 $n \geq 3$, $n \geq 2$, $n-1 \geq 2$에서 $n \geq 3$이므로 양변을 $n-1$로 나누면
$$n(n-2) + 6n = 15(n-2)$$
$$n^2 - 11n + 30 = 0, \quad (n-5)(n-6) = 0$$
$$\therefore n = 5 \text{ 또는 } n = 6$$
따라서 모든 자연수 n의 값의 합은
$$5 + 6 = 11$$

답 **11**

595

전략 홀수가 1개인 경우와 홀수가 3개인 경우로 나누어 생각한다.

세 수의 합이 홀수가 되는 경우는
(홀수)+(홀수)+(홀수) 또는 (홀수)+(짝수)+(짝수)
일 때이다.

이때 1부터 15까지의 자연수 중 홀수는 8개, 짝수는 7개이다.

(ⅰ) (홀수)＋(홀수)＋(홀수)인 경우

홀수 8개 중 3개를 뽑으면 되므로 이 경우의 수는
$$_8C_3=56$$

(ⅱ) (홀수)＋(짝수)＋(짝수)인 경우

홀수 8개 중 1개를 뽑고, 짝수 7개 중 2개를 뽑으면 되므로 이 경우의 수는
$$_8C_1\times{}_7C_2=8\times21=168$$

(ⅰ), (ⅱ)에서 구하는 경우의 수는
$$56+168=224 \qquad \text{답 } 224$$

596

전략 모든 경우에서 남자만 뽑거나 여자만 뽑는 경우를 제외한다.

구하는 방법의 수는 4명의 대표를 뽑는 모든 방법의 수에서 남자만 뽑는 방법의 수와 여자만 뽑는 방법의 수를 뺀 것과 같다.

전체 10명 중에서 4명을 뽑는 방법의 수는
$$_{10}C_4=210$$

남자만 4명을 뽑는 방법의 수는
$$_6C_4={}_6C_2=15$$

여자만 4명을 뽑는 방법의 수는
$$_4C_4=1$$

따라서 구하는 방법의 수는
$$210-(15+1)=194 \qquad \text{답 } 194$$

597

전략 5를 이미 택했다고 생각하고 나머지 2개의 수를 뽑아 나열한다.

5를 이미 택했다고 생각하고 나머지 7개의 자연수 중에서 2개를 택하는 방법의 수는
$$_7C_2=21$$

택한 3개의 자연수를 일렬로 나열하는 방법의 수는
$$3!=6$$

따라서 구하는 자연수의 개수는
$$21\times6=126 \qquad \text{답 } 126$$

598

전략 원에서 지름에 대한 원주각의 크기는 $90°$임을 이용하여 직각삼각형의 개수를 구한다.

(ⅰ) 직각삼각형의 개수

지름에 대한 원주각의 크기는 $90°$이므로 직각삼각형을 만들려면 삼각형의 한 변이 원의 지름이어야 한다.

원 위의 6개의 점 중 두 점을 이어 만들 수 있는 지름은 3개이고, 나머지 4개의 점 중에서 1개를 택하는 방법의 수는 $_4C_1$이므로
$$a=3\times{}_4C_1=3\times4=12$$

(ⅱ) 정삼각형의 개수

정삼각형은 오른쪽 그림과 같이 2개를 만들 수 있으므로
$$b=2$$

(ⅰ), (ⅱ)에서
$$a-b=10 \qquad \text{답 } 10$$

599

전략 이차방정식의 근과 계수의 관계를 이용한다.

이차방정식 $5x^2-{}_nP_rx-9{}_nC_{n-r}=0$의 두 근이 -3, 9이므로 근과 계수의 관계에 의하여
$$-3+9=\frac{{}_nP_r}{5} \text{에서} \qquad {}_nP_r=30$$
$$-3\times9=\frac{-9{}_nC_{n-r}}{5} \text{에서} \qquad {}_nC_{n-r}=15$$

이때 $_nC_{n-r}={}_nC_r=\dfrac{{}_nP_r}{r!}$이므로
$$15=\frac{30}{r!}, \qquad r!=2$$
$$\therefore r=2$$

따라서 $_nP_2=n(n-1)=30$에서
$$n=6$$
$$\therefore n+r=8 \qquad \text{답 } 8$$

600

전략 악수를 하려면 2명이 있어야 하므로 n명이 서로 악수를 한 번씩 할 때, 악수한 총횟수는 $_nC_2$이다.

26명 중에서 악수할 2명을 뽑는 방법의 수는
$$_{26}C_2=325$$

이때 부부끼리는 악수하지 않고, 부인들끼리도 악수하지 않는다.

부부끼리 악수하는 방법의 수는 13이고, 부인들끼리 악수하는 방법의 수는

$$_{13}C_2=78$$

따라서 구하는 악수의 총횟수는

$$325-(13+78)=234$$ **目 234**

(다른 풀이) 남편들끼리 악수하는 방법의 수는

$$_{13}C_2=78$$

남편들이 자신의 부인을 제외한 다른 부인들과 악수하는 방법의 수는

$$13\times12=156$$

따라서 구하는 악수의 총횟수는

$$78+156=234$$

601

전략 우선 5개의 인형을 선택하는 경우를 나눈다.

서로 다른 네 종류의 인형이 각각 2개씩 있으므로 5개의 인형을 선택하려면 세 종류 이상의 인형을 선택해야 한다.

(ⅰ) 서로 다른 세 종류의 인형을 각각 2개, 2개, 1개 선택하는 경우

서로 다른 네 종류의 인형 중에서 2개씩 선택할 두 종류의 인형을 정하는 경우의 수는

$$_4C_2=6$$

나머지 두 종류의 인형 중에서 1개를 선택할 한 종류의 인형을 정하는 경우의 수는

$$_2C_1=2$$

따라서 이 경우의 수는

$$6\times2=12$$

(ⅱ) 서로 다른 네 종류의 인형을 각각 2개, 1개, 1개, 1개 선택하는 경우

서로 다른 네 종류의 인형 중에서 2개를 선택할 한 종류의 인형을 정하면 나머지 세 종류의 인형은 각각 1개씩 선택하면 되므로 이 경우의 수는

$$_4C_1=4$$

(ⅰ), (ⅱ)에서 구하는 경우의 수는

$$12+4=16$$ **目 16**

602

전략 남학생을 x명이라 하고 x에 대한 방정식을 세운다.

여학생이 적어도 한 명 포함되도록 뽑는 방법의 수는 모든 방법의 수에서 남학생만 뽑는 방법의 수를 뺀 것과 같다.

전체 15명 중에서 3명을 뽑는 방법의 수는

$$_{15}C_3=455$$

남학생을 x $(x\geq3)$명이라 하면 남학생만 3명을 뽑는 방법의 수는

$$_xC_3$$

이때 여학생이 적어도 한 명 포함되도록 뽑는 방법의 수가 445이므로

$$455-{}_xC_3=445,\quad {}_xC_3=10$$

$$\frac{x(x-1)(x-2)}{3\times2\times1}=10$$

$$x(x-1)(x-2)=60=5\times4\times3$$

$$\therefore x=5$$

따라서 남학생 수는 5이다. **目 5**

603

전략 2개의 숫자를 선택하는 경우의 수를 순서에 따라 나누어 구한다.

조건 ㈎에서 선택한 2개의 숫자가 서로 다른 가로줄에 있어야 하므로 3개의 가로줄 중 2개를 선택하는 경우의 수는

$$_3C_2={}_3C_1=3$$

선택한 2개의 가로줄 중 한 줄에서 1개의 숫자를 선택하는 경우의 수는

$$_3C_1=3$$

조건 ㈏에서 선택한 2개의 숫자가 서로 다른 세로줄에 있어야 하므로 나머지 가로줄에서 이미 선택한 숫자와 다른 열에 있는 1개의 숫자를 선택하는 경우의 수는

$$_2C_1=2$$

따라서 구하는 경우의 수는

$$3\times3\times2=18$$ **目 ④**

(다른 풀이) 9개의 숫자 중 1개의 숫자를 선택하는 경우의 수는

$$_9C_1=9$$

선택한 숫자와 같은 가로줄 또는 세로줄에 있는 숫자를 제외한 4개의 숫자 중 1개의 숫자를 선택하는 경우의 수는 $_4C_1=4$

이때 2개의 숫자를 선택하는 순서에 상관이 없으므로 구하는 경우의 수는

$$\frac{9 \times 4}{2} = 18$$

604

전략 어느 세 점도 일직선 위에 있지 않은 서로 다른 n개의 점으로 만들 수 있는 직선의 개수는 $_nC_2$, 삼각형의 개수는 $_nC_3$이다.

(i) 직선의 개수

　10개의 점 중에서 2개를 택하는 방법의 수는
　　$_{10}C_2=45$
　일직선 위에 있는 4개의 점 중에서 2개를 택하는 방법의 수는
　　$_4C_2=6$
　이때 4개의 점이 있는 직선은 5개이고, 일직선 위에 있는 점들로 만들 수 있는 직선은 1개이므로
　　$m=45-6 \times 5+5=20$

(ii) 삼각형의 개수

　10개의 점 중에서 3개를 택하는 방법의 수는
　　$_{10}C_3=120$
　일직선 위에 있는 4개의 점 중에서 3개를 택하는 방법의 수는 　$_4C_3=_4C_1=4$
　이때 4개의 점이 있는 직선은 5개이고, 일직선 위에 있는 3개의 점으로는 삼각형을 만들 수 없으므로
　　$n=120-4 \times 5=100$

(i), (ii)에서 　$m+n=120$　　　　　　답 **120**

605

전략 주어진 도형에서 삼각형을 만들기 위해 세 선분을 선택하는 방법을 생각한다.

오른쪽 그림과 같이 $\overline{BC}$ 위의 네 점을 각각 D, E, F, G라 하고, 두 선분 AB, AC 위의 세 점을 연결한 3개의 선분을 각각 l_1, l_2, l_3이라 하자.

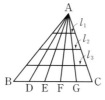

주어진 도형의 선들로 삼각형을 만들기 위해서는 점 A를 삼각형의 한 꼭짓점으로 해야 한다.

즉 꼭짓점 A를 지나는 6개의 선분 AB, AD, AE, AF, AG, AC 중에서 2개를 택하고, 4개의 직선 l_1, l_2, l_3, BC 중에서 1개를 택하면 삼각형이 만들어진다.

따라서 구하는 삼각형의 개수는
　　$_6C_2 \times _4C_1=15 \times 4=60$　　　　답 ④

606

전략 어느 세 점도 일직선 위에 있지 않은 서로 다른 n개의 점으로 만들 수 있는 직선의 개수는 $_nC_2$이다.

12개의 점 중에서 2개를 택하는 방법의 수는
　　$_{12}C_2=66$

(i) 일직선 위에 4개의 점이 있는 경우

　4개의 점 중에서 2개를 택하는 방법의 수는
　　$_4C_2=6$
　일직선 위에 4개의 점이 있는 경우는 위의 그림과 같이 3가지이므로 이 경우 만들 수 있는 직선은 3개이다.

(ii) 일직선 위에 3개의 점이 있는 경우

　3개의 점 중에서 2개를 택하는 방법의 수는
　　$_3C_2=_3C_1=3$
　일직선 위에 3개의 점이 있는 경우는 오른쪽 그림과 같이 8가지이므로 이 경우 만들 수 있는 직선은 8개이다.

따라서 구하는 직선의 개수는
　　$66-6 \times 3-3 \times 8+3+8=35$

답 **35**

607

전략 평행사변형이 아닌 사다리꼴은 평행한 두 직선과 평행하지 않은 두 직선으로 만들 수 있다.

오른쪽 그림과 같이 평행한 직선을 각각 l_i, m_j, n_k ($i=1$, 2, 3, 4, $j=1$, 2, 3, $k=1$, 2)라 하면 평행사변형이 아닌 사다리꼴이 만들어지는 경우는 다음과 같다.

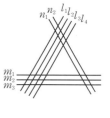

(ⅰ) l_i에서 2개, m_j에서 1개, n_k에서 1개의 직선을 택하는 경우

$$_4C_2 \times {}_3C_1 \times {}_2C_1 = 6 \times 3 \times 2 = 36$$

(ⅱ) m_j에서 2개, l_i에서 1개, n_k에서 1개의 직선을 택하는 경우

$$_3C_2 \times {}_4C_1 \times {}_2C_1 = 3 \times 4 \times 2 = 24$$

(ⅲ) n_k에서 2개, l_i에서 1개, m_j에서 1개의 직선을 택하는 경우

$$_2C_2 \times {}_4C_1 \times {}_3C_1 = 1 \times 4 \times 3 = 12$$

이상에서 평행사변형이 아닌 사다리꼴의 개수는

$$36 + 24 + 12 = 72$$

답 **72**

608

전략 6명을 3명, 3명으로 분할하여 2개의 층에 분배한다.

6명을 3명, 3명씩 2개의 조로 나누는 방법의 수는

$$_6C_3 \times {}_3C_3 \times \frac{1}{2!} = 20 \times 1 \times \frac{1}{2} = 10$$

2층, 3층, 4층, 5층의 4개의 층 중 사람이 내리는 2개의 층을 택하는 방법의 수는

$$_4C_2 = 6$$

2개의 조를 2개의 층에 배열하는 방법의 수는

$$2! = 2$$

따라서 구하는 방법의 수는

$$10 \times 6 \times 2 = 120$$

답 **120**

1 행렬

01 행렬
● 본책 274~278쪽

609

(1) 행렬 A의 제1열의 성분은 -2, 1, 4이므로 구하는 합은

$$-2 + 1 + 4 = 3$$

(2) 행렬 A의 제2행의 성분은 1, 0이므로 구하는 합은

$$1 + 0 = 1$$

답 (1) **3** (2) **1**

610

(1) $(1, 2)$ 성분은 제1행과 제2열이 만나는 위치의 성분이므로 4이고, $(3, 1)$ 성분은 제3행과 제1열이 만나는 위치의 성분이므로 0이다.

따라서 구하는 합은 $4 + 0 = 4$

(2) a_{11}은 제1행과 제1열이 만나는 위치의 성분이므로

$$a_{11} = -1$$

a_{23}은 제2행과 제3열이 만나는 위치의 성분이므로

$$a_{23} = -2$$

a_{32}는 제3행과 제2열이 만나는 위치의 성분이므로

$$a_{32} = 2$$

$$\therefore a_{11} + a_{23} - a_{32} = -1 + (-2) - 2 = -5$$

답 (1) **4** (2) **-5**

611

(1) $a_{11} = 1^2 - 3 \times 1 = -2$, $a_{12} = 1^2 - 3 \times 2 = -5$,

$a_{21} = 2^2 - 3 \times 1 = 1$, $a_{22} = 2^2 - 3 \times 2 = -2$이므로

$$A = \begin{pmatrix} -2 & -5 \\ 1 & -2 \end{pmatrix}$$

(2) $i \le j$이면 $a_{ij} = i$이므로

$$a_{11} = 1, \ a_{12} = 1, \ a_{13} = 1, \ a_{22} = 2, \ a_{23} = 2, \ a_{33} = 3$$

$i > j$이면 $a_{ij} = -j$이므로

$$a_{21} = -1, \ a_{31} = -1, \ a_{32} = -2$$

$$\therefore A = \begin{pmatrix} 1 & 1 & 1 \\ -1 & 2 & 2 \\ -1 & -2 & 3 \end{pmatrix}$$

답 **풀이 참조**

612

a_{ij}는 두 도시 P_i, P_j 사이의 통신망의 수이므로

$a_{11}=0$, $a_{12}=3$, $a_{13}=2$,

$a_{21}=3$, $a_{22}=0$, $a_{23}=1$,

$a_{31}=2$, $a_{32}=1$, $a_{33}=0$

$$\therefore A=\begin{pmatrix} 0 & 3 & 2 \\ 3 & 0 & 1 \\ 2 & 1 & 0 \end{pmatrix} \qquad \mathbf{답}\ \begin{pmatrix} \mathbf{0} & \mathbf{3} & \mathbf{2} \\ \mathbf{3} & \mathbf{0} & \mathbf{1} \\ \mathbf{2} & \mathbf{1} & \mathbf{0} \end{pmatrix}$$

613

두 행렬의 대응하는 성분이 서로 같아야 하므로

$a+b=5$ ······ ㉠

$a-b=-1$ ······ ㉡

$-4=2c$ ······ ㉢

$1=c-d$ ······ ㉣

㉠, ㉡을 연립하여 풀면　$a=2$, $b=3$

㉢에서　$c=-2$

㉣에 $c=-2$를 대입하면

$1=-2-d$　$\therefore d=-3$

$\mathbf{답}\ \boldsymbol{a=2,\ b=3,\ c=-2,\ d=-3}$

614

두 행렬의 대응하는 성분이 서로 같아야 하므로

$x^2+5=6x$, $-3=y^2-4y$

$x^2+5=6x$에서　$x^2-6x+5=0$

$(x-1)(x-5)=0$　$\therefore x=1$ 또는 $x=5$

$-3=y^2-4y$에서　$y^2-4y+3=0$

$(y-1)(y-3)=0$　$\therefore y=1$ 또는 $y=3$

따라서 실수 x, y의 순서쌍 (x, y)는

$(1, 1)$, $(1, 3)$, $(5, 1)$, $(5, 3)$

$\mathbf{답}\ \boldsymbol{(1,\ 1),\ (1,\ 3),\ (5,\ 1),\ (5,\ 3)}$

02 행렬의 덧셈, 뺄셈과 실수배
● 본책 279~285쪽

615

(1) $\begin{pmatrix} 2 & -3 \\ 3 & -1 \end{pmatrix}+\begin{pmatrix} 1 & 1 \\ -2 & 0 \end{pmatrix}=\begin{pmatrix} 2+1 & -3+1 \\ 3+(-2) & -1+0 \end{pmatrix}$

$$=\begin{pmatrix} \mathbf{3} & \mathbf{-2} \\ \mathbf{1} & \mathbf{-1} \end{pmatrix}$$

(2) $\begin{pmatrix} -6 & 8 \\ 7 & -3 \end{pmatrix}+\begin{pmatrix} 2 & 6 \\ -4 & -2 \end{pmatrix}$

$$=\begin{pmatrix} -6+2 & 8+6 \\ 7+(-4) & -3+(-2) \end{pmatrix}=\begin{pmatrix} \mathbf{-4} & \mathbf{14} \\ \mathbf{3} & \mathbf{-5} \end{pmatrix}$$

(3) $\begin{pmatrix} 2 & -3 \\ 3 & -1 \end{pmatrix}-\begin{pmatrix} 1 & 1 \\ -2 & 0 \end{pmatrix}$

$$=\begin{pmatrix} 2-1 & -3-1 \\ 3-(-2) & -1-0 \end{pmatrix}=\begin{pmatrix} \mathbf{1} & \mathbf{-4} \\ \mathbf{5} & \mathbf{-1} \end{pmatrix}$$

(4) $\begin{pmatrix} -6 & 8 \\ 7 & -3 \end{pmatrix}-\begin{pmatrix} 2 & 6 \\ -4 & -2 \end{pmatrix}$

$$=\begin{pmatrix} -6-2 & 8-6 \\ 7-(-4) & -3-(-2) \end{pmatrix}=\begin{pmatrix} \mathbf{-8} & \mathbf{2} \\ \mathbf{11} & \mathbf{-1} \end{pmatrix}$$

$\mathbf{답}$ 풀이 참조

616

(1) $\begin{pmatrix} 1 & -3 \\ 5 & 8 \end{pmatrix}+X=\begin{pmatrix} 3 & -1 \\ 2 & -4 \end{pmatrix}$에서

$$X=\begin{pmatrix} 3 & -1 \\ 2 & -4 \end{pmatrix}-\begin{pmatrix} 1 & -3 \\ 5 & 8 \end{pmatrix}$$

$$=\begin{pmatrix} \mathbf{2} & \mathbf{2} \\ \mathbf{-3} & \mathbf{-12} \end{pmatrix}$$

(2) $X-\begin{pmatrix} -3 & 7 \\ 12 & 5 \end{pmatrix}=\begin{pmatrix} 5 & 8 \\ -3 & -1 \end{pmatrix}$에서

$$X=\begin{pmatrix} 5 & 8 \\ -3 & -1 \end{pmatrix}+\begin{pmatrix} -3 & 7 \\ 12 & 5 \end{pmatrix}$$

$$=\begin{pmatrix} \mathbf{2} & \mathbf{15} \\ \mathbf{9} & \mathbf{4} \end{pmatrix}$$

(3) $\begin{pmatrix} 15 & -1 \\ 9 & 12 \end{pmatrix}-X=\begin{pmatrix} 6 & 7 \\ 4 & -4 \end{pmatrix}$에서

$$X=\begin{pmatrix} 15 & -1 \\ 9 & 12 \end{pmatrix}-\begin{pmatrix} 6 & 7 \\ 4 & -4 \end{pmatrix}=\begin{pmatrix} \mathbf{9} & \mathbf{-8} \\ \mathbf{5} & \mathbf{16} \end{pmatrix}$$

$\mathbf{답}$ 풀이 참조

617

(1) $-3A=-3\begin{pmatrix} -1 & -4 \\ 6 & 11 \end{pmatrix}$

$$=\begin{pmatrix} -3\times(-1) & -3\times(-4) \\ -3\times6 & -3\times11 \end{pmatrix}$$

$$=\begin{pmatrix} \mathbf{3} & \mathbf{12} \\ \mathbf{-18} & \mathbf{-33} \end{pmatrix}$$

(2) $\dfrac{1}{2}B=\dfrac{1}{2}\begin{pmatrix} 3 & 8 \\ 4 & -2 \end{pmatrix}=\begin{pmatrix} \frac{1}{2}\times 3 & \frac{1}{2}\times 8 \\ \frac{1}{2}\times 4 & \frac{1}{2}\times(-2) \end{pmatrix}$

$\qquad =\begin{pmatrix} \mathbf{\frac{3}{2}} & \mathbf{4} \\ \mathbf{2} & \mathbf{-1} \end{pmatrix}$

(3) $2A+B=2\begin{pmatrix} -1 & -4 \\ 6 & 11 \end{pmatrix}+\begin{pmatrix} 3 & 8 \\ 4 & -2 \end{pmatrix}$

$\qquad =\begin{pmatrix} -2 & -8 \\ 12 & 22 \end{pmatrix}+\begin{pmatrix} 3 & 8 \\ 4 & -2 \end{pmatrix}=\begin{pmatrix} \mathbf{1} & \mathbf{0} \\ \mathbf{16} & \mathbf{20} \end{pmatrix}$

(4) $3A-2B=3\begin{pmatrix} -1 & -4 \\ 6 & 11 \end{pmatrix}-2\begin{pmatrix} 3 & 8 \\ 4 & -2 \end{pmatrix}$

$\qquad =\begin{pmatrix} -3 & -12 \\ 18 & 33 \end{pmatrix}-\begin{pmatrix} 6 & 16 \\ 8 & -4 \end{pmatrix}$

$\qquad =\begin{pmatrix} \mathbf{-9} & \mathbf{-28} \\ \mathbf{10} & \mathbf{37} \end{pmatrix}$

답 풀이 참조

618

(1) $A-B+C$

$\quad =\begin{pmatrix} 5 & 0 \\ -1 & 3 \end{pmatrix}-\begin{pmatrix} 2 & 3 \\ 4 & -6 \end{pmatrix}+\begin{pmatrix} 1 & -4 \\ -3 & 5 \end{pmatrix}$

$\quad =\begin{pmatrix} \mathbf{4} & \mathbf{-7} \\ \mathbf{-8} & \mathbf{14} \end{pmatrix}$

(2) $2C-B-A$

$\quad =2\begin{pmatrix} 1 & -4 \\ -3 & 5 \end{pmatrix}-\begin{pmatrix} 2 & 3 \\ 4 & -6 \end{pmatrix}-\begin{pmatrix} 5 & 0 \\ -1 & 3 \end{pmatrix}$

$\quad =\begin{pmatrix} 2 & -8 \\ -6 & 10 \end{pmatrix}-\begin{pmatrix} 2 & 3 \\ 4 & -6 \end{pmatrix}-\begin{pmatrix} 5 & 0 \\ -1 & 3 \end{pmatrix}$

$\quad =\begin{pmatrix} \mathbf{-5} & \mathbf{-11} \\ \mathbf{-9} & \mathbf{13} \end{pmatrix}$

(3) $2(A+2C)+3(B-A)$

$\quad =2A+4C+3B-3A$

$\quad =-A+3B+4C$

$\quad =-\begin{pmatrix} 5 & 0 \\ -1 & 3 \end{pmatrix}+3\begin{pmatrix} 2 & 3 \\ 4 & -6 \end{pmatrix}+4\begin{pmatrix} 1 & -4 \\ -3 & 5 \end{pmatrix}$

$\quad =\begin{pmatrix} -5 & 0 \\ 1 & -3 \end{pmatrix}+\begin{pmatrix} 6 & 9 \\ 12 & -18 \end{pmatrix}+\begin{pmatrix} 4 & -16 \\ -12 & 20 \end{pmatrix}$

$\quad =\begin{pmatrix} \mathbf{5} & \mathbf{-7} \\ \mathbf{1} & \mathbf{-1} \end{pmatrix}$

답 풀이 참조

619

$A-(B+X)=O$에서

$\quad A-B-X=O$

$\therefore\ X=A-B=\begin{pmatrix} 2 & 7 \\ 8 & -4 \end{pmatrix}-\begin{pmatrix} 1 & 3 \\ 2 & 5 \end{pmatrix}$

$\qquad =\begin{pmatrix} 1 & 4 \\ 6 & -9 \end{pmatrix}$ **답** $\begin{pmatrix} \mathbf{1} & \mathbf{4} \\ \mathbf{6} & \mathbf{-9} \end{pmatrix}$

620

$\dfrac{1}{3}(A+2B)=\dfrac{1}{2}(A-X)$의 양변에 6을 곱하면

$\quad 2(A+2B)=3(A-X)$

$\quad 2A+4B=3A-3X$

$\quad 3X=A-4B$

$\therefore\ X=\dfrac{1}{3}(A-4B)$

$\qquad =\dfrac{1}{3}\left\{\begin{pmatrix} -1 & -2 & 7 \\ -5 & 2 & 3 \end{pmatrix}-4\begin{pmatrix} 2 & 1 & 1 \\ 1 & 2 & 3 \end{pmatrix}\right\}$

$\qquad =\dfrac{1}{3}\left\{\begin{pmatrix} -1 & -2 & 7 \\ -5 & 2 & 3 \end{pmatrix}-\begin{pmatrix} 8 & 4 & 4 \\ 4 & 8 & 12 \end{pmatrix}\right\}$

$\qquad =\dfrac{1}{3}\begin{pmatrix} -9 & -6 & 3 \\ -9 & -6 & -9 \end{pmatrix}$

$\qquad =\begin{pmatrix} -3 & -2 & 1 \\ -3 & -2 & -3 \end{pmatrix}$

따라서 행렬 X의 모든 성분의 합은

$\quad -3+(-2)+1+(-3)+(-2)+(-3)$

$\quad =-12$

답 $\mathbf{-12}$

621

$A-2B=\begin{pmatrix} 1 & -2 \\ 6 & 5 \end{pmatrix}$ ······ ㉠

$2A+B=\begin{pmatrix} 2 & -4 \\ -3 & 5 \end{pmatrix}$ ······ ㉡

㉠$+$㉡$\times 2$를 하면

$\quad 5A=\begin{pmatrix} 1 & -2 \\ 6 & 5 \end{pmatrix}+2\begin{pmatrix} 2 & -4 \\ -3 & 5 \end{pmatrix}$

$\qquad =\begin{pmatrix} 1 & -2 \\ 6 & 5 \end{pmatrix}+\begin{pmatrix} 4 & -8 \\ -6 & 10 \end{pmatrix}=\begin{pmatrix} 5 & -10 \\ 0 & 15 \end{pmatrix}$

$\therefore\ A=\dfrac{1}{5}\begin{pmatrix} 5 & -10 \\ 0 & 15 \end{pmatrix}=\begin{pmatrix} 1 & -2 \\ 0 & 3 \end{pmatrix}$

㉠×2−㉡을 하면

$$-5B=2\begin{pmatrix} 1 & -2 \\ 6 & 5 \end{pmatrix}-\begin{pmatrix} 2 & -4 \\ -3 & 5 \end{pmatrix}$$

$$=\begin{pmatrix} 2 & -4 \\ 12 & 10 \end{pmatrix}-\begin{pmatrix} 2 & -4 \\ -3 & 5 \end{pmatrix}=\begin{pmatrix} 0 & 0 \\ 15 & 5 \end{pmatrix}$$

$$\therefore B=-\frac{1}{5}\begin{pmatrix} 0 & 0 \\ 15 & 5 \end{pmatrix}=\begin{pmatrix} 0 & 0 \\ -3 & -1 \end{pmatrix}$$

$$\therefore A-B=\begin{pmatrix} 1 & -2 \\ 0 & 3 \end{pmatrix}-\begin{pmatrix} 0 & 0 \\ -3 & -1 \end{pmatrix}$$

$$=\begin{pmatrix} 1 & -2 \\ 3 & 4 \end{pmatrix}$$

따라서 행렬 $A-B$의 $(1,\ 2)$ 성분은 -2이다.

답 **−2**

622

$xA+yB=\begin{pmatrix} 3 \\ 1 \end{pmatrix}$ 에서　　$x\begin{pmatrix} 2 \\ -1 \end{pmatrix}+y\begin{pmatrix} 1 \\ -3 \end{pmatrix}=\begin{pmatrix} 3 \\ 1 \end{pmatrix}$

좌변을 정리하면　　$\begin{pmatrix} 2x+y \\ -x-3y \end{pmatrix}=\begin{pmatrix} 3 \\ 1 \end{pmatrix}$

두 행렬이 서로 같을 조건에 의하여

$$2x+y=3,\ -x-3y=1$$
$$\therefore x=2,\ y=-1$$

답 $\boldsymbol{x=2,\ y=-1}$

연습 문제 ━━━━━━━ ● 본책 **286**쪽

623

전략 a_{ij}의 뜻을 이용하여 행렬 A의 각 성분을 구한다.

도시 1에서 도시 1로 가는 도로의 수는 2이므로
$$a_{11}=2$$
도시 1에서 도시 3으로 가는 도로의 수는 1이므로
$$a_{13}=1$$
도시 2에서 도시 3으로 가는 도로의 수는 1이므로
$$a_{23}=1$$
도시 3에서 도시 2로 가는 도로의 수는 1이므로
$$a_{32}=1$$
그 외의 다른 도로는 없으므로 나머지 성분은 모두 0이다.

$$\therefore A=\begin{pmatrix} 2 & 0 & 1 \\ 0 & 0 & 1 \\ 0 & 1 & 0 \end{pmatrix}$$
답 $\begin{pmatrix} \mathbf{2} & \mathbf{0} & \mathbf{1} \\ \mathbf{0} & \mathbf{0} & \mathbf{1} \\ \mathbf{0} & \mathbf{1} & \mathbf{0} \end{pmatrix}$

624

전략 행렬이 서로 같을 조건을 이용하여 x, y에 대한 식을 세운다.

행렬이 서로 같을 조건에 의하여

$$3=x+y \qquad\qquad \cdots\cdots ㉠$$
$$x=2y+1 \qquad\qquad \cdots\cdots ㉡$$

㉠에 ㉡을 대입하면

$$3=(2y+1)+y,\qquad 3y=2 \qquad \therefore y=\frac{2}{3}$$

㉡에 $y=\dfrac{2}{3}$를 대입하면　　$x=2\times\dfrac{2}{3}+1=\dfrac{7}{3}$

$$\therefore xy=\frac{14}{9}$$

답 $\dfrac{\mathbf{14}}{\mathbf{9}}$

625

전략 주어진 등식을 X에 대하여 정리한 다음 행렬 A, B를 대입한다.

$2(X+B)=3\{X+2(X+A)\}$에서

$$2X+2B=3(3X+2A)$$
$$2X+2B=9X+6A,\qquad 7X=2B-6A$$
$$\therefore X=\frac{1}{7}(2B-6A)$$

$$=\frac{1}{7}\left\{2\begin{pmatrix} 3 & 7 \\ 0 & 3 \end{pmatrix}-6\begin{pmatrix} 1 & 0 \\ 0 & 1 \end{pmatrix}\right\}$$

$$=\frac{1}{7}\left\{\begin{pmatrix} 6 & 14 \\ 0 & 6 \end{pmatrix}-\begin{pmatrix} 6 & 0 \\ 0 & 6 \end{pmatrix}\right\}$$

$$=\frac{1}{7}\begin{pmatrix} 0 & 14 \\ 0 & 0 \end{pmatrix}=\begin{pmatrix} 0 & 2 \\ 0 & 0 \end{pmatrix}$$

따라서 행렬 X의 모든 성분의 합은 2이다. 답 **2**

626

전략 주어진 식을 연립하여 행렬 A, B를 구한다.

$$A-2B=\begin{pmatrix} 1 & -2 \\ 0 & 3 \end{pmatrix} \qquad\qquad \cdots\cdots ㉠$$

$$3A+B=\begin{pmatrix} -1 & 4 \\ 7 & 1 \end{pmatrix} \qquad\qquad \cdots\cdots ㉡$$

㉠+㉡×2를 하면

$$7A=\begin{pmatrix} 1 & -2 \\ 0 & 3 \end{pmatrix}+2\begin{pmatrix} -1 & 4 \\ 7 & 1 \end{pmatrix}=\begin{pmatrix} -1 & 6 \\ 14 & 5 \end{pmatrix}$$

$$\therefore A=\frac{1}{7}\begin{pmatrix} -1 & 6 \\ 14 & 5 \end{pmatrix}$$

$\bigcirc \times 3 - \bigcirc$을 하면

$$-7B = 3\begin{pmatrix} 1 & -2 \\ 0 & 3 \end{pmatrix} - \begin{pmatrix} -1 & 4 \\ 7 & 1 \end{pmatrix}$$

$$= \begin{pmatrix} 4 & -10 \\ -7 & 8 \end{pmatrix}$$

$$\therefore B = \frac{1}{7}\begin{pmatrix} -4 & 10 \\ 7 & -8 \end{pmatrix}$$

$$\therefore A + B = \frac{1}{7}\left\{\begin{pmatrix} -1 & 6 \\ 14 & 5 \end{pmatrix} + \begin{pmatrix} -4 & 10 \\ 7 & -8 \end{pmatrix}\right\}$$

$$= \frac{1}{7}\begin{pmatrix} -5 & 16 \\ 21 & -3 \end{pmatrix} = \begin{pmatrix} -\dfrac{5}{7} & \dfrac{16}{7} \\ 3 & -\dfrac{3}{7} \end{pmatrix}$$

따라서 행렬 $A+B$의 $(2,\,1)$ 성분은 3이다. **답 3**

627

전략 i와 j의 대소를 비교하여 a_{ij}를 구한다.

$i > j$일 때, $a_{ij} = 2i + j$이므로

$\quad a_{21} = 2 \times 2 + 1 = 5,$

$\quad a_{31} = 2 \times 3 + 1 = 7,$

$\quad a_{32} = 2 \times 3 + 2 = 8$

$i = j$일 때, $a_{ij} = ij$이므로

$\quad a_{11} = 1 \times 1 = 1,$

$\quad a_{22} = 2 \times 2 = 4,$

$\quad a_{33} = 3 \times 3 = 9$

$i < j$일 때, $a_{ij} = i - 2j$이므로

$\quad a_{12} = 1 - 2 \times 2 = -3,$

$\quad a_{13} = 1 - 2 \times 3 = -5,$

$\quad a_{23} = 2 - 2 \times 3 = -4$

$$\therefore A = \begin{pmatrix} 1 & -3 & -5 \\ 5 & 4 & -4 \\ 7 & 8 & 9 \end{pmatrix}$$

따라서 행렬 A의 모든 성분의 합은

$\quad 1 + (-3) + (-5) + 5 + 4 + (-4) + 7 + 8 + 9$

$\quad = 22$ **답 22**

628

전략 주어진 등식에 행렬 A, B, C를 대입한다.

$xA + yB = C$에서

$$x\begin{pmatrix} 2 & 1 \\ 0 & 1 \end{pmatrix} + y\begin{pmatrix} 4 & -1 \\ 2 & 3 \end{pmatrix} = \begin{pmatrix} 0 & 3 \\ z & w \end{pmatrix}$$

$$\begin{pmatrix} 2x & x \\ 0 & x \end{pmatrix} + \begin{pmatrix} 4y & -y \\ 2y & 3y \end{pmatrix} = \begin{pmatrix} 0 & 3 \\ z & w \end{pmatrix}$$

$$\therefore \begin{pmatrix} 2x+4y & x-y \\ 2y & x+3y \end{pmatrix} = \begin{pmatrix} 0 & 3 \\ z & w \end{pmatrix}$$

두 행렬이 서로 같을 조건에 의하여

$\quad 2x + 4y = 0,\ x - y = 3,\ 2y = z,\ x + 3y = w$

$\quad \therefore x = 2,\ y = -1,\ z = -2,\ w = -1$

$\quad \therefore xy + zw = -2 + 2 = 0$

답 0

629

전략 주어진 등식을 이용하여 a, b를 x, y에 대한 식으로 나타낸다.

$\begin{pmatrix} x^2 & 0 \\ x & x^3 \end{pmatrix} - 2\begin{pmatrix} a & 1 \\ 2 & b \end{pmatrix} + \begin{pmatrix} y^2 & xy \\ y & y^3 \end{pmatrix} = O$에서

$$\begin{pmatrix} x^2 & 0 \\ x & x^3 \end{pmatrix} + \begin{pmatrix} y^2 & xy \\ y & y^3 \end{pmatrix} = 2\begin{pmatrix} a & 1 \\ 2 & b \end{pmatrix}$$

$$\therefore \begin{pmatrix} x^2+y^2 & xy \\ x+y & x^3+y^3 \end{pmatrix} = \begin{pmatrix} 2a & 2 \\ 4 & 2b \end{pmatrix}$$

두 행렬이 서로 같을 조건에 의하여

$\quad x^2 + y^2 = 2a,\ xy = 2,\ x + y = 4,\ x^3 + y^3 = 2b$

$$\therefore a = \frac{1}{2}(x^2 + y^2) = \frac{1}{2}\{(x+y)^2 - 2xy\}$$

$$= \frac{1}{2}(4^2 - 2 \times 2) = 6$$

$$b = \frac{1}{2}(x^3 + y^3) = \frac{1}{2}\{(x+y)^3 - 3xy(x+y)\}$$

$$= \frac{1}{2}(4^3 - 3 \times 2 \times 4) = 20$$

$$\therefore a^2 + b^2 = 6^2 + 20^2 = 436$$

답 436

03 행렬의 곱셈
● 본책 287~289쪽

630

(1) $(2 \quad 3)\begin{pmatrix} -1 \\ 4 \end{pmatrix} = (2 \times (-1) + 3 \times 4) = \mathbf{(10)}$

(2) $(-5 \quad 2)\begin{pmatrix} 3 \\ 1 \end{pmatrix} = (-5 \times 3 + 2 \times 1) = \mathbf{(-13)}$

(3) $(1 \quad 3)\begin{pmatrix} 4 & 5 \\ 2 & 7 \end{pmatrix} = (1\times4+3\times2 \quad 1\times5+3\times7)$

$\qquad\qquad\qquad = (\mathbf{10} \quad \mathbf{26})$

(4) $(-2 \quad 3)\begin{pmatrix} -1 & 2 \\ 3 & 1 \end{pmatrix}$

$\quad = (-2\times(-1)+3\times3 \quad -2\times2+3\times1)$

$\quad = (\mathbf{11} \quad \mathbf{-1})$

(5) $\begin{pmatrix} 2 \\ 1 \end{pmatrix}(3 \quad -1) = \begin{pmatrix} 2\times3 & 2\times(-1) \\ 1\times3 & 1\times(-1) \end{pmatrix} = \begin{pmatrix} \mathbf{6} & \mathbf{-2} \\ \mathbf{3} & \mathbf{-1} \end{pmatrix}$

(6) $\begin{pmatrix} 5 \\ 7 \end{pmatrix}(-2 \quad 3) = \begin{pmatrix} 5\times(-2) & 5\times3 \\ 7\times(-2) & 7\times3 \end{pmatrix}$

$\qquad\qquad\qquad = \begin{pmatrix} \mathbf{-10} & \mathbf{15} \\ \mathbf{-14} & \mathbf{21} \end{pmatrix}$

(7) $\begin{pmatrix} 2 & 1 \\ 1 & 3 \end{pmatrix}\begin{pmatrix} 4 \\ -2 \end{pmatrix} = \begin{pmatrix} 2\times4+1\times(-2) \\ 1\times4+3\times(-2) \end{pmatrix} = \begin{pmatrix} \mathbf{6} \\ \mathbf{-2} \end{pmatrix}$

(8) $\begin{pmatrix} 2 & 3 \\ -3 & 1 \end{pmatrix}\begin{pmatrix} 8 \\ 5 \end{pmatrix} = \begin{pmatrix} 2\times8+3\times5 \\ -3\times8+1\times5 \end{pmatrix} = \begin{pmatrix} \mathbf{31} \\ \mathbf{-19} \end{pmatrix}$

(9) $\begin{pmatrix} 8 & -1 \\ 3 & 5 \end{pmatrix}\begin{pmatrix} 2 & 0 \\ 4 & -3 \end{pmatrix}$

$\quad = \begin{pmatrix} 8\times2+(-1)\times4 & 8\times0+(-1)\times(-3) \\ 3\times2+5\times4 & 3\times0+5\times(-3) \end{pmatrix}$

$\quad = \begin{pmatrix} \mathbf{12} & \mathbf{3} \\ \mathbf{26} & \mathbf{-15} \end{pmatrix}$

(10) $\begin{pmatrix} 4 & 1 \\ 3 & 2 \end{pmatrix}\begin{pmatrix} 2 & 6 \\ 1 & -4 \end{pmatrix}$

$\quad = \begin{pmatrix} 4\times2+1\times1 & 4\times6+1\times(-4) \\ 3\times2+2\times1 & 3\times6+2\times(-4) \end{pmatrix} = \begin{pmatrix} \mathbf{9} & \mathbf{20} \\ \mathbf{8} & \mathbf{10} \end{pmatrix}$

(11) $\begin{pmatrix} -1 & 0 \\ 1 & 2 \end{pmatrix}\begin{pmatrix} 1 & 2 \\ 3 & 4 \end{pmatrix}$

$\quad = \begin{pmatrix} -1\times1+0\times3 & -1\times2+0\times4 \\ 1\times1+2\times3 & 1\times2+2\times4 \end{pmatrix}$

$\quad = \begin{pmatrix} \mathbf{-1} & \mathbf{-2} \\ \mathbf{7} & \mathbf{10} \end{pmatrix}$

(12) $\begin{pmatrix} 2 & -3 \\ 3 & -1 \end{pmatrix}\begin{pmatrix} 1 & 1 \\ -2 & 0 \end{pmatrix}$

$\quad = \begin{pmatrix} 2\times1+(-3)\times(-2) & 2\times1+(-3)\times0 \\ 3\times1+(-1)\times(-2) & 3\times1+(-1)\times0 \end{pmatrix}$

$\quad = \begin{pmatrix} \mathbf{8} & \mathbf{2} \\ \mathbf{5} & \mathbf{3} \end{pmatrix}$

답 풀이 참조

631

(1) $\begin{pmatrix} -1 & x \\ 1 & 2 \end{pmatrix}\begin{pmatrix} 1 & 2 \\ y & -3 \end{pmatrix} = \begin{pmatrix} -1+xy & -2-3x \\ 1+2y & -4 \end{pmatrix}$

따라서 $\begin{pmatrix} -1+xy & -2-3x \\ 1+2y & -4 \end{pmatrix} = \begin{pmatrix} -9 & -8 \\ -7 & -4 \end{pmatrix}$이

므로 두 행렬이 서로 같을 조건에 의하여

$\qquad -1+xy=-9, \quad -2-3x=-8,$

$\qquad 1+2y=-7$

$\qquad \therefore x=2, \ y=-4$

(2) $\begin{pmatrix} x & 4 \\ 1 & y \end{pmatrix}\begin{pmatrix} -1 & 2 \\ 1 & -3 \end{pmatrix} = \begin{pmatrix} -x+4 & 2x-12 \\ -1+y & 2-3y \end{pmatrix}$

따라서 $\begin{pmatrix} -x+4 & 2x-12 \\ -1+y & 2-3y \end{pmatrix} = \begin{pmatrix} -2 & 0 \\ 3 & -10 \end{pmatrix}$이므

로 두 행렬이 서로 같을 조건에 의하여

$\qquad -x+4=-2, \quad 2x-12=0,$

$\qquad -1+y=3, \quad 2-3y=-10$

$\qquad \therefore x=6, \ y=4$

답 (1) $\boldsymbol{x=2, \ y=-4}$

(2) $\boldsymbol{x=6, \ y=4}$

632

$AB = \begin{pmatrix} 2 & x \\ 3 & y \end{pmatrix}\begin{pmatrix} 2 & -1 \\ -2 & 1 \end{pmatrix} = \begin{pmatrix} 4-2x & -2+x \\ 6-2y & -3+y \end{pmatrix}$

$AB=O$이므로

$\qquad \begin{pmatrix} 4-2x & -2+x \\ 6-2y & -3+y \end{pmatrix} = \begin{pmatrix} 0 & 0 \\ 0 & 0 \end{pmatrix}$

두 행렬이 서로 같을 조건에 의하여

$\qquad 4-2x=0, \ -2+x=0, \ 6-2y=0, \ -3+y=0$

$\qquad \therefore x=2, \ y=3$

$\qquad \therefore xy=6$

답 6

633

$A\begin{pmatrix} 2a \\ 0 \end{pmatrix} = \begin{pmatrix} 4 \\ -6 \end{pmatrix}$에서

$\qquad 2A\begin{pmatrix} a \\ 0 \end{pmatrix} = \begin{pmatrix} 4 \\ -6 \end{pmatrix} \quad \therefore A\begin{pmatrix} a \\ 0 \end{pmatrix} = \begin{pmatrix} 2 \\ -3 \end{pmatrix}$

$A\begin{pmatrix} 0 \\ 3b \end{pmatrix} = \begin{pmatrix} -3 \\ 6 \end{pmatrix}$에서

$$3A\binom{0}{b}=\binom{-3}{6} \quad \therefore A\binom{0}{b}=\binom{-1}{2}$$

$$\therefore A\binom{a}{b}=A\left\{\binom{a}{0}+\binom{0}{b}\right\}=A\binom{a}{0}+A\binom{0}{b}$$

$$=\binom{2}{-3}+\binom{-1}{2}$$

$$=\binom{1}{-1} \qquad \text{답}\ \binom{\mathbf{1}}{\mathbf{-1}}$$

● 본책 290~295쪽

04 행렬의 곱셈의 성질

634

케일리-해밀턴의 정리에 의하여

$$A^2-(1+4)A+(1\times4-2\times3)E=O$$

$$\therefore A^2-5A-2E=O$$

즉 $A^2-5A=2E$이므로 $p=5$ 　　답 **5**

다른 풀이 $A^2=\begin{pmatrix}1&2\\3&4\end{pmatrix}\begin{pmatrix}1&2\\3&4\end{pmatrix}=\begin{pmatrix}7&10\\15&22\end{pmatrix}$

이므로 $A^2-pA=2E$에서

$$\begin{pmatrix}7&10\\15&22\end{pmatrix}-p\begin{pmatrix}1&2\\3&4\end{pmatrix}=2\begin{pmatrix}1&0\\0&1\end{pmatrix}$$

$$\therefore \begin{pmatrix}7-p&10-2p\\15-3p&22-4p\end{pmatrix}=\begin{pmatrix}2&0\\0&2\end{pmatrix}$$

두 행렬이 서로 같을 조건에 의하여

$$7-p=2,\ 10-2p=0,\ 15-3p=0,\ 22-4p=2$$

$$\therefore p=5$$

635

$$A+B=\begin{pmatrix}1&-2\\0&3\end{pmatrix} \qquad \cdots\cdots \text{㉠}$$

$$A-B=\begin{pmatrix}5&0\\2&-3\end{pmatrix} \qquad \cdots\cdots \text{㉡}$$

㉠+㉡을 하면

$$2A=\begin{pmatrix}6&-2\\2&0\end{pmatrix} \quad \therefore A=\begin{pmatrix}3&-1\\1&0\end{pmatrix}$$

㉠-㉡을 하면

$$2B=\begin{pmatrix}-4&-2\\-2&6\end{pmatrix} \quad \therefore B=\begin{pmatrix}-2&-1\\-1&3\end{pmatrix}$$

$$\therefore A^2-B^2=\begin{pmatrix}3&-1\\1&0\end{pmatrix}\begin{pmatrix}3&-1\\1&0\end{pmatrix}$$

$$-\begin{pmatrix}-2&-1\\-1&3\end{pmatrix}\begin{pmatrix}-2&-1\\-1&3\end{pmatrix}$$

$$=\begin{pmatrix}8&-3\\3&-1\end{pmatrix}-\begin{pmatrix}5&-1\\-1&10\end{pmatrix}$$

$$=\begin{pmatrix}3&-2\\4&-11\end{pmatrix}$$

따라서 행렬 A^2-B^2의 $(2,\ 1)$ 성분은 4이다. 　　답 **4**

636

$A=\begin{pmatrix}1&4\\0&1\end{pmatrix}$에 대하여

$$A^2=AA=\begin{pmatrix}1&4\\0&1\end{pmatrix}\begin{pmatrix}1&4\\0&1\end{pmatrix}=\begin{pmatrix}1&8\\0&1\end{pmatrix}$$

$$A^3=A^2A=\begin{pmatrix}1&8\\0&1\end{pmatrix}\begin{pmatrix}1&4\\0&1\end{pmatrix}=\begin{pmatrix}1&12\\0&1\end{pmatrix}$$

$$\vdots$$

$$\therefore A^n=\begin{pmatrix}1&4n\\0&1\end{pmatrix}$$

따라서 $A^{10}=\begin{pmatrix}1&40\\0&1\end{pmatrix}$이므로

$$k=40 \qquad\qquad\qquad \text{답}\ \mathbf{40}$$

637

$$(A+B)^2=(A+B)(A+B)$$

$$=A^2+AB+BA+B^2$$

이므로 $(A+B)^2=A^2+2AB+B^2$에서

$$A^2+AB+BA+B^2=A^2+2AB+B^2$$

$$\therefore AB=BA$$

즉 $\begin{pmatrix}1&3\\2&4\end{pmatrix}\begin{pmatrix}0&y\\x&12\end{pmatrix}=\begin{pmatrix}0&y\\x&12\end{pmatrix}\begin{pmatrix}1&3\\2&4\end{pmatrix}$이므로

$$\begin{pmatrix}3x&y+36\\4x&2y+48\end{pmatrix}=\begin{pmatrix}2y&4y\\x+24&3x+48\end{pmatrix}$$

두 행렬이 서로 같을 조건에 의하여

$$3x=2y,\ y+36=4y,$$

$$4x=x+24,\ 2y+48=3x+48$$

$$\therefore x=8,\ y=12$$

답 $\boldsymbol{x=8,\ y=12}$

638

$A+B=E$에서 $B=E-A$이므로

$\quad AB=A(E-A)=A-A^2=O$

$\quad \therefore A^2=A$

$\quad \therefore A^3=A^2A=A^2=A$

또 $B^2=(E-A)(E-A)$이므로

$\quad B^2=E-2A+A^2=E-2A+A$

$\quad\quad\ =E-A=B$

$\quad \therefore B^3=B^2B=B^2=B$

$\quad \therefore A^3+B^3=A+B=E$ $\qquad$ 답 E

639

$A^2=AA=\begin{pmatrix} 2 & -3 \\ 1 & -1 \end{pmatrix}\begin{pmatrix} 2 & -3 \\ 1 & -1 \end{pmatrix}=\begin{pmatrix} 1 & -3 \\ 1 & -2 \end{pmatrix}$

$A^3=A^2A=\begin{pmatrix} 1 & -3 \\ 1 & -2 \end{pmatrix}\begin{pmatrix} 2 & -3 \\ 1 & -1 \end{pmatrix}$

$\quad\ =\begin{pmatrix} -1 & 0 \\ 0 & -1 \end{pmatrix}=-E$

$A^4=A^3A=-EA=-A$

$A^5=A^4A=-AA=-A^2$

$A^6=A^5A=-A^2A=-A^3=-(-E)=E$

따라서 n의 최솟값은 6이다. $\qquad$ 답 6

다른 풀이 케일리-해밀턴의 정리에 의하여

$\quad A^2-A+E=O$

양변에 $A+E$를 곱하면

$\quad (A+E)(A^2-A+E)=O$

$\quad A^3+E=O \qquad \therefore A^3=-E$

$\quad \therefore A^6=(A^3)^2=(-E)^2=E$

따라서 n의 최솟값은 6이다.

640

$A^2=\begin{pmatrix} 1 & 1 \\ -3 & -2 \end{pmatrix}\begin{pmatrix} 1 & 1 \\ -3 & -2 \end{pmatrix}=\begin{pmatrix} -2 & -1 \\ 3 & 1 \end{pmatrix}$

$A^3=A^2A=\begin{pmatrix} -2 & -1 \\ 3 & 1 \end{pmatrix}\begin{pmatrix} 1 & 1 \\ -3 & -2 \end{pmatrix}$

$\quad\ =\begin{pmatrix} 1 & 0 \\ 0 & 1 \end{pmatrix}=E$

$\quad \therefore A^{16}=(A^3)^5A=E^5A=A$

따라서 $A^{16}\begin{pmatrix} x \\ y \end{pmatrix}=\begin{pmatrix} 1 \\ -6 \end{pmatrix}$에서 $A\begin{pmatrix} x \\ y \end{pmatrix}=\begin{pmatrix} 1 \\ -6 \end{pmatrix}$이므로

$\quad \begin{pmatrix} 1 & 1 \\ -3 & -2 \end{pmatrix}\begin{pmatrix} x \\ y \end{pmatrix}=\begin{pmatrix} 1 \\ -6 \end{pmatrix}$

$\quad \begin{pmatrix} x+y \\ -3x-2y \end{pmatrix}=\begin{pmatrix} 1 \\ -6 \end{pmatrix}$

즉 $x+y=1$, $-3x-2y=-6$이므로

$\quad x=4,\ y=-3$

$\quad \therefore x-y=7$ $\qquad$ 답 7

다른 풀이 케일리-해밀턴의 정리에 의하여

$\quad A^2+A+E=O$

양변에 $A-E$를 곱하면

$\quad (A-E)(A^2+A+E)=O$

$\quad A^3-E=O \qquad \therefore A^3=E$

◉ 해설 Focus

행렬 A에 대하여 $A^3=E$이면 자연수 n에 대하여

$\quad A^3=A^6=\cdots=A^{3n}=E$

$\quad A^4=A^7=\cdots=A^{3n+1}=A$

$\quad A^5=A^8=\cdots=A^{3n+2}=A^2$

641

$A^2=\dfrac{1}{4}\begin{pmatrix} 1 & -3 \\ 1 & 1 \end{pmatrix}\begin{pmatrix} 1 & -3 \\ 1 & 1 \end{pmatrix}=\dfrac{1}{4}\begin{pmatrix} -2 & -6 \\ 2 & -2 \end{pmatrix}$

$A^3=A^2A=\dfrac{1}{8}\begin{pmatrix} -2 & -6 \\ 2 & -2 \end{pmatrix}\begin{pmatrix} 1 & -3 \\ 1 & 1 \end{pmatrix}$

$\quad\ =\dfrac{1}{8}\begin{pmatrix} -8 & 0 \\ 0 & -8 \end{pmatrix}=\begin{pmatrix} -1 & 0 \\ 0 & -1 \end{pmatrix}=-E$

$A^4=A^3A=-EA=-A$

$A^5=A^4A=-AA=-A^2$

$A^6=A^5A=-A^2A=-A^3=-(-E)=E$

따라서 $A+A^2+A^3+A^4+A^5+A^6=O$이므로

$\quad A+A^2+A^3+\cdots+A^{120}$

$\quad =A+A^2+A^3+A^4+A^5+A^6$

$\quad\quad +A^6(A+A^2+A^3+A^4+A^5+A^6)$

$\quad\quad +\cdots+A^{114}(A+A^2+A^3+A^4+A^5+A^6)$

$\quad =O$

따라서 구하는 모든 성분의 합은 0이다.

$\qquad$ 답 0

642

전략 두 행렬 X, Y에 대하여 XY가 정의되려면 X의 열의 개수와 Y의 행의 개수가 같아야 함을 이용한다.

A는 2×1 행렬, B는 1×2 행렬, C는 2×2 행렬이다.

① $AB \Rightarrow (2 \times 1$ 행렬$) \times (1 \times 2$ 행렬$) = (2 \times 2$ 행렬$)$

② $BA \Rightarrow (1 \times 2$ 행렬$) \times (2 \times 1$ 행렬$) = (1 \times 1$ 행렬$)$

③ $AC \Rightarrow (2 \times \underbrace{1\text{ 행렬}) \times (2}_{\text{다르다.}} \times 2\text{ 행렬})$

따라서 AC는 정의되지 않는다.

④ $CA \Rightarrow (2 \times 2$ 행렬$) \times (2 \times 1$ 행렬$) = (2 \times 1$ 행렬$)$

⑤ $BC \Rightarrow (1 \times 2$ 행렬$) \times (2 \times 2$ 행렬$) = (1 \times 2$ 행렬$)$

답 ③

643

전략 A^2을 구하여 주어진 등식에 대입한다.

$$A^2 = \begin{pmatrix} x & 1 \\ 1 & y \end{pmatrix}\begin{pmatrix} x & 1 \\ 1 & y \end{pmatrix} = \begin{pmatrix} x^2+1 & x+y \\ x+y & 1+y^2 \end{pmatrix}$$

이므로 $A^2 + 2A - E = O$에서

$$\begin{pmatrix} x^2+1 & x+y \\ x+y & 1+y^2 \end{pmatrix} + 2\begin{pmatrix} x & 1 \\ 1 & y \end{pmatrix} - \begin{pmatrix} 1 & 0 \\ 0 & 1 \end{pmatrix}$$

$$= \begin{pmatrix} 0 & 0 \\ 0 & 0 \end{pmatrix}$$

$$\therefore \begin{pmatrix} x^2+2x & x+y+2 \\ x+y+2 & y^2+2y \end{pmatrix} = \begin{pmatrix} 0 & 0 \\ 0 & 0 \end{pmatrix}$$

따라서 $x^2+2x=0$, $x+y+2=0$, $y^2+2y=0$이므로

$$x^2 = -2x, \ y^2 = -2y, \ x+y = -2$$

$$\therefore x^2+y^2 = -2x-2y = -2(x+y)$$

$$= -2 \times (-2) = 4$$

답 4

644

전략 $A = \begin{pmatrix} a & b \\ c & d \end{pmatrix}$로 놓고 주어진 식에 대입하여 A를 구한다.

$A = \begin{pmatrix} a & b \\ c & d \end{pmatrix}$라 하면 $A\begin{pmatrix} 1 \\ 0 \end{pmatrix} = \begin{pmatrix} 1 \\ 3 \end{pmatrix}$에서

$$\begin{pmatrix} a & b \\ c & d \end{pmatrix}\begin{pmatrix} 1 \\ 0 \end{pmatrix} = \begin{pmatrix} 1 \\ 3 \end{pmatrix}, \qquad \begin{pmatrix} a \\ c \end{pmatrix} = \begin{pmatrix} 1 \\ 3 \end{pmatrix}$$

$$\therefore a=1, \ c=3 \qquad \cdots\cdots \ \text{㉠}$$

$A^2\begin{pmatrix} 1 \\ 0 \end{pmatrix} = A\left\{ A\begin{pmatrix} 1 \\ 0 \end{pmatrix} \right\} = A\begin{pmatrix} 1 \\ 3 \end{pmatrix}$이므로

$A^2\begin{pmatrix} 1 \\ 0 \end{pmatrix} = \begin{pmatrix} -5 \\ 6 \end{pmatrix}$에서 $\qquad A\begin{pmatrix} 1 \\ 3 \end{pmatrix} = \begin{pmatrix} -5 \\ 6 \end{pmatrix}$

$$\begin{pmatrix} a & b \\ c & d \end{pmatrix}\begin{pmatrix} 1 \\ 3 \end{pmatrix} = \begin{pmatrix} -5 \\ 6 \end{pmatrix}, \qquad \begin{pmatrix} a+3b \\ c+3d \end{pmatrix} = \begin{pmatrix} -5 \\ 6 \end{pmatrix}$$

$$\therefore a+3b = -5, \ c+3d = 6 \qquad \cdots\cdots \ \text{㉡}$$

㉡에 ㉠을 대입하면

$$1+3b = -5, \ 3+3d = 6$$

$$\therefore b = -2, \ d = 1$$

즉 $A = \begin{pmatrix} 1 & -2 \\ 3 & 1 \end{pmatrix}$이므로

$$A^3\begin{pmatrix} 1 \\ 0 \end{pmatrix} = A\left\{ A^2\begin{pmatrix} 1 \\ 0 \end{pmatrix} \right\} = A\begin{pmatrix} -5 \\ 6 \end{pmatrix}$$

$$= \begin{pmatrix} 1 & -2 \\ 3 & 1 \end{pmatrix}\begin{pmatrix} -5 \\ 6 \end{pmatrix} = \begin{pmatrix} -17 \\ -9 \end{pmatrix}$$

따라서 $A^3\begin{pmatrix} 1 \\ 0 \end{pmatrix}$의 모든 성분의 합은

$$-17 + (-9) = -26 \qquad \text{답} -26$$

645

전략 A^2, A^3을 직접 구하여 A^n을 추정한다.

$$A^2 = AA = \begin{pmatrix} 1 & 0 \\ 0 & 2 \end{pmatrix}\begin{pmatrix} 1 & 0 \\ 0 & 2 \end{pmatrix} = \begin{pmatrix} 1 & 0 \\ 0 & 2^2 \end{pmatrix}$$

$$A^3 = A^2 A = \begin{pmatrix} 1 & 0 \\ 0 & 2^2 \end{pmatrix}\begin{pmatrix} 1 & 0 \\ 0 & 2 \end{pmatrix} = \begin{pmatrix} 1 & 0 \\ 0 & 2^3 \end{pmatrix}$$

$$\vdots$$

$$\therefore A^n = \begin{pmatrix} 1 & 0 \\ 0 & 2^n \end{pmatrix}$$

따라서 $2^n = 64$이므로

$$n = 6 \qquad \text{답} \ 6$$

646

전략 행렬의 곱셈에서 교환법칙이 성립하지 않음을 이용한다.

② $A = \begin{pmatrix} 1 & 1 \\ 0 & -1 \end{pmatrix}$, $B = \begin{pmatrix} 1 & 2 \\ 0 & -1 \end{pmatrix}$이면

$$A^2 = \begin{pmatrix} 1 & 1 \\ 0 & -1 \end{pmatrix}\begin{pmatrix} 1 & 1 \\ 0 & -1 \end{pmatrix} = \begin{pmatrix} 1 & 0 \\ 0 & 1 \end{pmatrix}$$

$$= E,$$

$$B^2 = \begin{pmatrix} 1 & 2 \\ 0 & -1 \end{pmatrix}\begin{pmatrix} 1 & 2 \\ 0 & -1 \end{pmatrix} = \begin{pmatrix} 1 & 0 \\ 0 & 1 \end{pmatrix}$$
$$= E$$

이므로 $A^2 - B^2 = E - E = O$이지만

$A \ne B$, $A \ne -B$이다. (거짓)

④ $A = \begin{pmatrix} 0 & -1 \\ 1 & 0 \end{pmatrix}$이면

$$A^2 = \begin{pmatrix} 0 & -1 \\ 1 & 0 \end{pmatrix}\begin{pmatrix} 0 & -1 \\ 1 & 0 \end{pmatrix} = \begin{pmatrix} -1 & 0 \\ 0 & -1 \end{pmatrix}$$
$$= -E$$
$$\therefore A^2 + E = O \text{ (참)}$$

⑤ $B = C$, 즉 $B - C = O$이므로

$$AB - AC = A(B-C) = AO = O$$
$$\therefore AB = AC \text{ (참)}$$

답 ②

647

전략 $E^n = E$, $AE = EA = A$임을 이용하여 좌변을 간단히 한다.

$$(2E+3A)(3E+2A) = 6E+4A+9A+6A^2$$
$$= 6A^2+13A+6E$$

$$A^2 = \begin{pmatrix} 0 & -1 \\ 1 & 0 \end{pmatrix}\begin{pmatrix} 0 & -1 \\ 1 & 0 \end{pmatrix} = \begin{pmatrix} -1 & 0 \\ 0 & -1 \end{pmatrix} = -E$$

이므로

$$(2E+3A)(3E+2A) = -6E+13A+6E$$
$$= 13A$$

따라서 $13A = xE + yA$이므로

$x = 0$, $y = 13$ $\therefore x+y = 13$

답 13

다른 풀이 $2E+3A = 2\begin{pmatrix} 1 & 0 \\ 0 & 1 \end{pmatrix} + 3\begin{pmatrix} 0 & -1 \\ 1 & 0 \end{pmatrix}$

$$= \begin{pmatrix} 2 & -3 \\ 3 & 2 \end{pmatrix}$$

$3E+2A = 3\begin{pmatrix} 1 & 0 \\ 0 & 1 \end{pmatrix} + 2\begin{pmatrix} 0 & -1 \\ 1 & 0 \end{pmatrix} = \begin{pmatrix} 3 & -2 \\ 2 & 3 \end{pmatrix}$

$(2E+3A)(3E+2A) = xE+yA$에서

$$\begin{pmatrix} 2 & -3 \\ 3 & 2 \end{pmatrix}\begin{pmatrix} 3 & -2 \\ 2 & 3 \end{pmatrix} = x\begin{pmatrix} 1 & 0 \\ 0 & 1 \end{pmatrix} + y\begin{pmatrix} 0 & -1 \\ 1 & 0 \end{pmatrix}$$

$$\therefore \begin{pmatrix} 0 & -13 \\ 13 & 0 \end{pmatrix} = \begin{pmatrix} x & -y \\ y & x \end{pmatrix}$$

따라서 $x = 0$, $y = 13$이므로 $x+y = 13$

648

전략 $A^n = E$를 만족시키는 n의 최솟값을 구한다.

$$A^2 = \begin{pmatrix} 2 & -1 \\ 3 & -1 \end{pmatrix}\begin{pmatrix} 2 & -1 \\ 3 & -1 \end{pmatrix} = \begin{pmatrix} 1 & -1 \\ 3 & -2 \end{pmatrix}$$

$$A^3 = A^2A = \begin{pmatrix} 1 & -1 \\ 3 & -2 \end{pmatrix}\begin{pmatrix} 2 & -1 \\ 3 & -1 \end{pmatrix}$$

$$= \begin{pmatrix} -1 & 0 \\ 0 & -1 \end{pmatrix} = -E$$

따라서 $A^6 = (A^3)^2 = (-E)^2 = E$이므로

$$A^{2025} = (A^6)^{337}A^3 = E^{337}(-E) = -E$$

$$A^{2025}\begin{pmatrix} x \\ y \end{pmatrix} = -E\begin{pmatrix} x \\ y \end{pmatrix} = \begin{pmatrix} -1 & 0 \\ 0 & -1 \end{pmatrix}\begin{pmatrix} x \\ y \end{pmatrix} = \begin{pmatrix} -x \\ -y \end{pmatrix}$$

이므로 $A^{2025}\begin{pmatrix} x \\ y \end{pmatrix} = \begin{pmatrix} -2 \\ 4 \end{pmatrix}$에서 $\begin{pmatrix} -x \\ -y \end{pmatrix} = \begin{pmatrix} -2 \\ 4 \end{pmatrix}$

따라서 $x = 2$, $y = -4$이므로

$x - y = 6$

답 6

다른 풀이 케일리-해밀턴의 정리에 의하여

$$A^2 - A + E = O$$

양변에 $A+E$를 곱하면

$$(A+E)(A^2-A+E) = O$$
$$A^3 + E = O \quad \therefore A^3 = -E$$

649

전략 XY와 YX의 각 성분의 의미를 파악한다.

$$XY = \begin{pmatrix} 800 & 500 \\ 700 & 600 \end{pmatrix}\begin{pmatrix} 3 & 2 \\ 3 & 5 \end{pmatrix}$$

$$= \begin{pmatrix} 800\times3+500\times3 & 800\times2+500\times5 \\ 700\times3+600\times3 & 700\times2+600\times5 \end{pmatrix}$$

이때 A가 Q 문구점에서 노트와 펜을 구입한 가격은

$$700\times3+600\times3$$

이므로 행렬 XY의 $(2, 1)$ 성분이다.

답 ②

650

전략 $\begin{pmatrix} 2a \\ 3b \end{pmatrix}$를 $\begin{pmatrix} 2a \\ b \end{pmatrix}$와 $\begin{pmatrix} a \\ 2b \end{pmatrix}$의 실수배의 합으로 변형한다.

실수 x, y에 대하여

$$x\begin{pmatrix} 2a \\ b \end{pmatrix} + y\begin{pmatrix} a \\ 2b \end{pmatrix} = \begin{pmatrix} 2a \\ 3b \end{pmatrix}$$

가 성립한다고 하면

$$\begin{pmatrix} 2ax+ay \\ bx+2by \end{pmatrix}=\begin{pmatrix} 2a \\ 3b \end{pmatrix}$$

두 행렬이 서로 같을 조건에 의하여

$$2ax+ay=2a,\ bx+2by=3b$$

$a\neq0,\ b\neq0$이므로　　$2x+y=2,\ x+2y=3$

$$\therefore x=\frac{1}{3},\ y=\frac{4}{3}$$

즉 $\dfrac{1}{3}\begin{pmatrix} 2a \\ b \end{pmatrix}+\dfrac{4}{3}\begin{pmatrix} a \\ 2b \end{pmatrix}=\begin{pmatrix} 2a \\ 3b \end{pmatrix}$이므로

$$A\begin{pmatrix} 2a \\ 3b \end{pmatrix}=\frac{1}{3}A\begin{pmatrix} 2a \\ b \end{pmatrix}+\frac{4}{3}A\begin{pmatrix} a \\ 2b \end{pmatrix}$$

$$=\frac{1}{3}\begin{pmatrix} 3 \\ 15 \end{pmatrix}+\frac{4}{3}\begin{pmatrix} 3 \\ -3 \end{pmatrix}=\begin{pmatrix} 5 \\ 1 \end{pmatrix}$$　답 $\begin{pmatrix} 5 \\ 1 \end{pmatrix}$

651

전략 A^2의 각 성분을 α, β에 대한 식으로 나타내고, 이차방정식의 근과 계수의 관계를 이용한다.

이차방정식 $x^2-7x-1=0$의 두 근이 α, β이므로 근과 계수의 관계에 의하여

$$\alpha+\beta=7,\ \alpha\beta=-1$$

한편 $A=\begin{pmatrix} \alpha & 1 \\ 1 & \beta \end{pmatrix}$에서

$$A^2=\begin{pmatrix} \alpha & 1 \\ 1 & \beta \end{pmatrix}\begin{pmatrix} \alpha & 1 \\ 1 & \beta \end{pmatrix}=\begin{pmatrix} \alpha^2+1 & \alpha+\beta \\ \alpha+\beta & 1+\beta^2 \end{pmatrix}$$

이므로　$a=\alpha^2+1,\ d=1+\beta^2$

$$\therefore a+d=\alpha^2+1+1+\beta^2$$
$$=(\alpha+\beta)^2-2\alpha\beta+2$$
$$=7^2-2\times(-1)+2=53$$　답 53

652

전략 $(A-B)^2$을 $A+B$, $AB+BA$에 대한 식으로 나타낸다.

$$(A+B)^2=(A+B)(A+B)$$
$$=A^2+AB+BA+B^2$$

이므로　$A^2+B^2=(A+B)^2-(AB+BA)$

$$\therefore (A-B)^2$$
$$=(A-B)(A-B)$$
$$=A^2-AB-BA+B^2$$
$$=A^2+B^2-(AB+BA)$$
$$=(A+B)^2-2(AB+BA)$$
$$=\begin{pmatrix} 0 & 1 \\ -4 & -3 \end{pmatrix}\begin{pmatrix} 0 & 1 \\ -4 & -3 \end{pmatrix}-2\begin{pmatrix} -12 & 0 \\ 12 & 0 \end{pmatrix}$$

$$=\begin{pmatrix} -4 & -3 \\ 12 & 5 \end{pmatrix}-\begin{pmatrix} -24 & 0 \\ 24 & 0 \end{pmatrix}$$

$$=\begin{pmatrix} 20 & -3 \\ -12 & 5 \end{pmatrix}$$　답 $\begin{pmatrix} 20 & -3 \\ -12 & 5 \end{pmatrix}$

653

전략 $(AB)^4=ABABABAB$임을 이용한다.

$AB=2BA$에서　$BA=\dfrac{1}{2}AB$

$$\therefore (AB)^4=ABABABAB$$
$$=A\left(\frac{1}{2}AB\right)\left(\frac{1}{2}AB\right)\left(\frac{1}{2}AB\right)B$$
$$=\frac{1}{8}A^2BABAB^2$$
$$=\frac{1}{8}A^2\left(\frac{1}{2}AB\right)\left(\frac{1}{2}AB\right)B^2$$
$$=\frac{1}{32}A^3BAB^3$$
$$=\frac{1}{32}A^3\left(\frac{1}{2}AB\right)B^3=\frac{1}{64}A^4B^4$$

즉 $A^4B^4=64(AB)^4$이므로

$$k=64$$　답 64

654

전략 주어진 등식을 만족시키는 a의 값을 먼저 구한다.

$$A^2=\begin{pmatrix} 0 & -1 \\ 1 & a \end{pmatrix}\begin{pmatrix} 0 & -1 \\ 1 & a \end{pmatrix}=\begin{pmatrix} -1 & -a \\ a & a^2-1 \end{pmatrix}$$

$$\therefore A^2+A+E$$

$$=\begin{pmatrix} -1 & -a \\ a & a^2-1 \end{pmatrix}+\begin{pmatrix} 0 & -1 \\ 1 & a \end{pmatrix}+\begin{pmatrix} 1 & 0 \\ 0 & 1 \end{pmatrix}$$

$$=\begin{pmatrix} 0 & -a-1 \\ a+1 & a^2+a \end{pmatrix}$$

즉 $\begin{pmatrix} 0 & -a-1 \\ a+1 & a^2+a \end{pmatrix}=\begin{pmatrix} 0 & 0 \\ 0 & 0 \end{pmatrix}$이므로

$$a+1=0,\ a^2+a=0\ \ \therefore a=-1$$

한편 $A^2+A+E=O$의 양변에 $A-E$를 곱하면

$$(A-E)(A^2+A+E)=O$$
$$A^3-E=O\ \ \therefore A^3=E$$

$$\therefore A^{101}=(A^3)^{33}A^2=E^{33}A^2=A^2=\begin{pmatrix} -1 & 1 \\ -1 & 0 \end{pmatrix}$$

따라서 구하는 모든 성분의 합은

$$-1+1+(-1)=-1$$　답 -1